AF598291

Gmelin Handbuch der Anorganischen Chemie

Achte völlig neu bearbeitete Auflage

Main Series, 8th Edition

Bisher erschienene Bände zu „Blei" (Syst.-Nr. 47)
Volumes published on "Lead" (Syst.-No. 47)

Blei A 1

Geschichtliches – 1973

Blei A 2a

Kosmochemie. Kreislauf. Kristallchemische Grundlagen. Isotopengeochemie. Geochemischer Charakter und Häufigkeit – 1976

Blei A 2b

Magmatische Abfolge – 1977 (vorliegender Band)

Blei A 2c

Sedimentäre Abfolge. Metamorphe Abfolge. Hydrosphäre. Atmosphäre – 1975

Blei A 3

Mineralien. Lagerstätten (Wirtschaftliches. Europa) – 1972

Blei A 4

Lagerstätten (Afrika, Sowjetunion, Asien, Australien und Ozeanien, Arktis und Amerika) – 1972

Blei B 1

Element (außer Elektrochemisches Verhalten) – 1972

Blei B 2

Element (Elektrochemisches Verhalten) – 1972

Blei C 1

Metallurgie des Bleis. Verbindungen bis Blei und Chlor – 1969

Blei C 2

Verbindungen von Blei und Brom bis Blei und Kohlenstoff – 1969

Blei C 3

Verbindungen von Blei und Silicium bis Blei und Radium – 1970

Blei C 4

Schluß der Verbindungen. Koordinationsverbindungen. Ligandenregister. Sachregister für Teil C – 1971

Gmelin Handbuch der Anorganischen Chemie

BEGRÜNDET VON Leopold Gmelin

Achte völlig neu bearbeitete Auflage

ACHTE AUFLAGE begonnen im Auftrage der Deutschen Chemischen Gesellschaft von R. J. Meyer E. H. E. Pietsch und A. Kotowski

fortgeführt von Margot Becke-Goehring

HERAUSGEGEBEN VOM Gmelin-Institut für Anorganische Chemie der Max-Planck-Gesellschaft zur Förderung der Wissenschaften

Springer-Verlag
Berlin · Heidelberg · New York 1977

Gmelin Handbuch der Anorganischen Chemie

Achte völlig neu bearbeitete Auflage

Main Series, 8th Edition

Blei

Teil A 2b

Magmatische Abfolge

Mit 6 Figuren

HAUPTREDAKTEUR (EDITOR IN CHIEF) Isa Kubach

BEARBEITER (AUTHORS) Winfried Hoffmann, Isa Kubach, Wolfgang Müller, Peter Schubert, Wolfgang Töpper

REDAKTEURE (EDITORS) Isa Kubach, Wolfgang Müller, Wolfgang Töpper

System-Nummer 47

Springer-Verlag
Berlin · Heidelberg · New York 1977

ENGLISCHE FASSUNG DER STICHWÖRTER NEBEN DEM TEXT:

ENGLISH HEADINGS ON THE MARGINS OF THE TEXT:

H. J. KANDINER, SUMMIT, N. J.

DIE LITERATUR IST BIS ENDE 1976 AUSGEWERTET,

IN MANCHEN FÄLLEN DARÜBER HINAUS

LITERATURE CLOSING DATE: UP TO END OF 1976,

IN SOME INSTANCES MORE RECENT DATA HAVE BEEN CONSIDERED

Die vierte bis siebente Auflage dieses Werkes erschien im Verlag von
Carl Winter's Universitätsbuchhandlung in Heidelberg

Library of Congress Catalog Card Number: Agr 25-1383

ISBN 3-540-93024-8 Springer-Verlag, Berlin · Heidelberg · New York
ISBN 0-387-93024-8 Springer-Verlag, New York · Heidelberg · Berlin

LN-Druck Lübeck

Vorwort

Mit dem vorliegenden Band „Blei" A 2b erscheint nach den 1976 bzw. 1975 erschienenen Bänden „Blei" A 2a und A 2c der letzte Band der Lieferung A 2 und damit der letzte Band über das Vorkommen von Blei im Kosmos und auf der Erde.

Der Band „Blei" A 2b umfaßt die gesamte Magmatische Abfolge mit ihren Abschnitten Orthomagmatische Phase, Pegmatite und Pneumatolyte, Hydrothermale Phase sowie Rezenter Vulkanismus.

In dem Abschnitt Orthomagmatische Phase wird die Frage nach der Herkunft von Blei — aus dem Erdmantel und/oder der Erdkruste — in Magmatiten von ozeanischen Rücken und Inseln, auf Inselbögen und innerhalb der Kontinente sowie in den mit ihnen verbundenen Erzlagerstätten behandelt. Zur Klärung dieser Probleme werden in zunehmendem Maße Pb-Isotopenzusammensetzungen und ihre Varianzen benutzt. Die Bindung von Blei an die Mineralien (darunter Galenit) der verschiedenen Magmatite, ferner die Bleigehalte von Standardgesteinen und aller Arten von magmatischen Gesteinen sind zusammengestellt und daraus Gesamtmittel für die großen Gesteinsgruppen und für alle Magmatite berechnet. Eine Übersicht über Arbeiten, die Blei-Isotopendaten von Magmatiten enthalten, schließt sich an. Das Verhalten von Blei im Verlauf der Magmendifferentiation und bei der Assimilation, ferner seine Beziehungen zu den Hauptelementen Si und K sowie zu einigen Spurenelementen werden ausführlich beschrieben und durch Histogramme ergänzt.

In den Abschnitten Pegmatite, Pneumatolyte und Hydrothermale Phase werden die Art des Auftretens von Blei in Pegmatiten und hydrothermalen Mineralisationen in Form eigener Mineralien oder als Fremdkomponente in Nichtbleimineralien, ferner seine Herkunft und sein Transport in Lösungen sowie die geologischen und physikochemischen Bedingungen, die zur Bildung von Pb-haltigen Mineralien führen, beschrieben. Dabei nehmen in der Hydrothermalen Phase der Vergleich hydrothermaler Lösungen mit Thermalquellen und fluiden Einschlüssen neben den Untersuchungen zur Abscheidung von Galenit und von Komplexen Sulfiden mit Blei sowie über deren Stabilitätsbereiche einen weiten Raum ein.

Als für vulkanische Exhalationen typisches Element wird Blei in Fumarolenprodukten in eigenen Mineralien abgeschieden, die z.T. durch hohe Radioaktivität charakterisiert sind. In dem letzten Abschnitt dieses Bandes — Rezenter Vulkanismus — werden daher die Ursachen für diese Radioaktivität und quantitative Angaben über Gehalte von Pb und ^{210}Pb in vulkanischen Absätzen aufgeführt.

Frankfurt/Main, Oktober 1977

Isa Kubach

Preface

The present volume "Lead" A 2b—which follows "Lead" A 2a and A 2c, published in 1976 and 1975, respectively—is the final volume of Section A 2, and thus concludes the treatment of the terrestrial and cosmic occurrence of lead.

The volume "Lead" A 2b covers the total magmatic cycle, and has chapters dealing with the orthomagmatic phase, pegmatites and pneumatolytes, the hydrothermal phase, and recent volcanism.

The orthomagmatic phase chapter covers questions dealing with the origin of lead—whether from the mantle or the crustal layer of the Earth—in the magmatites of oceanic ridges and islands, in island arcs, and within the continents. The origin of lead in deposits in all of these locations is discussed, too. Pb isotope compositions and their variations are used to an increasing extent for clarification of these problems. The type of occurrence of lead in the various magmatic rocks is covered. Data on the lead content of standard rocks and of all types of magmatic rocks are collected, and overall averages are calculated for the lead content of the major rock groups and for all of the magmatites. A review is included covering studies on lead isotope data in the magmatites. The behavior of lead during the course of magmatic differentiation, and during assimilation, is discussed in detail, as is also its relationship to the main elements Si and K as well as to certain trace elements. The latter is illustrated by numerous histograms.

The pegmatite, pneumatolyte, and hydrothermal phase chapters cover the nature of the occurrence of lead in pegmatites and in hydrothermal mineralizations—as specific lead minerals or as a foreign component in non-lead minerals. In addition, its occurrence and transport in solution, as well as the geological and physicochemical conditions which lead to the formation of lead-containing minerals are also discussed. Considerable space is devoted in the treatment of the hydrothermal phase to a comparison of hydrothermal solutions with thermal springs and liquid inclusions. Studies on the deposition of galena and of complex lead sulfides, together with their stability ranges, are included.

As an element typical of volcanic exhalations, lead occurs in lead minerals among the fumarole products; these are in part characterized by high radioactivity. The causes of this radioactivity are explored in the final chapter of this volume, recent volcanism, and quantitative data are presented on the Pb and ^{210}Pb content of volcanic deposits.

Frankfurt/Main, October 1977

Isa Kubach

Inhaltsverzeichnis

(Table of Contents see page V)

Seite

Seite

Seite

Page

Table of Contents

(Inhaltsverzeichnis s. S. I)

Page

2.4 Lithosphäre

Lithosphere

2.4.1 Magmatische Abfolge

Magmatic Cycle

2.4.1.1 Orthomagmatische Phase

Orthomagmatic Phase

2.4.1.1.1 Herkunft von Blei in Magmen und in magmatischen Erzlagerstätten

Origin of Lead in Magmas and in Magmatic Ore Deposits

2.4.1.1.1.1 Überblick

Review

Konzentration und radiogener Charakter des Bleis in einem Magma sind deutlich vom Typ des Magmas und damit von seiner Herkunft geprägt. Dabei sind vier Haupttypen von Magmen zu unterscheiden:

1) Ozeanische oder abyssische Tholeiit-Serien in Verbindung mit mittelozeanischen Rücken sowie die häufig alkalibetonten Vulkanite von ozeanischen Inseln zwischen den Rücken und Kontinenten, alles nahezu unkontaminierte Teilschmelzen aus dem Bereich des Oberen Mantels.

2) Bevorzugt kalkalkalischer Vulkanismus mit Andesit-Serien im Bereich der Inselbögen an Ozeanrändern oder an Kontinenträndern.

3) Kontinentale Tholeiite oder Plateau-Basalte, die wahrscheinlich häufig mit Krustenmaterial kontaminierte Teilschmelzen des Oberen Mantels sind.

4) Saure, granitische Magmen vom kontinentalen Typ, die weitgehend anatektisch im Bereich der Unteren Kruste und des Oberen Mantels entstehen und kontinental beeinflußte Alkalimagmen mit komplexer Genese.

Zu 1) und 3). Ozeanische oder abyssische Tholeiite, auch als MOR-Basalte (middle ocean ridge basalts) bezeichnet, entstehen bei relativ extensiven Teilschmelzprozessen von etwa 20 bis 30% im Oberen Mantel und sind durch niedrige Gehalte an K, Pb (<1 ppm) und anderen inkompatiblen Elementen sowie durch sehr wenig radiogene Bleie und entsprechend niedrige $^{238}U/^{204}Pb$-Verhältnisse gekennzeichnet; Alkalibasalte und Nephelinite entstehen bei weniger extensiven Teilschmelzprozessen, die nur etwa 5 bis 15 bzw. 3 bis 7% der Mantelsubstanz erfassen, sie sind reicher an K und Pb (>2 ppm) sowie anderen inkompatiblen Elementen und durch stärker radiogene Bleie mit größerer Varianz in den Isotopenverhältnissen sowie entsprechend höhere $^{238}U/^{204}Pb$-Verhältnisse gekennzeichnet, s. Tabelle S. 11.

Zusammen mit den ozeanischen Tholeiiten werden die kontinentalen, etwas K-reicheren (und Pb-reicheren, s. S. 40) Tholeiite als die weit überwiegenden, primär durch Teilschmelze aus Ober-Mantel-Material entstehenden Magmen angesehen [1], die entlang „hot lines" sowohl auf der ozeanischen wie kontinentalen Kruste, die dadurch aufgebrochen werden können, entstehen [2], so daß das Blei dieser Basalte ozeanischer Rücken und Becken am ehesten als repräsentativ für das Blei des Erdmantels gelten kann [3]. Die deutlichen Unterschiede in den Pb-Isotopen-Verhältnissen dieser Magmen charakterisieren jedoch das Herkunftsmaterial im Oberen Mantel als im Chemismus — z. B. im Verhältnis U/Pb — und in den Pb-Isotopen heterogen, wobei lediglich die Art und das Ausmaß sowie die Zeiträume der Existenz solcher Heterogenitäten strittig sind, s. ab S. 6. Eine klare Unterscheidung zwischen ozeanischen und kontinentalen Gesteinen nach Pb-Isotopen ist jedoch infolge der breiten Streuung von Pb-Isotopen-Verhältnissen mit ^{206}Pb-reichen und -armen Bleien in rezenten Vulkaniten sowohl ozeanischer wie kontinentaler Herkunft und der entsprechend komplexen Geschichte der Herkunftsräume mit zumindest lokalen Inhomogenitäten und zunehmender Umverteilung von U und Pb bei zunehmender U-Anreicherung nicht möglich [4]; beide Typen können nicht von einem homogenen Oberen Mantel stammen [5]. Insbesondere die spezifischen Pb-Isotopen-Charakteristika von Vulkaniten einzelner Gruppen von ozeanischen Inseln liefern deutliche Hinweise auf einen ziemlich regelmäßig auftretenden Typ von Isotopen-Heterogenität im Oberen Mantel sowohl unter den Ozeanen wie unter den Kontinenten [6], wobei die kontinentalen gegenüber den ozeanischen Tholeiiten durch höhere Verhältnisse von $^{206}Pb/^{204}Pb$ charakterisiert sind [7], im Gegensatz zu der von Patterson für vulkanische Laven von Krustenherkunft allgemein angenommenen geringeren Radiogenität bei kontinentalen gegenüber ozeanischen Typen [8]. Mögliche systematische Unterschiede im Verhältnis U/Pb des subkontinentalen und des ozeanischen Mantels sind aus den Pb-Isotopen-Varianzen der rezenten Vulkanite nicht zu ermitteln [9], aber die Pb-Isotopen-Zusammensetzung spiegelt mehr als der Chemismus eines basaltischen Magmas die für das Mantelmaterial charakteristischen Verhältnisse von U/Pb und Th/Pb wider [10], s. auch unter 2.4.1.1.1.3, ab S. 6.

Zu 2). Für den Vulkanismus im Bereich von Inselbögen und Kontinenträndern, der beim Unterschub ozeanischer Kruste — mit oder ohne Sedimentdecke — unter die Kontinente entsteht, sind Blei-Mischungen typisch, welche bei zunehmenden Teilschmelzprozessen von ozeanischem und kontinentalem Material mit zunehmender Tiefe entlang der Benioff-Zone entstehen, s. dazu unter 2.4.1.1.1.4, ab S. 17.

Zu 4). Der kontinental-anatektische Magmentyp bezieht sein Blei ebenfalls vorwiegend aus zwei Quellen bzw. Ausgangsmaterialien: 1. Aus älteren Basisgesteinen wird beim sukzessiven Wiederaufschmelzen Pb extrahiert und häufig in den neu gebildeten palingenen Magmen gegenüber dem Ausgangsmaterial konzentriert. — 2. Durch Assimilation aus den Nebengesteinen der Aufstiegskanäle in der Kruste können diese Magmen weiteres Blei aufnehmen, s. unter 2.4.1.1.1.6, ab S. 40, und „Blei" A 2c, S. 130/1. — 3. Alkalimagmen des kontinentalen Typs erhalten ihr Blei bei Gas-Magmenfraktionierungen und/oder bei Magmenmischungen, s. S. 4 und ab S. 47.

Literatur zu 2.4.1.1.1.1:

[1] A. E. J. Engel, C. G. Engel (Science [2] **146** [1964] 477/85, 485). — [2] S. S. Sun, G. N. Hanson (Geology [Boulder] **3** [1975] 297/302, 301). — [3] A. K. Sinha, G. R. Tilton (Geochim. Cosmochim. Acta **37** [1973] 1823/49, 1836). — [4] J. A. Cooper, J. R. Richards (Earth Planet. Sci. Letters **1** [1966] 259/69, 259, 262, 265/8). — [5] G. J. Wasserburg (Advan. Earth Sci. Contrib. Intern. Conf., Cambridge, Mass., 1964 [1965], S. 431/59, 455/6).

[6] J. D. Kramers (Earth Planet. Sci. Letters **34** [1977] 419/31, 430). — [7] A. E. J. Engel, C. G. Engel, R. G. Havens (Geol. Soc. Am. Bull. **76** [1965] 719/33, 727). — [8] C. Patterson (in: H. Craig, S. L. Miller, Isotopic and Cosmic Chemistry, Amsterdam 1964, S. 244/68, 265/6). — [9] P. W. Gast (in: H. H. Hess, A. Poldervaart, Basalts, The Poldervaart Treatise on Rocks of Basaltic Composition, New York – London – Sydney 1967, S. 325/58, 337, 339). — [10] E. V. Sobotovich (Isotopy Svintsa v Geokhimii i Kosmokhimii, Moskva 1970, S. 1/350, 315).

Type of Occurrence and Distribution of Lead in Magmas

2.4.1.1.1.2 Art des Auftretens und Verteilung von Blei in Magmen

Angaben zur Art des Auftretens und der Verteilung von Blei liegen z.T. nur für Magmen allgemein, ohne Spezifizierung auf Magmentypen nach dem derzeitigen Kenntnisstand, s. S. 1/2, z.T. nach experimentellen Untersuchungen — bevorzugt an sauren Silikatschmelzen — vor. Sie sind daher im folgenden für alle Magmentypen zusammengefaßt behandelt.

In Silikatschmelzen als mikroheterogenen, strukturell geregelten Fluiden sind die Pb^{2+}-Kationen hinsichtlich der Stärke ihrer Bindung an den Sauerstoff des SiO_2-Netzwerkes den Kationen der Gruppe Ca-Mg ähnlich und gehören damit zu den „modifying cations", die — ionar gebunden — große Beweglichkeit in der Schmelze besitzen [1]. Allgemein tritt Pb in den Magmen als freies Ion Pb^{2+} — und nicht in Form von Komplexen — auf [2, 3], möglicherweise auch atomar oder als Sulfid mit Metall-Elektronen-Bindung [4]. Da die Pb-O-Bindung in Orthoklas kovalenter ist als die von K, wird seine Tendenz zum Eintritt in Feldspatgitter gegenüber K verringert, und es wird in Restschmelzen konzentriert [5], vgl. auch „Blei" A 2a, S. 97.

In einem Muttermagma bleibt die Konzentration von Pb — nach Untersuchungen am Kzyl-Ompul-Massiv, Nord-Tien Shan — so lange konstant, wie Gleichgewicht zwischen magmatischer Schmelze und einer gasförmig-fluiden Phase besteht [6]; bei Temperaturen von etwa 600°C und 1000 atm Druck ist es jedoch in größerer Menge in der Dampfphase enthalten [7]. — Erhebliche Bedeutung für das Verhalten von Pb haben offensichtlich die Gehalte an Halogeniden und an Wasser in einem Magma: Pb wird als lösliche Verbindung, wahrscheinlich als Chlorid, zusammen mit den früh in einem Magma aufsteigenden, leichtflüchtigen Komponenten konzentriert [8] und auch weitgehend als Chlorid in einer Gasphase transportiert, wenn nicht zu hohe H_2S-Gehalte in der Gasphase dies verhindern [9], s. auch „Vulkanismus", S. 270; neben dem Transport von Pb als Chlorid ist auch Transport als Sulfid durch Diffusion im festen Zustand bei Temperaturen >700°C möglich [10]. Ferner zeigen experimentelle Untersuchungen mit einer (F-)Phlogopit-ähnlichen Silikatschmelze (mit 4% Überschuß an K-Silikofluorid) bei 1400°C Migration von Pb aus dieser F-gesättigten Schmelze, wahrscheinlich als Fluorid und nicht als reiner Metalldampf [11]. Die Existenz von Pb-Chlorid-Komplexen ist nach Untersuchungen zur Verteilung von Pb im System NaCl-Na_2O-Al_2O_3-CaO-SiO_2 bei 800 bis 1000°C infolge thermischer Dissoziation nicht möglich, die Tendenz des Pb zur Konzentration in der Silikatschmelze gegenüber der unmischbaren Chloridschmelze und der kaum Pb-führenden Gasphase zeigt sich deutlich durch Pb-Anreicherung in den Silikatgläsern: 0.082 bis 0.190% Pb gegenüber nur 0.002 bis 0.004% Pb in der Chloridschicht [12]. Im geschmolzenen Salzsystem $PbCl_2$-KCl tritt Pb nach experimentellen, physikalisch-chemischen Untersuchungen allerdings in Form von Verbindungen vom Typ $PbCl_2 \cdot KCl$ bei Temperaturen von 900 bis 1000°C auf [13].

Nach experimentellen Untersuchungen reicht in einer Silikatschmelze, die einem Magma entspricht, der H_2O-Gehalt — abgesehen von den übrigen fluiden Komponenten — aus, um bereits in einem Frühstadium des magmatischen Prozesses die Menge von Pb abzutrennen, welche die in Granitoiden üblicherweise enthaltene Menge übersteigt [14], vgl. [15, S. 121]. Statistische Untersuchungen von glasig-effusiven, den Magmen gleichzustellenden Gesteinen und von vollkristallinen Gesteinen zeigen im allgemeinen keine Tendenz zu bevorzugter Konzentration von Pb in der Schmelze oder im Kristallisat; bei ausreichender Absonderung flüchtiger Ionen beim Erkalten einer magmatischen Schmelze, die mit Erzkomponenten angereichert ist, können sich jedoch potentiell erzführende Magmen bilden und nach den errechneten Verteilungskoeffizienten aus einem km^3 57500 t Pb verloren gehen [16].

Nach Untersuchungen an verschiedenen Granitoid-Komplexen der UdSSR werden die unterschiedlichen Pb-Gehalte granitischer Magmen — außer vom ursprünglichen Pb-Gehalt der Substrate, aus denen sich die Magmen entwickeln — auch von der unterschiedlichen Fähigkeit der Magmen, Pb in der Schmelze zurückzuhalten, bestimmt, wofür als wesentliche Komponenten insbesondere H_2O, fluide Komponenten, Alkalinität und das Verhältnis K/Na ermittelt wurden: Bei hoher Alkalinität und hohem K/Na führt die erhöhte K-Aktivität offensichtlich zum Übergang von K aus der ionaren Form in eine cybotaktische Gruppierung, die auch Pb überwiegend im Magma zurückhält; demgegenüber wird bei verringerter Alkalinität und hohen Gehalten an Na gegenüber K (niedriges K/Na) mit entsprechend starker Teilnahme von Na an der cybotaktischen Gruppierung Pb zu einem ziemlich frühen Zeitpunkt zusammen mit fluiden Komponenten, die bei erhöhten Gehalten in sauren Schmelzen den Zerfall der cybotaktischen Gruppierung bewirken, aus dem Magma weggeführt [15, S. 120/2].

Ähnliche Bedingungen für die Konzentration von Pb in einem an flüchtigen, sauren Komponenten reichen und an Alkalien vergleichsweise armen Destillat, das beim Abkühlen eines granitischen Magmas gegen Ende der Periode retrograder Destillation entsteht, s. bei [17]. Zur Mobilisierung und zum Transport von PbS in Gas-Dampf-Phasen mit SiO_2 vgl. [18] oder mit CO_2 bei Temperaturen von 650 bis 750°C und 5 kbar Druck [19].

Für Pb-Verluste aus Magmen infolge mehr oder weniger starker Anreicherung von Pb in sich abtrennenden Gasphasen gibt es a) direkte und b) indirekte Beweise: Zu a) sind zu zählen K-unabhängige, um 40% höhere Pb-Konzentrationen in leukokraten Graniten aus apikalen Teilen des Raumid-Massivs, West-Pamir, welche mobile Pb-Verbindungen in nach oben migrierenden, hauptsächlich H_2O, Cl^- und HCO_3^- sowie etwas SO_4^{2-} enthaltende Lösungen anzeigen [20], sowie das Entweichen von Pb mit leichtflüchtigen Substanzen aus miarolitischen Ekeriten, Oslo-Gebiet, Norwegen, im Gegensatz zu den Pb-reichen massiven Ekeriten mit 40 ppm als Mittel von drei Proben [21]. Beispiele für b) sind Pb-arme, saure Magmen der Nord-Atlantik-Provinz mit wahrscheinlicher Diffusion einer Gasphase in semipermeable Nebengesteine [22], sehr Pb-arme Nephelinsyenite (<6 ppm) von Stjernoy, Nord-Norwegen [23], und höhere Pb-Gehalte von im Mittel (vier Proben) 29 ppm in H_2O-reichen Graniten mit zwei Feldspäten und gleichmäßig hohen Gehalten an fluiden Komponenten im Gegensatz zu wesentlich niedrigeren Gehalten von im Mittel (sechs Proben) nur 12 ppm Pb in H_2O-ärmeren Graniten mit nur einem Feldspat und ungleichmäßiger Verteilung der leichtflüchtigen Komponenten in Massiven des Südural [24]. Weitere Angaben zum Auftreten und Verhalten von Pb in Emanationsdifferentiaten s. S. 128; deutliche Hinweise auf Anreicherung von Pb in Entgasungsprodukten des Mantels liefern ferner manche Pb-reiche Gesteine und heiße Soleteiche zentralozeanischer Bruchzonen, s. S. 15/6.

In verschiedenen Gebieten Afrikas entstehen aus Alkalimagmen — in Verbindung mit Gas-Magmen-Fraktionierung — als extreme Endglieder Rest-Carbonatit-Magmen, die als CO_2-reiche Medien (Fluide, Gase oder heiße Lösungen) von explosiver Aktivität durch eine hochradiogene Pb-Komponente mit $^{206}Pb/^{204}Pb \approx 20.84$ charakterisiert sind, die sowohl aus der Kruste wie aus Material vom innersten Teil des Mantels stammen kann; die Carbonatite mit sehr variablen Pb-Gehalten von <1 bis fast 700 ppm stammen nach der Lage ihrer Pb-Isotopen-Daten im $^{207}Pb/^{204}Pb$-$^{206}Pb/^{204}Pb$-Diagramm im Feld der Alkaligesteine von atlantischen Inseln [25] bzw. nach ihrer Lage auf den verlängerten Regressionslinien der Alkaligesteine Mittel- und Süd-Italiens wahrscheinlich aus Mantel-Subsystemen mit extremer U-Th-Pb-Fraktionierung und höchsten zeitintegrierten Verhältnissen U/Pb [26], vgl. auch S. 47. Besonders hohe Pb-Konzentrationen werden auch in den carbonatitischen Endstadien von Alkalimagmen anderer Herkunft beobachtet: so beispielsweise am Kaiserstuhl, Baden, Bundesrepublik Deutschland, in den letzten dolomitisch-ankeritischen Gängen mit 1600 ppm in Dolomit II gegenüber nur 350 ppm in Dolomit I [27], vgl. [28], im Mountain Pass District, San Bernardino County, Kalifornien, in Carbonatgesteinen, die als späte Phasen eines K-reichen Magmatismus angesehen werden, mit n00 bis n000 ppm Pb [29], in einem nicht näher lokalisierten Massiv in der UdSSR in Quarz-Ankerit-Metasomatiten als Endprodukte einer Alkalimagmen-Serie mit 100 bis 1000 ppm Pb [30] und bei Amba Dongar, Baroda District, Gujarat, Indien, mit nur wenig <200 ppm Pb in einem Fluorit-Baryt-Anhydrit-Gestein als späte Abscheidung eines sövitischen Carbonatitmagmas, das selbst in einem intermediären Stadium von einem tholeiitischen Magma nach den Nepheliniten, aber vor den Phonolithen als Restprodukten, abgetrennt wurde [31].

Trotz gelegentlicher Pb-Verluste in Gasphasen, s. S. 3, und trotz Pb-Abscheidung in K-Feldspäten, s. auch „Blei" A 2a, S. 97 und ab S. 212, sind magmatische Restschmelzen meist noch Pb-reich [32] oder sogar stark an Pb angereichert, wobei ihre Herkunft als Produkt fraktionierter Kristallisation juvenil-basaltischer Magmen oder durch Differentiation palingen-sialischer Schmelzen ohne Bedeutung ist [33]. In Betracht zu ziehen ist jedoch die Möglichkeit der Mobilisierung von Pb unterschiedlicher Herkunft, wie sie sich z. B. aus Pb-Isotopenverhältnissen von Feldspäten und Quarzen von Quarzmonzoniten und Pegmatiten von Butte, Montana, ergibt [34]. — Einige Beispiele für Pb-Konzentrationen in sauren magmatischen Restschmelzen sind die Bushveld-Restmagmen [35], die letzten Differentiate einer nordkirgisischen Granit-Intrusion [36], saure Endglieder K-reicher Kalk-Alkali-Gesteinsserien der USA und von Schottland im Gegensatz zu K-ärmeren Serien vom Crater Lake, Oregon, und den Kleinen Antillen mit durchweg niedrigen Pb-Gehalten [37]; ferner pantelleritische Gläser des Thirsty Canyon Tuff, Süd-Nevada, mit bis zu 220 ppm Pb [38], alaskitisch-aplitische Restdifferentiate des Omchikandin-Massivs, Yakutien, mit z.T. >100 ppm Pb [39], späte granitisch-aplitische Differentiate des Oberkarbon-Granitoid-Komplexes von Süd-Varzob, Gissar-Gebirge, Tadschikistan, mit 54 und 65 ppm Pb [40], sowie Pegmatite Nord-Kareliens, UdSSR [41], und des Oku-Tango-Distrikts, Kyoto-Präfektur, Japan [42], letzte beiden auf Grund der Pb-Gehalte in ihren (K-)Feldspäten. An Pb angereichert sind aber auch die Restschmelzen des basischen sibirischen Plateau-Vulkanismus (Trapp-Decken) [43]. Die Herkunft relativ Pb-armer Pseudoleucit-Gesteine des Synnyr-Alkali-Massivs, Burjatische ASSR, Sibirien, von K-reichen Restschmelzen durch metasomatische Prozesse oder von einem interstitiellen Restmagma ist nicht eindeutig zu erkennen [44]. Weitere quantitative Angaben zur Anreicherung von Pb in Restdifferentiaten s. „Differentiationsreihen", ab S. 133.

Die Verteilung von Pb zwischen Silikat- und Sulfidschmelzen ist nach experimentellen Untersuchungen am System $FeS\text{-}FeO\text{-}SiO_2(\text{-}Fe_3O_4$ oder $\text{-}Na_2O)$ vom Sauerstoffgehalt der Sulfidschmelzen abhängig: der Verteilungskoeffizient K_{Pb} (Gew.-% Pb in Sulfidschmelze/Gew.-% Pb in Silikatschmelze) nimmt infolge der stärkeren Affinität von Pb zu S in einer Sulfidschmelze mit abnehmendem Sauerstoffgehalt zu, so daß Pb offensichtlich in beiden Schmelzen sowohl als PbO wie auch PbS auftritt; Sulfidschmelzen im Gleichgewicht mit basischen Magmen können zwar das Zehnfache an Pb und mehr gegenüber den Silikatschmelzen konzentrieren ($K_{Pb} \geqq 10$ erreichen), doch werden infolge der niedrigen Pb-Gehalte basischer Magmen dadurch in Sulfidschmelzen höchstens n0 bis 100 ppm Pb konzentriert, so daß ökonomisch bedeutende Pb-Konzentrationen in orthomagmatischen Sulfid-Lagerstätten nicht zu erwarten sind [45]. Demgegenüber sehen Kullerud, Moh in der weitgehenden Unmischbarkeit von Silikat- und Sulfidschmelzen die Ursache für beispielsweise Pb-Zn-Vererzungen [18]. Beispiele für eine Pb-Anreicherung in Sulfidrestschmelzen basischer Magmen sind die Lagerstätten von Sudbury, Ontario, Kanada, mit Anreicherung von Pb und seltenen Metallen sowie Edelmetallen in den Cu-reichen gegenüber den Ni-Fe-reichen Sulfidschmelzen, die durch Liquation von basischem Noritmagma abgetrennt wurden [46], und Norilsk im nördlichen Mittel-Sibirien, wo sich im letzten Stadium einer leichtflüchtige Komponenten führenden $CuFeS_2$-Schmelze Fluide mit Metallen der Pt-Gruppe und Gehalten an Pb, Sn, As, Sb und Bi als allerletzte Restschmelze konzentrieren [47, S. 75/6]; aus diesen Fluiden, deren Pb-Gehalt auf Grund von Erzuntersuchungen mit der Mikrosonde $25 \pm 2\%$ beträgt [48, S. 97/8], wird neben Pt-Mineralien Pb bevorzugt in Verbindung mit Pd in Form selbständiger Pb-Mineralien wie Zvyagintsevit $(Pd,Pt)_3(Pb,Sn)$, „Arsenopalladinit" $(Pd,Pb)_3As$ und Galenit abgeschieden [47, S. 73, 78], vgl. [48, S. 96, 99/100] und „Blei" A 2a, S. 134.

Literatur zu 2.4.1.1.1.2:

[1] V. V. Potap'ev, I. N. Malikova, A. A. Alabina, V. M. Dorosh (Dokl. Akad. Nauk SSSR **207** [1972] 176/9; Dokl. Earth Sci. Sect. **207** [1972] 147/50). — [2] A. E. Ringwood (Geochim. Cosmochim. Acta **7** [1955] 242/54, 244). — [3] H. J. Rösler, H. Lange (Geochemische Tabellen, Leipzig 1965, S. 1/328, 97). — [4] L. V. Tauson (in: L. H. Ahrens, F. Press, S. K. Runcorn, H. C. Urey, Physics and Chemistry of the Earth, Oxford – London – Edinburgh – New York – Paris – Frankfurt 1965, S. 215/49, 245). — [5] A. E. Ringwood (Geochim. Cosmochim. Acta **7** [1955] 189/202, 196).

[6] R. D. Gavrilin, L. A. Pevtsova (Geokhimiya **1963** 732/45; Geochemistry [USSR] **1963** 764/77, 776). — [7] K. B. Krauskopf nach [11]. — [8] E. Ingerson (Econ. Geol. **49** [1954] 727/33, 728). — [9] K. B. Krauskopf (Introduction to Geochemistry, New York – St. Louis – San Francisco – Toronto – London – Sydney 1967, S. 1/721, 468, 484). — [10] A. H. Sorensen (Econ. Geol. **58** [1963] 1071/88, 1080, 1083).

[11] L. N. Khetchikov, S. A. Smirnova, I. N. Anikin (Dokl. Akad. Nauk SSSR **173** [1967] 929/30; Dokl. Acad. Sci. USSR Earth Sci. Sect. **173** [1967] 207/9). — [12] N. A. Durasova (Geokhimiya **1969** 744/7; Geochem. Intern. **6** [1969] 595/7). — [13] J. L. Barton, H. Bloom (Trans. Faraday Soc. **55** [1959] 1792/3). — [14] N. I. Khitarov (Geokhimiya **1964** 578/81; Geochem. Intern. **1** [1964] 532/5). — [15] K. V. Flerova (Geol. i Geofiz. Akad. Nauk SSSR Sibirsk. Otd. **1973** Nr. 5, S. 119/23).

[16] L. N. Ovchinnikov, A. A. Ganzeev, N. F. Chelishchev (in: G. D. Afanas'ev, A. K. Simon, Magmatizm i Rudoobrazovanie, Moskva 1974, S. 44/61, 48/51, 55). — [17] I. N. Govorov (Mezhdunar. Geol. Kongr. 22-ya Sessiya Dokl. Sov. Geol., 1964, Probl. 5, S. 50/66, 56/7, 62, 64 [englisch S. 64]). — [18] G. Kullerud, G. H. Moh (Mineralium Deposita **7** [1972] 271/9, 276). — [19] G. Kullerud (Am. J. Sci. A **267** [1969] 233/56, 255). — [20] R. D. Gavrilin, V. N. Volkov, E. V. Negrei, L. A. Pevtsova (Geokhimiya **1972** 926/35, 932/3; Geochem. Intern. **9** [1972] 630/7, 632, 635).

[21] R. V. Dietrich, K. S. Heier (Geochim. Cosmochim. Acta **31** [1967] 275/80, 276, 279). — [22] I. Carmichael (Geol. Mag. **99** [1962] 253/64, 261). — [23] K. S. Heier (Norsk Geol. Tidsskr. **44** [1964] 205/15, 213). — [24] G. B. Fershtater, N. S. Borodina (Petrologiya Magmaticheskikh Granitoidov, Moskva 1975, S. 1/288, 97, 156/7). — [25] J. R. Lancelot, C. J. Allegre (Earth Planet. Sci. Letters **22** [1974] 233/8, 235/7).

[26] R. Vollmer (Geochim. Cosmochim. Acta **40** [1976] 283/95, 292). — [27] L. van Wambeke (in: L. van Wambeke u.a., Les Roches Alcalines et les Carbonatites du Kaiserstuhl, Brüssel 1964, S. 65/91, 87/9). — [28] L. van Wambeke, W. Wimmenauer (in: L. van Wambeke u.a., Les Roches Alcalines et les Carbonatites du Kaiserstuhl, Brüssel 1964, S. 223/32, 227). — [29] J. C. Olson, D. R. Shawe, L. C. Pray, W. N. Sharp (U.S. Geol. Surv. Profess. Papers Nr. 261 [1954] 1/75, 15, 59, 62). — [30] E. M. Strelkina (Izv. Akad. Nauk SSSR Ser. Geol. **1971** Nr. 8, S. 55/61, 58, 61).

[31] G. R. Udas (Bull. Volcanol. [2] **35** [1971/72] 799/809, 800, 802, 809). — [32] K. H. Wedepohl (Geochim. Cosmochim. Acta **10** [1956] 69/148, 142). — [33] H. Borchert (Z. Deut. Geol. Ges. **110** [1958] 450/73, 464). — [34] V. R. Murthy, C. Patterson (Econ. Geol. **56** [1961] 59/67, 63/6). — [35] C. J. Liebenberg (Publ. Univ. Pretoria Nr. 12 [1960] 1/79, 51).

[36] S. D. Turovskii (Tr. Inst. Geol. Kirgizsk. Filial Akad. Nauk SSSR **5** [1954] 91/8, 93). — [37] S. R. Nockolds, R. Allen (Geochim. Cosmochim. Acta **4** [1953] 105/42, 112/26, 132, 137). — [38] D. C. Noble (U.S. Geol. Surv. Profess. Papers Nr. 525-B [1965] B85/B90). — [39] I. Ya. Nekrasov, I. S. Ipat'eva (Mater. Geol. Polez. Iskop. Yakutsk. ASSR Nr. 5 [1961] 32/50, 49). — [40] R. B. Baratov (Intruzivnye Kompleksy Yuzhnogo Sklona Gissarskogo Khrebta i Svyazannoe s nimi Orudenenie, Dushanbe 1966, S. 1/337, 222, 227).

[41] N. M. Manaev (Geokhim. Sb. Saratovsk. Univ. [1969] Nr. 4, S. 140/57, 151). — [42] M. Tatekawa (Mem. Coll. Sci. Univ. Kyoto B **21** [1954] 183/92, 191 [englisch]). — [43] V. V. Lyakhovich (Tr. Inst. Mineralog. Geokhim. Kristallokhim. Redkikh Elementov Akad. Nauk SSSR Nr. 1 [1957] 93/120, 108). — [44] R. P. Tikhonenkova, I. A. Nechaeva, E. D. Osokin (Petrologiya Kalievykh Shchelochnykh Porod na Primere Synnyrskogo Shchelochnogo Massiva v Buryatskoi ASSR, Moskva 1971, S. 1/220, 49, 171, 196). — [45] H. Shimazaki, W. H. MacLean (Mineralium Deposita **11** [1976] 125/32, 125/6, 128/31).

[46] J. E. Hawley (Can. Mineralogist **7** [1962/63] 1/207, 182, 185). — [47] A. D. Genkin (Freiberger Forschungsh. C Nr. 270 [1970] 69/81 [russisch; deutsch S. 80]). — [48] A. D. Genkin, I. V. Murav'eva, N. V. Troneva (Geol. Rudn. Mestorozhd. **8** Nr. 3 [1966] 94/100).

Lead in Magmas of Middle Ocean Ridges and Oceanic Islands

2.4.1.1.1.3 Blei in den Magmen mittelozeanischer Rücken und ozeanischer Inseln

Origin. Type of Mantle Heterogeneities

2.4.1.1.1.3.1 Herkunft. Art der Mantel-Heterogenitäten

Die Magmen ozeanischer Vulkanite mit eindeutiger Herkunft aus dem Oberen Mantel, bei denen infolge raschen Durchdringens der dünnen ozeanischen Kruste nur geringe Möglichkeiten einer Kontamination mit Krustenmaterial bestehen [1, S. 240], bilden Gesteine, deren Isotopen-Varianzen ein deutliches Anzeichen sind für einen im Chemismus generell, vor allem aber in den Verhältnissen U/Pb und Th/Pb (speziell μ und W, s. „Blei" A 2a, S. 255) und teilweise auch in den Pb-Isotopenverhältnissen, heterogenen Oberen Mantel, s. ‚Blei" A 2a, S. 271. Diese Heterogenität — zumindest des Oberen Mantels — in Chemismus und Isotopen wird entgegen früheren Auffassungen und Berechnungen über ein relativ homogenes Verhältnis U/Pb im Herkunftsraum ozeanischer Vulkanite, s. z. B. [2], inzwischen allgemein akzeptiert, umstritten ist jedoch das Ausmaß (regional, lokal oder im Mineralbereich) und die Zeitdauer solcher Heterogenitäten (sehr kurzzeitig bis zu einigen Milliarden Jahren) sowie die Art der Entwicklung der Magmen aus dem heterogenen Material, wobei Zonenschmelzen (zone refining), mit und ohne Einstellung eines Gleichgewichts zwischen Elementen und Isotopen, sowie sukzessives Schmelzen in Etappen in Erwägung gezogen werden [3, S. 426]. Erste Hinweise, insbesondere auf sehr variable Verhältnisse U/Pb von <6 bis >40 im Oberen Mantel ergaben sich aus der unterschiedlichen Pb-Isotopenzusammensetzung von Vulkaniten von den Inseln Gough und Ascension im südlichen bzw. mittleren Atlantik, s. S. 14 und 13; sie entwickelten sich im Herkunftsmaterial während der letzten 10^9 a [4]. Wahrscheinlich werden im Oberen Mantel durch magmatische Aktivitäten räumlich und zeitlich Veränderungen der μ-Werte erzeugt, deren Größe und Richtung von den relativen U- und Pb-Konzentrationen im Ausgangsmaterial und in den entstehenden und weggeführten Liquiden abhängen: Die Schmelzen führen höhere oder niedrigere μ-Werte als im Mantel normalerweise vorhanden sind, und es bleiben im Oberen Mantel Restmaterialien mit entsprechend niedrigeren oder höheren μ-Werten zurück, die wahrscheinlich im subkontinentalen und ozeanischen Bereich unterschiedlich sind. Am Beispiel eines vor 10^9 a vom Oberen Mantel weggeführten Magmas mit $\mu = 12.86$ (willkürlich gewählt) errechnen sich für die Rückstände bei Schmelzverlusten von 4% $\mu = 3.14$ und von 2% $\mu = 6.95$, und es existieren gewisse Hinweise auf höhere μ-Werte in alkalibasaltischen und niedrigere in tholeiitischen und Al-reichen Magmen gegenüber dem Ausgangsmaterial. Eine zweite Möglichkeit zur Entstehung unterschiedlicher μ-Werte im Oberen Mantel ist die Entwicklung von wahrscheinlich relativ alten Subsystemen, für die je nach Zeitpunkt ihrer Bildung signifikante Veränderungen des Verhältnisses $^{238}U/^{204}Pb$ um 50 bis 150% erforderlich sind [5, S. 332, 335, 337, 350/1]. Trotz der von verschiedenen Autoren bei jungen ozeanischen Magmatiten allgemein beobachteten, variablen Pb-Isotopenverhältnisse sind speziell die relativ homogenen Verhältnisse $^{207}Pb/^{204}Pb$ kein Hinweis auf permanent isolierte „Domänen" mit sehr unterschiedlichen Verhältnissen U/Pb im Mantel-Herkunftsraum, sondern zeigen eher chemische Heterogenitäten von relativ kurzer Dauer im Vergleich zum Alter der Erde im Mantel an [6, S. 55]. Demgegenüber können jedoch Domänen über einen längeren Zeitraum existieren, s. unten, und auch die Pb-Isotopenverhältnisse tholeiitischer Basalte des Atlantik und Pazifik erfordern längere Zeiträume der Differentiation im Herkunftsraum unter den Ozeanen [7] und eine Abtrennung des Magmen-Materials vor etwa 1.2×10^9 a durch vollständiges oder teilweises Aufschmelzen aus dem differenzierten Oberen Mantel [8, S. 1098/9]. Hohe Überschüsse von ^{206}Pb in Vulkaniten von St. Helena und Ascension im Süd-Atlantik zeigen die Bildung von Differentiaten mit hohen Verhältnissen U/Pb ($\mu \approx 25$) vor der Magmenentstehung im Oberen Mantel vor etwa 10^9 a an [9], vgl. 1.5×10^9 a als Zeitpunkt für das Einsetzen großräumiger Heterogenität im System U-Pb des Mantels zumindest unter dem Atlantik, wahrscheinlich auch unter dem Pazifik, und ein „μ-offenes System" — mit wahrscheinlich einer Anzahl von Veränderungen des μ-Werts im Herkunftsraum — bis zur Magmenbildung [10, S. 404/5]. Möglicherweise entstanden auch chemische Heterogenitäten im Mantel durch Meteoriten-Einschläge und blieben über längere Zeiträume von $n \cdot 10^9$ a erhalten; dafür sprechen die Antikorrelationen zwischen radiogenem Pb und radiogenem Sr sowohl in ältesten grönländischen Krustengesteinen wie auch bei rezenten ozeanischen Vulkaniten [11], s. auch „Blei" A 2a, S. 57/8. Nach Diffusionsversuchen können regionale Isotopen-Ungleichgewichte gut über $n \cdot 10^9$ a erhalten bleiben, wenn keine mobilen fluiden Phasen oder Teilschmelzen auftreten, und kleine Volumina von Vulkaniten von ozeanischen Inseln spiegeln auch diese Heterogenitäten noch wider, während Basalte von mittelozeanischen Rücken in so großen Volumina auftreten, daß eine Homogenisierung der Pb-Isotopen im Herkunftsraum erwartet werden kann [3, S. 430]. Ein Vergleich zwischen den Pb-Isotopendaten von Galeniten aus schichtgebundenen („conformable") Lagerstätten und dem Blei rezenter Vulkanite zeigt für letzte eine spätere oder weniger intensive Fraktionierung von U und Pb in den Herkunftsräumen an [12].

Eine kritische Betrachtung der Interpretationen von Pb-Isotopendaten ozeanischer Vulkanite zeigt, daß für die meisten eine Entwicklung in zwei Stadien nicht ausreicht, eine für manche Vulkanite anzunehmende Entwicklung in drei oder mehr Stadien infolge nicht exakt bestimmter Verhältnisse U/Pb aber nicht nachweisbar ist [13, S. 72/5], vgl. drei Stadien z. B. für Vulkanite von St. Helena S. 13, und für MOR-Basalte (middle ocean ridge basalts) von der Bohrung DSDP Leg 37 im Pazifik [14] sowie Annahme einer Mehr-Stadien-Differentiation für das Herkunftsmaterial von Gough und Ascension S. 14 und 13, ferner für ozeanische vulkanische Bleie allgemein [15]. Dementsprechend ist das von Russell 1972 vorgelegte [16] und später (1974) erweiterte Konzept [17] eines kontinuierlichen Austausches von Pb und U zwischen zwei Reservoiren — „Protokruste und Restmantel" — über eine gewisse Zeitspanne, mit dem auch der Mangel an ^{207}Pb in ozeanischen Vulkaniten erklärt werden kann, der Realität wahrscheinlich näher [13, S. 75], s. auch „Blei" A 2a, S. 272/3. In ähnlicher Weise wird ein Mantel-Differentiationsprozeß als dominierender Faktor für die im Herkunftsraum des Pb seit Bildung der Erde, mindestens aber seit 3.7×10^9 a, zu beobachtende Zunahme von μ und die damit verbundenen μ-Varianzen zwischen ozeanischen Basalten und Krustengesteinen angesehen [18, S. 1844/5]. Detaillierte Angaben zu den verschiedenen Modellvorstellungen über die Pb-Isotopenentwicklung allgemein und im Herkunftsraum des ozeanischen Vulkanismus, dem Oberen Mantel, s. „Blei" A 2a, ab S. 267.

Im Mittelpunkt der Diskussion über die Besonderheiten des Pb-Isotopen-Spektrums der aus dem Mantel stammenden Vulkanite stehen das Ausmaß und die Art der einzelnen isolierten Systeme innerhalb des Oberen Mantels [3, S. 426]: Großräumige, regionale Heterogenitäten im Verhältnis U/Pb im Oberen Mantel, vgl. oben, bestehen z. B. unter den Kanarischen Inseln wahrscheinlich aus zwei Mantelschichten mit unterschiedlichen μ-Werten, möglicherweise auch nur aus einer Schicht mit zwei im μ-Wert unterschiedlichen, Pb-führenden Phasen [19, S. 3411], vgl. die Annahme eines infolge von Zu- oder Abfuhr hinsichtlich der Pb-, U- und Th-Gehalte geschichteten Mantels schon bei Russell, Farquhar [20] und den ebenfalls vertikal geschichteten, aber zusätzlich horizontal in Zellen mit unterschiedlichen U-Th-Pb-Systemen („Domänen") unterteilten Oberen Mantel bei [21, S. 262]. Solche Domänen werden von konvektiven und anderen Mischprozessen offensichtlich so wenig beeinflußt, daß sie über $n \cdot 10^9$ a erhalten bleiben können [22, S. 2112], s. demgegenüber S. 6. Ein anderer Typ von begrenzten lateralen Inhomogenitäten im Oberen Mantel sind die „hot spots" oder „plumes", s. „Blei" A 2a, S. 273; dieses besonders an Tripelpunkten ozeanischer Rücken, wie z. B. unter Island oder Hawaii, s. S. 12 und 15, tief aus dem Mantel in die Asthenosphäre (low velocity zone) adiabatisch aufsteigende Urmaterial ist als Motor der Plattenbewegungen schon aktiv, bevor die Kontinente auseinanderdriften [23] und seismisch als zylindrischer Körper von etwa 150 km Radius an der Basis des Mantels etwa 400 km über dem Erdkern unter Hawaii nachgewiesen [24]. Hinweise auf ein Ausgangsmaterial in Form von solchen lokalen „hot mantle spots" tholeiitischer Zusammensetzung, die als geschlossene Systeme so lange im Mantel verblieben, daß hohe Konzentrationen radiogener Isotopen akkumulieren konnten, liefern die stets höheren Konzentrationen von LIL-Spurenelementen (large ion lithophile elements) sowie radiogenem Pb und Sr, die in Tholeiiten von ozeanischen Inseln, darunter Island, gegenüber MOR-Basalten gefunden werden [25, S. 568]; dabei zeigen die stärker radiogenen Bleie des unter Süd-Island gegenüber Nord-Island rezent aufsteigenden, möglicherweise reinen „plume"-Materials, daß eine solche Mantelkomponente offensichtlich hinsichtlich Pb-Isotopen nicht in sich homogen ist [26].

Auch Chemismus und Isotopendaten von Alkalibasalten, darunter variablere und höhere Gehalte an radiogenem Pb, gegenüber Basalten von mittelozeanischen Rücken, zeigen für die Alkalibasalte Herkunft aus einem Material an, das in tieferen Bereichen des Mantels — unter den gegenwärtigen Konvektionszellen — mit abweichendem μ-Wert über etwa 2×10^9 a isoliert war und durch einen Mantel-Tropfen nach oben transportiert wurde [27, S. 298, 301], vgl. die Annahme langzeitiger Existenz solcher segregierter Magmenkörper im Mantel mit vom darunterliegenden Pyrolit (s. unten) abweichenden Pb-Isotopenverhältnissen schon bei Green, Ringwood [28, S. 177] und „große Intrusionen" in den Mantel mit viel höherem Verhältnis U/Pb als im Mantel im Mittel vorhanden bei Gast [5, S. 351]. — Die Bedeutung von Inhomogenitäten im Mineralbereich ist im Zusammenhang mit Teilschmelzprozessen im Gleichgewicht bzw. Ungleichgewicht behandelt, s. ab S. 9.

Type of Occurrence of Lead in Source Material

2.4.1.1.1.3.2 Art des Auftretens von Blei im Herkunftsmaterial

Als Ausgangsmaterial für den ozeanischen oder abyssischen tholeiitischen Vulkanismus im Oberen Mantel wird der sogenannte Pyrolit angenommen, eine Mischung im Verhältnis 3:1 von Dunit und Basalt [29] oder Peridotit und Basalt [30, S. 62/3], in der Pb (im Verhältnis zum kohligen Chondrit Typ I) mit einer relativen Häufigkeit von 0.8 vertreten ist [30, S. 66], nach Untersuchungen an Xenolithen aus basischen Gesteinen zum Teil fest gebunden im Gitter von Pyroxenen und Hornblenden, wahrscheinlich aber zum größeren Teil angereichert an Korngrenzen und in Akzessorien des Mantelmaterials, s. „Blei" A 2a, S. 58.

Blei wird zu den inkompatiblen Elementen gezählt, die nicht in größerem Ausmaß in die Hauptmineralien des Oberen Mantels (wie z.B. Olivin und Al-Pyroxen) eintreten können [31, S. 714]. Diese von Ringwood so bezeichnete Gruppe von Elementen ist die gleiche, die nach Harris bei Zonenschmelzprozessen konzentriert wird, s. S. 9, und die nach Harris und Ringwood auf Grund kristallchemischer Faktoren in Alkali-Olivin-Basalten wie in jeder im Mantel vorhandenen liquiden Fraktion stark angereichert ist; bei Fehlen einer liquiden Fraktion sind diese Elemente in akzessorischen Phasen des Mantels wie Phlogopit, Apatit und anderen enthalten [28, S. 174/5]. Nach Untersuchungen radiogener Isotope ozeanischer Basalte besteht eine generelle Korrelation zwischen dieser neuerdings auch als LIL-Elemente (large ion lithophile elements) bezeichneten Gruppe von Elementen und speziell stärker radiogenem Pb und Sr [32, S. 254].

Für die Zugehörigkeit des Pb zu dieser Gruppe von Elementen sprechen folgende Fakten: Bei Bildung eines Basaltmagmas gehen Pb, U und Th, wie sich aus ihren Konzentrationen in Basalten und Ultrabasit-Reliktmaterial schließen läßt, wahrscheinlich weitgehend in dieses Magma ein, wobei sich die Verhältnisse U/Pb und Th/Pb gegenüber dem Herkunftsmaterial verändern können [33], vgl. für Teilschmelzen bestimmter Domänenzonen [21, S. 268]. Für das bevorzugte Eintreten besonders von U, aber auch von Pb und Th, in die ersten Teilschmelzen sprechen aber neben abnehmenden Gehalten von Pb und radiogenem Pb sowie von U/Pb mit zunehmendem Grad des Teilschmelzprozesses, s. ab S. 9, auch die Armut an Pb und radioaktiven Elementen in den „tauben Relikten" des Pyrolits, wie Peridotit-Einschlüssen und Lherzolith-Knollen. Gast nimmt Rückstände mit höheren μ- und niedrigeren k-Werten an, aus denen — als Vorläufer des eigentlichen Oberflächen-Vulkanismus — zunächst Schmelzen oder Intrusivkörper mit entsprechenden μ-Werten entstehen [34, S. 359]; in einigen Gebieten mit Hinweisen auf die Entwicklung von Basalten in zwei Stadien mit höherem μ-Wert im zweiten gegenüber dem ersten Stadium müßten in den Herkunftsräumen Relikte mit niedrigem μ und k zurückbleiben [35, S. 204/5]. Speziell beim Teilschmelzen von Pyrolit unter Hawaii entstehende Basaltmagmen extrahieren offensichtlich bevorzugt radiogenes Pb und verursachen eine Verschiebung der Pb-Isotopenzusammensetzung entlang den Isochronen, die eine Abtrennung dieses Pyrolits von einer Gesamterde mit gleicher Pb-Isotopenzusammensetzung vor 3.5×10^9 a anzeigen; die Lherzolith-Knollen als wahrscheinlich taube Relikte dieses Pyrolits führen im Mittel nur etwa 0.3 ppm Pb und zeigen ein durch den Teilschmelzprozeß verändertes Verhältnis U/Pb [36]. Andere Pb-arme Peridotit-Einschlüsse (vier Lherzolithe, ein Harzburgit) aus Alkali-Basaltmagmen verschiedener Herkunft (auch kontinentaler) liegen mit ihrer sehr variablen Pb-Isotopenzusammensetzung stets im Bereich der rezenten Vulkanite, meist im Feld abyssischer Tholeiite, sind aber weniger radiogen als viele K-reiche Vulkanite mittelozeanischer Rücken und zeigen mit ihren sehr variablen Verhältnissen $^{238}U/^{204}Pb$ von 4.2 bis 23.4 eine während der letzten 1 bis 2×10^9 a beschleunigte Isotopen-Entwicklung an; mit der Magmenbildung stehen sie entweder als Herkunfts- oder Restit-Material oder als kumulatives Präzipitat in Verbindung, können aber nur bei Auftreten einer wesentlichen Menge Pb in Akzessorien und Intergranularglas das Herkunftsmaterial von Basaltmagmen sein [6, S. 58, 60/3].

Die in Alkali-Olivin-Basalten und einigen Tholeiiten beobachteten Häufigkeiten einer Gruppe von Elementen und die Verhältnisse zwischen einigen dieser Elemente können weder durch einfache Kristallisationsfraktionierung in einem Magma als geschlossenem System noch durch einfache Teilschmelzprozesse unter Erhaltung der im „Muttermantel" bestehenden Verhältnisse entstehen; insbesondere die Verhältnisse Rb/Sr, U/Pb und Th/Pb sind unterschiedlich in den Magmen und im ursprünglichen Muttermantel und stehen in keiner einfachen Beziehung zu den Sr- und Pb-Isotopenverhältnissen in den Magmen: Wechselbeziehungen zwischen basaltischen Magmen und Mantel- oder Krusten-Material, das über einen längeren Zeitraum andere Verhältnisse Rb/Sr, U/Pb und Th/Pb hatte, verursachen die Pb-Isotopenveränderungen [28, S. 174].

2.4.1.1.1.3.3 Verhalten von Blei bei Schmelzprozessen im Erdmantel

Behavior of Lead in Melting Processes in the Mantle

Die Anreicherung von Pb bei Schmelzprozessen kann entweder im großräumigen Bereich oder im Bereich von Mineralphasen stattfinden.

Bei Zonenschmelzprozessen (zone refining, zone melting) im Erdmantel können — je nach Weglänge des aufsteigenden Magmenkörpers — die auf Korngrenzen und in Akzessorien des ursprünglichen Mantelmaterials auftretenden Elemente wie K und Pb um ein Mehrfaches angereichert werden [37], vgl. dazu Pb als inkompatibles Element, S. 8. Derartige durch Teilschmelzung einer relativ großen Fraktion ozeanischen Ober-Mantelmaterials in Tiefen zwischen 30 und 60 km gebildete ozeanische (abyssische) tholeiitische Magmen sind mit ihrer mittleren Pb-Isotopenzusammensetzung wahrscheinlich der mittleren Pb-Isotopenzusammensetzung des ozeanischen Oberen Mantels nahe [38]. Größere Unterschiede im Verhältnis $^{206}Pb/^{204}Pb$ von Inselgesteinen weisen auf großräumige Heterogenitäten, kleinere wahrscheinlich auf partielles Aufschmelzen in einem heterogenen Mantel hin [39]. Ist die Fraktionierung von Mantel-Pyrolit zu eruptierendem Basalt kein einmaliger Prozeß, sondern erfolgt in einer Reihe von Teilprozessen mit Wechselwirkungen zwischen Magmen und Mantel- bzw. Krusten-Material mit abweichenden Verhältnissen U/Pb und Th/Pb, s. [28, S. 174], [30, S. 64], so kann Pb sicher bei jedem dieser Prozesse — aber zu unterschiedlichen Zeitpunkten — abgetrennt werden [40]; als inkompatibles Element wird Pb aber offensichtlich stark in den Erstschmelzen des peridotitischen Oberen Mantels (Pyrolits) angereichert, d.h. in einem stark Si-untersättigten, olivin-nephelinitischen Magma, das innerhalb der Asthenosphäre nach oben migriert [31, S. 707, 716, 720], s. auch S. 10. Dementsprechend wird für Alkalibasalte als primärer, an inkompatiblen Elementen angereicherter Magmentyp Herkunft von einem Mantelmaterial angenommen, welches weniger an diesen Elementen verarmt ist als dasjenige, das die MOR-Basalte liefert [27, S. 297], wobei erste meist höhere μ-Werte als letzte aufweisen [5, S. 332], s. dazu ab S. 17. — Ungleichgewichtsschmelzen eines Mantelbereiches mit überwiegend homogener Zusammensetzung, wie es O'Nions, Pankhurst [41, S. 625] für ozeanische tholeiitische Magmen annehmen, kann für Basalte von Island und vom Reykjanes-Rücken nicht die einzige Ursache für die in ihnen festgestellten Pb-Isotopenverhältnisse sowie Sr-Isotopen- und Seltenerdenverteilung sein [42, S. 333], s. S. 12.

Zunehmend findet auch das Verhalten von Pb bei Teilschmelzprozessen im Mineralbereich Beachtung: Im Oberen Mantel vorhandene lokale Heterogenitäten von Pb- und Sr-Isotopen entstehen hauptsächlich durch Dislokations-Diffusion von Fremd-Ionen aus den Mutterkristallen in die sie umgebenden, bei niedrigen Temperaturen schmelzenden Phasen; durch tektonisches Fließen und Konvektion innerhalb des Mantels werden bei zunehmenden Teilschmelzprozessen bevorzugt U, Th und Rb gegenüber Pb und Sr, insbesondere U gegenüber ^{204}Pb, extrahiert und in den Schmelzen angereichert [32, S. 268/9]. Auch die Unterschiede in den Isotopenverhältnissen von Alkalibasalt und Nephelinit können nicht als ein durch Teilschmelzprozesse bedingtes Isotopen-Ungleichgewicht betrachtet werden; sehr wahrscheinlich bestanden die Schwankungen des Verhältnisses von ^{238}U/^{204}Pb (und von Rb/Sr) bereits im Mantel und blieben dort über 1 bis 2×10^9 a erhalten (s. S. 7); beim Schmelzprozeß wird vermutlich zunächst stärker radiogenes Blei aus Mineralien wie Apatit, später — bei fortschreitendem Schmelzprozeß — auch weniger radiogenes Blei aus Phlogopit und Amphibol in die Schmelze übergehen [27, S. 299]. Die Einstellung eines Pb-Isotopen-Gleichgewichts zwischen Mineralphasen, wie Klinopyroxen und speziell Diopsid als Pb konzentrierendes Silikat, in den Mantelgesteinen und ihrer Umgebung wird durch das Fehlen deutlicher Unterschiede in den Pb-Isotopenzusammensetzungen von Diopsid, Enstatit und Olivin aus demselben ultramafischen Einschluß bei gleichzeitig unterschiedlichen Verhältnissen U/Pb angezeigt [3, S. 427]. Ebenso kann die Verteilung der inkompatiblen Elemente sowie des hier nicht eindeutig diesen Elementen zuzuordnenden Pb in den tertiären Vulkaniten von Monaro, Südost-Australien, auf die drei Gesteinstypen (Alkalibasalte, Basanite und Nephelinite) nicht durch ein einfaches Teilschmelzmodell erklärt werden. Die beobachtete Verteilung setzt lokale Heterogenität des peridotitischen Oberen Mantels voraus, die wahrscheinlich bedingt wird durch lokale Konzentration akzessorischer Phasen wie Amphibol, Glimmer und Apatit, die in der Lage sind, inkompatible Elemente in ihre Struktur zu übernehmen [43], vgl. Kaersutit-Xenokristen oder -Einschlüsse in basischen Alkaligesteinen verschiedener Herkunft mit 1 bis 25 ppm Pb als wahrscheinliche akzessorische Phasen im Oberen Mantel, die mit ihrer dem Nephelinit als „Minimalschmelze" sehr ähnlichen Zusammensetzung für die Genese basischer, alkalischer Schmelzen von Bedeutung sind [44], s. auch unten.

Durch unterschiedliche Grade von Teilschmelzung des Oberen Mantelmaterials entstehen offensichtlich verschiedene Typen ozeanischer Magmen mit unterschiedlichen Gehalten an Pb und radiogenem Pb sowie mit unterschiedlichen Verhältnissen von U/Pb, Th/Pb und Pb-Isotopen: Masuda berechnete aus den Häufigkeitsbeziehungen zwischen Pb, U und Th auf der Basis der Isotopenzusammensetzung von Erzbleien für das Herkunftsmaterial von gewöhnlichem Blei einen durch teilweises Wiederaufschmelzen kurz nach Erstarrung des Mantelmaterials entstandenen Anteil an liquider Substanz (liquid fraction value) fw = 1/17, d.h. etwa 6% Schmelze [45, 46], in der Pb gegenüber dem festen Mantelmaterial drei- bis vierfach [45], gegenüber der ursprünglichen Chondritmasse sogar mehr als 20fach konzentriert ist [47], vgl. „Blei" A 2a, S. 59. Diesem Prozentsatz nahe kommt der für den Pyrolit der Asthenosphäre (mit 0.1% H_2O) angenommene Anteil von <5% einer ersten Teilschmelze, der außer an Pb und anderen inkompatiblen Elementen auch an H_2O und CO_2 angereichert ist und einer stark an SiO_2 untersättigten Schmelze von Olivin(-Melilith)-Nephelinit entspricht, die nach oben migriert [31, S. 707, 714, 720]. Als Schmelzanteile eines „weniger an inkompatiblen Elementen verarmten", Granat-führenden Mantels werden 3 bis 7% für Nephelinite und 7 bis 15% für Alkalibasalte berechnet, deren Pb-Isotopen gegenüber MOR-Basalten durch stärkere Varianz und Radiogenität charakterisiert sind [27, S. 297]. Um ein Vielfaches häufiger als Alkali-Vulkanite und durch niedrigere K- und Pb-Gehalte charakterisiert [48] entsteht der Haupttyp des primären Magmatismus, die ozeanischen oder abyssischen Tholeiite, durch einen höheren Teilschmelzgrad — etwa 20 bis 30% — mit Pb-Gehalten überwiegend <1 ppm sowie weit geringeren μ-Werten als sie für den Alkali-Vulkanismus charakteristisch sind [5, S. 332], s. Tabelle S. 11; möglicherweise entstehen diese Tholeiite der ozeanischen Rücken aus einem an U und Pb (U stärker als Pb) verarmten Herkunftsmaterial, aus dem bereits früher durch eine kleine Teilschmelzfraktion — etwa Alkalibasalt entsprechend — U stärker als Pb entfernt wurde [41, S. 622], vgl. speziell für Island S. 12. Von den kontinentalen Tholeiiten unterscheiden sich die ozeanischen Tholeiite durch ebenfalls niedrigere Gehalte an K und Pb sowie an radiogenem Pb, s. S. 1.

Einen Überblick über die wichtigsten allgemeinen und speziell Pb betreffenden Charakteristika des primären, basischen, ozeanischen Magmatismus gibt Tabelle S. 11.

Magmentyp	Art des Auftretens	Schmelzanteil von Mantelmaterial in %	% K (Mittel)	ppm Pb (Mittel)	Radiogenität nach $^{206}Pb/^{204}Pb$	μ (Mittel)	Literatur
Ozeanische oder abyssische Tholeiite[1]	primärer Hauptmagmatyp an mittelozeanischen Rücken	≈30	0.14[2]	0.75[3]	sehr gering[4]	8.4[5]	[18, S. 1843]
		20 bis 30	—	0.5 bis 1.0[6]	—	—	[6, S. 57]
Alkalibasalte ozeanischer Becken	primäre Magmen auf submarinen und Inselvulkanen	≈5	1.2[2]	2.1	—	26.4	[18, S. 1843]
		5 bis 12	—	2 bis 8[7]	—	—	[6, S. 57]
		7 bis 15	—	—	hoch	—	[27, S. 297]
Nephelinite	auf submarinen und Inselvulkanen	3 bis 7	—	—	hoch	—	[27, S. 297]

[1] Basalte oder Tholeiite der ozeanischen Rücken, auch als MOR-Basalte, s. S. 1, oder Hawaii-Typ bezeichnet [48], s. S. 15. — [2] Werte nach [49, S. 193]. — [3] Mittelwert von sechs Proben bei [8, S. 1096]. — [4] Nach [50]. — [5] 9.5 nach [49, S. 191]. — [6] Entspricht einem Ausgangsmaterial mit 0.1 bis 0.3 ppm Pb. — [7] Entspricht einem Ausgangsmaterial mit 0.1 bis 1.0 ppm Pb.

Examples of Lead Development in Oceanic Magmas

2.4.1.1.1.3.4 Beispiele für die Blei-Entwicklung in ozeanischen Magmen

Im folgenden sind Beispiele zusammengestellt, bei denen die Pb-Isotopenverhältnisse sowie die Gehalte an Pb, U und Th neben dem Verhältnis $^{87}Sr/^{86}Sr$, der Verteilung der Seltenerdelemente und auch weiterer Elemente benutzt werden, um Schlußfolgerungen zu ziehen über die Genese typisch primärer Magmen von ozeanischen Rücken, Inseln und „seamounts", vgl. dazu **Fig. 1**, in der die meisten der aufgeführten Magmatite entsprechend ihren Pb-Isotopenverhältnissen in einem $^{207}Pb/^{204}Pb$-$^{206}Pb/^{204}Pb$-Diagramm dargestellt sind. Eine Zusammenstellung von Literatur, die die Isotopendaten der genannten Vorkommen enthält, s. ab S. 116.

Fig. 1

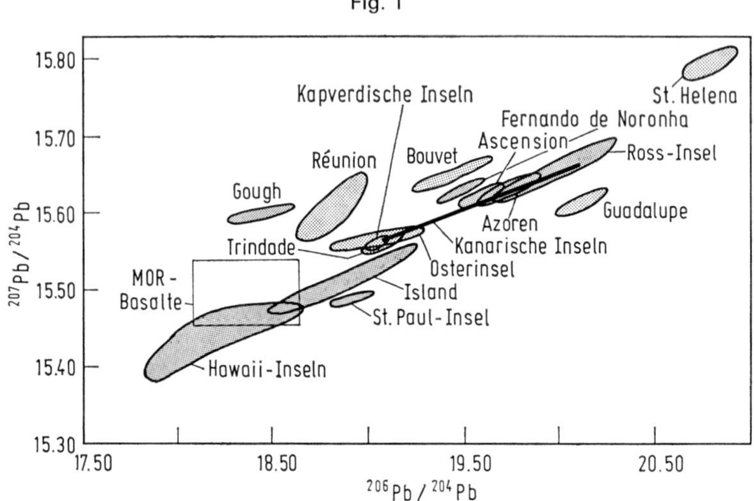

$^{207}Pb/^{204}Pb$ zu $^{206}Pb/^{204}Pb$-Diagramm für Vulkanite von ozeanischen Inseln, von der Ross-Insel und vom mittelozeanischen Rücken nach [60, S. 83].

Island und Reykjanes-Rücken, Nord-Atlantik

Die für den Island-Vulkanismus mit relativ wenig radiogenem Pb in den älteren Laven (7 bis 16×10^6 a) und wahrscheinlich selektiver Aufnahme von radiogenem Pb aus dem Oberen Mantel oder aus älteren Laven durch die jüngeren Laven (0 bis 3×10^6 a) auf Grund von U- und Pb-Gehalten sowie Pb-Isotopenverhältnissen angenommene Herkunft des Pb aus einem homogenen Oberen Mantel [51] wird durch neuere Untersuchungen nicht bestätigt. Die Diskrepanz zwischen den zu hohen Pb-Isotopenverhältnissen und den zu niedrigen μ-Werten der (Olivin)-Tholeiite von Island kann aber auch nicht durch Teilschmelzen ohne Einstellung eines Gleichgewichts erklärt werden [41, S. 621/3] und auch nicht durch einen sukzessiv erfolgenden Teilschmelzprozeß oder die Mischung zweier Liquide: Die Einbeziehung von Sr-Isotopendaten und der Seltenerdelement-Verteilung ergibt für die Basalte auf Island und vom Reykjanes-Rücken höhere Konzentrationen an radiogenem Pb und Sr sowie an einigen weiteren Spurenelementen und eine extreme Fraktionierung der leichten Seltenerdelemente, die maximal 3 bis 6% Teilschmelzung repräsentieren [42, S. 329, 331]. Dies spricht für Mischung eines lokalen, an diesen Elementen nicht verarmten Herkunftsmaterials — eines „hot spot" (plume) tholeiitischer Zusammensetzung — mit einem passiveren, an radiogenem Pb und Sr ärmeren Material wahrscheinlich aus der Asthenosphäre (low velocity layer) [25, S. 568/70], [52]. Die linear angeordneten Pb-Isotopendaten — vgl. Fig. 1 — mit genereller Zunahme von $^{206}Pb/^{204}Pb$ bei gleichzeitiger Abnahme von $^{87}Sr/^{86}Sr$ in den postglazialen, jungen Magmen schließen Kontamination durch ältere Vulkanite aus und sprechen für lokal unter Süd-Island aufsteigendes Mantelmaterial (plume) [26]. Auf Grund der von Sun, Jahn [26] festgestellten beträchtlichen Schwankungsbreite der Verhältnisse $^{207}Pb/^{204}Pb$ muß bei dem niedrigen heutigen ^{235}U-Gehalt bereits vor langer Zeit (etwa 10^9 a) Inhomogenität im Herkunftsbereich der isländischen Basalte bestanden haben [42, S. 331/3].

Entgegen diesen Modellvorstellungen einer Mischung zweier primärer Magmen besteht aber auch weiterhin die Ansicht, daß die isländischen Laven trotz der hohen Werte der $^{207}Pb/^{204}Pb$-Verhältnisse in Basalten, die an inkompatiblen Elementen angereichert sind, s. [25, S. 569], durch fraktionierte Kristallisation bei hohem und niedrigem Druck entstanden sind [53].

Faial, Azoren

Die Capelinhos-Eruption von 1958, ein Nephelin-reicher Basanit, führt mit $^{207}Pb/^{204}Pb = 15.65$ und $^{206}Pb/^{204}Pb = 19.24$ (jeweils Mittel aus fünf Bestimmungen an drei Proben) ein im Verhältnis zu ^{206}Pb relativ ^{207}Pb-reiches Blei — s. Fig. 1 — und stellt hinsichtlich der Pb-Isotopen ein homogenes Magma dar, obwohl der Mantel unter den Azoren wahrscheinlich im großen, sicher aber im kleinen Maßstab, in bezug auf das Verhältnis U/Pb heterogen ist [10, S. 401/2]. Die Diskrepanz zwischen Pb-Isotopendaten, die höhere Verhältnisse U/Pb im zweiten Entwicklungsstadium (μ_2) erfordern, und ^{210}Pb-Werten, denen ein niedrigeres U/Pb in diesem Stadium entspricht, kann nur durch eine U-Pb-Fraktionierung während der magmatischen Prozesse erklärt werden, kaum jedoch durch Pb-Assimilation aus Nebengesteinen, da das radioaktive Ungleichgewicht zwischen den Uran-Tochterprodukten ^{210}Pb und ^{226}Ra wegen der kurzen Halbwertszeit des ^{222}Rn nicht durch dessen Mobilität erklärt werden kann [35, S. 203/5].

Ascension, Mittel-Atlantik

Das Auftreten radiogener Bleie, insbesondere höherer Verhältnisse $^{206}Pb/^{204}Pb$, $^{208}Pb/^{204}Pb$, sowie das höhere Verhältnis $^{232}Th/^{204}Pb$ in trachytischen gegenüber trachyandesitisch-basaltischen Schmelzen auf Ascension sind mit einer Genese durch Differentiation nicht vereinbar, sondern wahrscheinlich die Folge unterschiedlich starker Teilschmelzprozesse im Mineralbereich des Mantels mit Trennung des radiogenen vom normalen Blei im — wahrscheinlich regional — chemisch heterogenen Herkunftsmaterial des Oberen Mantels [5, S. 353/4], vgl. [54]. Die unterschiedlichen Pb-Isotopenverhältnisse, vor allem höhere Verhältnisse $^{206}Pb/^{204}Pb$ in den Trachyten als in den Basalten, sind schon bei der Platznahme der Magmen vorhanden; eine Zumischung von Krusten- oder Oberflächen-Blei ist unwahrscheinlich [55], vgl. [5, S. 346], [39]. Mögliche Ursachen für die hohen μ-Werte des Herkunftsmaterials im Mantel sind entweder große Intrusionen in den Mantel mit wesentlich höherem Verhältnis U/Pb als im Mittel vorhanden oder Bildung und Abtrennung der Schmelzen aus einem früher stärker an Pb als an U verarmten Rückstand im Mantel [5, S. 351]. Im Vergleich zur Insel Gough, s. S. 14, hat das Herkunftsmaterial von Ascension zwar ein höheres Verhältnis U/Pb, aber ein relativ niedriges Verhältnis K_2O/Na_2O und einen niedrigen K_2O-Gehalt [28, S. 173].

St. Helena, Mittel-Atlantik

Die 900 km östlich der Hauptspalte (rift valley) des mittelatlantischen Rückens gelegene Insel führt in Alkalibasalt- und Phonolithlaven ein ungewöhnlich stark radiogenes Blei, vgl. Fig. 1. Die Laven sind außerdem durch hohe μ-Werte und starke Streuung der Verhältnisse $^{206}Pb/^{204}Pb$ charakterisiert, wobei insbesondere die Unterschiede der Verhältnisse $^{207}Pb/^{204}Pb$ zwischen Phonolithen und Basalten nur durch ursprünglich vorhandene Heterogenitäten des Verhältnisses U/Pb im Mantel zu erklären sind, so daß kein gemeinsames Muttermagma oder keine gemeinsame Herkunft für die Mutterliquide dieser beiden Gesteinsarten angenommen werden kann. Die Laven könnten in zwei oder drei Stadien (vgl. [9]) aus Ausgangsmaterialien mit verschiedenen μ-Werten entstehen und beide, stärker jedoch die Phonolithe, mit einer zweiten Pb-Komponente aus Nebengesteinen der Magmenkammern kontaminiert sein [22, S. 2105/8]; wahrscheinlicher ist jedoch eine starke Fraktionierung von U und Pb mit entweder extremer U-Anreicherung oder Pb-Verarmung während der Bildung und des Aufstiegs der vulkanischen Schmelzen [34, S. 357/8]. Die nach den Pb-Isotopenverhältnissen erforderlichen hohen μ-Werte im Mantel-Herkunftsmaterial können entweder durch einen älteren Prozeß mit Abtrennung einer Schmelze mit niedrigem μ oder durch eine größere Intrusion mit hohem μ in den Mantel entstehen. Kontamination mit Blei sehr radiogener und variabler Zusammensetzung ist weniger wahrscheinlich [5, S. 351, 346].

Tristan da Cunha, Süd-Atlantik

Die mit etwa 10 bis 14 ppm relativ Pb-reichen und bei nahezu konstanten U-Gehalten offensichtlich überwiegend durch wechselnde Pb-Konzentrationen im μ-Wert sehr unterschiedlichen Trachyandesitlaven von 1961, von denen einige Gleichgewicht zwischen ^{210}Pb und ^{226}Ra aufweisen [35, S. 201/3], haben eine sehr variable Pb-Isotopenzusammensetzung, die sich nur durch die Annahme von zwei Pb-Komponenten im Magma erklären läßt: Ein aus Mantelmaterial durch Teilschmelzen entstandenes Alkalibasaltmagma enthält die eine Komponente, die zweite entstammt wahrscheinlich Xenokristen (möglicherweise Plagioklasen) aus den Nebengesteinen der Aufstiegswege und insbesondere einer in höherem Niveau gelegenen Magmenkammer [22, S. 2101/3].

Gough, Süd-Atlantik

Gegenüber den basaltischen führen die trachytischen Schmelzen dieser zur Tristan da Cunha-Gruppe gehörenden Insel ein vor allem im Verhältnis $^{206}Pb/^{204}Pb$ radiogeneres Blei, gegen dessen Herkunft durch Kontamination mit pelagischem Sediment-Blei die für solches Blei zu hohen Verhältnisse $^{208}Pb/^{204}Pb$ in den Trachyten sprechen; offensichtlich sind die hohen Verhältnisse $^{206}Pb/^{204}Pb$ schon bei der Platznahme vorhanden und durch regionale chemische Heterogenitäten im Oberen Mantel verursacht: Die Laven stammen entweder von verschiedenen Magmen-Reservoiren mit unterschiedlichen μ-Werten (Trachyte > Basalte) oder vom gleichen Reservoir. Im letzten Fall kann das Trachytmagma, dessen Verhältnis U/Pb höher ist als das mittlere Verhältnis U/Pb aller Laven, aus einer Mineralassoziation mit unterschiedlichen Verhältnissen U/Pb durch frühe Teilschmelzprozesse entstanden sein. Die insgesamt niedrigeren Verhältnisse $^{206}Pb/^{204}Pb$ der Laven von Gough gegenüber denen von Ascension zeigen bei etwa gleich hohen Verhältnissen $^{207}Pb/^{204}Pb$ einen Entwicklungsprozeß während der letzten 10^9 a an [1, S. 243/4], vgl. zur Magmenentwicklung dieser beiden Inseln auch [55, 54, 39]. Parallel zu den gegenüber den Ascension-Vulkaniten verringerten Verhältnissen $^{206}Pb/^{204}Pb$ sprechen zusätzlich erhöhte Verhältnisse $^{87}Sr/^{86}Sr$, K_2O/Na_2O und höhere K_2O-Gehalte in den Basalten von Gough für eine Mehrstadien-Differentiation im Herkunftsmaterial [28, S. 173/4].

Kanarische Inseln, Atlantik

Die basaltisch-trachytischen bis phonolithischen Vulkanite der Kanarischen Inseln nahe dem afrikanischen Kontinent sind durch sehr hohe Pb-Gehalte und überwiegend hohe μ-Werte charakterisiert. Ihre Pb- und U-Gehalte sowie Pb-Isotopendaten sprechen für eine Herkunft von Pb aus zwei möglicherweise schichtförmig heterogenen Mantel-Subsystemen mit unterschiedlichen μ-Systemen, die vor dem Aufstieg einer Fraktionierung und Mischung unterlagen. Es ist aber auch möglich, daß das Blei dieser Vulkanite aus verschiedenen Pb-führenden Phasen eines Systems stammt [19, S. 3404/7, 3411].

Trindade, Atlantik

Auf Trindade, das zwischen mittelatlantischem Rücken und der Küste Brasiliens liegt, treten extrem SiO_2-arme und K-Na-reiche sowie Pb-reiche Phonolithe mit sehr hohen μ-Werten von 25 bis 65 auf. Sie sind offensichtlich Teilschmelzprodukte eines H_2O-freien Mantelmaterials aus Tiefen zwischen 60 und 100 km; die Unterschiede in den Pb-Isotopenverhältnissen von 1.2% bei $^{206}Pb/^{204}Pb$, 0.2% bei $^{207}Pb/^{204}Pb$ und 1.1% bei $^{208}Pb/^{204}Pb$ in drei Phonolithen und zwei basischen Gesteinen weisen auf Unterschiede im Herkunftsmaterial hin. Die mit den SiO_2- und K_2O-Gehalten parallel verlaufende Zunahme von $^{206}Pb/^{204}Pb$ wird — wie auf St. Helena, s. S. 13 — als „Magmenkammereffekt" gedeutet [10, S. 401/4].

Vema-seamount, Atlantik, 30°38' S, 8°21' E

Diese zwischen dem Walvis-Rücken und dem Kontinent von Südafrika gelegene untermeerische, vulkanische Erhebung (seamount) führt im Collins Peak einen sehr Pb-reichen (48 ppm), dichten, halbglasigen grünen Phonolith, dessen hohes Verhältnis $^{206}Pb/^{204}Pb$ von 19.82 nicht posteruptiv entstand, sondern für das Herkunftsmaterial charakteristisch ist [56].

Hawaii-Inseln, Pazifik

Die sogenannten „Hawaii-Tholeiite" mit nur <0.15% K_2O und meist <0.5 ppm Pb [48] sowie insgesamt relativ wenig radiogenem Blei, s. Fig. 1, S. 12, zeigen zunehmende Radiogenität in Basalten von der Insel Oahu im Nordwesten zu Basalten der Insel Hawaii im Südosten der Inselgruppe. Innerhalb eines Vulkans, des Kohala Mountain auf Hawaii, nehmen von Tholeiiten→Alkali-Olivin-Basalten→Trachyten sowohl das Verhältnis $^{206}Pb/^{204}Pb$ von 18.24→18.34→18.53 als auch die μ-Werte von 11.5→25.8→27.2 zu, wofür im Falle einer Differentiationsgenese der Alkalibasalte aus Tholeiiten etwa 50×10^6a erforderlich sind [57]. Überschüsse bzw. Mangel an ^{206}Pb in verschiedenen Hawaii-Gesteinen sprechen für unterschiedliche Pb-Isotopenzusammensetzungen wahrscheinlich schon in den Magmenherkunftsräumen, d.h. in einem relativ kleinen Mantelbereich unter einer kleinen Insel [58]; die Pb-Isotopenidentität zwischen Alkalibasalten und Nepheliniten einerseits und Tholeiiten andererseits [58], vgl. [59], wird als Folge unterschiedlichen Grades von Teilschmelzung des gleichen Mantelmaterials mit kontinuierlicher Addition von „plume"-Material — seismisch als zylindrischer „hot spot" nachgewiesen, s. S. 7/8 — angesehen [60, S. 87, 102]. Lherzolithknollen in Hawaii-Basalten sind als wahrscheinlich thermostabile, taube Relikte primären Materials des Oberen Mantels sehr Pb-arm, s. S. 9.

Juan de Fuca – Gorda Ridge, Nordost-Pazifik

Die Pb-Isotopendaten der MOR-Basalt-Serie im Bereich des Juan de Fuca-Gorda-Rückens sprechen für ein Blei, das durch Mischung verschiedener Magmen (oder „Subsysteme") bei Konvektion gebildet wird; die Zunahme der μ-Werte bei jüngsten Teilschmelzprozessen in einem relativ hohen Niveau im Mantel durch raschere Anreicherung von Mutter- gegenüber Tochterelementen (U und Th gegenüber Pb) in der Schmelze ist eine Funktion der Zeit. Der Mischvorgang erfolgt während des Teilschmelzprozesses, wobei aus einem bereits an U, Th und Pb verarmten Bereich durch weitgehendes Aufschmelzen tholeiitische Basaltmagmen mit den am wenigsten radiogenen Isotopen von Pb und Sr entstehen und zugeführt werden. Die Pb-Isotopendaten der dem Rücken nahen „seamount"-Basalte sprechen in einigen Fällen für Bildung des Bleis in einem Milieu mit höherem μ-Wert als dem der MOR-Basalte, auch dies Blei kann aber durch kontinuierliche Mischung zwischen Alkalibasalt- und Tholeiitschmelzen entstanden sein. Im $^{208}Pb/^{204}Pb$-$^{206}Pb/^{204}Pb$- bzw. $^{207}Pb/^{204}Pb$-$^{206}Pb/^{204}Pb$-Diagramm ergibt sich für die Basalte einiger „seamounts" eine direkte Beziehung zur Entfernung vom Juan de Fuca-Rücken [32, S. 259/60, 263/71].

Ross-Insel, Antarktis

Die Vulkanite der Ross-Insel, eine Basanitoid-Trachyt-Basalt-Phonolith-Folge, sind ein Teil der Känozoischen Vulkan-Provinz, die sich über nahezu 2000 km etwa parallel zu dem Transantarktischen Gebirge erstreckt. Diese Provinz ist charakterisiert durch SiO_2-untersättigte, alkalireiche Laven und Pyroklasite mit einem Alter $<4 \times 10^6$a, die nach ihren Pb-Isotopendaten den Vulkaniten ozeanischer Inseln vergleichbar sind, s. Fig. 1, S. 12. Die hochradiogenen Bleie zeigen mit ihrer hohen Varianz von 4% im Verhältnis $^{206}Pb/^{204}Pb$ einen chemisch-mineralogisch heterogenen Mantel an mit etwa 30%iger μ-Varianz, die bei einem früheren, etwa 1.5×10^9a zurückliegenden Schmelzprozeß entstand. Kontamination des aufsteigenden Magmas durch Grundgebirgsmaterial ist weniger wahrscheinlich [60, S. 78, 83/5].

West-Sayan-Eugeosynklinale, UdSSR

Die geochemische Ähnlichkeit, darunter die Gehalte von K und Pb, von Basalten und Diabasen dieser Synklinalzone mit primitiven ozeanischen Basalten sprechen möglicherweise dafür, daß es sich bei diesen Gesteinen um Relikte eines alten mittelozeanischen Rückens handelt [61].

Hydrothermal Influence on Oceanic Magmatites. Submarine Brines above Fracture Zones

2.4.1.1.1.3.5 Hydrothermale Einflüsse auf ozeanische Magmatite. Submarine Solen über Bruchzonen

In Verbindung mit Prozessen der Mantelentgasung an Bruchzonen des Mittelatlantischen Rückens auftretende hydrothermale Prozesse verursachen hohe Pb-Gehalte sowohl in wenig differenzierten und an lithophilen Spurenelementen reichen Peridotiten wie auch in Calcitgängen, die in diesen auftreten [62], vgl. den mit 22 ppm sehr Pb-reichen serpentinisierten Peridotit von der Vema-Verwerfungszone zwischen 9° und 11°N am Mittelatlantischen Rücken [63] und die mit im Mittel 11 ppm (drei Proben) ebenfalls Pb-reichen hydrothermal beeinflußten, chloritreichen Grünsteine aus einer weiteren Transformationsverwerfung bei 22°N im Mittelatlantischen Rücken [64].

In der Probe eines Sediments aus einem Bohrkern vom Ostpazifischen Rücken, 17°S, mit Calcit und Labradorit ist nach der Pb-Isotopenzusammensetzung des carbonatfreien Materials, die wesentlich abweicht von der von Blei aus pelagischen Sedimenten, jedoch ähnlich ist der von Blei aus ozeanischen Vulkaniten, zumindest teilweise Blei von lokaler, vulkanischer Herkunft enthalten [65], vgl. auch Zufuhr von vulkanisch-exhalativem Blei zu Sedimenten auf aktiven Meeresrücken „Blei" A 2c, S. 31.

Die entlang der Bruchzone im Roten Meer auftretenden Solen mit hohen Pb-Gehalten (z.B. im Atlantis II-Tief) stehen auf Grund ihrer Pb-Isotopenzusammensetzung wahrscheinlich mit Pb-Erzfluiden in Verbindung [66], s. demgegenüber S. 197.

Literatur zu 2.4.1.1.1.3:

[1] G. R. Tilton, G. L. Davis, S. R. Hart, L. T. Aldrich, R. H. Steiger, P. W. Gast (Carnegie Inst. Washington Yearbook **63** [1964] 240/56). — [2] R. D. Russell, W. F. Slawson, T. J. Ulrych, P. H. Reynolds (Earth Planet. Sci. Letters **3** [1967/68] 284/8). — [3] J. D. Kramers (Earth Planet. Sci. Letters **34** [1977] 419/31). — [4] G. R. Tilton, R. H. Steiger (Science [2] **150** [1965] 1805/8). — [5] P. W. Gast (in: H. H. Hess, A. Poldervaart, Basalts, The Poldervaart Treatise on Rocks of Basaltic Composition, New York – London – Sydney 1967, S. 325/58).

[6] R. E. Zartman, F. Tera (Earth Planet. Sci. Letters **20** [1973] 54/66). — [7] M. Tatsumoto, C. E. Hedge, A. E. J. Engel (Science [2] **150** [1965] 886/8). — [8] M. Tatsumoto (Science [2] **153** [1966] 1094/101). — [9] M. Tatsumoto (Earth Planet. Sci. Letters **7** [1969] 224/6). — [10] V. M. Oversby (Earth Planet. Sci. Letters **11** [1971] 401/6).

[11] R. Hutchinson (Geochim. Cosmochim. Acta **40** [1976] 482/5, 483). — [12] V. M. Oversby (Nature **248** [1974] 132/3). — [13] N. H. Gale, A. E. Mussett (Rev. Geophys. Space Phys. **11** Nr. 1 [1973] 37/86). — [14] G. L. Cumming (Earth Planet. Sci. Letters **31** [1976] 179/83). — [15] S. R. Hart (Geophys. Monogr. Am. Geophys. Union Nr. 13 [1969] 58/62).

[16] R. D. Russell (Rev. Geophys. Space Phys. **10** Nr. 2 [1972] 529/49, 536). — [17] R. D. Russell, D. J. Birnie (Phys. Earth Planetary Interiors **8** [1974] 158/66, 158). — [18] A. K. Sinha, G. R. Tilton (Geochim. Cosmochim. Acta **37** [1973] 1823/49). — [19] V. M. Oversby, J. Lancelot, P. W. Gast (J. Geophys. Res. **76** [1971] 3402/13). — [20] R. D. Russell, R. M. Farquhar (Lead Isotopes in Geology, New York – London 1960, S. 1/243, 97).

[21] C. J. Allegre (Earth Planet. Sci. Letters **5** [1969] 261/9). — [22] V. M. Oversby, P. W. Gast (J. Geophys. Res. **75** [1970] 2097/114). — [23] W. J. Morgan (Nature **230** [1971] 42/3). — [24] E. R. Kanasewich, P. R. Gutowski (Earth Planet. Sci. Letters **25** [1975] 379/84). — [25] J.-G. Schilling (Nature **242** [1973] 565/71).

[26] S. S. Sun, B. M. Jahn (Nature **255** [1975] 527/30, 529). — [27] S. S. Sun, G. N. Hanson (Geology [Boulder] **3** [1975] 297/302). — [28] D. H. Green, A. E. Ringwood (Contrib. Mineral. Petrology [Berlin] **15** [1967] 103/90). — [29] D. H. Green, A. E. Ringwood (J. Geophys. Res. **68** [1963] 937/45, 937). — [30] A. E. Ringwood (Geochim. Cosmochim. Acta **30** [1966] 41/104).

[31] D. H. Green (Phil. Trans. Roy. Soc. London A **268** [1970/71] 707/25). — [32] S. E. Church, M. Tatsumoto (Contrib. Mineral. Petrology [Berlin] **53** [1975] 253/79). — [33] M. Tatsumoto, P. D. Snavely (J. Geophys. Res. **74** [1969] 1087/100, 1095). — [34] P. W. Gast (Earth Planet. Sci. Letters **5** [1968/69] 353/9). — [35] V. M. Oversby, P. W. Gast (Earth Planet. Sci. Letters **5** [1968/69] 199/206).

[36] M. Morioka, K. Kigoshi (Earth Planet. Sci. Letters **25** [1975] 116/20). — [37] P. G. Harris (Geochim. Cosmochim. Acta **12** [1957] 195/208, 200/1). — [38] R. L. Armstrong, J. A. Cooper (Bull. Volcanol. [2] **35** [1971/72] 27/63, 45, 55). — [39] J. Pilot (Freiberger Forschungsh. C Nr. 255 [1970] 1/171, 129). — [40] R. Richards (Australian J. Sci. **31** Nr. 4 [1968] 129/37, 136).

[41] R. K. O'Nions, R. J. Pankhurst (J. Petrol. **15** [1974] 603/34). — [42] R. K. O'Nions, R. J. Pankhurst, K. Grönvold (J. Petrol. **17** [1976] 315/38). — [43] S. E. Kesson (Contrib. Mineral. Petrology [Berlin] **42** [1973] 93/108, 104, 106). — [44] S. Kesson, R. C. Price (Contrib. Mineral. Petrology [Berlin] **35** [1972] 119/24). — [45] A. Masuda (Nature **204** [1964] 373/4, 567/9).

[46] A. Masuda (Chem. Geol. **1** [1966] 57/60). — [47] A. Masuda (Inst. Nucl. Study Univ. Tokyo INSJ-67 [1964] 1/20, 6 [englisch]). — [48] A. E. J. Engel, C. G. Engel (Science [2] **146** [1964] 477/85, 485). — [49] A. E. J. Engel, C. G. Engel (Osn. Probl. Okeanol. Dokl. Plenarnykh Zased. 2nd Mezhdunar. Okeanogr. Kongr., Moskva 1966 [1968], S. 183/217; C.A. **72** [1970] Nr. 69215). — [50] A. E. J. Engel, C. G. Engel, R. G. Havens (Geol. Soc. Am. Bull. **76** [1965] 719/33, 724).

[51] H. Welke, S. Moorbath, G. L. Cumming, H. Sigurdsson (Earth Planet. Sci. Letters **4** [1968] 221/31, 229/30). — [52] S. S. Sun, M. Tatsumoto, J. G. Schilling (Science [2] **190** [1975] 143/7). — [53] M. J. O'Hara (Nature **243** [1973] 507/8). — [54] J. T. Wilson (in: T. F. Gaskell, The Earth's Mantle, London – New York 1967, S. 445/73, 468). — [55] P. W. Gast, G. R. Tilton, C. Hedge (Science [2] **145** [1964] 1181/5).

[56] J. A. Cooper, J. R. Richards (Nature **210** [1966] 1245/6). — [57] M. Tatsumoto, R. J. Knight (Geol. Soc. Am. Spec. Papers Nr. 101 [1966] 218/9). — [58] M. Tatsumoto (J. Geophys. Res. **71** [1966] 1721/33, 1725). — [59] J. A. Cooper, J. R. Richards (Earth Planet. Sci. Letters **1** [1966] 259/69, 260). — [60] S. S. Sun, G. N. Hanson (Contrib. Mineral. Petrology [Berlin] **52** [1975] 77/106).

[61] E. I. Popolitov, T. M. Filosofova (Ezhegodnik Inst. Geokhim. Sibirsk. Otd. Akad. Nauk SSSR **1971/72** 83/8). — [62] A. P. Vinogradov, L. V. Dmitriev, G. B. Udintsev (Phil. Trans. Roy. Soc. London A **268** [1970/71] 487/91, 490/1). — [63] W. G. Melson, G. Thompson (Phil. Trans. Roy. Soc. London A **268** [1970/71] 423/41, 433, 435). — [64] G. Thompson, W. G. Melson (J. Geol. **80** [1972] 526/38, 529/30). — [65] M. Bender, W. Broecker, V. Gornitz, U. Middel, R. Kay, S. S. Sun, P. Biscaye (Earth Planet. Sci. Letters **12** [1971] 425/33, 427/9, 431).

[66] T. J. Chow (Earth Planet. Sci. Letters **5** [1968/69] 143/7, 146).

2.4.1.1.1.4 Blei in Magmen der Inselbögen und Kontinentränder

Lead in Magmas of Island Arcs and Continental Margins

2.4.1.1.1.4.1 Herkunft und Entwicklung

Origin and Development

Nach übereinstimmender Auffassung verschiedener Autoren erfolgt die Magmenbildung in vulkanischen Inselbögen (Vulkanbogengebieten) als ein Prozeß entlang oder nahe der Benioff-Zone, dem Kontaktbereich zwischen einer abtauchenden ozeanischen Lithosphärentafel und einer darüberliegenden, den Vulkanbogen enthaltenden kontinentalen Tafel [1, S. 137], vgl. **Fig. 2**, wobei die Magmen entweder überwiegend aus der abtauchenden, möglicherweise H_2O-führenden ozeanischen Krustentafel gebildet werden oder Wasser, möglicherweise auch eine wasserreiche Silikatschmelze, aus dieser Krustentafel zur Magmenbildung aus Material des Oberen Mantels beiträgt [2, S. 36/7].

Fig. 2

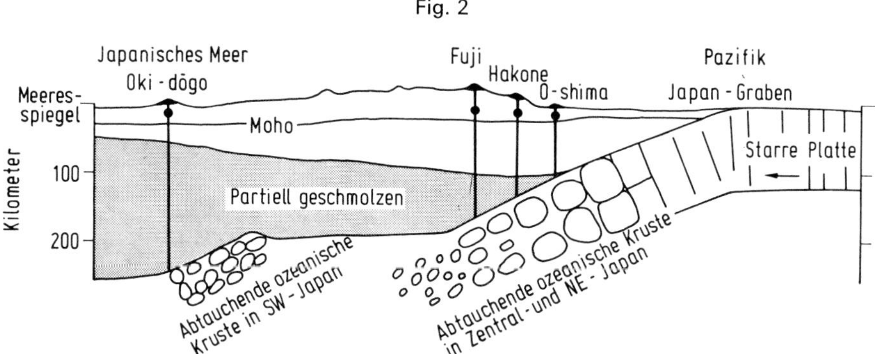

Modell für den Unterschub einer ozeanischen Platte nach [20, S. 80].

Innerhalb einer Reihe westpazifischer und atlantischer Inselbögen herrschen in den ersten Stadien der Magmenentwicklung gebildete Tholeiitserien („Inselbogen-Tholeiite") gegenüber den typischen Kalkalkaliserien vor; diese Tholeiitserien sind gegenüber den Kalkalkaliserien charakterisiert durch niedrigere Gehalte an SiO_2 (modal), an K und mit „K assoziierten Spurenelementen", wie z.B. Pb, Rb und Sr, sowie durch ein niedrigeres Verhältnis K_2O/Na_2O [3, S. 17/9]; den abyssischen MOR-Basalten gegenüber sind die Inselbogen-Tholeiitserien durch einen größeren SiO_2-Bereich, SiO_2-Gehalte häufig >52%, und stets höhere Gehalte an K, Pb und Rb charakterisiert, gelegentlich auch durch etwas höhere Gehalte an ^{207}Pb (z.B. in Japan und auf den Kleinen Antillen) sowie durch umgekehrte Korrelation zwischen $^{206}Pb/^{204}Pb$ und $^{238}U/^{204}Pb$ (μ), wie in Japan [3, S. 24/5].

Inselbogen-Vulkanismus entwickelt sich von den Ozeanen her in Richtung Kontinent, er beginnt mit K-armen, Fe-reichen Tholeiiten, denen Kalkalkali- und Alkaligesteine (bzw. Shoshonite) mit zunehmendem Gehalt an K_2O und zunehmendem Verhältnis K_2O/Na_2O sowie abnehmendem Gehalt an Fe folgen; dabei wird Pb als „Spurenelement vom K-Typ" sowohl in geographischem wie stratigraphischem Sinn (von der ozeanischen zur kontinentalen Seite und von den ältesten zu den jüngsten Magmen) mit am stärksten angereichert: von K-armen Andesiten mit etwa 4 ppm Pb zu K-reichen Andesiten mit etwa 10 bis 15 ppm Pb [2, S. 33/4]. Meist führen die auf orogene Zonen an Kontinenträndern begrenzten und dort am stärksten vertretenen Andesite als Glieder von Kalkalkali-Vulkanitserien etwas unterdurchschnittliche Gehalte an K und verwandten Elementen, darunter Pb, und werden als Teilschmelzprodukte aus dem Bereich Untere Kruste bis Oberer Mantel (Asthenosphäre, low velocity zone) angesehen, der bereits früher an den entsprechenden Elementen verarmte [4]. Die niedrigen und variablen, aber annähernd mit K korrelierenden Pb-Gehalte von 6 bis 7 ppm in K-reichen und von 4 bis 5 ppm in K-armen Andesiten speziell des West-Pazifik sowie ähnlich niedrige K- und Pb-Gehalte in assoziierten Kalkalkali-Gesteinen sind eher durch einen Entwicklungsprozeß in zwei Stadien zu erklären, bei dem das Mantel-Ausgangsmaterial durch die Spreitung des Meeresbodens (sea floor spreading) erneuert wird, als durch Assimilation von Sial in größerem Ausmaß [5, S. 5, 10, 13, 18, 21], s. auch S. 19. Für eine Herkunft vom Mantel und Entwicklung in mehreren Stadien spricht auch die Lage von Andesiten auf Mischlinien zwischen Tholeiiten und Alkalibasalten in $^{207}Pb/^{204}Pb$-$^{206}Pb/^{204}Pb$- und $^{208}Pb/^{204}Pb$-$^{206}Pb/^{204}Pb$-Diagrammen, so daß Andesit-Bleie keine weltweit homogene Isotopenzusammensetzung aufweisen [6, S. 1834/7, 1845]. Die Streuung der Pb-Isotopenverhältnisse von Kalkalkalivulkaniten innerhalb einzelner Vulkanbögen ist jedoch gering [1, S. 137/9], s. S. 22 und 25, und teilweise sind sie in ihren Isotopenverhältnissen den assoziierten stratiformen Erzen speziell des Kuroko-Typs sehr ähnlich, s. S. 34/5.

Sehr unterschiedlich sind die Auffassungen darüber, ob und in welchem Umfang Blei aus ozeanischen Sedimenten oder aus der Kruste bei der Bildung von Inselbogenmagmen in diese aufgenommen wird. Bei Versuchen, die Pb-Isotopenzusammensetzung von Gesteinen von Vulkanbögen durch Aufnahme ozeanischer Sedimente in subkrustal gebildete Magmen entlang von Subduktionszonen zu erklären, wurden Sedimentanteile zwischen 1 bis 2 und 100% errechnet [7, S. 1364].

Armstrong nimmt als Ursache für die Gehalte an Pb und radiogenem Pb in den Inselbogenmagmen Zufuhr von Pb aus Sedimenten der Meeresböden und speziell der Tiefseegräben an [8], das auf Grund seiner Isotopenzusammensetzung gegenüber Blei aus wiederaufgeschmolzenen Vulkaniten der Ozeanböden, die außerdem einen zu niedrigen Pb-Gehalt führen, zu bevorzugen ist [1, S. 139/41]. Armstrong, Cooper begründen die angenommene Zumischung von Sedimentblei eingehender damit, daß Kalkalkali-Vulkanite verschiedener Inselbögen durch Bleie charakterisiert sind, die gegenüber den Bleien ozeanischer Vulkanite höhere Verhältnisse $^{207}Pb/^{204}Pb$ und $^{208}Pb/^{204}Pb$ aufweisen und sich darum nicht kurzfristig durch Differentiation auseinander entwickeln können. Ozeanische Sedimentbleie ähneln den Bleien von Vulkanbögen im Isotopencharakter, insbesondere hinsichtlich relativ hoher Verhältnisse $^{207}Pb/^{204}Pb$ bei gegebenen Verhältnissen $^{206}Pb/^{204}Pb$, womit eine langzeitige Assoziation mit U-reichem Milieu angezeigt wird; die gegenüber ozeanischen Sedimenten etwa 2.5mal steileren Regressionen der Pb-Isotopenverhältnisse aller bisher untersuchten Inselbögen zeigen jedoch, daß es sich um keinen einfachen Rückführungsprozeß von Sedimentblei handeln kann, sondern daß Mischung zwischen Blei vom Mantel einschließlich ozeanischer Vulkanite mit Blei aus ozeanischen Sedimenten faktisch eine Mischung zweier selbst bereits häufig durchmischter Reservoire darstellt (s. auch „Blei" A 2a, S. 272); die Magmen, die nach Abtauchen einer ozeanischen Lithosphärentafel einschließlich Sedimenten und Vulkaniten an aktiven Tiefseegräben durch teilweises Wiederaufschmelzen entlang der Benioffzone entstehen, führen an der Vorderseite der Inselbögen vorherrschend Sedimentblei, an der Rückseite mehr Blei aus den Reservoiren des Mantels [9, S. 47/50, 55, 58], s. auch S. 20 und 25. — Eingehendere Vergleiche zwischen Bleien von Inselbögen und Bleien von lokal assoziierten ozeanischen Sedimenten zeigen jedoch überwiegend keine gute Übereinstimmung der Pb-Isotopendaten [10, S. 26/8] oder begrenzen den Anteil an Sedimentblei auf Grund der vorhandenen Pb-Konzentrationen und Pb- und Sr-Isotopenverhältnisse so stark, daß er beispielsweise für die Magmenbildung im Tonga-Kermadec-Bogen petrogenetisch ohne Wirkung ist und nach den vorhandenen Daten auch bei der Magmenbildung in verschiedenen anderen Inselbögen kein dominierender Faktor sein kann [11, S. 195/6, 206], s. auch S. 26/7. Dementsprechend wird von Armstrong, Hein bei Berechnungen für ein Krustenentwicklungsmodell für die nach Teilschmelzung mit Homogenisierung der Pb-Isotopen zur Kruste zurückkehrenden Magmen allgemeiner eine Zumischung von Krustenmaterial zur abtauchenden Lithosphäre angenommen [12]. Diese Auffassung wird von Church präzisiert, der die hohen ^{207}Pb-Werte in Andesiten der Cascade Mountains (s. S. 23) auf kontinuierlich umgearbeitetes, kontinentales, sedimentäres Material mit einer bestimmten Menge alter Komponenten zurückführt, nach Spurenelement- und Sr-Isotopendaten diese Komponente jedoch auf 10 bis 15% begrenzt, und ähnliche Krustenkomponenten in den Magmen verschiedener kontinentaler Inselbögen, nicht jedoch in den Magmen junger innerozeanischer Bögen annimmt [13, S. 182/6], vgl. [7, S. 1365/6]. Für solche Bögen, die sich — ähnlich wie der Tonga-Bogen — im Frühstadium der Entwicklung befinden, ist das nach Pb-Isotopendaten als dominierender Prozeß der Magmenbildung angenommene „nasse Schmelzen" von Peridotit des Mantels mittels des in der Lithosphäre enthaltenen H_2O, ohne wesentliche Zufuhr von Sedimentblei [11, S. 206], nach neueren Untersuchungen an jungen basaltischen Andesiten des Tonga-Bogens nicht aufrechtzuerhalten, s. S. 27.

2.4.1.1.1.4.2 Beispiele für Magmen von Inselbögen und an Kontinenträndern des Atlantik und Pazifik

Examples for Magmas of Island Arcs and on Continental Margins of Atlantic and Pacific Oceans

Kleine Antillen, Karibik

Auf den Kleinen Antillen mit der bisher vollständigsten bekannten Serie magmatischer Aktivität eines Inselbogens auf der Erde — nahezu kontinuierlicher Vulkanismus vom Mittel-Mesozoikum bis heute — ohne spätere Deformation und/oder Metamorphose der Gesteine sind nach Pb-Isotopendaten und nach der Verteilung der Hauptelemente sowie von Th und U zwei Hauptgruppen von Magmatiten zu unterscheiden: 1. Ältere, chemisch primitive Spilite und Keratophyre, die mit der beginnenden Graben-Insel-Entwicklung in Verbindung stehen und ein Blei mit wenig von den Normalwerten der Null-Isochrone abweichender Radiogenität enthalten. Sie stammen möglicherweise aus einem weitgehend konvektionsfreien Teil des Oberen Mantels (einem „ozeanischen Schild") ohne Konzentration radiogener Elemente „nach oben", d.h., aus Magmen, die sehr arm sind an radiogenen Elementen. 2. Eine jüngere Gruppe von Basalten, Diabasen und Andesiten, die sich zwischen Kreide und Gegenwart aus chemisch stärker entwickelten Magmen mit hohem Verhältnis $^{238}U/^{204}Pb$ (μ) bildete. Sie ist durch höhere Gehalte an ^{206}Pb in allen Proben sowie besonders hohe Gehalte an ^{206}Pb, ^{207}Pb und ^{208}Pb in zwei Andesiten von Dominica charakterisiert; die Gesteine dieser Gruppe entstehen entweder aus einem Subsystem des ozeanischen Mantels, in dem sich bei fortgesetzter Konvektion mit der Zeit an radiogenen Elementen angereicherte Magmen entwickeln, oder es werden zwei unabhängig voneinander entwickelte Bleie rezent gemischt: Ein aus dem Mantel stammendes Blei aus einem Reservoir ähnlich dem für Spilite und Keratophyre und ein wahrscheinlich von ozeanischen Sedimenten stammendes Blei, das etwas radiogener ist als das Blei der Basalte und Andesite, werden an der Benioff-Zone, der Grenzfläche der sich bewegenden Platten unter den Inselbögen, beim Transport zum Schmelzort miteinander vermischt [14]. Kalkalkalische Andesite und Basalte mit deutlich stärker radiogenem Blei und höherem Verhältnis $^{238}U/^{204}Pb$ ($\mu \approx 9.2$ gegenüber ≈ 8.8 für primitive Magmen) sowie zwei Andesite von Dominica mit ungewöhnlich radiogenem Blei ($^{206}Pb/^{204}Pb$ etwa 19.3 und 19.4), die auch deutlich mehr radiogenes Sr führen als der Inselbogen im Mittel aufweist, erfordern für die Andesitbildung die

Einbeziehung eines an radiogenem Pb und Sr ungewöhnlich reichen Materials [9, S. 39/41]. Dieses Material kann nach $^{87}Sr/^{86}Sr$-Untersuchungen an den Andesit-Basalt-Folgen der drei Inseln St. Kitts, St. Vincent und Carriacou weder aus größeren Mengen mariner Sedimente noch aus saurem Krustenmaterial bestehen [15]. Es sprechen also nur die Pb-, nicht jedoch die Sr-Isotopendaten für die Bildung von Andesiten aus Al-reichen Basalten durch Kontamination mit ozeanischen Sedimenten [10, S. 28]. Da aber selbst die in nordatlantischen Sedimenten gefundenen, am stärksten radiogenen Bleie nicht ausreichen, um die ungewöhnlich radiogenen Bleie der Andesite von Dominica zu erzeugen, müssen diese aus einem heterogenen Mantel stammen oder durch Kontamination mit sialischer Kruste entstanden sein [11, S. 203/4], deren Zusammensetzung einer gut durchmischten, vorwiegend kontinentalen Sediment-Komponente entspricht [16, S. 766], s. auch S. 19.

Pennsylvania, Ostküste der USA

Von drei Typen von Diabasen der Trias Pennsylvanias, einem Olivin-tholeiitischen und zwei Quarz-tholeiitischen, steht der Rossville-Typ mit normativem Quarz und 2.4 ppm Pb (Mittel von vier Proben) nach Haupt- und Spuren-Element-Gehalten zwischen Inselbogen-Tholeiiten und kontinentalen Tholeiiten; wahrscheinlich hat das Magma beim Aufstieg aus dem Mantel-Krusten-Bereich nur wenig Spurenelemente assimiliert [17].

Inselbögen von Japan, Nord-Pazifik

In Japan wird in zwei Inselbögen, einem östlichen und einem westlichen, in drei regional aufeinanderfolgenden känozoischen petrographischen Provinzen — vom Pazifik in Richtung Japanisches Meer — folgende Abfolge von Vulkaniten beobachtet: primitive Basalte oder Tholeiite → Al-reiche Basalte→Alkalibasalte (früher als Pigeonit-, Hypersthen- bzw. Alkaliserie bezeichnet, s. z.B. [18, S. 293]); in gleicher Richtung wird ein regelmäßiger Trend abnehmender Radiogenität bei den Pb-Isotopenverhältnissen speziell in zwei Traversen durch Zentral- und Nord-Honshu festgestellt [19, S. 237]. Magmen oder Vulkanite dieser beiden Traversen sind durch eine schwer zu deutende umgekehrte Korrelation zwischen der abnehmenden Radiogenität des Bleis einerseits und den Beziehungen zwischen Mutter- und Tochter-Elementen andererseits charakterisiert, s. für Zentral-Honshu [20, S. 70/1], wobei insbesondere die Abnahme von ^{206}Pb bei gleichzeitiger Zunahme von $^{238}U/^{204}Pb$ (μ) typisch ist [21, S. 371], [22, S. 1729/31], [23], die auch in der Traverse durch Nord-Honshu zum Ausdruck kommt [24, S. 21/2]. Solche Veränderungen in den Pb-Isotopenverhältnissen von Magmen können nicht — wie früher angenommen — durch fraktionierte Kristallisationsdifferentiation eines Isotopen-homogenen Magmas entstehen [18, S. 297], da hierfür ein unverhältnismäßig langer Zeitraum oder Kontamination des Magmas erforderlich wären [20, S. 76]. Dementsprechend gehen ältere Deutungen der unterschiedlich radiogenen Bleie in den verschiedenen Vulkanitserien meist von einfachen bis komplexen oder auch hochselektiven Prozessen aus, bei denen eine Kontamination der Magmen durch Assimilation von stärker radiogenem Blei, wahrscheinlich aus der Kruste, erfolgt [18, S. 300/1], oder speziell für Alkalibasalte Kontamination durch weniger radiogenes, ^{206}Pb-armes Krustenmaterial [25, S. 23], [26] — möglicherweise Pb aus alten Feldspäten [21, S. 373] — in Erwägung gezogen wird. Auch Heterogenitäten im Verhältnis U/Pb des Mantels werden angenommen [27], entstanden durch mehrfache, von Veränderungen des Verhältnisses U/Pb begleitete, Differentiationen des Mantels, gefolgt von bevorzugter Verflüchtigung von Pb, speziell radiogenem Pb, bei anschließenden Teilschmelzprozessen [22, S. 1730/1], [20, S. 75/6], wobei verschiedene Tiefen und damit verschiedene Drucke und Temperaturen Pb-Isotopenveränderungen hervorrufen können [25, S. 23/4], [28], beispielsweise bevorzugte Extraktion von Pb gegenüber U in flachen Niveaus bei Bildung von Tholeiiten und von U gegenüber Pb in größeren Tiefen bei Bildung speziell von Alkalibasalten [21, S. 371].

Wesentlich besser können die Pb-Daten und Veränderungen des Verhältnisses U/Pb in den verschiedenen Vulkanitserien mittels des Unterschubs einer Lithosphärentafel mit Sedimentdecke unter die japanischen Inselbögen erklärt werden, s. Fig. 2, S. 17; dabei können 1 bis 2% Sediment mit 70 bis 80 ppm Pb etwa 70% des Gesamtbleis beitragen und so die gegenüber MOR-Basalten mit etwa 0.5 ppm Pb auf etwa 1.5 ppm erhöhten Pb-Gehalte der tholeiitischen Basalte erklären. Die unterschiedlichen Verhältnisse $^{238}U/^{204}Pb$ (μ) in Basalten einer Traverse können ebenfalls durch Mischung erklärt werden: Zu einer Komponente aus der ozeanischen Lithosphäre wird eine zweite aus dem Oberen Mantel, der nach seismologischen Untersuchungen 2% Schmelze enthält, unter dem Inselbogen zugemischt; für diese wird bei angenommenem Isotopengleichgewicht ein hoher μ-Wert von etwa 22 errechnet. Entlang einer Traverse von Ost nach West können dann bei abnehmendem Lithosphärenanteil die μ-Werte in den entstehenden Schmelzen zunehmen von 2 bis 3 für Tholeiite auf etwa 5 für Al-reiche Basalte und auf 12 und 19 für Alkalibasalte von Oki-Dōgo bzw. Takashima [20, S. 76/81], [21, S. 373/5]. Demgegenüber zeigt nach Oversby, Ewart die Radiogenität von Blei keinen deutlichen Trend in Richtung Ost→West, sondern eher einen Unterschied zwischen O-shima und den übrigen Vulkaniten von Honshu; ein Nord-Süd-Trend in den Pb-Isotopendaten ist mindestens ebenso bedeutend wie der Ost-West-Trend. Ferner müßten, um die Daten der Basalte von O-shima und der basaltisch-andesitischen Schmelzen der Traverse durch Nord-Honshu durch Sedimentaufnahme erklären zu können, diese zwischen 87 und nahezu 100% ihres Bleis aus Sedimenten aufgenommen haben und selbst ursprünglich nur etwa 0.2 ppm Pb enthalten, d.h., nur etwa 40% der niedrigsten in MOR-Basalten gefundenen Pb-Konzentration. Daher haben nach Ansicht dieser Verfasser Mantel-Heterogenitäten in kleinem Maßstab — insbesondere zwischen Zentral- und Nord-Honshu — wahrscheinlich größere Bedeutung für die Veränderung der Pb-Isotopenzusammensetzung japanischer Vulkanite als die Beimischung von Sedimenten [11, S. 202/3].

Für eine weitere Alkaligesteinsfolge von der Halbinsel Nemuro, Hokkaido, Nordost-Japan, mit pikritischen Doleritdecken und z.T. Syeniten, reich an K, H_2O und Pb (im Mittel >20 ppm), wird Herkunft aus einem K-reichen, deuterisch umgewandelten Olivinbasalt-Muttermagma angenommen. Bei der Bildung der Teilschmelzen aus Phlogopit-Peridotit im Oberen Mantel unter dem Kontinent spielt der an großen Kationen reiche Phlogopit eine wesentliche Rolle, aber Pb kann als für hydrothermale Prozesse charakteristisches Element auch während des deuterischen Stadiums zugeführt worden sein [29].

In auffallender Parallelität zu den Vulkaniten wird auch bei Plutoniten — überwiegend granitischen Gesteinen — quer durch Zentral-Japan eine Abnahme der Radiogenität der Pb-Isotopenverhältnisse von Ost nach West bei gleichzeitig weitgehender Identität der Pb-Isotopen zwischen beiden Gesteinsgruppen in Zentral- und West-Japan beobachtet; danach ist offensichtlich der gleiche Mechanismus der Blei-Entwicklung vor allem bei spätmesozoischen bis känozoischen intrusiven und extrusiven Magmen wirksam: Die Verhältnisse $^{206}Pb/^{204}Pb$ sind in Graniten der Gebiete Hida und Miyazu, Zentral-Honshu, an der Küste zum Japanischen Meer, mit <18.2 niedriger als in Graniten von Abukuma an der Ostseite der Insel mit >18.3 und sind in mehreren Fällen identisch mit denen der Tholeiite oder Al-reichen Basalte aus derselben Region [19, S. 237/9, 242]. Auch die Pb-Isotopenverhältnisse von K-Feldspäten granitischer Gesteine des Abukuma-Plateaus und des Sidara-Gebiets sind bei nur geringen Abweichungen im Verhältnis $^{206}Pb/^{204}Pb$ von maximal 1.5% den Pb-Isotopenverhältnissen von jungen Tholeiiten auffallend ähnlich, woraus auf Herkunft der beiden Magmen aus dem gleichen Ausgangsmaterial mit niedrigem μ-Wert zu schließen ist, wahrscheinlich durch Teilschmelzprozesse aus basaltischem Material im Oberen Mantel, da Differentiation sehr große Volumina basaltischer Magmen erfordern würde [30, S. 462/7, 471/2].

Kurilen-Bogen, Nord-Pazifik

In quartären Laven verschiedener Vulkane der Vernadskii-Kette auf Paramushir, Nord-Kurilen, ist die Tendenz abnehmender Pb-Gehalte von basischen zu sauren Gesteinen dort am deutlichsten, wo sich infolge besonders starker Kontamination der chemisch-petrographische Charakter der Magmen den tholeiitischen Basalten (Pigeonit-Serie) Japans, s. S. 20, nähert [31].

Sikhote Alin, Ferner Osten, UdSSR

Im westlichen Primor'e sind basische granitoide Massive des Sikhote Alin in Geosynklinalzonen (z.B. in der Bikin-Senke) und entlang von tektonischen Nähten (z.B. im westlichen Sikhote Alin) mit mesozoischem Magmatismus mit im Mittel >80 bzw. etwa 250 ppm Pb extrem Pb-reich [32].

West-Küste der USA

Das Gebiet an der Pazifikküste Nordamerikas ist wahrscheinlich ein ehemaliger Inselbogen und zeigt ähnliche Charakteristika der Pb-Isotopen und vergleichbares Verhalten von radiogenem Blei wie die Magmatite Zentral-Japans [19, S. 239/40].

Nach Doe sind die känozoischen und kretazischen Magmatite im Bereich der Westküste der USA (Kalifornien, Oregon, Washington) charakterisiert durch hohe Verhältnisse $^{206}Pb/^{204}Pb$ (>18.7), die zeitintegrierte μ-Werte >8.7 im Ausgangsmaterial der Magmen erwarten lassen, sowie durch geringe Schwankungen der Isotopenverhältnisse (außer $^{207}Pb/^{204}Pb$) von etwa 4%. Magmatite des inneren Kontinents (Provinzen der Rocky Mountains in New Mexico, Colorado, Wyoming, Idaho, West-Texas, Montana und South Dakota) dagegen haben niedrige Verhältnisse $^{206}Pb/^{204}Pb$ (<18.7) mit Schwankungen um 10% und erwartete μ-Werte <8.7. Die Magmatite beider Zonen entstanden wahrscheinlich durch Teilschmelzprozesse aus basaltisch-gabbroiden Muttergesteinen mit Assimilation von Krustenmaterial, das im Küstenbereich hinsichtlich Isotopen nahezu homogen war, im Kontinentalbereich jedoch mit häufig schlecht übereinstimmenden oder sogar gegensätzlichen Beziehungen zwischen Pb-Isotopenverhältnissen und μ-Werten ein hinsichtlich Isotopen sehr heterogenes Material annehmen läßt, wobei Bleie unterschiedlicher Radiogenität aus Akzessorien (mit hohem μ) oder Feldspäten (mit niedrigem μ) aufgenommen wurden [33]. Insbesondere saure känozoische Vulkanite der Küstenzone sowie Magmatite (Granitoide) des südkalifornischen Batholithen sind mit Verhältnissen von $^{206}Pb/^{204}Pb > 18.5$ deutlich reicher an radiogenem Blei als saure Magmatite der Rocky Mountains mit etwa 16.5 bis 18.5, die bei relativ geringen Gehalten an radiogenem Blei durch hohe Gesamtblei-Gehalte charakterisiert sind; dazu zählen auch die stärker kontaminierten Basalte von New Mexico und Idaho, deren wenig radiogene Bleie auf Assimilation präkambrischer Feldspäte hinweisen. Insgesamt sprechen die sehr unterschiedlichen Pb-Isotopenverhältnisse der meso- bis känozoischen Magmatite für verschieden alte Ausgangsmaterialien in der Unteren Kruste oder in der Asthenosphäre (low velocity zone) des Oberen Mantels, möglicherweise auch für Veränderungen der Verhältnisse U/Pb und Th/Pb infolge von Dehydratation in diesen Zonen [34]. Eine auffallende Ähnlichkeit in der Pb-Isotopenzusammensetzung zwischen Blei aus Feldspäten saurer Gesteine und Blei aus Tholeiiten wird wie in Japan auch in einem größeren Gebiet an der Westküste der USA beobachtet, ist aber hier mit stärker radiogenen Bleien verbunden und zeigt ein Herkunftsmaterial mit höherem Verhältnis U/Pb als in Japan an [30, S. 467]; die ebenfalls vorhandene Abnahme des radiogenen Bleis von der Küste in Richtung Kontinent wird in den USA jedoch von einem etwas breiteren Bereich der Verhältnisse $^{206}Pb/^{204}Pb$ begleitet [19, S. 239/40].

Neuere Untersuchungen in den weitgehend parallel zur Westküste verlaufenden Gebirgszügen bestätigen vor allem für die küstennahen Ketten weitgehend die Entwicklung von Bleien durch Subduktions- und Mischungsvorgänge:

Im Coast Range, dem küstennächsten Gebirgszug in Kalifornien, Oregon und Washington, verändern sich die Pb-Gehalte und die Pb-Isotopenzusammensetzungen verschiedener tertiärer Intrusiva und Effusiva so beträchtlich, daß die zu Basalten und Gabbros erstarrten Muttermagmen durch mehrere Teilschmelzprozesse und/oder in verschiedenen Herkunftsräumen entstanden sein müssen, doch ist auch Assimilation verschiedener Bleie nicht ganz auszuschließen [35].

In den Cascade Mountains, dem der Pazifikküste zweitnächsten Gebirgszug in Oregon/Washington, entstehen aus orogenen kalkalkalischen Andesitmagmen Al-reiche Basalte und Andesite mit untereinander identischen Verhältnissen $^{206}Pb/^{204}Pb$, $^{207}Pb/^{204}Pb$ und $^{208}Pb/^{204}Pb$, die höher sind als die in ozeanischen Tholeiiten; wahrscheinlich stammen diese Al-reichen Basalte und Andesite aus einem gemeinsamen Ausgangsmaterial, weniger wahrscheinlich ist, daß die Andesite Differentiate eines Al-reichen Basaltmagmas sind [36, S. 437/40, 448]. Pb- und Sr-Isotopendaten sprechen dafür, daß für die Entstehung der Vulkanite der Cascade Mountains ozeanischer Tholeiit eine wesentliche Rolle gespielt hat, jedoch allein nicht alle ihre Bestandteile liefern konnte. Da in ozeanischen Sedimenten des Nordost-Pazifik die $^{206}Pb/^{204}Pb$-Verhältnisse niedriger sind und in Eugeosynklinalsedimenten höher als in den Laven der Cascade Mountains, kommen diese als Mischungsprodukte nicht in Frage. Auch Aufschmelzung von Krustenmaterial durch das Magma ist unwahrscheinlich. Church, Tilton nehmen daher ein Mehr-Stadien-Modell an, bei dem das Andesitmagma durch Teilschmelzprozesse von Mantelmaterial in Form einer abtauchenden, ozeanischen, vulkanischen Tafel — ohne wesentliche Zumischung von ozeanischem Sedimentblei — entstanden ist [36, S. 446, 440/2, 445, 448/9], vgl. [10, S. 23/9], [6, S. 1836/7]. Die zu dem ozeanischen Tholeiitmaterial hinzukommende, stark radiogene Komponente kann Alkalibasalt-ähnlich sein oder ein zersetzter Basalt, wie er im Franciscan-Gebiet auftritt [10, S. 26/8, 30], [36, S. 440/1, 448]. Neuere und genauere Pb-Isotopendaten ergänzen und revidieren die Auffassung über die Entstehung der Laven der Cascade Mountains dahingehend, daß zu dem durch Teilschmelzprozesse entstehenden

Mantelmaterial radiogene Krustenbleie hinzukommen müssen, die aus wiederholt aufgearbeitetem Sedimentmaterial stammen (vgl. S. 19); die besonders hohen $^{206}Pb/^{204}Pb$-Verhältnisse in den sauren Gesteinen aus den Cascade Mountains mit Werten $\geqq 19.0$ und $^{207}Pb/^{204}Pb$- und $^{208}Pb/^{204}Pb$-Verhältnissen, die in den $^{207}Pb/^{204}Pb$-$^{206}Pb/^{204}Pb$- und $^{208}Pb/^{204}Pb$-$^{206}Pb/^{204}Pb$-Diagrammen an das Feld der Andesite und Basalte dieses Gebietes anschließen und in das Feld kontinentaler Sedimente fallen, scheinen dafür zu sprechen, daß diese sauren Gesteine besonders stark kontaminiert sind, wobei ebenfalls erhöhte ^{207}Pb-Gehalte von einer bestimmten Menge alter Komponenten stammen können [13, S. 177/8, 182/6].

In den Klamath Mountains zwischen Coast Range und Cascade Mountains hat Trondhjemit eine Pb-Isotopenzusammensetzung, deren Verhältnisse $^{206}Pb/^{204}Pb = 18.57$ (korrigiert) sowie $^{207}Pb/^{204}Pb$ von nur 15.50 zusammen mit Sr-Isotopendaten denen von Vulkaniten von mittelozeanischen Rücken sehr nahe sind; entweder stammen sie direkt vom ozeanischen Mantel oder aus Mantelmaterial, das einem „recycling" unterworfen war [37, S. 3515, 3523/4].

Die tertiären Columbia River-Basalte, überwiegend im Osten der Cascade Mountains auftretend, sind nach ihren Pb-Isotopendaten gegenüber den Vulkaniten der Cascade Mountains beträchtlich an ^{207}Pb und ^{208}Pb angereichert und an ^{206}Pb verarmt; sie sind somit deutlich durch Aufnahme alten Mantelmaterials charakterisiert [13, S. 185].

Der Sierra Nevada-Batholith bildet ähnlich wie die Cascade Mountains im Norden einen küstenferneren zweiten, aber ebenfalls parallel zur Küste verlaufenden Gebirgszug in Kalifornien; die überwiegend granodioritisch-granitischen Gesteine führen Bleie ziemlich variabler Zusammensetzung mit Verhältnissen $^{206}Pb/^{204}Pb$ und $^{208}Pb/^{204}Pb$, die annähernd positiv korreliert sind mit $^{87}Sr/^{86}Sr$ und für die mesokänozoischen Magmatite der Westküste der USA repräsentativ sind. Diese Intrusivgesteine können kaum vom ozeanischen Oberen Mantel stammen, eher von kontinentalem Material aus dem Bereich Untere Kruste-Oberer Mantel. Ihre Pb-Isotopendaten können am besten erklärt werden durch Mischung — während einer Subduktion — von kontinentalem Material aus wiederholt aufgearbeiteten Sedimenten, die Detritus des Präkambriums enthalten, mit pelagischen Sedimenten oder ozeanischen Basalten mit schwach radiogenem Blei [37, S. 3518, 3522/4], vgl. [16, S. 765/6]. Insgesamt sind diese Magmatite weniger reich an ^{206}Pb als die der Cascade Mountains [13, S. 185].

Ostküste von Australien

Die tertiären Alkali-Vulkanite des Monaro-Distrikts im südlichen New South Wales bildeten sich aus nur wenig fraktionierten primären Magmen, die aus einem peridotitischen Oberen Mantel mit heterogener Verteilung von Amphibol, Glimmer und Apatit und dadurch bedingt aus unterschiedlichen Volumina von Teilschmelzen entstanden sind. Die unregelmäßige Verteilung inkompatibler Elemente, darunter Blei, mit zwar gleichen Bereichen von etwa 4 bis 15 ppm Pb in Alkalibasalten, Basaniten und Nepheliniten, aber höheren Pb-Konzentrationen in letzten gegenüber den beiden ersten, entsteht wahrscheinlich durch die lokal variierende, mit den Konzentrationen der akzessorischen Phasen wie Amphibol, Glimmer und Apatit verbundene Menge von Teilschmelze [38].

An der Nordflanke des Tweed-Schildvulkans in Südost-Queensland tritt eine tertiäre Folge basaltischer und rhyolithischer Laven auf, deren „Basalte" chemisch und mineralogisch tholeiitische Andesite sind, die durch fraktionierte Kristallisation aus einer basischen Schmelze entstanden sind. Nach Chemismus, Pb-Gehalten und -Isotopendaten sowie Korrelationen, s. folgende Tabelle, haben die Laven unterschiedliche Entwicklungen durchgemacht:

Strati-graphischer Typ	Alter 10^6 a	Chemismus	Pb-Gehalt ppm	Radiogenität ($^{206}Pb/^{204}Pb$)	$^{238}U/^{204}Pb$	Korrelationen U-Pb	K/Rb-Pb
3 Hobwee-Basalte	20.0 bis 20.1	tholeiitische Andesite, Olivin-normativ	2.38 bis 3.17, Mittel 2.81	niedrig (18.133 bis 18.218)	11.25 bis 16.90	positiv	positiv

Stratigraphischer Typ	Alter 10^6 a	Chemismus	Pb-Gehalt ppm	Radiogenität ($^{206}Pb/^{204}Pb$)	$^{238}U/^{204}Pb$	Korrelationen U-Pb	K/Rb-Pb
2 Springbrook-Rhyolithe	20.8	K- und Al-reich	11.82 und 18.78	relativ hoch (18.526 und 18.527)	15.34 und 16.30	—	—
6 Binna-Burra-Rhyolithe	20.8	K-reich, Al-normal	41.80 bis 43.71, Mittel 42.44	mittel (18.400 bis 18.420)	10.80 bis 16.89	—	negativ
1 Comendit		Al-reich	9.95	hoch (18.599)	20.52	—	—
4 Beechmont-Basalte	21.1 bis 21.8	tholeiitische Andesite, Olivin-normativ	2.32 bis 3.80, Mittel 2.99	extrem niedrig (17.617 bis 18.110)	11.49 bis 15.59	positiv	negativ

Zwei tholeiitische Andesite der Beechmont-Gruppe mit extrem wenig radiogenem Blei sind wahrscheinlich mit Material der Unteren Kruste (Granulit oder Charnockit) kontaminiert; das etwas stärker radiogene Blei der übrigen Andesite dieser und der Hobwee-Gruppe stammt entweder aus einem Herkunftsraum mit anderem Verhältnis U/Pb oder ist durch einen abweichenden Fraktionierungsprozeß entstanden. Die sauren Laven mit wesentlich stärker radiogenem Pb und Sr können keine einfachen Differentiate mafischer Einheiten sein, obwohl Spurenelement-Verteilungen und verschieden starke Anreicherung an Pb und anderen Elementen für einen solchen Prozeß sprechen; die höheren Verhältnisse $^{206}Pb/^{204}Pb$ und $^{208}Pb/^{204}Pb$ in den Springbrook-Rhyolithen gegenüber den Binna-Burra-Rhyolithen deuten zusammen mit dem höheren Gesamtblei-Gehalt in letzten auf die Einstellung eines Gleichgewichts bei Assimilationsvorgängen in der Kruste hin; als assimiliertes Material kommen Pyroxen-Granulit oder Charnockit in Frage, nicht jedoch Grauwacken, deren Verhältnis $^{207}Pb/^{204}Pb$ zu niedrig ist. Comendite mit höheren Verhältnissen $^{206}Pb/^{204}Pb$ und $^{208}Pb/^{204}Pb$ sind wahrscheinlich fortgeschrittene, peralkalische Fraktionierungsprodukte des basaltischen Muttermagmas, möglicherweise mit Krusten-Assimilation, weniger wahrscheinlich ist ihre Herkunft von rhyolithischen Magmen als späte Fraktionierungsprodukte [39].

Neuseeland

Auf der Nordinsel sind zwei miozäne Andesitfolgen im Norden (Coromandel-Halbinsel) etwas ^{206}Pb-reicher als zwei Andesitfolgen im Süden (Te Aroha); die geringe Streuung der Verhältnisse $^{206}Pb/^{204}Pb$ in allen Andesiten einschließlich dreier Rhyolithe von nur 1.5% (bei einer Ausnahme) und der hohe Grad an Linearität in den $^{208}Pb/^{204}Pb$-$^{206}Pb/^{204}Pb$- und $^{207}Pb/^{204}Pb$-$^{206}Pb/^{204}Pb$-Diagrammen sprechen dafür, daß die untersuchten Gesteine *einem* Ausgangsmaterial entstammen, doch ist lokale Magmenhomogenisierung nicht auszuschließen. Die nicht umgewandelten Andesite und der ältere Rhyolith, der auf Grund seiner Pb-Isotopenverhältnisse ein Differentiationsprodukt des Andesitmagmas sein kann, stammen offensichtlich aus größerer Tiefe als die jüngeren Rhyolithe [40, S. 4/9]; die etwas niedrigeren Verhältnisse $^{207}Pb/^{204}Pb$ und $^{208}Pb/^{204}Pb$ in den frischen Andesiten dieser Gebiete sprechen für ihre Herkunft aus der Unteren Kruste oder aus dem Mantel [9, S. 36]. Die für Rhyolithe der Taupo-Region auf Grund niedriger Gehalte an K, Rb und U sowie Sr-Isotopendaten angenommene Bildung durch Teilschmelzung einer mesozoischen eugeosynklinalen Grauwacken-Ton-Fazies [41] ist für die gesamte Rhyolithgruppe — mit Ausnahme der älteren Rhyolithe — anzunehmen [40, S. 8]. Erweiterte Untersuchungen des Kalkalkali-Vulkanismus der Zentral-Vulkanzone (Ost-Bogen) bestätigen anscheinend die von Ewart, Stipp [41] angenommene Herkunft der Rhyolithe aus Geosynklinalsedimenten und die von Cooper, Richards [40, S. 4] für

Andesite aufgezeigte, über einen großen Bereich homogene, Pb-Isotopenzusammensetzung bei Veränderungen der Verhältnisse $^{206}Pb/^{204}Pb$ und $^{207}Pb/^{204}Pb$ innerhalb 1%, die eine Herkunft der Andesite aus der Unteren Kruste wahrscheinlich machen; drei Al-reiche tholeiitische Basalte aus der mittleren Vulkanzone liegen mit den Verhältnissen $^{206}Pb/^{204}Pb$ im gleichen Bereich, mit $^{207}Pb/^{204}Pb$ und $^{208}Pb/^{204}Pb$ etwas höher [9, S. 31/6]. Insbesondere ist es die im Vergleich zu rezenten Bleien relativ geringe Streuung der Pb-Isotopendaten von Kalkalkali-Vulkaniten einzelner Inselbögen und die enge Korrelation zwischen den Mitteln der Verhältnisse $^{206}Pb/^{204}Pb$ — bei ähnlichen und relativ hohen Verhältnissen $^{207}Pb/^{204}Pb$ — eines Bogens und den vor diesem Bogen befindlichen Sedimenten, welche diese als bevorzugte Quelle für das Blei der Vulkanbogenmagmen erscheinen lassen [1, S. 137/9]. Gerade diese Überschneidung zwischen den Pb-Isotopendaten von Basalten und Andesiten in der Taupo-Zone im Ostbogen mit den Isotopendaten von Sedimentblei, das wahrscheinlich aus den Vulkaniten stammt, die ihrerseits Mantelmaterial sind, verhindert es jedoch, dessen Anteil und den des Mantels bei Andesiten zu ermitteln [11, S. 204/5].

Die Alkalibasalte des Westbogens in und südlich von Auckland sind K-reicher und durch eine eigene und ungewöhnliche Isotopenzusammensetzung mit höherem Verhältnis $^{206}Pb/^{204}Pb$ sowie schwach negativer Neigung im $^{207}Pb/^{204}Pb$-$^{206}Pb/^{204}Pb$-Diagramm charakterisiert, die — ohne Beziehung zum K-Gehalt — nur durch Mischung zweier Bleie zu erklären ist: eines ähnlich dem Blei von Andesiten oder Sedimenten und eines zweiten, das sich zunächst in U-armem, später in U-reichem Milieu entwickelte [9, S. 31, 37/8]. Die negative Korrelation zwischen $^{206}Pb/^{204}Pb$ und $^{207}Pb/^{204}Pb$ läßt sich aber nicht nur durch Mischung von zwei oder mehr Bleien von mesozoischen Sedimenten und von Basalt aus dem Mantel erklären, sondern auf Grund der niedrigen Verhältnisse $^{87}Sr/^{86}Sr$ auch durch Mischung zweier Mantel-Bleie [11, S. 205]. Außerdem ist das Blei dieser Alkalibasalte gegenüber den in Frage kommenden Sedimenten stark an ^{206}Pb angereichert und an ^{207}Pb und ^{208}Pb verarmt; die Daten liegen aber nahe denen von ozeanischen Alkalibasalten [10, S. 28]. Nach Oversby, Ewart sind zwar die Rhyolithe und Ignimbrite der Taupo-Zone am besten durch Remobilisierung mesozoischer Krustensedimente — aber ohne Subduktion in die Benioff-Zone — zu erklären; das Blei der basaltischen und wahrscheinlich auch der andesitischen Vulkanite der Nordinsel Neuseelands aber scheint aus dem Mantel zu stammen [11, S. 205/6].

White Island, ein aktiver Andesitvulkan im Inselbogenmilieu der Bay of Plenty vor der Nordostküste der Nordinsel, liefert Blei mit einer Isotopenzusammensetzung entsprechend der von rezenten Bleien und der von Andesiten von der Nordinsel [6, S. 1834/5], vgl. korrigierte Pb-Isotopenverhältnisse und $^{238}U/^{204}Pb = 8.99$ bei [42].

Auf der Südinsel treten am Dunedin-Vulkan, Ost-Otago, drei tertiäre Alkaligesteinsfolgen auf: eine mit Basalten bis Benmoreiten, eine mit Basaniten bis Nephelin-Benmoreiten (Nephelin-führend und H_2O-reicher) und eine mäßig K-reiche Serie von Basalt bis Trachyandesit bzw. Basanit bis Nephelin-Trachyandesit, in denen Pb stets kontinuierlich im Verlauf der fraktionierten Kristallisation zunimmt. Mit einem Mittel von 22.5 ppm ist Pb in Phonolithen besonders angereichert, auch sie werden als komagmatisches, aber extremes Fraktionierungsprodukt angesehen. Die Magmen entstanden durch Teilschmelzung im Mantel und anschließende fraktionierte Kristallisation unter komplexen subvulkanischen Bedingungen in Kammern in verschiedenen Niveaus im Oberen Mantel und in der Kruste bei unterschiedlichem H_2O-Druck; speziell ein Quarz-normativer Trachyt, der mit 13 ppm ebenfalls Pb-reich ist, stammt nach seinen Haupt- und Spurenelementgehalten sowie seinem Verhältnis $^{87}Sr/^{86}Sr$ sehr wahrscheinlich von einem eigenen, durch Teilschmelzung oder Fraktionierung entstandenen Magma [43], vgl. [44], das sich aus älterem Material der Unteren Kruste bildete [45].

Fidschi-Inseln

Die Fidschi-Inseln liegen im Bereich des Unterschubs der pazifischen ozeanischen Krustentafel unter die Australische Platte. Die auf ihnen auftretenden Vulkanite sind in drei Perioden magmatischer Aktivität entstanden und entsprechend in Zonen angeordnet als Inselbogen-Tholeiite, Kalkalkaligesteine und Shoshonite, die durch zunehmende Gehalte von K_2O ($<1 \rightarrow 1.25 \rightarrow 1.5$ bis 4%) und von Pb (2 bis $3 \rightarrow$ etwa $4 \rightarrow 5$ bis 13, Mittel = 8.7 ppm) charakterisiert sind [46], vgl. [3, S. 19/20]. Die Al-reichen und mit 1.2% K_2O mäßig K-reichen Andesite sind auf Grund ihrer Konzentration an Spurenelementen, darunter Pb (etwa 4 ppm), sowie ihrer Verhältnisse $^{87}Sr/^{86}Sr$ nur dann als Produkte eines Teilschmelzprozesses zu erklären, wenn das Ausgangsmaterial nicht aus frischen, sondern aus submarin umgewandelten ozeanischen Basalten („greenschists") mit mehrfach erhöhten Gehalten an Pb und höheren Gehalten an K_2O und H_2O besteht; die Aufnahme von Sediment in den Schmelzprozeß ist aus geophysikalischen und mechanischen Gründen (Abkratzeffekt beim Unterschub) unwahrscheinlich und aus geochemischen Gründen auf maximal 2% Sedimentanteil begrenzt [47].

Recent Island Arcs in the Western Pacific Ocean Remote from Continental Influence

2.4.1.1.1.4.3 Junge Inselbögen im Westpazifik ohne Kontinenteinfluß

Marianen

Der Marianenbogen ist einer der wenigen aktiven, vollständig ozeanischen Inselbögen mit ozeanischer Kruste auf beiden Seiten des Bogens, dessen Magmen sicher nicht mit kontinentalem Krustenmaterial kontaminiert sind; er zeigt folgende Gliederung und damit verbunden folgenden Pb-Isotopencharakter: 1) Ältere Basalte des „Vorbogens", die mit ihrem am wenigsten radiogenen Blei den pazifischen MOR-Basalten ähnlich sind; 2) Jüngere Basalte des aktiven Bogens mit stärker radiogenem Blei und 3) Basalte aus dem Becken zwischen Vorbogen und aktivem Bogen (interarc basalts) mit niedrigeren Verhältnissen $^{206}Pb/^{204}Pb$ als die Basalte der beiden Bögen und als die meisten MOR-Basalte; sie sind ähnlich Hawaii-Gesteinen.

Auf Grund der gleichen Pb-Isotopendaten von Gesteinen der Marianen und der pazifischen ozeanischen Basalte, aber stark abweichender Pb-Isotopenzusammensetzung westpazifischer Sedimente, können ozeanische Sedimente keine wesentliche Komponente in den Magmen sein: Bei Pb-Gehalten von 1 bis 3 ppm in den Basalten — K-arme Andesite 4 und 4.5 ppm [5, S. 18, 21] — sprechen die Pb-Isotopenverhältnisse für weniger als 1% Sedimentanteil und für überwiegend vom Mantel stammendes Pb, wobei die Verhältnisse $^{206}Pb/^{207}Pb$ und $^{87}Sr/^{86}Sr$ eine indirekte Herkunft vom Mantel unter Aufnahme einer umgewandelten, subduzierten ozeanischen Kruste anzeigen. Das U-Th-Pb-System im Mantel unter dem Pazifikbecken ist auf Grund der Lage aller pazifischen ozeanischen Basalte und der Basalte der Marianen aus dem Becken zwischen den Bögen auf Regressionslinien in $^{207}Pb/^{204}Pb$-$^{206}Pb/^{204}Pb$- und $^{208}Pb/^{204}Pb$-$^{206}Pb/^{204}Pb$-Diagrammen sehr kohärent und bestätigt, daß die pazifischen ozeanischen Basalte für die Pb-Isotopenzusammensetzung des Mantels unter dem Marianenbogen repräsentativ sind [7, S. 1359, 1362/6].

Salomon-Inseln

In Andesiten von Bougainville nehmen die Pb-Gehalte mit zunehmendem K-Gehalt zu, sind aber so niedrig, daß eine Pb-Abtrennung vom Magma in einer getrennten Phase möglich erscheint; die Andesite sind offensichtlich in einem 2-Stadien-Prozeß aus dem Mantel unter ständiger Erneuerung des Ausgangsmaterials durch Meeresbodenspreitung (sea floor spreading) gebildet [5, S. 10, 13, 18, 23].

Samoa-Vulkan-Kette

Die am Nordende des Tonga-Grabens über 1200 km parallel zu dessen westlichem Ausläufer sich linear erstreckende Kette von Inseln, „seamounts" und „banks" besteht aus Alkali-Olivin-Basalten und deren Differentiaten wie z. B. Phonolithen und Quarz-Trachyten. Basanite und Olivin-Nephelinite treten als Kappen auf „seamounts" auf. Die Basanite der „seamounts" sind reicher an K, Pb und Rb als die Samoa-Basanite und entstehen offensichtlich wie die Olivin-Nephelinite als Produkte einer kleinen Menge einer frühen Teilschmelze von Mantelmaterial, das reich ist an fluiden Komponenten, wie z. B. Pyrolit mit etwa 0.1 bis 0.2% H_2O (wahrscheinlich in Amphibolen); die an diesen Elementen ärmeren, aber Mg-reicheren Basanite von Samoa entstehen bei einem extensiven Teilschmelzprozeß in einem bereits entwässerten Mantelbereich [48].

Tonga-Kermadec-Inselbogen

Im Tonga-Bogen sind basaltische Andesite, die zu den Inselbogen-Tholeiitserien gehören, der dominierende Magmentyp; sie sind charakterisiert durch relativ hohe Gehalte an Ca und Fe und niedrige an K, U und Pb sowie extrem uniforme Pb-Isotopenzusammensetzung mit einer Varianz des Verhältnisses $^{206}Pb/^{204}Pb$ von maximal 0.2% bei über 300 km sich erstreckenden jungen Inseln. Dieser Magmentyp stammt offensichtlich aus einem sehr homogenen, durch Konvektion rezent durchmischten Mantel und ist nicht wesentlich mit Lithosphärenmaterial und speziell mit Sedimenten kontaminiert. Bei einem angenommenen Pb-Gehalt von 75 ppm für ozeanische Sedimente können entsprechend der Pb-Konzentration in den basaltischen Andesiten maximal 20% des Gesamtbleis und damit nur wenig mehr als 1% Sediment zugefügt sein, nach den Pb-Isotopenverhältnissen ($^{206}Pb/^{204}Pb$ und $^{208}Pb/^{204}Pb$) sogar nur höchstens 0.5%, die in jedem Fall ohne petrogenetischen Effekt wären und nicht den Chemismus dieser Magmen hervorrufen können. Alle Daten der Vulkanite von den Tonga-Inseln sprechen für ein Modell mit Teilschmelzung von Mantelperidotit, bei dem Wasser nur aus der unterschobenen und dabei entwässerten Lithosphäre zugeführt wird [11, S. 187/8, 193/6, 198/9, 206]. Zur Bildung der basaltischen Andesite von Tonga aus mehr oder weniger H_2O-gesättigten Muttermagmen, die bei $1400 \pm 50\,^{\circ}C$ in Tiefen der Benioff-Zone entstehen und aus denen bei verringerter Temperatur und relativ niedrigem Druck ($<1200\,^{\circ}C$ und <0.5 kbar) die Andesite auskristallisieren, s. [49].

Obwohl nach neueren Untersuchungen pazifische MOR-Basalte und pazifische Sedimente östlich des Tonga-Grabens auf Pb-Isotopenmischlinien liegen und bei verringerten Pb-Gehalten der Sedimente auf 25 ppm die Aufnahme der dreifachen von Oversby, Ewart [11, S. 195/6] angenommenen Menge Sediment und Sedimentblei gestatten [7, S. 1365], sind es besonders die stark voneinander abweichenden Pb-Isotopendaten der Vulkanite dieses Bogens und der ozeanischen Sedimente, welche eine Aufnahme von Sedimentblei bei der Andesitentstehung unwahrscheinlich erscheinen lassen [10, S. 26, 28].

Der Vulkanismus des Kermadec-Bogens hat Isotopenzusammensetzungen, die abweichen von denen des Tonga-Bogens. Er weist einen größeren Pb-Isotopenbereich mit Streuungen bei den Verhältnissen $^{206}Pb/^{204}Pb$ von 2.5%, $^{207}Pb/^{204}Pb$ von 0.3% und $^{208}Pb/^{204}Pb$ von 1.4% auf, was der Streuung der Pb-Isotopendaten von mittelozeanischen Inseln entspricht. Die positive Korrelation zwischen $^{206}Pb/^{204}Pb$ und $^{238}U/^{204}Pb$ zeigt proportionale, gleichzeitig aber niedrige Verhältnisse U/Pb in den Magmen gegenüber dem Ausgangsmaterial an, die enge Korrelation zwischen den Verhältnissen $^{206}Pb/^{204}Pb$ und $^{207}Pb/^{204}Pb$ sowie $^{208}Pb/^{204}Pb$ ist für ursprünglich uniforme Isotopenzusammensetzung in den Herkunftsräumen kennzeichnend, welche durch einen Wechsel in den Verhältnissen U/Pb und Th/Pb vor einiger Zeit gestört wurde und zu einem heterogenen Mantel führte, wie er in den Proben von Raoul vertreten ist. Insgesamt ist die Isotopenzusammensetzung trotz eines gewissen ^{207}Pb-Reichtums für aus dem Mantel stammende Laven typisch, die durch nasses Schmelzen mit Wasser aus der Lithosphäre entstanden sind. Hinweise auf Sedimentaufnahme bei der Magmenbildung fehlen, diese Möglichkeit ist durch die Pb-Konzentration und Pb-Isotopenzusammensetzung stark begrenzt [11, S. 190/1, 195/6, 199, 206].

Nach neueren Untersuchungen liegen die Daten für Gesteine des Tonga-Kermadec-Bogens — wie die des Marianen-Bogens — im $^{206}Pb/^{207}Pb$-$^{87}Sr/^{86}Sr$-Diagramm im gleichen Bereich wie die Daten umgewandelter ozeanischer Krustengesteine, die daher als geeignetes Herkunftsmaterial angesehen werden: Die in bezug auf Tiefe und Intensität relativ gleichförmige Umwandlung der ozeanischen Kruste läßt in Verbindung mit den relativ konstanten Pb- und Sr-Isotopenverhältnissen frischen Materials von mittelozeanischen Rücken große Volumina eines Materials mit relativ homogenen Pb- und Sr-Isotopenzusammensetzungen erwarten, die sich wesentlich von denen des vom Mantel stammenden Materials unterscheiden [7, S. 1366/7].

2.4.1.1.1.4.4 Innerkontinentale Inselbögen in Europa und Afrika

Intra-continental Island Arcs in Europe and Africa

Im Nordosten Mecklenburgs, DDR, zeigen basische Magmatite der Norddeutsch-Polnischen Senke eine regelmäßige, den Basiten von Subduktionszonen sehr ähnliche Veränderung des Chemismus mit einem Trend für Pb, der etwa dem im Bereich der Inselbögen des Pazifik entspricht: K-arme (0.2% K_2O) simatische Olivin-Tholeiit-Magmen im Norden sind mit 13 ppm Pb wesentlich Pb-ärmer als offensichtlich von der kontinentalen Kruste beeinflußte Olivinbasalte mit 1.4% K_2O und 210 ppm Pb im Süden [50].

In dem tektonisch durch Kollisionen kleinerer Platten zwischen den beiden großen Kratonen von Afrika und Europa charakterisierten Mittelmeerraum tritt im Kastamonu-Gebiet, Pontische Kette,

Nord-Türkei, neben den überwiegenden, oberkretazischen andesitisch-basaltischen Laven in einer südlichen Parallelzone eozäner Vulkanismus auf, der z.T. zu K-reichen basaltischen Andesiten, z.T. zu K-armen Andesiten führt und mit typischem Kalkalkali-Inselbogen-Vulkanismus vergleichbar ist, wobei die Magmenbildung mit zwei nordwärts gerichteten Subduktionszonen in Verbindung steht. Bei gleichbleibend niedrigem SiO_2-Gehalt nehmen K und die in sehr guter Korrelation mit K befindlichen großen Kationen, darunter Pb und Rb, mit zunehmender Entfernung vom Graben zu, ein überwiegend nicht durch fraktionierte Kristallisation von Andesiten aus basaltischen Andesitmagmen, sondern nur durch verschiedene Muttermagmen zu erklärender Vorgang, bei dem die K- und Pb-reicheren Magmen aus größerer Tiefe stammen als die an großen Kationen ärmeren Magmen [51].

Im Nordost-Sudan sind kalkalkalische, K-arme granitische Gesteine mit vergleichsweise niedrigen Pb-Gehalten (Mittel von 16 Proben 10 ppm, s. S. 109) offensichtlich in einem Inselbogenmilieu über einer ozeanischen Subduktionszone entstanden, für die zahlreiche Ophiolithzonen als Fragmente ozeanischer Lithosphäre sowie andere Hinweise die „Kratonisierung" eines oder mehrerer „zusammengetriebener" Inselbögen anzeigen [52].

Literatur zu 2.4.1.1.1.4:

[1] R. L. Armstrong (Earth Planet. Sci. Letters **12** [1971] 137/42). — [2] P. Jakeš, A. J. R. White (Geol. Soc. Am. Bull. **83** [1972] 29/39). — [3] P. Jakeš, J. Gill (Earth Planet. Sci. Letters **9** [1970] 17/28). — [4] S. R. Taylor, A. J. R. White (Nature **208** [1965] 271/3). — [5] S. R. Taylor, A. C. Capp, A. L. Graham, D. H. Blake (Contrib. Mineral. Petrology [Berlin] **23** [1969] 1/26).

[6] A. K. Sinha, G. R. Tilton (Geochim. Cosmochim. Acta **37** [1973] 1823/49). — [7] A. Meijer (Geol. Soc. Am. Bull. **87** [1976] 1358/69). — [8] R. L. Armstrong (Rev. Geophys. **6** [1968] 175/99, 180/1, 189/93). — [9] R. L. Armstrong, J. A. Cooper (Bull. Volcanol. [2] **35** [1971/72] 27/63). — [10] S. E. Church (Contrib. Mineral. Petrology [Berlin] **39** [1973] 17/32).

[11] V. M. Oversby, A. Ewart (Contrib. Mineral. Petrology [Berlin] **37** [1972] 181/210). — [12] R. L. Armstrong, S. M. Hein (Geochim. Cosmochim. Acta **37** [1973] 1/18, 3). — [13] S. E. Church (Earth Planet. Sci. Letters **29** [1976] 175/88). — [14] T. W. Donelly, J. J. W. Rogers, P. Pushkar, R. L. Armstrong (Geol. Soc. Am. Mem. Nr. 130 [1971] 181/224, 181/2, 201/3, 217/8). — [15] C. E. Hedge, J. F. Lewis (Contrib. Mineral. Petrology [Berlin] **32** [1971] 39/47, 44/5).

[16] B. R. Doe, J. S. Stacey (Econ. Geol. **69** [1974] 757/76). — [17] R. C. Smith, A. W. Rose, R. M. Lanning (Geol. Soc. Am. Bull. **86** [1975] 943/55, 946, 953). — [18] A. Masuda (Geochim. Cosmochim. Acta **28** [1964] 291/303). — [19] A. Miyazaki, K. Sato, N. Saito (Geochem. J. **7** [1973] 231/44). — [20] M. Tatsumoto, R. J. Knight (Geochem. J. **3** [1969] 53/86).

[21] M. Tatsumoto (Earth Planet. Sci. Letters **6** [1969] 369/76). — [22] M. Tatsumoto (J. Geophys. Res. **71** [1966] 1721/33). — [23] M. Tatsumoto, R. J. Knight (Geol. Soc. Am. Spec. Papers Nr. 101 [1966] 219). — [24] C. E. Hedge, R. J. Knight (Geochem. J. **3** [1969] 15/24, 21/2). — [25] H. Kurasawa (Geochem. J. **2** [1968] 11/28).

[26] H. Kurasawa (Geol. Soc. Am. Spec. Papers Nr. 101 [1966] 116/7). — [27] J. A. Cooper, J. R. Richards (Earth Planet. Sci. Letters **1** [1966] 259/69, 267/8). — [28] H. Kurasawa (in: K. Ogata, T. Hayakawa, Recent Developments in Mass Spectroscopy, Baltimore 1970, S. 666/70). — [29] H. Ishikawa, S. Berman, K. Yagi (Geochem. J. **5** [1971] 187/206, 187/90, 201/4). — [30] N. Shimizu (J. Fac. Sci. Univ. Tokyo II **17** [1970] 445/84).

[31] R. I. Rodionova, V. I. Fedorchenko, V. N. Shilov (Tr. Sakhalin. Kompleks. Nauchn. Issled. Inst. Akad. Nauk SSSR Sibirsk. Otd. Nr. 16 [1966] 123/8, 126/8). — [32] I. K. Nikiforova, V. G. Kokhanova (Geol. i Geofiz. Akad. Nauk SSSR Sibirsk. Otd. **1968** Nr. 11, S. 123/30, 127/8). — [33] B. R. Doe (J. Petrol. **8** [1967] 51/83, 56/62, 70/5). — [34] B. R. Doe (Quart. Colo. School Mines **63** [1968] 149/74, 157/67, 170). — [35] M. Tatsumoto, P. D. Snavely (J. Geophys. Res. **74** [1969] 1087/100, 1093, 1098).

[36] S. E. Church, G. R. Tilton (Geol. Soc. Am. Bull. **84** [1973] 431/53). — [37] B. R. Doe, M. H. Delevaux (Geol. Soc. Am. Bull. **84** [1973] 3513/26). — [38] S. E. Kesson (Contrib. Mineral. Petrology [Berlin] **42** [1973] 93/108, 98, 104, 106). — [39] A. Ewart, V. M. Oversby, A. Mateen (J. Petrol. **18** [1977] 73/113, 76, 91, 94/100, 104/8, 110). — [40] J. A. Cooper, J. R. Richards (Geochem. J. **3** [1969] 1/14).

[41] A. Ewart, J. J. Stipp (Geochim. Cosmochim. Acta **32** [1968] 699/736, 727). — [42] J. S. Stacey, M. E. Delevaux, T. J. Ulrych (Earth Planet. Sci. Letters **6** [1969] 15/25, 20/2). — [43] R. C. Price, B. W. Chappell (Contrib. Mineral. Petrology [Berlin] **53** [1975] 157/82, 168/9, 175/8, 180). — [44] R. C. Price, S. R. Taylor (Contrib. Mineral. Petrology [Berlin] **40** [1973] 195/205, 202/4). — [45] R. C. Price, W. Compston (Contrib. Mineral. Petrology [Berlin] **42** [1973] 55/61, 59/60).

[46] J. B. Gill (Contrib. Mineral. Petrology [Berlin] **27** [1970] 179/203, 179, 184, 187/9). — [47] J. B. Gill (Contrib. Mineral. Petrology [Berlin] **43** [1974] 29/45, 29/30, 40/1). — [48] J. W. Hawkins, J. H. Natland (Earth Planet. Sci. Letters **24** [1974/75] 427/39, 436/7). — [49] A. Ewart (Contrib. Mineral. Petrology [Berlin] **58** [1976] 1/21, 1/3, 16/20). — [50] W. Kramer (Z. Geol. Wiss. **5** [1977] 7/20, 13/6).

[51] A. Peccerillo, S. R. Taylor (Contrib. Mineral. Petrology [Berlin] **58** [1976] 63/81, 63/4, 68/9, 76/8). — [52] C. R. Neary, I. G. Gass, B. J. Cavanagh (Geol. Soc. Am. Bull. **87** [1976] 1501/12, 1504, 1506, 1510/1).

2.4.1.1.1.5 Bleierzbildungen in Verbindung mit Inselbogen-Vulkanismus und an Kontinenträndern

Lead Ore Formation in Connection with Island Arc Volcanism and on Continental Margins

2.4.1.1.1.5.1 Überblick

Review

In räumlicher und zeitlicher Verbindung mit dem Vulkanismus von Inselbögen oder mit alten, meist präkambrisch angelegten und sehr tief reichenden Lineamenten (Geosuturen, „Erdnähten") tritt ein Typ meist großer, schichtgebundener und konkordanter (stratiform, conformable) Pb-Zn-(-Cu)- oder Polymetall-Lagerstätten auf, die assoziiert sind mit Sedimenten oder mit metamorphosierten Sedimenten und Vulkaniten. Diese Lagerstätten enthalten Bleie von wahrscheinlich überwiegend vulkanischer Herkunft, die entweder direkt aus Fumarolen, submarinen Hydrothermen oder Geothermalsolen stammen oder indirekt — nach Auslaugung aus Vulkaniten und marinen Sedimenten — submarin-sedimentär abgeschieden sind. Die seit langem beobachteten Beziehungen vor allem zwischen dem Kalkalkali-Vulkanismus von Inselbögen und diesen Sulfidlagerstätten sind ein Hinweis auf genetische Verwandtschaft zwischen beiden, die auf Grund sehr ähnlicher bis fast identischer Pb-Isotopenverhältnisse sowohl innerhalb einzelner wie auch zwischen verschiedenen Erzkörpern, vor allem aber zwischen Lagerstätten und assoziierten Vulkaniten, inzwischen als gesichert gelten kann. Unterschiedliche Auffassungen bestehen noch über die Pb-Anteile, die die kontinentale und/oder ozeanische Kruste einschließlich Sedimenten sowie der Mantel liefern, s. auch S. 17/9, ferner über Einzelheiten der Bildungsbedingungen dieser Lagerstätten.

Da nach neueren Untersuchungen homogene Ausgangsmaterialien weder im Mantel noch in der Erdkruste zu erwarten sind, s. „Blei" A 2a, S. 59/60, 271/5, diese Lagerstätten aber fast immer dort entstehen, wo entlang von Kontinenträndern in schmalen subkrustalen Mischzonen beim Unterschieben der ozeanischen Kruste unter die kontinentale Kruste durch Teilschmelzprozesse an der Benioff-Zone tholeiitisch-basaltische bis kalkalkalische, andesitisch-dacitische Magmen neu entstehen, sind sowohl für die aufsteigenden Magmen wie auch für die mit ihnen verbundenen Erzbildungen entsprechend gemischte Bleie zu erwarten, s. auch S. 18/9. Die Analogie in der Pb-Isotopenzusammensetzung von stratiformen Erzen und andesitischen Laven ist allerdings nicht perfekt, und die Daten liefern somit auch keine absoluten Werte für das Alter der Lagerstätten, s. S. 34.

Entgegen der ursprünglich vorgenommenen Klassifizierung aller schichtgebundenen Sulfidlagerstätten als ein Typ mit Bleien, deren Herkunftsraum der Mantel ist, s. „Blei" A 2a, S. 250, existiert nach Stanton 1972 offensichtlich ein ganzes Spektrum stratiformer Sulfiderze mit mariner und marin-vulkanischer Assoziation bei mehr oder weniger enger Bindung an vulkanische Vorgänge und an faziell unterschiedliche Sedimentationsmilieus mit entsprechender Trennung von Cu und Pb, Zn [1, S. 538/9]. Neuerdings werden vor allem der „Kuroko-Typ" als Flachwasserbildung in Verbindung mit andesitisch-dacitischen Gesteinen und der „Besshi-Typ" als Tiefwasserbildung an submarinen Inselflanken mit bevorzugt Cu, Fe und Bindung an Kalkalkali-Vulkanite unterschieden [2, S. 390, 394]; der „Kuroko-Typ" ist zumindest in Japan durch eine stärker ausgeprägte Isotopen-Konstanz charakterisiert als der „Besshi-Typ", dessen Pb-Isotopenvarianz die Existenz mehrerer Arten von Entwicklungssystemen für Lagerstätten vom stratiformen Typ bestätigt [3, S. 199/201]. Der „Kuroko-Typ" ist wahrscheinlich auch häufig innerhalb von Kontinenten vertreten, z. B. im archaischen Keewatin von Kanada [2, S. 395]. Stratiforme Lagerstätten können auch in einiger Entfernung von Kontinenträndern auftreten [4, S. 172], und zwar außer in tektonisch aktiven Gebieten auch in alten Inselbögen [5]; am wahrscheinlichsten jedoch ist ihr Auftreten in Verbindung mit der Tiefenzone von Erdbebenherden entlang junger Inselbögen [6, S. 138].

Eine weniger ausgeprägte Homogenität der Pb-Isotopen — von fast normal bis deutlich anomal — wird auch für eine verbreitete Gruppe von sedimentären Erzen in Karbonatschichten beobachtet, die mit Poren- und Brekzien-Füllungen zwar als schichtgebunden (stratabound), aber nicht unbedingt als schichtförmig oder konkordant (stratiform) zu bezeichnen und nur begrenzt und indirekt vulkanischer Herkunft sind [1, S. 541, 550/3]. Hierzu zählt eine Gruppe von Kautzsch als „stratiform" bezeichneter, primär sedimentärer, in Kalksteinen abgeschiedener europäischer Lagerstätten [7].

Stratiforme Sulfidlagerstätten mit Bindung an Vulkanismus sind innerhalb der letzten 2.7×10^9 a entstanden, mit zwei „Ausbruchsmaxima" in den Zeiträumen von 1.7 bis 1.5×10^9 a und von 0.5 bis 0.3×10^9 a, die beide bemerkenswert Pb-reich waren [1, S. 658].

Source and Precipitation of Lead in Stratiform Deposits on and Near Island Arcs

2.4.1.1.1.5.2 Herkunft und Abscheidung von Blei in stratiformen Lagerstätten im Bereich von Inselbögen

Für schichtförmige (stratiform, conformable) Lagerstätten mit sehr gleichmäßiger (uniform) Pb-Isotopenzusammensetzung und Lage der Mittelwerte für einzelne Lagerstätten auf oder sehr nahe an der 1-Stadium-Wachstumskurve in $^{207}Pb/^{204}Pb$-$^{206}Pb/^{204}Pb$ bzw. $^{208}Pb/^{204}Pb$-$^{206}Pb/^{204}Pb$-Diagrammen werden räumliche und zeitliche Bindungen an Vulkanzonen, besonders von Inselbögen, vulkanische Herkunft des Bleis mit sedimentärer Abscheidung und ursprünglich ein homogenes Ausgangsmaterial von Stanton, Russell angenommen [8, S. 593/4, 601/2], vgl. [9, S. 53], [10, S. 3, 17], [11]. Auch präzisere Pb-Isotopendaten, die sehr konstante Verhältnisse $^{238}U/^{204}Pb$ und damit einen hohen Grad von Homogenität für die Ausgangsmaterialien anzeigen, bestätigen anscheinend die Auffassung über ein weltweit extrem uniformes, offensichtlich subkrustales Primärmaterial mit geschlossenem U-Th-Pb-System; die Mittelung von Heterogenitäten in kleinem Maßstab — ohne einen Beitrag von Krustenmaterial — wird jedoch dabei bereits einkalkuliert [12]. Insbesondere können die für große Lagerstätten mit stratiformen Erzen festgestellte extreme Homogenität der Pb-Isotopenzusammensetzung und die für eine Anzahl von Lagerstätten aus verschiedenen Teilen der Erde bestimmten, sehr konstanten Verhältnisse U/Pb und Th/Pb kaum in häufig durchmischtem Krustenmaterial entstehen, das in den einzelnen Plutonen sehr unterschiedliche Verhältnisse Th/U aufweist; kontinuierlicher Transport von Erz aus dem Mantel zur Oberfläche und vulkanisch-sedimentäre Bildung der Lagerstätten in eugeosynklinalem Milieu bleiben die beste Erklärung [13]. Auch Stanton betont 1972, daß zwar insgesamt verschiedene Ausgangsmaterialien für diese Lagerstätten möglich sind, daß aber ein vergleichsweise homogenes Material oder ähnliche Materialien wie der Obere Mantel oder eine Basaltschicht in der Unteren Kruste gegenüber homogenisierten Metasedimenten aus der Unteren Kruste auf Grund der sehr homogenen Pb-Isotopenverhältnisse innerhalb der Lagerstätten vorzuziehen sind, da lokales Sedimentmaterial eine zu inhomogene Pb-Isotopenzusammensetzung hat. Für die subkrustale Herkunft spricht auch das Verhältnis S/Se, vgl. S. 31, das einen vulkanisch-magmatischen Schwefel anzeigt. Die Bindung an Vulkanismus ist allerdings für die in sedimentären und metasedimentären Gesteinen auftretenden stratiformen Sulfiderze z. T. durch hochgradige Metamorphose verwischt [1, S. 529/30, 538, 195].

Nach Sillitoe stammen die mit Kalkalkalimagmen in höhere Krusten-Niveaus aufsteigenden Metalle, darunter Blei, aus der basaltischen ozeanischen Kruste, aus der sie bei deren Subduktion mit zunehmender Tiefe durch Teilschmelzung freigesetzt werden und schließlich zusammen mit fluiden Phasen in die Dachzonen von Intrusionen oder zusammen mit Extrusionen an die Erdoberfläche gelangen [14, S. 815], vgl. Blei in subsequenten permischen Vulkaniten und in den Deckgesteinen bei Halle und im Thüringer Wald, DDR [15]. Nach anderer Auffassung wird ein sehr gut durchmischtes Krustenblei im Mantel aufgeschmolzen und kehrt mit mehr oder weniger Mantelblei durchmischt in Magmen oder Fluiden vom Mantel wieder zur Erdoberfläche zurück [16], vgl. [17], ein Vorgang, der in großem Maßstab im vulkanischen Inselbogen-Graben-Milieu erfolgt [18]. — Die in großen Lagerstätten des stratiformen Typs festgestellten Pb-Isotopenverhältnisse entsprechen nach Tugarinov in keinem Fall denjenigen des Mantels, sondern stets denjenigen, welche typisch sind für die mit diesen Lagerstätten verbundenen Gesteine der Erdrinde [19].

Den Sedimenten der Kruste wird nur wenig Blei aus dem Mantel durch Vulkanismus zugeführt [20]: Nach Berechnungen von Chow, Patterson stammt nur $^1/_7$ der durch chemische Fällung in Ozeanen abgeschiedenen Pb-Menge aus vulkanischen Exhalationen, und speziell im Nord-Pazifik sind $^9/_{10}$ des Gesamtbleis nicht aus Exhalationen zugeführt, wahrscheinlich aber z.T. durch submarine Verwitterung von Vulkaniten [21]. Beispiele für den Sedimenten entweder direkt submarin-exhalativ oder indirekt durch Auslaugung aus Vulkaniten zugeführtes vulkanisches Blei s. „Blei" A 2c, S. 29/31. Dabei ist neben direkter vulkanischer Zufuhr auch Auslaugung aus Gesteinen durch vulkanisch erwärmte meteorische Wässer möglich [10, S. 21], und beim Zusammentreffen von Vulkanismus und Geosynklinalmilieu können bedeutende Sulfidkonzentrationen entstehen, s. unten. Vulkanisch-sedimentäres Blei wird auch im Geothermalsystem vom Salton Sea, Kalifornien, angenommen [22] und in zahlreichen Lagerstätten der Alpen, s. „Blei" A 3, S. 134. Die Kohärenz der Bleie von Galeniten aus Gängen und von Bleien aus Rhyolithen sowie propylitisierten Andesiten der ersten Serie im Coromandel-Te Aroha-Gebiet auf der Nordinsel von Neuseeland entspricht den Vorstellungen von der Erwärmung einer wasserhaltigen Gesteinsformation (mesozoischen Sedimenten) durch ein später aufsteigendes Andesitmagma (zweite Serie), welches die Mobilisierung des Bleis, zunächst in Fluiden und später in einer rhyolithischen Teilschmelze kulminierend bewirkte [23], vgl. [24], s. auch S. 24.

Die offensichtlich genetische Bindung stratiformer Erze an Inselbogenmagmen — für Kuroko-Erze in Japan auf Grund identischer Pb-Isotopenverhältnisse mit Vulkaniten nachgewiesen, s. S. 34/5 — läßt keine oder nur unwesentliche Anteile von ozeanischem Sedimentblei in ihnen zu: Die Pb-Isotopendaten sprechen gegen eine Aufnahme solchen Bleis bei Subduktionsprozessen an Kontinenträndern und für Blei aus Krustenmaterial, das aus kontinuierlich umgearbeiteten Sedimenten bestehen kann, s. „Blei" A 2a, S. 272; der Anteil an ozeanischen Sedimenten kann ferner auf Grund von Spurenelement-Spektren, $^{87}Sr/^{86}Sr$-Verhältnissen und wegen des geringen petrogenetischen Effekts der Sedimentaufnahme auf die Bildung von Kalkalkalimagmen nur sehr begrenzt sein, s. S. 19. Auch die Auffassung von Brown, daß die sehr ähnlichen Isotopenverhältnisse von ozeanischen Bleien (Meerwasser und Sedimenten) und von zahlreichen jüngeren Erzbleien für deren Herkunft aus dem Meerwasser sprechen, s. für verschiedene Gebiete der Erde [25] und speziell für Erze von den Britischen Inseln, die etwas vulkanisches Blei enthalten können [26], ist nach Stanton nicht mit dem Verhältnis S/Se in den Lagerstätten zu vereinbaren, dessen Werte (ein bis zwei Größenordnungen höhere Se-Gehalte als in Sulfiden, die in Meerwasser entstanden sind) deutlich vulkanische Herkunft des Schwefels und der Schwefelverbindungen anzeigen [1, S. 530].

Die A b s c h e i d u n g des mit basaltisch-andesitischen Magmen aus der Tiefe aufsteigenden Bleis erfolgt wahrscheinlich rasch und direkt als Sulfid in vulkanischen Sedimenten [8, S. 601/2, 606], [4, S. 172] ohne wesentliche Kontamination mit radiogenem Blei der Kruste [18] und überwiegend gleichzeitig mit sedimentären Komponenten in besonderen Horizonten der Sedimentationsbecken [27], möglicherweise auch durch einen anaerob-bakteriellen Sulfat-Reduktionsprozeß [28], s. auch „Blei" A 2c, S. 71. Zunächst in Form von Haliden zusammen mit vulkanischer Asche abgeschiedenes Blei wird infolge der Wasserlöslichkeit dieser Verbindungen bei Verdichtung der Sedimente, insbesondere von Tuffschichten, zusammen mit dem Porenwasser ausgetrieben und scheidet sich als Galenit durch Verdrängung von Fe aus Eisensulfiden benachbarter sulfidreicher Sedimente [8, S. 602], [9, S. 53] oder aus Eisensulfidlinsen [29], [6, S. 137/8] wieder ab. Kleine Mengen Blei werden in Sedimenten und Vulkaniten durch zirkulierende Wässer abgeschieden [30], die doppelte Abscheidung von Sulfiden, zunächst als Fumarolen-Akkumulat und anschließend — nach mariner Umarbeitung — als chemisches Präzipitat im gleichen Sedimentationsbecken, kann zu bedeutenden Sulfidkonzentrationen führen [31].

Die Korrelation zwischen Pb und Zn ist positiv innerhalb einzelner Lagerstätten und relativ konstant auch zwischen verschiedenen Lagerstätten; die Verteilung von Cu, Pb und Zn zeigt ein ähnliches Bild wie in nordamerikanischen Magmatiten (nach Sandell, Goldich [32]) und kann sowohl bei direktem Erguß vulkanischer Produkte ins Meer als auch bei Auslaugung von zunächst magmatisch-vulkanisch in mächtigen Aschelagen abgeschiedenen Haliden (hauptsächlich Chloriden) von Pb und Zn im Laufe der Verdichtung und nachfolgenden Diagenese entstehen [33].

Zusammenfassend stellt Stanton 1972 fest: Die Sulfide der marin-vulkanischen Assoziation sind auf Grund ihrer S-Isotopen-Verhältnisse überwiegend nicht biologisch, sondern sehr rasch chemisch-sedimentär abgeschieden und in geringer Menge auch durch Verdrängung von Fe-Sulfiden überwiegend kurz nach der Sedimentation entstanden; nach Pb-Isotopendaten erfolgt die Abscheidung ohne Kontamination nach sehr raschem, begrenzten Transport hauptsächlich dort, wo marines und andesitisch-vulkanisches Milieu aufeinandertreffen, d. h. an Inselbögen in verschiedenen Entwicklungsstadien und gelegentlich auch in submarinen Spaltenzonen [1, S. 538/40]. Nach Mitchell, Bell entstehen die Sulfide der Lagerstätten des „Kuroko-Typs", darunter Galenit, als syngenetisch-sedimentäre Abscheidungen aus hydrothermal — während letzter vulkanischer Stadien — zugeführten Metallen in klastischen, dacitischen Gesteinen im flachen, küstennahen Wasser [2, S. 394].

Metal Zones with Lead and Other Metals Parallel to Continental Margins

2.4.1.1.1.5.3 Metallzonen mit Blei und anderen Metallen parallel Kontinenträndern

Eine Bestätigung für die räumliche Bindung stratiformer — und anderer — Lagerstätten an den Vulkanismus/Magmatismus von Kontinenträndern sind Metall-Zonen, die parallel zu den Rändern der Kontinente auftreten.

Eine 100 bis 300 km breite Zone III an der Pazifikküste Nordamerikas ist gegenüber zwei weiteren, kontinentwärts gelegenen Zonen durch nur wenig radiogene Erzbleie charakterisiert, deren Isotopendaten mit denen der Magmatite (z. B. von der Sierra Nevada und dem Cascade Range, s. S. 22/3) koinzidieren [34, 35]. Die Bindung mesozoischer polymetallischer und laramischer Cu-führender Paragenesen an den juvenilen, syntektischen, gemischt simisch-sialischen Magmatismus parallel zu den Rändern der alten Kontinente im peripazifischen Raum wurde bereits von Maucher festgestellt [36] und durch das Modell einer untertauchenden Lithosphärenplatte von Sillitoe für die Westküste Nord- und Südamerikas bestätigt: Die Metallprovinzen dieser Gebiete zeigen eine deutliche Zonung von Westen nach Osten (Richtung Kontinentinneres) mit der Folge Fe – (Au), Cu – Pb, Zn, Ag – Sn, Mo und ferner enge räumlich-zeitliche Beziehungen zwischen den Metallen und dem Kalkalkali-Vulkanismus, dessen Verhältnis K/Si für andesitische Vulkanite in gleicher Richtung zunimmt, offensichtlich unbeeinflußt von der Zusammensetzung und Dicke der Kruste, nur abhängig von der Tiefe des Teilschmelzprozesses an der Subduktionszone [14]; vgl. speziell für die Zentral-Anden [37]. In den Anden, auf Japan und auf den Philippinen entstehen ähnlich sukzessive Metall-Abfolgen parallel zu ozeanischen Gräben durch subduzierte und aufgeschmolzene ozeanische Lithosphäre; polymetallische Erze sind bei steilem Abtauchwinkel der Subduktion gebildet, stratiforme Erze bilden sich nicht direkt durch magmatische Aktivität, sondern als sedimentäre Abscheidungen [38].

Nach Untersuchungen an 4500 Lagerstätten der gesamten Erde liegen die Grenzen zwischen Cu-reichen und Pb-reichen Provinzen mit mesozoischen und tertiären Mineralisationen nahe den Plattenrändern, und Pb und Zn sind stärker in Miogeosynklinalen und auf Platten, speziell die Erze vom „Kuroko-Typ" an oder nahe Plattenrändern, lokalisiert; die Metalle stammen hauptsächlich aus der absteigenden ozeanischen Tafel [39]. Nach Petrascheck läßt sich das Auftreten von Cu- und Pb-Zonen auf der ozeanischen bzw. auf der kontinentalen Seite von Kettengebirgen durch die unterschiedliche Herkunft dieser Metalle erklären: Während Cu dem eugeosynklinalen Milieu aus dem Mantel und der ozeanischen Kruste entstammt, stammen Pb und Zn bevorzugt aus der in die Tiefe gezogenen kontinentalen Kruste; sie steigen mit hybriden Magmen wieder auf und werden durch fluide Komponenten dieser Magmen zu Erzen konzentriert [40]. Demgegenüber hält jedoch Noble auf Grund mangelnder Kontinuität der Zonung in Südamerika und aus mehreren anderen Gründen die Hypothese der Herkunft der Metalle durch Magmenbildung infolge Subduktion für unwahrscheinlich [41]. Eine ähnliche Cu-Pb, Zn-Zonung mit Pb-Zn-Mineralisationen in Verbindung mit K-betonten, durch Aufschmelzung von tiefen Bereichen einer kontinental-sialischen Kruste entstandenen, tertiären Magmen beobachtet Karamata in einer Metall-Provinz, die von den Dinariden über die Helleniden und Rhodopen zu den Anatoliden reicht; in ihr nimmt mit abnehmendem K-Gehalt und zunehmend basaltischem Charakter des Vulkanismus von West nach Ost Blei, das überwiegend aus der kontinentalen Kruste und nur zum kleinen Teil aus dem Oberen Mantel stammt, langsam zu; stärker nimmt — in gleicher Richtung — die Cu-Mineralisation zu, die verbunden ist mit kretazisch-tertiären, kalkalkalischen bis hybriden Magmen der Timok-Eruption in einer nördlich parallel verlaufenden Zone der Balkaniden-Pontiden [42]. In Mittelamerika sind Mineralisationen (laramische Phase und jünger) in submarin-vulkanischen Schichten derart in geographischen Zonen angeordnet, daß im nordwestlichen Bereich von Mittelamerika die Pb-reichste Pb-Zn-Zone mit den höchstradiogenen Bleien (höchste Verhältnisse $^{206}Pb/^{204}Pb$) über den tiefstgelegenen Teilen einer angenommenen Subduktionszone liegt, so daß Magmen beim Aufstieg Blei aus einer dicken, paläozoisch-präkambrischen — wahrscheinlich an Bleierzen reichen — Kruste und aus dem Mantel aufnehmen konnten; eine Cu-Au-Zone mit wenig Erzblei (und Gesteinsblei) erstreckt sich über das gesamte übrige Gebiet (südliches Mittelamerika und Karibik), sie ist durch weniger radiogene Bleie (niedrige Verhältnisse $^{206}Pb/^{204}Pb$) charakterisiert und liegt über jüngerer, dünnerer und primitiverer Kruste [43]. — Die Pb- und Cu-Verteilung in den Basiten am Nordrand der Norddeutsch-Polnischen Senke ähnelt der in West-Amerika und in der Balkan-Provinz, muß aber nicht zwangsläufig an Subduktionszonen gebunden sein: Der beobachtete Pb-Trend in dem untersuchten Gebiet kann auch beim Aufsteigen basischer Schmelzen durch sialische Krustenbezirke mit großen Mächtigkeitsunterschieden entstehen [44].

2.4.1.1.1.5.4 Homogenität der Pb-Isotopen in stratiformen Lagerstätten

Homogeneity of Pb Isotopes in Stratiform Deposits

Die für Bleie aus schichtförmigen Lagerstätten mit normaler (ordinary) Isotopenzusammensetzung auf Grund ihrer Lage auf oder nahe einer einfachen Wachstumskurve im $^{207}Pb/^{204}Pb$-$^{206}Pb/^{204}Pb$-Diagramm eingeführte Bezeichnung „Ein-Stadium-Bleie" oder „conformable leads" basiert auf der Annahme, daß die Bleie aus einem hinsichtlich U, Th und Pb geschlossenen System stammen, das nach neueren Erkenntnissen über Konvektionszyklen in der Kruste und im Mantel jedoch nicht existiert, so daß für diese Bleie Bildung durch sehr komplexe Mischprozesse mit Krusten-Subduktion an Kontinenträndern angenommen werden muß, s. „Blei" A 2a, S. 250, 269/70. Insbesondere die Tendenz zu erhöhten Verhältnissen $^{206}Pb/^{204}Pb$ bei jungen submarin-exhalativen Lagerstätten in Verbindung mit Inselbögen zeigt, daß wahrscheinlich auch viele der größeren Lagerstätten dieses Typs Bleie enthalten, die durch sehr komplexe Mischprozesse mit mehrfacher Umarbeitung großer Gesteinsvolumina einschließlich Sedimenten und zusätzlich durch kontinuierliche Diffusion von U, Th und Pb durch den Oberen Mantel und die Kruste entstanden sind [45]. Mit Plattentektonik und Subduktion verbundene Bildung von Kalkalkalimagmen, aber auch die erheblichen Schwankungen der μ-Werte von 8.63 bis 9.30 allein für mit diesen Magmen verbundene massive Sulfidlagerstätten in Kanada zeigen, daß eine Herkunft nur vom Mantel nicht möglich ist und ozeanische Kruste und pelagische Sedimente mit einbezogen werden müssen [46, S. 786].

Das Hauptcharakteristikum von stratiformen Lagerstätten mit ihren mit sedimentären oder metasedimentären Gesteinen von küstennahem Charakter assoziierten, konkordanten Erzen ist neben der bemerkenswert engen Anlehnung von hinsichtlich Alter und geographischer Lage sehr unterschiedlichen Lagerstätten an die (Ein-Stadium-)Wachstumskurve im $^{207}Pb/^{204}Pb$-$^{206}Pb/^{204}Pb$-Diagramm die Homogenität (Uniformität) der Pb-Isotopenzusammensetzung, die sich über große geographische und zeitliche Bereiche erstreckt: Extrem konstante (homogene) Pb-Isotopenverhältnisse werden innerhalb gesamter Erzkörper und auch zwischen mehreren Erzkörpern in stratigraphisch nahe verwandten Schichten sowie darüber hinaus auch für Gruppen von Lagerstätten in bestimmten sedimentären Horizonten innerhalb eines Distrikts — z. B. über etwa 1000 km in Japan, s. S. 34 — beobachtet und übertreffen weit die aller anderen Arten von Pb-Konzentrationen. Diese extreme Isotopenkonstanz kann sich nur aus einem verbreitet auftretenden, homogenen Ausgangsmaterial oder aus einer Serie sehr ähnlicher Materialien entwickeln, wofür aus der Vielzahl möglicher Ausgangsmaterialien für die Metalle auf Grund der Pb-Isotopenzusammensetzung nur die basaltische Schicht der Unteren Kruste, der Obere Mantel oder große Volumina homogenisierter Metasedimente der Unteren Kruste in Frage kommen, für den Schwefel nach dem Verhältnis S/Se nur vulkanisch-magmatische Herkunft. Gegen eine Entstehung gleichmäßig-homogener Pb-Isotopenverhältnisse durch postdepositionale, metamorphe Homogenisierungsprozesse in Lagerstätten wie z. B. Broken Hill, s. S. 37, sprechen die heterogenen Verteilungen vieler Elemente in den meisten Lagerstätten sowie von S-Isotopen in Galeniten dieser Lagerstätten [1, S. 195/7, 519, 528/30].

Die sehr ähnlichen bis nahezu identischen Verhältnisse $^{206}Pb/^{204}Pb$ von Blei einer Fumarolen-Inkrustation auf White Island, Neuseeland, das geologisch Blei stratiformer Lagerstätten vergleichbar ist, mit Blei aus jungen Vulkaniten, insbesondere aus Andesiten von jungen Inselbögen, spricht dafür, daß die Erze stratiformer Lagerstätten und Andesitlaven das gleiche Ausgangsmaterial haben, jedoch sprechen abweichende Verhältnisse $^{207}Pb/^{204}Pb$ und $^{208}Pb/^{204}Pb$ für variable Verhältnisse U/Pb und Th/Pb im Ausgangsmaterial [47]. Von Stacey u.a. mittels Präzisionsbestimmungen für eine Auswahl von echt stratiformen Typen von Pb-Erzen erhaltene Isotopendaten und Modell-μ-Werte zeigen, daß das Verhältnis U/Pb mit der Zeit zunimmt und daß keine vollkommene Übereinstimmung besteht zwischen Isochronen-Alter von Galeniten und dem geologischen Alter der Gesteine, in denen sie gefunden werden: Ältere Galenite erscheinen oft älter, viele jüngere jünger als ihre Muttergesteine [48]. Berechnungen mit neuen Zerfallskonstanten für ^{238}U und ^{235}U bestätigen für dieselben Proben eine geringe, aber stetige Zunahme der Modell-μ-Werte von etwa 7.8 auf 8.1 im Ausgangsmaterial der Erze in der Zeitspanne von 2600×10^6 a bis 1600×10^6 a; die Übereinstimmung der μ-Werte dieser Erze mit den μ-Werten von Vulkaniten (etwa 7.8 bis 8.0) läßt auf ein ähnliches Herkunftsmaterial und ähnliche Entwicklungsgeschichte für die Erze und die Vulkanite schließen; höchste Modell-μ-Werte für jüngste Galenite deuten jedoch entweder auf eine früher beginnende oder auf eine intensivere Fraktionierung von U und Pb im Ausgangsmaterial der Galenite gegenüber dem der Gesteine [49].

Examples for Pb Deposits of Island Arc Volcanism and on Continental Margins

2.4.1.1.1.5.5 Beispiele für Pb-Lagerstätten des Inselbogen-Vulkanismus und an Kontinenträndern

Im folgenden werden Beispiele für einige Lagerstätten zusammengestellt, deren genetische Bindung an den Inselbogen-Vulkanismus durch mehrere der genannten Faktoren, insbesondere die räumliche Lage und ausgeprägt homogene (uniforme) Isotopenzusammensetzung innerhalb der Erze und zwischen Erzen und Nebengesteinen so gut wie sicher ist.

Japan

Die in Japan im sogenannten tertiären Grüntuff-Becken weitverbreiteten und überwiegend schichtförmig, z.T. auch auf Spaltengängen, in grünem Tuff auftretenden Kuroko- oder Schwarzerze, s. „Blei" A 4, S. 85/6, die als bestes Beispiel dieser Klasse von Lagerstätten inzwischen als Typenbezeichnung eingeführt wurden, s. S. 29, sind außer durch ihre auffallende Bindung an die Zone des miozänen Grünstein-Vulkanismus, die ihrerseits geographisch der Konturlinie der gegenwärtigen Erdbeben mit Herdtiefen von etwa 155 km entspricht, durch eine sehr homogene Pb-Isotopenzusammensetzung charakterisiert mit auffallend kleinem Varianzbereich für das Verhältnis $^{206}Pb/^{204}Pb$ von 18.36 bis 18.68 selbst in solchen Lagerstätten, die bis zu 1000 km voneinander entfernt sind, sowie durch sehr ähnliche Pb-Isotopenverhältnisse für die Erzbleie und die Bleie der meso- bis känozoischen Magmatite [50, S. 548/51], [3, S. 199/200]. Miozäne Gangbleierze, die ein größeres Gebiet mit verschiedenen Bergbau-Distrikten repräsentieren, zeigen eine bemerkenswerte Ähnlichkeit ihrer Pb-Isotopenverhältnisse mit denen schichtgebundener Erze und mit denen von Magmatiten Japans [51, S. 115/6, 120], die für alle drei Bleiarten die Herkunft aus gleichen oder ähnlichen Ausgangsmaterialien anzeigt; die dafür in Erwägung gezogene Aufnahme pelagischer Sedimente in das Bogen-Graben-System [50, S. 549, 551], d.h. eines erosionsgemittelten Bleis in die Subduktionszone [52], ist aus verschiedenen Gründen unwahrscheinlich, s. S. 18/9 und 31. Die bemerkenswerte Parallelität der Kurokoerz-Zone und der känozoischen Vulkanite zum Japan-Graben und damit zur magmatischen Front in Nord-Honshu und die in beiden beobachtete Abnahme der Radiogenität von Ost nach West mit nahezu identischen Verhältnissen $^{206}Pb/^{204}Pb$ für Erze und Gesteine in drei Zonen (Ostseite – Tholeiite; Kuroko-Zone – Al-reiche Basalte; Westseite – Alkalibasalte), vgl. S. 20/1, schließt ihre Herkunft aus unmittelbaren Basismaterialien aus und bestärkt die Auffassung, daß sie aus tieferen Teilen der Kruste oder aus dem Oberen Mantel stammen [53, S. 800, 803/4].

Die Abscheidung der Erze kann entweder direkt aus wäßrigen Erzfluiden oder aber nach Auslaugung aus Grüntuff-Gesteinen oder Felsiten durch Solen (brines) bei Temperaturen von 200 bis 250°C in der ausklingenden Phase des felsitischen Vulkanismus erfolgen [54, S. 1225, 1232/3]; auch Ausscheidung bei etwa 250°C aus „Küsten-Thermalwässern" als Mischungen von lokalen meteorischen und ozeanischen Wässern ist möglich [55].

Übersicht über die Pb-Isotopenverhältnisse in japanischen meso- bis känozoischen Erzen und in Vulkaniten der Grüntuff-Zone s. folgende Tabelle:

Typ und Herkunft	$^{206}Pb/^{204}Pb$	$^{207}Pb/^{204}Pb$	$^{208}Pb/^{204}Pb$	Literatur
Kuroko-Erze				
Mittel für 9 Lagerstätten	18.50	15.69	38.96	[50, S. 549]
	18.38[1]	15.54[1]	38.51[1]	[51, S. 119] nach [50, S. 549]
	18.40[1]	15.53[1]	38.46[1]	[53, S. 801, 803]
Tertiäre Ganglagerstätten				
14 Galenite (Mittel)	18.51	15.60	38.76	[56], vgl. [54, S. 1226]
Sekundäre Bleimineralien[2]	18.52	15.62	38.78	[56]
Mittel für miozäne Lagerstätten[3]	18.42[1]	15.52[1]	38.49[1]	[51, S. 117, 119]
2 Lagerstätten östlich der Kuroko-Zone	18.49[1]	15.55[1]	38.47[1]	[53, S. 803]
4 Lagerstätten westlich der Kuroko-Zone	18.32[1]	15.50[1]	38.37[1]	[53, S. 803]
Känozoische Vulkanite, Nordost-Japan	18.42[1]	15.51[1]	38.26[1]	[51, S. 119] nach [57]

[1] Korrigierte Werte; [2] Mittel aus den Daten von 2 Anglesiten und 6 Pyromorphiten; [3] Mittel aus den Daten von 4 Galeniten, supergenen Pb-Cu-Sulfaten und Pyromorphit (je 1 Wert).

Zentral-Kasachstan

Konkordante Kies-Polymetall-Lagerstätten im Revier Atasu (Atassu), s. „Blei" A 4, S. 36, von Bogdanov, Kutyrev als vulkanisch-sedimentärer „Atasu-Typ" mit gewissem Herdabstand — im Gegensatz zum herdnahen Altai-Typ — klassifiziert [58], führen Blei in rhythmisch-geschichteten Sedimenten [59]. Sie sind auf Grund ihrer Assoziation zu sauren, herzynischen, frühorogenen Vulkaniten [60] und insbesondere auf Grund der sehr beständigen und identischen Isotopenzusammensetzung von Blei aus den Erzen und den sie umgebenden Sedimenten als mit Famenne-Schichten synchrone, vulkanisch-sedimentäre Bildungen weitgehend anerkannt [61]. Die sehr konstante Pb-Isotopenzusammensetzung mit nur 0.4 bis 0.6% Varianz wird sowohl innerhalb verschiedener Einzellagerstätten (Zhayrem, Bestyube und Ushkatyn I und III) als auch zwischen verschiedenen Lagerstätten mit Mitteln für $^{206}Pb/^{204}Pb$ von 18.00 bis 18.05 und carbonatischen Nebengesteinen mit Mitteln von 18.03 und 18.06 beobachtet und bestätigt die vulkanisch-sedimentäre Herkunft, möglicherweise aus einem komplexen „offenen" System [62].

Nordost-UdSSR

Im Yano-Kolymskii- und Chukotskii-Faltungsgebiet im nordöstlichen Sibirien sind Galenite aus 28 verschiedenen Lagerstätten, meist Au-, Sn- und (Au-)Polymetall-Gangerzen, durch eine relativ homogene Blei-Isotopenzusammensetzung mit $^{206}Pb/^{204}Pb = 18.45$, $^{207}Pb/^{204}Pb = 15.61$, $^{208}Pb/^{204}Pb = 38.75$ (Mittel von 28 Lagerstätten) charakterisiert, die japanischen meso- bis känozoischen Erzbleien (s. Tabelle oben) sehr ähnlich ist. Für diese Erze ist Herkunft aus der Tiefe während eines einzigen metallogenetischen Prozesses zu meso- bis känozoischer Zeit in Verbindung mit intrusivem und effussivem Magmatismus anzunehmen [63].

Nordamerika

Entlang einem großen, in West-Kanada nordwest-südöstlich verlaufenden Lineament, dem Tintina-Graben in Yukon, mit südöstlicher Fortsetzung im Rocky Mountains-Graben in British Columbia, sind Sulfidlagerstätten angeordnet, die charakterisiert sind durch überwiegend homogene (und am wenigsten radiogene) Pb-Isotopenzusammensetzung in größeren, schichtförmigen (stratiformen) Lagerstätten nahe dem Grabensystem und durch zunehmend radiogenere Bleie — überwiegend in Lagerstätten vom Gangtyp — in zunehmender Entfernung vom Graben.

In Yukon zeigt die nordöstlich des Tintina-Grabens gelegene 650 × 250 km große Seldwyn-Faltungszone eine ausgeprägte, von einem Zentrum (Faro-Lagerstätte), welches offensichtlich der Ort der Hauptvererzung ist, ausgehende Pb-Isotopenzonung mit kleineren, zunehmend radiogeneren (anomaleren) Gang- und Verdrängungserzkörpern in den Randzonen; eine genetische Verwandtschaft zwischen Erzbleien und vulkanischem Blei in kambrischen Tuffen ist möglich [64, S. 811/3], [65].

Im Rocky Mountains-Graben ist Sullivan als größte Pb-Lagerstätte, s. „Blei" A 4, S. 102, 111, Träger eines normalen Bleis, von dem sich anomale Bleie des Kootenay-Bogens, British Columbia, herleiten lassen [66]. Sullivan führt ein extrem homogenes Blei in stratiformen Erzkörpern (nahe der 1-Stadium-Wachstumskurve) [67, S. 264], dessen Homogenität von der stratigraphisch-strukturellen Position im Erzkörper und den in ihm auftretenden Mineralassoziationen nicht beeinflußt wird [68]. Kleinere Lagerstätten des Kootenay-Bogens mit zunehmend radiogenerem Blei bei zunehmender Entfernung von Kimberley (Sullivan) sind wahrscheinlich durch Zumischung von radiogenem Blei zu Blei vom Sullivan-Typ entstanden [64, S. 812], s. für Vorkommen nördlich und südlich des Nelson-Batholiths [67, S. 265].

Nahe der mobilen Kootenay-Zone in Idaho und Montana sind spätpräkambrische Lagerstätten vom Typ Coeur d'Alene in Verbindung mit dem Osburn-Verwerfungssystem, s. „Blei" A 4, S. 147/8, durch eine über ein größeres geographisches Gebiet sich erstreckende, homogene Pb-Isotopenzusammensetzung charakterisiert, die sich entweder in einem homogenen Reservoir mit konstantem Verhältnis U/Pb oder durch Homogenisierung bei Sedimentation aus marinem Milieu entwickelte [69, S. 853, 855, 857]; wahrscheinlich ist die über 1600 km^2 und vertikal etwa 1500 m zu beobachtende Pb-Isotopenhomogenität bei mariner Sedimentation eines direkt vom Mantel stammenden Bleis entstanden [70]. Dafür spricht unter anderem auch die Ähnlichkeit der Pb-Isotopenzusammensetzung in Galeniten von Coeur d'Alene und von Sullivan [71].

Südöstlich Coeur d'Alene im Lewis-Clark-Range, Montana, treten in präkambrischem „Spokane"- und „Helena"-Dolomit Bleie mit Isotopenverhältnissen ähnlich denen von Sullivan und Coeur d'Alene auf [72]. Weitere jüngere, meso- bis känozoische Pb-Lagerstätten mit stärker radiogenem Pb, genetisch verbunden mit nahen Magmatiten, liegen nahe der mobilen Kootenay-Zone und stammen aus der Unteren Kruste oder dem Oberen Mantel [69, S. 857].

Auch am Zuni-Lineament, einer von Utah nach West-Zentral New Mexico nordwest-südöstlich sich erstreckenden Schwächezone, wird eine auffallende Pb-Isotopenzonung beobachtet: Linear angeordnete rezente Bleie werden an beiden Seiten von anomalen Bleien flankiert, die als Mischprodukte zu deuten sind [73], vgl. [64, S. 812].

Dem Kuroko-Typ innerhalb von Kontinenten zugerechnet werden von Mitchell, Bell die Lagerstätten Horn Mine und Delbridge im archaischen Keewatin des Noranda-Gebiets, Quebec, Kanada [2, S. 395]. Im Cobalt-Noranda-Gebiet, dessen Entwicklung vor 3.2×10^9 a mit Vulkaniten begann, sind Galenite in archaischen Vulkaniten und Sedimenten, ihrem linearen Trend im $^{207}Pb/^{204}Pb$-$^{206}Pb/^{204}Pb$-Diagramm entsprechend, offensichtlich Mischprodukte zweier normaler Bleie (mit 27 bis 100% Blei vom jüngeren Typ Cobalt), die aus subsialischen Quellen stammen, entlang Verwerfungsflächen nach oben migrierten und besonders häufig an der Grenze zweier geologischer Provinzen zu erwarten sind [74]. Die identische Pb-Isotopenzusammensetzung verschiedener Mineralisationen in archaischen Vulkaniten und Sedimenten speziell im Cobalt-Gebiet ist offensichtlich einer genetischen Bindung von Galeniten an Nipissing-Diabase, wahrscheinlich epigenetischer Zufuhr von Pb aus den Diabasen in die Basissedimente, zuzuschreiben [46, S. 784, 788/9], [75].

Australien

Die Genese der großen, mehr oder weniger metamorphen, konkordanten Sulfidlagerstätten des Australischen Schildes, darunter Broken Hill, New South Wales, und Mount Isa, Queensland, ist noch immer umstritten, s. „Blei" A 4, S. 90 und im folgenden. Die Pb-Isotopenzusammensetzung in diesen und in einer Anzahl weiterer, kleinerer Lagerstätten und Mineralisationen, überwiegend zwischen Darwin und dem Golf von Carpentaria in Nordaustralien, ist, insbesondere innerhalb der Haupterzkörper, oft extrem homogen. Die häufig beobachteten Assoziationen von Erzen mit vulkanisch-sedimentären Schichten (Tuffiten) wie in Mount Isa und besonders in der Lagerstätte McArthur, in der 600 km nordwestlich von Mount Isa nichtmetamorphe, den Mount Isa-Folgen äquivalente, gut erhaltene sedimentäre Strukturen auftreten, weisen zusammen mit der Konstanz in der Pb-Isotopenzusammensetzung auf vulkanisch-exhalative, sedimentäre Herkunft der Erze von vulkanischen Inselbögen an Kontinenträndern hin, vgl. „Blei" A 2c, S. 31.

Der Haupterzkörper (main lode) von Broken Hill, vgl. „Blei" A 4, S. 96, ein 1616×10^6 a altes [76], konkordantes, offensichtlich syngenetisch [77] rasch abgeschiedenes Pb-Zn-Erz [78], das ein ausgesprochen „normales Blei" enthält [8, S. 598/9], vgl. [79], aber keine deutliche Assoziation zu Vulkanismus und Sedimentation aufweist [1, S. 515], ist durch die extremste bisher bekannte Homogenität der Pb-Isotopen charakterisiert [1, S. 195]: In einem Gebiet von 52 km^2 zeigen die Verhältnisse $^{207}Pb/^{204}Pb$ und $^{206}Pb/^{204}Pb$ Abweichungen von nur <0.07% [80], und in einem Gebiet von 6.4 km Länge und 610 m Tiefe ist die Konstanz aller drei Pb-Isotopenverhältnisse so ausgeprägt, daß massenspektrometrisch keine Unterschiede festzustellen sind [1, S. 195]. Demgegenüber sind Ganglagerstätten vom Thackaringa-Typ mit sehr stark vom Haupterzkörper abweichender und variabler Pb-Isotopenzusammensetzung durch Aufnahme radiogenen Bleis und wesentlich spätere Abscheidung charakterisiert [81], vgl. [82], s. ferner speziell für Hill Consols- und Brown's Shaft-Gänge [83] und vgl. „Blei" A 2c, S. 141. In Broken Hill sind ursprünglich vorhandene Anzeichen vulkanischer Aktivität wahrscheinlich durch hochgradige Metamorphose ausgelöscht [76], jedoch war der mit dem Erz assoziierte „Potosi"-(Granat-)Gneis möglicherweise ursprünglich ein andesitischer oder dacitischer Tuff; für vulkanisches Milieu und metasedimentäre Herkunft sprechen auch Veränderungen des Chemismus der Nebengesteine der Erze auf kurze Distanz [1, S. 517/8].

Die Lagerstätte Mount Isa, s. „Blei A 4, S. 94/5, 800 km nördlich von Broken Hill, schwach metamorph, aber intensiv gefaltet [1, S. 498], mit etwas weniger homogener Pb-Isotopenzusammensetzung und — mit 1600×10^6 a [76] — etwas jünger als Broken Hill, ist zwar mit ≈0.2% radiogenem Blei kontaminiert, ihr Blei ist aber ebenso wie das von Broken Hill durch einen einfachen Prozeß aus der Tiefe abzuleiten [80], da im Umkreis von 35 km rings um die Hauptlagerstätte die Pb-Isotopenzusammensetzung homogen ist [84, S. 292, 295]. Die <0.5% betragende Differenz zwischen den Pb-Isotopenverhältnissen beider Lagerstätten [82] ist wahrscheinlich durch Zumischung einer kleinen Menge Blei anderer Herkunft vor der Abscheidung entstanden [85, S. 60]. Nach neueren Untersuchungen läßt das Erz, das zusammen mit umgebenden Sedimenten — heutigem Urquhart-shale — am Meeresboden abgeschieden wurde [84, S. 287], wegen seiner klaren Assoziation mit Tuffen vulkanische Metallzufuhr mit nur geringem kontinentalen Beitrag vermuten [86]. Tuffite sind in etwa 100 Horizonten in der Urquhart-Formation enthalten; die in einzelnen „Pulsen" zugeführten Metalle Pb und Zn werden zusammen mit Dolomit und Tuffen in reduzierendem, sedimentären Milieu rasch als Galenit und Sphalerit abgeschieden und verdrängen wahrscheinlich Eisen in den Sulfiden [87].

Der Dugald River-Prospect, vgl. „Blei" A 4, S. 95, der 60 Meilen von Mount Isa und >800 Meilen von Broken Hill entfernt liegt, führt in fünf Proben ein in der Isotopenzusammensetzung mit dem Blei von Broken Hill fast identisches Blei, was ein hinsichtlich der U-Th-Pb-Verhältnisse nahezu identisches Herkunftsmaterial für diese beiden Vorkommen anzeigt; die Isotopenzusammensetzung nur einer Bleiprobe vom Dugald River läßt Kontamination mit Nebengesteinsblei vermuten [85, S. 60/1].

Die Lagerstätte am McArthur River, vgl. „Blei A 4, S. 94, (vormals HYC-deposit), Northern Territory, $\approx 1600 \times 10^6$ a [1, S. 504] bzw. 1586×10^6 a [76] alt, ist ebenfalls durch bemerkenswerte Pb-Isotopenhomogenität charakterisiert und liegt in fast horizontaler Position [1, S. 498] in Sedimenten und grünen Tuffen, die als die nichtmetamorphen Äquivalente der 600 km entfernten Erzkörper von Mount Isa anzusehen sind [84, S. 288, 295/6]. Die Genese dieser Lagerstätte stellt Gulson [88, S. 277/8] nach vorliegenden Literaturdaten wie folgt dar: Neben den homogenen Pb-Isotopenverhältnissen der schichtgebundenen Erze sprechen gut erhaltene sedimentäre Strukturen in dieser weitgehend nichtmetamorphen Zn-Pb-Ag-Lagerstätte sowie Gleichgewichtsdaten von Sphalerit-Galenit, die Abscheidungstemperaturen von 100 bis 260°C anzeigen, für exhalative Herkunft der Metalle aus mit saurem Vulkanismus verbundenen Thermalsolen und für sedimentäre Abscheidung in hypersalinem Milieu, wahrscheinlich gleichzeitig mit der Sedimentation und mit Schwefel aus zwei verschiedenen Quellen. Nach den Untersuchungen dieses Verfassers [88, S. 279, 282/3] tritt in diesem Vorkommen neben dem Blei aus Galenit und Sphalerit mit homogener Isotopenzusammensetzung, die für seine exhalative Herkunft spricht, in Pyrit ein radiogenes Blei mit größerer Isotopenvarianz auf. Die von Williams, Rye auf Grund von S-Isotopendaten [89] angenommene Abscheidung von Galenit in den bereits abgelagerten Sedimenten unter Auflösung des darin vorhandenen diagenetischen Pyrits, die nur eine Schwefelquelle voraussetzt, ist aus verschiedenen Gründen, darunter homogene Pb-Isotopenzusammensetzung von Galeniten, Sphaleriten und säurelöslichen Bleien gegenüber radiogenen und variablen Pb-Isotopenverhältnissen der Pyrite, s. oben, unwahrscheinlich [90].

Weitere Vorkommen mit weitgehend normalem Blei, das dem von Broken Hill oder Mount Isa sehr ähnlich ist, sind Rum Jungle, südlich Darwin [91], und der Zamu-Pb-Zn-Prospect, östlich Darwin, Northern Territory [92].

Die Hauptmineralisationsperiode von Erzvorkommen westlich Cairns, Nordost-Queensland, stimmt zeitlich überein mit dem explosiven, karbonisch bis permischen, felsitischen „Featherbed-Vulkanismus" der Tasman-Synklinale, die sich über den gesamten Ostrand des Kontinents erstreckt. In den 14 verschiedenen Gruppen von Erzvorkommen sind zwar neben magmatischem Blei — das zumindest in einigen Erzgebieten eine Korrelation mit Erzbleien aufweist — wahrscheinlich noch zwei weitere Pb-Komponenten aus Nebengesteinen enthalten und somit komplizierte Mischungsbeziehungen möglich. Es bestehen aber insgesamt enge Korrelationen zwischen Erzen und Vulkaniten, die in bemerkenswert parallel zum Rand der Vulkanite und zur Verwerfung verlaufenden Verhältnissen $^{206}Pb/^{207}Pb$ und $^{206}Pb/^{208}Pb$ zum Ausdruck kommen, rasch abnehmend Richtung Westen, wo zunehmend präkambrisches Terrain vorherrscht [93].

Die schichtgebundene Zn-Pb-Cu-Lagerstätte Rosebery, Tasmanien, s. „Blei" A 4, S. 99/100 — 160×10^6 a alt [76] — ist offensichtlich geochemisch und räumlich an kambrische vulkanische Aktivität — rhyolithische und dacitische Tuffe — gebunden: Lösungen vulkanischer Herkunft wurden in kleinen Becken sedimentär abgeschieden und erzeugten dabei eine stratigraphische Zonung, die der idealisierten stratigraphischen Abfolge in den „Kuroko"-Lagerstätten Japans sehr ähnlich ist [94].

Weitere dem Kuroko-Typ entsprechende Zn-Pb-Cu-Lagerstätten sind z.B. Captains Flat, New South Wales, Rammelsberg, Bundesrepublik Deutschland, Buchans, Neufundland, und einige Lagerstätten der UdSSR [94], vgl. auch die Zusammenstellung von Lagerstätten dieses Typs, darunter der Mansfelder Kupferschiefer, bei [1, S. 497].

Literatur zu 2.4.1.1.1.5:

[1] R. L. Stanton (Ore Petrology, New York 1972, S. 1/713). — [2] A. H. Mitchell, J. D. Bell (J. Geol. **81** [1973] 381/405). — [3] K. Sato, A. Sasaki (Geochem. J. **10** [1976] 197/203). — [4] E. R. Kanasewich (in: E. I. Hamilton, R. M. Farquhar, Radiometric Dating for Geologists, London – New York – Sydney 1968, S. 147/223). — [5] R. L. Armstrong, J. A. Cooper (Bull. Volcanol. [2] **35** [1971/72] 27/63, 28).

[6] R. D. Russell, F. Kollar (Intern. Geol. Congr., 21st Rept. Session Norden, Copenhagen 1960, Tl. 1, S. 132/40). — [7] E. Kautzsch (Econ. Geol. Monogr. Nr. 3 [1967] 133/7, 136). — [8] R. L. Stanton, R. D. Russell (Econ. Geol. **54** [1959] 588/607). — [9] R. D. Russell, R. M. Farquhar (Lead Isotopes in Geology, New York – London 1960, S. 1/243). — [10] K. B. Krauskopf (in: H. L. Barnes, Geochemistry of Hydrothermal Ore Deposits, New York u.a. 1967, S. 1/33).

[11] V. M. Ershov [Yershov] (Geokhimiya **1967** 1115/8; Geochem. Intern. **4** [1967] 997/1000, 998/9). — [12] R. G. Ostic, R. D. Russell, R. L. Stanton (Can. J. Earth Sci. **4** [1967] 245/69, 246/7, 261/5, 267). — [13] W. F. Slawson, R. D. Russell (in: H. L. Barnes, Geochemistry of Hydrothermal Ore Deposits, New York u.a. 1967, S. 77/108, 85/6, 104, 92/7). — [14] R. H. Sillitoe (Geol. Soc. Am. Bull. **83** [1972] 813/7). — [15] E. Kautzsch (in: A. P. Vinogradov, Chemistry of the Earth's Crust, Bd. 2, Jerusalem 1967, S. 607/20, 607, 618 [russisches Original: Moskva 1964]).

[16] R. L. Armstrong (Rev. Geophys. **6** [1968] 175/99, 189). — [17] R. L. Armstrong, S. M. Hein (Geochim. Cosmochim. Acta **37** [1973] 1/18, 14). — [18] P. H. Reynolds, R. D. Russell (Can. J. Earth Sci. **5** [1968] 1239/45, 1245). — [19] A. I. Tugarinov (Geol. Rudn. Mestorozhd. **17** Nr. 4 [1975] 30/43, 37). — [20] S. Moorbath (Phil. Trans. Roy. Soc. London A **254** [1962] 295/360, 340).

[21] T. J. Chow, C. C. Patterson (Geochim. Cosmochim. Acta **26** [1962] 263/308, 278). — [22] D. E. White (Econ. Geol. **63** [1968] 301/35, 316, 326). — [23] J. A. Cooper, J. R. Richards (Geochem. J. **3** [1969] 1/14, 4, 7/9). — [24] J. R. Richards (Econ. Geol. **66** [1971] 425/34, 431). — [25] J. S. Brown (Econ. Geol. **60** [1965] 47/68, 53, 64/6).

[26] J. S. Brown (Econ. Geol. **61** [1966] 1191/204, 1193/5, 1203). — [27] C. L. Knight (Econ. Geol. **52** [1957] 808/17, 815/6). — [28] R. L. Stanton (Austral. J. Sci. **17** [1955] 173/5). — [29] R. D. Russell, R. M. Farquhar (Geochim. Cosmochim. Acta **19** [1960] 41/52, 45). — [30] F. S. Turneaure (Econ. Geol. 50th Anniv. Vol. 1955, S. 38/98, 84).

[31] P. de Bretizel, F. Foglierini (Mineralium Deposita **6** [1971] 65/76, 74/5). — [32] E. B. Sandell, S. S. Goldich (J. Geol. **51** [1943] 99/115, 167/89, 171). — [33] R. L. Stanton (J. Geol. **66** [1958] 484/502, 484, 491, 494/501). — [34] R. E. Zartman (Econ. Geol. **69** [1974] 792/805, 800). — [35] R. E. Zartman (Geol. Soc. Am. Ann. Meetings Abstr. with Programs **5** Nr. 7 [1973] 872).

[36] A. Maucher (Freiberger Forschungsh. C Nr. 186 [1965] 173/87, 182, 184). — [37] R. H. Sillitoe (Nature **250** [1974] 542/5). — [38] D. H. Tarling (Nature **243** [1973] 193/6). — [39] P. W. Guild (in: W. E. Petrascheck, Metallogenetische und Geochemische Provinzen, Symposium Leoben 1972, Wien – New York 1974, S. 10/24, 14, 17/8). — [40] W. E. Petrascheck (in: W. E. Petrascheck, Metallogenetische und Geochemische Provinzen, Symposium Leoben 1972, Wien – New York 1974, S. 174/83, 176, 180/2).

[41] J. A. Noble (Mineralium Deposita **11** [1976] 219/33, 223, 232). — [42] S. Karamata (in: W. E. Petrascheck, Metallogenetische und Geochemische Provinzen, Symposium Leoben 1972, Wien – New York 1974, S. 106/19, 110/1, 117/8). — [43] G. L. Cumming, S. E. Kesler (Earth Planet. Sci. Letters **31** [1976] 262/8). — [44] W. Kramer (Z. Geol. Wiss. **5** [1977] 7/20, 12/3, 16). — [45] B. R. Doe, J. S. Stacey (Econ. Geol. **69** [1974] 757/76, 759/62, 764, 769).

[46] R. Thorpe (Econ. Geol. **69** [1974] 777/91). — [47] A. K. Sinha, G. R. Tilton (Geochim. Cosmochim. Acta **37** [1973] 1823/49, 1834/5, 1845). — [48] J. S. Stacey, M. E. Delevaux, T. J. Ulrych (Earth Planet. Sci. Letters **6** [1969] 15/25, 21/3). — [49] V. M. Oversby (Nature **248** [1974] 132/3). — [50] K. Sato, A. Sasaki (Econ. Geol. **68** [1973] 547/52).

[51] K. Sato, W. F. Slawson, E. R. Kanasewich (Geochem. J. **7** [1973] 115/22). — [52] A. Miyazaki, K. Sato, N. Saito (Geochem. J. **7** [1973] 231/44, 242). — [53] K. Sato (Econ. Geol. **70** [1975] 800/5). — [54] I. B. Lambert, T. Sato (Econ. Geol. **69** [1974] 1215/36). — [55] H. Sakai, O. Matsubaya (Econ. Geol. **69** [1974] 974/91, 985/6).

[56] H. Sakai, K. Sato (Geochim. Cosmochim. Acta **15** [1959] 1/5, 4). — [57] C. E. Hedge, R. J. Knight (Geochem. J. **3** [1969] 15/24, 18). — [58] Yu. V. Bogdanov, E. I. Kutyrev (Geol. Rudn. Mestorozhd. **13** Nr. 5 [1971] 12/22, 13). — [59] N. S. Skripchenko, A. A. Rozhnov, V. A. Lytkin (Geol. Rudn. Mestorozhd. **13** Nr. 5 [1971] 3/11, 11). — [60] Sh. Esenov, A. K. Kayupov, V. G. Li, G. F. Lyapichev, L. A. Miroshnichenko, I. P. Novokhatskii (in: Metallogeniya Tyan'-Shanya, Frunse 1968, S. 224/5).

[61] L. I. Shilov, K. M. Egembaev, V. I. Shilov, V. P. Lebedev (Geokhimiya **1971** 18/22, 18/9, 21; Geochem. Intern. **8** [1971] 151/2 [Abstract]). — [62] A. I. Tugarinov, N. M. Mitryaeva, N. I. Zamyatin, L. I. Shilov, V. P. Lebedev, V. V. Myayasishchev, V. I. Shilov (Geokhimiya **1972** 547/61; Geochem. Intern. **9** [1972] 336/50, 340/5, 347). — [63] A. A. Tychinskii, I. A. Zagruzina, L. D. Shipilov (Geol. Geofiz. Akad. Nauk SSSR Sibirsk. Otd. **1973** Nr. 6, S. 31/6, 35). — [64] S.-L. Kuo, R. E. Folinsbee (Econ. Geol. **69** [1974] 806/13). — [65] S.-L. Kuo, R. E. Folinsbee (Geol. Soc. Am. Ann. Meetings Abstr. with Programs **5** Nr. 7 [1973] 704).

[66] A. J. Sinclair (Diss. Abstr. **26** [1965/66] 6649/50). — [67] P. H. Reynolds, A. J. Sinclair (Econ. Geol. **66** [1971] 259/66). — [68] G. B. Leech, R. K. Wanless (Geol. Soc. Am. Buddington Vol. **1962** 241/79, 260/1, 265, 270). — [69] R. E. Zartman, J. S. Stacey (Econ. Geol. **66** [1971] 849/60). — [70] A. Long, A. J. Silverman, J. L. Kulp (Econ. Geol. **55** [1960] 645/58, 653).

[71] V. C. Fryklund (U.S. Geol. Surv. Profess. Papers Nr. 445 [1964] 1/103, 50). — [72] R. E. Zartman (in: M. R. Mudge, R. L. Erickson, D. Kleinkopf, U.S. Geol. Surv. Bull. Nr. 1252-E [1968] 1/35, 31/2). — [73] W. F. Slawson, C. F. Austin (Econ. Geol. **57** [1962] 21/9, 21, 24/7). — [74] E. R. Kanasewich, R. M. Farquhar (Can. J. Earth Sci. **2** [1965] 361/84, 362/4, 377, 381). — [75] R. I. Thorpe (Geol. Soc. Am. Ann. Meetings Abstr. with Programs **5** Nr. 7 [1973] 841).

[76] J. R. Richards (Nature **219** [1968] 258/9). — [77] H. F. King (in: J. McAndrew, Geology of Australian Ore Deposits, 2. Aufl., Bd. 1, Melbourne 1965, S. 24/30, 28). — [78] R. D. Russell, R. M. Farquhar (Trans. Am. Geophys. Union **38** [1957] 557/65, 561). — [79] R. D. Russell, E. R. Kanasewich, R. G. Ostic (in: A. P. Vinogradov, Chemistry of the Earth's Crust, Bd. 2, Jerusalem 1967, S. 680/705, 687 [russisches Original: Moskva 1964, S. 638/60, 645]). — [80] F. Kollar, R. D. Russell, T. J. Ulrych (Nature **187** [1960] 754/6).

[81] R. D. Russell, T. J. Ulrych, F. Kollar (J. Geophys. Res. **66** [1961] 1495/8). — [82] R. D. Russell (in: H. W. Fairbairn, Ann. Acad. Sci. New York **91** [1960/61] 521/3). — [83] J. A. Cooper (Australasian Inst. Mining Met. Proc. [2] Nr. 234 [1970] 67/9). — [84] J. R. Richards (Mineralium Deposita **10** [1975] 287/301). — [85] J. R. Richards (Geochim. Cosmochim. Acta **31** [1967] 51/62).

[86] R. B. Farquharson, J. R. Richards (Mineralium Deposita **9** [1974] 339/56, 353, 355). — [87] T. Finlow-Bates, N. J. W. Croxford, J. M. Allan (Mineralium Deposita **12** [1977] 143/9, 144/6, 148). — [88] B. L. Gulson (Mineralium Deposita **10** [1975] 277/86). — [89] N. Williams, D. M. Rye (Nature **247** [1974] 535/7). — [90] N. J. W. Croxford, B. L. Gulson, J. W. Smith (Mineralium Deposita **10** [1975] 302/4).

[91] J. R. Richards (Geochim. Cosmochim. Acta **27** [1963] 217/40, 221/2, 232). — [92] J. H. Hills, J. R. Richards (Mineralium Deposita **11** [1976] 133/54, 147, 149). — [93] L. P. Black, J. R. Richards (Econ. Geol. **67** [1972] 1168/79, 1168, 1175/8). — [94] R. L. Brathwaite (Econ. Geol. **69** [1974] 1086/101, 1098/100).

Lead in Continental Magmas

2.4.1.1.1.6 Blei in kontinentalen Magmen

Lead in Continental Basaltic Magmas

2.4.1.1.1.6.1 Blei in kontinentalen Basaltmagmen

Kontinentale Tholeiit- oder Plateau-Basalt-Magmen sind etwas K-reicher als die ozeanischen Tholeiite, aber wie diese als Teilschmelzprodukte des Oberen Mantels zu betrachten, die entlang „hot lines“ die kontinentale Kruste durchbrechen. Durch ein im Chemismus und speziell im Verhältnis U/Pb heterogenes Ausgangsmaterial im Oberen Mantel sind die kontinentalen Vulkanite durch breit gestreute Pb-Isotopenverhältnisse mit sowohl ^{206}Pb-reichen als auch ^{206}Pb-armen Bleien charakterisiert; in den Reservoiren im Mantel unter den Kontinenten und unter den Ozeanen erfolgt — möglicherweise durch Austauschvorgänge zwischen mehreren homogenen Reservoiren — bei der Magmenbildung Fraktionierung von Pb und U, aber systematische Unterschiede im Verhältnis U/Pb zwischen subkontinentalem und ozeanischem Mantel sind aus den Pb-Isotopen-Varianzen von rezenten Vulkaniten nicht zu ermitteln, s. S. 1/2.

Kontinentale Tholeiite sind reicher an K, Pb, Ba, Th und U und zudem durch ein höheres Verhältnis ^{206}Pb/^{204}Pb charakterisiert als ozeanische Tholeiite, wahrscheinlich infolge Kontamination der Magmen aus den Wänden der Magmenkammern und Zufuhrkanäle; weniger wahrscheinlich ist ein an den genannten Elementen reicherer Mantel unter den Kontinenten. Hinweise auf zunehmend höhere Gehalte dieser Elemente in tholeiitischen Magmen vom Plateau-Typ während der letzten 3×10^9 a ergeben sich aus mittleren K-Gehalten von nur 0.46% (Mittel von 74 Proben) in archaischen Meta-Tholeiiten ($>2.5 \times 10^9$ a) aus sechs Abfolgen in Ontario, gegenüber 0.75% K in jüngeren kontinentalen Tholeiiten [1]. Die an ^{206}Pb reichen Bleie in Effusiven, die an Kontinentoberflächen auftreten, repräsentieren offensichtlich gut durchmischte Bleie des gesamten Vertikalschnitts eines bestimmten Kontinentbereichs [2]. Die Auffassung von Patterson, daß Bleie kontinentaler Vulkanite weniger radiogen sein müßten als Bleie ozeanischer Vulkanite, beruht auf der Annahme, daß sie sich in der chemisch differenzierten kontinentalen Kruste in sehr alten Systemen mit sehr niedrigem Verhältnis U/Pb entwickeln [3] bzw. aus relativ U-armen Systemen unter kontinentalen Tafeln [4]; diese Auffassung hat sich durch das Auffinden weniger radiogener Bleie in ozeanischen gegenüber kontinentalen Basalten nicht bestätigt [5].

Quartäre Plateaubasalte der Snake River-Ebene, Süd-Idaho, führen im Mittel 6.55 ppm Pb [6], die größeren intrusiv-extrusiven präkambrischen bis eozänen, tholeiitisch-doleritischen Basalteinheiten Indiens (Dekkantrappe) im Mittel 4 ppm Pb (59 Proben), die bei Gehalten von 1 bis 7 ppm Pb sehr regelmäßig verteilt sind [7]. Von den Dekkantrappen petrogenetisch abweichende, offensichtlich aus einem einzigen subkrustal durch Teilschmelze entstandenen Magma entwickelte, basaltisch-andesitische Gesteine von Pavagarh, Gujarat, Indien, dagegen enthalten >20 bis 30 ppm Pb im Mittel [8] und tholeiitische Basalte des Karroo, Süd-Rhodesien, sind mit 10 bis 30 ppm Pb ebenfalls wesentlich Pb-reicher [9]. Für das Ausgangsmagma des West-Komplexes der Alamdzhakh-Trapp-Intrusion, Vilyui-Becken, Sibirische Tafel, werden 5 ppm Pb errechnet [10] und speziell für Plateaubasalte vom Nordrand der Sibirischen Tafel wird aus sehr ähnlichen Pb-Isotopenverhältnissen von verschiedenen in ihnen enthaltenen Erzmineralien eine gemeinsame Herkunft von Trapp- und Alkaligesteinen aus einem Magma abgeleitet [11]. Neuere Untersuchungen verschiedener Gebiete der Sibirischen Tafel zeigen jedoch, daß die tholeiitischen Schmelzen mit anorthositischem Trend bei unterschiedlichen Entwicklungen auch unterschiedliche Mengen Blei konzentrieren: 1. Bei Entwicklung ohne Magmen-Zwischenkammer sind Pb-Gehalte von 3.5 bis 5 ppm typisch; 2. Bei Entwicklung mit Magmen-Zwischenkammer und niedrigen Gehalten an Wasser und fluiden Komponenten wird Blei während dieser Entwicklungsphase auf das Doppelte — etwa 11 bis 12 ppm — konzentriert und ohne Trennung von der Silikatfraktion als Sulfid relativ gleichmäßig verteilt. 3. Bei Entwicklung mit Magmen-Zwischenkammer und hohen Gehalten an Wasser und fluiden Komponenten geht Blei zu etwa 70% in die Fluide, und die Gesteine enthalten nur etwa 1 ppm Pb [12].

Über das Auftreten von Pb in Plateau-Basalten im Südosten der Sibirischen Tafel als Folge assimilierter carbonatischer Nebengesteine s. S. 167.

In Basalten der südlichen Rocky Mountains, USA, die unkontaminiert 1.9 bis 3.4 ppm Pb führen, werden durch Assimilation von sialischem Material der Unteren Kruste die Pb-Gehalte auf 4.7 bis 11 ppm erhöht und gleichzeitig die Verhältnisse $^{206}Pb/^{204}Pb$ um 2 bis 4% verringert [13]; Assimilation von nahezu U-freien, präkambrischen Feldspäten der Oberen Kruste mit entsprechend wenig radiogenem Pb — nach vorangehender Ausseigerung von Phasen mit hochradiogenem Blei (Zirkon) oder Mobilisierung solchen Bleis aus anderen Phasen (Uranothorit, Epidot u.a.) — [14] ist in einem Milieu mit insgesamt hohem Verhältnis U/Pb, wie es die Obere Kruste darstellt, weniger wahrscheinlich als eine Entwicklung in der Unteren Kruste mit niedrigem μ-Wert [15]. Mg-reiche Olivin-Tholeiite der Snake River-Ebene, Süd-Idaho, haben als Teilschmelzprodukte eines Spinell-Lherzoliths in 50 bis 60 km Tiefe im Oberen Mantel (low velocity zone, etwa 10 km unter der Krustenbasis) an den Rändern des Gebiets durch Wechselwirkungen zwischen Krustengraniten und Magmen unter dem Einfluß H_2O-reicher Fluide Pb-Isotopenverhältnisse angenommen, die denen der Kruste entsprechen [16]. — In Mitteleuropa sind im Bereich der Antiklinalzone des Erzgebirges und Fichtelgebirges an tiefreichenden Störungen lamprophyrische Schmelzen aus dem Oberen Mantel aufgestiegen, deren hohe Gehalte an granitophilen Elementen wie Pb, Rb, Be, Li neben hohen $\delta^{18}O$-Werten für sialische Beeinflussung im Bereich der Kruste sprechen [17].

Im Stretishorn-Gang, Ost-Island, in dem ein Rhyolith-Kern von Basalten flankiert ist, sind die Gesteine der hybriden Zwischenzonen, die wahrscheinlich durch mechanische Zumischung von 10% Rhyolithmagma zu dem Basaltmagma vor der Platznahme entstanden sind, durch Pb-Maxima von 28 ppm charakterisiert (Mittel der Basalte 6.2 und der Rhyolithe 15 ppm Pb); die Verteilung von Blei innerhalb des Ganges wird wahrscheinlich zusätzlich durch hydrothermale Umverteilung in einem späteren Stadium der Abkühlung des Ganges beeinflußt [18].

Nach Petrascheck können auch relativ Pb-arme, kontinentale Plateau- und Spaltenbasalte Pb zu Lagerstätten konzentrieren, wenn die im Magma enthaltenen flüchtigen Komponenten in größerem Ausmaß diffus in der sialischen, kontinentalen Kruste verteilte Metalle, darunter Pb, extrahieren [19]. Siehe zu kontinentalen Pb-Lagerstätten S. 49/50.

Literatur zu 2.4.1.1.1.6.1:

[1] A. E. J. Engel, C. G. Engel, R. G. Havens (Bull. Geol. Soc. Am. **76** [1965] 719/33, 727/8, 730). — [2] T. J. Chow, C. C. Patterson (Geochim. Cosmochim. Acta **26** [1962] 263/308, 283/4). — [3] C. C. Patterson (in: H. Craig, S. L. Miller, G. T. Wasserburg, Isotopic and Cosmic Chemistry, Amsterdam 1964, S. 244/68, 264/6). — [4] C. Patterson, B. Duffield (Geochim. Cosmochim. Acta **27** [1963] 1180/1). — [5] C. C. Patterson (in: Y. Miyake, T. Koyama, Recent Researches in the Fields of Hydrosphere, Atmosphere, and Nuclear Geochemistry, Tokyo 1964, S. 257/61, 259).

[6] C. Patterson, G. Tilton, M. Inghram (Science [2] **121** [1955] 69/75, 72). — [7] N. C. Ghose, N. N. Trofimov (Intern. Geol. Congr. Rept. 24th Session, Montreal 1972, Bd. 10, S. 193/9, 193/6). — [8] B. D. Tiwari (Bull. Volcanol. [2] **35** [1971/72] 1129/77, 1152/3, 1169, 1175). — [9] K. G. Cox, R. L. Johnson, L. J. Monkman, C. J. Stillman, J. R. Vail, D. N. Wood (Phil. Trans. Roy. Soc. London A **257** [1964/65] 71/218, 84, 147). — [10] V. L. Masaitis (Tr. Vses. Nauchn. Issled. Geol. Inst. [2] **22** [1958] 1/136, 103).

[11] G. G. Moor, S. I. Zykov (Dokl. Akad. Nauk SSSR **124** [1959] 168/70; Dokl. Earth Sci. Sect. **124** [1959] 29/31). — [12] B. V. Oleinikov (Dokl. Akad. Nauk SSSR **218** [1974] 1204/6; Dokl. Earth Sci. Sect. **218** [1974] 225/7). — [13] B. R. Doe, P. W. Lipman, C. E. Hedge, H. Kurasawa (Contrib. Mineral. Petrology [Berlin] **21** [1969] 142/56, 147/51, 154). — [14] B. R. Doe (Quart. Colo. School Mines **63** [1968] 149/74, 161/2). — [15] R. E. Zartman, G. J. Wasserburg (Geochim. Cosmochim. Acta **33** [1969] 901/42, 924).

[16] R. N. Thompson (Contrib. Mineral. Petrology [Berlin] **52** [1975] 213/32, 216/8, 229/30). — [17] W. Kramer (Chem. Erde **35** [1976] 1/49, 43/4). — [18] B. M. Gunn, N. D. Watkins (Geochim. Cosmochim. Acta **33** [1969] 341/56, 343, 348, 350, 354). — [19] W. E. Petrascheck (in: W. E. Petrascheck, Metallogenetische und Geochemische Provinzen, Symposium Leoben 1972, Wien – New York 1974, S. 174/83, 180/1).

Lead in Acid and Other Continental Magmas

2.4.1.1.1.6.2 Blei in sauren und einigen anderen kontinentalen Magmen

Saure, meist granitische, palingene Magmen im Bereich der Kontinente sind überwiegend durch Blei charakterisiert, das sie am Ort der Anatexis — im Oberen Mantel, in der Unteren oder in der Oberen Kruste — aufgenommen haben; entsprechend diesem Ausgangsmaterial sind sie reich oder arm an Blei bzw. radiogenem Blei. In den Aufstiegskanälen oder in Magmen-Zwischenkammern werden meist nur geringere Pb-Mengen aufgenommen, die in den meisten Fällen für die Pb-Konzentrationen und -Isotopenverhältnisse nicht bestimmend sind. — Eine säkulare Pb-Anreicherung, ausgehend vom Oberen Mantel über die Untere zur Oberen Kruste, setzte offensichtlich mit der Bildung einer ersten Protokruste vor $>3.5\times10^9$ a ein, ist aber zumindest zwischen der Unteren und Oberen Kruste mit einer etwa dreifachen Anreicherung nicht so ausgeprägt wie die für die Entwicklung radiogener Bleie bedeutsame, etwa achtfache Anreicherung des Uran. Innerhalb der Oberen Kruste wird bei Bildung zunehmend K-reicherer granitischer Gesteine durch Anatexis älterer, Na-reicher granitischer Gesteine in mehrereren Stadien auch zunehmend Pb konzentriert.

Moorbath geht in seiner jüngsten zusammenfassenden Darstellung der Krustenentwicklung davon aus, daß eine typisch kontinentale Kruste mit einer Vielfalt von magmatischen, sedimentären und metamorphen Gesteinen, die als „Granit-Grünstein-Assoziation" zu charakterisieren ist, nach Untersuchungen mit Rb-Sr- und Pb-Pb-Isotopen auf einigen Kontinenten schon seit 3.7 bis 3.8×10^9 a, auf allen Kontinenten verbreitet seit 2.6 bis 2.8×10^9 a existiert. Irreversible chemische Differentiation eines Teils des Oberen Mantels hat während kurzer — 100 bis 200×10^6 a dauernder — Episoden im Verlauf geologischer Zeiten sialische Kruste entstehen lassen. Dieses Wachsen der Kontinente überwiegt gegenüber Recycling von Kontinentmaterial. Aus $^{87}Sr/^{86}Sr$-Daten, die bestätigt werden durch Pb-Pb-Altersbestimmungen, ergibt sich, daß der Krustenzuwachs zusammenfällt mit einer durchgreifenden petrologischen und geochemischen Differentiation, bei der das juvenile „granitische Rohmaterial" (sensu lato) zusammen mit geochemisch inkompatiblen Elementen, darunter Pb, und Wasser aufwärts wandert und trocknes granulitisches Gestein in der Tiefe zurückläßt. Auf Grund der aus einer primären Pb-Isotopen-Wachstumskurve berechneten Verhältnisse $^{238}U/^{204}Pb$ (μ-Werte) von etwa 7.3 bis 8.0 ist anzunehmen, daß der Herkunftsraum dieser „Gneis-Vorläufer" (z. B. von Amitsoq, West-Grönland) der Obere Mantel oder eine vom Oberen Mantel abgeleitete basische Lithosphäre ist. Homogene, initiale Pb-Isotopenverhältnisse in Orthogneisgebieten werden als von den „Gneis-Vorläufern" aus dem Herkunftsmaterial ererbt angesehen; die für viele mäßig bis stark metamorphe Gneise charakteristischen intensiven U-Verarmungen, welche für die heute vorhandenen, sehr wenig radiogenen Pb-Isotopenverhältnisse verantwortlich sind, erfolgen offensichtlich überwiegend in eng begrenzten Zeiträumen nach der Erstarrung der Gneis-Vorläufer während der geochemisch-metamorphen Differentiation innerhalb der neuen Kruste (vgl. „Blei" A 2a, S. 273/5). Die z.T. sehr komplexen initialen Sr- und Pb-Isotopenverhältnisse von kontinentalen, proterozoischen bis phanerozoischen Magmatiten zeigen, daß Magmen vom Mantel vielfach und in komplexer Weise mit der bereits vorhandenen sialischen Kruste in Wechselwirkung treten können, z. B. an Stellen mit Kontinent-Kollisionen und Krusten-Verdickungen oder beim lokalen Schmelzen alter sialischer Kruste in Erwärmungszonen über größeren, vom Mantel aufsteigenden, basischen bis ultrabasischen Magmenkörpern, z. B. in der Tertiär-Provinz Nordwest-Schottlands [1].

Die im Verlauf der Entwicklung der Erdkruste aus dem Erdmantel seit $>3.5\times10^9$ a durch magmatische und metamorphe Prozesse bewirkte, bevorzugte Migration von U gegenüber Pb nach oben verursacht im allgemeinen in Gesteinen nahe der Erdoberfläche oder in der Oberen Erdkruste höhere U/Pb-Verhältnisse oder μ-Werte als in Gesteinen der Unteren Kruste (Basis, Fundament) oder in solchen, die sich zeitweise in einem tiefen Niveau befanden und entsprechend stark metamorphosiert wurden, wie z. B. viele alte Gneise, s. „Blei" A 2a, S. 273/5. Allgemein sind aus präkambrischen, kristallinen Gebieten entwickelte Magmatite durch wenig radiogene Bleie charakterisiert [2, S. 64]. Insbesondere in oberen Niveaus der kratonischen Lithosphäre ist die Entwicklung der Pb-Isotopen kontinentaler Magmatite offensichtlich davon beeinflußt, daß U und Th relativ zu Pb schon vor sehr langer Zeit in der Oberen Kruste angereichert wurden, wodurch das Milieu für Pb-Entwicklungen in der Oberen Kruste durch hohe Verhältnisse $^{207}Pb/^{204}Pb$ und $^{208}Pb/^{204}Pb$ bei gegebenem $^{206}Pb/^{204}Pb$ charakterisiert ist [3]. Die Trennung von U und Pb und die Entwicklung entsprechender μ-Varianzen in archaischen Kratonen in der noch instabilen, vor etwa 3.5×10^9 a gebildeten Protokrustenschicht kann durch mehrere Differentiationsvorgänge beeinflußt sein, bei denen sich — z. B. in Südafrika — aus dem ursprünglichen Material mit hohem μ-Wert eine untere Schicht mit homogener und eine obere Schicht mit heterogener Pb-Isotopenverteilung entwickeln konnte [4]. Niedrige μ-Werte <9 im Mantel unmittelbar unter der kontinentalen Kruste, insbesondere in stabilen Schildgebieten, sind auf Grund der Pb-Isotopen-Daten von Eklogiteinschlüssen in Kimberliten zumindest für einen Teil der dort vorhandenen Gesteine anzunehmen [5]. Für die vertikale Differentiation der Erdkruste, bei der Mutterelemente wie U, Th und Rb mit zunehmender Tiefe sowohl absolut als auch relativ zu ihren Tochterelementen abnehmen, errechnen sich für ein Krustensegment wie den nordamerikanischen Kontinent folgende Werte:

Bereich	Mächtigkeit	ppm Pb	ppm U	$^{238}U/^{204}Pb$
Obere Kruste	etwa 10 km	15.4	3.0	≈14
Untere Kruste	etwa 25 km	5.4	0.34	4

Dementsprechend stammen Bleie mit anomal niedrigem Verhältnis $^{206}Pb/^{204}Pb$ sehr wahrscheinlich von Magmen, die beim Aufschmelzen alter Gesteine der Unteren Kruste entstehen, und Bleie mit anomal hohem Verhältnis $^{206}Pb/^{204}Pb$ stehen in Beziehung zu Mobilisierungsprozessen von radiogenem Blei aus Gesteinen mit hohem μ-Wert in der Oberen Kruste [6]. — Durch Schmelzprozesse verursachte heterogene Verhältnisse U/Pb in der Erdkruste können durch Mischprozesse wieder homogenisiert werden [7]. In großen Massiven intrusiver Gesteine wirkende Prozesse der Palingenese und Assimilation von Nebengesteinen sind für die Mischung von Blei besonders wirksam, und die Pb-Isotopenverhältnisse ändern sich dann nur vom Zeitpunkt einer solchen Durchmischung an, z. B. seit einer Orogenese; bei unzureichender Durchmischung können erhöhte μ-Werte und auch höhere Gehalte an radiogenem Blei in Eruptiven auftreten [8, S. 85/6, 126]. Bei sehr intensiven Prozessen der Anatexis und Palingenese — z. B. von kristallinen Schiefern der Iengra-Serie im Aldan-Schild, Sibirien — wird auch das System Pb-Th gestört [8, S. 197], s. dazu die sehr variablen Verhältnisse $^{232}Th/^{204}Pb$ von 19.06 bis 43.61 (vier Proben) und $^{208}Pb/^{204}Pb$ von 37.12 bis 42.92 (vier Proben) in palingen-anatektischen Granitoiden des Charnockit-Komplexes der Iengra-Serie im Aldan-Schild, Sibirien [9].

Für die Entwicklung und Konzentration von Blei von Bedeutung ist auch eine in präkambrischen Granitserien verschiedener alter Schildgebiete der Erde beobachtete, in mehreren Stadien erfolgende „säkulare" Zunahme der Pb-Gehalte: Im Kalgoorlie-System, West-Australien, nehmen ausgehend von Na-reichen, prägeosynklinalen Graniten (z. T. Trondhjemiten) über syngeosynklinale Quarzkeratophyre bis zu spätkinematischen, aus Na-Graniten anatektisch gebildeten K-Graniten die K-Gehalte zu und die Pb-Gehalte steigen von 36 ppm in Quarzkeratophyren (Mittel von 17 Proben) bis auf 95 ppm in K-Graniten (Mittel einer nicht genannten Zahl von Proben) [10]; gleichzeitig sind im Kalgoorlie-Norseman-Gebiet bei positiver Korrelation von $^{238}U/^{204}Pb$ und K/Na in den Intrusionen die K-betonten Magmatite durch stärker radiogene Bleie (höhere Verhältnisse $^{206}Pb/^{204}Pb$) charakterisiert als die Na-betonten älteren Magmatite, mit denen die progressive Entwicklung der primitiven Kruste hier einsetzte [11], vgl. „Blei" A 2a, S. 275. — Nach Untersuchungen an den 560×10^6 a alten Carn Chuinneag-Graniten Nord-Schottlands wird bei anatektischen Vorgängen die Aufnahme radiogenen Bleis aus älteren Zirkonen durch den Na-Gehalt der Schmelze beeinflußt [12]. Untersuchungen an überwiegend kalkalkalischen variskischen Granitoiden des Nord-Tien Shan zeigen aber, daß nicht in allen Magmen mit hohem Gesamt-Alkaligehalt oder hohem K-Gehalt eine Pb-Konzentration zu erwarten ist [13], s. auch S. 154.

Im Borlinskii-Komplex, Ural, sind H_2O-reiche, anatektische Granitmagmen mit 29 ppm Pb (Mittel von vier Proben) durch wesentlich höhere Pb-Gehalte charakterisiert als H_2O-arme Granitmagmen mit 12 ppm Pb (Mittel von sechs Proben) [14]. Demgegenüber sind in Zentral-Nordportugal die H_2O-ärmeren, durch Teilschmelze in >15 km Tiefe gebildeten, herzynischen Granite als Muttergesteine Pb-reicher als die zugehörigen, meist H_2O-reicheren Pegmatite/Aplite [15]. Eine H_2O-arme, charnockit-ähnliche Intrusion von Rapakiwimagmen in fünf Phasen in Karelien, UdSSR, ist durch relativ gleichmäßige Verteilung von Pb auf alle fünf Phasen charakterisiert [16].

Anatektische, sialisch-kontinentale Magmen reichern bei ihrer Migration in höhere Niveaus meist sukzessive Pb an, wobei Pb-Konzentrationen bis zur Bildung von Pb-Lagerstätten erreicht werden können, s. „Blei" A 2c, S. 130/2 und ferner hohe Pb-Gehalte von >40 ppm in anatektischen Graniten des Französischen Zentralmassivs [17]. Die Pb-Isotopenspektren von Magmen können zwischen Bildungs- und Erstarrungsort durch Einwirkung von Fluiden oder durch Assimilation verändert werden [18].

Als wesentlich erweist sich die Abhängigkeit der Pb-Konzentrationen und -Isotopenzusammensetzungen magmatischer Gesteine von ihrer Herkunft aus den verschiedenen Zonen wie Oberer Mantel — low velocity zone (Asthenosphäre oder oberster Mantel) — Untere Kruste — Obere Kruste.

Aus dem Oberen Mantel durch Teilschmelzung entstanden sind nach ihren Pb-Isotopendaten sehr wahrscheinlich die vulkanisch-plutonischen „Vorläufer" der grauen Gneise der Äußeren Hebriden, Schottland, mit sehr variabler Pb-Isotopenzusammensetzung [19]. Aus der "low velocity zone" im obersten Mantel oder aus der Unteren Kruste stammen nach Pb-Isotopendaten auch Magmatite der Rocky Mountains, USA, deren niedriges Verhältnis U/Pb durch präkambrische Dehydratation im Ausgangsmaterial entstanden sein kann [20]. Als Pb-Quelle für dieses Gebiet wird ein Ausgangsmaterial mit niedrigem U/Pb, wie Pyroxengranulite aus dem Mantel unter der kontinentalen Kruste [21] oder aus der Unteren Kruste selbst [22] angenommen. Die gleichen Herkunftsräume haben Magmatite des Llano Uplift, Texas, deren Blei jedoch möglicherweise geringfügig mit Material der Oberen Kruste kontaminiert ist [23], sowie K-reiche mafische Laven und Andesite mit nichtradiogenen Bleien vom Absaroka-Vulkangebiet in Wyoming, die bei einem Teilschmelzprozeß ohne Assimilation, aber z.T. mit Konzentration von U gegenüber Pb (Shoshonite), z.T. ohne Fraktionierung von U und Pb (Andesite) gebildet wurden [24], vgl. [25]. — In der Ivrea-Zone, Südalpen, für Basite und Ultrabasite festgestellte identische Pb-Isotopenspektren und außerordentlich niedrige Verhältnisse $^{207}Pb/^{204}Pb$ im Vergleich zu $^{206}Pb/^{204}Pb$ sowie sehr niedrige μ-Werte sprechen für Intrusionen aus einem relativ U-armen Oberen Mantel mit niedrigem μ-Wert, nicht jedoch für Zumischung von Krustenblei [26]; die Intrusion bis zur Erdoberfläche erfolgte wahrscheinlich an der tektonischen Trennlinie zwischen Süd- und Zentralalpen [27, 28].

Häufiger als der Obere Mantel wird für Magmen mit wenig radiogenem Blei die an U verarmte Untere Kruste als Ausgangsmaterial angenommen: Relativ „altes" — wenig radiogenes — Blei in sauren tertiären Magmatiten von Skye, Schottland, entstand wahrscheinlich bei vollständiger Remobilisierung oder Anatexis der Lewisian-Gneise in der Unteren Kruste [29], vgl. S. 45, und auch Pb-arme „sekundäre Anatexite" (Mikro-Aplogranite und Aplite) als eutektisch zusammengesetzte Desilifizierungsprodukte von Graniten und Syeniten der Basis im Pannonischen Becken, Ungarn [30], sowie Pb-arme, aber K-reiche Alkalivulkanite von Bahia, Brasilien, die wahrscheinlich durch Teilschmelzung alter, Biotit-reicher Gneise entstanden sind [31], haben ihr Ausgangsmaterial in der Unteren Kruste. Erhöhte Pb-Gehalte in einem Teil der Gesteine des Paresis-Vulkan-Komplexes, Namibia, stammen offensichtlich aus selektiv aufgeschmolzenem Basisgranit [32], und die K-reichen, aber im Pb-Gehalt (Mittel 21 ppm) relativ niedrigen Franzfontein-Granite von der Prä-Otavi-Basis im Norden des Landes sind Teilschmelzprodukte von heterogenem, sialischen Krustenmaterial [33]. Die frühkaledonischen, prämetamorphen Granite von Ben Vuirich, Schottisches Hochland, haben als offensichtlich direkte Teilschmelzprodukte alten Krustenmaterials — nach Rb-Sr- und U-Pb-Daten — Zirkone mit radiogenem Pb in ihr Magma übernommen [34].

Reicher an Blei und radiogenem Blei sind einige palingene Magmen aus der Oberen Kruste: Rhyolithische und rhyodacitische Ignimbrite Nord-Chiles mit hohen Pb-Gehalten von 30 bis 150, im Mittel (47 Proben) 58 ppm [35], werden, wie auch die Andesite im mittleren Abschnitt der Anden, als sialisch-anatektische Schmelzen angesehen [36], wobei die sauren Ignimbrite in der Oberen Kruste, die Andesite in der Unteren Kruste entstanden sind [37]. Auch für Pb-reiche Rhyolithe der westlichen USA wird Bildung aus einem Pb-reichen Niveau der Kruste angenommen, das seinerseits — wie von Rankama [38] am Beispiel süd-lappländischer Granite gezeigt — durch den Aufstieg palingener Magmen reich an inkompatiblen Elementen, darunter Pb, entstanden ist [39]. — Aus einer etwa 12 km tief reichenden, granitischen Oberen Kruste entstehen wahrscheinlich auch junge jurassische Granite in Nigeria, die jedoch ihren Pb-Isotopenspektren nach Mangel an radiogenem Blei („altes Blei") anzeigen und offensichtlich Produkte zyklischer Aufschmelzprozesse mineralisierter, granitischer oder metasedimentärer Gesteine der lokalen Basis sind [40, 41].

In einigen Fällen wird angenommen, daß Pb aus Sedimenten der Oberen Kruste in die anatektischen Schmelzen gelangte: In Granodioriten und Leukograniten der Snowy Mountains, New South Wales, Australien, und im „Kap-Granit" von Südafrika enthaltene Bleie wurden offensichtlich bei Teilschmelzprozessen aus tonigen Geosynklinalsedimenten aufgenommen [42], vgl. [43]. Palingen-anatektische Granitoide der 1. Stufe der Iengra-Serie, Aldan-Schild, Sibirien, mit sehr hohen und variablen μ-Werten von 12.37 bis 255.75 sind nach Pb-Pb-Isochronen im $^{207}Pb/^{204}Pb$-$^{206}Pb/^{204}Pb$-Diagramm Umschmelzprodukte primär vulkanisch-sedimentärer Schichten [44].

Konzentration und Isotopenzusammensetzung von Bleien anatektischer Magmen können durch Assimilationsvorgänge im Magmenherd beeinflußt und verändert werden: Assimilation von Material aus der Oberen Kruste (präkambrische Gesteine mit stark radiogenem Pb), verbunden mit Teilschmelzvorgängen in der Unteren Kruste oder im Oberen Mantel, bewirken die starken Pb-Isotopenvarianzen der Feldspäte aus verschiedenen Plutonen des Boulder-Batholithen [45]; auch variable Pb-Isotopenverhältnisse mit etwa 2% Varianz bei $^{206}Pb/^{204}Pb$ in Gesteinsbleien des Nelson-Batholithen, British Columbia, Kanada, lassen annehmen, daß das mit den Magmen und Erzfluiden aus einem Material mit relativ niedrigem Verhältnis U/Pb aus einem Bereich unter der Kruste aufsteigende Blei in der Oberen Kruste mit z.T. erheblichen Mengen von radiogenem Blei aus verschiedenen Quellen kontaminiert wurde [46]. Assimilation saurer Gesteine in „mittleren Herden" verursacht offensichtlich die Pb-Gehalte peridotitischer Magmen einer Kimberlit-Formation der UdSSR [47], und die Granitmagmen der Tyrny Auz-Intrusion im Nordkaukasus, UdSSR, enthalten Blei aus assimilierten Basisgesteinen [48]. Demgegenüber wurden die Pb-Gehalte von Granitoiden des Shakhtama-Massivs, Ost-Transbaikalien, bei Hybridisierungsprozessen in tiefgelegenen magmatischen Herden nur unbedeutend verändert [49].

Aus einer Berechnung der Anteile an Blei, die in den Eruptivgesteinen von Skye, Nordwest-Schottland aus dem Oberen Mantel bzw. aus den assimilierten Lewisian-Gneisen in der Kruste stammen, ergibt sich, daß die frühen, effusiven basischen Gesteine meist mehr Pb assimilieren als die späteren, intrusiven basischen und ultrabasischen Gesteine. Für die sauren Gesteine ist anzunehmen, daß sie entstanden sind durch ein Zusammenwirken von Teilschmelzprozessen in den Lewisian-Gneisen und Differentiation kleiner Mengen sauren Magmas aus den basischen Magmen. Bleigehalte und prozentualer Anteil von Blei aus der Kruste und aus dem Mantel in den einzelnen Gesteinen von Skye sind in folgender Tabelle zusammengestellt [50]:

Gesteine	Gesamtblei in ppm	Bleianteil in % aus der Erdkruste	dem Mantel
Vulkanite			
4 Basalte, 2 Dolerite und 1 Mugearit	1.1 bis 5.4, Mittel 2.9	17 bis 65	35 bis 83
Intrusivgesteine			
2 Peridotite	1.6 und 1.8	6 und 19	81 und 94
2 Gabbros	0.5 und 2.4	20 und 21	79 und 80
6 Felsite und 2 Granophyre	12.1 bis 19.7, Mittel 16.3	77	23
5 Granite	10.8 bis 15.8, Mittel 12.6	35 bis 70	30 bis 65
Hybride Intrusivgesteine			
Ferrodiorit	10.0	44	56
Marscoit	13.4	63	37
2 zusammengesetzte Gänge			
Dolerit und Felsit	3.8 bzw. 14.1	47 bzw. 48	53 bzw. 52
Dolerit und Felsit	7.9 bzw. 12.6	43 bzw. 40	57 bzw. 60

Nach Doe spricht die vollständige Überlappung der Pb-Isotopenverhältnisse von sauren Magmatiten und Lewisian-Gneisen dafür, daß die sauren Eruptiva Nordwest-Schottlands aus der Unteren Kruste stammen, während die mafischen Gesteine vom Mantel abzuleiten und mit unterschiedlichen Mengen von Krustenmaterial kontaminiert sind [2, S. 65].

Literatur zu 2.4.1.1.1.6.2:

[1] S. Moorbath (Chem. Geol. **20** [1977] 151/87, 153/9, 163/4, 170/3, 178). — [2] B. R. Doe (Lead Isotopes, Berlin – Heidelberg – New York 1970, S. 1/137). — [3] R. L. Armstrong, J. A. Cooper (Bull. Volcanol. [2] **35** [1971/72] 27/63, 51). — [4] D. K. Robertson (Geochim. Cosmochim. Acta **37** [1973] 2099/124, 2113, 2115/6). — [5] R. E. Zartman, F. Tera (Earth Planet. Sci. Letters **20** [1973] 54/66, 64).

[6] R. E. Zartman, G. J. Wasserburg (Geochim. Cosmochim. Acta **33** [1969] 901/42, 924/30). — [7] K. Rankama (Progress in Isotope Geology, New York – London 1963, S. 1/705, 536/7). — [8] E. V. Sobotovich (Izotopy Svintsa v Geokhimii i Kosmokhimii, Moskva 1970, S. 1/350). — [9] V. A. Rudnik, E. V. Sobotovich (Dokl. Akad. Nauk SSSR **189** [1969] 834/7; Dokl. Earth Sci. Sect. **189** [1969] 82/5). — [10] A. Y. Glikson, J. W. Sheraton (Earth Planet. Sci. Letters **17** [1972] 227/42, 231, 233, 235/7).

[11] V. M. Oversby (Geochim. Cosmochim. Acta **39** [1975] 1107/25, 1120/3). — [12] R. T. Pidgeon, M. R. W. Johnson (Earth Planet. Sci. Letters **24** [1974] 105/12, 110/1). — [13] B. I. Zlobin, L. A. Pevtsova, N. S. Klassova (Geokhimiya **1965** 851/63; Geochem. Intern. **2** [1965] 660/71, 666). — [14] G. B. Fershtater, N. S. Borodina (Petrologiya Magmaticheskikh Granitoidov, Moskva 1975, S. 1/288, 97, 102, 267). — [15] A. M. R. Neiva (Chem. Geol. **16** [1975] 153/77, 160, 174/5).

[16] L. P. Sviridenko (Tr. Inst. Geol. Karel'sk. Filial. Akad. Nauk SSSR Nr. 3 [1967/68] 1/116, 95/6, 101). — [17] A. Bernard, J.-C. Samama (Sci. Terre Mem. Nr. 12 [1968] 1/105, 24, 29). — [18] B. R. Doe, G. R. Tilton, C. A. Hopson (J. Geophys. Res. **70** [1965] 1947/68, 1951). — [19] S. Moorbath, J. L. Powell, P. N. Taylor (Quart. J. Geol. Soc. London **131** [1975] 213/22, 219, 221). — [20] B. R. Doe (Quart. Colo. School Mines **63** [1968] 149/74, 162/3, 170/1).

[21] R. E. Zartman (Econ. Geol. **69** [1974] 792/805, 797/8). — [22] R. E. Zartman (Geol. Soc. Am. Annual Meetings Abstr. with Programs **5** Nr. 7 [1973] 872). — [23] R. E. Zartman (J. Geophys. Res. **70** [1965] 965/75, 973/4). — [24] Z. E. Peterman, B. R. Doe, H. J. Prostka (Contrib. Mineral. Petrology [Berlin] **27** [1970] 121/30, 128/9). — [25] S. S. Sun, G. N. Hanson (Contrib. Mineral. Petrology [Berlin] **52** [1975] 77/106, 84).

[26] S. Graeser, J. C. Hunziker (Schweiz. Mineral. Petrog. Mitt. **48** [1968] 189/204, 194/6, 202). — [27] S. Graeser (Eclogae Geol. Helv. **63** [1970] 105/9, 108). — [28] S. Greser [Graeser] (Izv. Akad. Nauk SSSR Ser. Geol. **1971** Nr. 5, S. 37/40). — [29] E. I. Hamilton (Earth Planet. Sci. Letters **1** [1966] 30/7, 31/3, 36). — [30] J. I. Csalogovits (Ann. Hist. Nat. Musei Natl. Hung. **56** [1964] 31/57, 46/51).

[31] G. P. Sighinolfi, T. M. L. Conceçao (Tschermaks Mineralog. Petrogr. Mitt [3] **22** [1975] 218/35, 229/31). — [32] G. Siedner (Geochim. Cosmochim. Acta **29** [1965] 113/37, 129, 134/5). — [33] T. N. Clifford, J. M. Rooke, H. L. Allsopp (Geochim. Cosmochim. Acta **33** [1969] 973/86, 980, 983/4). — [34] R. J. Pankhurst, R. T. Pidgeon (Earth Planet. Sci. Letters **31** [1976] 55/68, 62/3, 65/7). — [35] E. E. El-Hinnawi, H. Pichler, W. Zeil (Contrib. Mineral. Petrology [Berlin] **24** [1969] 50/62, 50, 53).

[36] W. Zeil, H. Pichler (Geol. Rundschau **57** [1967/68] 48/81, 77/8). — [37] H. Pichler, W. Zeil (Bull. Volcanol. [2] **35** [1971/72] 424/52, 447/8). — [38] K. Rankama (Bull. Comm. Geol. Finlande Nr. 137 [1946] 1/39, 19). — [39] R. R. Coats (U.S. Geol. Surv. Profess. Papers Nr. 300 [1956] 75/8). — [40] P. Bowden (Contrib. Mineral. Petrology [Berlin] **25** [1970] 153/62, 154/6).

[41] P. Bowden, D. C. Turner (in: H. Sørensen, The Alkaline Rocks, London – New York – Sydney – Toronto 1974, S. 330/51, 347/9). — [42] P. Kolbe, S. R. Taylor (Contrib. Mineral. Petrology [Berlin] **12** [1966] 202/21, 211, 213, 217). — [43] P. Kolbe, S. R. Taylor (J. Geol. Soc. Australia **13** [1966] 1/25, 22). — [44] E. V. Sobotovich, M. M. Shats, A. V. Lovtsyus, A. G. Remov, V. A. Rudnik, V. M. Terent'ev (in: G. D. Afanas'ev, Geol.-Radiol. Interpretatsiya Neskhodyashchikhsya Znachenii Vozrasta, Moskva 1972, S. 165/86, 179/82; C. A. **79** [1973] Nr. 148223). — [45] B. R. Doe, R. I. Tilling, C. E. Hedge, M. R. Klepper (Econ. Geol. **63** [1968] 884/906, 891/9, 905).

[46] P. H. Reynolds, A. J. Sinclair (Econ. Geol. **66** [1971] 259/66, 263/5). — [47] V. S. Trofimov (in: Magmatich. Formatsii Tr. 3-go Vses. Petrogr. Soveshch., Irkutsk 1963 [1964], S. 117/24, 120). — [48] G. D. Afanas'ev (Tr. Inst. Geol. Rudn. Mestorozhd. Petrogr. Mineralog. i Geokhim. Nr. 20 [1958] 1/140, 117). — [49] M. I. Kuz'min, E. A. Klepikova, L. L. Petrov, O. S. Roshchupkina, L. V. Tauson, A. A. Khlebnikova (in: Geokhimiya Redkikh Elementov v Izverzhennykh Gornykh Porodakh, Moskva 1964, S. 5/18, 12, 17; Ref. Zh. Geol. **1964** Nr. 11 V 21). — [50] S. Moorbath, H. Welke (Earth Planet. Sci. Letters **5** [1968/69] 217/30, 226/9).

2.4.1.1.1.6.3 Blei in alkalibetonten kontinentalen Magmen sowie in Carbonatiten und Kimberliten

Lead in Continental Alkali Magmas and in Carbonatites and Kimberlites

Kontinentale Alkalibasalte sind offensichtlich ebenso wie Alkalibasalte von ozeanischen Inseln und aus Gebieten zwischen Inselbögen und Kontinenten ein weltweit entstehender, im Chemismus „primärer" Magmentyp, der in erheblicher Tiefe im Oberen Mantel entsteht und vom durchdrungenen Krustenmaterial unbeeinflußt ist [1, 2]. Die Alkalibasalte sind im Vergleich zu MOR-Basalten an inkompatiblen Elementen angereichert und durch einen geringen Prozentsatz Teilschmelze aus Granat-führendem Mantelmaterial entstanden, s. S. 10. Nach einer Hypothese von Artyushkov können Erzelemente zusammen mit einem K-reichen, leichten Differentiationsprodukt, das an der Grenze Erdkern/Unterer Mantel bis in rezente Zeit abgespalten wird, durch die kontinentale Kruste nach oben steigen [3].

Jüngste Untersuchungen von känozoischen, K-betonten Alkalivulkaniten Zentral- und Süd-Italiens zeigen eine negative lineare Korrelation zwischen Pb- und Sr-Isotopendaten, die — der räumlichen Anordnung der untersuchten Gesteine parallel verlaufend — auf einen Magmen-Mischprozeß zwischen zwei Komponenten in mehreren Stadien hinweisen: Eine Komponente mit stärker radiogenem Blei entsteht aus einem H_2O-haltigen peridotitischen Mantelsubsystem mit Hornblende und Phlogopit durch einen mehrstufigen Teilschmelzprozeß mit extremer Fraktionierung von U und Pb, die zweite Komponente mit einem nichtradiogenen, der heutigen durchschnittlichen Krustenzusammensetzung entsprechenden Blei entsteht offensichtlich anatektisch aus kontinentalem Krustenmaterial [4]. Die räumlichen Veränderungen der Blei- und Strontium-Isotopenverhältnisse erfordern es, daß die beiden Komponenten, das Pb-arme, aber Sr-reiche Mantelmaterial als Hauptkomponente der Alkalivulkanite und das saure, durch homogene Pb-Isotopenzusammensetzung charakterisierte Krustenmaterial als Hauptkomponente der „Toscana-Magmatite", schon in der Tiefe vor dem Aufstieg der Magmen kontinuierlich miteinander vermischt werden [5], vgl. „Blei" A 2a, S. 272. — Auch die an Fumarolenprodukten rezenter vulkanischer Aktivität des Vesuvs — und anderer Vulkane (wie Vulcano, Italien, und von Alaska) — gemessene hohe Radioaktivität, die hohe ^{210}Pb-Gehalte und entsprechende ungewöhnlich hohe μ-Werte bis 110 und darüber anzeigt [6], s. S. 274/5, wurde zunächst als Beweis für Zumischung von radiogenem Blei innerhalb der letzten 30 Jahre angesehen [7], bedeutet aber bei Gleichgewicht zwischen ^{238}U und ^{210}Pb für das Magma ein Verhältnis $^{238}U/^{204}Pb \approx 110$ innerhalb der letzten 10 bis 30 Jahre und damit eine starke Änderung der Zusammensetzung. Diese kann durch einen viel stärkeren Verlust des als Chlorid im Verhältnis zu U viel leichter flüchtigen Bleis hervorgerufen werden [8] oder durch eine starke Anreicherung des Muttermagmas entweder mit ^{226}Ra, Io (^{230}Th) oder ^{238}U in relativ kurzer Zeit, möglicherweise infolge eines Ungleichgewichts zwischen ^{226}Ra, ^{230}Th oder ^{238}U relativ zu Pb im Muttermagma, verursacht sein [9]. Über die Möglichkeit einer Aufnahme zusätzlichen Bleis aus Nebengesteinen bei Aufheizung des Magmas vor einer Eruption s. S. 275. Möglicherweise nehmen die Magmen des Vesuvs Uran direkt aus Uranerzkörpern auf, oder es erfolgt eine bevorzugte Migration von ^{226}Ra in die mit einer festen Phase koexistierende liquide Phase [10]. Die Identität der ^{210}Pb-Aktivität und der Pb-Isotopenzusammensetzung von Nephelinbasalt und Cotunnit spricht für eine direkte Extraktion von Blei aus Gesteinen, und die hohen ^{210}Pb-Gehalte können die Folge einer extremen Ra-Anreicherung sein, die ihrerseits durch U-reiches Krustenmaterial verursacht sein kann; wahrscheinlich findet bei der Magmenbildung eine chemische Fraktionierung statt, durch die radioaktive Ungleichgewichte zwischen U und seinen Tochterprodukten (^{210}Pb, ^{226}Ra) hervorgerufen werden [11]. Eine Assimilation von Kalksteinen durch Vesuvmagma ist nach Sr-Isotopendaten und Sr-Konzentrationen nicht möglich [12, 13], $^{87}Sr/^{86}Sr$-Verhältnisse K-reicher Laven der Provinz Rom sprechen für Anatexis von alten, sialischen Krustengesteinen [12].

K-reiche tertiäre Gesteine der Balkan-Halbinsel und Kleinasiens, die zu $^3/_4$ Pb-reicher sind als das Mittel der Erdkruste, sind offensichtlich Aufschmelzprodukte einer bereits früher an Blei angereicherten kontinentalen Kruste [14], vgl. S. 32/3, und ein K- sowie H_2O- und F-reicher intrusiv-extrusiver, von einem Alkali-Olivinbasaltmagma stammender, kontinental-vulkanischer Komplex von Akatui, Südost-Transbaikalien, mit atypisch hohen Konzentrationen von Pb (> 20 ppm) und anderen Metallen ist wahrscheinlich ein erstes Entgasungsprodukt von Schichten im Oberen Mantel, die reich an Erzmetallen sind [15].

In Olivin-Nepheliniten vom Kaiserstuhl, Baden, Bundesrepublik Deutschland, die als Repräsentanten des ursprünglichen Magmas angesehen werden, ist der anomal hohe Gehalt von 55 ppm Pb wahrscheinlich durch Assimilation sialisch-granitischen Materials verursacht [16]. Auch K- und, mit Mitteln von 40 bis 65 ppm, Pb-reiche, alkalische intrusive Nephelinsyenite des Lugingol'skii-Massivs, Wüste Gobi, Mongolische Volksrepublik, die palingen aus basischen Alkalibasalten entstanden sind, haben ihre Spezifizierung wahrscheinlich durch Assimilation sialischen Krustenmaterials erhalten [17]. — K-Na-betonte miaskitische Gesteine einer langgestreckten Zone in der Ural-Geosynklinale mit für Krustenmagmen typischen Pb-Gehalten (insbesondere in Alkali-Graniten, -Syeniten und -Alaskiten) sind wahrscheinlich palingen aus der Kruste mit intensiver metasomatischer Umwandlung von sialischem Material entstanden [18].

Der Charakter der Pb-Isotopen von mit Alkalimagmen in Verbindung stehenden Carbonatiten und kretazischen Kimberliten Afrikas sowie von Basalten des ozeanischen Inseltyps ist nach Kramers generell ähnlich; dies stimmt überein mit dem allgemein beobachteten Trend der Anreicherung inkompatibler Elemente und der Fraktionierung von Seltenerdelementen in diesen Gesteinen. Die extrem variablen μ-Werte sowie Th/U-Verhältnisse von Carbonatiten sprechen für eine stärkere Differentiation des Systems U-Th-Pb bei der Bildung und Platznahme von Carbonatiten gegenüber Kimberliten und Inselbasalten [19, S. 426]. Nach Pb-Isotopenuntersuchungen von Lancelot, Allegre [20] an afrikanischen Carbonatiten erfolgt bei der Bildung der Carbonatitmagmen die Mischung zweier Bleie, wobei nach den vorliegenden Daten die Herkunft dieser Bleie unterschiedlich gedeutet werden kann:

1. Eine Komponente stammt aus dem Mantel und wird in der Magmenkammer innerhalb der Erdkruste vermischt mit einer zweiten Komponente radiogenen Bleis, das aus den umgebenden Gesteinen durch fluide, gasreiche Phasen extrahiert wird.

2. Die radiogene Komponente entstammt einem „Mantel-Tropfen" (plume), s. „Blei" A 2c, S. 273, und wird gemischt mit Material aus der Zone des Oberen Mantels, aus der die Tholeiite stammen, vgl. S. 1.

Zur Herkunft dieser Carbonatite aus Mantelsubsystemen s. S. 4.

Die Bildung von Kimberlitmagmen in Südafrika muß, wie das Auftreten von Diamanten beweist, in Tiefen von >160 km erfolgt sein; die sehr variablen Pb-Gehalte von 0.9 bis 15.1 ppm, μ-Werte von 11.7 bis 257 und Pb-Isotopenspektren von 12 Kimberliten sprechen für ein Vorherrschen von U und Th gegenüber Pb in den Kimberlitmagmen und lassen vermuten, daß in den Herkunftsräumen dieser Magmen über lange Zeit isolierte Systeme mit anomalen μ- und W-Werten existiert haben [19, S. 419/24].

Literatur zu 2.4.1.1.1.6.3:

[1] R. R. Schwarzer, J. J. W. Rogers (Earth Planet. Sci. Letters **23** [1974] 286/96, 294). — [2] S. S. Sun, G. N. Hanson (Geology [Boulder] **3** [1975] 297/302, 297). — [3] E. V. Artyushkov nach Yu. M. Scheinmann (Mineralium Deposita **8** [1973] 93/4). — [4] R. Vollmer (Geochim. Cosmochim. Acta **40** [1976] 283/95, 284, 286/7, 291/3). — [5] R. Vollmer (Contrib. Mineral. Petrology [Berlin] **60** [1977] 109/18, 110/3, 117).

[6] P. Eberhardt, J. Geiss, F. G. Houtermans (Z. Physik **141** [1955] 91/102, 94). — [7] F. G. Houtermans (Geol. Rundschau **49** [1960] 168/96, 190). — [8] P. Eberhardt, J. Geiss, F. G. Houtermans, P. Signer (Geol. Rundschau **52** [1962] 836/52, 849). — [9] F. G. Houtermans, A. Eberhardt, G. Ferrara (in: H. Craig, S. L. Miller, G. J. Wasserburg, Isotopic and Cosmic Chemistry, Amsterdam 1964, S. 233/43, 239). — [10] P. W. Gast (in: H. H. Hess, A. Poldervaart, Basalts, The Poldervaart Treatise on Rocks of Basaltic Composition, New York – London – Sydney 1967, S. 325/58, 355).

[11] V. M. Oversby, P. W. Gast (Earth Planet. Sci. Letters **5** [1968/69] 199/206, 204). — [12] P. M. Hurley, H. W. Fairbairn, W. H. Pinson (Earth Planet. Sci. Letters **1** [1966] 301/6, 304/5). — [13] R. Vollmer (Nature **257** [1975] 116/7). — [14] S. Karamata (Mineralium Deposita **8** [1973] 95). — [15] L. V. Tauson, M. N. Zakharov (Dokl. Akad. Nauk SSSR **211** [1973] 697/700; Dokl. Earth Sci. Sect. **211** [1973] 219/21).

[16] L. van Wambeke (in: L. van Wambeke u.a., Les Roches Alcalines et les Carbonatites du Kaiserstuhl, Brüssel 1964, S. 93/185, 134, 147). — [17] V. I. Kovalenko, I. V. Vladykin, A. V. Goreglyad, V. N. Smirnov (Izv. Akad. Nauk SSSR Ser. Geol. **1974** Nr. 8, S. 38/49, 46/8). — [18] O. A.

Vorob'eva, E. D. Andreeva, V. A. Kononova, E. V. Sveshnikova, R. M. Yashina (in: G. D. Afanas'ev, A. K. Simon, Magmatizm i Rudoobrazovanie, Moskva 1974, S. 182/203, 183, 193/4). — [19] J. D. Kramers (Earth Planet. Sci. Letters **34** [1977] 419/31). — [20] J. R. Lancelot, C. J. Allegre (Earth Planet. Sci. Letters **22** [1974] 233/8, 237).

2.4.1.1.1.6.4 Herkunft von Blei kontinentaler Bleilagerstätten

Source of Pb in Continental Lead Deposits

Die Herkunft von Pb-Lagerstätten und -Vererzungen im Bereich der alten Kontinente und Kratone ist noch nicht endgültig geklärt; die z. T. sehr widersprüchlichen Befunde weisen auf verschiedene Ausgangsmaterialien und Bildungsprozesse hin.

Die Bildung von Pb-Lagerstätten wirtschaftlicher Größe beginnt nach Tugarinov vor etwa 1.8×10^9 a — s. demgegenüber jedoch S. 30 — auf mehreren Kontinenten offensichtlich in Verbindung mit ersten umfangreichen Abscheidungen von carbonatischen Sedimenten und steht nach seiner Auffassung auf Grund ähnlicher Pb-Isotopenspektren von Erzen und Gesteinen der Erdkruste stets mit diesen Gesteinen in genetischer Verbindung, in keinem Fall mit Blei aus dem Mantel [1, S. 37].

Oelsner ist der Auffassung, daß Pb-Zn-Lagerstätten auf Grund der Pb- und Zn-Gehalte saurer Gesteine im Gefolge sialisch-palingener Plutone oder simatisch-hybrider Intrusivkörper zu erwarten sind, wobei der palingen-magmatische Lagerstättentyp stets durch das Auftreten von Fe neben Pb und Zn und die Abfolge Pyrit-Sphalerit-Galenit charakterisiert ist [2]. So ist beispielsweise im Nordkaukasus ein tiefliegendes Substrat die Quelle für das Blei der Granite, das erst unter dem Einfluß einer K-Metasomatose zu Pb-Erzen konzentriert wurde [1, S. 40/1].

Weitere Angaben über die Bildung von Pb-Lagerstätten in Verbindung mit Prozessen der Palingenese von Krustengesteinen oder der Granitisierung, z. T. unter Einwirkung von K- oder Na-Metasomatosen, s. „Blei" A 2c, S. 132 und 136.

In Mitteleuropa weitverbreitete Fluorit-Baryt-Lagerstätten mit nur gelegentlich größeren Konzentrationen von Sulfiden, darunter auch Galenit, sind nach Werner mit tiefreichenden Störungszonen verbunden, in denen mit Zerrungstektonik, Bruch- und Schollenbildung in Verbindung stehende Hauptbrüche bis in simatische Magmenreservoire reichen und so den Aufstieg von Fluiden aus einer — wahrscheinlich subkrustalen — Quelle und unter Einfluß eines simatischen, magmatischen Aufstroms ermöglichen [3]. Eingehendere Untersuchungen von Baumann und Leeder zeigen, daß magmatische Aktivitäten und Lagerstättenkonzentrationen insbesondere an die Kreuzungsbereiche herzynisch-saxonischer Brüche mit erzgebirgischen, auch eggischen und rheinischen, Strukturen gebunden sind; an diesen Strukturen steigen alkalireiche, atlantische Magmen als Differentiate simatischer Schmelzen mit hohen Gehalten an leichtflüchtigen Komponenten auf und differenzieren zu Ultrabasiten, Alkaligesteinen und Carbonatiten. Dabei reichern sich in den leichtesten Differentiaten unter anderem Pb, Zn und Cu so weit an, daß Lagerstätten, die ähnlich sind den Pb-Zn-Cu-Ba-Abscheidungen an jungen aktiven Riftsystemen des Roten Meeres, vgl. S. 16, entstehen. Alle saxonischen Lagerstätten sind charakterisiert durch weitgehend übereinstimmende stoffliche Zusammensetzung (Paragenesen, Haupt- und Spuren-Elemente sowie Isotopen), übereinstimmende strukturelle Positionen und geologische und physikalische Altersgleichheit; nach den ^{18}O-Isotopendaten stammen die mineralbildenden Hydrothermen der Fluorit-Baryt-Lagerstätten aus einem primärmagmatischen, simatisch-juvenilen Herd [4]. Auch in der Böhmischen Masse mit einer sehr ausgeprägten Bruchtektonik, darunter 15 große Lineamente (z. B. mit Quarz gefüllte „Pfähle"), sind die Pb-Zn-Mineralisationen räumlich an Kreuzungspunkte von Lineamenten oder anderen Strukturen, zeitlich offensichtlich an variskischen Magmatismus gebunden [5]. Dabei sind Pb-Mineralisationen im Kerngebiet des Böhmischen Massivs und in vielen anderen Gebieten Eurasiens durch sehr ähnliche „normale" Pb-Isotopenspektren charakterisiert, die ein gemeinsames oder zumindest ähnliches Ausgangsmaterial in der variskischen Epoche anzeigen [6]. Für Bleivererzungen in den Randzonen des Böhmischen Massivs sind häufiger anomale Isotopenzusammensetzungen typisch: Die in den West-Sudeten beobachteten, extrem variablen Pb-Isotopenspektren zeigen sehr komplexe, magmatische und metallogenetische Prozesse an [7, S. 163], wahrscheinlich Mischungen zwischen Bleien assyntischen und kaledonischen bis variskischen Alters [8]; in den Ost-Sudeten treten verschiedene Gruppen mit unterschiedlichen Isotopenspektren auf, darunter ^{208}Pb-arme Bleie aus einer Th-armen Quelle und relativ junge Bleie, die möglicherweise mit initialem Vulkanismus aus basischeren, tieferen Teilen der Erdkruste verbunden sind [7, S. 158/9, 165/70].

Bleierze im präkambrischen Kristallin des Kanadischen Schildes haben meist normale Isotopenzusammensetzung; sie sind während Gebirgsbildungsprozessen nahe größeren Verwerfungen, die durch > 30 km Krustenschichten hindurchreichen, juvenil aus dem Mantel aufgestiegen [9]. Dichte und eingesprengte Erze vom Lake Manitouwadge, Ontario, Kanada, die als linsenartige Verdrängungskörper in einer Metasediment-Metavulkanit-Folge des Keewatin enthalten sind, s. „Blei" A 4, S. 114/5, wurden zunächst als ehemalige Tuffschichten angesehen und entsprechend ihren relativ homogenen Pb-Isotopenverhältnissen zu den von Stanton als schichtförmig klassifizierten Lagerstätten, s. S. 29/30, gestellt. Sie sind jedoch gegenüber diesen Lagerstätten durch stark abweichende Verhältnisse U/Pb und Th/U charakterisiert [10]. Offensichtlich enthalten sie kein in einem Stadium entwickeltes Blei [11], sondern insgesamt gesehen remobilisiertes und aus zwei Typen von Bleien verschiedenen Alters gemischtes Blei [12], das bei einem Modell-Alter von 2.63×10^9 a (geologisches Alter 2.70×10^9 a) mit niedrigen Verhältnissen $^{207}Pb/^{204}Pb$ und $^{206}Pb/^{204}Pb$ und einem Modell-μ von 7.39 (gegenüber 7.8 bis 8.1 für andere stratiforme Erze) deutlich unter der Wachstumskurve im $^{207}Pb/^{204}Pb$-$^{206}Pb/^{204}Pb$-Diagramm liegt [13]. Galenite entlang einer 1100 km langen Traverse von Kenora, Ontario, nach Noranda, Quebec, enthalten meist Bleie, deren Isotopenzusammensetzungen sehr ähnlich sind denen von Bleien aus Galeniten von Manitouwadge, Ontario; Bleie aus Galeniten von Lagerstätten in verschiedenen, etwa 2.7×10^9 a alten Schildgebieten, darunter Manitouwadge, zeigen für das Verhältnis $^{208}Pb/^{204}Pb$ auffallend übereinstimmende Werte zwischen 33.43 und 33.87 [14].

Für tertiäre Pb-führende Erze im Südwesten der USA und in Nord-Mexiko wird als Quelle eine Zone der Magmenbildung an der Basis der Kruste vermutet, die sowohl Krusten- wie Subkrusten-Material einbezieht [15]. Die Herkunft des Bleis in Lagerstätten der Appalachen- und Mississippi-Region ist noch nicht endgültig geklärt, die Anordnung der Pb-Isotopen in Zonen spricht für Mischungen von normalem, sedimentären Blei mit radiogenem Blei aus dem Grundgebirge oder aus anderen — von den Lösungen durchwanderten — Gesteinen, „Blei" A 4, S. 124/5.

Cannon und Pierce unterteilen alle schichtförmigen Pb-Zn-Ba-F-Lagerstätten in zwei Klassen, von denen die eine, durch homogene Pb-Isotopenzusammensetzung charakterisierte, überwiegend in Europa, Nordafrika und der „östlichen Hemisphäre" verbreitet ist und Blei enthält, das wahrscheinlich vom Mantel stammt; die andere mit weniger homogener Pb-Isotopenzusammensetzung, z. B. im zentralen Tiefland der USA, enthält mobilisierte Bleie, die wahrscheinlich aus der präkambrischen Basis, d. h. aus Krustengesteinen, abzuleiten sind [16].

In Brasilien ist in Lagerstätten entlang dem Sao Francisco-Lineament, die drei metallogenetischen Epochen zuzuordnen sind, die Anreicherung von radiogenen Bleien stark durch das Lineament beeinflußt; die stärker radiogenen Bleie stammen größtenteils aus ihren unmittelbaren Nebengesteinen, ein Teil des Bleis wurde aus Gesteinen der Basis in großer Tiefe remobilisiert [17, 18].

Literatur zu 2.4.1.1.1.6.4:

[1] A. I. Tugarinov (Geol. Rudn. Mestorozhd. **17** Nr. 4 [1975] 30/43). — [2] O. Oelsner (Neues Jahrb. Mineral. Abhandl. **94** [1960] 98/120, 100, 109). — [3] C.-D. Werner (Ber. Deut. Ges. Geol. Wiss. B **11** [1966] 5/45, 31). — [4] L. Baumann, O. Leeder (in: W. E. Petrascheck, Metallogenetische und Geochemische Provinzen, Symposium Leoben 1972, Wien – New York 1974, S. 142/59, 153/6). — [5] J. Chrt, H. Bolduan, K.-H. Bernstein, J. Legierski (Z. Angew. Geol. **14** [1968] 362/76, 364/5, 368, 371, 373/4).

[6] J. Legierski, M. Vaneček (Krystallinikum Nr. 3 [1965] 87/98, 92/4). — [7] J. Legierski, M. Vaneček (Acta Univ. Carolinae Geol. **1967** Nr. 2, S. 153/72). — [8] J. Legierski, K. Pošmourný (Casopis Mineral. Geol. **11** [1966] 169/76, 173/4 [tschechisch; englisch S. 175/6]). — [9] J. T. Wilson, R. D. Russell, R. M. Farquhar (Can. Mining Met. Bull. Nr. 532 [1956] 550/8, 557). — [10] R. G. Ostic, R. D. Russell, R. L. Stanton (Can. J. Earth Sci. **4** [1967] 245/69, 254, 259, 266).

[11] J. M. Ozard (Diss. Univ. of British Columbia, Vancouver, B.C. nach Diss. Abstr. Intern. B **31** [1971] Nr. 7378). — [12] T. J. Ulrych (Science [2] **158** [1967] 252/6, 254/5). — [13] V. M. Oversby (Nature **248** [1974] 132/3). — [14] G. R. Tilton, R. H. Steiger (J. Geophys. Res. **74** [1969] 2118/32, 2125/6). — [15] J. R. Hillebrand (Econ. Geol. **49** [1954] 863/76, 872/3).

[16] R. S. Cannon, A. P. Pierce (Econ. Geol. Monogr. Nr. 3 [1967] 427/34, 431/2). — [17] J. L. Duthou, J. P. Cassedanne, M. Lasserre (Bull. Bur. Rech. Geol. Miniers IV **1972** Nr. 3, S. 3/23, 4, 17/9). — [18] J. Cassedanne, M. Lasserre (Mineracao Met. **51** Nr. 301 [1970] 31/40, 38 [portugiesisch]; C.A. **73** [1970] Nr. 6192).

2.4.1.1.2 Art des Auftretens von Blei in magmatischen Gesteinen

Type of Occurrence of Lead in Magmatic Rocks

2.4.1.1.2.1 Überblick

Review

Blei ist in allen Hauptgemengteilen einschließlich Quarz und in einer Reihe von Akzessorien nachgewiesen, entweder als Gitterkomponente, in Form sichtbarer und submikroskopischer Mineralbeimengungen oder als molekular-disperses Sorptionsblei, s. hierzu „Blei" A 2a, S. 80. Auch in Film- und Porenwässern kann Pb auftreten [1]. Alle Pb-Träger können neben „gewöhnlichem Blei" auch radiogenes Blei enthalten. — Die Höhe der Pb-Gehalte in den Pb-Trägern wird nicht nur durch ihre Struktur und das Angebot, sondern auch durch genetische Faktoren beeinflußt, speziell die Gehalte an radiogenem Blei durch das geologische Alter des Wirtsgesteins.

Von den Hauptgemengteilen sind Pb-Träger Feldspäte, Glimmer, Amphibole und Pyroxene in basischen, intermediären und sauren Gesteinen, Amphibole und Pyroxene auch in Ultrabasiten, Olivin in Ultrabasiten und Basiten, Foide (Feldspatvertreter), im wesentlichen Nephelin, in Alkaligesteinen. Von den häufigeren Pb-haltigen Akzessorien sind Magnetit, Titanomagnetit, Apatit, Titanit (Sphen), vielleicht auch Pyrit, in allen Gesteinsgruppen vertreten, Ilmenit, Monazit, Zirkon, Epidot, Allanit (Orthit) und andere nur in intermediären und, als Ausscheidungen von Restschmelzen, vor allem in sauren Gesteinen. Speziell für Alkaligesteine ist Pb-haltiger Eudialyt charakteristisch. — Wie bereits Goldschmidt [2, 3] und andere Autoren [4 bis 6] vermutet haben, gehört zu den Pb-Trägern auch Galenit, der nach der älteren Literatur, s. [7], vgl. [8], nur ganz selten beobachtet wurde. Erst die in der Sowjetunion seit Mitte der 1950er Jahre einsetzenden systematischen Untersuchungen von Magmatiten, insbesondere von granitischen Gesteinen, und den daraus gewonnenen Schwermineralfraktionen („Schlichen") haben relativ häufig nicht nur Galenit, sondern auch Gediegen Blei, lokal auch sekundäre Pb-Mineralien, ganz selten auch Pb-Thioantimonide nachgewiesen; Galenit, seltener Gediegen Blei treten vereinzelt in quantitativ erfaßbaren Mengen auf. Es hat sich aber im Verlauf dieser Untersuchungen herausgestellt, daß der Galenit nur zum Teil in der orthomagmatischen Phase und dann in den späten Kristallisationsphasen gebildet ist, s. S. 56/57.

Die silikatischen Hauptgemengteile und auch viele Akzessorien enthalten Pb im Gitter auf Grund der Diadochiebeziehungen von Pb^{2+} zu K^{+}, Na^{+}, Ca^{2+} und untergeordnet auch für Fe und Ba, daneben treten in ihnen häufig submikroskopische Einschlüsse von Pb-Mineralien und beim Zerfall von U und Th gebildetes radiogenes Pb auf. Zur Art des Auftretens von Pb in den genannten, wesentlichen Pb-Trägern magmatischer Gesteine s. „Blei" A 2a: Feldspäte S. 97/8, Pyroxene, Amphibole, Biotit, Muskovit S. 96, Quarz S. 87, Nephelin S. 98, Magnetit S. 87, Apatit S. 91, Titanit S. 94, Pyrit S. 84, Ilmenit S. 87, Monazit S. 91, Zirkon und Epidot S. 94 und Allanit S. 95.

Die Hauptmasse des radiogenen Bleis ist in Akzessorien enthalten, weniger in Hauptgemengteilen [9], in denen es in Einschlüssen radioaktiver Mineralien entsteht [10], s. für Feldspäte aus granitischen Gesteinen in West-Usbekistan [11], für Biotit aus dem Berdichev-Granit, Ukraine [12].

Literatur zu 2.4.1.1.2.1:

[1] L. T. Danilov, G. O. Keshishyan, N. M. Bugrov (Geokhimiya **1969** 582/8; Geochem. Intern. **6** [1969] 504/10). — [2] V. M. Goldschmidt (Skrifter Norske Videnskaps-Akad. Oslo I: Mat. Naturv. Kl. **1937** Nr. 4, S. 1/148, 93). — [3] V. M. Goldschmidt, A. Muir (Geochemistry, Oxford 1954, S. 399/400). — [4] E. B. Sandell, S. S. Goldich (J. Geol. **51** [1943] 99/115, 167/89, 169, 188). — [5] K. V. Aubrey (Geochim. Cosmochim. Acta **9** [1956] 83/9, 87/9).

[6] I. Carmichael, A. McDonald (Geochim. Cosmochim. Acta **25** [1961] 189/222, 213). — [7] P. Ramdohr (Abhandl. Preuß. Akad. Wiss. Math.-Naturw. Kl. **1940** Nr. 2, S. 1/43, 8). [8] K.-H. Wedepohl (Geochim. Cosmochim. Acta **10** [1956] 69/148, 110). — [9] I. E. Starik, E. V. Sobotovich, G. V. Avdzeiko, A. V. Lovtsyus (Tr. 5-oi Sessii Komis. po Opredelen. Absolyut. Vozrasta Geol. Formatsii 1956 [1958], S. 233/42, 237). — [10] R. W. Boyle (Econ. Geol. **54** [1959] 130/5, 131).

[11] A. V. Rabinovich, M. N. Golubchina, T. M. Murtazina (Geokhimiya **1965** 519/27, 524). — [12] E. N. Bartnitskii, G. D. Eliseeva, N. P. Shcherbak (Geokhimiya **1969** 991/6, 994; Geochem. Intern. **6** [1969] 785/9, 786).

Main Constituents as Pb Carriers

2.4.1.1.2.2 Hauptgemengteile als Pb-Träger

In ultrabasischen und basischen Gesteinen sind die Pb-Gehalte der Hauptgemengteile mit wenigen Ausnahmen gering. In Plagioklas aus einem Gabbro im südwestlichen Ausläufer des Gissar-Gebirges, Mittelasien, sind die Pb-Gehalte durch Zufuhr aus Granit erhöht [1].

In Alkaligesteinen sind charakteristische Hauptgemengteile mit hohen Pb-Gehalten Nephelin und andere Feldspatvertreter (Foide), Alkalipyroxene und -amphibole. Einige Carbonatite enthalten Pb in Carbonaten, in Baryt und Pyrochlor.

In intermediären und sauren Magmatiten wird die sich aus den Diadochiebeziehungen des Pb ergebende Reihenfolge abnehmender Pb-Werte: K-Feldspäte → Glimmer → Amphibole → Pyroxene sowie Pb in K-Feldspäten > Pb in Ca-Na-Feldspäten (Plagioklasen) in den Paragenesen nicht durchweg beobachtet, besonders im Falle der Feldspäte; oft ist auch Pb in Biotiten < Pb in Amphibolen. Seltener ist Pb in Biotiten stärker angereichert als in Feldspäten; ganz selten sind Amphibole und Pyroxene die wichtigsten Pb-Konzentratoren.

Nach den Zusammenstellungen quantitativer Daten über die Verteilung von Pb auf die Hauptgemengteile der Magmatite, s. ab S. 66, kann der Pb-Anteil der Mineralien am gesamten Pb des Gesteins bei Feldspäten bis zu >90% betragen, s. z. B. S. 79; Werte <50% z. B. für Feldspäte aus Granit von Velence, Ungarn, dessen Biotit 60% des Pb enthält, s. S. 70 und aus Quarzdiorit des südkalifornischen Batholiths, S. 77.

Pb-Anteile von Biotit >10 bis 30% in 9 von 14 granitischen Gesteinen des Erzgebirges und des Thüringer Waldes, Maximalwerte in Diorit und Granodiorit aus dem letzten Gebirge [2]. Hohe Pb-Anteile ferner in Biotit des Quarzdiorits des südkalifornischen Batholiths mit 32%, s. S. 77, der Akchinsk-Intrusion mit 20%, s. S. 73, und des Bugul'minsk-Komplexes mit 18%, s. S. 75. — Im Quarzdiorit von Akchinsk und im biotitfreien Granodiorit des Bugul'minsk-Komplexes entfallen auf Amphibole 11 bzw. 13% des Gesamt-Pb, s. S. 73, 75. — Quarz enthält >10% des Gesamt-Pb in biotitfreiem Granit von Süd-Ontario, s. S. 77.

In Granodiorit und Biotitgranit aus Erzrevieren Ost-Transbaikaliens sind nur etwa 60 bzw. 50% des Gesteins-Pb an Hauptgemengteile und Akzessorien gebunden, s. S. 75.

In untersuchten Paragenesen granitischer Gesteine schwankt das Verhältnis der Pb-Konzentration in koexistierenden K-Feldspäten und Plagioklasen in weiten Grenzen, selbst innerhalb eines Massivs. Für das Kzyl-Ompul-Massiv, Nord-Kirgisien, werden Werte zwischen 0.5 und 3 angegeben [3]. Das Verhältnis ist kleiner als 1 in präkambrischen Gesteinen Norwegens; ausgenommen sind sehr späte pegmatitische Ausscheidungen [4], vgl. [5, 6]. Konzentrationsverhältnis von Pb in K-Feldspäten zu Pb in Plagioklasen stets < 1 in allen Gesteinen des Murrumbidgee-Batholiths, Südost-Australien [7], ferner in granitischen Gesteinen der Sudeten, Schlesien [8, 9], s. auch „Blei" A 2a, S. 236, in der ersten Kristallisationsphase, dem Wiborgit, des Rapakiwi von Salmi, Karelien [10], in Hornblende-Biotit-Monzoniten des zum Megri-Pluton, Süd-Armenien, gehörenden Kadsharan-Erzfeldes [11] und in einem Granit des Kalba-Gebirges, Kasachstan [12]. Demgegenüber Verhältnis der Pb-Konzentrationen in koexistierenden K-Feldspäten und Plagioklasen stets ≧ 1 in: granitischen Gesteinen des Thüringer Waldes und des Erzgebirges [2], intermediären bis sauren Gesteinen kaledonischer Massive von Schottland, ausgenommen ein Pyroxen-Glimmer-Diorit [13], intrusiven Graniten der Sowjetunion [14]; s. speziell für die Kristallisationsphasen 2 bis 5 des Rapakiwi von Salmi [10], für Granitoide aus einem plutonischen Massiv und zwei hypabyssischen Massiven des Ural [15], für Syenite von Adscharien, Kleiner Kaukasus [16], für den Monzonit-Komplex von Akatui, Südost-Transbaikalien [17], für zwei Granitoid-Komplexe des Ost-Sayan [18], speziell für den Bugul'minsk-Komplex [19]. Untersuchungen mit der Isotopen-Verdünnungsmethode an koexistierenden K-Feldspäten und Plagioklasen aus vulkanischen, plutonischen und metamorphen Gesteinen aus verschiedenen Gebieten der USA und aus Ontario ergeben Verteilungsverhältnisse zugunsten der K-Feldspäte von im Mittel 2.4 ± 20%, zwischen einem K-Feldspat-Megakristen und Plagioklas-Grundmasse ebenfalls 2.3, trotz unterschiedlicher Pb-Isotopenzusammensetzung in den beiden Mineralien [20]; vgl. 2.2 für das Paar Mikroklin/Oligoklas aus dem Town-Mountain-Granit, Lone-Grove-Pluton, Llano Uplift, Texas [21], und 1.4 für Orthoklas/Plagioklas in frischen Graniten der westlichen Seward-Halbinsel, Alaska [22].

Nahezu gleiche Atomverhältnisse K:Pb werden beobachtet in K-Feldspäten und Biotiten aus Graniten des Susamyr-Batholiths, Zentral-Tien Shan [23], und eine nahezu auf Gleichgewicht und Bildung bei gleichen Temperaturen deutende Pb-Verteilung zwischen koexistierenden K-Feldspäten und Biotiten verschiedener Quarz-Monzonit-Stöcke aus Becken und Gebirgslagen in Utah und Nevada [24]. Gleiches Konzentrationsniveau auch in Feldspäten und den überwiegend aus Biotit bestehenden Fe-Mg-Phasen der intermediären bis sauren Magmatite des nordwestlichen und zentralen Arizona [25] und wenig verschiedene Pb-Werte in hellen und dunklen Gemengteilen des Quarz-Biotit-Augit-Diorits des Brockenmassivs, aber im Biotit aus Granit des Brockengipfels wesentlich höhere Pb-Gehalte als in seinen hellen Gemengteilen [26][1]. Auch im Quarzmonzonit von Searchlight, Nevada, sind nach halbquantitativen Bestimmungen Feldspäte und Quarz Pb-ärmer als Biotit, Amphibol, Pyroxen und Chlorit [28]; Biotit aus dem Granit von Velence, Ungarn, hat nicht nur höhere Pb-Gehalte als K-Feldspat und Plagioklas, sondern auch den höchsten Anteil am Gesamt-Pb [29], s. S. 70.

Weitere Beispiele für höhere Pb-Konzentration in Biotiten als in Feldspäten: je 3 Granite des Erzgebirges und Thüringens [2], einer von 6 Graniten des Saint-Sylvestre-Massivs, Zentral-Frankreich [30], Quarzdiorit der Akchinsk-Intrusion, West-Tien Shan [31], und des Bugul'minsk-Komplexes, Ost-Sayan [19], sowie des südkalifornischen Batholithen [32]; Biotitgranit des Soktui-Massivs, Ost-Transbaikalien [33], leukokrate Granite des Amazar-Gebiets am Oberen Amur, Transbaikalien [34], und Granit des präkambrischen Deloro-Plutons, Ost-Ontario [35]; im Yaouk-Leukogranit des Murrumbidgee-Batholiths, Südost-Australien, Pb in Biotit > Pb in Plagioklas > Pb in K-Feldspat [7].

Demgegenüber sind in den meisten Gesteinen, für welche quantitative Daten über Verteilung von Pb vorliegen, s. Tabellen ab S. 66, Biotite Pb-ärmer als Feldspäte, vgl. Konzentrationsverhältnis von Pb in K-Feldspäten zu Pb in Biotiten aus 6 Biotitgraniten: 1.26 bis 3.60 [36, S. 478] und das mit etwa 50 extrem hohe Verhältnis von Pb im Orthoklas zu Pb im Biotit aus dem Kalk-Alkalisyenit der Sandyk-Intrusion, Nord-Kirgisien [37]. — Über Abnahme des Konzentrationsverhältnisses von Pb in K-Feldspat zu Pb in Biotit im Verlauf der Differentiation [38].

Nach den Tabellen in „Blei" A 2a, S. 239/40 ist ferner Pb in Feldspäten meist stärker angereichert als in koexistierenden Amphibolen, s. speziell für intrusive Granite der Sowjetunion [14]. Ausgenommen sind 2 Hornblende-Granite mit einem Verhältnis von Pb in K-Feldspat zu Pb in Hornblende = 0.71 und 0.88 [36, S. 478] und plutonischer Granit des Stepninsk-Massivs, Ural, mit einem Konzentrationsverhältnis = 0.62 [15]. Hornblende und Orthoklas aus Granodiorit des Bugul'minsk-Komplexes weisen mit 12 ppm die gleichen Pb-Werte auf, während Plagioklas nur 4 ppm Pb enthält [19]. In Syeniten von Adscharien, Kleiner Kaukasus, ist Pyroxen der Pb-reichste Hauptgemengteil [16], im Kalk-Alkalisyenit der Sandyk-Intrusion, Nord-Kirgisien, verhalten sich die Konzentrationen von Pb in Biotit zu der in Pyroxen (Augit) wie 1:3 [37], demgegenüber abnehmende Pb-Gehalte in der Reihenfolge Biotit → Amphibol → Pyroxen im Akatui-Monzonit-Komplex, Südost-Transbaikalien [17].

In koexistierenden Biotiten und Amphibolen ist das Konzentrationsverhältnis kleiner und größer als 1; kleiner in intrusiven Granitoiden der Sowjetunion [14], vgl. für die 5. Kristallisationsphase des Rapakiwi von Salmi [10], für je einen plutonischen und hypabyssischen Granit und einen plutonischen Quarzdiorit, Ural [15], für Granodiorit der Shakhtamin-Intrusion, Südost-Transbaikalien [33], und für Granodiorite und Quarzdiorite sowie Hornblende-Biotitgranit des Gissar-Gebirges, Tadschikistan [39]. In einer Reihe von Gesteinen mit koexistierenden Amphibolen und Biotiten weisen demgegenüber letztere die höheren Pb-Werte auf, auch in Gesteinen der Sowjetunion, beispielsweise in 4 Kristallisationsphasen des Rapakiwi [10] und in allen Gesteinen der Akchinsk-Intrusion, West-Tien Shan [31]. Quantitative Angaben zum Verhältnis der Pb-Gehalte in Biotiten und Amphibolen s. S. 75, 77 und „Blei" A 2a, S. 239/40.

---

[1] Nach Wedepohl [27] sind die Bleiwerte der Feldspäte von Ottemann [26] wahrscheinlich zu niedrig; s. dagegen die niedrigen Pb-Werte, bis 3 ppm, von Feldspäten aus hypabyssischen granitischen Gesteinen des Ural bei teilweise hohen Pb-Werten in Biotit und Hornblenden nach [15].

In koexistierenden Biotiten und Muskoviten ist das Konzentrationsverhältnis von Pb meist über 1; s. für den Granit von Bergen, West-Erzgebirge [2], für Granite aus Massiven in Zentral-Frankreich, Saint-Sylvestre [30], und La-Pierre-Qui-Vire [40], sowie des Carnmenellis-Massivs, Cornwall [41], vgl. [42], der Sowjetunion [14] und der Kapprovinz, Südafrika [43]. Dagegen ist in den jüngsten Graniten der Akchinsk-Intrusion, West-Tien Shan, das Konzentrationsverhältnis 0.63 [31]; Granite des Berges Tsukuba, Präfektur Ibaraki, nordöstlich Tokio, führen Pb nachweisbar (> 10 ppm) nur in Muskoviten, die dazugehörigen Pegmatite nur in Biotiten [44, 45]. Wechselnde Mengen Pb führen Sn-Granite des Baikalgebiets in Biotiten und Muskoviten sowie in den koexistierenden Plagioklasen und Mikroklin-Perthiten [46].

Mit Feldspäten, Biotiten und Amphibolen koexistierender Quarz weist die vergleichsweise geringsten Pb-Werte auf, s. z. B. Tabelle S. 75 und „Blei" A 2a, S. 239/40; ausgenommen sind der glimmerfreie präkambrische Granit des Monmouth Township, Süd-Ontario, mit Pb in Quarz > Pb in Plagioklas [47], vgl. S. 77, ein permischer Granit des Kalba-Gebirges, Kasachstan, mit Pb in Quarz = Pb in Biotit > Pb in Plagioklas > Pb in K-Feldspat [12], der Granit der Dalidagh-Intrusion, Transkaukasien, mit Pb in Quarz > Pb in Feldspat > Pb in Biotit [48] und die Granitoide des Aktau-Massivs, West-Usbekistan, hier Pb in Quarz > Pb in Amphibol [49]; der mittlere Pb-Wert des Muskovits aus dem Granit von Bergen, West-Erzgebirge, ist mit 16 ppm ebenso hoch wie der Mittelwert von 14 Proben Quarz aus granitischen Gesteinen des Erzgebirges und des Thüringer Waldes [2]. Die Mittelwerte für Quarz aus intrusiven Graniten der Sowjetunion sind doppelt so hoch wie die für Muskovit [14].

Literatur zu 2.4.1.1.2.2:

[1] I. M. Isamukhamedov, P. D. Kupchenko (Zap. Uzbekistansk. Otd. Vses. Mineralog. Obshchestva Akad. Nauk Uz. SSR Nr. 20 [1969] 3/12, 11). — [2] H. Bräuer (Freiberger Forschungsh. C Nr. 259 [1970] 83/139, 116). — [3] R. D. Gavrilin, L. A. Pevtsova, N. S. Klassova (Geokhimiya **1967** 954/63, 959/60; Geochem. Intern. **4** [1967] 790/9, 795). — [4] K. S. Heier (Norsk Geol. Tidskr. **42** II [1962] 415/54, 439/41). — [5] K. S. Heier (Norg. Geol. Undersokelse Nr. 207 [1960] 1/246, 171/2).

[6] S. R. Taylor, K. S. Heier (21st Intern. Geol. Congr. Rept. Session Norden, Copenhagen 1960, Tl. 14, S. 47/61, 53/4). — [7] A. S. Joyce (Chem. Geol. **11** [1973] 271/96, 272/6). — [8] W. Kowalski (Arch. Mineral. **27** [1967] 53/244, 128, 212/3, 216/7, 223 [polnisch], 226/44, 235/44 [englisch]). — [9] A. Polanski (in: N. I. Khitarov, Problems of Geochemistry 1969, S. 415/35, 417, 420). — [10] L. P. Sviridenko (Tr. Inst. Geol. Karel'sk. Filial Akad. Nauk SSSR Nr. 3 [1967/68] 1/116, 102).

[11] Yu. T. Sukhorukov (Izv. Akad. Nauk SSSR Ser. Geol. **1972** Nr. 3, S. 77/88, 85). — [12] P. I. Poltorykhin (Geol. i Geofiz. Akad. Nauk SSSR Sibirsk. Otd. **1972** Nr. 6, S. 35/44, 43). — [13] S. R. Nockolds, R. L. Mitchell (Trans. Roy. Soc. Edinburgh **61** [1944/48] 533/75, 547/50). — [14] V. V. Lyakhovich (Sov. Geol. **1972** Nr. 12, S. 54/63, 56/7). — [15] G. B. Fershtater, N. S. Borodina, V. M. Trayanova (Geokhimiya **1969** 72/83, 78/9; Geochem. Intern. **6** [1969] 44/57, 52).

[16] T. V. Ivanitskii, N. D. Gvaramadze, T. D. Mchedlishvili (Soobsch. Akad. Nauk Gruz.SSR **44** [1966] 365/72, 367). — [17] M. I. Zakharov (Ezhegodnik Inst. Geokhim. Sibirsk. Otd. Akad. Nauk SSSR **1970/71** 48/53, 49 [englisch S. 52/3]). — [18] A. E. Vorontsov, L. N. Morozov (Ezhegodnik Inst. Geokhim. Sibirsk. Otd. Akad. Nauk SSSR **1968/69** 77/83 nach Ref. Zh. Geol. **1970** Nr. 3 V 77). — [19] A. E. Vorontsov, G. I. Selivanova (Geol. i Geofiz. Akad. Nauk SSSR Sibirsk. Otd. **1971** Nr. 9, S. 40/7, 45). — [20] B. R. Doe, R. I. Tilling (Am. Mineralogist **52** [1967] 805/16, 809, 811/5).

[21] R. E. Zartman (J. Geophys. Res. **70** [1965] 965/75, 969). — [22] C. L. Sainsbury, J. C. Hamilton, C. Huffman (U.S. Geol. Surv. Bull. Nr. 1242-F [1968] 1/42, 10/1). — [23] L. V. Tauson (Geokhimiya Redkikh Elementov v Granitoidakh, Moskva 1961, S. 1/231, 30, 204). — [24] W. T. Parry (Diss. Univ. of Utah 1961 nach Diss. Abstr. **22** [1962] 3158/9). — [25] G. W. Putman, C. W. Burham (Geochim. Cosmochim. Acta **27** [1963] 55/106, 80).

[26] J. Ottemann (Z. Angew. Mineral. **3** [1941] 142/69, 158/9, 162, 164). — [27] K.-H. Wedepohl (Geochim. Cosmochim. Acta **10** [1956] 69/148, 71, 91). — [28] J. N. Shrivastava, P. D. Proctor (Econ. Geol. **57** [1962] 1062/70, 1066). — [29] B. Nagy (Foldt. Kozl. **99** [1969] 313/9, 314 [englisch S. 319]). — [30] J. Barbier, G. Ranchin (Comm. Energie At. [France] Rept. CEA-R-3684 [1969] 57/113, 83).

[31] K. U. Urunbaev (Uzbeksk. Geol. Zh. **1969** Nr. 3, S. 10/7, 11/4). — [32] E. S. Larsen, N. B. Keevil, H. C. Harrison (Bull. Geol. Soc. Am. **63** [1952] 1045/52, 1046). — [33] A. V. Rabinovich, Z. A. Baskova (Geokhimiya **1959** 546/9; Geochemistry [USSR] **1959** 663/7). — [34] V. L. Litvinov, Yu. S. Solomin (Geol. i Geofiz. Akad. Nauk SSSR Sibirsk. Otd. **1962** Nr. 6, S. 60/74, 71). — [35] L. M. Azzaria (Can. Mineralogist **7** [1962/63] 617/30, 624).

[36] G. W. de Vore (J. Geol. **63** [1955] 471/94). — [37] B. L. Zlobin, M. S. Gorshkova (Geokhimiya **1961** 281/92, 284; Geochemistry [USSR] **1961** 317/28, 319). — [38] V. D. Kozlov (in: L. H. Ahrens, Origin and Distribution of the Elements, Oxford – London – Edinburgh – New York – Toronto – Sydney – Paris – Braunschweig 1968, S. 649/61, 650/1, 654). — [39] R. B. Baratov (Intruzivnye Kompleksy Yuzhnogo Sklona Gissarskogo Khrebta i Svyazannoe s nimi Orudenenie, Dushanbe 1966, S. 222). — [40] J. Lameyre (Ann. Fac. Sci. Univ. Clermont Geol. Mineral. Nr. 29 [1966] 1/264, 111).

[41] K. F. G. Hosking (in: K. F. G. Hosking, G. J. Shrimpton, Present Views of Some Aspects of the Geology of Cornwall and Devon, Penzance 1964, S. 201/45, Tabelle nach S. 238). — [42] J. R. Butler (Geochim. Cosmochim. Acta **4** [1953] 157/78, 160). — [43] P. Kolbe, S. R. Taylor (Contrib. Mineral. Petrology [Berlin] **12** [1966] 202/22, 212). — [44] S. Okada (Sci. Rept. Tokyo Kyoiku Daigaku C **4** [1955/56] 163/84, 177). — [45] N. Shimada (Nippon Kagaku Zasshi **80** [1959] 141/3 nach C.A. **57** [1962] 1882).

[46] I. F. Grigor'ev, E. I. Dolomanova (in: Metallogenicheskaya Spetsializatsiya Magmaticheskikh Kompleksov, Moskva 1964, S. 157/86, 179/80). — [47] G. R. Tilton, C. Patterson, H. Brown, M. Inghram, R. Hayden, D. Hess, E. Larsen (Bull. Geol. Soc. Am. **66** [1955] 1131/48, 1140). — [48] G. V. Mustafaev (Izv. Akad. Nauk Azerb.SSR Ser. Nauk Zemle **1966** Nr. 5, S. 58/63, 61). — [49] P. T. Azimov (Zap. Uzbekistansk. Otd. Vses. Mineralog. Obshchestva Akad. Nauk Uz.SSR Nr. 23 [1970] 140/5, 142).

2.4.1.1.2.3 Akzessorien als Pb-Träger

Accessories as Pb Carriers

Bei den intrusiven Alkaligesteinen weisen die Akzessorien Eudialyt, Lamprophyllit und Mosandrit (Rinkolit) teilweise höhere Pb-Gehalte auf als die Feldspäte. Orthomagmatischer Galenit ist von Ramdohr [1] in Form winziger Imprägnationen im Nephelinsyenit von Raume, Los-Inseln, Guinea, beobachtet worden. In neuerer Zeit untersuchte Alkalimassive führen das Erzmineral in Pegmatitgängen und anderen jüngeren Gängen, s. S. 67, oder es ist an das Stadium der niedrigtemperierten Na-K-Metasomatose gebunden [2]. Speziell in Carbonatiten ist Galenit charakteristisch für tieftemperierte späte Ankerit-Dolomit-Sideritgänge [3], vgl. [4], und speziell für Baryt-Ankeritgänge im Shonkinit des Mountain-Pass-Distrikts, San Bernardino Co., Kalifornien [5].

Auch in intermediären und sauren Gesteinen übertreffen die Pb-Gehalte der Akzessorien, besonders der Ti-Ta-Nb-Mineralien, Monazite und Zirkone mit radiogenem Blei, häufig die der Hauptgemengteile. Ihr Beitrag zum Gesamt-Pb der Gesteine bleibt jedoch meist $<4\%$; höhere Anteile mit etwa 8 und etwa 18% im Syeno-Diorit des Bugul'minsk-Komplexes [6] bzw. im glimmerfreien Granit vom Monmouth Township, Haliburton Co., Süd-Ontario [7], s. Tabellen S. 75, 78.

In den folgenden Zusammenstellungen abnehmender Pb-Gehalte in koexistierenden Akzessorien sind sulfidische Erzmineralien nicht aufgenommen.

Witoscha-Pluton, Bulgarien [8]:

Monzonit und Granophyr Pb in Apatit > Pb in Titanit > Pb in Magnetit; Leukosyenit Pb in Titanit > Pb in Apatit > Pb in Magnetit.

Megri-Pluton, Süd-Armenien [9, 10]:

Monzonitische bis granitische Gesteine Pb in Ti-Ta-Niobaten ≧ Pb in Cyrtolith > Pb in Zirkon = Pb in Turmalin > Pb in Thorit und Uranothorit > Pb in Ilmenit = Pb in Monazit ≧ Pb in Magnetit, Apatit, Titanit, Allanit > Pb in Anatas.

Bugul'minsk-Komplex, Ost-Sayan [6]:

Syenodiorit und Granodiorit Pb in Magnetit > Pb in Titanit; Granosyenit Pb in Magnetit > Pb in Titanit.

Charnockit-Serie, Madras, Indien [11]:
Intermediäre Gesteine Pb in Magnetit > Pb in Apatit.

Batholith, Süd-Kalifornien [12]:
Quarzdiorit Pb in Zirkon > Pb in Titanit > Pb in Apatit; Tonalit Pb in Monazit > Pb in Xenotim > Pb in Titanit > Pb in Zirkon > Pb in Apatit.

Basumsk-Gebirge, Nordwest-Armenien:
Quarzporphyr des Basumsker-Erzfeldes (I) [13] und Alkaligesteine des Bunduk-Massivs (II) [14]: I Pb in Epidot > Pb in Titanomagnetit > Pb in Hämatit > Pb in Ilmenit; II Pb in Thorit und Uranothorit > Pb in Zirkon > Pb in Magnetit.

Dalidag-Intrusion, Aserbeidschan [15, 16]:
Quarzmonzonit (I) und Quarz-Syenit (II): I Pb in Epidot > Pb in Zirkon > Pb in Magnetit. II Pb in Ilmenit > Pb in Zirkon > Pb in Magnetit.

Gesteinsserien, New Hampshire [17]:
Syenit der White-Mountain-Serie (I), Quarz-Monzonit von Kinsman (II): I Pb in Tschevkinit (Chevkinit) > Pb in Zirkon. II Pb in Monazit > Pb in Zirkon.

Mechman-Intrusion, Kleiner Kaukasus, Armenien [15]:
Quarzdiorit Pb in Magnetit > Pb in Apatit > Pb in Ilmenit.

Aktau-Massiv, Nuratau-Gebirge, West-Usbekistan [18]:
Quarzdiorite, Granodiorite, Granite: Pb in Rutil > Pb in Magnetit > Pb in Zirkon > Pb in Titanit > Pb in Ilmenit > Pb in Ta-Nb-Mineralien > Pb in Apatit = Pb in Turmalin.

Granitische Gesteine, Südhang des Gissar-Gebirges, Tadschikistan [19]:
Quarzdiorite und Granodiorite des Mittleren Karbon (I), Hornblende-Biotitgranite (II), porphyrische Biotitgranite (III), aplitische Granite (IV): I Pb in Zirkon > Pb in Allanit > Pb in Anatas. II Pb in Titanit > Pb in Allanit > Pb in Magnetit. III Pb in Allanit > Pb in Apatit = Pb in Zirkon. IV Pb in Allanit > Pb in Apatit.

Suvodol-Massiv, Stara Planina, Balkan [20]:
Granodiorit (I), Amphibol-Biotitgranit (II), Biotitgranit (III), Mikrogranit (IV). In I Pb in Epidot > Pb in Zirkon > Pb in Titanit > Pb in Apatit. In II und IV Pb in Epidot > Pb in Titanit (nur in II) > Pb in Apatit. In III Pb in Xenotim > Pb in Epidot > Pb in Apatit.

Granodiorite:
Lausitzer Massiv, DDR (I) [21], Shakhtamin-Massiv, Südost-Transbaikalien (II) [22]: I Pb Monazit > Pb in Zirkon. II Pb in Titanit > Pb in Magnetit > Pb in Zirkon.

Granite:
Wurmberg-Granit, Brocken-Massiv, Bundesrepublik Deutschland (I) [23], Velence, Ungarn (II) [24], Soktui-Massiv, Südost-Transbaikalien (III) [22], Westerly, Rhode Island [Standard-Granit G-1] (IV) [25]: I Pb in Epidot > Pb in Fluorit > Pb in Turmalin. II Pb in Magnetit > Pb in Epidot > Pb in Allanit. III Pb in Monazit > Pb in Fluorit. — IV Pb in Monazit > Pb in Zirkon.

Bethlehem-Gneis, New Hampshire:
Pb in Xenotim > Pb in Monazit > Pb in Zirkon [17].

Präkambrische Granite:
Ukrainischer Schild (I) [26], Monmouth Township, Haliburton Co., Süd-Ontario (II) [7]: I Pb in Monazit > Pb in Allanit [aus Granit des Dnjepr-Gebiets] > Pb in Zirkon. II Pb in Zirkon > Pb in Titanit I > Pb in Apatit > Pb in Titanit II > Pb in Magnetit.

Eine besondere Rolle als Pb-Träger intermediärer und saurer Magmatite spielt Galenit, der das bei weitem am häufigsten qualitativ und quantitativ nachgewiesene Pb-Mineral in Massiven mit granitischen Gesteinen ist. Er kann innerhalb der orthomagmatischen Phase, bei autometasomatischen Umwandlungsprozessen oder bei postmagmatischen Umwandlungsprozessen gebildet sein. Spätmagmatischen Galenit enthalten granitische Gesteine West-Usbekistans [27] und Aplitgranitgänge des Akatui-Erzfeldes, Ost-Transbaikalien [28]. Die Assoziation von Galenit mit Baryt in den feinkörnigen Graniten des Jenissei-Gebirges [29], mit Calcit und Baryt in Graniten, Granodioriten, leukokraten Graniten und Alaskiten im Nord-Tien Shan kennzeichnen diese Mineralien als Ausscheidungen aus hydrothermalen Lösungen in einem der letzten Stadien der Magmenentwicklung; dabei zeigt das Auftreten von Galenit in Form isolierter, regelmäßiger Kristalle oder unregelmäßiger Ausscheidungen, die Intersertalhohlräume ausfüllen, seine syngenetische Bildung an [30, 31]. Autometasomatisch gebildeter Galenit, s. auch ab S. 261, tritt in Alkaligranitoiden des Taidutsk-Massivs, Tsagan-Khurtei-Gebirge, Zentral-Transbaikalien, auf [32]. — Postmagmatischer Galenit bildet sich beispielsweise in Gesteinen des Megri-Plutons, Süd-Armenien [9], im Aktau-Massiv, West-Usbekistan [18], und im Zusammenhang mit postmagmatischen Vererzungen in Porphyren, Porphyriten und Lamprophyren einiger polymetallischer Erzfelder des nördlichen Kirgisen-Gebirges [33]. Weitere Beispiele für postmagmatischen hydrothermalen Galenit s. ab S. 229. Die Assoziation von Galenit und Pb-reichem Feldspat in Biotit-Hornblende-Granodioriten des östlichen Kungei-Alatau, Nord-Tien Shan, weist auf postmagmatische Pb-Konzentrationen hin [34]. Dellenite des Osogovo-Gebirges, West-Bulgarien, enthalten vermutlich beigemengte Pb-Mineralien magmatischer und hydrothermaler Herkunft [35].

Gediegen Blei, quantitativ nachgewiesen im Megri-Pluton, Süd-Armenien, und in einigen Massiven in Nord-Armenien mit Alkaligesteinen oder mit Plagiograniten mit betontem Na-Chemismus [36] sowie in den permischen Komplexen mit Alkaligesteinen des Nord-Tien Shan, s. S. 66, scheidet sich nach Tauson [37, 38] im Verlauf der Magmenentwicklung wie Galenit aus magmatischen Restmedien ab. Dagegen entsteht Gediegen Blei bei unvollständiger Oxidation von Galenit [27], speziell in sauren Gesteinen Nord-Kirgisiens, vor allem Graniten und Alaskiten, im Verlauf der Autometasomatose [39], im Megri-Pluton supergen [9]. Über supergen gebildete Pb-Mineralien wie Cerussit, Anglesit und Wulfenit s. „Blei" A 2 c, ab S. 13.

Literatur zu 2.4.1.1.2.3:

[1] P. Ramdohr (Die Erzmineralien und ihre Verwachsungen, 3. Aufl., Berlin 1960, S. 607/8). — [2] E. V. Sveshnikova (in: Metallogenicheskaya Spetsializatsiya Magmaticheskikh Kompleksov, Moskva 1964, S. 261/6, 263/6). — [3] Yu. L. Kapustin (Mineralogiya Karbonatitov, Moskva 1971, S. 132). — [4] A. I. Ginzburg (in: A. I. Ginzburg, New Data on Rare Element Mineralogy, New York 1963, S. 1/15, 15). — [5] J. C. Olson, D. R. Shawe, L. C. Pray, W. N. Sharp (U.S. Geol. Surv. Profess. Papers Nr. 261 [1954] 1/75, 52/8, 62).

[6] A. E. Vorontsov, G. I. Selivanova (Geol. i Geofiz. Akad. Nauk SSSR Sibirsk. Otd. **1971** Nr. 9, S. 40/7, 45). — [7] G. R. Tilton, C. Patterson, H. Brown, M. Inghram, R. Hayden, D. Hess, E. Larsen (Bull. Geol. Soc. Am. **66** [1955] 1131/48, 1140). — [8] E. Aleksiev (Tr. Vurkhu Geol. Bulgar. Ser. Geokhim. Polezni Izkop. Bulgar. Akad. Nauk. **1** [1960] 3/64, Tabelle 10 nach S. 48 [bulgarisch, deutsch S. 61/4]). — [9] B. M. Meliksetyan (in: Metallogenicheskaya Spetsializatsiya Magmaticheskikh Kompleksov, Moskva 1964, S. 320/47, 333/4, 342, 346). — [10] B. M. Meliksetyan (in: I. E. Smorchkov, Aktsessornye Mineraly Izverzhennykh Porod, Moskva 1968, S. 95/108).

[11] R. A. Howie (Trans. Roy. Soc. Edinburgh **62** [1952/56] 725/68, 747/61). — [12] E. S. Larsen, N. B. Keevil, H. C. Harrison (Bull. Geol. Soc. Am. **63** [1952] 1045/52, 1046). — [13] K. M. Muradyan (Izv. Akad. Nauk Arm.SSR Ser. Nauki Zemle **19** Nr. 6 [1966] 74/83, 79). — [14] B. M. Meliksetyan, G. S. Sargsyan (Zap. Armyansk. Otd. Vses. Mineralog. Obshchestva Nr. 4 [1970] 18/38, 26, 29, 32). — [15] G. V. Mustafaev (Izv. Akad. Nauk Azerb.SSR Ser. Nauk Zemle **1966** Nr. 3, S. 39/44).

[16] G. V. Mustafaev (Izv. Akad. Nauk Azerb.SSR Ser. Nauk Zemle **1968** Nr. 5, S. 38/63, 61). — [17] J. B. Lyons, H. W. Jaffe, D. Gottfried, C. L. Waring (Am. J. Sci. **255** [1957] 527/46, 533/4, 539/41). — [18] P. T. Azimov (Zap. Uzbekistansk. Otd. Vses. Mineralog. Obshchestva Akad. Nauk Uz.SSR Nr. 23 [1970] 140/5, 141/3). — [19] R. B. Baratov (Intruzivnye Kompleksy Yushnogo Sklona Gissarskogo Khrebta i Svyazannoe s nimi Orudenenie, Dushanbe [Djuschambe] 1966, S. 222). — [20] M. Arsenijević, D. Pešić (Vesnik Zavoda Geol. Geofiz. Istrazibanya N. R. Sobije A **22/23** [1964/65] 77/115, 104/5 [englisch S. 110/4]).

[21] H. M. E. Schürmann, A. C. W. C. Bot, J. J. S. Steensma, R. Suringa, P. Eberhardt, J. Geiss, H. R. von Gunten, F. G. Houtermans, P. Signer (Geol. Mijnbouw [2] **18** [1956] 312/30, 314/6, 310/1, 325). — [22] A. V. Rabinovich, Z. A. Baskova (Geokhimiya **1959** 546/9; Geochemistry [USSR] **1959** 663/7). — [23] J. Ottemann (Z. Angew. Mineral. **3** [1941] 142/69, 158/9, 162,164). — [24] B. Nagy (Foldt. Kozl. **99** [1969] 313/9, 314). — [25] A. W. Quinn, H. W. Jaffe, W. L. Smith, C. L. Waring (Am. J. Sci. **255** [1957] 547/60, 554, 556).

[26] N. P. Shcherbak, E. N. Bartnitskii, V. I. Orsa (Izv. Akad. Nauk SSSR Ser. Geol. **1966** Nr. 11, S. 37/56, 48/54). — [27] I. Kh. Khamrabaev (Izv. Akad. Nauk Uz.SSR Ser. Geol. **1957** Nr. 3, S. 5/14, 8/11). — [28] G. S. Nesmikh, N. N. Trofimov (Izv. Vysshikh Uchebn. Zavedenii Geol. i Razvedka **7** Nr. 3 [1964] 70/8, 76). — [29] I. L. Kamov (in: I. E. Smorchkov, Aktsessornye Mineraly Izverzhennykh Porod, Moskva 1968, S. 149/52). — [30] I. V. Nosyrev, S. D. Turovskii (in: I. E. Smorchkov, Aktsessornye Mineraly Izverzhennykh Porod, Moskva 1968, S. 288/94, 289).

[31] S. D. Turovskii (in: I. E. Smorchkov, Aktsessornye Mineraly Izverzhennykh Porod, Moskva 1968, S. 294/6). — [32] V. I. Fel'dman (in: I. E. Smorchkov, Aktsessornye Mineraly Izverzhennykh Porod, Moskva 1968, S. 227/35, 230, 234/5). — [33] S. D. Turovskii (Izv. Akad. Nauk SSSR Ser. Geol. **1959** Nr. 6, S. 84/9). — [34] Kh. M. D. Friev (Tr. Frunzensk. Politekhn. Inst. Geol. Gornoe Delo **1961** Nr. 5, S. 29/34, 31, 34). — [35] R. Arnaudova, V. Arnaudov, M. Pavlova (Izv. Geol. Inst. Bulgar. Akad. Nauk. Ser. Geokhim. Mineral. Petrogr. **20** [1971] 5/20, 16).

[36] B. M. Bartykyan (in: I. E. Smorchkov, Aktsessornye Mineraly Izverzhennykh Porod, Moskva 1968, S. 108/15, 114). — [37] L. V. Tauson (Geokhimiya Redkikh Elementov v Granitoidakh, Moskva 1961, S. 1/231, 199/200, 209). — [38] L. V. Tauson (in: L. H. Ahrens, F. Press, H. C. Urey, Physics and Chemistry of the Earth, Oxford 1965, S. 215/49, 244). — [39] S. D. Turovskii (Tr. Inst. Geol. Kirgizsk. Filial Akad. Nauk SSSR Nr. 5 [1954] 1/98, 92/4).

Dependence of Pb in Rock-Forming Minerals on Rock Genesis

2.4.1.1.2.4 Pb in gesteinsbildenden Mineralien in Abhängigkeit von der Genese der Gesteine

Mit sinkenden Temperaturen und Drucken wachsen die Pb-Werte von Feldspäten und vielleicht von Quarzen [1, S. 88/91, 94/5], und in Differentiationsserien steigt die Pb-Konzentration in Feldspäten entsprechend der zunehmenden Pb-Konzentration des sich abkühlenden Magmas in den späteren Ausscheidungen an. Typische Beispiele sind die K-Feldspäte des Witoscha-Plutons, Bulgarien [2], und die Feldspäte der Akchinsk-Intrusion im Chatkal-Gebirge, Usbekistan [3]; in anderen Serien, beispielsweise denen der kaledonischen Komplexe in West-Schottland [4], ist diese Tendenz weniger ausgeprägt. Demgegenüber Pb-Anreicherung in den jeweils früh ausgeschiedenen K-Feldspäten aus verschiedenen Gesteinen zweier Differentiationsfolgen des Quarzmonzonit-Komplexes von White Tank, Süd-Kalifornien, s. „Blei" A 2a, S. 213. Zur Anreicherung des Pb in K-Feldspäten der pegmatitischen Phase im Vergleich zu denen aus granitischen Gesteinen der Hauptkristallisation s. S. 182 und [1, S. 90]. — Biotite des intermediären Zwischengliedes von Witoscha [2] und des intermediären Anfangsgliedes von Akchinsk [3] weisen die höchsten Pb-Werte auf. Dagegen höchste Pb-Werte von Biotiten in den SiO_2-reichsten Enddifferentiaten einer karbonischen Granodiorit-Intrusion vom Südhang des Gissar-Gebirges, Tadschikistan [5], und des Murrumbidgee-Batholiths, Südost-Australien [6]. Die Pb-Gehalte von Fe-Mg-Phasen, meist Biotiten, aus dioritischen und granitischen Gesteinen Nordwest- und Zentral-Arizonas überlappen sich im gleichen Gesteinstyp verschiedener Plutone und Intrusionen, zeigen aber deutlich zunehmende Gehalte von Quarzdiorit zu Biotit-Quarz-Monzonitporphyr der White-Tank-Intrusion und von Diorit über Granodiorit zu Biotitgranit (unverändert) des Payson-Plutons [7]. In granitischen Gesteinen der Halbinsel Kola nehmen mit abnehmendem Alter der Intrusionen die Pb-Werte der Biotite erst zu, dann ab, s. „Blei" A 2a, S. 208.

Zur Konzentration des Pb in Biotiten von „Nachintrusionen" und Glimmer-Ganggraniten von Massiven aus Zentral-Kasachstan, Ost-Transbaikalien, Mittelasien und besonders aus dem Fernen Osten der Sowjetunion s. [8].

Im Megri-Pluton, Süd-Armenien, nimmt der Galenitgehalt im Verlauf der Differentiation von der Hauptfazies über die Nachintrusionen bis zu den Apliten und Pegmatiten zu [9]. Dasselbe gilt für den Anteil am Gesamtblei des nicht in gesteinsbildenden Mineralien der Akchinsk-Intrusion nachgewiesenen Pb, das vermutlich in Form von Pb-Mineralien vorliegt [3]. In granitischen Gesteinen aus drei verschiedenen Intrusionen der Erzreviere von Südost-Transbaikalien nimmt das vermutlich als Galenit vorliegende Pb in Richtung Quarzdiorit → Granodiorit → Granit zu [10]. Auch in den paläozoischen Komplexen des Nord-Tien Shan werden die höchsten Gehalte an Pb-Mineralien, insbesondere an Galenit, in den Endphasen der einzelnen Intrusionen beobachtet; außerdem ist Galenit in „Neben-" und „Nachintrusionen" im Vergleich zu den Gesteinen der Hauptphasen mengenmäßig häufiger [11 bis 13]. Demgegenüber sind im Aksuisk-Erzfeld in dem zum nördlichen Tien Shan gehörenden Kirgisen-Gebirge von den granitischen Gesteinen die Aplite am ärmsten an Galenit [14]. — Höhere Gehalte an Galenit in Gang-Plagioklasiten des Polar-Ural als in den assoziierten Gesteinen der Dunit-Gabbro-Diorit-Formation [15].

Im Ringing Rocks-Stock des Boulder-Batholiths, Montana, sind K-Feldspäte des Quarzmonzonit-Kerns reicher an radiogenem Blei als die der monzonitischen Randfazies [16].

Bei Kristallisation unter abyssischen (hohen p−t-) Bedingungen hängt die Verteilung von Pb auf K-Feldspäte von dem Verhalten der flüchtigen Bestandteile ab; in granitischen Gesteinen des Verkhne-Undinsk-Batholiths im Zwischenstromgebiet Shilka-Argun', Ost-Transbaikalien, steigen die Pb-Werte von Feldspäten aus Kristallisaten der Hauptphase einschließlich der leukokraten Granite nur wenig an, während die Biotite aus leukokraten Graniten gegenüber denen aus den anderen Gesteinen stark erhöhte Pb- und F-Gehalte aufweisen [17, 18]. In Biotitgraniten und besonders den leukokraten Graniten der Nachphase, aus deren Magmen die flüchtigen Bestandteile abgewandert sind, ist Pb in den Feldspäten stark angereichert; die Pb-Gehalte der Biotite sind relativ gering, s. Tabelle S. 76 und [18]. Zur Verarmung der K-Feldspäte aus apikalen leukokraten Graniten des Batholiths durch autometosomatische Prozesse s. [18].

Bei Kristallisation unter hypabyssischen Bedingungen weisen Biotite bei hohen Gehalten an flüchtigen Bestandteilen im Magma höhere Pb-Gehalte auf als bei niedrigen Gehalten; beispielsweise enthalten Biotite des Kukulbei-Komplexes 27 ppm, die des Shakhtamin-Komplexes nur 2.5 ppm Pb [19], speziell die aus Biotit-Granit des zum erstgenannten Komplex gehörenden Malyi-Soktui-Massivs 36 ppm, die aus Granodiorit des zweiten 10 ppm Pb, während die Pb-Werte der Feldspäte aus beiden Gesteinen mit 19 bzw. 15 ppm weniger differieren [10], aber geringer sind als die von K-Feldspäten aus grobkörnigen Graniten der Tiefenfazies des Verkhne-Undinsk-Batholiths mit durchschnittlich 25 ppm Pb, vgl. [17].

In hypabyssischen Intrusionen des Vitim-Karenga-Zwischenstromlandes sind Biotite aus oberen Partien der Granitoid-Massive gegenüber denen aus unteren Partien sowohl bei geringeren Gehalten als auch bei höheren Gehalten an flüchtigen Bestandteilen höchstens um das 1.4fache an Pb angereichert [20]. — Die höheren Pb-Konzentrationen in intratellurischen Biotiten aus Monzoniten des intrusiv-effusiven Akatui-Komplexes, Südost-Transbaikalien am Oberlauf des Gazimur, im Vergleich zu den spätmagmatischen Biotiten deuten auf eine Pb-reiche Ausgangsschmelze hin, aus der Pb relativ früh durch Entgasung abgeführt ist. Dieser Prozeß hat zur Anreicherung von Pb in Biotiten im Scheitel des Massivs geführt, vgl. folgende Tabelle nach [21, 22] (Zahl der Proben in Klammern, * = Pb-Gehalt unter der Nachweisgrenze):

Phase und Subphase	Intratellurische Phase		Hauptphase	
	Frühstadium	Endstadium	Mittlere Etappe	Spätmagmatische Etappe
ppm Pb in Biotit	13 (6)	66 (2)	*	30 (1)

Die höheren Pb-Gehalte von Plagioklasen und K-Feldspäten aus plutonischen Graniten gegenüber hypabyssischen Graniten des Ural [23] sind bedingt durch die unterschiedlichen Gehalte der Ausgangsmagmen, vgl. [24].

Bei rascher Abkühlung gebildete K-Feldspäte, Sanidine, der Vulkanite sind häufig Pb-ärmer als die K-Feldspäte ihrer intrusiven Äquivalente, s. folgende Tabelle mit Grenz- und Mittelwerten sowie Anzahl der Proben (in Klammern) für Gesteine der Metallprovinzen der Dinariden und Balkaniden, Jugoslawien, nach [25], für die Gesteine des Osogovo-Gebirges, West-Bulgarien, nach [26]. Nur in den Dinariden weisen die K-Feldspäte aus autometasomatisch überprägten oder unter pegmatitischen Bedingungen teilweise rekristallisierten Intrusionen merklich höhere Pb-Werte auf als die Sanidine [25].

Herkunft und Gestein	Mineral	ppm Pb	Bemerkungen
Dinariden:			
Quarzlatite und Latite	Sanidin	18 bis 57 (58), Mittel 43.5 ± 10.5	—
Granodiorite und Quarzmonzonite, 3 Massive	Orthoklas	26 bis 59 (24), Mittel 40 ± 9	orthomagmatisch
		41 bis 74 (20), Mittel 66 ± 8	autometasomatisch
Granodiorite, Željin-Massiv	Orthoklas	33 bis 55 (8), Mittel 44 ± 8	orthomagmatisch und pegmatitisch rekristallisiert
Balkaniden:			
Quarzlatite und Latite	Sanidin	11 bis 29 (8), Mittel 20 ± 5.5	—
Monzonite und Quarzdiorite	Orthoklas	32 bis 44 (5), Mittel 37 ± 6	—
Osogovo-Gebirge:			
Latit-Andesitporphyrit und grobkörniger Dellenit	Sanidin	75 bzw. 74.6 (8)	21% des Pb gitterfremd
Grobkörniger Dellenit	Orthoklas	102.7 (4)	12 bis 17, im Mittel 13.8% des Pb gitterfremd
Feinkörniger Dellenit	Orthoklas	103.0 (3)	
Granit	Orthoklas	117.0 (3)	

Das Intrusionsniveau beeinflußt nicht nur den Pb-Gehalt von Feldspäten, sondern lokal auch von Magnetiten sowie den Galenitgehalt von Gesteinen. Magnetite aus granitischen Gesteinen zweier Massive der vulkanisch-intrusiven (hypabyssischen) Formation Ost-Transbaikaliens, Kuitun und Soktui, führen im Mittel 138 ppm (8 Proben) bzw. 76.9 ppm (9 Proben) Pb, dagegen in Magnetiten aus Biotitgraniten des plutonischen Zaurulyungui-Massivs im Mittel von 8 und 10 Proben nur 34.5 bzw. 34.8 ppm Pb [27]. Magnetite aus subvulkanischen Gesteinen zweier Komplexe des Basumsk-Gebirges, Nordwest-Armenien, Liparitporphyren und Trachyten, sind mit 50 bzw. 200 ppm stärker an Pb angereichert als Magnetite aus Basalten, Andesiten und Lipariten des ersten Komplexes mit je 20 ppm bzw. als aus Andesiten, Trachylipariten und Basalten des zweiten Komplexes mit 20 bis 50 ppm [28]. Einfluß des Intrusivniveaus auf die Galenitgehalte von Gesteinen des nördlichen Tien Shan s. folgende Tabelle nach [29] (Mittelwerte für Galenit in g/t: + = qualitativ nachgewiesen; in Klammern: erste Ziffer = Zahl der untersuchten Massive, folgende Ziffer = Zahl der Proben):

Intrusiv-Phase	Gesteine	Bildungstiefe gering		Bildungstiefe mittel	
III	leukokrate Granite	1	(13/26)*	+	(2/9)
II	Granodiorite	0.4	(17/66)	0.2	(6/27)
I	verschiedene Gesteine	0.08	(7/15)	+	(3/4)

* neben Galenit auch Boulangerit.

Am Südhang des Gissar-Gebirges, Tadschikistan, sind saure Effusiva reicher an Galenit als granitische Gesteine des gleichen Massivs [30]; dagegen ergibt ein Vergleich zwischen Intrusiv- und Effusivgesteinen kimmerisch-alpiner Zyklen des Pamir höhere Galenitgehalte in den ersten; ferner sind die Gesteine älterer magmatischer Zyklen reicher an Galenit als jüngere Gesteine [31]; vgl. hierzu die höheren Gehalte an Galenit im präkambrischen gegenüber mesozoischem Granit des Nord-Kaukasus S. 71 und [32].

Literatur zu 2.4.1.1.2.4:

[1] K.-H. Wedepohl (Geochim. Cosmochim. Acta **10** [1956] 69/148). — [2] E. Aleksiev (Tr. Vurkhu Geol. Bulgar. Ser. Geokhim. Polezni Izkop. Bulgar. Akad. Nauki **1** [1960] 3/64, Tabellen 5 und 6 nach S. 32 [bulgarisch, deutsch S. 61/4]). — [3] K. U. Urunbaev (Uzbeksk. Geol. Zh. **1969** Nr. 3, S. 10/7, 14). — [4] S. R. Nockolds, R. L. Mitchell (Trans. Roy. Soc. Edinburgh **61** [1944/48] 533/75, 571). — [5] R. B. Baratov (Intruzivnye Kompleksy Yushnogo Sklona Gissarskogo Khrebta i Svyazannoe s nim Orudenenie, Dushanbe 1966, S. 222).

[6] A. S. Joyce (Chem. Geol. **11** [1973] 271/96, Tabelle 3 nach S. 272 und S. 287). — [7] G. W. Putman, C. W. Burnham (Geochim. Cosmochim. Acta **27** [1963] 53/106, 61, 97/8, 100/1). — [8] V. S. Koptev-Dvornikov, I. F. Grigor'ev, E. I. Dolomanova, L. V. Dmitriev, E. V. Negrei, O. S. Polkvoi, M. G. Rub, I. E. Smorchkov, F. K. Shipilin (in: Magmatizm i Svyaz' s nim Poleznykh Iskopaemykh, Moskva 1960, S. 165/94, 184/6). — [9] B. M. Meliksetyan (in: Metallogeneticheskaya Spetsializatsiya Magmaticheskikh Kompleksov, Moskva 1964, S. 320/47, 333). — [10] A. V. Rabinovich, Z. A. Baskova (Geokhimiya **1959** 546/9; Geochemistry [USSR] **1959** 663/7).

[11] S. D. Turovskii (in: Metallogeneticheskaya Spetsializatsiya Magmaticheskikh Kompleksov, Moskva 1964, S. 125/41, 126, 137/8). — [12] V. G. Korolev, I. V. Nosyrev, S. D. Turovskii (Materialy po Geologii Tyan' Shanya, Frunze 1962, Bd. 2, S. 5/19, 12, 15/8, Tabelle nach S. 10 bzw. S. 21/68, 40/9). — [13] S. D. Turovskii, G. N. Kokarev (in: I. E. Smorchkov, Aktsessornye Mineraly Izverzhennykh Porod, Moskva 1968, S. 130/4). — [14] I. K. Davletov (Izv. Akad. Nauk Kirg.SSR Ser. Estestv. i Tekhn. Nauk **2** Nr. 6 [1960] 99/120, 105/9). — [15] S. F. Sobolev (in: I. E. Smorchkov, Aktsessornye Mineraly Izverzhennykh Porod, Moskva 1968, S. 236/48, 241/2).

[16] B. R. Doe, R. I. Tilling, C. E. Hedge, M. R. Klepper (Econ. Geol. **63** [1968] 884/906, 892). — [17] V. D. Kozlov (in: L. H. Ahrens, Origin and Distribution of the Elements, Oxford – London – Edinburgh – New York – Toronto – Sydney – Paris – Braunschweig 1968, S. 649/61, 650/1). — [18] V. D. Kozlov, E. A. Klepikova, L. N. Svadkovskaya (in: Geokhimiya i Petrologiya Magmaticheskikh i Metasomaticheskikh Obrazovanii, Moskva 1965, S. 175/95; Geochem. Intern. **3** [1966] 1257/74, 1268). — [19] L. V. Tauson (in: L. H. Ahrens, Origin and Distribution of the Elements, Oxford – London – Edinburgh – New York – Toronto – Sydney – Paris – Braunschweig 1968, S. 629/39, 637). — [20] E. M. Sheremet (in: L. V. Tauson, Geokhimicheskie Kriterii Potential'noi Rudonosnosti Granitoidov, Irkutsk 1971, S. 110/21, 116/7).

[21] M. N. Zakharov (Ezhegodnik Inst. Geokhim. Sibirsk. Otd. Akad. Nauk SSSR **1969/70** 50/4). — [22] M. N. Zakharov (Ezhegodnik Inst. Geokhim. Sibirsk. Otd. Akad. Nauk SSSR **1970/71** 48/53, 50/2). — [23] G. B. Fershtater, N. S. Borodina, M. V. Trayanova (Geokhimiya **1969** 72/83, 79/80; Geochem. Intern. **6** [1969] 44/57, 47). — [24] N. D. Znamenskii, M. V. Trayanova (Dokl. Akad. Nauk SSSR **180** [1968] 713/4; Dokl. Acad. Sci. USSR Earth Sci. Sect. **180** [1968] 197/8). — [25] N. Čuturić, N. Kafol, S. Karamata (in: L. H. Ahrens, Origin and Distrubution of the Elements, Oxford – London – Edinburgh – New York – Toronto – Sydney – Paris – Braunschweig 1968, S. 739/47, 742/5).

[26] R. Arnaudova, V. Arnaudov, M. Pavlova (Izv. Geol. Inst. Bulgar. Akad. Nauk. Ser. Geokhim. Mineral. Petrogr. **20** [1971] 5/20, 10 [bulgarisch, russisch S. 18/9, englisch S. 19/20]). — [27] N. S. Vartanova, I. V. Zav'yalova, V. I. Simonova (Probl. Petrologii Genet. Mineral. **2** [1970] 216/22, 219/21 [englisch S. 222]). — [28] R. T. Dzhrbashyan (in: Aksessornye Mineraly i Elementy kak Kriterii Komagmatichnosti i Metallogeneticheskoi Spetsializatsii Magmaticheskikh Kompleksov, Moskva 1965, S. 79/101, 92/4). — [29] S. D. Turovskii (in: I. E. Smorchkov, Aktsessornye Mineraly Izverzhennykh Porod, Moskva 1968, S. 267/72). — [30] A. V. Rabinovich (Geol. SSSR Min. Geol. i Okhrany Nedr **24** [1959] 413/22, 419).

[31] A. I. Proskurko (Izv. Akad. Nauk Tadzh.SSR Otd. Geol. Khim. i Tekhn. Nauk **1962** Nr. 2, S. 63/9, 65/8). — [32] V. V. Lyakhovich, F. A. Kasaeva (Mineralog. Sb. **22** [1968] 132/8, 133/4).

Dependence of Pb in Rock-Forming Minerals on Pb Content of Country Rocks

2.4.1.1.2.5 Pb in gesteinsbildenden Mineralien in Abhängigkeit vom Pb-Gehalt der Wirtsgesteine

Die Pb-Werte der Feldspäte bestimmen wegen ihres hohen Anteils am Mineralbestand meist die Pb-Werte ihrer Wirtsgesteine, vor allem der intermediären und sauren Gesteine; das Verhältnis der

Pb-Konzentration in den Feldspäten zu der in Gesteinen, im folgenden als Konzentrationsfaktor bezeichnet, ist meist gering und überschreitet selten 2, kann aber auch kleiner als 1 sein, besonders in Gesteinen mit Pb in Biotit > Pb in Feldspat und/oder bei hohem Anteil von gitterfremdem und radiogenem Blei am Gesamt-Pb des Gesteins. Amphibole und Pyroxene weisen nur selten höhere Pb-Gehalte auf als ihre Wirtsgesteine.

Beispiele für die Beziehungen zwischen den Pb-Gehalten in Feldspäten und in ihren Wirtsgesteinen:

Gestein und Herkunft	ppm Pb im Gestein	ppm Pb in Plagioklas	ppm Pb in K-Feldspat	Konzentrations-faktor	Lit.
Granit, Süd-Ontario	9.3	3.8	9.5	0.4 bzw. 1	[1]
Granit, Ost-Ontario	13.6	18		1.3	[2]
Granitoide, Ural,	10	<2	2	<0.2 bzw. 0.2	
hypabyssisch	12	<2	3	<0.2 bzw. 0.25	[3]
Granitoide, Ural,	17	—	35	2	
plutonisch	41	—	42	1	[3]
Quarzdiorit, Ost-Sayan	9	10	20	1.1 bzw. 2.2	[4]
Quarzdiorit, Transbaikalien	14	15	—	1.1	[5]
Granodiorit, Ost-Sayan	6	4	12	0.7 bzw. 2	[4]
Granodiorit, Südost-Transbaikalien	20	15		0.75	[5]
Leukokrater Granit*), Ost-Transbaikalien	10 bis 15	—	16 bis 18	1.2 bis 1.6	[6]
Leukokrater Granit**), Ost-Transbaikalien	30 bis 40	—	42	1 bis 1.4	[7]

*) Aus dem Scheitel der Intrusion, spätorogen. — **) Aus der Tiefenfazies, synorogen.

Konzentrationsfaktoren für Feldspäte im Vergleich zu denen anderer Hauptgemengteile:

Herkunft und Gestein	Konzentrationsfaktoren K(-Na)-Feldspäte	Na-Ca-Feldspäte	Biotit [Muskovit]	Amphibol	Pyroxen [Quarz]	Lit.
Charnockit-Serie, Indien						
Norit	—	1	—	—	—	[8]
Intermediärer Charnockit	2.25	1.5	—	0.5	—	[8]
Charnockit	1 [2]*)	1.5	—	—	1	[8]
Witoscha-Pluton, Bulgarien						
Gabbro	—	11.1	—	—	—	[9]
Monzonit	0.5	—	0.075	0.04	—	[9]
Leukosyenit	0.69	—	0.05	0.05	—	[9]
Granosyenit	0.86	—	0.04	0.04	—	[9]
Akchinsk-Intrusion**), Usbekistan						
Quarzdiorit	0.6		2.3	0.55	—	[10]
Granodiorit	1.2		0.65	0.45	—	[10]
Granite	0.9		0.5 [0.8]	—	—	[10]
Syenit, Kleiner Kaukasus	0.6 bis 1.1	0.25 bis 0.7	0.25 bis 0.4	—	1.5	[11]
Alkalisyenit, Nord-Tien Shan	1	—	0.04	—	0.13	[12]

Herkunft und Gestein	Konzentrationsfaktoren K(-Na)- Feldspäte	Na-Ca- Feldspäte	Biotit [Muskovit]	Amphibol	Pyroxen [Quarz]	Lit.
Ost-Sayan						
Syenodiorit	1.15	0.8	0.7	—	[0.14]	[4]
Granosyenit	1.8		1.1	—	—	[4]
Quarzdiorit	2.2	1.1	2.8	—	—	[4]
Quarzdiorit, Südost-Transbaikalien	—	1.1	0.9	0.6	[0.3]	[5]
Quarzdiorit, Süd-Kalifornien	—	0.85	1.9	0.7	[0.3]	[13]
Intrusive Granite, Sowjetunion	2	1	0.7 [0.2]	0.8	[0.4]	[14]
Granodiorit, Ost-Sayan	2	0.7	—	2	—	[4]
Granodiorit**), Südost-Transbaikalien	0.75		0.5	0.7	[0.2]	[5]
Biotitgranit**), Südost-Transbaikalien	0.68		1.3	—	[0.1]	[5]
Mittel-Tien Shan						
Biotitgranit	1.3		0.64	0.36	[0.1]	[15]
Granit, ungleichkörnig	1.5		0.77	—	[0.15]	[15]
Leukokrater Granit	1.2		0.67	—	[0.1]	[15]
Leukokrater Granit***), Ost-Transbaikalien	1 bis 1.4	—	1 bis 1.2	—	—	[6,7]
Granit, West-Ungarn	0.6	0.5	8	—	[< 0.12]	[16]
Granit, Kalba-Gebirge, Ost-Kasachstan	1.33	1.45	1.56	—	[1.56]	[17]
Granite der Kapprovinz, Südafrika						
porphyrisch	1.4	—		—	—	[18]
mittelkörnig	1	—	0.8 bis 1 [≈ 0.4]	—	—	[18]
feinkörnig	1.1	—		—	—	[18]
Granit, Alaska	1.2	0.86	0.52	—	[0.4]	[19]
Granit, Ost-Ontario	1.3		1.7	—	—	[2]
Granit, Süd-Ontario	1	0.4	—	—	[0.54]	[1]

*) K-Feldspat aus saurem Charnockit. — **) Mit hohem Anteil von nicht stabil in Mineralgittern gebundenem Blei. — ***) Tiefenfazies.

Konzentrationsfaktoren für Mikrokline mit 107.8 ppm Pb aus Granit der Granite Mountains, Wyoming, 2.2 [20], und aus 2 Biotitgraniten desselben Gebirges mit 17.0 und 8.42 ppm Pb in den Mikroklinen 0.47 bzw. 0.44 [21].

In Magmatiten von Langø, Nord-Norwegen, weisen die K-Feldspäte niedrigere Pb-Werte auf als die Gesteine und die Plagioklase [22]. — In den granitischen Gesteinen des Ural bestehen keine Beziehungen zwischen den Pb-Werten der Gesteine und denen der Biotite und Hornblenden [3]. Demgegenüber bestehen im Murrumbidgee-Batholith, Südost-Australien, diese Beziehungen nur für Biotit, nicht für Feldspäte [23].

Akzessorien weisen vielfach erheblich höhere Pb-Werte auf als die Hauptgemengteile, s. „Blei" A 2a, ab S. 164, doch ist ihr Pb-Anteil (in %) am Gesamt-Pb der Gesteine mit wenigen Ausnahmen gering, s. z. B. Witoscha-Pluton, S. 79.

Die Pb-Gehalte von Mineralien aus genetisch verbundenen Gesteinen sind unterschiedlich. So sind Biotite aus Biotit-Lamprophyren der Kurai-Kette, Südosten des Gornyi Altai, Mittelasien, Pb-ärmer als die Biotite aus den Granitoiden dieses Gebietes [24]. Bei den gesteinsbildenden Mineralien dreier Granite (1) und eines hybriden Lamprophyrs (2) von der Seward-Halbinsel, Alaska, dagegen sind die Mineralien des Lamprophyrs Pb-reicher, s. folgende Tabelle nach [19]:

Gestein und Herkunft	Plagioklas	K-Feldspat	Biotit ppm Pb	Amphibol	Quarz	Schwer-mineralien D > 3.3
1	30 bis 60, Mittel 43	50 bis 70, Mittel 60	< 20 bis 40, Mittel 26	—	20	50 bis 240, Mittel 147
2	70	70	—	—	30	10000

Erzhaltige Intrusionen des Zailiisker Alatau, Mittelasien, weisen im Vergleich zu den erzfreien Intrusionen erhöhte Gehalte an Galenit auf [25].

Literatur zu 2.4.1.1.2.5:

[1] G. R. Tilton, C. Patterson, H. Brown, M. Inghram, R. Hayden, D. Hess, E. Larsen (Bull. Geol. Soc. Am. **66** [1955] 1131/48, 1140). — [2] L. M. Azzaria (Can. Mineralogist **7** [1962/63] 617/30, 624). — [3] G. B. Fershtater, N. S. Borodina, M. V. Trayanova (Geokhimiya **1969** 72/83, 78/9; Geochem. Intern. **6** [1969] 44/57, 51/2). — [4] A. E. Vorontsov, G. I. Selivanova (Geol. i Geofiz. Akad. Nauk SSSR Sibirsk. Otd. **1971** Nr. 9, S. 40/7, 45). — [5] A. V. Rabinovich, Z. A. Baskova (Geokhimiya **1959** 546/9; Geochemistry [USSR] **1959** 663/7).

[6] V. D. Kozlov, E. A. Klepikova, L. S. Svadkovskaya (in: Geokhimiya i Petrologiya Magmaticheskikh i Metasomaticheskikh Obrazovanii, Moskva 1965, S. 175/95, 190; Geochem. Intern. **3** [1966] 1257/75, 1270). — [7] V. D. Kozlov (in: L. H. Ahrens, Origin and Distribution of the Elements, Oxford – London – Edinburgh – New York – Toronto – Sydney – Paris – Braunschweig 1968, S. 649/61, 650/1). — [8] R. A. Howie (Trans. Roy. Soc. Edinburgh **62** [1952/56] 725/68, 737, 747, 752, 755, 758, 761). — [9] E. Aleksiev (Tr. Vurkhu Geol. Bulgar. Ser. Geokhim. Polezni Izkop. Bulgar. Akad. Nauk **1** [1960] 3/64, 14/5, Tabellen 5 und 6 nach S. 32 [bulgarisch, deutsch S. 61/4]). — [10] K. U. Urunbaev (Uzbeksk. Zh. Geol. **1969** Nr. 3, S. 10/7).

[11] T. V. Ivanitskii, N. D. Gvaramadze, T. D. Mchedlishvili (Soobshch. Akad. Nauk Gruz. SSR **44** [1966] 365/72, 367). — [12] B. I. Zlobin, M. S. Gorshkova (Geokhimiya **1961** 281/92, 284; Geochemistry [USSR] **1961** 317/28, 319). — [13] E. S. Larsen, N. B. Keevil, H. C. Harrison (Bull. Geol. Soc. Am. **63** [1962] 1045/52, 1046, 1050). — [14] V. V. Lyakhovich (Sov. Geol. **1972** Nr. 12, S. 54/63, 56). — [15] L. V. Tauson (Geokhimiya Redkikh Elementov v Granitoidakh, Moskva 1961, S. 1/231, 28).

[16] B. Nagy (Foldt. Kozl. **99** [1969] 315/9, 314). — [17] P. I. Poltorykhin (Geol. i Geofiz. Akad. Nauk SSSR Sibirsk. Otd. **1972** Nr. 6, S. 35/44, 42/3). — [18] P. Kolbe, S. R. Taylor (Contrib. Mineral. Petrology [Berlin] **12** [1966] 202/22, 208, 212). — [19] C. L. Sainsbury, J. C. Hamilton, C. Huffmann (U.S. Geol. Surv. Bull. Nr. 1242-F [1968] 1/42, 11, 13). — [20] J. N. Rosholt, A. J. Bartel (Earth Planet. Sci. Letters **7** [1969] 141/7, 144).

[21] I. T. Nkomo, J. N. Rosholt (U.S. Geol. Surv. Profess. Papers Nr. 800-C [1972] 169/77, 173). — [22] K. S. Heier (Norg. Geol. Undersokelse Nr. 207 [1960] 1/246, 172/3). — [23] A. S. Joyce (Chem. Geol. **11** [1973] 271/96, 283/4, 287). — [24] V. A. Skuridin, E. I. Nikitina (Geol. i Geofiz. Akad. Nauk SSSR Sibirsk. Otd. **1964** Nr. 6, S. 158/63, 162). — [25] G. N. Gogel' (in: I. E. Smorchkov, Aktsessornye Mineraly Izverzhennykh Porod, Moskva 1968, S. 124/8, 127).

Distribution of Pb-Containing Minerals and of Galena in Individual Rocks, Rock Massifs, and Differentiation Series

2.4.1.1.3 Verteilung von Pb-haltigen Mineralien und von Galenit in Einzelgesteinen, Gesteinsmassiven und Differentiationsserien

Ultrabasic and Basic Rocks of the Calc-Alkalic Series

2.4.1.1.3.1 Ultrabasische und basische Gesteine der Kalkalkalireihe

In einem Peridotit vom Osthang des Polarural Pyrit mit 100 ppm Pb [1].

In Kimberlit (Blue Ground) von der de Beers Mine, Südafrika, enthält Pyroxen 1 ppm Pb [2, S. 83]. Magnetit der Kimberlite vom Fluß Daldyn, Angara-Ilim-Becken, Mittelsibirien, mit 0 bis 50 ppm Pb ist postmagmatisch-hydrothermaler Herkunft [3]. Der Pb-Gehalt der Diamanten aus Kimberliten ist aus Eklogit-Xenolithen oder dem Nebengestein übernommen [4].

Pyroxenite von West-Grönland sowie von Webster, North Carolina, und Pikesville, Maryland, enthalten in Orthopyroxenen 13.5, 5.2 und 1.6 ppm, in Diopsiden 14.4, 0.6 ppm und Spuren Pb; Pyroxenite des Laramie Range, Wyoming, enthalten in Diopsiden Spuren bis 2.7, in Hornblende 5.4 ppm Pb, in Diopsid und Biotit des Iron Hill, Colorado, 7.2 bzw. 9 ppm Pb [5]. Pyrit mit 70 ppm Pb in Sphen-Pyroxenit von Magnet Cove, Arkansas, der durch Reaktion von Jacupirangit-Magma mit Quarz-Hornfels (Novaculit) entstanden ist; in Titanit (Sphen), Diopsid, Orthoklas und Quarz dieses Gesteins ist Pb nicht nachgewiesen [6]. In zwei Pyroxeniten der Charnockit-Serie von Madras, Indien, Pb in Hornblende > Pb in Orthopyroxen und Pb in Apatit bzw. Pb in Magnetit > Pb in Hornblende und Orthopyroxen [7, S. 752, 755, 759, 761].

Spuren Pb in Granat aus Granat-Hornblendit von Solö bei Norrtälje, nördlich Stockholm [8].

Gabbro und Diorite des Bilyandkiiksk-Massivs sowie Amphibol-Gabbro, Quarzdiorite und leukokrate Plagiogranite des Obikhumbousk-Massivs, beide Nord-Pamir, Mittelasien, enthalten zu 28% bzw. 60% Galenit, ferner 8% der Gesteine des zweiten Massivs Wulfenit [22].

Pb-Werte von Olivinen aus Basalten vom Hohen Hagen bei Göttingen und zweier Vorkommen in Nordhessen 6 bzw. <1 ppm, von Pyroxenen aus Basaltlaven des Ätna 1 ppm, von Amphibol aus Basalt des Vogelsberges, Hessen, <5 ppm, von Magnetit aus Basalten des Erzgebirges und Hessens 50 bis 100 ppm, von Titanomagnetitkonzentraten aus 3 Basalten Süd-Niedersachsens 3 bis 10 ppm [2, S. 80/1, 83/4]. In Basalten des Ost-Sayan, Mittelasien, treten Gediegen Blei und Galenit nebeneinander auf [9, 10]. Die Dolerite der Palisades, New Jersey, enthalten Pb teilweise in Mineralgittern, möglicherweise von Feldspat und Glimmer, größtenteils wahrscheinlich als Sulfidphase; nachgewiesen ist Galenit als späte hydrothermale Bildung in Calcit-Gängen, die im oberen Teil der Intrusion aufsetzen [11]. — In Doleriten und Gabbro-Doleriten der Sibirischen Tafel, deren Pb-Gehalte von ihrer Lage im Profil, von Alter und Zusammensetzung unabhängig sind, ist vermutlich primärer Galenit der wesentliche Träger des Pb [12]. Qualitativer Nachweis von Galenit in Palagonit-Doleriten, leukokraten Doleriten, Quarz-Doleriten, subalkalischen Dioriten und ataxitischen Mikrodoleriten aus Komplexen am Südostrand der Sibirischen Tafel [13, S. 92/4, 103/4, 148, 205, 267], [14] sowie in leukokraten Trappen an der Podkamenaya (Steinigen) Tunguska am Westrand der Tafel [15]. Gediegen Blei, etwa 100 g/t, enthalten Schwermineralien aus Palagonit-Doleriten des Mittel-Vilyui-Komplexes am Ostrand der Tafel neben Spuren von Galenit [13, S. 94, 146, 222]. Träger des Pb in Melaphyren und Diabasen des Gebiets Krakau, Polen, sind wahrscheinlich Feldspäte, Biotit, Klinopyroxen und Apatit [16]. Gabbrodiabas und Mandelstein-Gabbrodiabas der Sibirischen Plattform führen Pyroxen bzw. Magnetit und Plagioklas mit nur Spuren von Pb, so daß das Element möglicherweise hauptsächlich in sulfidischer Form vorliegt [17]. In Magnetiten aus 3 Diabasen und einem Diabasporphyrit, Deutschland, 40 bis 600 bzw. <10 ppm, aus 2 Melaphyren, Böhmen und Italien, 800 bis 1000 ppm Pb [2, S. 81]. In Diabasen von Walton-Cheverie, Hants Co., Nova Scotia, ist Pb vor allem an Pyrit gebunden, daneben auch an umgewandelte Feldspäte und Fe-Mg-Mineralien [18]. Pb als Galenit nachgewiesen in Diabasporphyriten des westlichen Kirgisen-Gebirges [19] und vorwiegend in sulfidischer Form in Diabasgängen des Kurama-Gebirges, Usbekistan [20]. — Einzelne Körner Gediegen Blei treten in Spiliten des Kara-Archa-Beckens, Kirgisien, auf [21].

Gehalte an Galenit in g/t in ultrabasischen, basischen und intermediären Gesteinen des Ural: Harzburgit-Formation, Peridotite <0.01, dazugehörige Ganggesteine 0.6; das Mineral ist in 29% aller untersuchten Gesteine der Formation nachgewiesen. Dunit-Gabbro-Diorit-Formation, Gabbro-Norite 0.1, Gabbros <0.1, amphibolisierte Gabbros 0.04 sowie Diorite und Tonalite <0.3, melanokrate Plagioklasite (Ganggesteine) 10.3; in Dioriten und Tonaliten ferner <0.01 g Cerussit je t [23].

Literatur zu 2.4.1.1.3.1:

[1] N. A. Ashikhmina, T. S. Magidovich, V. F. Morkovkina (in: Aktsessornye Mineraly i Elementy kak Kriterii Komagmatichnosti i Metallogeneticheskoi Spetsializatsii Magmaticheskikh Kompleksov, Moskva 1965, S. 115/33, Tabelle 2 nach S. 118). — [2] K.-H. Wedepohl (Geochim. Cosmochim. Acta **10** [1956] 69/148). — [3] N. V. Pavlov, I. I. Chuprynina (Izv. Akad. Nauk SSSR Ser. Geol. **1960** Nr. 10, S. 41/53, 51). — [4] V. S. Trofimov (Magmat. Form. Tr. 3-go Vses. Petrogr. Soveshch. Irkutsk 1963 [1964], S. 117/24, 120). — [5] G. W. DeVore (J. Geol. **63** [1955] 471/94, 489/91).

[6] R. L. Erickson, L. V. Blade (U.S. Geol. Surv. Profess. Papers Nr. 425 [1963] 1/95, 18, 21). — [7] R. A. Howie (Trans. Roy. Soc. Edinburgh **62** [1952/56] 725/68). — [8] P. H. Lundegårdh (Arkiv. Kemi Mineral. Geol. A **23** Nr. 9 [1947] 1/160, 42). — [9] A. F. Korzhinskii, E. V. Frantskaya (Dokl. Akad. Nauk SSSR **104** [1955] 291/3). — [10] V. V. Lyakhovich (Izv. Akad. Nauk SSSR Ser. Geol. **1963** Nr. 12, S. 80/90, 80/1).

[11] K. R. Walker (Geol. Soc. Am. Special Papers Nr. 111 [1969] 1/178, 25, 139). — [12] B. V. Oleinikov (in: Trappy Sibirskoi Platformy i ikh Metallogeniya, Irkutsk 1971, S. 106/8 nach Ref. Zh. Geol. **1971** Nr. 11 Zh 21). — [13] V. I. Gon'shakova (Tr. Inst. Geol. Rudn. Mestorozhd. Petrogr. Mineralog. i Geokhim. Nr. 61 [1961] 1/269). — [14] V. I. Gon'shakova (in: G. D. Afanas'ev, Petrografiya Vostochnoi Sibiri, Moskva 1962, S. 118/207, 162, 166, 168, 170, 192). — [15] E. D. Nadezhdina (in: I. E. Smorchkov, Aktsessornye Mineraly Izverzhennykh Porod, Moskva 1968, S. 257/65, 259).

[16] Z. Michałek, W. Żabiński (Biul. Inst. Geol. Nr. 115 [1957] 149/61, 154, 159 [polnisch, russisch S. 163/4, englisch S. 165/6]). — [17] V. V. Lyakhovich (Tr. Inst. Mineralog. Geokhim. i Kristallokhim. Redkikh Elementov Akad. Nauk SSSR Nr. 1 [1957] 93/120, 113/5). — [18] R. W. Boyle (Can. Dept. Mines Tech. Surv. Geol. Surv. Can. Geol. Surv. Bull. Nr. 166 [1971] 1/181, 56). — [19] G. N. Kokarev (Zap. Kirgizsk. Otd. Vses. Mineralog. Obshchestva Nr. 2 [1961] 101/9, 104). — [20] O. P. Gor'kovoi (in: Voprosy Geologii Uzbekistana, Tashkent 1960, S. 31/42, 37).

[21] G. N. Kokarev (Izv. Akad. Nauk Kirg.SSR Ser. Estestv. i Tekhn. Nauk **2** Nr. 21 [1960] 115/9, 118). — [22] V. S. Lutkov, M. Kh. Khalilov, V. I. Kozyrev (Izv. Akad. Nauk SSSR Ser. Geol. **1972** Nr. 5, S. 90/107, 100/1). — [23] S. F. Sobolev (in: I. E. Smorchkov, Aktsessornye Mineraly Izverzhennykh Porod, Moskva 1968, S. 236/48, 239/42).

Foidites

2.4.1.1.3.2 Foidite

In Lujavriten (Orthoklas-Nephelinsyeniten) des Ilimaussaq-Massivs, Südwest-Grönland, sind Eudialyt und Aegirin (Alkalipyroxen) mit je 250 bis 300 ppm im Mittel, Arfvedsonit, Nephelin und Feldspäte mit je >100 ppm im Mittel nachgewiesen; Galenit ist in einer Probe enthalten [1]. Im Naujait (Sodalith-Nephelinsyenit) aus dem nördlichen Teil des Massivs Sodalith mit 60 ppm Pb; das Blei ist möglicherweise aus spätgebildetem Th-haltigen Steenstrupin in das Mineral diffundiert [2].

Pb-Anteile einzelner Mineralien in % am Gesamt-Pb-Gehalt von je einem Biotit-Nephelinsyenit mit 13.5 ppm und Biotit-Pyroxen-Nephelinsyenit mit 13.0 ppm aus dem Konkudero-Mamakan-Komplex, Nordbaikal-Hochland, s. folgende Tabelle nach [3, S. 40, 44]:

Gestein	Biotit-Nephelinsyenit			Biotit-Pyroxen-Nephelinsyenit		
Mineral	K-Feldspat	Nephelin	Biotit	K-Feldspat	Nephelin	Biotit**)
Pb in ppm	11.0	5.0	15.0	11.8	7.0	7.5
Pb-Anteil in %*)	57.8	4.4	8.7	51.6	14.8	0.6

*) Im Biotit-Nephelinsyenit sind 29.2% des Gesamt-Pb des Gesteins, im Biotit-Pyroxen-Nephelinsyenit 33.0% nicht an die drei Mineralien gebunden. — **) Der Biotitanteil am Gesamt-Pb von zwei weiteren Biotit-Pyroxen-Nephelinsyeniten beträgt, berechnet nach [3, S. 40, 44], 0.66 bzw. 3.8%.

In leukokraten und melanokraten Nephelinsyeniten des Mitteltartar-Massivs am Westhang des Jenissei-Gebirges, Mittelsibirien, ist Pb an Akzessorien gebunden; Galenit findet sich nur in Alkalipegmatiten [4]; in Nephelinsyeniten einer nicht näher lokalisierten Ijolith-Melteigit-Jacupirangit-Intrusion des Gebirges Pb in Eudialyt; in postmagmatischen Prozessen gebildeter Galenit tritt in Nephelin- und Alkalisyeniten auf [5].

Mittlere Gehalte an Gediegen Blei und Galenit aus 8 Nephelin- und Pseudoleucit-Syeniten dreier Intrusionen des Perm im Nord-Tien Shan 0.1 bzw. 0.06 g/t [6].

Galenit ist nachgewiesen in Camptoniten und Monchiquiten kleiner Intrusionen am Südhang des Gissar-Gebirges, Mittelasien [7].

Zum Auftreten Pb-haltiger Mineralien in einzelnen Alkaligesteins-Massiven liegen folgende Angaben vor:

In Chibinit (Orthoklas-Nephelinsyenit) des Khibina-Massivs, Kola, sind die Pb-Gehalte von Eudialyt, Rinkolith, Lamprophyllit > Pb-Gehalte von Feldspat, Nephelin, Titanit; in mittelkörnigem Syenit und Foyait Pb-Gehalte von Eudialyt > Pb-Gehalte von Aegirin, Ilmenit (nur in Syenit), Feldspat, Titanit (in beiden Gesteinen); in Ristschorrit (Rischorrit) und Ijolith-Urtit, dem Wirtsgestein der Nephelin-Apatitlagerstätten, durchgehend niedrige Pb-Gehalte in Eudialyt und Titanit (in beiden Gesteinen) bzw. in Feldspat (nur in Ijolith-Urtit) sowie in Nephelin, Aegirin, Lamprophyllit, Astrophyllit (nur im Ristschorrit) [8]. Galenit wird relativ selten angetroffen in Pegmatitgängen sowie zusammen mit Molybdänit in Albitgängen der Nephelinsyenite, begleitet von supergenem Cerussit [9].

Pb-Träger in dem Alkali-Komplex, Magnet Cove, Arkansas, sind: in Jacupirangit Perowskit und Apatit mit je 20 ppm, in Nephelinsyeniten Titanit mit 50, Na-Orthoklas mit 20 und 60, Nephelin mit 20 ppm, in Ijolith Pyrit mit 20 ppm und in Tinguait Aegirin mit 400, in Eudialyt-Nephelinsyenit-Pegmatit Eudialyt mit 80 sowie aus K-Na-Feldspat hervorgegangener Pektolith mit 30 ppm und in Carbonatiten Anatas mit 40 ppm Pb. Nicht nachgewiesen ist Pb in Ba-Feldspäten, Mikroklin, Biotit und Carbonaten. Erzgänge innerhalb des Komplexes führen Galenit sowie verwitterten Molybdänit mit 100 ppm Pb, ferner in Rutil aus Feldspat- und Carbonat-Feldspatgängen sowie in Brookit aus Quarz-Feldspat- und Carbonat-Feldspatgängen Pb in der Größenordnung von n0 ppm [10].

Literatur zu 2.4.1.1.3.2:

[1] J. Ferguson (Medd. Gronland **190** Nr. 1 [1970] 1/193, 95, 175/6). — [2] E. I. Hamilton (Medd. Gronland **162** Nr. 10 [1964] 1/104, 46, 48). — [3] K. F. Kashirin (Geol. i Geofiz. Akad. Nauk SSSR Sibirsk. Otd. **1970** Nr. 7, S. 39/48). — [4] E. V. Sveshnikova (Magmatizm i Svyaz's Nim Polezn. Iskop. Tr. 2-go Vses. Petrogr. Soveshch., Tashkent 1958 [1960], S. 479/81). — [5] N. V. Samoilova (Tr. Inst. Geol. Rudn. Mestorozhd. Petrogr. Mineralog. i Geokhim. Nr. 76 [1962] 143/69, 156, 160, 165).

[6] S. D. Turovskii, G. N. Kokarev (in: I. E. Smorchkov, Aktsessornye Mineraly Izverzhennykh Porod, Moskva 1968, S. 130/4). — [7] R. B. Baratov (Intruzivnye Kompleksy Yuzhnogo Sklona Gissarskogo Khrebta i Svyazannoe s nimi Orudenenie, Dushanbe 1966, S. 178, 180). — [8] L. S. Borodin (Tr. Inst. Mineralog. Geokhim. i Kristallokhim. Redkikh Elementov Akad. Nauk SSSR Nr. 1 [1957] 23/34, 30, 33). — [9] M. D. Dorfman, V. N. Senderova (Tr. Mineralog. Muzeya Akad. Nauk SSSR Nr. 15 [1964] 203/7, 203). — [10] R. L. Erickson, L. V. Blade (U.S. Geol. Surv. Profess. Papers Nr. 425 [1963] 1/95, 65/82).

2.4.1.1.3.3 Carbonatite

Carbonatites

In den Carbonatiten des Kaiserstuhls sind die carbonatitischen Mineralien, Calcit I und II, Dolomit I und II sowie Ankerit, ferner Baryt, Pyrochlor, Dysanalyt, Monazit, Bastnäsit, Magnetit und Sulfide Pb-haltig [1, 2], der in geringen Mengen auftretende Galenit ist vorwiegend mit Silikaten vergesellschaftet [3, 4].

Auch in afrikanischen und brasilianischen Carbonatiten werden nur geringe Mengen Galenit angetroffen. So tritt z.B. im Tororo-Carbonatit, Uganda, Afrika, spätgebildeter Galenit zusammen mit Pyrit und Sphalerit auf [5]; spätgebildeter Galenit, der Pyrochlor, Pyrit und Calcit verdrängt, im Carbonatit vom Panda Hill (Mbeya), Südwesten von Tansania [6]; zur Paragenese gehören unter anderem Hämatit, Cassiterit und Baryt [7]; im Carbonatit-Ringkomplex von Ngualla, gleichfalls im Südwesten von Tansania, sind Quarz-Calcitgänge mit Galenit, Chalkopyrit und Baryt die jüngsten Intrusionen [8, S. 481]. Der an radiogenen Isotopen relativ reiche Galenit der Carbonat-Silikatgesteine des Ringkomplexes auf Chilwa Island, Malawi, ist zusammen mit spätem Quarz und Calcit bei gleichzeitiger Zufuhr von Th, Ba, Ce sowie F nach Bildung der Alkaligesteine und Carbonatite ausgeschieden [7, 9, 10].

In Brasilien führt der in Graniten, 1 km vom Kontakt zu Foyaiten, aufsetzende, stark radioaktive Carbonatgang von Itapirapuã, São Paulo, Galenit in Paragenese mit Calcit, Magnetit, Pyrrhotin, Bastnäsit, Apatit, Fluorit und Baryt [8, S. 538/9]. Galenit zusammen mit Carbonaten, Oxiden, Silikaten, Apatit, Pyrit und Pyrrhotin enthält der intrusive Sövit des Morro da Mina innerhalb des Alkalikomplexes von Jacupiranga. Kleine Mengen Pb, etwa 50 ppm, enthalten Proben mit Pyrochlor und Baddeleyit [11], vgl. [8, S. 539].

Von den Carbonatiten der Sowjetunion, die nach der russischen Literatur als Metasomatite aufgefaßt werden, s. [12], führen Galenit als typomorphes Mineral hydrothermaler später Ankerit-Dolomitgänge Massive der Halbinsel Kola sowie einige Massive Sibiriens [13]. Auf der Halbinsel Kola tritt Galenit vor allem in den Ankerit-Dolomitgängen der Massive Vuorijärvi und Sallanlatva, unbedeutend im Kovdor-Massiv, in enger Paragenese mit Baryt auf, bisweilen verwachsen mit Bournonit; seltener sind Boulangerit, Jamesonit und Pb-haltiger Tetraedrit; weitere Pb-haltige Sulfide werden in verschiedenen Stadien der Carbonatit-Bildung beobachtet [14]. Nach weiteren Untersuchungen ist speziell im Massiv Vuorijärvi Jamesonit vor Galenit und den anderen Sulfantimoniden gebildet, von denen Bournonit in enger Verwachsung mit Galenit und Pyrit, seltener mit „Cleiophan" (weißer Sphalerit), den Jamesonit umhüllt oder Ankerit durchsetzt [13].

Die in sericitisiertem Cancrinit-Syenit aufsetzenden Gänge des Sulfid-Silikat-Carbonatits in den Bearpaw-Mountains, Montana, führen Calcit mit 30 und 60 ppm sowie Ilmenit mit 40 ppm Pb. Galenit ist selten, er findet sich auch in Drusen in Paragenese mit Sulfiden, darunter Tetraedrit, Oxiden, Carbonaten, Silikaten und Baryt; Pb-Träger im Syenit sind Biotit und Muskovit mit 60 bzw. 20 ppm [15].

Die höchsten Pb-Gehalte in Beforsiten von Dorowa und Shawa, Süd-Rhodesien, führt die Matrix mit 110 und 70 ppm gegenüber deutlich niedrigeren Gehalten der Gesamtgesteine (70 und 30 ppm) und sehr niedrigen Gehalten von nur <10 ppm in den Dolomit-Phänokristen [16].

Pb-Gehalte in Thorianiten aus Carbonatiten s. „Blei" A 2a, S. 167.

Literatur zu 2.4.1.1.3.3:

[1] L. van Wambeke (in: L. van Wambeke u.a., Les Roches Alcalines et les Carbonatites du Kaiserstuhl, Brüssel 1964, S. 65/91, 67, 74, 78/80, 83, 87/8). — [2] L. van Wambeke (in: L. van Wambeke u.a., Les Roches Alcalines et les Carbonatites du Kaiserstuhl, Brüssel 1964, S. 93/185, 100, 134/5). — [3] W. Wimmenauer (in: L. van Wambeke u.a., Les Roches Alcalines et les Carbonatites du Kaiserstuhl, Brüssel 1964, S. 17/30, 27). — [4] W. Deutzmann (in: L. van Wambeke u.a., Les Roches Alcalines et les Carbonatites du Kaiserstuhl, Brüssel 1964, S. 47/64, 55/6, 62/3). — [5] T. Deans (in: O. F. Tuttle, J. Gittins, Carbonatites, New York – London – Sydney 1966, S. 385/413, 393/4).

[6] L. J. Fick, C. van der Heyde (Econ. Geol. **54** [1959] 842/72, 869). — [7] N. de Kun (Neues Jahrb. Mineral. Monatsh. **1961** 124/35, 130/1). — [8] J. Gittins (in: O. F. Tuttle, J. Gittins, Carbonatites, New York – London – Sydney 1966, S. 417/570). — [9] M. S. Garson, W. C. Smith (Nyasaland Protect. Geol. Surv. Dept. Mem. Nr. 1 [1958] 1/127, 86, 110; C.A. **60** [1964] 5219). — [10] M. S. Garson (in: O. F. Tuttle, J. Gittins, Carbonatites, New York – London – Sydney 1966, S. 33/71, 51).

[11] G. C. Melcher (in: O. F. Tuttle, J. Gittins, Carbonatites, New York – London – Sydney 1966, S. 169/81, 172, 176, 179). — [12] J. Gittins (in: O. F. Tuttle, J. Gittins, Carbonatites, New York – London – Sydney 1966, S. 379/82). — [13] Yu. L. Kapustin (Mineralogiya Karbonatitov, Moskva 1971, S. 1/288, 132/3). — [14] Yu. L. Kapustin (in: Petrologiya i Geokhimiya Osobennosti Kompleksa Ul'trabazitov Shchelochnykh Porod i Karbonatitov Inst. Mineralog. Geokhim. i Kristallokhim. Redkikh Elementov **1965**, S. 246/62, 250/3, 256/61). — [15] W. T. Pecora (Geol. Soc. Am. Buddington Vol. **1962** 83/104, 96/9).

[16] R. L. Johnson (Trans. Proc. Geol. Soc. S.Africa **64** [1961] 101/46, 135).

Intermediary Rocks

2.4.1.1.3.4 Intermediäre Gesteine

Über das Auftreten von Pb-haltigen Mineralien und Galenit in Massiven aus intermediären Gesteinen und in einigen Einzelgesteinen dieser Gruppe liegen die folgenden Angaben vor. Siehe hierzu ferner für intermediäre Gesteine in Assoziation mit Granitoiden ab S. 70.

In dem Kalkalkalisyenit der Sandyk-Intrusion der Kzyl-Ompul-Gruppe, Nord-Kirgisien, liegt folgende Pb-Verteilung vor [1]:

Mineral	Orthoklas	Plagioklas	Biotit	Augit
I ppm	50	keine Daten	2.2	6.6
II %	68	7.9	7.1	15
III %	68	—	3.1*)	1.2*)

*) Werte nach [1] (Geokhimiya **1961**, S. 284)
I Pb-Gehalt des Minerals in ppm; II Anteil des Minerals am Gesamt-Mineralbestand des Gesteins in %; III prozentualer Anteil des Pb im Mineral am Gesamt-Pb-Gehalt des Gesteins.

Ergänzungen: Hastingsit (Alkali-Hornblende) aus Hornblende-Alkalisyenit der Sandyk-Intrusion enthält mit 6.1 ppm Pb nicht ganz 1% des Gesamt-Pb [1], unveränderte Gesteine enthalten auch Gediegen Blei [2].

Im Granosyenit und Syenit-Diorit des Bugul'minsk-Komplexes, Ost-Sayan, sind etwa 92 bzw. 82% des Gesamt-Pb an Hauptgemengteile und Akzessorien gebunden [3]. — Für Alkalisyenite und rosa Granite des Talasskii-Gebirges, Nord-Kirgisien, sind Pb-haltiger Fluorit, Apatit, Titanit und Eudialyt, ferner Zirkone komplexer Zusammensetzung und Uranothorit mit bis 500 bzw. 2000 ppm Pb charakteristisch. Speziell Quarz-Alkalisyenite dieses Gebirges enthalten lokal Gediegen Blei, in den rosa Graniten tritt vereinzelt Galenit und Boulangerit auf [4].

In den Alkaligesteinen aus den Massiven Bunduk und Garnasar, Basumsk-Gebirge, Nordwest-Armenien, enthalten K-Feldspäte 50, Biotite 60, Magnetite 30 und Zirkone 50 ppm Pb; besonders Pb-reich sind die Uranothorite mit 3000 ppm Pb. An Galenit und Gediegen Blei führen die Gesteine des Bunduk-Massivs, „Feldspatolith" 8 bzw. 12 g/t und Alkalipegmatit 4 bzw. 0 g/t, während in einem Alkalitrachyt des Garnasar-Massivs 10 g Galenit/t sowie 5 g Gediegen Blei/t und in einem Alkalisyenit aus einer Apophyse bei Achadzhut 84 g Galenit/t und 3.5 g Gediegen Blei/t auftreten [5].

Die Pb-Verteilung, angegeben in ppm, in den Hauptgemengteilen des Monzonit-Komplexes von Akatui, Südost-Transbaikalien, ergibt sich aus folgender Tabelle nach [6], Zahl der zur Mittelwertsbildung benutzten Proben in Klammern:

Plagioklas*)	K-Feldspat*)	Biotit**)	Amphibol	Pyroxen
13.5 (10)	35 (27)	15 (53)	13.4 (2)	9.3 (5)

*) Anteil des Pb in den Feldspäten am Gesamt-Pb der Gesteine über 80%.

**) Intratellurische Einsprenglinge von Biotit	ppm Pb
frühe Phase	13 (2)
Schlußphase	66 (2)
Spätmagmatische Biotite der Hauptphase	30 (1)
Biotite aus tief erodiertem Massiv	15 (3)
Biotite aus schwach erodiertem Massiv	19 (7)

In Dioritporphyriten und Spessartiten aus dem Elbrus-Feld, Nord-Kaukasus, 11.1 bzw. 13 g Galenit/t [7]. — Lamprophyre und verschiedene Porphyre vom Südwesthang des Chatkal-Gebirges, Mittelasien, enthalten Galenit ohne gleichzeitigen Nachweis von Pb in anderen Mineralien dieser Gesteine [8].

Pb-Träger der Andesitporphyre in der Umgebung von Almalyk, Mittelasien, sind Feldspat, Biotit, Apatit sowie Pyrit und Chalkopyrit mit Pb in der Größenordnung bis n0 bzw. n000 ppm [9].

Literatur zu 2.4.1.1.3.4:

[1] B. I. Zlobin, M. S. Gorshkova (Geokhimiya **1961** 281/92, 284; Geochemistry [USSR] **1961** 317/28). — [2] L. S. Pogiblova (in: I. E. Smorchkov, Aktsessornye Mineraly Izverzhennykh Porod, Moskva 1968, S. 224/7). — [3] A. E. Vorontsov, G. I. Selivanova (Geol. i Geofiz. Akad. Nauk SSSR Sibirsk. Otd. **1971** Nr. 9, S. 40/7, 45). — [4] P. S. Kozlova (in: I. E. Smorchkov, Aktsessornye Mineraly Izverzhennykh Porod, Moskva 1968, S. 134/41, 135/9). — [5] B. M. Meliksetyan, G. S. Sargsyan (Zap. Armyansk. Otd. Vses. Mineralog. Obshchestva **4** [1970] 18/38, 23/6, 32).

[6] M. N. Zakharov (Ezhegodnik Inst. Geokhim. Sibirsk. Otd. Akad. Nauk SSSR **1969/70** 50/4; C.A. **74** [1971] Nr. 78503; Ezhegodnik Inst. Geokhim. Sibirsk. Otd. Akad. Nauk SSSR **1970/71** 48/54, 48/51). — [7] D. Ch. N. Kumar (Izv. Vysshikh Uchebn. Zavedenii Geol. i Razvedka **11** Nr. 3 [1968] 161/5). — [8] P. S. Kozlova (Tr. Inst. Geol. Rudn. Mestorozhd. Petrogr. Mineralog. i Geokhim. Nr. 27 [1960] 125/38, 126/7). — [9] A. R. Yarmukhamedov (Voprosy Geologii Srednei Azii i Kazakhstana, Tashkent 1963, S. 31/44, 39/41, Tabelle nach S. 42).

Granitic Rocks

2.4.1.1.3.5 Granitische Gesteine

Um die Pb-Verteilung auf die Mineralien granitischer Gesteine (im weitesten Sinn) aufzuzeigen, werden im folgenden Aussagen über Pb-haltige Mineralien, ihren Pb-Gehalt und seine prozentuale Verteilung auf die einzelnen Mineralien in Einzelgesteinen, Massiven und in größeren Regionalbereichen zusammengestellt. Die Anordnung erfolgt regional. Weitere Angaben über Pb-Gehalte in gesteinsbildenden Mineralien s. „Blei" A 2a, S. 165 und ab S. 203.

Europe

2.4.1.1.3.5.1 Europa

Die Pb-Gehalte in Quarzen aus granitischen Gesteinen des Erzgebirges und des Thüringer Waldes, DDR, und auffallend hohe Pb-Gehalte von Biotiten — bis 300 ppm im Mineral von Bergen, West-Erzgebirge — sind nicht kristallchemisch, sondern durch Beimengungen zu erklären [1]. Im Granit von Niederschlema, West-Erzgebirge, enthalten Plagioklase, 1 m und 0.5 m vom Kontakt entfernt, 50 bzw. 85 ppm Pb, Biotite 45 bzw. 75 ppm Pb [2].

In granitischen Nebengesteinen der Uranpecherz-Gänge vom Antonstollen, Heubachtal, mittlerer Schwarzwald, Bundesrepublik Deutschland, zeigt sich bevorzugte Anreicherung von ^{210}Pb in Glimmern und von Ra in Feldspäten [3].

Träger des radiogenen Pb im Rotondo-Granit, Gotthard-Massiv, Schweiz, ist Zirkon mit einem Anteil von 85% radiogenem Pb am Gesamtblei des Minerals [4].

Verteilung von Pb auf die einzelnen Mineralien des Granits aus dem Velence-Gebirge, West-Ungarn, s. folgende Zusammenstellung, in der I den Pb-Gehalt der einzelnen Mineralien in ppm angibt, II ihren prozentualen Anteil am Gesamt-Mineralbestand des Gesteins und III ihren prozentualen Anteil am Gesamt-Pb-Gehalt des Granits [5]:

Mineral	Plagioklas	K-Feldspat	Biotit	Quarz	Magnetit	Epidot	Allanit
I ppm	10	12	160	>2.5	60	25	10
II %	22.5	35.0	7.5	33	1	0.7	0.1
III %	11.25	21.0	60	>4	3	0.9	0.05

In Graniten der Mourne Mountains, Nord-Irland, ist K-Feldspat der wichtigste Pb-Träger [6], in granitischen Gesteinen Süd-Norwegens ist nahezu das gesamte Pb in Alkali-Feldspäten enthalten bei großer Streuung der Pb-Werte [7], vgl. [8].

Literatur zu 2.4.1.1.3.5.1:

[1] H. Bräuer (Freiberger Forschungsh. C Nr. 259 [1970] 83/139, 86, 115/7). — [2] F. Leutwein (Sci. Terre **10** [1964/65] 35/78, 56). — [3] R. Kranz (Fortschr. Mineral. Beih. **47** Nr. 1 [1969] 36/7). — [4] M. Grünenfelder, S. Hafner (Schweiz. Mineralog. Petrogr. Mitt. **42** [1962] 169/207, 192). — [5] B. Nagy (Foldt. Kozl. **99** [1969] 313/9, 314).

[6] E. M. Patterson (Proc. Roy. Irish Acad. B **55** [1953] 171/88, 184). — [7] I. Oftedal (Norsk. Geol. Tidsskr. **33** [1954] 153/61, 154/5). — [8] K. S. Heier, P. D. Palmer, S. R. Taylor (Norsk. Geol. Tidsskr. **47** [1967] 185/9).

2.4.1.1.3.5.2 Europäischer Teil der Sowjetunion

European Part of Soviet Union

Trotz der auffallend hohen Pb-Gehalte der Feldspäte, insbesondere der Kalifeldspäte, aus den einzelnen Kristallisationsphasen der Rapakiwigranite des Salmi-Massivs, Karelien, s. „Blei" A 2a, S. 239, enthalten diese Rapakiwi-Granite keine akzessorischen Pb-Mineralien [1]; ältere Untersuchungen [2] weisen jedoch Galenit-Äderchen in dem Gestein nach. Durch Pb-Werte charakterisierte Biotite führen Gesteine der Granitoidserie der Yalonvary-Berge im Südwesten von Karelien [3], während in Dioriten und ihren Ganggesteinen sowie in Plagiograniten Süd-Kareliens Apatit, Titanit und Zirkon Pb-Träger sind. Apatit vorzugsweise in den Ganggesteinen, Zirkon in den Plagiograniten; in den letzten wird auch Galenit beobachtet [4].

Die Granite des Ukrainischen Schildes (bei Berdichev, Shitomir und in Podolien) enthalten in ihren gesteinsbildenden Mineralien nur Spuren Pb [5], vgl. für Biotite [6]. Pb-reich sind die Akzessorien Monazit, Zirkon, Allanit und Titanit [7, 8]. Anreicherung von radiogenem Blei, verglichen mit dem Wirtsgestein, in Biotiten aus dem Berdichev- und Shitomir-Granit, im letzten auch mit radiogenem Pb angereicherte Apatite; in den aplitisch-pegmatitoiden Graniten von Podolien sind Mikroklin mit U und Th sowie Th-haltiger Plagioklas an radiogenen Pb-Isotopen angereichert. Der Biotit aus dem Berdichev-Granit enthält Einschlüsse von radioaktiven Mineralien [5].

Ural. Pb-haltige Akzessorien sind in den granitischen Gesteinen der Gruppe Dzhabyk-Suunduk-Sanarsk am Osthang des Südural Monazit, Xenotim, Ilmenit und Titanit sowie U- und Th-reicher Zirkon; der auf leukokrate Granite beschränkte Monazit enthält bis 1% Pb. Nachgewiesen ist ferner in Graniten dieser Gruppe Galenit. Zu den Pb-haltigen Hauptmengteilen gehört neben Mikroklin und Biotit auch Muskovit [9, 10]. — Galenit ferner nachgewiesen in Mikroklin-Graniten des Shilova-Konevsk-Massivs, Mittelural [11], sowie in granitischen Gesteinen des Polarural, in diesen auch Zoisite mit Pb [12].

Im porphyrischen Biotitgranit der El'dzhurta-Intrusion, Kabardino-Balkarien, Nord-Kaukasus, bei dem Hybridisierung und Autometasomatose kaum zu beobachten sind, nehmen die Pb-Werte der Biotite von unten nach oben von 7 auf 350 ppm zu [13]; als weiterer Pb-Träger ist Galenit quantitativ nachgewiesen, es enthalten in g/t 21 mesozoische Biotitgranite und 2 komagmatische Liparite 0.1 bzw. 1.6 [14], ein präkambrischer Gneisgranit 2.1 [15]. In 20 Biotitgraniten aus dem Gesamtgebiet des Nord-Kaukasus im Durchschnitt 0.22 g/t Galenit [16].

Pb-Träger verschiedener Magmatite aus dem Kleinen Kaukasus sind Feldspäte, Amphibol und Ilmenit in Tonalit sowie Feldspäte, Amphibol, Magnetit, Ilmenit, Quarz und Apatit in Quarzdiorit [17], Feldspäte, Biotit, Amphibole, Magnetit, Ilmenit, Zirkon, Epidot, Quarz und Pyrit in Quarzsyenit sowie Feldspäte, Biotit, Magnetit, Zirkon, Quarz und Pyrit in Granit [17, 18].

In Quarzporphyren aus dem Basumsk-Gebirge, Nordwest-Armenien, sind Amphibole, Titanomagnetit, Ilmenit, Epidot, Quarz, Hämatit und Pyrit Pb-haltig [19], auch Galenit und Gediegen Blei treten in den Vulkaniten des Basumsk-Gebirges auf, Dacite enthalten bis zu 50 g Galenit/t; speziell in den Lipariten dieses Gebietes tritt häufig Pb-haltiger Titanomagnetit auf [20]. — Andesitporphyrite und Liparitporphyre der Vulkanitserie zwischen Debed und Agstev, Nordost-Armenien, enthalten maximal 17.2 g/t Galenit und 12.4 g/t Gediegen Blei [21]. — In porphyrischen Graniten des Megri-Plutons, Süd-Armenien, 14 g/t Galenit und 6 g/t Gediegen Blei, Pb-, Th- und U-haltige Akzessorien dieses Plutons sind Ilmenit, Anatas, Monazit, Apatit, Zirkon und Cyrtolith, Titanit, Thorit und Uranothorit, Allanit sowie Ta-Nb-Mineralien [22].

Literatur zu 2.4.1.1.3.5.2:

[1] L. P. Sviridenko (Tr. Inst. Geol. Karel'sk. Filial Akad. Nauk SSSR Nr. 3 [1967/68] 1/116, 102, 105). — [2] T. G. Sahama (Bull. Comm. Geol. Finlande Nr. 136 [1945] 15/67, 54). — [3] G. O. Glebova-Kul'bakh, S. B. Lobakh-Zhuchenko (Tr. Lab. Geol. Dokembriya Akad. Nauk SSSR Nr. 9 [1960] 204/27, 219). — [4] G. O. Glebova-Kul'bakh, S. B. Lobach-Zhuchenko, I. I. Pinaeva, K. D. Borisova (Tr. Lab. Geol. Dokembriya Akad. Nauk SSSR Nr. 15 [1963] 161/334, 238/9). — [5] E. N. Barnitskii, G. D. Eliseeva, N. P. Shcherbakh (Geokhimiya **1969** 991/6; Geochem. Intern. **6** [1969] 785/9).

[6] V. S. Koptev-Dvornikov, M. G. Rub, L. V. Dmitriev, E. V. Negrei (Geokhimiya Redkikh Elementov, Moskva 1959, S. 101/19, 109). — [7] N. P. Shcherbakh, E. N. Barnitskii, V. I. Orsa (Izv. Akad. Nauk SSSR Ser. Geol. **1966** Nr. 11, S. 37/56, 48/54). — [8] M. M. Ivantishin (Aktsessorni Ridkisni Mineralni ta Rosziyani Elementi v Granitakh i Pegmatitakh Ukrains'kogo Kristalichnogo Shchita, Kiev 1960, S. 146/7, 149). — [9] B. K. L'vov, E. A. Polyanskii (Vopr. Magmatizma Metamorfizma **2** [1964] 96/114, 105, 112). — [10] B. K. L'vov, A. A. Zhangurov (in: I. E. Smorchkov, Aktsessornye Mineraly Izverzhennykh Porod, Moskva 1968, S. 196/204, 201).

[11] V. V. Lyakhovich, A. D. Chervinskaya (Izv. Akad. Nauk SSSR Ser. Geol. **1960** Nr. 5, S. 67/78, 69, 74/5). — [12] N. A. Ashikhmina, T. S. Magidovich, V. F. Morkovkina (in: Aktsessornye Mineraly i Elementi kak Kriterii Komagmatichnosti i Metallogenicheskoi Spetsializatsii Kompleksov, Moskva 1965, S. 115/33, 128 und Tabelle nach S. 118). — [13] G. L. Odikadze (Geokhimiya **1968** 1211/7; Geochem. Intern. **5** [1968] 1010/5). — [14] V. V. Lyakhovich (Izv. Akad. Nauk SSSR Ser. Geol. **1963** Nr. 12, S. 80/90, 81, 86). — [15] V. V. Lyakhovich, T. A. Kasaeva (Mineralog. Sb. **22** [1968] 132/8, 133/4).

[16] V. V. Lyakhovich (in: I. E. Smorchkov, Aktsessornye Mineraly Izverzhennykh Porod, Moskva 1968, S. 267/72). — [17] G. V. Mustafaev (Izv. Akad. Nauk Azerb.SSR Ser. Nauk Zemle **1966** Nr. 3, S. 39/44, 43). — [18] G. V. Mustafaev (Izv. Akad. Nauk Azerb.SSR Ser. Nauk Zemle **1968** Nr. 5, S. 58/63, 61). — [19] K. M. Muradyan (Izv. Akad. Nauk Arm.SSR Nauk Zemle **19** Nr. 6 [1966] 74/83, 79). — [20] R. T. Dzhrbashyan (in: Aktsessornye Mineraly i Elementi kak Kriterii Komagmatichnosti i Metallogenicheskoi Spetsializatsii Magmaticheskikh Kompleksov, Moskva 1965, S. 79/101, 93/4, 98).

[21] A. Kh. Mnatsakanyan (in: Aktsessornye Mineraly i Elementy kak Kriterii Komagmatichnosti i Metallogenicheskoi Spetsializatsii Magmaticheskikh Kompleksov, Moskva 1965, S. 39/78, 49, 52, 59). — [22] B. M. Meliksetyan (Zap. Armyansk. Otd. Vses. Mineralog. Obshchestva Nr. 2 [1963] 57/80, 64/71, 75/7; in: I. E. Smorchkov, Aktsessornye Mineraly Izverzhennykh Porod, Moskva 1968, S. 95/108, 96/7, 99, 101/6).

Central Asia

2.4.1.1.3.5.3 Mittelasien

Zur Verteilung akzessorischer Pb-Mineralien in verschiedenen Komplexen des Nord-Pamir liegen folgende Ergebnisse vor [1]: Ganggranite und Aplite des östlichen Karakul'-Komplexes enthalten 0.2 g Galenit/t, Gneisgranite des Kurgovat-Komplexes 0.2 g Anglesit/t, in Ganggraniten dieses Komplexes ist Wulfenit qualitativ nachgewiesen; von 34 Granitoiden des Rangkul'-Komplexes enthalten 15% Galenit, von 157 granitischen Gesteinen des Karakul'-Komplexes 28% Galenit und 1% Wulfenit, während von 60 Granitoiden des Mazar-Komplexes 53% Galenit und 3% Wulfenit führen sowie von 7 granitischen Gesteinen des Kurgovat-Komplexes 42% Galenit, 14% Anglesit und 28% Wulfenit.

Kaledonische granitische Gesteine des Chatyrkul'-Cu-Mo-Erzfeldes, Kasachstan, enthalten Pb in den Hauptmineralien sowie untergeordnet in Magnetit, Apatit, Titanit und Zirkon [2], in den granitischen Gesteinen des Kuu-Massivs, nordöstlich Karkaralinsk, beachtliche Mengen Pb nicht nur in Feldspäten und Biotit, sondern auch in Hämatit [3], in alaskitischen Graniten vom „Apatit-Monazit"-Typ dieses Massivs ist akzessorischer Wolframit Pb-haltig [4]. In Alkaligranitoiden des Arsalan-Massivs, Chingiz-Gebirge, nordöstlich des Balchasch-Sees, Pb in Zirkonen und Magnetiten, dazu hydrothermal-epigenetischer Galenit und sekundärer Cerussit [5].

In Gesteinsserien mit Granodioriten als ersten Differentiaten des Nuratau- und Kurama-Gebirgszuges je 3 bis 5 g Galenit/t [6]; in Granodioriten und Dioriten des Kurama-Gebirges [7] sowie in den Porphyriten des Berges Kalkan Ata in diesem Gebirge [8] Galenit ohne gleichzeitigen

Nachweis von Pb in anderen Mineralien. In den granitischen Gesteinen des Aktau-Massivs, Nuratau-Gebirge, enthalten K-Feldspäte und Biotite gitterfremdes Pb; die Höhe des Pb-Gehaltes in den Hauptgemengteilen und Akzessorien nimmt ab von Pyrit→Rutil→Zirkon→Titanit→Ilmenit→Feldspäten →Biotit→Quarz→Amphibol = Apatit = Turmalin, auch Pb-haltige Tantalat-Niobate treten auf; radiogenes Pb führen vor allem Apatit, Monazit, Zirkon, Titanit und Allanit [9]. In den Graniten des Nuratau-Batholithen sind die hohen Gehalte an radiogenem Pb in den Feldspäten möglicherweise durch submikroskopische Einschlüsse von Akzessorien wie Uraninit und Fergusonit verursacht [10].

In Porphyren des Gissar-Gebirges hohe Pb-Gehalte in den Biotiten, Hornblenden und Pyriten bei gleichzeitigem Auftreten von Galenit in quantitativ erfaßbaren Mengen [11]. In granitischen Gesteinen vom Südwest-Hang des Gebirges ist Pb über alle gesteinsbildenden Mineralien gleichmäßig verteilt, Quarzdiorite enthalten Pb vor allem in Feldspäten und Biotit, Alaskite vor allem in Feldspäten und Quarz [12], auch Galenit ist in den Gesteinen des Gissar-Gebirges nachgewiesen [13]. In Gesteinen vom Südhang des Gebirges ist Galenit nachgewiesen, und zwar in kontaktnahen, porphyrischen und gangförmigen Graniten nur einzelne Körner, im Normalgranit 10 g/t, in sauren Effusiven, Liparit- und Quarzporphyren 10 bis 20 g/t und im Quarzporphyr von Takob bis 520 g/t [11].

Die Gesteine des Chatkal-Gebirges enthalten neben anderen Pb-haltigen Mineralien Chlorit mit Spuren bis 100 ppm Pb [14], Xenotim mit Pb in der Größenordnung n0 ppm, ferner Pb in Scheelit [15] sowie in Fluorit, der vor allem in Paragenese mit Pb-haltigem Apatit und Allanit in den permotriassischen Granitoidkomplexen auftritt, während die oberpaläozoischen Komplexe durch Pb-haltige Magnetite und Titanite charakterisiert sind [16]. Zu den häufigeren Akzessorien der granitischen Gesteine des Gebirges gehört Galenit [7, 14, 15]. Diorite und Granitporphyre des Chatkal-Gebirges enthalten 10 bzw. 50 g Galenit/t [16].

Folgende Tabelle gibt den prozentualen Anteil der einzelnen Mineralien am Gesamt-Pb-Gehalt verschiedener Gesteine der Akchinsk-Intrusion am Südwest-Hang des Chatkal-Gebirges nach [16] wieder:

Gestein	Feldspäte	Biotit	Amphibol	Muskovit	Nicht-Silikate
			Anteil Pb in %		
Quarzdiorit	38	20	11	—	32
Granodiorit	68	5	3	—	24
Biotitgranit und Alaskit	51	4	—	1	44

Primär hydrothermaler Galenit und sekundäres Gediegen Blei zusammen mit Cerussit treten in allen dioritischen und granitischen Gesteinen des Aksuisk-Erzfeldes, Kirgisen-Gebirge, auf; der Galenit reichert sich in den apikalen sauren Intrusionen bis auf 50 g/t an und ist am stärksten verarmt in Alaskiten [17]. Im westlichen Kirgisen-Gebirge wird Galenit in Diopsidporphyriten, Spessartiten, Diorit- und Diabasporphyriten angetroffen, Gediegen Blei neben Galenit in Dioriten und porphyrischen Graniten und als einziges Pb-Mineral in proterozoischen Gneisgraniten [18]. — Gediegen Blei, Galenit und Boulangerit in Gesteinen des Talasskii-Gebirges s. [19].

In den granitischen Gesteinen des Susamyr-Batholithen liegt $^1/_3$ bis $^1/_2$ des Gesamt-Pb in leicht extrahierbarer Form vor. Zur Verteilung von Pb in % des Gesamt-Pb verschiedener Gesteine dieses Batholithen auf ihre Mineralien s. folgende Tabelle nach [20]:

Gestein	Feldspäte	Biotit	Hornblende	Quarz	Magnetit	Rest
			Anteil Pb in %			
Grobkörniger Biotitgranit	83	2.3	0.5	3.0	0.1	11.1
Ungleichkörniger Granit	91.5	2.7	—	5.4	0.4	0
Leukokrater Granit	74	2.0	—	3.3	0.3	20.4

Verteilung von Galenit und Gediegen Blei auf die granitischen Gesteine und ihre Ganggesteine aus verschieden alten Komplexen im Norden des Tien Shan s. [21, 22, 23].

Literatur zu 2.4.1.1.3.5.3:

[1] V. S. Lutkov, M. Kh. Khalilov, V. I. Kozyrev (Izv. Akad. Nauk SSSR Ser. Geol. **1972** Nr. 5, S. 90/107, 98/101). — [2] G. E. Narvait (in: Magmatizm i Svyazannoe s nim Poleznykh Iskopaemykh, Moskva 1960, S. 357/60, 358). — [3] A. I. Ezhov (in: Metallogenicheskaya Spetsializatsiya Magmaticheskikh Kompleksov, Moskva 1964, S. 308/19, 311, 317). — [4] A. I. Ezhov (in: I. E. Smorchkov, Aktsessornye Mineraly Izverzhennykh Porod, Moskva 1968, S. 128/30). — [5] R. V. Putalova (in: I. E. Smorchkov, Aktsessornye Mineraly Izverzhennykh Porod, Moskva 1968, S. 218/24).

[6] N. I. Polevaya, A. V. Rabinovich, M. N. Golubchina, A. D. Iskanderova (in: A. P. Vinogradov, Problemy Geokhimii i Kosmologii, Moskva 1968, S. 128/34, 130). — [7] O. P. Eliseeva (Tr. Inst. Geol. Rudn. Mestorozhd. Petrogr. Mineralog. i Geokhim. Nr. 27 [1960] 92/105, 94). — [8] L. P. Konnov (Zap. Vses. Mineralog. Obshchestva **89** [1960] 114/7). — [9] P. T. Azimov (Zap. Uzbekistansk. Otd. Vses. Mineralog. Obshchestva Akad. Nauk Uz.SSR Nr. 23 [1970] 140/5). — [10] A. V. Rabinovich, M. N. Golubchina, T. M. Murtazina (Geokhimiya **1965** 519/27, 523).

[11] A. V. Rabinovich (Geol. SSSR Min. Geol. i Okhrany Nedr SSSR **24** [1959] 413/22, 414/5, 417/9, 421). — [12] I. M. Isamukhamedov, P. D. Kupchenko (Zap. Uzbekistansk. Otd. Vses. Mineralog. Obshchestva Akad. Nauk Uz.SSR Nr. 20 [1969] 3/12, 11/2). — [13] R. B. Baratov (Intruzivnye Kompleksy Yuzhnogo Sklona Gissarskogo Khrebta i Svyaz' s nim Orudenenie, Dushanbe 1966, S. 102/6, 132, 146/7, 222). — [14] P. S. Kozlova (Tr. Inst. Geol. Rudn. Mestorozhd. Petrogr. Mineralog. i Geokhim. Nr. 27 [1960] 106/24, 118/9). — [15] I. Kh. Khamrabaev, K. U. Urunbaev (in: I. E. Smorchkov, Aktsessornye Mineraly Izverzhennykh Porod, Moskva 1968, S. 141/9, 143, 147).

[16] K. U. Urunbaev (Uzbeksk. Geol. Zh. **1969** Nr. 3, S. 10/7). — [17] I. K. Davletov (Izv. Akad. Nauk Kirg.SSR Ser. Estestv. i Tekhn. Nauk **2** Nr. 6 [1960] 99/120, 105/9, 111, 117/8). — [18] G. N. Kokarev (Zap. Kirgizsk. Otd. Vses. Mineralog. Obshchestva Nr. 2 [1961] 101/9, 102/4). — [19] P. S. Kozlova (in: I. E. Smorchkov, Aktsessornye Mineraly Izverzhennykh Porod, Moskva 1968, S. 134/41, 135/6). — [20] L. V. Tauson (Geokhimiya Redkikh Elementov v Granitoidakh, Moskva 1961, S. 1/231, 28, 33).

[21] S. D. Turovskii, G. N. Kokarev (in: I. E. Smorchkov, Aktsessornye Mineraly Izverzhennykh Porod, Moskva 1968, S. 130/4). — [22] I. V. Nosyrev, S. D. Turovskii (Materialy po Geologii Tyan'-Shanya, Bd. 2, Frunze 1962, S. 21/68, 40/9). — [23] V. G. Korolev, I. V. Nosyrev, S. D. Turovskii (Materialy po Geologii Tyan'-Shanya, Bd. 2, Frunze 1962, S. 5/19, Tabelle nach S. 10, 12, 14/8).

Siberia

2.4.1.1.3.5.4 Sibirien

Feinkörnige Granite des Gurakhtinsk-Massivs, Jenissei-Gebirge, enthalten je t 3.7 g Galenit [1]. Porphyrischer Granit des Tongul'sk-Massivs im Westen von Tuva enthält in frischem Zustand 0.1 g Galenit je t, in hybridisiertem Zustand nur einzelne Körner [2].

Literatur zu 2.4.1.1.3.5.4:

[1] I. L. Kamov (in: I. E. Smorchkov, Aktsessornye Mineraly Izverzhennykh Porod, Moskva 1968, S. 149/52). — [2] V. V. Lyakhovich, A. D. Chervinskaya (Izv. Akad. Nauk SSSR Ser. Geol. **1960** Nr. 5, S. 67/78, 74/5).

Transbaikalia and Far East

2.4.1.1.3.5.5 Transbaikalien und Ferner Osten

Verteilung von Pb in ppm auf koexistierende Mineralien (I), prozentualer Mineralanteil am gesamten Mineralbestand (II) und Pb-Anteil einzelner Mineralien am Gesamt-Pb der Gesteine (III). Granitische Gesteine A) des Bugul'minsk-Komplexes, Uda-Tagul-Zwischenstromland, Ost-Sayan

[1]; B) aus Erzrevieren von Südost-Transbaikalien: Quarzdiorit von Klichka und Biotitgranit von Malyi Soktui, beide zum Kukulbei-Komplex gehörend, sowie Granodiorit von Shakhtama [2]:

Herkunft und Gestein		Plagioklas	K-Feldspat	Biotit	Hornblende	Quarz	Magnetit	Zirkon	Titanit
A Syenit-Diorit	I	11	16	10	++)	—	40	—	33
	II	51.0	27.3	3.8	8.3	—	2.3	—	0.6
	III	40	31	2.7	—	—	7	—	1.4
A Granosyenit	I	25*)		15	—	2	5	—	19
	II	76.4*)		4.6	—	17	1.1	—	0.5
	III	87*)		3	—	1	0.25	—	0.4
A Quarzdiorit	I	10	20	25	++)	—	++)	—	33
	II	48.6	13.1	6.5	14.2	—	2.5	—	0.4
	III	54.0	29	18	—	—	—	—	1.5
B Quarzdiorit	I	15	—	12	8	4	—	250	—
	II	65	—	7	7	20	—	0.1	—
	III	69.6	—	6.0	4.0	5.7	—	1.8	—
A Granodiorit	I	4	12	—	12	—	10	—	6
	II	51.4	25.5	—	7	—	1.5	—	0.9
	III	33	52	—	13	—	2.5	—	1
B Granodiorit	I	15*)		10	14	3	28	10	71
	II	62.0*)		6.0	7.0	25.0	1.0	0.07	0.33
	III	46.5*)		3.0	4.9	3.7	1.4	0.05	1.2
B Biotitgranit	I	19*)		36	—	3	—	0.9**)	20+)
	II	54*)		5	—	40	—	0.2**)	0.07+)
	III	36.6*)		6.4	—	4.3	—	0.006**)	0.05+)

*) Feldspäte insgesamt. — **) Fluorit. — +) Monazit. — ++) Pb unter der Nachweisgrenze.

In den unter B aufgeführten granitischen Gesteinen nimmt der an Galenit gebundene Anteil Pb zu von den Quarzdioriten der polymetallischen Zone von Klichka (≈14%) zu den Biotitgraniten von Malyi Soktui (≈52%) [2]. — Akzessorische Magnetite aus Granitoiden verschiedener Massive des östlichen Transbaikalien haben in den Proben aus sauren Wirtsgesteinen der vulkanogenen bis intrusiven Bildungen erhöhte Pb-Gehalte gegenüber den Proben aus Wirtsgesteinen vom batholithischen Typ; in komagmatischen Gesteinen eines Vorkommens finden sich jedoch keine Unterschiede im Pb-Gehalt der Magnetite aus früh gebildeten, basischen Wirtsgesteinen und aus späteren sauren Magmatiten [3].

Die Verteilung von Pb auf K-Feldspäte und Biotite aus differenzierten Granitoiden des Verkhne-Undinsk-Batholiths im Zwischenstromgebiet von Shilka und Argun', Ost-Transbaikalien, die von der Zusammensetzung und Intrusionstiefe der Magmen sowie durch autometasomatische Prozesse wie Umwandlung von Plagioklasen in K-Na-Feldspate („K-Feldspatisierung") beeinflußt wird, s. in folgender Zusammenstellung nach Kozlov u.a. [4, 5, 6], Pb-Werte der Biotite bei [4, 6], der Feldspäte aus Apliten bei [5]. Intrusionsphase IIa = synorogene Granitoide der Gazimur-,Ober-Unda- und Onon-Borzya-Fazies, leukokrate Granite vom Alenguy; Intrusionsphase IIb spätorogene Granitoide, Kudikan-Granite und leukokrate Granite von Alenuy, Intrusionsphase III spätorogene Granitoide der Randfazies sowie leukokrate Granite vom Oberlauf des Unda und Mittellauf des Gazimur. Zahl der Proben in Klammern:

Intrusionsphase und Gestein	ppm Pb in K-Feldspat	ppm Pb in Biotit	Intrusionsphase und Gestein	ppm Pb in K-Feldspat	ppm Pb in Biotit
IIa Granodiorite und Quarzdiorite	30 bis 40, Mittel 34(4)	1 bis 8, Mittel 5(9)	IIb apikale leukokrate Granite	16 und 18*)	10 bis 60, Mittel 36(4)*)
IIa Porphyrische Granite und Granodiorite	24 bis 34, Mittel 27(7)	2 bis 15, Mittel 6(20)	III Biotit-Granodiorite, Randfazies	56 und 80	
IIa Aplite	20 bis 48, Mittel 30(7)	—	III leukokrate Granite, Tiefenfazies	60 bis 65, Mittel 63(3)	
IIa grobkörnige Granite	22 bis 29, Mittel 25(3)	3(1)	III Aplite	48 bis 90, Mittel 67(5)	5 bis 11, Mittel 8(6)*)
IIa leukokrate Granite, Tiefenfazies	35 bis 53, Mittel 42(5)*)	5 bis 55, Mittel 31(4)*)	III apikale leukokrate Granite	32 bis 45, Mittel 38(3)	
IIa Aplite	43 bis 48, Mittel 45(3)	—	III Aplit	44	
IIb Biotitgranite und leukokrate Granite	18 bis 32, Mittel 24(6)*)	5 bis 20, Mittel 14(4)	III apikaler leukokrater Granit	20*)	

*) Aus autometasomatisch veränderten Gesteinen.

In den mesozoischen Graniten des Vitim-Plateaus, nördliches Transbaikalien, ist Pb in Fluorit, Magnetit, Pyrit und Molybdänit enthalten [7].

Paläozoische und mesozoische Granite im Gebiet des Dzhida-Flusses, Autonome Burjaten-Republik, enthalten Pb (bis n0 ppm) in Granat, Zirkon und Titanit, mesozoische auch in Ilmenit und Turmalin [8].

In den Granitoiden des Myao-Chan-Komplexes, Ferner Osten — hybriden Quarzdioriten und Granodioriten in der ersten Phase, Biotitgraniten in der zweiten Phase sowie Turmalingraniten in der dritten Phase — sind die Pb-Gehalte der K-Feldspäte sowie die von Ilmenit und Apatit auffallend hoch (bis 1% bei K-Feldspat, bis 3% bei Ilmenit, bis 5% bei Apatit in den hybriden Gesteinen) [9]. Galenit findet sich in den Gesteinen dieses Komplexes nur in einzelnen Körnern, in der nichtmagnetischen Schwermineralfraktion von Quarz-Monzonitporphyren und Granodioritporphyren der ersten Intrusionsphase beträgt der Galenitanteil 3 bis 5 bzw. 12 bis 25% [9, 10].

In den tertiären Graniten von Tetyukhe, Ferner Osten, sind Plagioklase, K-Feldspäte, Biotite und — mit den höchsten Pb-Gehalten — die Schwermineralien Pb-haltig, auch Galenit tritt auf [11]. — In den oberkretazischen Lipariten und Quarzporphyren vom Osthang des Sikhote-Alin sind die Biotite Pb-reicher und häufiger als in den paläogenen Lipariten und Tuffen [12]. Von den Kugelipariten des Primor'e enthalten die aus dem Becken des Kentsukhe-Flusses in den Kugeln außer einzelnen Galenit-Körnern 0.2 bis 0.5% Pb in Fluorit mit eingesprengten Erzmineralien, ferner Pb in Carbonaten und Eisenockern [13]. In den Kugeln des Liparits des Malazy-Beckens, Suchansk-Rayon, ist Siderit Pb-haltig [14].

Literatur zu 2.4.1.1.3.5.5:

[1] A. E. Vorontsov, G. I. Selivanova (Geol. i Geofiz. Akad. Nauk SSSR Sibirsk. Otd. **1971** Nr. 9, S. 40/7, 45). — [2] A. V. Rabinovich, Z. A. Baskova (Geokhimiya **1959** 546/9; Geochemistry [USSR] **1959** 663/7). — [3] N. S. Vartanova, I. V. Zav'ialova, V. I. Simonova (Probl. Petrolog. Genet. Mineral **2**

[1970] 216/22, 219). — [4] V. D. Kozlov (in: L. H. Ahrens, Origin and Distribution of the Elements, Oxford – London – Edinburgh – New York – Toronto – Sidney – Paris – Braunschweig 1968, S. 649/61, 650/1). — [5] V. D. Kozlov, E. A. Klepikova, L. N. Svadkovskaya (in: Geokhimiya i Petrologiya Magmaticheskikh i Metasomaticheskikh Obrazovanii, Moskva 1965, S. 175/95, 178/82; Geochem. Intern. **3** [1966] 1257/75, 1259/63).

[6] V. D. Kozlov, Z. N. Volovikova, L. N. Svadkovskaya (in: Voprosy Geokhimii Izverzhennykh Gornykh Porod i Rudnykh Mestorozhdenii Vostochnoi Sibiri, Moskva 1965, S. 127/51, 133/6). — [7] A. R. Zilov, A. L. Pleshanova (Zap. Vost. Sibirsk. Otd. Vses. Mineralog. Obshchestva Nr. 4 [1962] 42/9, 47/8). — [8] K. N. Braun, N. A. Ashikhmina, T. S. Magidovich (Aktsessornye Elementy i Mineraly kak Kriterii Komagmatichnosti i Metallogenicheskoi Spetsializatsii Magmaticheskikh Kompleksov, Moskva 1965, S. 102/14, 106, 108, 111/13). — [9] M. G. Rub, V. N. Onikhimovskii, Yu. I. Bakulin, V. N. Glavatskaya, P. N. Koshman, B. V. Makeev, A. P. Rastuntsev, P. N. Seleznev, N. A. Terentenko, V. V. Yunonis (Tr. Inst. Geol. Rudn. Mestorozhd. Petrogr. Mineralog. i Geokhim. Nr. 62 [1962] 3/171, 32, 35, 41, 45, 56, 67/71). — [10] V. S. Koptev-Dvornikov, M. G. Rub (in: E. T. Shatalov u.a., Kriterii Svyazi Orudeneniya s Magmatizmom Primenitel'no k Izucheniyu Rudnykh Raionov, Moskva 1965, S. 50/107, 59).

[11] V. A. Baskina (in: Metallogenicheskaya Spetsializatsiya Magmaticheskikh Kompleksov, Moskva 1964, S. 298/307, 304). — [12] E. V. Bykovskaya (Zap. Vses. Mineralog. Obshchestva **89** [1960] 195/207, 200). — [13] M. A. Favorskaya (Tr. Inst. Geol. Rudn. Mestorozhd. Petrogr. Mineralog. i Geokhim. Nr. 90 [1963] 52/67, 61, 66). — [14] M. A. Favorskaya (Tr. Inst. Geol. Rudn. Mestorozhd. Petrogr. Mineralog. i Geokhim. Nr. 90 [1963] 68/85, 68, 83/4).

2.4.1.1.3.5.6 Afrika. Australien. Nordamerika

Africa. Australia. North America

Granite des Bushveld-Komplexes, Südafrika, führen als Akzessorien Galenit sowie Monazite und Zirkone mit hohen Pb-Gehalten; in den Zirkonen treten bis zu 38% radiogenes Pb auf, gewöhnliches Pb findet sich unter anderem in kleinen opaken Einschlüssen [1].

In den granitischen Gesteinen des Murrumbidgee-Batholithen, Australian Capital Territory, sind Plagioklase, K-Feldspäte und Biotite Pb-haltig, weitere Pb-Träger sind Muskovite und Hornblenden [2].

Die Verteilung von Pb auf die Mineralien granitischer Gesteine aus verschiedenen Plutonen Nordamerikas zeigt folgende Tabelle. A = präkambrischer Granit des Deloro-Plutons, Ost-Ontario, Kanada, nach [3], B = präkambrischer Granit vom Monmouth Township, Haliburton County, Süd-Ontario, nach [4] und C = kretazischer Quarzdiorit des South California-Batholithen, Kalifornien, USA, nach [5]. Zeile I gibt den Pb-Gehalt der gesteinsbildenden Mineralien in ppm an, Zeile II den Anteil der Mineralien in % am Mineralbestand des Gesteins und Zeile III den prozentualen Anteil des Pb-Gehalts des betreffenden Minerals am Gesamt-Pb-Gehalt des Gesteins.

Herkunft und Gestein	Plagioklas	K-Na-Feldspat (Perthit)	Biotit**)	Hornblende	Quarz
A Granit I	18*)		23	—	0
II	67.3*)		4.2	—	26.4
III	89*)		7	—	0
B Granit I	3.8	9.5	—	—	5.5
II	20 ± 1	52 ± 2	—	—	24 ± 1
III	8.2	53.2	—	—	14.2
C Quarzdiorit I	14	—	30	11	5
II	49	—	18	13	20
III	41	—	32	8.6	6

Herkunft und Gestein	Magnetit	Apatit	Zirkon	Titanit	Pyrit
A Granit I	27	—	—	—	—
II	2.0	—	—	—	—
III	4.0	—	—	—	—
B Granit I	1.4	136	461	240 und 113	370
II	0.4 ± 0.2	0.02 ± 0.01	0.04 ± 0.01	je 0.4 ± 0.1	0.02
III	0.06	0.29	2.0	15.2	0.8
C Quarzdiorit I	keine Daten	5	37	33.5	—
II	keine Daten	0.2	0.02	0.04	—
III	keine Daten	0.06	0.04	0.08	—

*) Feldspäte insgesamt. — **) In A chloritisiert.

Pb-Isotopenzusammensetzung der einzelnen Mineralien des Granits von Monmouth, Haliburton County, Süd-Ontario, s. „Blei" A 2a, S. 244.

Granitische Gesteine des Keno Hill-Distrikts, Yukon, Kanada, enthalten Pb meist in Feldspäten, in geringeren Mengen auch in Zirkon und Allanit [6], die des Yellowknife-Distrikts, North West Territories, meist in Feldspäten und Glimmern neben geringen Mengen in Zirkon [7].

Literatur zu 2.4.1.1.3.5.6:

[1] L. O. Nicolaysen, J. W. L. de Villiers, A. J. Burger, F. W. E. Strelow (Trans. Proc. Geol. Soc. S.Africa **61** [1958] 137/63, 141, 147, 152, 155). — [2] A. S. Joyce (Chem. Geol. **11** [1973] 271/96, Tabellen nach S. 273, 290/1). — [3] L. M. Azzaria (Can. Mineralogist **7** [1962/63] 617/30, 624). — [4] G. R. Tilton, C. Patterson, H. Brown, M. Inghram, R. Hayden, D. Hess, E. Larsen (Bull. Geol. Soc. Am. **66** [1955] 1131/48, 1140). — [5] E. S. Larsen, N. B. Keevil, H. C. Harrison (Bull. Geol. Soc. Am. **63** [1952] 1045/52, 1046).

[6] R. W. Boyle (Can. Dept. Mines Tech. Surv. Geol. Surv. Can. Geol. Surv. Bull. Nr. 111 [1965] 1/302, 107). — [7] R. W. Boyle (Can. Dept. Mines Tech. Surv. Geol. Surv. Can. Mem. Nr. 310 [1961] 1/193, 84).

Quantitative Distribution of Pb Among Minerals of Rock Massifs and Differentiation Series

2.4.1.1.3.6 Quantitative Verteilung von Pb auf die Mineralien von Gesteinsmassiven und Differentiationsserien

Die Verteilung von Pb auf die Mineralien in Gesteinsmassiven bzw. Differentiationsserien wird im folgenden an einigen Beispielen aufgezeigt, in denen der prozentuale Anteil des Mineral-Bleis am Gesamt-Gesteinsblei oder die Gehalte von Pb in ppm für die Pb-Träger der einer Serie angehörenden Gesteine angegeben werden.

Die prozentualen Pb-Anteile der einzelnen Mineralien am Gesamt-Pb-Gehalt der Gesteine der Charnockit-Serie, Madras, Indien, berechnet nach [1], betragen:

Mineral	Norit	2 intermediäre Gesteine	Charnockit
Plagioklas	38	33 und 41	42
K-Feldspat	—	— und 56	37
Hornblende	4	— und 1	—
Pyroxen	—	—	7
Magnetit	10	27 und 2	—
Mineralien mit Pb <10 ppm	48	40 und —	14

Von dem gesamten Pb-Gehalt des Witoscha-Plutons, Bulgarien, 76 ppm, entfallen nach [2] auf:

Feldspäte	Biotit	Amphibol	Magnetit, Titanit, Zirkon	Apatit
97.5%	0.5%	0.5%	je 0.6%	0.2%

In den Pb-Trägern aus basischen bis sauren Gesteinen aus 5 Massiven in der Autonomen Republik Adscharien, Grusinische SSR, die teilweise autometasomatisch umgewandelt sind, folgende Pb-Gehalte in ppm nach [3, 4]; Anzahl der zur Mittelwertsbildung benutzten Proben in Klammern:

Gestein	Plagioklas	Orthoklas	Biotit	Amphibole
Alle Gesteine	4 bis 10, Mittel 5.8 (6)	4 bis 16, Mittel 8.8 (8)	1 bis 6, Mittel 3.8 (7)	Spur und 4 —
Syenite	4 bis 10 (4)	9 bis 16 (5)	4 bis 6 (3)	—
Uralitisierter Syenit	6	5 und 12	3	—

Gestein	Pyroxene	Magnetit	Pyrit
Alle Gesteine	0 bis 23, Mittel 12 (12)	1 bis 25, Mittel 13 (7)	bis 18.5, Mittel 4
Syenite	23	25	—
Uralitisierter Syenit	—	—	—

Ferner: in Magnetit aus 3 Gabbros 14, 15 und 24 ppm, aus umgewandeltem Gabbro-Diorit 5 ppm, in Pyroxen aus diesem Gestein 13 ppm Pb. — In Syeno-Diorit und Syeno-Dioritporphyr Biotit mit 1.6 bzw. 1 ppm Pb; in Quarz-Syeno-Diorit Plagioklas mit 5 ppm; in K-Na-Feldspäten aus amphibolisiertem Syenit und uralitisiertem Quarzsyenit 4 bzw. 8 ppm Pb [4].

South California-Batholith. Gehalte in ppm Pb für Quarzdiorit sowie für Apatit und Titanit nach [5], übrige Daten nach [6]. Zahl der Proben in Klammern. Pb-Anteile der einzelnen Mineralien am gesamten Pb-Gehalt des Quarzdiorits s. S. 77/78.

Gestein	Feldspat*)	Biotit	Quarz	Apatit
Gabbrogesteine	—	70**)	—	62+)
Quarzdiorit	14	30***)	5	5
Tonalit	50	—	—	19 und 10
Granodiorit	43, 50, 60	12 und 27	—	—
Granit, Quarzmonzonit	45+++)	34 und 30+++)	—	—

Gestein	Zirkon	Titanit	Monazit	Xenotim
Gabbrogesteine	—	—	—	—
Quarzdiorit	37	33	—	—
Tonalit	30++)	12 (?), 63	360	200
Granodiorit	21 bis 50 (6), 10 bis 29 (4)	— —	— —	— —
Granit, Quarzmonzonit	80, 106, 180	—	—	80

*) In Quarzdiorit Plagioklas, in den übrigen Gesteinen Orthoklas. — **) Aus Norit [6, S. 38]. — ***) Hornblende aus Quarzdiorit 11 ppm Pb. — +) Aus Hornblende-Gabbro [5, S. 1050/1]. — ++) In Zirkonen aus 10 weiteren Tonaliten 7 bis 35 ppm Pb [6, S. 48]. — +++) Nur Mineralien aus Granit.

Literatur zu 2.4.1.1.3.6:

[1] R. A. Howie (Trans. Roy. Soc. Edinburgh **62** [1952/56] 725/68, 732/3, 737, 742, 747, 752, 755/61). — [2] E. Aleksiev (Tr. Vurkhu Geol. Bulgar. Ser. Geokhim. Polezni Izkop. Bulgar. Akad. Nauk **1** [1960] 3/64, Tabelle 10 nach S. 48 [bulgarisch, deutsch S. 61/4]). — [3] T. V. Ivanitskii, N. D. Gvaramadze, T. D. Mchedlishvili, I. D. Shavishvili, D. G. Nadareishvili, M. Sh. Machavariani (Tr. Geol. Inst. Akad. Nauk Gruz.SSR **20** [1969] 1/150, 102, Tabelle 6). — [4] T. V. Ivanitskii, N. D. Gvaramadze, T. D. Mchedlishvili (Soobshch. Akad. Nauk Gruz.SSR **44** [1966] 365/72, 367). — [5] E. S. Larsen, N. B. Keevil, H. C. Harrison (Bull. Geol. Soc. Am. **63** [1952] 1045/52, 1046, 1050/1).

[6] E. S. Larsen, D. Gottfried, H. W. Jaffe C. L. Waring (U.S. Geol. Surv. Bull. Nr. 1070-B [1958] 35/62, 38, 42, 48/9).

Pb Content of Rock Standards

2.4.1.1.4 Blei-Gehalte in Standardgesteinen

Für den Vergleich der Analysengenauigkeiten und der Bestimmungsmethoden zwischen verschiedenen Laboratorien werden Proben sogenannter „Standardgesteine“ benutzt. Eine Übersicht der bis 1974 vorhandenen Standardgesteinsproben — mit Proben-Nr. und herausgebender Institution — gibt Flanagan [1]. Kritische Anmerkungen zu den für Elementgehalte in Standardgesteinen benutzten Begriffen (magnitude, proposed, preferred, recommended, certified und guaranteed) s. bei Abbey [2].

In der folgenden Tabelle sind die bisher in den einzelnen Standardgesteinen nach verschiedenen Analysenmethoden bestimmten Pb-Gehalte sowie der von Flanagan [3] berechnete empfohlene Mittelwert des Pb-Gehaltes zusammengestellt, vgl. auch [34]. Die zur Berechnung des Mittelwertes benutzte Analysenzahl ist in Klammern angegeben; bei den mit ≈ bezeichneten Mittelwerten handelt es sich um Maximalwerte, da zu ihrer Berechnung Werte herangezogen wurden, die obere Grenzwerte angeben. Bei den unter Bereich angegebenen Werten sind Mittelwerte durch (M) gekennzeichnet. In der Spalte Literatur sind die Anzahl der Analysen und die benutzten Analysenmethoden (soweit angegeben) vor dem Literaturzitat angeführt; folgende Abkürzungen werden benutzt: AA = Atomabsorptions-Spektrometrie, Ch = Chemische Analyse, Chr = Chromatographie, Col = Colorimetrie, ID = Isotopen-Verdünnungsanalyse und Massenspektrometrie, OS = Optische Spektralanalyse, Pol = Polarographie, Rö = Röntgenspektralanalyse, XRF = Röntgenfluoreszenzanalyse.

Standardgestein	ppm Pb Bereich	Mittel	Empfohlener Wert nach [3]	Literatur
Dunit, DTS-1	<4 bis 28	13.5 (54)	14.2	1 XRF [5, S. 181]; 2 Pol [6]; 2 Rö [7]; Mittel aus 10 OS [8, S. 207]; Mittel aus 15 OS [9]; 24 OS, XRF und Ch [10].
Dunit, NIM-D	5 bis 25	≈9 (7)	—	1 XRF [5, S. 178]; 6 XRF [11].
Peridotit, PCC-1	<1 bis 27	13.5 (54)	13.3	3 Pol [6]; 2 Rö [7]; Mittel aus 10 OS [8, S. 207]; Mittel aus 15 OS [9]; 22 OS, XRF [10]; 1 XRF [5, S. 180]; 1 [6].
Serpentinit, UB-N	12 bis 32	21.6 (5)	—	4 OS [25]; 1 XRF [5, S. 176].
Pyroxenit, NIM-P	5 bis 20	≈9 (8)	—	1 XRF [5, S. 178]; 6 XRF, OS [11]; 1 Mittel [3, S. 1197].
Lujavrit, NIM-L	35 bis 55	43.8 (10)	—	8 OS, XRF, Chr [11]; 1 XRF [5, S. 178]; 1 Mittel [3, S. 1197].
Basalt, BCR*)	8.59 bis 8.62	8.605 (4)	—	4 ID [4].
Basalt, BCR-1*)	<4 bis 35	≈18.9 (72)	17.6	1 XRF [5, S. 180]; 1 Pol [6]; 2 Rö [7]; Mittel aus 9 OS [8, S. 207]; Mittel aus 15 OS [9]; 39 OS, XRF, ID, Ch [10]; 5 ID [4].
Basalt, BM	7 bis 13	11.7 (21)	12	1 XRF [5, S. 174]; 2 OS, XRF [11]; Mittel aus 18 OS, XRF, Pol, AA [13].
Basalt, BR	4.6 bis 22 (M)	10.1 (14)	—	2 XRF [14]; 1 XRF [5, S. 176]; Mittel aus 3 OS [9]; Mittel aus 7 OS [8, S. 203]; 1 Pol [6].
Basalt, JB-1	5 bis 23	11.5 (32)	14	3 XRF [14]; 1 XRF [5, S. 177]; 3 AA, OS [15]; 25 AA, OS, XRF [35].
Basalt, NBS 4978	5.2 bis 6.4	6.0 (4)	—	3 Pol [6]; 1 [16].
Basalt, NBS 4985	2.8 bis 5.1	4.0 (4)	—	3 Pol [6]; 1 [16].
Dolerit, QMC-I-3	—	<10	—	1 XRF [5, S. 175].
Diabas, W-1	Spuren bis 20	≈8.2 (168)	7.8	5 Pol, OS [6]; 2 Pol [17]; 1 OS [18, S. 103]; Mittel aus 4 OS [19]; je 1 Mittel aus 10 und 3 OS [20]; Mittel aus 4 OS [9]; Mittel aus 18 OS [8, S. 206]; 2 Rö [7]; 56 OS, Col, Pol [22]; 35 OS, Col, XRF, ID [23]; 28 OS, XRF, ID [24].

Standardgestein	ppm Pb		Empfohlener Wert nach [3]	Literatur
	Bereich	Mittel		
Diabas, NBS 4984	1.3 bis 1.8	1.5 (3)	—	3 Pol [6].
Norit, NIM-N	<5 bis 20	≈12 (10)	—	8 OS, XRF, Chr [11]; 1 XRF [5, S. 178]; 1 Mittel [3, S. 1197].
Gabbro, MRG-1	—	12	—	1 OS [26].
Gabbrodiorit, NBS 4982	4.1 bis 5.6	4.8 (3)	—	3 Pol [6].
Diorit, DR-N	18 bis 85	72 (11)	—	8 OS, Chr, XRF [25]; 2 XRF [14]; 1 XRF [5, S. 176].
Andesit, AGV-1*)	15 bis 48	33.3 (90)	35.1	Mittel aus 9 OS [8, S. 206]; Mittel aus 15 OS [9]; 3 Pol [6]; 2 Rö [7]; 54 OS, Ch, XRF, ID [10]; 5 ID [4]; 1 XRF [5, S. 179]; 1 [6].
Syenit, SY-1	156 bis 870	482.6 (44)	495	2 Rö [7]; Mittel aus 5 OS [9]; 8 OS, XRF [27]; Mittel aus 9 OS [8, S. 205]; 17 OS, Pol, Ch, Col [28]; Mittel aus 2 Pol [6]; 1 OS [29].
Syenit, SY-2	83 und 84	83.5 (2)	—	1 OS [26]; 1 XRF [5, S. 173].
Syenit, SY-3	13 und 128	—	—	1 OS [26]; 1 XRF [5, S. 173].
Syenit, NIM-S	<3 bis 20	≈11.4 (9)	13	1 XRF [5, S. 178]; 8 OS, XRF, Chr [11].
Tonalit, T-1	35.9 bis 50	38.6 (11)	—	Mittel aus 7 OS [8, S. 207]; 3 Pol [6]; 1 OS [29].
Granodiorit, GSP-1	14 bis 80	50.2 (85)	51.3	3 Pol [6]; Mittel aus 15 OS [9]; 2 Rö [7]; 51 OS, Ch, XRF, ID [10]; Mittel aus 7 OS [8, S. 206]; 1 XRF [5, S. 179]; 6 [30].
Granodiorit, JG-1	21 bis 32	25.6 (33)	24	6 OS, AA [15]; je 1 XRF [14], [5, S. 177]; 25 AA, OS, XRF [35].
Granit, G-1	20.9 bis 90	43.2 (159)	48	3 Pol [17]; 1 OS [18, S. 108]; 2 OS [31]; Mittel aus 4 OS [9]; 12 OS [32]; Mittel aus 9 OS [8, S. 205]; 1 Rö [7]; 1 OS [29]; 3 Pol [6]; 54 OS, Col, Pol [22]; 48 OS, XRF, Pol, Col, ID [23]; 21 OS, Pol, ID [24].
Granit, G-2	15 bis 43 (M)	28.8 (78)	31.2	3 Pol [6]; 1 OS [6]; Mittel aus 7 OS [8, S. 205]; Mittel aus 15 OS [9]; 50 OS, ID, Ch, XRF [10]; 1 Rö [7]; 1 XRF [5, S. 178].

Standardgestein	ppm Pb		Empfohlener Wert nach [3]	Literatur
	Bereich	Mittel		
Granit, GM	13 bis 32 (M)	29.6 (14)	30	1 XRF [5, S. 174]; Mittel aus 10 OS [8, S. 204]; 2 OS, XRF [12]; 1 [13].
Granit, GR	24 bis 35.3**)	32.5 (23)	—	Mittel aus 4 OS [9, S. 145]; 10 OS, XRF [33]; Mittel aus 7 OS [8, S. 203]; 1 OS [29]; 1 Pol [6].
Granit, GA	11 bis 35	26.3 (20)	—	1 XRF [5, S. 175]; Mittel aus 7 OS [8, S. 203]; 1 Pol [6]; 11 OS [33].
Granit, GH	15 bis 57.5	43.7 (20)	—	1 XRF [5, S. 175]; Mittel aus 7 OS [8, S. 203]; 1 Pol [6]; 11 OS, Chr [33].
Granit, NIM-G	22 bis 65	36.6 (10)	—	8 OS, XRF, Chr [11]; 1 XRF [5, S. 178]; 1 Mittel [3, S. 1194].
Granit, NBS 4983	4.0 bis 5.0	4.4 (3)	—	3 Pol [6].
Granit, QMC-I-1	—	40	—	1 XRF [5, S. 175].

*) Aus den Ergebnissen der Isotopen-Verdünnungsanalysen an der Probe BCR, einem nicht aufbereiteten Splitter des Originalgesteins der Probe BCR-1, und der Pb-Isotopenzusammensetzung wird gefolgert, daß BCR-1 (und wahrscheinlich auch Andesit AGV-1) während der Herstellung der Standardproben mit Blei kontaminiert wurde [4]. — **) Als weiterer Wert werden 250 ppm Pb für GR angegeben [33].

Literatur zu 2.4.1.1.4:

[1] F. J. Flanagan (Geochim. Cosmochim. Acta **38** [1974] 1731/44). — [2] S. Abbey (Geochim. Cosmochim. Acta **39** [1975] 535/7). — [3] F. J. Flanagan (Geochim. Cosmochim. Acta **37** [1973] 1189/200). — [4] M. Tatsumoto, R. J. Knight, M. H. Delevaux (U.S. Geol. Surv. Profess. Papers Nr. 800-D [1972] 111/5, 112/3). — [5] V. Macháček (Casopis Mineral. Geol. **17** [1972] 171/82).

[6] W. Wahler (Neues Jahrb. Mineral. Abhandl. **108** [1968] 36/51, Tabellen nach S. 36 und 48). — [7] K. S. Heier, P. D. Palmer, S. R. Taylor (Norsk Geol. Tidsskr. **47** [1967] 185/9, 186). — [8] I. Huber-Schausberger, I. Janda, P. Dolezel, E. Schroll (Tschermaks Mineral. Petrog. Mitt. [3] **14** [1970] 195/211). — [9] W. H. Blackburn, T. B. Griswold, W. H. Dennen (Chem. Geol. **7** [1971] 143/7, 145/6). — [10] F. J. Flanagan (Geochim. Cosmochim. Acta **33** [1969] 81/120, 102/3, 110).

[11] B. G. Russell, R. G. Goudvis, G. Domel, J. Levin (Natl. Inst. Met. Repub. S. Afr. Rept. Nr. 1351 [1972] 1/74, 31/2). — [12] H. Fuchs, R. Schindler, W. Schrön, A. Špačkova (Ber. Deut. Ges. Geol. Wiss. B **11** [1966] 109/13, 110). — [13] R. Schindler (Z. Angew. Geol. **18** [1972] 221/8, 224, 226). — [14] N. A. Al-Saadi, N. W. Al-Derzi (Chem. Geol. **15** [1975] 229/34, 231/2). — [15] A. Ando, K. Kurasawa, T. Ohmori, E. Takeda (Geochem. J. **5** [1971] 151/64, 158).

[16] J. C. Cobb (J. Geophys. Res. **69** [1964] 1895/901, 1896, 1898). — [17] V. V. Zhirova (Geokhimiya **1965** 360/5, 364). — [18] K. H. Wedepohl (Geochim. Cosmochim. Acta **10** [1956] 69/148). — [19] G. Thompson, F. Shido, A. Miyashiro (Chem. Geol. **9** [1972] 89/97, 92). — [20] W. G. Melson, G. Thompson, T. H. van Andel (J. Geophys. Res. **73** [1968] 5925/41, 5932).

[21] R. Schindler (Z. Angew. Geol. **12** [1966] 186/96, 190, 193, 195). — [22] M. Fleischer, R. E. Stevens (Geochim. Cosmochim. Acta **26** [1962] 525/43, 536). — [23] M. Fleischer (Geochim. Cosmochim. Acta **29** [1965] 1263/83, 1273). — [24] M. Fleischer (Geochim. Cosmochim. Acta **33** [1969] 65/79, 75). — [25] H. De la Roche, K. Govindaraju (Bull. Soc. Franc. Ceram. Nr. 85 [1969] 35/50, 44/5).

[26] S. Abbey, A. H. Gillieson, G. Perrault (Can. J. Spectrosc. **20** [1975] 113/4). — [27] N. M. Sine, W. O. Taylor, G. R. Webber, C. L. Lewis (Geochim. Cosmochim. Acta **33** [1969] 121/31, 128). — [28] G. R. Webber (Geochim. Cosmochim. Acta **29** [1965] 229/48, 241). — [29] C. O. Ingamells, N. H. Suhr (Geochim. Cosmochim. Acta **27** [1963] 897/910, 906, 909). — [30] J. M. Ozard, R. D. Russell (Can. J. Earth Sci. **8** [1971] 444/54, 449).

[31] N. Herz, C. V. Dutra (Geochim. Cosmochim. Acta **21** [1960/61] 81/98, 83). — [32] W. H. Taubeneck (Geol. Soc. Am. Spec. Papers Nr. 91 [1967] 1/56, 5). — [33] M. Roubault, H. De la Roche, K. Govindaraju (Sci. Terre **13** [1968] 379/404, 398/401). — [34] K. H. Wedepohl (in: K. H. Wedepohl, Handbook of Geochemistry, Bd. 2, Berlin – Heidelberg – New York 1974, 82-E-1/E-2). — [35] A. Ando, H. Kurasawa, T. Ohmori, E. Takeda (Geochem. J. **8** [1974] 175/92, 184).

Pb Content of Rocks in Magmatic Rock Families

Ultrabasites. Carbonatites

2.4.1.1.5 Blei-Gehalte in den Gesteinen der magmatischen Gesteinsfamilien

2.4.1.1.5.1 Ultrabasite und Carbonatite

Gesteinskomplexe (z. Tl. mit Foiditen)

Kaledonische Alkali-Ultrabasitmassive: Pesochnoi (A), Salmagorsk (B), Lesnaya Varaka (C), Ozernaya Varaka (D) und Afrikanda (E), Kola, sowie Kandalaksha (F), Karelien, Gesamtmittel 13 ppm Pb [1]. Pb-Werte sind Mittelwerte in ppm, Anzahl der zur Mittelwertsbildung benutzten Analysen in Klammern.

Gestein und Massiv	Pb-Werte
Peridotite (A)	20 (5)
Olivinite (B)	1 (21)
Olivinite (C)	8 (4)
Olivinite, erzführend (C)	5 (6)
Olivinite (E)	10 (11) und
	20 (16)
Pyroxenite (A)	20 (2)
Pyroxenite, amphibolitisiert (A)	10 (2)

Gestein und Massiv	Pb-Werte
Pyroxenite, karbonatisiert (A)	7 (4)
Pyroxenite (B)	12 (10)
Olivin-Pyroxenit (B)	10
Pyroxenite (C)	11 (6)
Nephelin-Pyroxenite (D)	10 (2)
Pyroxenite (E) grobkörnig	10 (7)
feinkörnig	20 (10)
nephelinitisch	20 (6)

Gestein und Massiv	Pb-Werte	Gestein und Massiv	Pb-Werte
Pyroxenite (F)	10 (5)	Ijolithpegmatite (F)	5 (2)
Turjaite (B)	3 (28)	Syenite (A)	10 (2)
Melteigite (B)	3 (13)	Carbonatite (A)	10 (3)
Melteigite (D)	10 (2)	Carbonatite (B) und (F)	14 (9) bzw. 20 (21)
Ijolithe (A)	20 (7)		
Ijolithe, carbonatisiert (A)	70 (3)	Dolomit-Siderit-Carbonatite (F)	200 (15)
Ijolithe (B)	2 (38)		
Ijolithe (D)	10 (3)	Chlorit-Vermiculit-Glimmerite (F)	80 (6)
Ijolithe (F)	2 (4)		

Alkali-Ultrabasit-Intrusionen, Maimecha-Kotui-Gebiet, Nordwesten der Sibirischen Tafel. Intrusionen: Gulinskaya (A), Kugda (B), Bor-Uryakh (C) und Bukhit-Ost (D) nach [2].

Gestein und Massiv	Mittelwerte*) ppm Pb	Gestein und Massiv	Mittelwerte*) ppm Pb
Dunite (A)	3 (3)	Melteigite (A)	50 (4)
Maimechite (A)	10 (7)	(B)	100 (2)
Erz-Pyroxenite (A)	100 (4)	Ijolith-Melteigite (D)	10 (2)
Erz-Olivinite (B)	20 (2)	Nephelin-Syenite (A)	30 (3)
(C)	40 (2)	Alkalisyenite (A)	10 (4)
Melilith-Gesteine (C)	30	Khatangit (A)	80
Malignite (B)	20	Carbonatite (A)	100 (4)

*) Anzahl der zur Mittelwertsbildung benutzten Analysen in Klammern.

Wahrscheinlich durch saure Gesteine kontaminierte Ultrabasite und Basite des Konjuh-Gebirges, Bosnien, führen nach [3] folgende mittlere Pb-Gehalte in ppm:

Lherzolithe	Amphibololithe	Serpentinisierte Peridotite	Gabbros	Melaphyr	Diabase
45 (10)*)	115 (3)*)	88 (2)*)	88 (2)*)	190	28 (2)*)

*) Anzahl Proben

Einzelgesteine

Zu den beträchtlichen Unterschieden der Pb-Gehalte in den Peridotiten s. unter Ergänzungen.

Art der Gesteine und Herkunft	ppm Pb	Lit.
Ultrabasite, Magnetische Anomalie von Pavlograd-Orekhovo, Ukraine	10+)	[4]
Ultrabasite, Nordwest-Kaukasus	0.6+)	[5]

Art der Gesteine und Herkunft	ppm Pb	Lit.
Dunit, Twin Sisters Mountain, Washington*)	0.011 und 0.026**)	[6]
Dunit, Jackson Co., North Carolina	42	[7]
Dunit, Mittelatlantischer Rücken, 0°23′ N, 29°23′ W	0.10 und 0.12**)	[6]
Lherzolith, Baltimore, Maryland	19	[7, 8]
17 Lherzolithknollen aus Basaniten, Newer Volcanics, Western Victoria, Australien	<0.01 bis 0.25, Mittel <0.09	[23]
5 Peridotiteinschlüsse aus Basalt, USA und Lanzarote, Kanarische Inseln	0.08 bis 0.57, Mittel 0.25	[24]
5 Lherzolithknollen aus Basalt, Hawai	0.32	[25]
Granat-Peridotit, Arami bei Bellinzona, Schweiz	8	[26]
Phlogopit-Peridotit, Finero, Ivrea-Zone, Italien	0.8	[26]
Granat-Peridotit, Grube Victor Roberts, Oranje-Freistaat	1.05	[9]
15 Kimberlite, Jakutien und Guinea	10	[10]
Kimberlite, Südafrika		
Grube Kimberley, Kap-Provinz	7.4	[11]
Grube Dutoitspan, Kap-Provinz	16	[7, 8]
Grube Victor Roberts, Oranje-Freistaat	37.3	[9]
Lesotho (Basutoland), 14 Proben	<3 bis 20	[12]
Carbonatite, Koksharovka-Massiv, Primor'e, westlich Tetyukhe	10 bis 60	[13]
Ankeritische Carbonatite, Mount Fraser, Peak Hill Goldfield, West-Australien	10 bis 70	[14]
Carbonatite, Malawi, Chilwa Island		
2 ankeritische Sövite	10 und 15	
Sövit, Marongwe Hill	10	
Sideritischer Carbonatit, Zentralzone	125	[15]

*) Twin Sisters ist der Fundort des Dunits USGS-DTS-1, für den als empfohlener, wesentlich höherer, Wert 14.2 ppm Pb angegeben wird, s. S. 81. — **) Neutronenaktivierungsanalysen via ^{208}Pb bzw. ^{204}Pb. — +) Mittelwerte, Probenzahl nicht angegeben.

Ergänzungen

Pb-Werte von Ultrabasiten aus Differentiationsserien s. S. 134, Pb-Gehalte von Dunit USGS-DTS-1 und von Peridotit USGS-PCC-1 s. S. 81. Der besonders hohe Pb-Gehalt des Dunits, North Carolina, nach [7] ist nach Wedepohl [16] durch Verunreinigungen verursacht, nach Goldschmidt [17] vermutlich durch radiogenes Blei. Neuere Bestimmungen ergeben für Peridotit und Dunit von Dark Ridge bzw. Balsam Gap, North Carolina, Werte von 0.1 bis 1 ppm Pb [18], die, wie auch die weiteren in der Tabelle angegebenen Pb-Werte unter 1 ppm, den Gehalten nichtkontaminierter Ultrabasite entsprechen dürften, vgl. [27]. In Lherzolith, Habibas-Inseln, Algerien, 600, in Serpentiniten und karbonatisiertem Serpentinit von zwei weiteren Fundorten in Algerien 500 bzw. 600 ppm Pb [19]. Dagegen sind Serpentinite der Saranovsk- und Ulsovsk-Intrusion, Mittelural, sowie serpentinisierte Lherzolithe der zweitgenannten Intrusion, insgesamt 26 Gesteine, Pb-frei; Serpentinite und serpentinisierte Pyroxenite der Moiva-Intrusion, Westhang des Nordural, führen im Mittel von 37 Proben 6 ppm Pb [10]. In aus Peridotiten hervorgegangenen Serpentiniten im Gebiet der Flüsse Bol'shaya Laba und Pskent, Nord-Kaukasus, 3 bzw. 4 bis 6 ppm Pb [20], und 0.1 ppm Pb in Pyrop-Serpentinit des Kokchetav-Sattels, Nord-Kasachstan [21]. Aber 120 ppm Pb in Serpentiniten der Hg-Lagerstätte Narzanlin [skoe], Kleiner Kaukasus [22].

L i t e r a t u r zu 2.4.1.1.5.1:

[1] A. A. Kukharenko, M. P. Orlova, A. G. Bulak, E. A. Bagdasarov, O. M. Rimskaya-Korsakova, E. I. Nefedov, G. A. Il'inskii, A. S. Sergeev, N. B. Abakumova (Kaledonskii Kompleks Ultraosnovnykh Shchelochnykh Porod i Karbonatitov Kol'skogo Poluostrova i Severnoi Karelii, Moskva 1965, S. 1/772, 34, 58, 72, 100, 139, 267, 552/3). — [2] V. I. Gon'shakova (in: A. P. Lebedev, Mineraly Bazitov v Svyazi s Voprosami Petrogenezisa, Moskva 1970, S. 182/205, 191, 204). — [3] P. Ristić, Č. Mudrinić (Arhiv Tehnol. **3** [1965] 3/7, 4 [englisch S. 7]; C.A. **64** [1966] 12414). — [4] B. A. Gorlits'kii (Geol. Zh. Akad. Nauk Ukr.RSR **22** Nr. 2 [1962] 87/90). — [5] V. V. Ploshko, A. S. Dudykina (in: Aktsessornye Mineraly i Elementy kak Kriterii Komagmatichnosti i Metallogenicheskoi Spetsializatsii Magmaticheskikh Kompleksov, Moskva 1965, S. 134/45, 138/40, 143).

[6] G. R. Tilton, G. W. Reed (Earth Sci. Meteorit. **1963** 31/43, 34). — [7] G. v. Hevesy, R. Hobbie (Nature **128** [1931] 1038/9). — [8] G. v. Hevesy (Fortschr. Mineral. Krist. Petrog. **16** [1932] 147/61, 153). — [9] W. I. Manton, M. Tatsumoto (Earth Planet. Sci. Letters **10** [1971/72] 217/26, 219). — [10] N. P. Starkov (in: L. D. Bulykin, Magmat. Form. Metamorf., Metallogen. Urala Tr. 2-go Petrog. Soveshch., Bd. 2, Sverdlovsk 1966 [1969], S. 56/73, 70).

[11] J. F. Lovering, M. Tatsumoto (Earth Planet. Sci. Letters **4** [1968] 350/6, 353). — [12] J. B. Dawson (Bull. Geol. Soc. Am. **73** [1962] 545/59, 552). — [13] V. S. Koptev-Dvornikov, M. G. Rub (in: E. T. Shatalov u. a., Kriterii Svyazi Orudeneniya s Magmatizmom Primenitel'nogo k Izucheniyu Rudnykh Raionov, Moskva 1965, S. 50/107, 96). — [14] W. N. MacLeod (Australia [West.] Dept. Mines Ann. Rept. Geol. Surv. Br. **1970** 26/9 nach C.A. **74** [1971] Nr. 56208). — [15] M. S. Garson, W. C. Smith (Geol. Surv. Nyasaland Mem. Nr. 1 [1958] 1/127, 52).

[16] K. H. Wedepohl (Geochim. Cosmochim. Acta **10** [1956] 69/148, 83). — [17] V. M. Goldschmidt, A. Muir (Geochemistry, Oxford 1954, S. 399). — [18] R. R. Marshall, C. E. Giffin (Geol. Soc. Am. Spec. Papers Nr. 101 [1966] 132). — [19] G. Sadran (Publ. Serv. Carte Geol. Algerie Bull. [2] Nr. 20 [1958] 197/218, 208). — [20] G. D. Afanas'ev, V. M. Karpushin, V. F. Kachurin, V. V. Ploshko (Izv. Akad. Nauk SSSR Ser. Geol. **1972** Nr. 2, S. 18/26, 25/6).

[21] B. M. Naidenov, I. A. Efimov (Geokhimiya **1968** 604/11, 605; Geochem. Intern. **5** [1968] 504/10, 506). — [22] A. S. Geidarov, A. S. Mamedov, T. N. Nasibov (in: Issled. Obl. Neorgan. Fis. Khim., Baku 1971, S. 57/60 nach Ref. Zh. Geol. **1971** Nr. 12 V 52). — [23] J. A. Cooper, D. H. Green (Earth Planet. Sci. Letters **6** [1969] 69/76, 72/3). — [24] R. E. Zartman, F. Tera (Earth Planet. Sci. Letters **20** [1973] 54/66, 59). — [25] M. Morioka, K. Kigoshi (Earth Planet. Sci. Letters **25** [1975] 116/20, 117).

[26] S. Graeser (Earth Planet. Sci. Letters **6** [1969] 491/7, 493). — [27] K. H. Wedepohl (in: K. H. Wedepohl, Handbook of Geochemistry, Bd. 2, Berlin – Heidelberg – New York 1974, 82-E-3).

2.4.1.1.5.2 Gabbros und ihre Ganggesteine sowie Basalte

Gabbros and Their Dike Rocks and Basalts

Im folgenden werden Pb-Gehalte für Tiefengesteine, Effusivgesteine und Ganggesteine der Familie der Gabbros in regionaler Folge tabellarisch zusammengestellt. Die den Tabellen angefügten Ergänzungen bringen Hinweise auf weitere Gehaltsangaben für die Gesteine dieser Familie sowie Erklärungen für abweichende Werte.

2.4.1.1.5.2.1 **Europa** (ohne Sowjetunion)

Europe

Art der Gesteine und Herkunft	ppm Pb Grenzwerte	Einzel- und Mittelwerte*)	Lit.
Gabbros, D e u t s c h l a n d (Durchschnittswert)	—	5.2 (11)	[1]
Diabase, Spilite, Tuffe, Schleiz, Ost-Thüringen	—	29 (10)	[2]
Monchiquit, Kaiserstuhl, Baden	—	25	[25]
Diabase, Spilite, Tuffe, Prager Mulde, Č S S R	—	34 (5)	[2]

Art der Gesteine und Herkunft	ppm Pb Grenzwerte	Einzel- und Mittelwerte*)	Lit.
Gabbroide Gesteine, Kristallin der West-Karpaten	0 bis 5	3 (6)	[3]
Diabase, Kristallin der West-Karpaten			
Kambrosilur	—	23 (51)	
Devon	—	18 (46)	
Mesozoikum	—	3 (18)	[4]
4 Melaphyre und 2 Diabase, Kreszowice-Region bei Krakau, Polen	—	je 10 bzw. je 20	[5, 6]
Diabase, z. Tl. hydrothermal beeinflußt, Gory Swieto-Krzyskie, 5 Fundorte, Mittel-Polen	10 bis 200	51 (67)	[7]
Diabase, Matra-Gebirge, Ungarn	—	10.8 (26)	[8]
Basalte, Nordwest-Banat, Rumänien	<7 bis 14	12.4 (7)	[9]
Basalte, Persani-Gebirge, Süd-Siebenbürgen	<7 bis 15	10.8 (13)	[9]
Basalte, Ost-Karpaten	—	2 (2)	[10, 11]
Basalte, Andesitbasalte und Leucitbasalte der Dinariden, Serbien	3 bis 29	18.5 (14)	[12]
Gabbros, Belogradchik, westlicher Balkan, Bulgarien	—	5**)	[13]
Norit, Loch Doon, Süd-Schottland	—	25	[14]
Tholeiitische Basalte, Antrim-Plateau, Irland	—	<10 (8)	[15]
Basalt, Giant's Causeway, Antrim	—	4	[16, 17]
Epidiorite, Malin Head-Distrikt, Donegal		<10 und ≈50	[18]
Basalte, Island			
Tholeiit	—	4.65	[19]
Olivinbasalte	1.35 bis 3.86	2.27 (3)	[19]
Basalte, Stretishorn	—	6.2 (11)	[20]
Basalt (Randfazies), Stretishorn	—	3.6	[20]
Olivinbasalt (rezent), Surtsey	—	0.74	[19]

*) Anzahl der zur Mittelwertsbildung benutzten Analysen in Klammern. — **) Probenzahl nicht angegeben.

Ergänzungen

Pb-Werte von Basiten in Differentiationsserien von Bulgarien und Schottland s. S. 135,134. In spilitisierten Laven der Schweiz 2.6 bis 11.5 ppm Pb [21]. Abweichend von [2] findet Rösler [22] in Spiliten, teilweise hydrothermal umgewandelten Tuffen sowie Glastuffen, Ost-Thüringen, maximal Spuren bzw. je 10 ppm Pb. — In spilitisiertem Diabas und Tuffen, Berg Strahinščica, Kroatien, je 20, in silifiziertem Tuff vom gleichen Fundort 80 ppm Pb [23], in Diabastuffen des Balkans und seines Vorlandes Spuren bis 7, im Mittel (7 Proben) 4, in Spiliten aus der Diabas-Phyllitformation des Balkan 6 ppm Pb [24]. — Die hohen Pb-Werte im Epidiorit von Malin Head sind wahrscheinlich durch Pb-Zufuhr bedingt [18].

Literatur zu 2.4.1.1.5.2.1:

[1] K. H. Wedepohl (Geochim. Cosmochim. Acta **10** [1956] 69/148, 103). — [2] V. E. Popov (Geol. Rudn. Mestorozhd. **13** Nr. 4 [1971] 103/7, 105; Ber. Deut. Ges. Geol. Wiss. B **15** [1970] 293/7, Tabelle nach S. 296). — [3] M. Ivanov (Geol. Prace Zpravy **31** [1964] 81/9, 88 [deutsch S. 90]). — [4] B. Cambel, L. Kamenický (Geol. Zb. [Bratislava] **19** Nr. 1 [1968] 21/44, 30/2 [englisch]). — [5] Z. Michałek, W. Żabiński (Biul. Inst. Geol. Nr. 115 [1957] 149/61, 154 [polnisch, russisch S. 163/4, englisch S. 164/5]).

[6] A. Jaworski (Przeglad Geol. **18** [1970] 12/20, 16). — [7] W. J. Szczepanowski (Kwart. Geol. **7** [1963] 53/62, 56/60, 62 [polnisch, englisch S. 61/2]). — [8] B. Nagy (Foldt. Kozl. **101** [1971] 62/8, 64/5, 68). — [9] S. Peltz, I. Bratosin (Rev. Roumaine Geol. Geophys. Geogr. Ser. Geol. **15** Nr. 1 [1971] 77/88, 80/1, 83 [englisch]). — [10] M. Savul, V. Ababi, O. Nichita (Acad. Rep. Populare Romine Filiala Iasi Studii Cercetari Stiint. Chim. **7** Nr. 2 [1956] 89/116, 90/1, Tabelle nach S. 90 [rumänisch, russisch S. 113/4, französisch S. 114/5]).

[11] M. Savul, V. Ababi, C. Botez, A. Movileanu (Acad. Rep. Populare Romine Filiala Iasi Studii Cercetari Stiint. Chim. **11** [1960] 205/25, 213 [rumänisch, russisch S. 221/2, französisch S. 222/3]). — [12] N. Čuturić, S. Karamata (Geol. Zb. [Bratislava] **18** [1967] 27/37, 32/3; Ref. 6th Savetovanja Geol. Drustva, Ohrid, S. F. R. Yugoslavia, 1966, S. 696/715 [serbokroatisch, rumänisch S. 701/8, 706, 708, deutsch S. 712/3, 713]). — [13] E. Aleksiev (Tr. Vurkhu Geol. Bulgar. Ser. Geokhim. Mineral. Petrogr. **6** [1966] 49/66, 52/3, 59/63 [russisch S. 64/5, englisch S. 65/6]). — [14] R. A. Higazy (J. Geol. **62** [1954] 172/81, 173/4). — [15] E. M. Patterson, D. J. Swaine (Geochim. Cosmochim. Acta **8** [1955] 173/81, 177, 179).

[16] G. v. Hevesy (Fortschr. Mineral. Krist. Petrog. **16** [1932] 147/61, 153). — [17] G. v. Hevesy, R. Hobbie (Nature **128** [1931] 1039). — [18] R. A. Higazy (Geochim. Cosmochim. Acta **2** [1951/52] 170/84, 172). — [19] H. Welke, S. Moorbath, G. L. Cumming, H. Sigurdsson (Earth Planet. Sci. Letters **4** [1968] 221/31, 224/5). — [20] B. M. Gunn, N. D. Watkins (Geochim. Cosmochim. Acta **33** [1969] 341/56, 343, 346).

[21] G. C. Amstutz (Geochim. Cosmochim. Acta **3** [1953] 157/68, 160). — [22] H. J. Rösler (Freiberger Forschungsh. C Nr. 92 [1960] 1/225, 130, 133, 137). — [23] L. Golub, V. Brajdić, B. Šebečić (Geol. Vjesnik **23** [1969] 205/17, 214 [englisch S. 216/7]). — [24] S. Boyadzhiev, E. Aleksiev (Izv. Geol. Inst. Bulgar. Akad. Nauk Ser. Geokhim. Mineral. Petrogr. **19** [1970] 17/33, 22, 24/5 [englisch S. 33]). — [25] L. van Wambeke (in: L. van Wambeke u.a., Les Roches Alcalines et les Carbonatites du Kaiserstuhl, Bruxelles 1964, S. 93/185, 160).

2.4.1.1.5.2.2 Sowjetunion

Soviet Union

Art der Gesteine und Herkunft	ppm Pb Grenzwerte	Einzel- und Mittelwerte+)	Lit.
Westlicher Teil (ohne Kaukasus)			
Gabbro-Norit-Labradorit-Gesteine, Ukraine, allgemein	0 bis 40	2.6 (19)	[1]
Gesteine des Korosten-Plutons, Wolhynien			
Gabbro-Labradorite	10.9 bis 18.3	14.6 (40)	
Gabbros und Norite, grobkörnig	5.7 bis 8.5	7.1 (20)	
Gabbros und Norite, feinkörnig	18.5 bis 27.0	22.8 (20)	
Labradorite	33.4 bis 58.8	45.3 (20)	[2]
Gabbro-Labradorite, Chepovichi-Massiv, Wolhynien	6.7 bis 9.6	8.2 (20)	[2]
Gabbroide Gesteine der Russischen Tafel			
westlicher Teil	—	23 (14)	
östlicher Teil	—	20 (7)	[3]
Gabbro-Diabase			
Russische Tafel, östlicher Teil	—	24 (4)	
mittlerer Ural	—	9 (14)	
nördlicher Ural	—	1 (17)	[4]
Mitteljurassische Diabasporphyrite, Krim	—	10°)	[5]

Art der Gesteine und Herkunft	ppm Pb Grenzwerte	Einzel- und Mittelwerte+)	Lit.
Kaukasus			
Basite, Berg Dagestan, südöstlicher Kaukasus			
Gabbrodiabase, Diabase, Dolerite*)	—	5 (106)	
Variolithe*)	—	7 (18)	
Gangdiabase und Diabasporphyrite*)	—	9 (40)	
Gabbrodiabase und Diabase**)	10 bis 700 (84)++)	—	
Diabasporphyrite**)	—	8 (20)	
Gangdiabase, Diabasporphyrite und Doleritdiabase**)	—	10 (125)	
Quarzdiabase**)	—	10 (28)++)	
Effusive Spilitdiabase**)	—	7 (41)	[6]
Kasachstan. Mittelasien. Sayan			
Gabbro, Kokchetav-Antiklinale, Nord-Kasachstan	—	0.3	[7]
Hornblende-Gabbro, Nizhne- und Verkhne-Belyautinsk-Massiv, West-Tien Shan	—	10 (3)	[8]
Amphibol-Gabbro, Bilyandkiiksk-Massiv, Nord-Pamir	—	9 (13)	[9]
Diabase und Basalte, altkaledonische Eugeosynklinalzone, West-Sayan	—	7 (3)	[10]
Trappe der Sibirischen Tafel			
Normaldolerite, Tunguska-Komplex	—	30 (12)	[11]
Subalkalische Dolerite des Ilim-Vilyui-Komplexes	—	20 (8)	[11]
Ferner Osten			
Kontinental-Basalte, nicht näher lokalisiert	—	6 (28)	[12]
Diabasporphyrite, Komplex mit Wolfram-Erzen, nicht näher lokalisiert	18 bis 26	21.8 (4)	[13]
Sikhote Alin			
Basaltische Porphyrite	—	3.9 (23)	[14]
Diabase	—	3.0 (14)	[14]
Spilite	—	2.7 (25)	[14]
Olivin-Pyroxen-Basalte, Paläogen, Westküste des Ochotskischen Meeres	—	46°)	[15]

+) Anzahl der zur Mittelwertsbildung benutzten Analysen in Klammern. — ++) Nur in einzelnen Gesteinen. — *) Unterjurassisch (Toarsien). — **) Mitteljurassisch (Aalenien). — °) Probenzahl nicht angegeben.

Ergänzungen

Pb in unveränderten Gabbros und in basischen Ganggesteinen von Adscharien s. S. 135, in Gabbros und Gabbrodioriten des Megri-Plutons, Süd-Armenien, S. 135 sowie in Basalten und Doleriten Nordwest- und Nordost-Armeniens S. 137 und 138. In devonischen, basischen Vulkaniten einer Kupferzone zwischen Koktas und Spasskii Zavod, Mittel-Kasachstan, 3.44 bis 9.13 ppm Pb [16], vom Nordostrand des Karaganda-Beckens 38 (5 Proben aus den unteren Horizonten) und 60 ppm Pb (14 Proben aus den mittleren und oberen Horizonten) [17]. Pb in Gesteinsserien des Tien Shan s. S. 135. Pb im Amphibol-Gabbro des Obikhumbousk-Komplexes, Nord-Pamir, s. S. 136 und in Gabbros und Hornblenditen des Lysogorsk-Massivs, West-Sayan, S. 134. In basischen Vulkaniten der devonischen Kholzunsk-Folge, Berg Altai, im Mittel (9 Proben) 12 ppm Pb [18]. Im Gebiet Tuwa sind basische Vulkanite des Kambrium Pb-reich, die des Devon Pb-arm, s. S. 137. Gabbrogesteine aus dem Nordosten der UdSSR weisen aus zwei Serien relativ geringe, aus einer dritten Serie ungewöhnlich hohe Pb-Gehalte auf, s. S. 136. Pb-Gehalte von Trappen der Sibirischen Tafel und von Basalten aus Kamchatka sowie Basaltlaven von den Kurilen s. S. 137.

Literatur zu 2.4.1.1.5.2.2:

[1] T. N. Agafonova (Mineralog. Sb. L'vovsk. Gos. Univ. **18** [1964] 235/9, 237). — [2] N. N. Zhukov, V. G. Molyavko, I. M. Ostafiichuk, S. B. Stepchenko (Geol. Zh. Akad. Nauk Ukr.RSR **31** [1971] 107/15, 107/8, 112/3). — [3] M. M. Tolstikhina (Tr. Vses. Nauchn. Issled. Geol. Inst. [2] **91** [1963] 5/31, 22/3). — [4] N. P. Starkov (Izv. Vysshikh Uchebn. Zavedenii Geol. i Razvedka **3** Nr. 9 [1960] 56/9). — [5] L. V. Firsov (Izv. Akad. Nauk SSSR Ser. Geol. **1963** Nr. 4, S. 24/34, 28, 31/4).

[6] A. G. Dolgikh, V. B. Chernitsyn (Sov. Geol. **1971** Nr. 2, S. 85/105, 91, 94). — [7] B. M. Naidenov, I. A. Efimov (Geokhimiya **1968** 604/11, 605; Geochem. Intern. **5** [1968] 504/10, 506). — [8] S. T. Badalov, I. M. Golovanov, E. A. Dunin-Barkovskaya (Geochimicheskie Osobennosti Rudoobrazuyushchikh i Redkikh Elementov Endogennykh Mestorozhdenii Chatkalo-Kuraminskikh Gor, Tashkent 1971, S. 79). — [9] V. S. Lutkov, M. Kh. Khalilov, V. I. Kozyrev (Izv. Akad. Nauk SSSR Ser. Geol. **1972** Nr. 5, S. 90/107, 102/3). — [10] E. I. Popolitov, T. M. Filosofova (Ezhegodnik Inst. Geokhim. Sibirsk. Otd. Akad. Nauk SSSR **1971** 83/8, 84).

[11] V. I. Gon'shakova (in: A. P. Lebedev, Mineraly Bazitov v Svyazi s Voprosami Petrogenezisa, Moskva 1970, S. 182/205, 202, 204). — [12] V. G. Sakhno, I. N. Govorov, E. D. Golubeva, N. A. Kurentsova, A. D. Khar'kiv (in: Voprosy Geologii Geokhimii i Metallogenii Severo-Zapadnogo Sektora Tikhookeanskogo Poyasa, Vladivostok 1970, S. 120/3; Ref. Zh. Geol. **1971** Nr. 4 V 79). — [13] M. G. Rub, G. P. Toksubaeva, B. S. Chernov (Sov. Geol. **1969** Nr. 4, S. 3/21, 18). — [14] I. N. Govorov, M. A. Mishkin, M. I. Lipkina, V. M. Afanas'eva, E. A. Kireeva (in: Voprosy Geologii Geokhimii i Metallogenii Severo-Zapadnogo Sektora Tikhookeanskogo Poyasa, Vladivostok 1970, S. 159/66, 164; Ref. Zh. Geol. **1971** Nr. 4 V 91). — [15] S. S. Yudin, V. G. Korol'kov (in: Rudonos. Vulkanogen. Obrazovan. Sev.-Vost. i Dal'n. Vost. [Magadan] **1967** 94/100 nach Ref. Zh. Geol. **1968** Nr. 7 V 37).

[16] I. A. Kosheleva (in: Materialy po Geologii Tsentral'nogo Kazakhstana, Bd. 10, Moskva 1971, S. 601/10 nach Ref. Zh. Geol. **1972** Nr. 1 V 64). — [17] V. E. Vidishev (Tr. Kazakhsk. Politekhn. Inst. Nr. 22 [1962] 127/41, 137/9). — [18] V. E. Popov (Geol. Rudn. Mestorozhd. **13** Nr. 4 [1971] 103/7, 104; Ber. Deut. Ges. Geol. Wiss. B **15** [1970] 293/7, Tabelle nach S. 296).

2.4.1.1.5.2.3 Indien, Japan, Neuseeland und Australien

India. Japan. New Zealand. Australia

Art der Gesteine und Herkunft	ppm Pb Grenzwerte	ppm Pb Einzel- und Mittelwerte+)	Lit.
Indien			
Epidiorite, Singhbhum, Bihar	9 bis 25	13 (8)	[1]
Schiefrige Epidiorite mit Mandeln, Singhbhum	20 bis 55	40 (3)	[2]
Basalt, Rajmahal, Bihar	—	5.8	[3]
Dolerite aus Gängen, Rajmahal, Bihar	—	5.8 und 9.7	[3]
Glimmer-Perdotite aus Gängen, Rajmahal, Bihar	2.9 bis 7.7	6.1 (3)	[3]
Trappe verschiedener Vorkommen			
unterer Horizont	—	23++)	
mittlerer Horizont	—	28++)	
oberer Horizont	—	8++)	[4]
19 Basalte und 6 Ankaramite, Pavagarh Gujarat	5 bis 60	26 (25)	[12]

Art der Gesteine und Herkunft	ppm Pb Grenzwerte	Einzel- und Mittelwerte+)	Lit.
Japan			
Tholeiitischer Basalt, Iwate, Nord-Hondo	—	2.19	[5]
Alkalibasalt, Osima-Osima, westlich Hokkaido	—	2.50	[5]
Gabbro-Einschluß in Rhyodacit, Ichinome Gata, Nord-Hondo	—	5.30	[5]
Tholeiitische Basalte, Insel O-shima, Bucht von Tokio	1.39 bis 6.44	3.64 (7)	[6]
Tholeiitische Basalte, Hata-Taga, Hakone-Gebiet	1.66 bis 2.33	1.95 (4)	[6]
Al-reiche Basalte, Fuji-Vulkan, Hondo	4.20 bis 6.81	5.38 (4)	[6]
Al-reicher Basalt, Sukumo-yama, Hondo	—	1.87	[6]
Al-reiche Basalte, Omuro-yama, Hondo	—	2.55 und 3.00	[6]
Alkalibasalte, Insel Oki-Dōgo	2.43 bis 3.73	3.21 (6)	[7]
Trachybasalt, Taka-shima, Nordwest-Kyushu	—	3.14	[7]
Neuseeland			
Basalt, Taupo, Nordinsel	—	1.7	[8]
Trachybasalt, Einschluß in Pantellerit, Mayor Island	—	2.5	[9]
Australien			
Alkalibasalte, Monaro-Vulkan-Gebiet, südlich Canberra	je 6	6 (3)	[13]

+) Anzahl der zur Mittelwertsbildung benutzten Analysen in Klammern. — ++) Probenzahl nicht angegeben.

Ergänzungen

Pb-Gehalt von Norit der Charnockit-Serie von Madras, Indien, s. S. 134. Gesamtmittel basaltischer Gesteine präkambrischen bis tertiären Alters dieses Subkontinents 4 ppm Pb (59 Proben) [10]. — Gesamtmittel „primitiver" japanischer Basalte nach [6]: Tholeiitische Basalte 1.5, Al-reiche Basalte 5, Alkalibasalte 3.5 ppm Pb. Mehr oder weniger kontaminierte Alkaligesteine der Halbinsel Nemuro, Hokkaido, führen je 20 ppm Pb in einem Tachylyt (Basaltglas) und 8 Doleriten sowie 110 ppm Pb in einem Dolerit [11].

Literatur zu 2.4.1.1.5.2.3:

[1] B. Mukherjee (Mineral. Mag. **36** [1967/68] 661/70, 667). — [2] A. K. Ghosh (Mineralium Deposita **7** [1972] 292/313, 308/9). — [3] A. S. Kalapesi, S. K. Chhapgar, R. N. Sukheswala (Quart. J. Geol. Mining Met. Soc. India **15** [1943] 127/32). — [4] R. C. Sinha, S. G. Karkare (Geol. Soc. India Bull. **1** [1964] 21/4). — [5] C. E. Hedge, R. J. Knight (Geochem. J. **3** [1969] 15/24, 17).

[6] M. Tatsumoto, R. J. Knight (Geochem. J. **3** [1969] 53/86, 59/64, 78). — [7] H. Kurasawa (Geochem. J. **2** [1968] 11/28, 16). — [8] A. Ewart, S. R. Taylor, A. C. Capp (Contrib. Mineral. Petrology [Berlin] **18** [1968] 76/104, 87). — [9] V. M. Oversby, A. Ewart, S. R. Taylor, A. C. Capp (Contrib. Mineral. Petrology [Berlin] **17** [1968] 116/40, 126). — [10] N. C. Ghose, N. N. Trofimov (Intern. Geol. Congr. Rep. Sess. 24th Montreal 1972, Bd. 10, S. 193/9, 195).

[11] H. Ishikawa, S. Berman, K. Yagi (Geochem. J. **5** [1971] 186/206, 190/1). — [12] B. D. Tiwari (Bull. Volcanol. **35** [1971/72] 1129/77, 1141/4). — [13] S. E. Kesson (Contrib. Mineral. Petrology [Berlin] **42** [1973] 93/108, 100).

2.4.1.1.5.2.4 Afrika

Africa

Art der Gesteine und Herkunft	ppm Pb Grenzwerte	Einzel- und Mittelwerte+)	Lit.
Basalte, Onverwacht-Serie, Südafrika	—	2.3 (13) und 4.6*)	[1]
Karroo-Dolerite, Südafrika	1.3 bis 1.7	1.6 (4)	[2]
Paresis-Komplex, Damaraland, Südafrika			
Gabbro	—	18	
Basalte	17 bis 46	33.3 (3)	[3]
Basaltische Gesteine, Nuanetsi, Rhodesien			
Gabbros	8 bis 11	9 (4)	
Basalte	≈10 bis 30	≈24 (4)	[4]
Tachylyt, Vulkan Tschambene, Virunga-Gebirge, Ost-Zaire	—	40	[5]
Gabbro, Fapala, Elfenbeinküste	—	9	[6]

+) Anzahl der zur Mittelwertsbildung benutzten Analysen in Klammern. — *) Probenzahl nicht angegeben.

Ergänzungen

In allen Gliedern von differenzierten Karroo-Doleriten, ausgenommen ein Granophyr, Pb unter der Nachweisgrenze [7]. Pb-Werte von Noriten, Gabbros und Anorthositen des Bushveld-Komplexes, Transvaal, s. S. 134. — In rezenten Dolerit-Intrusionen bei Kilo, Zaire, in 17 Proben im Mittel 266.5 ppm Pb [8].

Literatur zu 2.4.1.1.5.2.4:

[1] A. K. Sinha (Earth Planet. Sci. Letters **16** [1972] 219/27, 226). — [2] V. V. Zhirova (Geokhimiya **1962** 542/4; Geochemistry [USSR] **1962** 633/7, 635). — [3] G. Siedner (Geochim. Cosmochim. Acta **29** [1965] 113/37, 114, Tabelle nach S. 116). — [4] K. G. Cox, R. L. Johnson, L. J. Monkman, C. J. Stillman, J. R. Vail, D. N. Wood (Phil. Trans. Roy. Soc. London A **257** [1964/65] 71/218, 157, 147). — [5] J. Verhoogen (Exploration du Parc National Albert, Bd. 1, Bruxelles 1948, S. 1/186, 7, 159/61).

[6] Y. Tardy (Mem. Serv. Carte Geol. Alsace-Lorraine Nr. 31 [1969] 1/199, 142). — [7] S. R. Nockolds, R. Allen (Geochim. Cosmochim. Acta **9** [1956] 34/77, 52, 57/60). — [8] R. Woodtli (20th Congr. Geol. Intern., Mexico City 1956 [1959], Actas Trabajos Asoc. Serv. Geol. Africanos, S. 477/84, 482, 484).

2.4.1.1.5.2.5 Amerika

America

Art der Gesteine und Herkunft	ppm Pb Grenzwerte	Einzel- und Mittelwerte+)	Lit.
Grönland. Kanada			
Julianehaab, Südwest-Grönland			
Basischer Einschluß in Granodiorit	—	4	
Dolerit	—	5	[1]

Art der Gesteine und Herkunft	ppm Pb Grenzwerte	Einzel- und Mittelwerte+)	Lit.
Gabbros, anorthositische Gabbros und Diorite, Kanadischer Schild			
Keewatin-Nord	1.5 bis 19++)	6.5 (21)	
Snowbird Lake	—	6.9 (13)	
New Quebec	1.0 bis 35++)	4.9 (93)	
West- und Südküste von Labrador	1.2 und 3.1++)	3.1 (81)	[2]
Yellowknife-Distrikt, Northwest Territories			
Gabbrogänge	5 bis 20	—	
Diabasgänge	1 bis 10	—	
Tuffe	10 bis 20	—	[3]
Diabase, präkambrisch, Ontario	<1 bis 83	≈8.7 (57)	[4]
Cobalt-Gebiet, Ontario			
Quarzdiabas und Olivindiabas	—	je <2.5	
basische und intermediäre Grünsteinlaven	—	5*)	[5]
Vereinigte Staaten von Amerika			
Diabas, Prince of Wales Island, Alaska	—	5	[6]
Coast Range, Oregon			
11 Basalte und 2 Gabbros	0.59 bis 8.51	3.24 (13)	
Biotit-Camptonit	—	4.45	[7]
Basalte, Cascade Mountains, Washington, Oregon, Kalifornien	0.4 bis 12	2.9 (12)	[15]
8 Olivinbasalte und 3 Alkalibasalte, Südwest-Utah	5 bis 25	18 (11)	[16]
2 Trachybasalte, Absaroka-Kette, Wyoming	—	20.0 und 22.6	[8]
Basalt und Basaltporphyr, Front Range, Colorado	—	14 bzw. 20	[9]
Basalte der südlichen Rocky Mountains, Colorado und New Mexico			
„primitive" Basalte	1.9 bis 3.4	2.5 (3)	
kontaminierte Basalte	4.7 bis 11.1	7.3 (10)	[10]
Gabbros, Duluth, Minnesota	3 bis 7.4	5 (3)	[4]
Intrusive Basite, Palisades, New Jersey			
gesamte Intrusion	—	18 (13)	
Dolerite, Englewood Cliff	8 bis 36	17.7 (11)	
Dolerite, Union City	—	16 und 19	[11]
Diabase, Pennsylvania	2.4 bis 16++)	5.7 (13)	[14]
Mexiko			
Olivinbasalt und Basalt mit Calcit, Tal von Mexiko, Gebiet des Rio Lerna und von Guadalajara	—	4.0 bzw. 3.2	[12]

+) Anzahl der zur Mittelwertsbildung benutzten Analysen in Klammern. — ++) Mittelwerte. — *) Probenzahl nicht angegeben.

Ergänzungen

Grenz- und Mittelwerte für kanadische Diabase 3 und 50 bzw. 9 ppm Pb [13]. Diabas W-1 von Conterville, Virginia, und Diabas NBS 4984 s. S. 81/82. Pb-Gehalte in Basiten aus Differentiationsserien in Kalifornien s. S. 137. Standardwerte für Basalte s. S. 81

Literatur zu 2.4.1.1.5.2.5:

[1] H. Grohmann (Tschermaks Mineral. Petrog. Mitt. [3] **10** [1965] 436/74, 442, 455). — [2] K. E. Eade, W. F. Fahrig (Geol. Surv. Can. Paper Nr. 72-46 [1973] 1/46, 16/23, 25/9, 31, 33). — [3] R. W. Boyle (Can. Dept. Mines Tech. Surv. Geol. Surv. Can. Mem. Nr. 310 [1961] 1/193, 78/9, 83/4). — [4] H. W. Fairbairn, L. H. Ahrens, L. G. Gorfinkle (Geochim. Cosmochim. Acta **3** [1953] 34/46, 38/42). — [5] R. W. Boyle, A. S. Dass (Can. Mineralogist **11** [1971/73] 414/7).

[6] G. Herreid, A. W. Rose (State Alaska Div. Mines Minerals Dept. Nat. Resources Geol. Rept. Nr. 17 [1966] 1/32, 24). — [7] M. Tatsumoto, P. D. Snavely (J. Geophys. Res. **74** [1969] 1087/100, 1088, 1092). — [8] Z. E. Peterman, B. R. Doe, H. J. Prostka (Contrib. Mineral. Petrology [Berlin] **27** [1970] 121/30, 124). — [9] L. C. Huff (Econ. Geol. **47** [1952] 517/42, 521). — [10] B. R. Doe, P. W. Lipman, C. E. Hedge, H. Kurasawa (Contrib. Mineral. Petrology [Berlin] **21** [1969] 142/56, 147).

[11] K. R. Walker (Geol. Soc. Am. Spec. Papers Nr. 111 [1969] 1/178, 94, 139). — [12] B. M. Gunn, F. Mooser (Bull. Volcanol. [2] **34** [1970/71] 577/616, 605). — [13] A. E. J. Engel, C. G. Engel (in: A. E. J. Engel, H. L. James, B. F. Leonard, Petrologic Studies, A Volume in Honor of A. F. Buddington, New York 1962, S. 37/82, 65). — [14] R. C. Smith, A. W. Rose, R. M. Lanning (Bull. Geol. Soc. Am. **86** [1975] 943/55, 946). — [15] S. E. Church, G. R. Tilton (Bull. Geol. Soc. Am. **84** [1973] 431/54, 436).

[16] G. G. Lowder (Bull. Geol. Soc. Am. **84** [1973] 2993/3012, 3005).

2.4.1.1.5.2.6 Atlantischer, Pazifischer und Indischer Ozean

Atlantic, Pacific, and Indian Oceans

Art des Gesteins und Herkunft	ppm Pb Grenzwerte	ppm Pb Mittelwerte[1])	Lit.
Ozeanische Tholeiite[2])	0.49 bis 1.29	0.75 (6)	[1]
Mittelatlantischer Rücken			
Tholeiite	<2 bis 3	≈2 (12)	[2]
Basaltische Gesteine	2 bis 16	8 (5)	[3]
Basalte, Lanzarote, Fuerteventura und Gran Canaria, Kanarische Inseln	1.27 bis 6.96	3.26 (6)	[4]
Alkalibasalte, Faial, Azoren	4.32 bis 5.15	4.68 (4)	[5]
Basalte, Gebiet des Juan de Fuca-Gorda-Rückens, westlich von Nordamerika	0.22 bis 2.14	0.62 (50)	[6]
Basalte[3]), Hawaii	1.33 bis 5.43	3.31 (6)	[7]
Tholeiite, Niuafo'ou, nordöstlich der Fidschi-Inseln	1.1 und 1.3	1.2 (2)	[8]
Basalte, Viti Levu, Fidschi-Inseln	1.9 bis 13	6.8 (10)	[9]
Basalte, Lau-Becken, westlich der Tonga-Inseln	0.5 bis 7	2.4 (23)	[10]
Basalte, Piton des Neiges, Réunion, Indischer Ozean	1.32 bis 7.86	3.1 (14)	[11]
1 Ozeanit und 7 Ankaramite, East Island, Crozet-Inseln, südlicher Indischer Ozean	0.0 bis 3.8	1.9 (8)	[12]

[1]) Anzahl der zur Mittelwertsbildung benutzten Analysen in Klammern. — [2]) Je 3 Proben vom Mittelatlantischen Rücken und der Ost-Pazifischen Schwelle. — [3]) Dabei je 1 Hawaiit und Ankaramit sowie 2 Melilith-Nephelin-Basalte.

Literatur zu 2.4.1.1.5.2.6:

[1] M. Tatsumoto (Science [2] **153** [1966] 1094/101, 1096). — [2] G. Thompson, F. Shido, A. Miyashiro (Chem. Geol. **9** [1972] 89/97, 93). — [3] W. G. Melson, G. Thompson, T. H. van Andel (J. Geophys. Res. **73** [1968] 5925/41, 5931/3). — [4] V. M. Oversby, J. Lancelot, P. W. Gast (J. Geophys. Res. **76** [1971] 3402/13, 3405). — [5] V. M. Oversby, P. W. Gast (Earth Planet. Sci. Letters **5** [1968] 199/206, 202).

[6] S. E. Church, M. Tatsumoto (Contrib. Mineral. Petrology [Berlin] **53** [1975] 253/79, 256/8).— [7] M. Tatsumoto (J. Geophys. Res. **71** [1966] 1721/33, 1724). — [8] A. Ewart (Contrib. Mineral. Petrology [Berlin] **58** [1976] 1/21, 3). — [9] J. B. Gill (Contrib. Mineral. Petrology [Berlin] **27** [1970] 179/203, 184/8, 199/200). — [10] J. W. Hawkins (Earth Planet. Sci. Letters **28** [1976] 283/97, 288).

[11] V. M. Oversby (Geochim. Cosmochim. Acta **36** [1972] 1167/79, 1169/70). — [12] B. M. Gunn, R. Coy-Yll, N. D. Watkins, C. E. Abranson, J. Nougier (Contrib. Mineral. Petrology [Berlin] **28** [1970] 319/39, 326/7).

Foidites and Melilitites

2.4.1.1.5.3 Foidite und Melilithite

Art des Gesteins und Herkunft	ppm Pb Grenzwerte	ppm Pb Einzel- und Mittelwerte[1])	Lit.
Nephelinsyenite (Durchschnittswert)	—	12 (22)[2])	[1]
Nephelinsyenite aus 100 Alkalimassiven der UdSSR (Durchschnittswerte)			
Basaltformation	—	12	
Granitformation	—	21	[2]
Nephelinsyenite, Lovozero-Massiv, Kola, UdSSR	5 bis 11	9 (4)	[3]
Nephelinsyenite, Nord-Tien Shan, UdSSR	—	61 (11)	[4]
Nephelinsyenite, Kzyl Ompul-Intrusion, Nord-Tien Shan	48 bis 79	64 (5)	[5]
Nephelinsyenite, Sandyk-Intrusion, Nord-Tien Shan	40 bis 68	51 (5)	[6]
Nordbaikal-Hochland[3])			
Biotit-Nephelinsyenite	11.5 bis 20.5	15.3 (6)	
Biotit-Pyroxen-Nephelinsyenite	9.0 bis 69.0	25.8 (9)	[7]
Nephelin- bzw. Pseudoleucit-führende Syenite, Lugingol'skii-Massiv, Wüste Gobi, Mongolei	36 bis 69	50 (8)	[19]
Nephelinsyenit, Coast Range, Oregon	—	12.2	[8]
Porphyritischer Juvit, Lovozero-Massiv, Kola	—	18	[3]
Foyaite, Lovozero-Massiv, Kola	13 bis 20	17 (3)	[3]
Foyait, Khibina-Massiv, Kola	—	4.5	[6]
Chibinite, Khibina-Massiv, Kola	1.0 und 6.0	—	[6]
Lujavrite, Lovozero-Massiv, Kola	4 bis 102	30 (12)	[3]
Sodalith-Syenite, Lovozero-Massiv, Kola	4 bis 14	10 (3)	[3]
Porphyrische Cancrinit-Syenite, Bearpaw Mountains, Montana	20 bis 70	50 (3)	[9]
Nephelinsyenit-Pegmatite, Magnet Cove, Arkansas	50 und 60	—	[10, S. 45, 53]
Nephelinsyenit-Gänge, Lugingol'skii-Massiv, Wüste Gobi, Mongolei	52 bis 83	65 (4)	[19]
Tinguait, Svidnya-Rayon, Bulgarien	—	850	[11]

Art des Gesteins und Herkunft	ppm Pb Grenzwerte			ppm Pb Einzel- und Mittelwerte[1])		Lit.
Tinguaite, Lugingol'skii-Massiv, Wüste Gobi, Mongolei	32	bis	48	40	(4)	[19]
Tinguait, Magnet Cove, Arkansas	—			72		[10, S. 41]
Phonolithe, Magnet Cove, Arkansas	20	und	80	—		[10, S. 27, 53]
Phonolithe, Dunedin-Vulkangebiet, Provinz Otago, Neuseeland	32	bis	51	40	(4)	[22]
Phonolithe (Durchschnittswert), Deutschland	—			15	(10)[4])	[1]
Sodalith-Trachyte und Phonolithe, ČSSR	—			52.3	(93)	[18]
Malignit, Lovozero-Massiv, Kola	—			29		[3]
Shonkinit, Svidnya-Rayon, Bulgarien	—			140		[11]
Essexite und Essexitporphyre, Kaiserstuhl, Baden	20	bis	55	36	(4)	[12, S. 160]
Teschenit, Westkarpaten	—			9	(6)	[13]
Limburgit, Nuanetsi-Komplex, Rhodesien	—			25		[14]
Ijolithe und Urtite, Lovozero-Massiv, Kola	3	bis	53	15	(6)	[3]
Urtit-Ijolith, Khibina-Massiv, Kola	—			8		[3]
Nephelinit, Vesuv, Italien	—			29[5])		[15]
Nephelinit, Schlot Delegate, New South Wales, Australien	—			5.12[6])		[16]
3 Nephelinite und 3 Basanite, Monaro-Vulkangebiet, südlich Canberra, Australien	4	bis	11	6	(6)	[20]
Olivin-Nephelinit, Druseltal bei Kassel, Hessen	—			5.9		[1]
Basanite und Nephelinbasalte, Poiana Rusca, Südwest-Rumänien	<7	bis	13	≈8	(8)	[17]
Nephelinite, Samoa-Inseln und Umgebung, Pazifik	5	bis	15	9	(5)	[21]
Basanite, Samoa-Inseln und Umgebung, Pazifik	2.5	bis	10	5	(6)	[21]
Tephrite, Kaiserstuhl, Baden	7	bis	40	21	(3)	[12, S. 160]
Ankaratrite, Süddeutschland (3) und Lothringen (1)	40	bis	70	58	(4)	[12, S. 158/9]
Tawit, Lovozero-Massiv, Kola	—			24		[3]
Bergalith, Kaiserstuhl, Baden	—			60		[12, S. 162]
Melilith-Ankaratrit, Lahr, Baden	—			100		[12, S. 130]
Olivin-Melilithit, Westberg bei Hofgeismar, Hessen	—			15		[1]
Foidhaltige Ganggesteine, Sandyk-Intrusion, Nord-Tien Shan	51	bis	104	75	(5)	[6]

[1]) Anzahl der zur Mittelwertsbildung benutzten Analysen in Klammern. — [2]) Siebenbürgen 1, Norwegen 4, Portugal 3, USA 7, Kanada 2, Brasilien 5. — [3]) Massive Synnyr, Yakshin und Daoksha. — [4]) Eifel 2, Hessen 5, Kaiserstuhl 2, Hegau 1. — [5]) Mittel aus 2 Bestimmungen: 28.68 und 29.30 ppm Pb. — [6]) Mittel aus 2 Bestimmungen: 5.10 und 5.14 ppm Pb.

Ergänzungen

Pb-Werte von Foiditen aus alkalischen Ultrabasitmassiven von Kola und Karelien sowie des Maimecha-Kotui-Gebiets, Nordwesten der Sibirischen Tafel, s. S. 85. Im Mittel <10 ppm Pb führen Miaskite und Nephelinsyenite des Matcha-Massivs, Alai-Gebirge, Mittelasien, das wie Synnyr, Baikal-Hochland, in genetischen Beziehungen zu Granit steht, s. S. 141/2 — Sphen-Nephelinsyenit, Granat-Pseudoleucitsyenit, Ijolith und Olivin-Melagabbro von Magnet Cove, Arkansas, in denen Pb spektralanalytisch nicht nachgewiesen ist, führen Pb in gesteinsbildenden Mineralien, Akzessorien und/oder Zersetzungsprodukten (Saprolith), s. S. 67 und [10, S. 9, 22, 33, 43]. Pb-Werte von Shonkiniten des Alkalimassivs Shonkin Sag, Montana, s. S. 142, und von zwei Foyaiten des Spitskop-Komplexes, Südafrika, S. 134. — Die hohen Pb-Werte in phonolithischen Gesteinen des Kaiserstuhls, s. S. 140, können durch Assimilation von Sial erklärt werden, s. S. 47/8.

Literatur zu 2.4.1.1.5.3:

[1] K. H. Wedepohl (Geochim. Cosmochim. Acta **10** [1956] 69/148, 104, 106). — [2] L. S. Borodin, E. D. Osokin, A. A. Ganzeev (in: Problemy Petrologii i Geokhimii Granitoidov, Sverdlovsk 1971, S. 159/76, 163 [englisch S. 176]). — [3] V. I. Gerasimovskii, L. I. Nesmeyanova (Geokhimiya **1960** 590/3; Geochemistry [USSR] **1960** 704/8). — [4] S. D. Turovskii (in: Metallogenicheskaya Spetsializatsiya Magmaticheskikh Kompleksov, Moskva 1964, S. 125/41, 135/6; I. V. Nosyrev, S. D. Turovskii, Materialy po Geologii Tyan'-Shanya, Bd. 2, Frunze 1962, S. 21/68, Tabelle 6 nach S. 56). — [5] R. D. Gavrilin, L. A. Pevtsova (Geokhimiya **1963** 732/45, 740/1; Geochemistry [USSR] **1963** 764/77, 772/3).

[6] B. I. Zlobin, M. S. Gorshkova (Geokhimiya **1961** 282/92; Geochemistry [USSR] **1961** 317/28, 323/4). — [7] K. F. Kashirin (Geol. i Geofiz. Akad. Nauk SSSR Sibirsk. Otd. **1970** Nr. 7, S. 39/48, 44/5). — [8] M. Tatsumoto, P. D. Snavely (J. Geophys. Res. **74** [1969] 1087/100, 1092). — [9] W. T. Pecora (Geol. Soc. Am. Buddington Vol. **1962** 83/104, 83, 87). — [10] R. L. Erickson, L. V. Blade (U.S. Geol. Surv. Profess. Papers Nr. 425 [1963] 1/95).

[11] E. Aleksiev (Tr. Vurkhu Geol. Bulgar. Ser. Geokhim. Mineral. Petrogr. **6** [1966] 49/66, 52/3 [russisch S. 64/5; englisch S. 65/6]). — [12] L. van Wambeke (in: L. van Wambeke u.a., Les Roches Alcalines et les Carbonatites du Kaiserstuhl, Bruxelles 1964, S. 93/185). — [13] B. Cambel, L. Kamenický (Geol. Zb. [Bratislava] **19** Nr. 1 [1968] 21/44, 31 [englisch]). — [14] K. G. Cox, R. L. Johnson, L. J. Monkman, C. J. Stillman, J. R. Vail, D. N. Wood (Phil. Trans. Roy. Soc. London A **257** [1964/65] 71/218, 147). — [15] V. M. Oversby, P. W. Gast (Earth Planet. Sci. Letters **5** [1968/69] 199/206, 202).

[16] J. F. Lovering, M. Tatsumoto (Earth Planet. Sci. Letters **4** [1968] 350/6, 353). — [17] S. Peltz, I. Bratosin (Rev. Roumaine Geol. Geophys. Geogr. Ser. Geol. **15** Nr. 1 [1971] 77/88, 80, 83 [englisch]). — [18] O. Shrbený, V. Macháček (Casopis Mineral. Geol. **18** [1973] 131/61, 133/44; Ref. Zh. Geol. **1973** 11 V73). — [19] V. I. Kovalenko, I. V. Vladykin, A. V. Goreglyad, V. N. Smirnov (Izv. Akad. Nauk SSSR Ser. Geol. **1974** Nr. 8, S. 38/49, 46). — [20] S. E. Kesson (Contrib. Mineral. Petrology [Berlin] **42** [1973] 93/108, 100).

[21] J. W. Hawkins, J. H. Natland (Earth Planet. Sci. Letters **24** [1974/75] 427/39, 433). — [22] R. C. Price, B. W. Chappell (Contrib. Mineral. Petrology [Berlin] **53** [1975] 157/82, 168/9).

Dioritic Rocks. Anorthosites

2.4.1.1.5.4 Dioritische Gesteine. Anorthosite

Gabbrodiorites. Diorites. Porphyrites. Lamprophyres

2.4.1.1.5.4.1 Gabbrodiorite, Diorite, Porphyrite und Lamprophyre

Art und Herkunft der Gesteine	ppm Pb Grenzwerte	ppm Pb Einzel- und Mittelwerte[1])	Lit.
Tiefengesteine			
Diorite, Thüringer Wald, Deutsche Demokratische Republik			
Brotterode, Randzone	12 bis 22	18 (6)	
Brotterode, Zentralzone	11 bis 26	18 (11)	
Suhl	—	30 (4)	[1]

Art und Herkunft der Gesteine	ppm Pb Grenzwerte	ppm Pb Einzel- und Mittelwerte[1]	Lit.
Gabbrodiorite, Devon der West-Karpaten, Slowakei	—	4 (51)	[2]
Diorite, Valle d'Aosta, Nordwest-Italien	10 bis 70	—	[3]
Diorite, nordwestlicher Kaukasus, Sowjetunion	—	50 (25)	[4]
Gabbrodiorite, Uraga-Gebirge, Krim	10 bis 30	17 (13)	[21]
Gabbrodiorite, Topar-Komplex, Zentral-Kasachstan	—	13 (45)	[5]
Diorite und Granodiorite, Cu-Lagerstätte Uspenskoe, Zentral-Kasachstan	—	20	[6]
Diorite, Zentral-Tien Shan, Gesamtmittel	—	12	[7]
Diorite, Bugul'minsk-Komplex, Ost-Sayan			
Millionyi-Massiv	—	10 (3)	
Khoroiskii-Massiv	—	14 (3)	[8]
Diorite, West- und Ost-Transbaikalien	—	8 bzw. 19	[7]
Paläozoische Diorite, Ost-Transbaikalien	—	14	[7]
Gabbrodiorit, Nordwest-Henteja (Khenteia), Mongolische Volksrepublik	—	13	[9]
Diorite, Coast Range, Oregon, USA	6.44 bis 10.95	8.8 (3)	[10]
Diorit, Jamestown, Front Range, Colorado	—	44	[11]
Ganggesteine			
Kersantite, Oberharz, Bundesrepublik Deutschland	30 bis 350	130 (6)	[12]
16 Kersantite und 4 Spessartite, Ost-Thüringen, Erzgebirge und Elbtal, DDR	6 bis 110	32 (20)	[22]
Lamprophyre (Kersantite, Spessartite und Minetten), Fichtelgebirge und Erzgebirge, DDR, und Böhmischer Pluton, ČSSR	16 bis 38[2]	29 (81)	[23]
2 von 7 Lamprophyren, Megri-Pluton, Armenien, UdSSR	—	10 (2)	[13]
Pyroxenporphyrit, Gabbro-Diabas-Massiv Ayu Dag, Krim	—	50	[14]
Postmitteldevonische Dioritporphyrite, Kupferzone zwischen Koktas und Spasskii Zavod, Zentral-Kasachstan	—	5.8	[15]
Dioritporphyrite, Süd-Kasachstan und Nord-Kirgisien	—	17	[16]
Porphyrite und Lamprophyre, Nord-Tien Shan	—	10 (3)	[17]
Keratophyr, Eugeosynklinal-Zone, West-Sayan	—	6.2	[18]
Präkambrische Dioritgänge, Lewis und Clark County, Montana, USA	<10 bis 150 (14)	—	[19]
Hybrider Lamprophyr, Halbinsel Seward, Alaska	—	60	[20]

[1]) Anzahl der zur Mittelwertsbildung benutzten Analysen in Klammern. — [2]) Mittelwerte.

Ergänzungen

Pb-Werte dioritischer Gesteine aus Differentiationsserien: Skye, Innere Hebriden, s. S. 134, Armenien und Adscharien s. S. 135, Tien Shan s. S. 135 und 143, West-Sayan S. 134, Ost-Sayan, West-Transbaikalien und Mittel-Kasachstan S. 143/4, Nordosten der Sowjetunion S. 136, Bushveld, Südafrika, und Charnockit-Serie, Madras, Indien, S. 134.

Literatur zu 2.4.1.1.5.4.1:

[1] C.-D. Werner (Freiberger Forschungsh. C Nr. 259 [1970] 7/82, 10/2, 79). — [2] B. Cambel, L. Kamenický (Geol. Zb. [Bratislava] **19** Nr. 1 [1968] 21/44, 32 [englisch]). — [3] M. Fenoglio, G. Rigault (Atti Accad. Nazl. Lincei Rend. Classe Sci. Fis. Mat. Nat. [8] **26** [1959] 335/44, 341/2). — [4] V. M. Ayanov (Izv. Akad. Nauk SSSR Ser. Geol. **1959** Nr. 10, S. 92/9, 99). — [5] L. B. Ivanov (Sov. Geol. **1969** Nr. 9, S. 120/33, 124/6).

[6] K. M. Mukanov, G. I. Rossman (Mezhdunar. Geol. Kongr. 21-ya Sessiya Dokl. Sov. Geol., Kopenhagen 1960, Bd. 2, S. 37/46, 40; C.A. **1961** 8196). — [7] L. V. Tauson (in: A. P. Vinogradov, Chemistry of the Earth's Crust, Bd. 2, Jerusalem 1967, S. 248/59, 251). — [8] A. E. Vorontsov, G. I. Selivanova (Geol. i Geofiz. Akad. Nauk SSSR Sibirsk. Otd. **1971** Nr. 9, S. 40/7, 42). — [9] Yu. P. Tsypukov, M. I. Kuz'min (Ezhegodnik Inst. Geokhim. Sibirsk. Otd. Akad. Nauk SSSR **1971/72** 108/12). — [10] M. Tatsumoto, P. D. Snavely (J. Geophys. Res. **74** [1969] 1087/100, 1092).

[11] L. C. Huff (Econ. Geol. **47** [1952] 517/42, 521). — [12] G. Gabert (Geol. Jahrb. **75** [1958] 79/113, 100). — [13] B. M. Meliksetyan (in: Metallogenicheskaya Spetsializatsiya Magmaticheskikh Kompleksov, Moskva 1964, S. 320/47, 341). — [14] V. I. Lebedinskii (Zap. Vses. Mineralog. Obshchestva **90** [1961] 602/6, 604). — [15] I. A. Kosheleva (Materialy po Geologii Tsentraln. Kazakhstana, Bd. 10, Moskva 1971, S. 601/10 nach Ref. Zh. Geol. **1972** Nr. 1 V 64).

[16] K. I. Dvortsova, A. A. Gortsevskii (Tr. Vses. Nauchn. Issled. Geol. Inst. [2] **95** [1963] 71/81, 78). — [17] S. D. Turovskii (in: Metallogenicheskaya Spetsializatsiya Magmaticheskikh Kompleksov, Moskva 1964, S. 125/41, 135). — [18] E. I. Popolitov, T. M. Filosofova (Ezhegodnik Inst. Geokhim. Sibirsk. Otd. Akad. Nauk SSSR **1971/72** 83/8, 84). — [19] M. R. Mudge, R. L. Erickson, D. Kleinkopf (U.S. Geol. Surv. Bull. Nr. 1252-E [1968] 1/35, 24). — [20] C. L. Sainsbury, J. C. Hamilton, C. Huffman (U.S. Geol. Surv. Bull. Nr. 1242-F [1968] 1/42, 13).

[21] N. F. Anikeeva, N. A. Bogatyreva (Izv. Akad. Nauk SSSR Ser. Geol. **1975** Nr. 7, 59/70, 67). — [22] W. Kramer (Chem. Erde **35** [1976] 1/49, 36/9). — [23] W. Kramer, H. J. Rösler (Z. Geol. Wiss. [Berlin] **4** [1976] 667/83, 678/9).

Andesites and Mugearites

2.4.1.1.5.4.2 Andesite und Mugearite

Art und Herkunft der Gesteine	ppm Pb Grenzwerte		ppm Pb Einzel- und Mittelwerte+)		Lit.
Börzsöny-Gebirge, Ungarn					
Biotit-Amphibol-Andesite	—		13	(276)	
Biotit-Amphibol-Andesite mit Granat	—		116	(194)	
Amphibol-Andesite	—		18	(181)	
Amphibol-Andesit-Tuffe und -Tuffite	—		11	(151)	
Andesit-Agglomerate	—		10	(194)	
„Oxi-Andesite"	—		9	(46)	[1]
Matra-Gebirge, Ungarn					
Dunkle Pyroxen-Andesite	—		13.4	(98)	
Basale Pyroxen-Andesite	—		10	(3)	
Biotit-Amphibol-Andesite	—		189	(56)	
Hypersthen-Andesite	—		9.8	(6)	
Stratovulkanische Andesite	—		25.3	(325)	
Andesit-Tuffe und Agglomerate	—		15	(266)	[2]
Rumänien					
Basaltische Andesite, Siebenbürger Erzgebirge	10	bis 20	14.5	(6)	[3]
Basaltische Andesite, Căliman-Gebirge, Ostkarpaten	13	bis 22	17.0	(15)	[3]
Andesite, Căliman-Gebirge, Ostkarpaten	7	bis 62	30.3	(11)	[4]
Andesite, Gutai-Massiv, Ostkarpaten	17	bis 20	18	(5)	[5]
Quarzandesite, Gutai-Massiv, Ostkarpaten	10	bis 35	22	(3)	[5]

Art und Herkunft der Gesteine	ppm Pb Grenzwerte		ppm Pb Einzel- und Mittelwerte+)		Lit.
Mittlere Rhodopen, Bulgarien					
„Phäno-Andesite"	15	bis 40	30	(7)	[6]
Saronischer Golf, Griechenland					
Andesite, Insel Aegina (Durchschnittsmischung)	—		12	(6)	
Andesite, Halbinsel Methana (Durchschnittsmischung)	—		10	(14)	[7]
Jugoslawien					
Andesit, Kamenog Vrha, Nord-Kroatien	—		13		[8]
Hornblende-Biotit-Andesit, Bor	—		4		[9]
Island					
Andesit, Westen der Insel	—		4.31		[10]
Hybrider Andesit, Stretishorn	—		6.5		[11]
Zentral-Kasachstan, UdSSR					
Andesite*)					
Berg Terekta (Durchschnittsmischung)	—		18	(10)	
Fluß Kara-Sai, Bet-Pak-Dala	5	bis 15	8.3	(3)	
Berg Munglu, Bet-Pak-Dala	2	bis 23	9.5	(4)	[12]
Andesite*), Sarysu-Teniz-Höhenzug	—		8.32	(22)	[13]
Ferner Osten, UdSSR					
Andesite und Tuffe, Südwest-Primor'e	—		132**)		[14]
Andesite, Umgebung von Magadan	—		18**)		[15]
Pyroxen-Hornblende-Andesite, Fluß Ul'ya	—		66**)		[15]
Pyroxen-Andesite, Fluß Ul'ya	—		46	(2)	[15]
Andesite, Tanyurer-Tnekveem-Zwischenstromland, Kreis Chukotka	—		4**)		[16]
Türkei					
Andesite, Kastamonu-Gebiet, Nord-Türkei	2.2	bis 22	6.1	(14)	[29]
Indien					
Andesite, Pavagarh Gujarat, Indien	5	bis 60	29	(8)	[30]
Mugearite, Pavagarh Gujarat, Indien	10	bis 45	21	(13)	[30]
Japan					
Pyroxen-Andesite, Hakone-Gebiet, Zentral-Hondo	3.08	bis 7.61	4.0	(7)	[17]
Aphyrischer Andesit, Vulkan Fuji, Zentral-Hondo	—		13.3		[17]
Andesite, Berg Asama, Zentral-Hondo	8	bis 13	10.7	(3)	[18]
Andesite, z.T. olivinhaltig, Halbinsel Izu, Zentral-Hondo	3.5	bis 7.2	4.4	(4)	[18]
Hypersten- und Olivin-Andesite, Omuro-Amagi-Gebiet, Zentral-Hondo	3.06	bis 4.37	3.5	(4)	[17]
Andesite, Moriyosi, Iwate und Kampu-zan, Nord-Hondo	5.55	bis 10.58	8.8	(4)	[19]
Andesit, Osima-Osima, Insel westlich Hokkaido	—		4.8		[19]
Hypersthen-Augit-Plagioklas-Andesit, Insel Oki-dōgo	—		8.2		[20]
Mugearite, Insel Oki-dōgo	7.7	und 10.2	—		[20]
Neuseeland					
Olivin-, Pyroxen- und Labradorit-Andesite, Nordinsel	3.5	bis 10	6.9	(6)	[18]
Andesite, Taupo-Vulkanzone, Nordinsel	10.6	bis 15.0	—		[21]

Art und Herkunft der Gesteine	ppm Pb Grenzwerte	Einzel- und Mittelwerte+)	Lit.
Vereinigte Staaten von Amerika und Mexiko			
Andesite, Cascade Mountains, Washington, Oregon, Kalifornien	2.0 bis 7.5	4.7 (16)	[31]
Andesite, Absaroka-Vulkan-Gebiet, Wyoming	11.9 bis 16.3	14.3 (3)	[22]
Andesite, Keetley-Kamas, Utah	7.3 bis 150	36.2 (20)	[23]
Andesite, Südwest-Utah	30 bis 35	33 (3)	[32]
Basaltische Andesite, Valley of Mexico, Mexiko	8.0 bis 10.2	—	[24]
Andesite, Rio Lerma und Guadalajara, Mexiko	2.5 bis 12.8	8.2 (33)	[24]
Pazifischer und Atlantischer Ozean			
Andesite, Bougainville (9), Saipan (2) und Viti Levu (2)	1.7 bis 7.2	3.5 (13)	[33]
Basaltischer Andesit, Esperance, Kermadec-Inseln	—	2.18	[25]
Andesit, Napier, Kermadec-Inseln	—	1.76	[25]
Basaltische Andesite, Tonga-Inseln	0.32 bis 2.06	1.41 (6)	[25]
Andesite, Tonga-Inseln	0.55 bis 2.63	1.74 (3)	[25]
Andesite, Tafahi, Tonga-Bogen	1.5 bis 2.0	1.7 (3)	[34]
Trachyandesit, Iwo Jima-Vulkaninseln, Nord-Pazifik	—	12.15	[26]
Trachyandesite, Tristan da Cunha, Südatlantik	10.39 bis 13.84	11.74 (8)	[27]

+) Anzahl der zur Mittelwertsbildung benutzten Analysen in Klammern. — *) In den russischen Arbeiten als Andesitporphyrite bezeichnet. — **) Anzahl der Analysen nicht angegeben.

Ergänzungen

Pb-Gehalte von Mugeariten der Insel Skye, Innere Hebriden, s. S. 134. — Pb-Werte andesitischer Gesteine zweier Latitserien der Ost-Rhodopen, Bulgarien, s. S. 139. Pb-Werte von Andesiten aus Effusivserien in Nordwest- und Nordost-Armenien s. S. 137/8. In andesitischen Laven des Vulkans Sakura-jima, Süd-Kyushu, Japan, liegen die Pb-Gehalte meist unter der Nachweisgrenze von 10 ppm, nur drei von fünf Proben der Eruption von 1468 bis 1476 enthalten je ≈10 ppm Pb, und eine von fünf Proben der ersten Eruption von 1914 führt 50 ppm Pb; auch die Pb-Gehalte der 26 untersuchten pyroklastischen Produkte dieses Vulkans liegen — bei sechs Ausnahmen mit Gehalten zwischen 10 und 400 ppm Pb — unter der Nachweisgrenze [28]. Pb-Gehalte in Andesiten auf Kamchatka, in Japan und auf verschiedenen pazifischen Inseln, ferner aus Basaltserien in Kalifornien s. S. 137/9, 144.

Literatur zu 2.4.1.1.5.4.2:

[1] B. Nagy (Magy. Allami Foldt. Intez. Evi Jelentese 1970 [1972] 35/8 [englisch S. 38]). — [2] B. Nagy (Foldt. Kozl. **101** [1971] 62/8, 64/5, 68). — [3] S. Peltz, I. Bratosin (Rev. Roumaine Geol. Geophys. Geogr. Ser. Geol. **15** Nr. 1 [1971] 77/88, 80/1, 83). — [4] M. Savul, V. Ababi, O. Nichita (Acad. Rep. Populare Romine Filiala Iasi Studii Cercetari Stiint Chim. **7** Nr. 2 [1956] 89/116, 90/1, Tabelle nach S. 90 [russisch S. 113/4, französisch S. 114/5]), M. Savul, V. Ababi, C. Botez, A. Movileanu (Acad. Rep. Populare Romine Filiala Iasi **11** [1960] 205/25, 213 [russisch S. 221/2, französisch S. 222/3]). — [5] D. Giusca, J. Ionescu (in: N. I. Khitarov, Problems of Geochemistry, Jerusalem 1969, S. 472/7, 473/4).

[6] R. Ivanov, D. Stefanova, R. Kamburova, Ts. Stoyanova, G. Panaiotov (Izv. Geol. Inst. Bulgar. Akad. Nauk Ser. Geokhim. Mineral. Petrogr. **18** [1969] 67/87, 70, 80, 82/4 [russisch S. 99/100, englisch S. 101/2]). — [7] K. H. Wedepohl (Geochim. Cosmochim. Acta **10** [1956] 69/148, 105). — [8] B. Crnković, V. Reić, K. Braun (Geol. Vjesnik **23** [1969] 193/204, 200/1). — [9] H. Grohmann (Tschermaks Mineral. Petrog. Mitt. [3] **10** [1965] 436/74, 442, 454). — [10] H. Welke, S. Moorbath, G. L. Cumming, S. Sigurdsson (Earth Planet. Sci. Letters **4** [1968] 221/31, 224/5).

[11] B. M. Gunn, N. D. Watkins (Geochim. Cosmochim. Acta **33** [1969] 341/56, 343). — [12] K. K. Zhirov, L. V. Chernyshev (Geokhimiya **1959** 116/23, 119/20; Geochemistry [USSR] **1959** 141/50, 144/5). — [13] M. I. Tolstoi (Sov. Geol. **1971** Nr. 4, S. 60/78, 66/7). — [14] Yu. B. Evlanov, V. N. Kaminskaya, O. A. Kiseleva (Voprosy Geologii Geokhimii Metallogenii Severo-Zapadnogo Sektora Tikhookeanskogo Poyasa, Vladivostok 1970, S. 200/2). — [15] S. S. Yudin, V. G. Korol'kov (in: Rudonos. Vulkanogen. Obrazovan. Sev.-Vost. i Dal'n. Vost. [Magadan] **1967** 94/100 nach Ref. Zh. Geol. **1968** Nr. 7 V 37).

[16] M. V. Filimonov (Ezhegodnik Inst. Geokhim. Sibirsk. Otd. Akad. Nauk SSSR **1971/72** 192/6, Tabelle nach S. 194). — [17] M. Tatsumoto, R. J. Knight (Geochem. J. **3** [1969] 53/86, 60/5). — [18] S. R. Taylor, A. J. R. White (Bull. Volcanol. [2] **29** [1966] 177/94, Tabelle 6 nach S. 184 und Tabelle 4 nach S. 182). — [19] C. E. Hedge, R. J. Knight (Geochem. J. **3** [1969] 15/24, 17). — [20] H. Kurasawa (Geochem. J. **2** [1968] 11/28, 16, 22).

[21] A. Ewart, S. R. Taylor, A. C. Capp (Contrib. Mineral. Petrology [Berlin] **18** [1968] 76/104, 87, 101). — [22] Z. E. Peterman, B. R. Doe, H. J. Prostka (Contrib. Mineral. Petrology [Berlin] **27** [1970] 121/30, 124). — [23] S. B. Willes (Brigham Young Univ. Res. Studies Geol. Ser. **9** Nr. 2 [1962] 3/28, 18). — [24] B. M. Gunn, F. Mooser (Bull. Volcanol. [2] **34** [1970/71] 577/616, 605/10). — [25] V. M. Oversby, A. Ewart (Contrib. Mineral. Petrology [Berlin] **37** [1972] 181/210, 184/5, 188, 206/7).

[26] M. Tatsumoto (J. Geophys. Res. **71** [1966] 1721/33, 1724). — [27] V. M. Oversby, P. W. Gast (Earth Planet. Sci. Letters **5** [1968] 199/206, 202). — [28] H. Hamaguchi, R. Kuroda, H. Ishikawa (Geochim. Cosmochim. Acta **18** [1960] 232/46, 236/8). — [29] A. Peccerillo, S. R. Taylor (Contrib. Mineral. Petrology [Berlin] **58** [1976] 63/81, 68/9). — [30] B. D. Tiwari (Bull. Volcanol. [2] **35** [1971/72] 1129/77, 1146/8).

[31] S. E. Church, G. R. Tilton (Bull. Geol. Soc. Am. **84** [1973] 431/54, 436). — [32] G. G. Lowder (Bull. Geol. Soc. Am. **84** [1973] 2993/3012, 3005). — [33] S. R. Taylor, A. C. Capp, A. L. Graham (Contrib. Mineral. Petrology [Berlin] **37** [1969] 1/26, 18, 21). — [34] A. Ewart (Contrib. Mineral. Petrology [Berlin] **58** [1976] 1/21, 3).

2.4.1.1.5.4.3 Anorthosite

Anorthosites

Anorthosite des Kanadischen Schildes auf der Halbinsel Labrador enthalten in 52 Proben aus dem Gebiet Battle Harbour – Cartwright im Mittel 6.5 ppm Pb und in 4 Proben aus dem Gebiet Baie Comeau 6.3 ppm Pb, K. E. Eade, W. F. Fahrig (Geol. Surv. Can. Paper Nr. 72-46 [1973] 1/46, 25, 33).

2.4.1.1.5.5 Monzonitische Gesteine[1])

Monzonitic Rocks

Art des Gesteins und Herkunft	ppm Pb Grenzwerte	ppm Pb Einzel- und Mittelwerte*)	Lit.
Monzonite, Langøy, Nord-Norwegen	10 bis 16	13 (4)	[1]
Syenitdiorite, Stepninsk-Massiv, Ural	—	37 (3)	[2]
Monzonite (und Granosyenite), Batystau-Massiv, Zentral-Kasachstan	—	17 (51)	[3]
Syenitdiorite, 2 Massive im Bugul'minsk-Komplex, Ost-Sayan	—	16 (14) und 13 (16)	[4]
Monzonite, 2 Massive im Bugul'minsk-Komplex, Ost-Sayan	—	8 (30) und 8 (28)	[4]
Monzonitgabbros und Monzonite, Akatui-Komplex, Ost-Transbaikalien	—	32 (190)	[5]

Art des Gesteins und Herkunft	ppm Pb Grenzwerte	Einzel- und Mittelwerte*)	Lit.
Monzonit, Nosappu-Serie, Nemuro, Hokkaido, Japan	—	30	[6]
Monzonitische Gesteine²), 5 Weststaaten der USA	5 bis 120	19 (530)	[7]
Hornblende-Monzonit, Oliverian Magma-Serie, New Hampshire	—	46	[8]
Monzonitporphyr, Front Range, Colorado	—	41	[9]
Permische Shoshonite, Devonshire, Großbritannien	19 bis 75	45 (14)	[10]
Latite, Balkaniden, Jugoslawien	42 bis 49	46 (3)	[11]
Latite und Trachyandesite, Akatui-Komplex, Ost-Transbaikalien	—	30 (46)	[5]
Latite, östliche Sierra Nevada, Kalifornien	20 und 30	—	[12]
Latit, Beatty, Nye County, Nevada	—	30	[13]
Permische Absarokite, Devonshire, Großbritannien	51 und 76	—	[10]

*) Anzahl der zur Mittelwertsbildung benutzten Analysen in Klammern.

¹) Syenitdiorite als Synonym für Monzonite und Trachyandesite mit monzonitischem Chemismus s. W. E. Tröger (Spezielle Petrographie der Eruptivgesteine, Berlin 1935, S. 115/21, 334). — ²) Einschließlich einiger Gesteine, die von anderen Verfassern als Granodiorite, Quarzmonzonite oder Porphyre bezeichnet werden.

Ergänzungen

Pb-Werte von Latit-Andesiten und Latitporphyriten aus zwei Serien der Ost-Rhodopen, Bulgarien, s. S. 139, und von Monzonit des Witoscha-Plutons S. 135. Pb in autometasomatisch gebildeten Monzoniten und Syenitdioriten des Kleinen Kaukasus s. S. 135, in Monzoniten und Syenitdioriten des Megri-Plutons, Armenien, S. 135, in Syenitdioriten der Sonkul'-Intrusion, Nord-Tien Shan, s. S. 143, in Monzoniten und Syenitdioriten zweier Gabbro-Serien des Chatkal-Gebirges und einer Gabbro-Serie des Kurama-Gebirges S. 135 und in Syenitdioriten des Konkudero-Mamakan-Komplexes, Nord-Baikal-Hochland, S. 142. Für monzonitische Gesteine der Massive Nizhne- und Verkhne-Belyoutinsk, West-Tien Shan, werden Pb-Werte von 300 bzw. 3000 ppm angegeben [14].

Literatur zu 2.4.1.1.5.5:

[1] K. S. Heier (Norg. Geol. Undersokelse Nr. 207 [1960] 1/246, 242/3). — [2] G. B. Fershtater, N. S. Borodina, M. V. Trayanova (Geokhimiya **1969** 72/83, 78; Geochem. Intern. **6** [1969] 44/57, 51). — [3] L. B. Ivanov (Sov. Geol. **1969** Nr. 9, S. 120/33, 125). — [4] A. E. Vorontsov, G. I. Selivanova (Geol. i Geofiz. Akad. Nauk SSSR Sibirsk. Otd. **1971** Nr. 9, S. 40/7, 42). — [5] M. N. Zakharov (Ezhegodnik Inst. Geokhim. Sibirsk. Otd. Akad. Nauk SSSR **1969/70** 50/4; C.A. **74** [1971] Nr. 78503).

[6] H. Ishikawa, S. Berman, K. Yagi (Geochem. J. **5** [1971] 187/206, 190). — [7] W. R. Griffitts, H. M. Nakagawa (U.S. Geol. Surv. Profess. Papers Nr. 400-B [1960] B93/5). — [8] M. P. Billings, J. C. Rabbitt (Bull. Geol. Soc. Am. **58** [1947] 573/96, 577). — [9] L. C. Huff (Econ. Geol. **47** [1952] 517/42, 521). — [10] M. E. Cosgrove (Contrib. Mineral. Petrology [Berlin] **36** [1972] 155/70, 160/62, 165).

[11] N. Čuturić, N. Kafol, S. Karamata (in: L. H. Ahrens, Origin and Distribution of the Elements, Oxford – London – Edinburgh – New York – Toronto – Sydney – Paris – Braunschweig 1968, S. 739/47, 741). — [12] S. R. Nockolds, R. Allen (Geochim. Cosmochim. Acta **5** [1954] 245/85, 280/1). — [13] H. R. Cornwall (Geol. Soc. Am. Buddington Vol. **1962** 357/71, Tabelle nach S. 368). — [14] S. T. Badalov, I. M. Golovanov, E. A. Dunin-Barkovskaya (Geokhimicheskie Osobennosti Rudoobrazuyushchikh i Redkikh Elementov Endogennykh Mestorozhdenii Chatkalo-Kuraminskikh Gor, Tashkent 1971, S. 1/228, 79).

2.4.1.1.5.6 Syenitische Gesteine

Syenitic Rocks

Art der Gesteine und Herkunft	ppm Pb Grenzwerte	ppm Pb Einzel- und Mittelwerte*)	Lit.
Kalkalkalisyenite			
Syenit, Plauenscher Grund, Dresden, DDR	10 bis 15	—	[1]
Quarzsyenit, Ditro, Rumänien	—	28	[2]
Syenite, Zentralplateau, Frankreich	—	11.5 und 15	[3]
Syenite, Chiltensk, Chatkal-Gebirge, Mittelasien	—	95 (3)	[4]
Syenite, Kzyl-Ompul-Massiv, Nord-Tien Shan	41 bis 75	59 (11)	[5]
Pyroxen-Biotit-Syenite, Sandyk-Massiv, Nord-Tien Shan	48 bis 67	57 (5)	[6]
Leukosyenite, Sandyk-Massiv, Nord-Tien Shan	45 bis 118	67 (6)	[6]
Syenite, Kara-Kunuz-Massiv, Nord-Tien Shan	33 bis 55	42 (8)	[7]
Syenite, Souk-Tobe-Massiv, Nord-Tien Shan	36 bis 46	40 (4)	[7]
Syenite, südlich Port Sudan am Roten Meer	6 bis 12	9 (6)	[22]
Syenite, Paresis-Komplex, Damaraland, Südwest-Afrika	21 bis 38	30 (3)	[8]
Alkalisyenite			
Natronsyenite, Ditro, Rumänien	14 bis 16	—	[2]
Alkalisyenite, Svidnya-Rayon bei Sofia, Bulgarien	—	160	[9]
Alkalisyenite, Basumsk-Gebirge, Armenien	—	10 und 13	[10]
Hornblende-Alkalisyenite, Sandyk-Massiv, Nord-Tien Shan	46 bis 108	71 (6)	[6]
Porphyritische Kalisyenite, Shamatorsk-Massiv, Mittel-Tien Shan	25 bis 32	29 (7)	[7]
Alkalisyenite, Kuznetzkii-Alatau, Westsibirien	—	40	[11]
Nordmarkit, Nuanetsi, Rhodesien	—	20	[12]
Trachyte			
Trachyt, Drachenfels, Siebengebirge bei Bonn	—	29	[13]
Trachyte, Westerwald, Bundesrepublik Deutschland	—	12 (4)	[14]
Trachyte, Böhmen, ČSSR	42 bis 86	58 (3)	[15]
Alkalitrachyte, Böhmen, ČSSR	<10 bis 54	≈21 (12)	[15]
Kalitrachyte, Matra-Gebirge, Nord-Ungarn	—	19.6 (33)	[16]
Kalitrachyte, Malvern, England	—	12 und 15	[17]
Trachyte, Hawaii	—	5.2 und 8.8	[18]
Syenitische Ganggesteine			
Minetten, Ost-Thüringen und Erzgebirge, DDR	12 bis 80	35 (5)	[23]
Alkalisyenitische Ganggesteine, Ditro, Rumänien	14 bis 24	—	[2]
Prowersite (Minette-ähnlich), Devonshire, England	45 bis 75	63 (5)	[21]
Minette, Devonshire, England	—	71	[21]
Syenitische Ganggesteine, Kzyl-Ompul, Nord-Tien Shan	42 bis 90	59 (6)	[5]
Olivin-Minette-Vogesit, Kzyl-Ompul, Nord-Tien Shan	—	23	[5]
Syenitische Ganggesteine, Sandyk-Massiv, Nord-Tien Shan	26 bis 75	52 (5)	[6]
Bostonite, Paresis-Komplex, Namibia	30 bis 93	58 (4)	[8]

*) Anzahl der zur Mittelwertsbildung benutzten Analysen in Klammern.

Ergänzungen

Pb in Syenogabbros und Syeniten des Insch-Komplexes, Schottland, s. S. 134, in syenitischen Gesteinen in Adscharien, Kleiner Kaukasus, S. 135, in Quarzsyeniten des Dalidag-Massivs, Kleiner Kaukasus, S. 144, in zum Teil leukokraten Syeniten des Tekeli-Massivs, Kurama-Gebirge, West-Tien Shan, und in Alkalisyeniten des Megri-Plutons, Armenien, S. 135, in Syeniten des Ognitsk-Alkalimassivs, Ost-Sayan, und, in alkalischen Aegirin-Augit-Syeniten des Matcha-Massivs, Süd-Tien Shan, S. 141 sowie in Na-Syeniten des Konkudero-Mamakan-Komplexes, Nordbaikal-Hochland, S. 142. 14 permische Syenite aus Nord-Tien Shan enthalten im Mittel 54 ppm Pb [19, 20]. Pb-Werte syenitischer Gesteine des Lakkoliths Shonkin Sag, Montana, s. S. 142, des Leukosyenits aus dem Witoscha-Pluton, Bulgarien, S. 135. Pb in Pulaskiten des Synnyrsk-Massivs, Nordbaikal-Hochland, S. 142 und in Nordmarkiten der Oslo-Gesteinsprovinz, Norwegen, S. 140. Pb in Trachyten aus Basaltserien des Basumsk-Gebirges, Armenien, S. 137, der Insel Oki Dōgo, Japan-See, S. 139 sowie in Trachyten von Borovica, Ost-Rhodopen, S. 139.

Literatur zu 2.4.1.1.5.6:

[1] H. Moenke (Chem. Erde **20** [1959/60] 227/301, 284). — [2] V. Ianovici, J. Ionescu (in: A. P. Vinogradov, Khimiya Zemnoi Kory, Bd. 2, Moskva 1964, S. 341/8, 341/2; Chemistry of the Earth's Crust, Bd. 2, Jerusalem 1967, S. 365/72, 365/6). — [3] J. Lameyre (Ann. Fac. Sci. Univ. Clermont Geol. Mineral. Nr. 29 [1966] 1/264, 119, 170). — [4] S. T. Badalov, I. M. Golovanov, E. A. Dunin-Barkovskaya (Geokhimicheskie Osobennosti Rudoobrazuyushchikh i Redkikh Elementov Endogennykh Mestorozhdenii Chatkalo-Kuraminskikh Gor, Tashkent 1971, S. 1/228, 193). — [5] R. D. Gavrilin, L. A. Pevtsova (Geokhimiya **1963** 732/45, 740/1; Geochemistry [USSR] **1963** 764/77, 772).

[6] B. I. Zlobin, M. S. Gorshkova (Geokhimiya **1961** 281/92, 289; Geochemistry [USSR] **1961** 317/28, 323/4). — [7] R. D. Gavrilin, L. A. Pevtsova (in: N. I. Khitarov, Problems of Geochemistry, Jerusalem 1969, S. 406/14, 409/10). — [8] G. Siedner (Geochim. Cosmochim. Acta **29** [1965] 113/37, Tabelle nach S. 116). — [9] E. Aleksiev (Tr. Vurkhu Geol. Bulgar. Ser. Geokhim. Mineral. Petrog. Bulgar. Akad. Nauk **6** [1966] 49/66, 52/3 [russisch S. 64/5; englisch S. 65/6]). — [10] B. M. Meliksetyan, G. S. Sargsyan (Zap. Armyansk. Otd. Vses. Mineralog. Obshchestva **4** [1970] 18/38, 32).

[11] A. A. Mityakin (Izv. Tomsk. Politekhn. Inst. **218** [1970] 41/4 nach Ref. Zh. Geol. **1971** Nr. 4 V 86). — [12] K. G. Cox, R. L. Johnson, L. J. Monkman, C. J. Stillman, J. R. Vail, D. N. Wood (Phil. Trans. Roy. Soc. London A **257** [1964/65] 71/218, 171). — [13] K. H. Wedepohl (Geochim. Cosmochim. Acta **10** [1956] 69/148, 106). — [14] K. H. Wedepohl (Fortschr. Mineral. **39** [1961] 142/8, 144/5). — [15] O. Shrbený, V. Macháček (Casopis Mineral. Geol. **18** [1973] 131/61, 133/5).

[16] B. Nagy (Foldt. Kozl. **101** [1971] 62/8, 64/5, 68). — [17] R. S. Thorpe (Contrib. Mineral. Petrology [Berlin] **31** [1971] 115/20, 116). — [18] M. Tatsumoto (J. Geophys. Res. **71** [1966] 1721/33, 1724). — [19] S. D. Turovskii (in: Metallogenicheskaya Spetsializatsiya Magmaticheskikh Kompleksov, Moskva 1964, S. 125/41, 135/6). — [20] I. V. Nosyrev, S. D. Turovskii (Materialy po Geologii Tyan'-Shanya, Bd. 2, Frunze 1962, S. 21/68, Tabelle 6 nach S. 56).

[21] M. E. Cosgrove (Contrib. Mineral. Petrology [Berlin] **36** [1972] 155/70, 160, 165/6). — [22] C. R. Neary, I. G. Gass, B. J. Cavanagh (Bull. Geol. Soc. Am. **87** [1976] 1501/12, 1506). — [23] W. Kramer (Chem. Erde **35** [1976] 1/49, 36/9).

Granitic Rocks

2.4.1.1.5.7 Granitische Gesteine

Im folgenden sind die Durchschnittswerte von granitischen Gesteinen, getrennt nach Tiefen-, Erguß- und Ganggesteinen, größerer Bereiche oder einzelner Gesteinsmassive in regionaler Anordnung zusammengestellt. Literatur in alphabetischer Folge s. S. 112/115. Weitere Gehaltsangaben für granitische Gesteine s. ab S. 134.

2.4.1.1.5.7.1 Granitische Tiefengesteine: Granite (einschließlich Alaskite, Rapakiwi und Granophyre), Quarzmonzonite, Granodiorite, Quarzdiorite, Trondhjemite und Tonalite (einschließlich Adamellite)

Granitic Plutonic Rocks: Granites, Quartz Monzonites, Granodiorites, Quartz Diorites, Trondhjemites, and Tonalites

Herkunft[a)]	ppm Pb Grenzwerte	Mittelwerte[b)]	Lit.
Europa ohne UdSSR			
Mitteleuropa, Durchschnittsmischung	—	29 (14)	[119]
Vorwiegend Österreich	<3 bis 90	19 (104)	[44]
Thüringer Wald, DDR, Brotteröder Serie	5 bis 34	19 (25)	[121]
Sächsisch-Böhmisches Erzgebirge, DDR und ČSSR, Gesamtgebiet	7 bis 55	28 (384)	[69]
Westliches und mittleres Erzgebirge, DDR	107 bis 170	163 (8)	[70]
Sudeten, Schlesien, 6 Vorkommen[1)]	5 bis 30	15 (30)	[65]
Aaremassiv, Schweiz	10 bis 30	13 (20)	[51]
Südliche Ostalpen, Italien	<20 bis 75	26 (65)	[45]
Slowakei, Kohut-Zone	10 bis 43	26 (18)	[55]
West-Bulgarien, Nordwest-Balkan, Trun, Osogovo- und Rila-Gebirge	<10 bis 120	≈40 (21)	[4, 9, 8]
Serbien und Mazedonien, Jugoslawien	12 bis 32	22 (12)	[25]
Vorwiegend Dinariden, Jugoslawien	<3 bis 48	≈28 (30)	[24]
Suvodol-Massiv, Stara Planina, Ost-Serbien, Jugoslawien	9 bis 25[c)]	16 (6)	[10]
Alijó-Sanfins, Nord-Portugal	<5 bis 135[c)]	≈35 (40)	[83b]
Zentralplateau, Frankreich			
Gesamtgebiet	—	90 (59)	[13]
5 Massive[2)]	6 bis 118	20 (26)	[26]
Massiv Millevaches	8 bis 64	22 (35)	[68]
5 weitere Granitvorkommen[3)]	3 bis 38	17 (21)	[68]
Morvan-Gebirge	23.5 bis 46[c)]	41 (39)	[18]
Inseln Coll und Tiree, Nordwest-Schottland	7 bis 141	45 (23)[d)]	
	9 bis 33	21 (4)[e)]	[29]
Island	4.1 bis 9.0	5.9 (13)	[120]
Langøy, Nord-Norwegen	7.6 bis 18.9	14.4 (10)	[49]
UdSSR			
Salmi-Massiv, Karelien	16 bis 75	27 (39)	[108]
Ukrainischer Schild, 4 Massive[4)]	22 bis 73[c)]	39 (696)	[43]
Mittellauf des Teterev, Ukraine	13 bis 18[c)]	16 (41)	[73]
Zone Kremenchug-Krivoi Rog, Ukraine	—	16 (953)	[72]
Magnetische Anomalie Orekhovo-Pavlograd, Ukraine	60 und 140[c)]	118 (87)	[42]
Magnetische Anomalie Kursk, Russische Tafel	Spuren bis 200	≈70 (17)	[57]
Plutonische und hypabyssische Intrusionen, Mittel- und Süd-Ural	8 bis 30[f)]	20 (193)	[35]
Torgovaya-Keftalyk-Massiv, Polarural	—	27 (270)	[59]
Dzhuga-Massiv und Oberlauf der Flüsse Kisha und Bezymyannaya, Nordwest-Kaukasus	90 und 100[c)]	96 (48)	[11]
El'dzhurta-Massiv, Kabardino-Balkarische ASSR	20 bis 500	80 (17)	[86]
El'dzhurta-Massiv, Kabardino-Balkarische ASSR	—	21.9 (50)	[76]

Herkunft[a)]	ppm Pb Grenzwerte	Mittelwerte[b)]	Lit.
5 Massive[5)], Kleiner Kaukasus, Armenien	6 bis 55	17 (31)	[81]
Megri-Pluton, Süd-Armenien	30 bis 60[c)]	52 (134)	[79]
Ulutau- und Edyge-Gebirge, Zentral-Kasachstan	—	21 (26)	[61]
Sarysu-Teniz-Höhenzug, Zentral-Kasachstan	6.8 bis 14.8[c)]	9.5 (267)	[113]
3 Massive[6)], Batystau-Erzgebiet, Zentral-Kasachstan	23.5 bis 100[c)]	55 (359)	[54]
2 Massive[7)], Kyzylrai-Gebirge, Zentral-Kasachstan	36 und 41[c)]	39 (210)	[104]
4 Massive[8)], Nord-Tien Shan	10 bis 44	30 (45)	[125]
Kzyl-Ompul-Massiv am See Issyk-Kul', Nord-Tien Shan	10 bis 38	25 (9)	[37]
Wüste Kyzylkum, West-Usbekistan	16 bis 41	30 (8)	[62]
5 Massive[9)], Usbekistan	24 bis 27[c)]	25 (19)	[93]
Chatkal-Gebirge, Mittel-Tien Shan	15 bis 21[c)]	17 (89)	[34]
Südwest-Ausläufer des Chatkal-Gebirges, West-Tien Shan	4 bis 180	44 (91)	[115]
Charkasar-Massiv, Nord-Tien Shan	20 bis 27	23 (12)	[38]
Raumid-Massiv, Rushan-Gebirge, Pamir, Tadschikistan	18 bis 45	30 (64)	[39]
4 Massive[10)], Nord-Pamir, Tadschikistan	7 bis 50[c)]	29 (179)	[75]
Kalba-Narym-Gebiet und nordöstlich anschließende Bruchzone, Südwest-Altai	10 bis 95	21 (128)	[74]
Granodiorit-Tonalit-Komplex, Zentral- und Nordwest-Altai	13 und 14[c)]	14 (74)	[3]
6 Massive[11)], Bugul'minsk-Komplex, Ost-Sayan	6 bis 39[c)]	17 (92)	[118]
Dzhida-Komplex, Ost-Sayan	20 bis 21.5[c)]	21 (80)	[92]
Verschiedene Massive aus 3 Komplexen[12)], Ost-Transbaikalien	23.6 bis 60[c)]	35 (328)	[67, 7, 14, 41]
6 Komplexe[13)], Jenissei-Gebirge, Mittelsibirien	6 bis 64	22 (73)	[116]
Tarak-Komplex, Jenissei-Gebirge, Mittelsibirien	5 bis 29	15 (22)	[124]
4 Komplexe[14)], Jenissei-Gebirge, Mittelsibirien	35 bis 85[c)]	61 (977)	[114]
Aldan-Hochland, Jakutien	5.6 bis 15.5[c)]	11 (394)	[106]
3 Komplexe[15)] im Pribrezhnyi-Massiv, Ferner Osten	10 bis 20	14 (148)	[60]
West-Primor'e	2 bis 256[c)]	84 (78)	[84]
Indien			
Singhbhum, Bihar	<10 bis 21	$\lessapprox$14 (37)	[99]
	45 bis 73	57 (3)	[80]
Chotanagpur, Bihar	47 und 60	—	[80]
Latehar, Palamau-Distrikt, Bihar	55 und 80	—	[94]
Closepet und Chitaldrug, Mittel-Mysore	40 bis 50	45 (8)	[95]
Mongolische Volksrepublik und China			
Zhanchivlansk-Massiv, Mongolei	24 und 39	—	[64]
Changkwansaihing, Mandschurei	2 und 3[c)]	3 (32)	[84]
Japan			
Gesamtgebiet (Durchschnittswert)	—	22.4 ± 5.6	[66]
Hondo und Nord-Kiushu	12 bis 18[c)]	15 (84)	[88, 119]

Herkunft[a)]	ppm Pb Grenzwerte	Mittelwerte[b)]	Lit.
14 petrographische Provinzen	9 bis 28[c)]	15 (260)	[53]
5 petrographische Typen	0 bis 27	10 (47)	[89]
Tsukuba-, Inada- und Kamishiro-Distrikt	10 bis 31	18 (16)	[87]
Ningyo-toge-Gebiet, Präfekturen Tottori und Okayama	20 bis 27	24 (5)	[6]
Afrika			
Südlich Port Sudan am Roten Meer	4 bis 18	10 (16)	[83a]
Bushveld-Komplex, Transvaal, Südafrika	12 bis 22	16 (3)	[71]
Franzfontein, Nord-Südwestafrika (Namibia)	8 bis 40	21 (11)	[19]
Kap-Provinz, Südafrika	13 bis 54	31 (34)	[63]
Nuanetsi-Distrikt, Rhodesien	5 bis 30	18 (7)[g)]	[22]
Ringkomplex Dembe-Divula, Nuanetsi-Distrikt, Rhodesien	29.1 bis 36.6	33.9 (6)[h)]	[78]
Kanada			
Kanadischer Schild			
Keewatin-Nord	12 bis 45[c)]	19 (102)	
Hardisty Lake	—	17 (72)	
Snowbird Lake	—	16 (18)	
Kasmere Lake	—	16 (114)	
New Quebec	3.8 bis 46[c)]	21 (637)	
West- und Südküste von Labrador	17 und 26[c)]	25 (85)	[30]
Keno Hill-Galena Hill, Yukon Territory, West-Kanada	5 bis 37	17 (8)	[16]
Südost-Manitoba und Ontario	7.8 bis 38.4	20.9 (9)	[91]
Deloro-Pluton, Hastings Co., Ost-Ontario	9 und 15	—	[12]
Nordwest Territories und Ontario	≈2 bis 68	≈15 (31)[i)]	[2]
USA			
Seward-Halbinsel, Alaska	30 bis 60	50 (5)	[100]
Cornucopia-Stock, Wallowa Mountains, Nordost-Oregon	2.1 bis 7.3	4.2 (11)	[110]
8 Plutone, Plumas Copper Belt, Plumas County, Kalifornien	4 bis 29[c)]	—	[105]
Marysville-Stock, Montana	15 bis 75	24 (114)	[77]
Granite Mountains, Wyoming	19.0 bis 80.0	54.0 (9)	[97, 85]
Santa Rosa Range, Nord-Nevada	7 bis 22	14 (23)	[122]
Front Range, Colorado	29 bis 40	35 (4)	[52]
Llano Uplift, Zentral-Texas	—	2.14[j)]	[123]
Verschiedene Vorkommen, Missouri, Minnesota und New Hampshire	7 bis 45	21 (9)	[101]
Oliverian-Magma-Serie, New Hampshire	28 bis 46	37 (4)	[15]
Südamerika			
Quadrilátero Ferrífero, Minas Gerais, Brasilien	4.6 bis 50	22 (30)[k)]	[50]

Herkunft[a)]	ppm Pb Grenzwerte	Mittelwerte[b)]	Lit.
Australien			
Snowy Mountains-Gebiet, New South Wales	14 bis 69	28 (32)	[63]
Murrumbidgee-Batholith, Australian Capital Territory	23 bis 33	28 (25)	[58]
New England-Komplex, New England, Australien	<10 bis 100	≈18[l)] (118)	[36]
Antarktis			
Andean-Intrusion, Graham-Land	20 bis 55	29 (5)	[1]
Küste der Ostantarktis, 6 Gebiete	10 bis 50[c)]	35 (105)	[117]

a) Anmerkungen [1)] bis [15)] s. unten

b) Zahl der zur Mittelwertsbildung benutzten Analysen in Klammern.

c) Mittelwerte.

d) Granite aus konkordanten Gängen im Lewisian-Gneiskomplex.

e) Remobilisierte Gänge.

f) Mittelwerte von 8 Gesteinsgruppen.

g) Darunter 2 Granophyre aus einem Lagergang.

h) Bestimmungen an einer weiteren Probe ergeben 52.9 und 53.4 ppm Pb.

i) Darunter 1 Gang- und 1 Effusivgestein.

j) Wesentlich höhere Werte für 5 Granite dieses Gebietes, 13 bis 50, Mittel 26 ppm Pb bei [101].

k) Für 39 granitische Gesteine ergeben sich als Mittel 26 ppm Pb [50].

l) 19 Gehalte <10 ppm Pb mit 5 ppm Pb eingesetzt.

[1)] Strzegom (Striegau), Karkonosze (Riesengebirge), Strzelin, Niemcza, Kłodzko-Złoty Stok und Biela. — [2)] Sidobre, Cevennen, Mayet de Montagne, Pouzol Servant und Monts du Velay. — [3)] Massive Echassières, La Brosse, La Pierre-Qui-Vire und La Margeride sowie Steinbruch von Thizon. — [4)] Pershansk-, Korosten-, Osnitsk- und Kirovograd-Zhitomir-Massiv. — [5)] Dalidag-, Mekhman-, Kedabek-, Gabakhtabinsk- und Atabek-Slavyansk-Massiv.

[6)] Süd-Zhuankonursk-, Kyzyltassk- und Nord-Zhuankonursk-Massiv. — [7)] Saryolen- und Kyzylshok-Massiv. — [8)] Sonkul'-, Maibulak-, Kshi-Turgen'- und Degeres-Massiv. — [9)] Karamazar-, Nuratau-, Karatyube-, Zirabulak- und Zeravshano-Gissarskii-Massiv. — [10)] Karakul'skii-, Bilyandkikskii-, Mazarskii- und Obikhumbouskii-Massiv.

[11)] Sapkol'sk-, Dzhugoyaksk-, Chernoognitsk-, Mirichunsk-, Bugul'minsk- und Kamennyi-Belok-Massiv. — [12)] Shakhtama-, Amudzhikan-Sretensk- und Kukul'bei-Komplex. — [13)] Posol'no-Angara-, Tarak-, Tei-, Ayakhtin-, Porozhnin- und Kilikei-Komplex. — [14)] Tei-, Nogatin-, Tatarsko-Ayakhtin- und Noibin-Komplex. — [15)] Udskii-, Dzhugdzhurskii- und Etandzhinskii-Komplex.

Granitic Effusiva and Dike Rocks

2.4.1.1.5.7.2 Granitische Effusiva und Ganggesteine

Art und Herkunft	ppm Pb Grenzwerte	Mittelwerte[a)]	Lit.
Effusiva			
Quarzporphyre, Dippoldiswalde, Sachsen, DDR	9 bis 190	34 (10)	[112]
Quarzporphyre, Freiberg, Kanton Glarus, Schweiz	8.9 und 9.7	—	[5]
Dacite, Gutai-Massiv, Ost-Karpaten, Rumänien	10 bis 22	15 (9)	[40]
12 Rhyolithe und 2 Dacite, Matra-Gebirge, Nord-Ungarn	—	17 (14)	[83]

Art und Herkunft	ppm Pb Grenzwerte	Mittelwerte[a)]	Lit.
Dacite, Börzsöny-Gebirge, Nordwest-Ungarn	—	9 (30)	[82]
Dellenite und Dellenitporphyre, Rhodopen, Bulgarien	< 10 bis 200	≈ 45 (15)	[56]
Rhyolithe, Rhodopen, Bulgarien	20 bis 250	88 (10)	[56]
Dellenite, Osogovska Planina, Bulgarien	22 bis 83	46 (18)	[9]
Rhyolithe, Osogovska Planina, Bulgarien	32 und 74	—	[9]
Dacite und Quarzlatite, Dinariden, Jugoslawien	11 bis 62	25 (45)	[23, 24]
Pantellerite, Insel Pantelleria, Italien	12 bis 20	15 (5)	[83c]
Pechsteine, Inseln Arran und Eigg, West-Schottland	15 bis 26	19 (10)	[17]
12 Pechsteine und 2 Obsidiane, Island	6 bis 15	9 (14)	[17]
2 Dacite, 1 Felsit, 2 Obsidiane, Island	4.4 bis 12.8	7.1 (5)	[120]
Rhyolithe, Stretishorn, Ost-Island	—	15.0 (8)	[47]
Liparite, Tyrnyauz-Komplex, Kabardino-Balkarische ASSR	—	40.3 (15)	[76]
„Vitroandesit" (66.8% SiO_2), Tyrnyauz-Komplex, Kabardino-Balkarische ASSR	—	33.6 (5)	[76]
Rhyolithe und rhyolithische Tuffe, Ulutau- und Edyge-Gebirge, Zentral-Kasachstan	—	13 (27)	[61]
Rhyolithische Laven, Sarysu-Teniz-Höhenzug, Zentral-Kasachstan	—	7.9 (44)	[113]
Dacite, Vernadskii-Gebirge, Insel Paramushir, Kurilen	7 bis 18[b)]	9 (18)	[96]
Liparite und ihre Tuffe, Khanka-See, Süd-Primor'e	10 bis 400	90 (30)	[98]
Ongonite (Quarzkeratophyre), Mongolei	30 und 43[b)]	39 (14)	[64]
Dacit, Vulkan Showa-shinzan, Hokkaido, Japan	—	12.3	[107]
Dacit, Moriyosi, und Rhyodacit, Ichinome Gata, Nord-Honshu, Japan	22.0 und 20.4	—	[48]
Felsite, Bushveld-Komplex, Transvaal, Südafrika	18 bis 28	24 (3)	[71]
Rhyolithische Gesteine, Nuanetsi-Distrikt, Rhodesien	17 bis 25	21 (3)	[22]
Rhyolithe, Paresis-Komplex, Namibia	26 bis 50	35 (5)	[103]
Quarzporphyre, Paresis-Komplex, Namibia	21 bis 52	33 (6)	[103]
Comendite, Paresis-Komplex, Namibia	24 bis 154	75 (9)	[103]
Quarzporphyre, Keno Hill-Galena Hill, Yukon Territory, West-Kanada	2 bis 46	17 (6)	[16]
Rhyolithe und saure Gläser, verschiedene Vorkommen im Westen der USA	6.3 bis 46.5	22.5[c)] (10)	[27, 109]
Dacite, Cascade Mountains, Washington, Oregon, Kalifornien	1.5 bis 8.0	4.9 (7)	[18a]
Rhyolithe und Felsite, Utah und Nevada	20 bis 70	37 (10)[d)]	[21, 52, 102]
Rhyolithe, Vorkommen in Missouri und Minnesota	12 bis 20	16 (4)	[101]
27 Dacite, 2 Rhyolithe und 1 Rhyodacit, Mexiko	0 bis 27	11 (30)	[46]
Alkalirhyolithe, West-Bahia, Brasilien	0.4 bis 35	8.0[e)] (24)	[103a]
4 rhyolithische Gesteine und 1 Dacit, Taupo, Nordinsel, Neuseeland	11.0 bis 22.5	16.4 (5)	[33]
Pantellerite, Mayor Island, Neuseeland	21 und 41	—	[32]
Dacite, Bougainville, Saipan, Tonga und Kermadec, West-Pazifik	2.8 bis 5.2	4.0 (6)	[90, 111]
Dacite, Tonga-Inseln, West-Pazifik	—	4.0 (11)	[31]

Art und Herkunft	ppm Pb Grenzwerte	Mittelwerte[a]	Lit.
Ganggesteine			
Aplite, Kohut-Zone, Slowakei	26 bis 71	51 (5)[f]	[55]
Aplite, Alijó-Sanfins, Nord-Portugal	5 bis 15	10 (14)	[83b]
Aplite, 5 Granitvorkommen[g], Frankreich	4 bis 47	15 (22)	[68]
Liparitporphyre, Torgovaya-Keftalyk-Massiv, Polarural	—	48 (70)	[59]
Granitaplite, Dzhuga-Massiv, Nordwest-Kaukasus	—	70 (12)	[11]
Granitische Ganggesteine, Berg-Dagestan, Dagestanische ASSR	—	11 (40)	[28]
Granitporphyre, Ulutau- und Edyge-Gebirge, Zentral-Kasachstan	14 und 17[b]	16 (53)	[61]
Sarysu-Teniz-Höhenzug, Zentral-Kasachstan			
Granitporphyre	—	11.9 (25)	
Aplite	—	14.8 (16)	
Dacitporphyre	—	10.9 (17)	[113]
Felsitporphyrite und Granitporphyre, Babaitag-Massiv, Südwest-Ausläufer des Chatkal-Gebirges, West-Tien Shan	40 bis 140	85 (11)	[115]
Granitporphyre, Mazar-Massiv, Nord-Pamir, Tadschikistan	—	11 (2)	[75]
Aplite, Kurgovat-Massiv, Nord-Pamir, Tadschikistan	—	10 (2)	[75]
Aplite aus den Komplexen Tarak und Ayakhtin, Jenissei-Gebirge, Mittelsibirien	13 bis 32	25 (3)	[116]
Gangporphyre, Dzhugdzhur-Komplex, Pribrezhnyi-Massiv, Ferner Osten	—	17 (67)	[60]
Granophyre, Bushveld-Komplex, Südafrika	17 bis 28	22 (3)	[71]
Granitische Gänge, Masukwe-Ringkomplex, Nuanetsi-Distrikt, Rhodesien	51.5 bis 88.5	66.3 (6)[h]	[78]

a) Anzahl der zur Mittelwertsbildung benutzten Analysen in Klammern.

b) Mittelwerte.

c) In 116 Proben, im wesentlichen Ryolithen und Daciten aus 10 Staaten im Westen der USA 0 bis 90, im Mittel 24 ppm Pb [20].

d) Davon 2 topasführend.

e) Ein weiterer Wert beträgt 140 ppm Pb, mit ihm Mittel von 25 Proben 13.3 ppm Pb.

f) Darunter 1 Pegmatit.

g) s. 3) auf S. 110.

h) Bei einer weiteren Probe mit 15.9 und 16.0 ppm Pb nach 2 Bestimmungen handelt es sich wahrscheinlich um ein durch basaltische Gesteine kontaminiertes Gestein [78].

Literatur zu 2.4.1.1.5.7:

[1] R. J. Adie (Falkland Island Dependencies Surv. Sci. Rept. Nr. 12 [1955] 1/39, 25/6). — [2] L. H. Ahrens (Geochim. Cosmochim. Acta **5** [1954] 49/73, 52, 73). — [3] A. A. Alabina, N. V. Arnautov, R. M. Slobodskoi, M. I. Zerkalova (Chem. Erde **31** [1972] 237/44, 239). — [4] E. Aleksiev (Tr. Vurkhu Geol. Bulgar. Ser. Geokhim. Mineral. Petrogr. **6** [1966] 49/66, 52/3 [russisch S. 64/5, englisch S. 65/6]). — [5] G. C. Amstutz (Geochim. Cosmochim. Acta **3** [1953] 157/68, 167).

[6] A. Ando, T. Hamachi, Y. Shimazaki (Chishitsu Chosasho Hokoku Nr. 232 [1969] 233/67, 260/1 [englisch S. 266/7]). — [7] V. S. Antipin, M. I. Kuz'min, G. G. Afonina, E. A. Klepikova, L. L. Petrov (Zap. Vses. Mineralog. Obshchestva **98** [1969] 356/60, 356). — [8] V. Arnaudov,

M. Pavlova (Izv. Geol. Inst. Bulgar. Akad. Nauk. Ser. Geokhim. Mineral. Petrogr. **19** [1970] 93/101, 97 [englisch S. 101]). — [9] R. Arnaudova, V. Arnaudov, M. Pavlova (Izv. Geol. Inst. Bulgar. Akad. Nauk. Ser. Geokhim. Mineral. Petrogr. **20** [1971] 5/20, 8/9 [russisch S. 18/9, englisch S. 19/20]). — [10] M. Arsenijević, D. Pešić (Vesnik Zavoda Geol. Geofiz. Istrazivanja N. R. Srbije A **22/23** [1964/65] 77/115, 82 [englisch S. 110/4]).

[11] V. M. Ayanov (Izv. Akad. Nauk SSSR Ser. Geol. **1959** Nr. 10, S. 92/9, 99). — [12] L. M. Azzaria (Can. Mineralogist **7** [1962/63] 617/30, 623). — [13] A. Bernard, J.-C. Samama (Sci. Terre Mem. Nr. 12 [1968] 1/105, 29). — [14] A. A. Beus, A. A. Sitnin (Sov. Geol. **1967** Nr. 9, S. 104/9, 106/7; Geochem. Intern. **4** [1967] 1005/12, 1008/9). — [15] M. P. Billings, J. C. Rabbitt (Bull. Geol. Soc. Am. **58** [1947] 573/96, 577).

[16] R. W. Boyle (Can. Dept. Mines Tech. Surv. Geol. Surv. Can. Geol. Surv. Bull. Nr. 111 [1965] 1/302, 239, 259). — [17] I. Carmichael, A. McDonald (Geochim. Cosmochim. Acta **25** [1961] 189/222, 200/1, 203, 205). — [18] H. G. Carrat (Mineralium Deposita **6** [1971] 1/22, 5). — [18a] S. E. Church, G. R. Tilton (Bull. Geol. Soc. Am. **84** [1973] 431/54, 436). — [19] T. N. Clifford, J. M. Rooke, H. L. Allsopp (Geochim. Cosmochim. Acta **33** [1969] 973/86, 976/7). — [20] R. R. Coats (U.S. Geol. Surv. Profess. Papers Nr. 300 [1956] 75/8, 76).

[21] H. R. Cornwall (Geol. Soc. Am. Buddington Vol. **1962** 357/71, Tabelle nach S. 368). — [22] K. G. Cox, R. L. Johnson, L. J. Monkman, C. J. Stillman, J. R. Vail, D. N. Wood (Phil. Trans. Roy. Soc. London A **257** [1964/65] 71/218, 150, 179, 184). — [23] N. Čuturić, N. Kafol, S. Karamata (in: L. H. Ahrens, Origin and Distribution of the Elements, Oxford – London – Edinburgh – New York – Toronto – Sydney – Paris – Braunschweig 1968, S. 739/47, 741). — [24] N. Čuturić, S. Karamata (Geol. Zb. [Bratislava] **18** [1967] 27/37, 30/3; Ref. 6th Savetovanja Geol. Drustva, Ohrid, SFR Jugoslavia, 1966, S. 696/715, 701/6 [rumänisch S. 701/8, deutsch S. 712/3). — [25] G. Deleon, L. H. Ahrens (Geochim. Cosmochim. Acta **12** [1957] 94/6, vgl. G. Deleon (Vesnik Zavoda Geol. Geofiz. Istrazivanja N. R. Srbije **16** [1958] 167/94, 178 [englisch S. 192/3]).

[26] J. Didier (Ann. Fac. Sci. Univ. Clermont Geol. Mineral. Nr. 7 [1964] 1/254, 49, 96, 127, 147, 174). — [27] B. R. Doe (J. Petrol. **8** [1967] 51/83, 62). — [28] A. G. Dolgikh, V. B. Chernitsyn (Sov. Geol. **1971** Nr. 2, S. 85/105, 94/5). — [29] S. A. Drury (Chem. Geol. **9** [1972] 175/93, 182/3). — [30] K. E. Eade, W. F. Fahrig (Geol. Surv. Can. Pap. Nr. 72-46 [1973] 1/46, 14/33).

[31] A. Ewart, W. B. Bryan (in: P. J. Coleman, The Western Pacific: Island Arcs, Marginal Seas, Geochemistry, Perth 1973, S. 503/22) nach J. C. Eichelberger (Bull. Geol. Soc. Am. **86** [1975] 1381/91, 1389). — [32] A. Ewart, S. R. Taylor, A. C. Capp (Contrib. Mineral. Petrology [Berlin] **17** [1968] 116/40, 126). — [33] A. Ewart, S. R. Taylor, A. C. Capp (Contrib. Mineral. Petrology [Berlin] **18** [1968] 76/104, 87). — [34] Yu. B. Ezhkov, I. V. Levchenko, V. V. Kozyrev (Vestn. Mosk. Univ. Geol. **1972** Nr. 1, S. 89/94, 93; Ref. Zh. Geol. **1972** Nr. 7 V 56). — [35] G. B. Fershtater, N. S. Borodina, M. V. Trayanova (Geokhimiya **1969** 72/83, 78/9; Geochem. Intern. **6** [1969] 44/57, 51/2).

[36] B. H. Flinter, W. R. Hesp, D. Rigby (Econ. Geol. **67** [1972] 1241/62, 1243/6). — [37] R. D. Gavrilin, L. A. Pevtsova (Geokhimiya **1963** 732/45, 740/1; Geochemistry [USSR] **1963** 764/77, 772/3). — [38] R. D. Gavrilin, L. A. Pevtsova, N. S. Klassova (Geokhimiya **1967** 954/63, 958; Geochem. Intern. **4** [1967] 790/9, 793). — [39] R. D. Gavrilin, V. N. Volkov, E. V. Negrei, L. A. Pevtsova (Geokhimiya **1972** 926/35, 930/1; Geochem. Intern. **9** [1972] 630/7, 633/4). — [40] D. Giuşcă, J. Ionescu (in: N. I. Khitarov, Problems of Geochemistry, Jerusalem 1969, S. 472/7, 473/4 [russisches Original: Moskva 1965]).

[41] M. N. Golubchina, A. V. Rabinovich (Geokhimiya **1957** 198/203, 200). — [42] B. A. Gorlits'kii (Geol. Zh. Akad. Nauk Ukr.RSR **22** Nr. 2 [1962] 87/90). — [43] Z. M. Grechishnikova, T. A. Chistyakova (Geol. Zh. Akad. Nauk Ukr.RSR **32** Nr. 2 [1972] 42/58, 50/1). — [44] H. Grohmann (Tschermaks Mineral. Petrog. Mitt. [3] **10** [1965] 436/74, 448/55). — [45] H. Gundlach, F. Karl, G. Müller (Contrib. Mineral. Petrology [Berlin] **16** [1967] 285/99, 288/9, 295).

[46] B. M. Gunn, F. Mooser (Bull. Volcanol. [2] **34** [1970/71] 577/616, 608/11). — [47] B. M. Gunn, N. D. Watkins (Geochim. Cosmochim. Acta **33** [1969] 341/56, 343, 346). — [48] C. E. Hedge, R. J. Knight (Geochem. J. **3** [1969] 15/24, 17). — [49] K. S. Heier (Norg. Geol. Undersokelse Nr. 207 [1960] 1/246, 242/3). — [50] N. Herz, C. V. Dutra (Geochim. Cosmochim. Acta **21** [1960] 81/98, 86).

[51] T. Hügi (Beitr. Geol. Karte Schweiz [2] Nr. 94 [1956] I/XIV, 1/86, 42/5). — [52] L. C. Huff (Econ. Geol. **47** [1952] 517/42, 521). — [53] H. Ishikawa, H. Shibata (Sci. Rept. Tokyo

Kyoiku Daigaku C **8** [1962] 189/96, 189/91 [englisch]). — [54] L. B. Ivanov (Sov. Geol. **1969** Nr. 9, S. 120/33, 124/6). — [55] M. Ivanov (Geol. Prace Zpravy **31** [1964] 81/90, 84/6 [deutsch S. 90]).

[56] R. Ivanov, D. Stefanova, R. Kamburova, Ts. Stoyanova, G. Panaiotov (Izv. Geol. Inst. Bulgar. Akad. Nauk Ser. Geokhim. Mineral. Petrogr. **18** [1969] 67/87, 77/80, 82, 84 [russisch S. 85/6, englisch S. 86]). — [57] E. P. Izvekov (in: S. F. Borisov, Rudonosnost' Dokembriya KMA, Moskva 1969, S. 58/66, 63). — [58] A. S. Joyce (Chem. Geol. **11** [1973] 297/306, 299/301). — [59] E. P. Kalinin (Materialy po Geol. i Polezn. Iskop. Urala **1969** Nr. 1, S. 240/2; C. A. **72** [1970] Nr. 114004). — [60] F. V. Kaminskii, M. A. Shlosberg (Izv. Akad. Nauk SSSR Ser. Geol. **1972** Nr. 2, S. 27/38, 37).

[61] V. N. Kazmin (Geokhimiya **1971** 63/71, 64, 66; Geochem. Intern. **8** [1971] 29/36, 30/1). — [62] I. Kh. Khamrabaev, Kh. R. Rakhmatullaev, R. A. Magdiev (in: Geologiya, Mineralogiya i Geokhimiya Uzbekistana, Tashkent 1972, S. 148/51). — [63] P. Kolbe, S. R. Taylor (Contrib. Mineral. Petrology [Berlin] **12** [1966] 202/22, 208). — [64] V. I. Kovalenko, V. I. Fin'ko, F. A. Letnikov, M. I. Kuz'min (Izv. Akad. Nauk SSSR Ser. Geol. **1971** Nr. 8, S. 95/106, 101). — [65] W. Kowalski (Arch. Mineral. **27** [1967] 53/244, 202, 211, 218/20 [englisch S. 226/44]).

[66] R. Kuroda, M. Gorai (Nippon Kagaku Zasshi **77** [1956] 1129/42, 1138). — [67] M. I. Kuz'min (in: L. H. Ahrens, Origin and Distribution of the Elements, Oxford – London – Edinburgh – New York – Toronto – Sydney – Paris – Braunschweig 1968, S. 641/8, 642/3). — [68] J. Lameyre (Ann. Fac. Sci. Univ. Clermont Geol. Mineral. Nr. 29 [1966] 1/264, 62, 76, 110, 119, 141, 147, 158, 170, 239/42). — [69] H. Lange, G. Tischendorf, W. Pälchen, I. Klemm, W. Ossenkopf (Geologie [Berlin] **21** [1972] 457/93, Tabelle nach S. 472). — [70] F. Leutwein (Sci. Terre **10** [1964/65] 35/78, 55/6).

[71] C. J. Liebenberg (Publ. Univ. Pretoria Nr. 12 [1960] 1/79, 52, 70/1, 76/7). — [72] L. I. Lizko, N. K. Voronkevich, Z. N. Stemboitsa, N. A. Dovzhenko (Geol. Zh. Akad. Nauk Ukr.RSR **31** Nr. 1 [1971] 116/20, 118). — [73] E. I. Logvin (Geol. Zh. Akad. Nauk Ukr.RSR **26** Nr. 3 [1966] 20/8, 21/2, 26). — [74] V. A. Lukin, V. A. Filippov (Tr. Inst. Geol. Nauk Akad. Nauk Kaz.SSR **17** [1966] 159/62). — [75] V. S. Lutkov, M. K. Khalilov, V. I. Kozyrev (Izv. Akad. Nauk SSSR Ser. Geol. **1972** Nr. 5, S. 90/107, 102/3).

[76] V. V. Lyakhovich (Geokhimiya **1972** 1168/76, 1170; Geochem. Intern. **9** [1972] 793/800, 795). — [77] E. Mantei, E. Bolter, Z. Al Shaieb (Mineralium Deposita **5** [1970] 184/90, 188). — [78] W. I. Manton (Earth Planet. Sci. Letters **19** [1973] 83/9, 84). — [79] B. M. Meliksetyan (in: Metallogenicheskaya Spetsializatsiya Magmaticheskikh Kompleksov, Moskva 1964, S. 320/47, 341, 344). — [80] B. Mukherjee (Mineral. Mag. **36** [1968] 661/70, 666).

[81] G. V. Mustafaev (Izv. Akad. Nauk Azerb.SSR Ser. Nauk o Zemle **1966** Nr. 3, S. 39/44, 40/1). — [82] B. Nagy (Magy. Allami Foldt. Intez. Evi Jelentese **1970** [1972] 35/8 [englisch S. 38]). — [83] B. Nagy (Foldt. Kozl. **101** [1971] 62/8, 64/5, 68). — [83a] C. R. Neary, I. G. Gass, B. J. Cavanagh (Bull. Geol. Soc. Am. **87** [1976] 1501/12, 1504, 1506). — [83b] A. M. R. Neiva (Chem. Geol. **16** [1975] 153/77, 158/9). — [83c] J. Nicholls, J. S. E. Carmichael (Contrib. Mineral. Petrology [Berlin] **20** [1969] 268/94, 286). — [84] I. K. Nikiforova, V. G. Kokhanova (Geol. i Geofiz. Akad. Nauk SSSR Sibirsk. Otd. **1968** Nr. 11, S. 123/30, 127, 129). — [85] I. T. Nkomo, J. N. Rosholt (U.S. Geol. Surv. Profess. Papers Nr. 800-C [1972] 169/77, 170, 173).

[86] G. L. Odikadze (Geokhimiya **1968** 1211/7; Geochem. Intern. **5** [1968] 1010/5). — [87] S. Okada (Res. Bull. Geol. Mineral. Inst. Tokyo Univ. Educ. Nr. 4 [1955] 57/64, 59 [japanisch]). — [88] S. Okada (Sci. Rept. Tokyo Kyoiku Daigaku C **4** [1955/56] 163/84, 166/70, 174). — [89] S. Okada (Sci. Rept. Tokyo Kyoiku Daigaku C **5** [1956/57] 25/38, 28/9, 33/4). — [90] V. M. Oversby, A. Ewart (Contrib. Mineral. Petrology [Berlin] **37** [1972] 181/210, 188).

[91] J. M. Ozard, R. D. Russel (Can. J. Earth Sci. **8** [1971] 444/54, 449). — [92] Z. I. Petrova (Vopr. Geokhim. Izverzhennykh Gorn. Porod Rudn. Mestorozhd. Vost. Sibirsk. **1965** 48/76, 68/70). — [93] A. V. Rabinovich, M. N. Golubchina, T. M. Murtazina (Geokhimiya **1965** 519/27, 525). — [94] S. R. Rai (J. Geochem. Soc. India **3** [1968] April, S. 16/24, 23). — [95] V. D. Rao, U. Aswathanarayana, M. N. Qureshy (Mineral. Mag. **38** [1971/72] 678/86, 680).

[96] R. I. Rodionova, V. I. Fedorchenko, V. N. Shilov (Tr. Sakhalin. Kompleks. Nauchn. Issled. Inst. Akad. Nauk SSSR Sibirsk. Otd. Nr. 16 [1966] 123/8, 127 und Tabelle nach S. 126). — [97] J. N. Rosholt, A. J. Bartel (Earth Planet. Sci. Letters **7** [1969] 141/7, 144). — [98] M. G. Rub (Izv. Akad. Nauk SSSR Ser. Geol. **1969** Nr. 1, S. 45/59, 55). — [99] A. K. Saha, A. V. Sankaran,

T. K. Bhattacharyya (Neues Jahrb. Mineral. Abhandl. **108** [1968] 247/70, 256/8; Geol. Soc. India Bull **2** Nr. 4 [1965] 97/100, 99). — [100] C. L. Sainsbury, J. C. Hamilton, C. Huffman (U.S. Geol. Surv. Bull. Nr. 1242-F [1968] 1/42, 10/1).

[101] E. B. Sandell, S. S. Goldich (J. Geol. **51** [1943] 99/115, 167/89, 109/14). — [102] D. R. Shawe (U.S. Geol. Surv. Profess. Papers Nr. 550-C [1966] 206/13, 211). — [103] G. Siedner (Geochim. Cosmochim. Acta **29** [1965] 113/37, Tabelle nach S. 116). — [103a] G. P. Sighinolfi, T. M. Concecao (Tschermaks Mineral. Petrog. Mitt. [3] **22** [1975] 218/35, 222/4). — [104] G. T. Skublov, L. N. Sharpenok (Mineralog. Geokhim. Nr. 4 [1972] 3/13, 11). — [105] A. R. Smith (Calif. Div. Mines Geol. Spec. Rept. Nr. 103 [1970] 1/26 nach C.A. **78** [1973] Nr. 46138).

[106] E. V. Sobotovich, V. A. Rudnik (Dokl. Akad. Nauk SSSR **198** [1971] 407/10; Dokl. Acad. Sci. USSR Earth Sci. Sect. **198** [1971] 60/3). — [107] B. L. K. Somayayulu, M. Tatsumoto, J. N. Rosholt, R. J. Knight (Earth Planet. Sci. Letters **1** [1966] 387/91, 390). — [108] L. P. Sviridenko (Tr. Inst. Geol. Karel'sk. Filial Akad. Nauk SSSR Nr. 3 [1967/68] 1/116, 101). — [109] M. Tatsumoto, P. D. Snavely (J. Geophys. Res. **74** [1969] 1087/100, 1092). — [110] W. H. Taubeneck (Geol. Soc. Am. Spec. Papers Nr. 91 [1967] 1/56, 24/5).

[111] S. R. Taylor, A. C. Capp, A. L. Graham, D. H. Blake (Contrib. Mineral. Petrology [Berlin] **23** [1969] 1/26, 18, 21). — [112] H. Thiergärtner (Ber. Deut. Ges. Geol. Wiss. B **11** [1966] 467/80, 471). — [113] M. I. Tolstoi (Sov. Geol. **1971** Nr. 4, S. 60/78, 64/7). — [114] I. S. Turkin (in: F. N. Shakhov, Granitoidnye Massivy Sibiri i Orudenenie, Novosibirsk 1971, S. 112/30, 119/20, 127). — [115] K. U. Urunbaev (Uzbeksk. Geol. Zh. **1969** Nr. 3, S. 10/7, 12).

[116] M. I. Volobuev, S. V. Golovnya (Vestn. Mosk. Univ. Geol. **1972** Nr. 4, S. 66/71). — [117] P. S. Voronov, V. V. Khokhlov (Sb. Muz. Zemleved. MGU Nr. 3 [1965] 262/72, 264/5). — [118] A. E. Vorontsov, G. I. Selivanova (Geol. i Geofiz. Akad. Nauk SSSR Sibirsk. Otd. **1971** Nr. 9, S. 40/7, 42). — [119] K. H. Wedepohl (Geochim. Cosmochim. Acta **10** [1956] 69/148, 108). — [120] H. Welke, S. Moorbath, G. L. Cumming, H. Sigurdsson (Earth Planet. Sci. Letters **4** [1968] 221/31, 224/5).

[121] C.-D. Werner (Freiberger Forschungsh. C Nr. 259 [1970] 5/82, 46/51). — [122] A. Wodzicki (Mineralium Deposita **6** [1971] 49/64, 55/6, 59/60). — [123] R. E. Zartmann (J. Geophys. Res. **70** [1965] 965/75, 969). — [124] K. K. Zhirov, M. A. Urusova (Geokhimiya **1962** 105/15, 110/4; Geochemistry [USSR] **1962** 116/30, 124, 127). — [125] B. I. Zlobin, L. A. Pevtsova, N. S. Klassova (Geokhimiya **1965** 851/63, 854/5; Geochem. Intern. **2** [1965] 660/71, 663/4).

[126] V. Zoubek, L. V. Tauson, V. D. Kozlov, M. I. Kuz'min (Ezhegodnik Inst. Geokhim. Sibirsk. Otd. Akad. Nauk SSSR **1971** [1972] 48/53).

2.4.1.1.6 Gesamtmittel von Blei für alle Magmatite und Bleigehalte in größeren Gesteinsgruppen

Total Average Lead Content for All Magmatites and Pb Content of Major Rock Groups

Eine Berechnung der Mittelwerte von Pb für die einzelnen Gesteinsgruppen aus den auf S. 84/112 angegebenen Pb-Gehalten der Gesteine, soweit sie nicht stark abweichende Werte aufweisen oder nachträglichen Umwandlungen unterworfen waren, ergibt folgende Daten; die einzelnen Gesteinsgruppen sind nach steigenden SiO_2-Gehalten angeordnet, die aus den Werten von Le Maitre [1] für die entsprechenden Gesteine berechnet wurden:

Anzahl Analysen	Gesteinsfamilie	Mittel ppm Pb	Mittel % SiO_2
153	Ultrabasite	8.9	43.8
387	Foidhaltige Gesteine	28.8	49.2
1584	Basaltische Gesteine	9.8	49.6
2372	Dioritische Gesteine	28.5	57.8
156	Syenitische Gesteine	36.6	59.9
933	Monzonitische Gesteine	21.8	62.1
10588	Granitische Gesteine	30.5	69.4

Das Mittel für die S. 85/86 angegebenen 56 Carbonatite liegt bei 73.9 ppm Pb, für die S. 103 aufgeführten 56 Anorthosite ergibt sich ein Mittel von 6.5 ppm Pb. Das Mittel für 146 basaltische Gesteine von ozeanischen Inseln, s. S. 95, liegt wesentlich unter dem aller erfaßten basaltischen Gesteine bei 2.4 ppm Pb.

Die zusammengestellten Mittelwerte, die aus Daten berechnet sind, die einer großen Anzahl von Arbeiten entnommen und nach unterschiedlichen Methoden gewonnen sind, liegen sehr hoch und geben — da die unter der Nachweisgrenze der spektrographischen Bestimmungen liegenden Werte nicht berücksichtigt werden konnten — nur die Mittel der vorliegenden, oft in weiten Grenzen schwankenden Bestimmungen wieder. Als Gesamtmittel aller untersuchten magmatischen Gesteine ergibt sich für die insgesamt 16173 Analysen ein Wert von 27.5 ppm Pb. Gesamtmittel für 1510 und 1775 Eruptivgesteinsanalysen mit 17.4 bzw. 20.1 ppm Pb s. Fig. 4, S. 148, und Fig. 5, S. 152

Durch Abschätzungen und Vergleich mit den U-Gehalten der betreffenden Gesteine kommt Wedepohl [2] zu folgenden Daten als Mittelwerte einzelner Gesteinsgruppen:

Gesteinsgruppe	ppm Pb
Ultrabasite	0.2
Basaltische Gesteine	3.2
Andesite	5.8 oder 10.6
Nephelinsyenite und Phonolithe	14.5
Granitische Gesteine	20

Weitere Mittelwertsberechnungen s. S. 153. — Computerberechnungen, denen das Gleichgewicht der zyklischen Vorgänge auf der Erde zugrunde liegt, ergeben als Mittel aller Eruptiva den Wert 15.6 ppm Pb [3], eine ausgeglichene Bilanz wird damit jedoch nicht erreicht, s. „Blei" A 2a, S. 61.

Für Transbaikalien liegen Pb-Werte für verschiedene Gesteinsgruppen vor; als Mittelwerte, die berechnet sind für die auf die verschiedenen geologischen Formationen entfallenden Gesteinsmassen des jeweiligen Gesteinstyps, werden angegeben [4]:

Gesteinsgruppe	Anzahl Proben	ppm Pb
Basische Laven	2453	7.5
Saure und intermediäre Laven	1512	19.5
Gabbros und Diorite	755	24.4
Granodiorite	612	25.0
Granite	5737	19.2

Literatur zu 2.4.1.1.6:

[1] R. W. LeMaitre (J. Petrol. **17** [1976] 589/98). — [2] K. H. Wedepohl (in: K. H. Wedepohl, Handbook of Geochemistry, Bd. 2, Berlin – Heidelberg – New York 1974, 82-E-3/E-9). — [3] M. K. Horn, J. A. S. Adams (Geochim. Cosmochim. Acta **30** [1966] 279/97, 286). — [4] A. D. Kanishchev, G. I. Menaker (Geokhimiya **1974** 187/202; Geochem. Intern. **11** [1974] 138/52, 140/6).

Compilation of Literature with Data on Pb Isotopic Ratios

2.4.1.1.7 Zusammenstellung von Literatur mit Angaben über Pb-Isotopenverhältnisse

In der folgenden Tabelle sind — gegliedert nach Gesteinsgruppen und innerhalb dieser regional angeordnet — die Magmatite zusammengestellt, für die Angaben über ihre Pb-Isotopenverhältnisse vorliegen. Entsprechende Angaben über Pb-Isotopenverhältnisse in Meta-Magmatiten s. „Blei" A 2c, S. 111.

Anzahl und Art der Gesteine		Herkunft	Literatur
Ultrabasite			
2	Peridotite	Insel Skye, Nordwest-Schottland	[38]
7	Lherzolithknollen aus Basaniten	Newer Volcanics, Western Victoria, Australien	[9]
12	Kimberlite	Lesotho und Umgebung von Kimberley, Südafrika	[29]
1	Kimberlit	Grube Kimberley, Kap-Provinz, Südafrika	[32]
1	Kimberlit	Roberts Victor Mine, Südafrika	[34]
5	Peridotiteinschlüsse aus Alkalibasalten	USA und Lanzarote, Kanarische Inseln	[78]
1	Peridotit	Dark Ridge, North Carolina	[35]
1	Dunit	Balsam Gap, North Carolina	[35]
5	Lherzolithknollen aus Basalt	Hawaii-Inseln	[39]
1	Olivinbombe	Vulkan Hualalai, Insel Hawaii	[70]
Carbonatite			
9	Carbonatite	Afrika: Uganda (5) und Marokko (1), Kanarische Inseln (2), Cap Verdische Inseln (1)	[31]
Gabbros			
1	Norit	Premosello, Ivrea-Zone, Alpen, Italien	[25, 26]
3	Gabbros	Insel Skye, Nordwest-Schottland	[38]
1	Marscoit	Insel Skye, Nordwest-Schottland	[38]
1	Gabbro	Kokchetav-Antiklinale, Nord-Kasachstan	[40]
1	Gabbroeinschluß in Rhyodacit	Ichinome Gata, Nord-Hondo, Japan	[28]
1	Klinopyroxen-Hornblende-Gabbro	Abukuma-Plateau, Zentral-Hondo	[55]
2	Gabbros	Siletz River und Lambert Point, Coast Range, Oregon	[66]
Basalte			
4	Basalte	Insel Skye, Nordwest-Schottland	[38]
5	Dolerite	Insel Skye, Nordwest-Schottland	[38]
1	Basalt	Kamchatka	[72] 1)
1	Basalt	Andheri, Bombay, Indien	[68]
1	Alkalibasalt	Osima-Osima, Insel westlich Hokkaido, Japan	[28]
1	Tholeiitischer Basalt	Iwate, Nord-Hondo	[28]
1	Olivindolerit	Atsumi, Präfektur Yamagata, Hondo	[36] 2)
7	Tholeiitische Basalte	Insel O-shima, Bucht von Tokio	[65] 3)
2	Tholeiitische Basalte	Okata und Tatanokuta, O-shima	[10]

Anzahl und Art der Gesteine		Herkunft	Literatur
1	Pyroxentholeiit	Mihara-yama, O-shima	[36][2)]
3	Tholeiitische Basalte	Hata-Taga, Hakone-Gebiet, Zentral-Hondo	[65][3)]
4	Olivinbasalte	Vulkan Fuji, Hondo	[65][3)]
1	Al-reicher Basalt	Mishima, Zentral-Hondo	[10], [16, S. 102]
3	Al-reiche Basalte	Omuro-Amagi-Gebiet, Zentral-Hondo	[65]
1	Al-reicher Basalt	Zyōboshi-Vulkan, Omuro-Amagi-Gebiet	[10], [16, S. 102]
6	Alkalibasalte	Insel Oki-Dōgo	[30]
1	Alkalibasalt	Insel Oki-Dōgo	[63, 22]
1	Alkalibasalt	Ugaizaki, Oki-Dōgo	[10], [16, S. 103]
1	Alkalibasalt	Misaki, Oki-Dōgo	[36][2)]
1	Trachybasalt	Taka-shima, Nordwest-Kyushu	[30]
2	Trachybasalte	Taka-shima und Karatsu, Nord-Kyushu	[36][2)]
10	Basalte	Nordinsel, Neuseeland	[1, S. 32]
1	Basalt	Panian, Nigeria	[71], [16, S. 105]
4	Pillow-Basalte	Onverwacht-Serie, Südafrika	[56]
1	Basische Lava	Onverwacht-Serie, Südafrika	[56]
1	Alkalibasalt	Insel Nunivak, Alaska	[78]
17	Basalte	Cascade Mountains, Washington, Oregon, Kalifornien	[8][4)]
13	Basalte	Coast Range, Oregon (11), Washington (2)	[66], vgl. [16, S. 109/10]
1	Biotit-Camptonit	Siletz River, Coast Range, Oregon	[66], vgl. [16, S. 109]
2	Basalte, kontaminiert	Garnet Range, Montana	[16, S. 113]
1	Basalt	Shoshone Falls, Snake River Plain, Idaho	[68, 67], [16, S. 111]
1	Basalt	Craters of the Moon, Snake River Plain, Idaho	[68]
1	Basalt, kontaminiert	Indian Tunnel flow, Craters of the Moon, Idaho	[15], [16, S. 111]
2	Trachybasalte („Shoshonite“)	Absaroka-Kette, Wyoming	[52], [16, S. 116]
11	Basalte, z.T. kontaminiert	Südliche Rocky Mountains, Colorado und New Mexico	[19][5)]
1	Basaltgang	Conejos-Formation, Summer Coon-Vulkanzentrum, Colorado	[16, S. 111]
1	Alkalibasalt	San Carlos, Arizona	[78]
1	Alkalibasalt	Potrillo, New Mexico	[78]
1	K-reicher Basalt	Insel Culebra, Porto Rico	[1, S. 39]
2	Basalte	St. Kitts und Montserrat, Kleine Antillen	[1, S. 39]
1	Diabas	St. Thomas, Kleine Antillen	[1, S. 39]
2	Spilite	St. Thomas und St. John, Kleine Antillen	[1, S. 39]
6	Ozeanische Tholeiite	Mittelatlantischer Rücken (3), Ostpazifische Schwelle (3)	[62], vgl. [7]

Anzahl und Art der Gesteine	Herkunft	Literatur
10 Basalte	Island	[60]
5 Basalte	Island (4), Surtsey (1)	[76]
18 Tholeiitische Basalte	Island und Reykjanes-Rücken	[61]
2 Tholeiite	Mittelatlantischer Rücken	[77]
4 Alkalibasalte	Faial, Azoren	[46], vgl. [41]
5 Basalte	Teneriffa, Kanarische Inseln	[48]
1 Phonolithischer Tachylyt	Teneriffa, Kanarische Inseln	[48]
6 Basalte	Lanzarote, Fuerteventura und Gran Canaria, Kanarische Inseln	[48]
1 Alkalibasalt	Lanzarote, Kanarische Inseln	[78]
2 Basalte	Insel Ascension, Atlantik	[23, 69, 22, 21]
3 Basalte	St. Helena, Süd-Atlantik	[21], vgl. [47]
1 Trachybasalt	St. Helena, Süd-Atlantik	[21], vgl. [47]
2 Basalte	Insel Gough, Süd-Atlantik	[23, 69, 22]
1 Tholeiit	Ostpazifischer Rücken	[77]
51 Basalte	Gebiet des Juan de Fuca-Gorda-Rückens	[7]
9 MOR-Basalte	Tiefseebohrung DSDP Leg 37, Nordost-Pazifik	[13]
1 Olivinbasalt	Insel Guadalupe, Nordost-Pazifik	[62]
3 Alkalibasalte	Insel Guadalupe, Nordost-Pazifik	[62]
11 Basalte	Maui, Oahu, Kauai, Molokai, Hawaii-Inseln	[10]
2 Hawaiite	Oahu und Kauai, Hawaii-Inseln	[10]
1 Tholeiitischer Basalt	Makapuu, Oahu, Hawaii-Inseln	[63, 22]
1 Alkalibasalt	Oahu, Hawaii-Inseln	[78]
1 Alkali-Olivinbasalt	Keauhou Beach, Insel Hawaii	[63, 22]
1 Olivinbasalt	Vulkan Hualalai, Insel Hawaii	[50, 69]
1 Hawaiit	Mauna Kea, Insel Hawaii	[63, 22]
1 Ankaramit	Mauna Kea, Insel Hawaii	[63, 22]
2 Basalte	Osterinsel, Südost-Pazifik	[62], [16, S. 98]
2 Basalte	Kermadec-Inseln, Südwest-Pazifik	[45]
2 Tholeiite	Mittel-Indik-Rücken: 24° 8.6′ S, 72°26.6′ E und 23°20.6′ S, 70°56.5′ E	[77]
2 Olivinbasalte	Réunion, Indischer Ozean	[10]
5 Trachybasalte	Ross Island, Antarktis	[59]
Foidite und Melilithite		
1 Nephelinit	Vesuv, Italien	[46]
1 Olivin-Leucit-Melilithit	Vulsini, Italien	[74]
1 Hauynophyr	Vulture, Italien	[74]
5 Leucitite, z.T. tephritisch	Italien	[74]
3 Tephrite	Monte Somma, Vesuv, Italien	[74]
2 Tephritische Leucit-Phonolithe	Vico und Vulsini, Italien	[74]

Anzahl und Art der Gesteine		Herkunft	Literatur
1	Nephelinit	Hamada, Präfektur Shimane, Südwest-Hondo, Japan	[36][2)]
1	Nephelinit	Schlot Delegate, New South Wales, Australien	[32]
5	Basanite	West-Victoria, Australien	[9]
1	Nephelinsyenit	Table Mountain, Coast Range, Oregon	[66]
5	Phonolithe	Teneriffa, Kanarische Inseln	[48]
5	Phonolithe	St. Helena, Süd-Atlantik	[21][6)]
1	Phonolith	Collins Peak, Vema-Seamount, Süd-Atlantik	[11], [16, S. 98]
3	Nephelinphonolithe	Trindade, Süd-Atlantik	[41]
1	Olivin-Analcimit	Trindade, Süd-Atlantik	[41]
1	Olivin-Nephelinit	Trindade, Süd-Atlantik	[41]
2	Melilith-Nephelinite	Honolulu, Oahu, Hawaii-Inseln	[63, 22]
1	Nephelinit	Koloa-Serie, Kauai, Hawaii-Inseln	[10]
6	Phonolithe	Ross Island und Umgebung, Antarktis	[59]
7	Basanitoide	Ross Island und Umgebung, Antarktis	[59]
Dioritische Gesteine: Diorite, Porphyrite und Lamprophyre			
1	Ferrodiorit	Insel Skye, Nordwest-Schottland	[38]
1	Dioritporphyrit	Zmeinogorsk, Erz-Altai, Kasachstan	[24]
2	Diorite	Neahkahnie Mountain, Coast Range, Oregon	[66]
1	Granophyrischer Diorit	Mary's Peak-Sill, Coast Range, Oregon	[66]
2	intrusive Keratophyre	St. Thomas, Kleine Antillen	[1, S. 39]
Dioritische Gesteine: Andesite und Mugearite			
1	Mugearit	Vulture, Italien	[74]
1	Mugearit	Insel Skye, Nordwest-Schottland	[38]
1	Andesit	Osima-Osima, Insel westlich Hokkaido, Japan	[28]
4	Andesite	Moriyosi, Iwate und Kampu-zan, Nord-Hondo	[28]
7	Andesite	Hakone-Gebiet, Zentral-Hondo	[65]
2	Andesite	Vulkan Hakone, Zentral-Hondo	[36][2)]
2	Pyroxen-Andesite	Ontake und Yatsuga-take, Zentral-Hondo	[64], vgl. [16, S. 103]
1	Aphyrischer Andesit	Vulkan Fuji, Zentral-Hondo	[65], vgl. [16, S. 102]
4	Hypersthen- und Olivin-Andesite	Omuro-Amagi-Gebiet, Zentral-Hondo	[65]
1	Hypersthen-Augit-Plagioklas-Andesit	Insel Oki-Dōgo	[30]
2	Mugearite	Insel Oki-Dōgo	[30]
8	Andesite	Nordinsel, Neuseeland	[1, S. 32]
9	Andesite	Coromandel-Te Aroha-Gebiet, Nordinsel, Neuseeland	[12]

Anzahl und Art der Gesteine		Herkunft	Literatur
17	Andesite	Cascade Mountains, Washington, Oregon, Kalifornien	[8][7)]
1	Andesit, kontaminiert	Craters of the Moon, Idaho	[15], [16, S. 111]
3	Andesite	Absaroka-Vulkan-Gebiet, Wyoming	[52]
2	Alkaliandesite	Conejos-Formation, Conejos Peak-Gebiet, Colorado	[16, S. 111]
4	Andesite	Kleine Antillen: Dominica (2), Montserrat (1), St. Kitts (1)	[1, S. 39]
1	Andesit	West-Island	[76]
5	Trachyandesite	Tristan da Cunha, Süd-Atlantik	[46], vgl. [47]
1	Porphyritischer Trachyandesit	Insel Gough, Süd-Atlantik	[23, 69, 22]
1	Trachyandesit	Iwo Jima-Vulkaninseln, Nord-Pazifik	[63, 22]
3	Mugearite	Mauai und Molokai, Hawaii-Inseln	[10]
1	Andesin-Andesit	Osterinsel, Südost-Pazifik	[62]
3	Andesite	Tonga-Inseln, Südwest-Pazifik	[45]
6	Basaltische Andesite	Tonga-Inseln, Südwest-Pazifik	[45]
2	Basaltische Andesite	Kermadec-Inseln, Südwest-Pazifik	[45]
Monzonitische Gesteine			
5	Latite	Mittel- und Süd-Italien	[74], vgl. [75]
1	Latitandesit	Roccamonfina, Mittel-Italien	[74]
Syenitische Gesteine			
2	Alkalisyenite	Pietre Nere, Italien	[74]
4	Trachyte	Vico und Vulsini, Italien	[74]
1	Trachyt	Monte Amiata, Mittel-Italien	[75]
1	Alkalitrachyt	Saigo-Bucht, Insel Oki-Dōgo, Japan-See	[36][2)], [22]
2	Alkalitrachyte	Kaminishi und Omosu-Bucht, Oki-Dōgo	[30]
3	Alkalitrachyte	Teneriffa, Kanarische Inseln	[48]
3	Trachyte	Insel Ascension, Atlantik	[22, 21]
2	Trachyte	Insel Gough, Süd-Atlantik	[23, 69, 22]
1	Trachyt	Puu Waawaa-Kegel, Vulkan Hualalai, Insel Hawaii	[50]
2	Trachyte	Puu Anahulu, Hualalai und Kohala Mountain, Insel Hawaii	[63, 22]
1	Trachyt	Maui, Hawaii-Inseln	[10]
1	Trachyt	Mount Cis, Ross Island, Antarktis	[59]
Granitische und quarzdioritische Tiefengesteine			
2	Quarzlatite	Monte Amiata, Mittel-Italien	[75]
3	Granodiorite	Elba	[75]
1	Granit	Insel Lundy, Südwest-England	[27]
4	Granite	Insel Skye, Nordwest-Schottland	[38]
3	Granophyre	Insel Skye, Nordwest-Schottland	[38]
3	Epigranite	Insel Skye, Nordwest-Schottland	[27]

Anzahl und Art der Gesteine		Herkunft	Literatur
1	Granit	Insel Ailsa Craig, Nordwest-Schottland	[27]
6	Granite	Westteil des Ukrainischen Schildes	[4]
1	Granodiorit	Sivozerko, Raion Parygino, Erz-Altai	[73, 58, 72]
2	Granite	Dzhety-Oguz und Dzhiuki, Terskei-Alatau, Nord-Kirgisien	[72, 58]
2	Granodiorite[8)]	Raion Zmeinogorsk, Erz-Altai	[72], vgl. [24]
2	Granite	Raion Leninogorsk, Erz-Altai	[72, 24]
2	Quarzdiorite	Klichka und Zapokrovskoe, Ost-Transbaikalien	[24]
5	Granodiorite	Shakhtama (2), Bukuka (2), Khapcheranga (1), Ost-Transbaikalien	[24]
6	verschiedene Granite	Ost-Transbaikalien	[24]
1	Granit-Xenolith	Ichinome Gata, Nord-Hondo, Japan	[28]
1	Granodiorit	Amo, Hida-Gebiet, Präfektur Gifu, Zentral-Hondo	[37]
1	Adamellit	Amo, Hida-Gebiet, Präfektur Gifu, Zentral-Hondo	[37]
2	Granite	Hida-Gebiet, Präfektur Gifu, Zentral-Hondo	[37]
4	Granodiorite	Abukuma-Plateau und Sidara-Gebiet, Zentral-Japan	[55]
1	Hornblende-Quarzdiorit	Sidara-Gebiet, Zentral-Japan	[55]
21	Granitische Gesteine	Kalgoorlie-Norseman-Gebiet, West-Australien	[43]
22	vergneiste Granite und Granodiorite	Pilbara-Gebiet, West-Australien	[44]
3	junge Granite	Nigeria	[71]
2	Quarzdiorite	Rice Lake-Beresford Lake-Gebiet, Manitoba	[49]
2	Granodiorite	Rice Lake-Beresford Lake-Gebiet, Manitoba	[49]
1	Quarzmonzonit	Rice Lake-Beresford Lake-Gebiet, Manitoba	[49]
3	Quarzmonzonite	Lake Timagami, Ontario	[49]
1	Granodiorit	Lake Timagami, Ontario	[49]
1	Granodiorit	Icarus-Pluton, Thunder Bay-Distrikt, Ontario	[2]
2	Trondhjemite	Sierra Nevada-Batholith und Klamath Mountains, Kalifornien	[17]
1	Leukogranit	Mount Rubidoux, Südkalifornischer Batholith	[3]
7	Granite	Granite Mountains, Wyoming	[53]
17	Granite	Granite Mountains (9)[9)], Seminoe Mountains (8), Wyoming	[54]
13	Granophyre	Island	[76]

Anzahl und Art der Gesteine		Herkunft	Literatur
Granitische und quarzdioritische Ergußgesteine			
5	Rhyolithe	San Vincenzo (3) und Roccastrada (2), Toskana, Italien	[75]
1	Rhyodacit	Cimino, Toskana, Italien	[74, 75]
8	Felsite	Insel Skye, Nordwest-Schottland	[38]
2	Pechsteine	Insel Skye, Nordwest-Schottland	[27]
1	Dacit	Showa-shinzan, Hokkaido, Japan	[57], [16, S. 103]
1	Rhyodacit	Ichinome Gata, Nord-Hondo	[28]
1	Dacit	Moriyosi, Nord-Hondo	[28]
6	Dacite	Halbinsel Izu und Hakone-Vulkan-Gebiet, Zentral-Hondo	[36] [2)]
1	Pyroxen-Dacit	Hatajuku, Hakone-Gebiet, Zentral-Hondo	[65, 64]
1	Hypersthen-Dacit-Obsidian	Kajiya, Hakone-Gebiet, Zentral-Hondo	[36] [2)]
2	Dacite	Omuro-Amagi-Gebiet, Zentral-Hondo	[65]
3	Rhyolithe	Insel Oki-Dōgo	[30]
3	Rhyolithe	Coromandel-Te Aroha-Gebiet, Nordinsel, Neuseeland	[12]
1	Rhyolith	Bajudgi, Nigeria	[71]
1	Rhyolith	Buji-Komplex, Nigeria	[5]
4	Vitrophyre	Montana, Colorado, Idaho, Texas	[14], [16, S. 110/1]
10	Dacite	Cascade Mountains, Washington, Oregon, Kalifornien	[8] [10)]
1	Obsidian	Mount Rainier, Cascade Mountains, Washington	[14, 15], vgl. [8], [6, S. 184]
1	Dacit	Devil's Churn, Coast Range, Oregon	[66], [16, S. 109]
1	Rhyolith	Madras, Oregon	[68]
1	Obsidian	Newberry Caldera, Oregon	[6, S. 184]
1	Obsidian	John-Day-Gebiet, Oregon	[14, 15], [16, S. 109]
1	Rhyodacit	Vasquez-Formation, Kalifornien	[15], vgl. [17]
3	Obsidiane	Salton Sea, Kalifornien	[18], vgl. [14, 15, 17]
1	Obsidian	Clear Lake-Gebiet, Kalifornien	[14, 15], vgl. [17]
1	Obsidian	Mono Craters, Kalifornien	[15], vgl. [6, S. 184]
2	Obsidiane	Medicine Lake, Little Glass Mountain, Cascade Mountains, Kalifornien	[14, 15, 8], vgl. [17], [6, S. 184]
2	Obsidiane	Yellowstone Park, Wyoming	[14, 15]
1	Pechstein	Black Hills, South Dakota	[14]
1	Rhyolith	Conejos-Formation, Summer Coon-Vulkanzentrum, Colorado	[16, S. 111]
1	Rhyodacit	Conejos-Formation, Summer Coon-Vulkanzentrum, Colorado	[16, S. 111]
3	Obsidiane	New Mexico	[14]
1	Na-Rhyolith	Tascotal Mesa, Texas	[14]

Anzahl und Art der Gesteine		Herkunft	Literatur
1	Andesin-Labradorit-Dacit	Montserrat, Kleine Antillen	[1, S. 39]
2	Dacite	Island	[76]
1	Felsit	Setberg, Snaefellsnes, West-Island	[76]
2	Obsidiane	Island	[76]
1	Phonolithischer Obsidian	Teneriffa, Kanarische Inseln	[48]
1	Obsidian-Bombe	Insel Ascension, Atlantik	[23, 22, 69, 21]
1	Rhyodacit	Vulkan Mauna Kuwale, Oahu, Hawaii-Inseln	[50]
1	Obsidian (Rhyolith)	Mount Ourito, Osterinsel, Südwest-Pazifik	[51, 69, 22], [16, S. 98]
1	Obsidian (Rhyolith)	Mount Ourito, Osterinsel, Südwest-Pazifik	[62], [16, S. 98]
3	Dacite	Tonga-Inseln, Südwest-Pazifik	[45]
1	Dacit	Raoul, Kermadec-Inseln, Südwest-Pazifik	[45]
Granitische Ganggesteine			
9	Granitische Ganggesteine	Westteil des Ukrainischen Schildes	[4]
2	Granitporphyre	Khapcheranga, Ost-Transbaikalien	[24]
3	vergneiste, granitische Ganggesteine	Pilbara-Gebiet, West-Australien	[44]
4	Aplite	Ibadan, Südwest-Nigeria	[42]
8	Ganggranite und Granophyre	Masukwe- und Dembe-Divula-Ring-komplexe, Nuanetsi-Distrikt, Rhodesien	[33]
1	Aplit-Gang	Mary's Peak Sill, Coast Range, Oregon	[66]
1	Pegmatit	Mary's Peak Sill, Coast Range, Oregon	[66]

[1] Nur Verhältnisse $^{206}Pb/^{204}Pb$ und $^{207}Pb/^{204}Pb$ angegeben. — [2] Die Daten von Masuda [36] sind nach Doe [16, S. 101, Fußnote] mit den Werten anderer Autoren nur bedingt vergleichbar, insbesondere die Verhältnisse $^{207}Pb/^{204}Pb$ sind generell zu hoch. — [3] Eine Probe nach [63]. — [4] Neubestimmung für drei Proben s. [6, S. 177]. — [5] Drei Proben nach [14].

[6] Neue Daten für drei Proben s. [47]. — [7] Neubestimmungen für fünf Proben s. [6, S. 177]. — [8] Nach [24] Granite. — [9] Davon zwei Proben bereits in [53] angegeben. — [10] Neubestimmung für drei Proben s. [6, S. 177].

Literatur zu 2.4.1.1.7:

[1] R. L. Armstrong, J. A. Cooper (Bull. Volcanol. [2] **35** [1971/72] 27/63). — [2] J. G. Arth, G. N. Hanson (Geochim. Cosmochim. Acta **39** [1975] 325/62, 333, 345). — [3] P. O. Banks, L. T. Silver (Trans. Am. Geophys. Union **45** [1964] 108 nach [17]). — [4] E. N. Barnitskii, N. P. Shcherbak, G. D. Eliseeva, A. V. Lukashuk, A. I. Kazantseva (Geol. Radiol. Interpretatsiya Neskhodyashchikhsya Znachenii Vozrasta **1972** 143/50, 145/7). — [5] P. Bowden (Contrib. Mineral. Petrology [Berlin] **25** [1970] 153/62, 155).

[6] S. E. Church (Earth Planet. Sci. Letters **29** [1976] 175/88). — [7] S. E. Church, M. Tatsumoto (Contrib. Mineral. Petrology [Berlin] **53** [1975] 253/79, 256/8). — [8] S. E. Church, G. R. Tilton (Bull. Geol. Soc. Am. **84** [1973] 431/53, 436). — [9] J. A. Cooper, D. H. Green (Earth Planet. Sci. Letters **6** [1969] 69/76, 73). — [10] J. A. Cooper, J. R. Richards (Earth Planet. Sci. Letters **1** [1966] 259/69, 260/1).

[11] J. A. Cooper, J. R. Richards (Nature **210** [1966] 1245/6). — [12] J. A. Cooper, J. R. Richards (Geochem. J. **3** [1969] 1/14, 4). — [13] G. L. Cumming (Earth Planet. Sci. Letters **31** [1976] 179/83, 180). — [14] B. R. Doe (J. Petrology **8** [1967] 51/83, 53/5). — [15] B. R. Doe (Quart. Colo. School Mines **63** [1968] 149/74, 157/8).

[16] B. R. Doe (Lead Isotopes, Berlin – Heidelberg – New York 1970, S. 1/137). — [17] B. R. Doe, M. H. Delevaux (Bull. Geol. Soc. Am. **84** [1973] 3513/26, 3515/7). — [18] B. R. Doe, C. E. Hedge, D. E. White (Econ. Geol. **61** [1966] 462/83, 467). — [19] B. R. Doe, P. W. Lipman, C. E. Hedge, H. Kurasawa (Contrib. Mineral. Petrology [Berlin] **21** [1969] 142/56, 149). — [20] B. R. Doe, J. S. Stacey (Econ. Geol. **69** [1974] 757/76, 760).

[21] P. W. Gast (Earth Planet. Sci. Letters **5** [1968/69] 353/9, 355). — [22] P. W. Gast (in: H. H. Hess, A. Poldervaart, Basalts. The Poldervaart Treatise on Rocks of Basaltic Composition, New York – London – Sydney 1967, S. 325/58, 348/9). — [23] P. W. Gast, G. R. Tilton, C. Hedge (Science [2] **145** [1964] 1181/5, 1182). — [24] M. N. Golubchina, A. V. Rabinovich (Geokhimiya **1957** 198/203, 200, 202). — [25] S. Graeser (Ecologae Geol. Helv. **63** [1970] 105/9, 107; Earth Planet. Sci. Letters **6** [1969] 491/7, 494).

[26] S. Greser [Graeser] (Izv. Akad. Nauk SSSR Ser. Geol. **1971** Nr. 5, S. 37/40, 39). — [27] E. I. Hamilton (Earth Planet. Sci. Letters **1** [1966] 30/7, 32). — [28] C. E. Hedge, R. J. Knight (Geochem. J. **3** [1969] 15/24, 18). — [29] J. D. Kramers (Earth Planet. Sci. Letters **34** [1977] 419/31, 422/3). — [30] H. Kurasawa (Geochem. J. **2** [1968] 11/28, 16).

[31] J. R. Lancelot, C. J. Allegre (Earth Planet. Sci. Letters **22** [1974] 233/8, 235). — [32] J. F. Lovering, M. Tatsumoto (Earth Planet. Sci. Letters **4** [1968] 350/6, 354). — [33] W. I. Manton (Earth Planet. Sci. Letters **19** [1973] 83/9, 86). — [34] W. I. Manton, M. Tatsumoto (Earth Planet. Sci. Letters **10** [1970/71] 217/26, 220). — [35] R. R. Marshall, C. E. Giffin (Geol. Soc. Am. Spec. Papers Nr. 101 [1966] 132).

[36] A. Masuda (Geochim. Cosmochim. Acta **28** [1964] 291/303, 295/6). — [37] A. Miyazaki, K. Sato, N. Saito (Geochem. J. **7** [1973] 231/44, 233). — [38] S. Moorbath, H. Welke (Earth Planet. Sci. Letters **5** [1968/69] 217/30, 221/2). — [39] M. Morioka, K. Kigoshi (Earth Planet. Sci. Letters **25** [1975] 116/20, 117). — [40] B. M. Naidenov, I. A. Efimov (Geokhimiya **1968** 604/11; Geochem. Intern. **5** [1968] 504/10, 506).

[41] V. M. Oversby (Earth Planet. Sci. Letters **11** [1971] 401/6). — [42] V. M. Oversby (Earth Planet. Sci. Letters **27** [1975] 177/80). — [43] V. M. Oversby (Geochim. Cosmochim. Acta **39** [1975] 1107/25, 1111/5). — [44] V. M. Oversby (Geochim. Cosmochim. Acta **40** [1976] 817/29, 819/24). — [45] V. M. Oversby, A. Ewart (Contrib. Mineral. Petrology [Berlin] **37** [1972] 181/210, 188, 184/5, 206/7).

[46] V. M. Oversby, P. W. Gast (Earth Planet. Sci. Letters **5** [1968/69] 199/206, 202). — [47] V. M. Oversby, P. W. Gast (J. Geophys. Res. **75** [1970] 2097/114, 2101, 2105). — [48] V. M. Oversby, J. Lancelot, P. W. Gast (J. Geophys. Res. **76** [1971] 3402/13, 3407). — [49] J. M. Ozard, R. D. Russell (Can. J. Earth Sci. **8** [1971] 444/54, 448/9). — [50] C. C. Patterson (in: Y. Miyake, T. Koyama, Recent Researches in the Fields of Hydrosphere, Atmosphere, and Nuclear Geochemistry, Tokyo 1964, S. 257/61, 258).

[51] C. Patterson, B. Duffield (Geochim. Cosmochim. Acta **27** [1963] 1180/1). — [52] Z. E. Peterman, B. R. Doe, H. J. Prostka (Contrib. Mineral. Petrology [Berlin] **27** [1970] 121/30, 124). — [53] J. N. Rosholt, A. J. Bartel (Earth Planet. Sci. Letters **7** [1969] 141/7, 144). — [54] J. N. Rosholt, R. E. Zartman, I. T. Nkomo (Bull. Geol. Soc. Am. **84** [1973] 989/1002, 996). — [55] N. Shimizu (J. Fac. Sci. Univ. Tokyo II **17** [1970] 445/84, 463, 467).

[56] A. K. Sinha (Earth Planet. Sci. Letters **16** [1972] 219/27, 220). — [57] B. L. K. Somayajulu, M. Tatsumoto, J. N. Rosholt, R. J. Knight (Earth Planet. Sci. Letters **1** [1966] 387/91, 390). — [58] I. E. Starik, E. V. Sobotovich, G. V. Avdzeiko, A. V. Lovtsyus (Tr. 5-oi Sessii Komis. po Opred. Absolyut. Vozrasta Geol. Formatsii, Moskva 1956 [1958], S. 233/42, 235). — [59] S. S. Sun, G. N. Hanson (Contrib. Mineral. Petrology [Berlin] **52** [1975] 77/106, 80). — [60] S. S. Sun, B. Jahn (Nature **255** [1975] 527/30).

[61] S. S. Sun, M. Tatsumoto, J.-G. Schilling (Science [2] **190** [1975] 143/7). — [62] M. Tatsumoto (Science [2] **153** [1966] 1094/101, 1096). — [63] M. Tatsumoto (J. Geophys. Res. **71** [1966] 1721/33, 1724, 1731/2). — [64] M. Tatsumoto (Earth Planet. Sci. Letters **6** [1969] 369/76, 371). — [65] M. Tatsumoto, R. J. Knight (Geochem. J. **3** [1969] 53/68, 59/65).

[66] M. Tatsumoto, P. D. Snavely (J. Geophys. Res. **74** [1969] 1087/100, 1092). — [67] G. R. Tilton nach [15]. — [68] G. R. Tilton nach [22]. — [69] G. R. Tilton, G. L. Davis, S. R. Hart, L. T. Aldrich, R. H. Steiger, P. W. Gast (Carnegie Inst. Washington Yearbook **63** [1964] 240/56, 242, 244). — [70] G. R. Tilton, C. C. Patterson, G. L. Davis (Bull. Geol. Soc. Am. **65** [1954] 1314/5).

[71] A. I. Tugarinov, V. I. Kovalenko, E. B. Znamensky, V. A. Legeido, E. V. Sobotovich, S. B. Brandt, V. D. Tsyhansky (in: L. H. Ahrens, Origin and Distribution of the Elements, Oxford – London – Edinburgh – New York – Toronto – Sydney – Paris – Braunschweig 1968, S. 687/99, 688). — [72] A. P. Vinogradov, L. S. Tarasov, S. I. Zykov (Geokhimiya **1957** 3/22, 5). — [73] A. P. Vinogradov, S. I. Zykov (Dokl. Akad. Nauk SSSR **105** [1955] 126/8). — [74] R. Vollmer (Geochim. Cosmochim. Acta **40** [1976] 283/95, 288). — [75] R. Vollmer (Contrib. Mineral. Petrology [Berlin] **60** [1977] 109/18, 111).

[76] H. Welke, S. Moorbath, G. L. Cumming, H. Sigurdsson (Earth Planet. Sci. Letters **4** [1968] 221/31, 224/5). — [77] R. E. Zartman nach [20]. — [78] R. E. Zartman, F. Tera (Earth Planet. Sci. Letters **20** [1973] 54/66, 59/60).

Behavior of Lead in Differentiation

2.4.1.1.8 Verhalten von Blei bei der Differentiation

Das Verhalten von Blei bei der Abkühlung des Magmas wird bestimmt einerseits durch seine kristallchemische Verwandtschaft zu K, Na und Ca, andererseits durch seine Affinität zu Schwefel und seine Neigung, in flüchtige Verbindungen einzugehen. Von der Zusammensetzung des Magmas und seiner Tiefenlage sowie von den Druck- und Temperaturgradienten bei der Kristallisation, ferner von der Art des Nebengesteins und den tektonischen Verhältnissen hängt es ab, in welchem Maße diese Faktoren wirksam werden. — Die kristallchemischen Beziehungen von Pb zu anderen Elementen werden wirksam vor allem bei der Kristallisationsdifferentiation und entsprechen den lithophilen Eigenschaften dieses Elements, während ein zunehmender Gehalt an leichtflüchtigen Elementen die chalkophilen Eigenschaften von Pb wirksam werden läßt und seine Neigung zur Komplexbildung und Hydratation fördert, V. D. Kozlov, E. A. Klepikova, L. N. Svadkovskaya (in: Geokhimiya i Petrologyia Magmaticheskikh i Metasomaticheskikh Obrazovanii Akad. Nauk SSSR Sibirsk. Otd. Inst. Geokhim., Moskva 1965, S. 175/95, 191).

Liquid Segregation

2.4.1.1.8.1 Liquide Entmischung

Bei liquider Entmischung zu einem Sulfid- und einem Silikatmagma gehen nur Spuren von Pb (neben Ni, Co) in die Silikatschmelze, die Löslichkeit dieser Elemente steigt jedoch beträchtlich bei Anwesenheit leichtflüchtiger Bestandteile, vor allem von H_2O [1]. Experimentelle Untersuchungen zur Reaktion von Granit mit einer Mischung von Galenit und Pyrit ergeben, daß ein Granitmagma mit einer Sulfidschmelze unter natürlichen Bedingungen bei Temperaturen $>750°C$ und $p_{H_2O} =$ 5 kbar koexistieren kann; die Löslichkeit der Sulfide in der Silikatschmelze ist unter diesen Bedingungen gering [2]. Bei Entmischung einer Sulfidschmelze in eine Ni-reiche und eine Cu-reiche Schmelze geht Pb neben anderen Elementen bevorzugt in letzte, ohne jedoch in auskristallisierende Cu-Mineralien aufgenommen zu werden, es wird — wie beispielsweise in Sudbury — in der Restschmelze angereichert bis es bei Erreichen des Löslichkeitsprodukts als eigenes Sulfid kristallisiert [3]. In Norilsk im Nordwesten der Sibirischen Tafel wird Pb aus der an Pt-Metallen und flüchtigen Bestandteilen sowie K angereicherten Restschmelze der Chalkopyritkristallisation als Sulfid ausgeschieden [4]. Der als wesentlicher Pb-Träger angesehene Galenit in Doleriten der Sibirischen Tafel wurde als primäres Mineral aus der Silikatschmelze ausgeschieden, begünstigt durch die Anwesenheit von Fluiden reich an Sulfiden [5]. Siehe demgegenüber jedoch S. 128 und Pb-Aufnahme in Trappe durch Assimilation [6]. Pb in Silikat- und Sulfidschmelzen s. auch S. 4/5.

Literatur zu 2.4.1.1.8.1:

[1] H. Schneiderhöhn (Die Erzlagerstätten der Erde, Bd. 1, Die Erzlagerstätten der Frühkristallisation, Stuttgart 1958, S. 52). — [2] G. Kullerud, H. S. Yoder (Carnegie Inst. Wash. Yearb. **66** [1967/68] 442/6, 443/4). — [3] J. E. Hawley (Can. Mineralogist **7** [1962/63] 1/207, 185). —

[4] A. D. Genkin (Freiberger Forschungsh. C Nr. 270 [1962] 69/81, 70, 78/80 [russisch mit deutscher Zusammenfassung S. 80]). — [5] B. V. Oleinikov (in: Trappy Sibirskoi Platformy i ikh Metallogeniya, Irkutsk 1971, S. 106/8 nach Ref. Zh. Geol. **1971** Nr. 11 Zh. 21).

[6] V. I. Gon'shakova (Tr. Inst. Geol. Rudn. Mestorozhd. Petrogr. Mineralog. i Geokhim. Nr. 61 [1961] 1/296, 226).

2.4.1.1.8.2 Kristallisationsdifferentiation

Crystallization Differentiation

2.4.1.1.8.2.1 Einfluß geochemischer und geologischer Faktoren auf das Verhalten von Blei bei der Magmenerstarrung

Influence of Geochemical and Geological Factors on Behavior of Lead in Magma Solidification

Die in den meisten untersuchten Intrusiv- und Effusivreihen beobachtete Tendenz zur Pb-Konzentration in den SiO_2-reichen Endgliedern, oft gleichsinnig mit K [1], s. S. 154, ist in den Gesteinen der Kalk-Alkali-Reihe stärker ausgeprägt als in den Gesteinen der Alkali-Reihe [2]. Dieses Verhalten von Blei wird wesentlich bestimmt durch seine kristallchemischen Eigenschaften und ist bedingt durch die zunehmende Ausscheidung von gesteinsbildenden Silikaten, deren Strukturen für die Aufnahme von Pb an Stelle von in erster Linie K^+, in zweiter Linie Na^+ und Ca^{2+} günstig sind. Zu diesen gehören neben Biotit vor allem die Feldspäte, s. „Blei" A 2a, S. 96/8, deren Pb-Gehalte in sauren und intermediären Gesteinen am stärksten zum Gesamtbleigehalt der Gesteine beitragen, s. ab S. 51. Die Zunahme des Pb-Gehalts von basischen über intermediäre zu sauren Eruptivgesteinen entspricht dem Wechsel von Ca- über Na- zu K-Feldspäten [3, S. 91, 110]. Eine Anreicherung flüchtiger Elemente zusammen mit Pb in Restschmelzen von Tiefenintrusionen kann — wie im Susamyr-Batholith, Mittel-Tien Shan — zu einer stärkeren Konzentration von Pb in Biotit führen [4, S. 199]. — Bei steilem Temperatur-Gradienten, wie beispielsweise in den Deccan-Basalten, Indien, gehorchen die Spurenelementgehalte nicht den Diadochiegesetzen und bilden ohne Rücksicht auf Hauptelemente eigene Konzentrationszonen mit maximaler Pb-Anreicherung in den obersten Schichten der einzelnen Ströme [5]. — Die von K-Feldspat und Biotit aufgenommenen Mengen von Spurenelementen, darunter Pb, hängen — solange feste, flüssige und gasförmige Phasen im Gleichgewicht stehen — jedoch nur von der Konzentration dieser Elemente im Magma ab, nicht von dem mengenmäßigen Anteil der Mineralien in den Kristallisaten [6].

In Alkaligesteinen hängt das Verhalten von Pb ab von dem Verhältnis K:Na in der Schmelze; von den Syenitintrusionen im Nord-Tien Shan haben die Syenite der Kzyl-Ompul-Gruppe mit dem Na gegenüber höchsten K-Gehalt den höchsten Pb-Gehalt, die Syenite der Kara-Kunuz-Gruppe, deren Paragenese einem K-Gehalt entspricht, der nur wenig höher ist als der Na-Gehalt, einen niedrigeren Pb-Gehalt und die Syenite der Shamatorsk-Intrusion, in denen $Na > K$ ist, den niedrigsten Pb-Gehalt [7]. Im Lovozero-Massiv, Kola, läuft die Zunahme des Pb-Gehalts von der ersten zur dritten Phase parallel mit einer Abnahme des SiO_2-Defizits sowie mit einer Abnahme der in Al-Silikaten gebundenen Alkalien bei Zunahme der in mafischen Mineralien gebundenen Alkalien [8]; Pb nimmt außerdem zu mit Zunahme des agpaitischen Koeffizienten $(Na+K)/Al$ [8, 9].

Das Verhältnis des kristallchemisch festgelegten Anteils zu dem in Lösung verbleibenden Anteil eines Spurenelements bestimmt wesentlich sein Verhalten im Verlauf des magmatischen Prozesses und ändert sich mit der Zusammensetzung, der Größe und der Tiefenlage der Intrusion. Günstige Voraussetzungen für die Aufnahme von Spurenelementen wie Pb in Silikatgitter liegen vor bei Kristallisation eines homogenen Magmas in großen Tiefen verbunden mit geringen Temperatur- und Druckgradienten bei niedrigen Gehalten an leichtflüchtigen Bestandteilen [10, S. 629/30]. Sie sind beispielsweise verwirklicht in den paläozoischen Granoitoiden des Shilka-Argun'-Zwischenstromlandes in Ost-Transbaikalien, deren leukokrate Differentiate einer Tiefenfazies eine deutliche Pb-Anreicherung aufweisen [11], vgl. „Blei" A 2a, S. 219, wenn sie wie speziell im Unda-Gazimur-Gebiet in großer Tiefe bei erhöhter Temperatur und hohem Druck kristallisiert sind [12]. Siehe auch Anreicherung von Pb in frühen K-Feldspäten „Blei" A 2a, S. 213.

Bei einem großen Anteil an leichtflüchtigen Komponenten jedoch wird Pb stärker konzentriert in den in niederen p-T-Bereichen kristallisierenden Mineralien als in ähnlichen Strukturen früher gebildeter Mineralien, bedingt durch eine höhere Ausgangskonzentration an Pb in den spätmagmatischen Differentiaten, die ihrerseits verursacht wird durch eine bessere Löslichkeit von Pb in Lösungen und Gasen [3, S. 95]. So kann eine unter ruhig-tektonischen Bedingungen verlaufende Tiefendifferentiation auch zur Anreicherung von Spurenelementen in späteren Phasen führen [10, S. 629/30], wie dies z. B. für Trappe der Kharaelakh-Berge, Nordwesten der Sibirischen Tafel, zutrifft, in denen eine hochgradige Tiefendifferentiation des Magmas eine Anreicherung von Pb in den späten Differentiaten aus tholeiitischen Basalten und porphyrischen Zwei-Plagioklas-Basalten bewirkt [13], s. auch unten.

Ein gewisser Einfluß der Sauerstoff-Fugazität auf das Verhalten von unter anderen Elementen Pb wird für den Shonkin Sag-Lakkolithen, Montana, vermutet, in dem der Pb-Gehalt mit steigendem Differentiationsindex leicht zunimmt bis zu einem deutlichen Maximum in den intermediären syenitischen Differentiaten, um dann in der Restschmelze deutlich abzufallen [14].

Das nicht in den gesteinsbildenden Mineralien aufgenommene Pb befindet sich nach Untersuchungen am Susamyr-Batholith, Mittel-Tien Shan, wahrscheinlich in molekularer Form sorbiert oder als Gediegen Blei und Galenit submikroskopisch an Wachstumsflächen, in Interstitien und in Gitterfehlstellen (das so fixierte Pb ist in spät- und postmagmatischen Prozessen leichter zu mobilisieren als Pb in Silikatgittern) [4, S. 33, 55, 209]. Infolge seiner Affinität zu S tritt dieses Pb — wie für das Căliman-Gebirge, Rumänien, nachgewiesen — als Sulfid in feiner Dispersion in den Gesteinen auf [15]. Derart als Galenit ausgeschiedenes Blei nimmt im Verlauf der Differentiation ständig zu, so im Megri-Pluton, Armenien, von der Hauptfazies über Nachintrusionen zu Apliten und Pegmatiten [16]. Ein permischer Komplex Nord-Tien Shans enthält Gediegen Blei in den Alaskit-Graniten, Nephelin-Syeniten und Syeniten der Hauptphase, Galenit vorwiegend in Gang- und Nachintrusionsgesteinen [17], vgl. [18] und für weitere Komplexe dieses Gebiets [19]. Der silurische Intrusivkomplex von Sugaty im westlichen Kirgisen-Gebirge, West-Tien Shan, führt in den Granitvarietäten der zweiten Phase Gediegen Blei und Galenit, in den diese begleitenden Ganggesteinen nur Galenit [20]. Bei vorherrschend fraktionierter Kristallisation im Palisaden Sill, New Jersey, nimmt Pb trotz seines teilweisen Eintritts in gesteinsbildende Silikate der Hauptphase mit zunehmender Fraktionierung leicht zu und neigt zu Konzentration in den Restschmelzen, aus denen es in den oberen Niveaus der Sills als Galenit abgeschieden wird [21]. Auch in Trappen aus dem Südost-Teil der Sibirischen Tafel tritt Pb als Gediegen Blei und in Galenit vorwiegend in den späten, differenzierten Phasen auf [22], vgl. [23], s. demgegenüber S. 266.

Ein weiterer Faktor für den Pb-Transport und damit seine Verteilung in Granitintrusionen ist die Emanation von Gasen [24], bei der Spurenelemente wie Pb in Anwesenheit leichtflüchtiger Komponenten in die oberen Partien einer Magmenkammer migrieren [10, S. 637]. Charakteristisch für diese Art der Pb-Anreicherung ist, daß sie nicht parallel verläuft einer Anreicherung an K, wie beispielsweise in einigen Phasen der leukokraten Biotitgranite der paläogenen Intrusion des Raumid-Massivs, Rushan-Gebirge, Pamir [24], und in den apikalen mittelkörnigen Graniten des Bugul'min-Massivs zwischen den Flüssen Uda und Tagul, mittleres Ost-Sayan [25]. Anreicherung von Pb auch in den apikalen Teilen des El'dzhurta-Intrusivmassivs, Kabardino-Balkarien, Nord-Kaukasus [26] und im Ognitsk-Intrusiv-Komplex, Ost-Sayan [27]. Die Anreicherung von Pb und anderen Elementen im Scheitel der Monzonit-Intrusion des Akatui-Komplexes, Südost-Transbaikalien, ist bedingt durch Migration dieser Elemente zusammen mit Cl in einer frühen Entgasungsphase [28]. Auch ungewöhnlich hohe Pb-Gehalte in einem Teil der Quarzmonzonite und -syenite des Dalidag-Massivs, Kleiner Kaukasus, sind durch Emanations-Differentiation verursacht [29]. — Emanation innerhalb eines Gesteins wird beobachtet im Oslo-Gebiet: während in der Reihe Nordmarkite→Übergangsgesteine→massive Ekerite der Pb-Gehalt zunimmt mit zunehmendem Si-Gehalt, nimmt in einem miarolitischen Ekerit der Pb-Gehalt deutlich ab, bedingt durch Entweichen von Pb während der Kristallisation [30, 31].

Zur Pb-Anreicherung bei Hybridisierung durch Assimilation s. S. 166/7.

Literatur zu 2.4.1.1.8.2.1:

[1] E. B. Sandell, S. S. Goldich (J. Geol. **51** [1943] 99/115, 167/89, 169). — [2] K. K. Zhirov, I. V. Chernyshev (Geokhimiya **1959** 116/23; Geochemistry [USSR] **1959** 141/50, 141). — [3] K. H. Wedepohl (Geochim. Cosmochim. Acta **10** [1956] 69/148). — [4] L. V. Tauson (Geokhimiya Redkikh Elementov v Granitoidakh, Moskva 1961, S. 1/231). — [5] R. C. Sinha, S. G. Karkare (Geol. Soc. India Bull. **1** [1964] 21/4, 24).

[6] V. D. Kozlov (in: L. H. Ahrens, Origin and Distribution of the Elements, Oxford – London – Edinburgh – New York – Toronto – Sydney – Paris – Braunschweig 1968, S. 649/61, 654). — [7] R. D. Gavrilin, L. A. Pevtsova (in: N. I. Khitarov, Problems of Geochemistry, Jerusalem 1969, S. 406/14, 411/2 [russisches Original: Moskva 1965]). — [8] V. I. Gerasimovskii, S. Ya. Kuznetsova (Geokhimiya **1966** 390/7, 393/4). — [9] V. I. Gerasimovskii, L. I. Nesmeyanova (Geokhimiya **1960** 590/3; Geochemistry [USSR] **1960** 704/8, 704). — [10] L. V. Tauson (in: L. H. Ahrens, Origin and Distribution of the Elements, Oxford – London – Edinburgh – New York – Toronto – Sydney – Paris – Braunschweig 1968, S. 629/39).

[11] V. D. Kozlov, E. A. Klepikova, L. N. Svadkovskaya (in: B. M. Shmakin, Geokhimiya i Petrologiya Magmaticheskikh i Metasomaticheskikh Obrazovanii, Moskva 1965, S. 175/95, 189; Geochem. Intern. **3** [1966] 1257/74, 1269/70). — [12] V. D. Kozlov (in: Magmaticheskie i Metamorficheskie Obrazovaniya Sibiri, Moskva 1966, S. 75/7). — [13] D. A. Dodin (Tr. Nauchn. Issled. Inst. Geol. Arktiki Min. Geol. i Okhrany Nedr SSSR Nr. 133 [1963] 168/85, 169, 178, 183). — [14] W. P. Nash, J. F. G. Wilkinson (Contrib. Mineral. Petrology [Berlin] **33** [1971] 162/70, 166, 168). — [15] M. Savul, V. Ababi, O. Nichita (Acad. Rep. Populare Romine Filiala Iasi Studii Cercetari Stiint. Chim. **7** Nr. 2 [1956] 89/116, 104, 115).

[16] B. M. Meliksetyan (in: Metallogenicheskaya Spetsializatsiya Magmaticheskikh Kompleksov, Moskva 1964, S. 320/47, 333, 342). — [17] I. V. Nosyrev, S. D. Turovskii (Materialy po Geol. Tyan'-Shanya Akad. Nauk Kirg.SSR Inst. Geol. **2** [1962] 21/68, 40/9). — [18] S. D. Turovskii, G. N. Kokarev (in: I. E. Smorchkov, Aktsessornye Mineraly Izverzhennykh Porod, Moskva 1968, S. 130/4). — [19] V. G. Korolev, I. V. Nosyrev, S. D. Turovskii (Materialy po Geol. Tyan'-Shanya Akad. Nauk Kirg.SSR Inst. Geol. **2** [1962] 5/19). — [20] G. N. Kokarev (Zap. Kirgizsk. Otd. Vses. Mineralog. Obshchestva Nr. 2 [1961] 101/9, 102/4).

[21] K. R. Walker (Geol. Soc. Am. Spec. Papers Nr. 111 [1969] 1/178, 139). — [22] V. I. Gon'shakova (Tr. Inst. Geol. Rudn. Mestorozhd. Petrogr. Mineralog. i Geokhim. Nr. 61 [1961] 1/296, 92, 94, 104, 107/8, 147/8, 207, 222). — [23] V. I. Gon'shakova (in: G. D. Afanas'ev, Petrografiya Vostochnoi Sibiri, Bd. 1, Moskva 1962, S. 118/207, 141, 168/72, 192/3). — [24] R. D. Gavrilin, V. N. Volkov, E. V. Negrei, L. A. Pevtsova (Geokhimiya **1972** 926/35; Geochem. Intern. **9** [1972] 630/7, 635). — [25] A. E. Vorontsov, G. I. Selivanova (Geol. i Geofiz. Akad. Nauk SSSR Sibirsk. Otd. **1971** Nr. 9, S. 40/7, 42/3).

[26] G. L. Odikadze (Geokhimiya **1968** 1211/7; Geochem. Intern. **5** [1968] 1010/5, 1014). — [27] L. N. Morozov (in: Magmaticheskie i Metamorficheskie Obrazovaniya Sibiri, Moskva 1966, S. 31/3). — [28] M. N. Zakharov (Ezhegodnik po Rabotom 1970 Goda Inst. Geokhim. Sibirsk. Otd. Akad. Nauk SSSR **1971** 48/53, 50/2). — [29] S. A. Bektashi (Uch. Zap. Azerb. Gos. Univ. Ser. Geol. Geogr. Nauk **1967** Nr. 4, S. 34/40, 39, 40). — [30] R. V. Dietrich, K. S. Heier, S. R. Taylor (Skrifter Norske Videnskaps Akad. Oslo I Mat. Naturv. Klasse [2] Nr. 19 [1965] 1/31, 17, 19, 22).

[31] R. V. Dietrich, K. S. Heier (Geochim. Cosmochim. Acta **31** [1967] 275/80, 279).

2.4.1.1.8.2.2 Verhalten von Blei in Differentiationsserien

Behavior of Lead in Differentiation Series

Die aufgeführten Vorgänge bewirken je nach ihrem Wirksamwerden ein unterschiedliches, teils widersprüchliches Verhalten von Pb im Verlauf der magmatischen Differentiation. Es sollen daher im folgenden einige Beispiele zusammengestellt werden, die das Verhalten von Pb bei Vorgängen der Differentiation charakterisieren.

Ein Differentiationsverlauf mit Pb-Zunahme von basischen zu sauren Gesteinen wird beobachtet in den Graniten im Chatyrkul'-Gebiet, Süd-Kasachstan, mit Zunahme der mittleren Pb-Gehalte von Quarzsyenit → Diorit → Biotit-Hornblende-Granit → Biotit-Granit → Alaskit-Granit [1] und in allen variskischen Granitoiden Nord-Tien Shans, die Zunahme von Pb zusammen mit K von mafischen zu felsitischen Gesteinen aufweisen [2]. Speziell in den kleinen Intrusionen dieses Gebiets unterscheiden sich die sauren Differentiationsprodukte von allen basischen durch höhere Pb-Gehalte [3]. Auch im Witoscha-Pluton, südlich Sofia, Bulgarien, Zunahme von Pb parallel SiO_2 und K von Gabbro über Monzonit und Leukosyenit zu aplitischem Granosyenit mit schwacher Abweichung in Monzonit [4], s. S. 135, ebenso im Megri-Pluton, Armenien, von Monzonit über Granosyenit zu Granit [5].

In den älteren Graniten des Sächsisch-Böhmischen Erzgebirges mit normalem Differentiationsverlauf nimmt Pb zu bei zunehmendem Si [6], gegensätzliches Verhalten in den jüngeren Graniten dieses Gebiets s. S. 132. — In den Graniten des Massivs Limousin, Mittel-Frankreich, zunehmende Pb-Gehalte von den melanokraten zu den leukokraten Varietäten [7]. — In den Graniten von Singhbhum, Bihar, Indien, mit 3 Intrusivphasen nimmt Pb mit steigendem Differentiationsindex der Gesteine deutlich zu in der 1. Phase und etwas schwächer in der 2. Phase, während in der 3. Phase eine gewisse Tendenz beider Elemente zur Abnahme festzustellen ist [8].

Auch in basischen Massiven, wie z. B. dem Lysogorskii-Massiv vom Nordwest-Abhang der Kazyr-Kette, West-Sayan, nimmt der Pb-Gehalt zu von den ultrabasischen Gesteinen (2 ppm) über Gabbros und Hornblendite (3 ppm) zu den Dioriten (8 ppm) [9] und in den Gesteinen des Bushveld-Komplexes, Südafrika, wird (ausgenommen 4 Gabbros) eine deutliche Zunahme des Pb-Gehalts mit zunehmender Differentiation festgestellt [10].

Bei Effusivserien stellen die devonischen Laven aus der Tuvinskaya ASSR ein Beispiel normaler Differentiation dar mit zunehmenden Pb-Gehalten von basischen (2.5 ppm) über intermediäre (16.3 ppm) zu sauren (24.3 ppm) Gesteinen [11] und auch in der Alkali-Vulkanit-Serie der Oberkreide in Nord-Armenien nimmt Pb zusammen mit K zu von Basalten über Liparite zu Liparitdaciten [12]. In mittel-slowakischen Neovulkaniten Zunahme von Pb in der Differentiationsserie Andesit → Dacit → Rhyodacit, jedoch dann Abnahme in den Rhyolithen [13]. In den zahlreichen von Nockolds, Allen untersuchten Effusivserien werden höhere Pb-Gehalte stets nur in den intermediären Gesteinen und den sauren Endgliedern beobachtet [14 bis 16]. Die petrographische Provinz auf der Halbinsel Banks, Südinsel, Neuseeland, setzt sich zusammen aus einer durch fraktionierte Kristallisationsdifferentiation gebildeten Differentiationsreihe von Olivinbasalten zu Rhyolithen, in der Pb zu den sauren Gesteinen hin angereichert ist [17]. Infolge fraktionierter Kristallisation bilden die känozoischen vulkanischen Gesteine der Ross-Insel und ihrer Umgebung, Antarktis, die Differentiationsserie Alkali-Olivinbasalt → Trachybasalt mit niedrigem SiO_2 → Trachybasalt mit hohem SiO_2 → Anorthoklas-Phonolith → Hornblende-Pyroxen-Phonolith. In ihnen steigt Pb in den Diagrammen Pb/SiO_2 bzw. Pb/K_2O nahezu linear mit SiO_2 und K_2O, wenn die aus den angegebenen Mittelwerten für SiO_2, K_2O und Pb für die beiden Phonolithvarietäten berechneten Mittelwerte als Werte für die Gesamtphonolithe eingesetzt werden; der Pb-Gehalt der Anorthoklas-Phonolithe liegt beträchtlich niedriger als einer gradlinigen Entwicklung entspricht, s. **Fig. 3**, [18].

Fig. 3

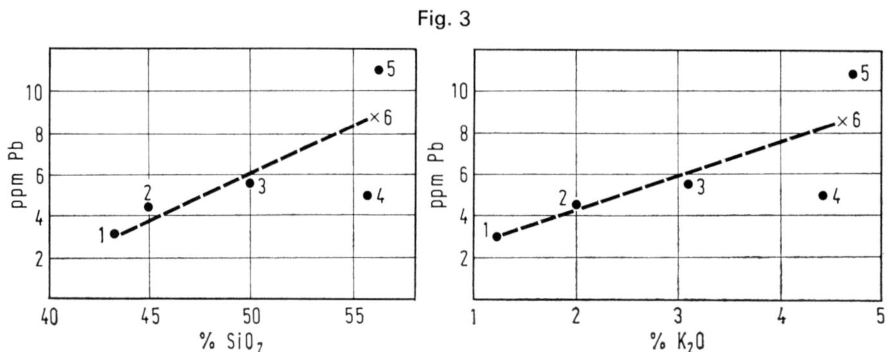

Beziehungen von Pb zu SiO_2 und K_2O in vulkanischen Gesteinen der Ross-Insel, Antarktis, nach [18].

1. Alkali-Olivinbasalte, 12 Proben
2. Trachybasalte mit niedrigem SiO_2, 3 Proben
3. Trachybasalte mit hohem SiO_2, 3 Proben
4. Anorthoklas-Phonolithe, 4 Proben
5. Hornblende-Pyroxen-Phonolithe, 6 Proben
6. Alle 10 Phonolithproben

Sowohl die effusive rhyolithische Folge als auch die intrusive Syenitfolge des Paresis-Komplexes, Namibia, zeigt progressive chemische Änderungen bei steigender Azidität: Werden die Pb-Gehalte aufgetragen gegen den mafischen Index $M = \Sigma Fe \times 100/\Sigma Fe + Mg$, ergibt sich eine geringe, allmähliche Zunahme der Pb-Gehalte von den Feldspat-Rhyolithen zu den Quarz-Feldspat-Porphyren und dann ein steiler Anstieg in den Comenditen; ein ähnlicher Trend zeigt sich für die Syenitfolge: Aufgetragen gegen den felsischen Index $F = (Na + K) \times 100/Na + K + Ca$, zeigen die Pb-Gehalte allmähliche Zunahme von Syeniten über Bostonite zu Mikrogranit [19].

Im Gegensatz zu der Beobachtung von Zlobin, Gorshkova [20, S. 327] an Alkaligesteinen, s. unten, finden Price, Chappell [21] in allen durch fraktionierte Kristallisation bedingten Differentiationsserien der Vulkanite von Dunedin, Provinz Otago, Neuseeland, eine allmähliche Pb-Zunahme parallel zum K-Gehalt im Verlauf der Differentiation und einen merklichen Anstieg des Pb-Gehalts in den Endgliedern aller Serien, den Phonolithen.

Unterschiedliche Pb-Gehalte werden häufig auch in den verschiedenen Entwicklungsstadien von Intrusivkomplexen beobachtet. Dabei kann in vielen Fällen davon ausgegangen werden, daß in den jüngeren Phasen stärker differenzierte, SiO_2-reichere Gesteine auftreten. Eine Pb-Zunahme von früheren zu späteren Phasen entspricht dann dem bereits aufgezeigten Trend von Pb.

Im Megri-Pluton, Armenien, nimmt Pb zu vom ersten zum dritten Kristallisationsstadium und auch jeweils innerhalb der einzelnen Stadien [22]; diese Zunahme macht sich bemerkbar durch zunehmende Galenitausscheidung im Verlauf der Differentiation, s. S. 128. Spurenelement-Untersuchungen an den Granitoiden der Somkhet-Kafansk-Zone, Nord-Armenien, und Literaturdaten aus weiteren Gebieten zeigen, daß Pb zusammen mit Zr, Ga, Cu und Zn in basischen Gesteinen sehr selten ist und erst in späteren Phasen häufiger und mit zunehmenden Gehalten auftritt [23]. In dem Granit-Massiv von Velitkenai zwischen den Flüssen Kuvet und Ryvee an der Küste des Ostsibirischen Meeres haben die feinkörnigen Granite der zweiten Phase höhere Pb-Gehalte als die grobkörnigen Granite der ersten Phase [24]. Granite des Prikhankaisker Gebietes, Ferner Osten, zeigen Pb-Abscheidung zwar schon im ersten Entwicklungsstadium des magmatischen Herds, eine Pb-Konzentration erfolgt aber erst im Endstadium der Entwicklung in der dritten Phase [25]. Trotz eines erhöhten Pb-Gehalts in den hybriden Gesteinen der ersten Phase nimmt der Pb-Gehalt noch zu in den Graniten der zweiten und dritten Phase des Myao Chan-Komplexes, Ferner Osten [26]. In den frühmesozoischen Granitoiden des Erogol'-Gold-Gebietes, Nordwest-Hentey-Gebirge, Mongolei, Zunahme des Pb-Gehalts von 13 ppm in 12 Hornblende-Dioriten der ersten Phase über 26 ppm in 16 Biotit-Graniten der zweiten Phase zu 29 ppm in 10 leukokraten Graniten der dritten Phase [27].

Das Verhalten von Pb in Ganggesteinen wird nicht von ihrem Auftreten als geologisch von den Muttergesteinen getrennte Körper bestimmt, sondern von dem Grad der Differentiation des Muttermagmas zum Zeitpunkt ihrer Bildung; so enthalten syenitische Ganggesteine des Kzyl-Ompul-Massivs, Westende des Issyk-Kul'-Sees, Nord-Tien Shan, die die gleiche Zusammensetzung wie die Gesteine der Hauptintrusion aufweisen, nur wenig von denen der Syenite der Hauptphase abweichende Pb-Gehalte [28, S. 771, 776]. In den Granitoiden des Chatyrkul'-Erzfeldes, Süd-Kasachstan, jedoch setzt sich die Zunahme von Pb in den Tiefengesteinen, s. S. 129, fort bis in die zugehörigen Gänge dieser Intrusiva [29]. Im Susamyr-Batholith, Mittel-Tien Shan, und in kaledonischen Granitoid-Intrusionen des Kirgisen-Gebirges, West-Tien Shan, wird eine deutliche Zunahme von Pb in den sauren Differentiaten bis zu den Apliten beobachtet [30, S. 44, 50/1] und auch in den Massiven Kiiktass, Kenderlik, Ergebulak und Karakamy, alle Bet-Pak-Dala, Kasachstan, jeweils Zunahme des Pb-Gehalts von den Graniten der Hauptphase zu den durch Differentiationsprozesse daraus hervorgegangenen granitischen Ganggesteinen, wobei dies im Karakamy-Massiv nur für die Ganggranite der ersten Etappe gilt (s. Abnahme in der 2. Etappe S. 132) [31, S. 241/3, 243/4, 246].

Abweichend von diesem Trend einer Pb-Zunahme mit zunehmender Differentiation gibt es jedoch auch Differentiationsreihen mit Pb-Abnahme bei zunehmendem SiO_2-Gehalt, ein Vorgang, der vor allem in Alkaligesteinen beobachtet wird [20, S. 327]. So nimmt in einem variskischen Alkali-Komplex Nord-Kirgisiens der Pb-Gehalt parallel zu K ab von den Nordmarkiten der ersten Phase (Mittel von 8 Proben 66 ppm) über die Granosyenite der zweiten Phase (Mittel von 5 Proben 34 ppm) zu den Alaskit-Graniten (Mittel von 4 Proben 18 ppm) [30, S. 52] und auch im Alkali-Gesteinsmassiv Sandyk, Nord-Kirgisien, zeigt Pb keine Tendenz zur Anreicherung in den späteren Entwicklungsphasen; hier fehlt ferner jegliche Korrelation zwischen Pb und K [20, S. 321, 322/5].

In den Granosyeniten des Kzyl-Ompul-Massivs, Westende des Issyk-Kul'-Sees, Nord-Tien Shan, nimmt Pb regelmäßig ab von den weniger sauren zu den saureren Varietäten [28, S. 775]. — Starke Abnahme von Pb wird beobachtet in den Alkali-Lamprophyren gegenüber den Nephelin-Syeniten im Lovozero-Massiv, Kola [32].

Doch auch bei Gesteinen der Kalk-Alkali-Reihe wird eine Abnahme von Pb zu den sauren Gliedern hin beobachtet. So sind in den Gesteinen des Insch-Komplexes, Aberdeenshire, Schottland, die Pb-Gehalte in den SiO_2-reicheren Gliedern (Syenogabbros und Syenite) niedriger als in den SiO_2-ärmeren (Peridotite) [33]. In einem mesozoischen Intrusivkomplex im Westen des Primor'e, Ferner Osten, tritt eine deutliche Abnahme von Pb auf von basischen Granitoiden zu sauren Alaskit- und Biotitgraniten [34], während in Alaskiten gegenüber Graniten der Hauptphase der Uimen-Senke, Erzaltai, die Pb-Abnahme nur geringfügig ist [35]. Auch in kleinen Intrusionen des Almalyk-Gebiets, Nordwestteil des Kurama-Gebirges, Mittelasien, Abnahme von Pb von den basischen zu den sauren Gesteinen [36]. — Von den Graniten des Sächsisch-Böhmischen Erzgebirges zeigen die Zwischengranite und die jüngeren Granite abnehmende Pb-Gehalte bei Zunahme von Si, wahrscheinlich bedingt durch fluide Komponenten, die die Ausscheidungsfolge beeinflussen [6]; zum normalen Verhalten der älteren Granite dieses Gebiets s. S. 130.

Abnahme von Pb von Graniten zu ihren Ganggesteinen (Apliten, feinkörnigen Graniten, Granodioritporphyren und Dioritporphyriten) wird beobachtet im Massiv Kyzyltau, westlich des Balkhash-Sees, Kasachstan [37], und von Graniten der Hauptphase zu Granitporphyren der zweiten Etappe im Karakamy-Massiv, Bet-Pak-Dala, Kasachstan [31, S. 246]. Auch in den Gängen, feinkörnigen, aplitischen Graniten und Granitporphyren, des Adun-Chelonskii-Massivs, Ost-Transbaikalien, wesentlich geringere Pb-Gehalte als in dem umgebenden porphyrischen Granit des Massivs, da leichtflüchtige Bestandteile der Restschmelze zur Zeit der Spaltenfüllung abwandern [38]. In den als Differentiate der Granite von Alijó-Sanfins, Nord-Portugal, angesehenen, diese Granite durchsetzenden Apliten ist der Pb-Gehalt z. T. beträchtlich niedriger als in den dazugehörigen Graniten; die gleiche Tendenz — wenn auch mit etwas geringeren Gehaltsunterschieden — wird in den die Nebengesteinsschiefer durchsetzenden Apliten festgestellt [39].

Auch in den intrusiven Trappen der Sibirischen Tafel bei Norilsk nimmt der Pb-Gehalt im Verlauf der Kristallisation und Differentiation der Schmelze ab [40] und in den Effusivgesteinen des Karbon und Perm in der Tokrau-Synklinale, Mittel-Kasachstan, wird innerhalb der einzelnen Serien Pb-Abnahme von den basischen zu den sauren Gesteinen beobachtet [41]. In den kambrischen Laven aus der Tuvinskaya ASSR — im Gegensatz zu den devonischen Laven desselben Gebiets, s. S. 130 — deutliche Pb-Abnahme von mafischen mit 44.1 ppm über intermediäre mit 23.4 ppm zu felsitischen Gesteinen mit 15.9 ppm Pb [11]. — In britischen (Arran und Eigg) und isländischen Pechsteinen nimmt Pb ab mit zunehmendem SiO_2-Gehalt [42].

Literatur zu 2.4.1.1.8.2.2:

[1] A. S. Malakhov (Sov. Geol. **1968** Nr. 11, S. 158/60). — [2] B. I. Zlobin, L. A. Pevtsova, N. S. Klassova (Geokhimiya **1965** 851/63; Geochem. Intern. **2** [1965] 660/71, 666/7). — [3] I. V. Nosyrev, S. D. Turovskii (Materialy po Geol. Tyan'-Shanya Akad. Nauk Kirg.SSR **2** [1962] 21/68, 56). — [4] E. Aleksiev (Tr. Vurkhu Geol. Bulgar. Ser. Geokhim. i Polezni Izkop. **1** [1960] 3/64, 50). — [5] B. M. Meliksetyan (in: Metallogenicheskaya Spetsializatsiya Magmaticheskikh Kompleksov, Moskva 1964, S. 320/47, 341, 345).

[6] H. Lange, G. Tischendorf, W. Pälchen, I. Klemm, W. Ossenkopf (Geologie [Berlin] **21** [1972] 457/89, 468/73, 476). — [7] J. Barbier, G. Ranchin (Comm. Energie At. France Rappt. CEA-R-3684 [1969] 57/113, 84). — [8] A. K. Saha, A. V. Sankaran, T. K. Bhattacharyya (Neues Jahrb. Mineral. Abhandl. **108** [1968] 247/70, 262/3). — [9] I. M. Volokhov, V. M. Ivanov (Geol. i Geofiz. Akad. Nauk SSSR Sibirsk. Otd. **1961** Nr. 11, S. 74/85, 82). — [10] C. J. Liebenberg (Publ. Univ. Pretoria Nr. 12 [1960] 1/79, 51).

[11] G. V. Pinus (Geokhimiya **1959** 82/92; Geochemistry [USSR] **1959** 99/111, 106/7). — [12] A. Kh. Mnatsakanyan (in: Aktsessornye Mineraly i Elementy Kak Kriterii Komagmatichnosti i Metallogenicheskoi Spetsializatsii Magmaticheskikh Kompleksov, Moskva 1965, S. 39/40, 71, 78).

— [13] K. Eliáš, J. Kantor, J. Štohl (Geol. Prace Zpravy **43** [1967] 141/56, 156). — [14] S. R. Nockolds, R. Allen (Geochim. Cosmochim. Acta **4** [1953] 105/42, 112/3, 114/6, 122/4, 126, 137). — [15] S. R. Nockolds, R. Allen (Geochim. Cosmochim. Acta **5** [1954] 245/85, 254, 263/71, 276/7, 279/81).

[16] S. R. Nockolds, R. Allen (Geochim. Cosmochim. Acta **9** [1956] 34/77, 46, 48/50, 66/72). — [17] S. R. Taylor (Diss. Univ. of Indiana 1954, S. 1/94, 1/2; Diss. Abstr. **14** [1954] 815/6). — [18] S. S. Goldich, S. B. Treves, N. H. Suhr, J. S. Stuckless (J. Geol. **83** [1975] 415/35, 422, 424/5, 429). — [19] G. Siedner (Geochim. Cosmochim. Acta **29** [1965] 113/37, 126, 129). — [20] B. I. Zlobin, M. S. Gorshkova (Geokhimiya **1961** 281/92; Geochemistry [USSR] **1961** 317/28).

[21] R. C. Price, B. W. Chappell (Contrib. Mineral. Petrology [Berlin] **53** [1975] 157/82, 170, 175/8). — [22] V. S. Koptev-Dvornikov, M. G. Rub (in: E. T. Shatalov u. a., Kriterii Svyazi Orudeneniya s Magmatizmom Primenitel'no k Izucheniyu Rudnykh Raionov, Moskva 1965, S. 50/107, 89, 94/6). — [23] S. I. Balasanyan (Izv. Akad. Nauk Arm.SSR Geol. i Geogr. Nauki **16** Nr. 1 [1963] 3/13, 12). — [24] A. P. Milov, D. M. Pecherskii, V. S. Ivanov (Tr. Sev. Vost. Kompleksn. Nauchn. Issled. Inst. Nr. 9 [1964] 170/80, 173). — [25] M. G. Rub, Ya. D. Gotman (in: Magmatizm i Svyaz' s Nim Poleznykh Iskopaemykh, Moskva 1960, S. 322/8, 326/7).

[26] M. G. Rub, V. V. Onikhimovskii, Yu. I. Bakulin, V. N. Glavatskaya u. a. (Tr. Inst. Geol. Rudn. Mestorozhd. Petrogr. Mineralog. i Geokhim. Nr. 62 [1962] 1/171, 134/5). — [27] Yu. P. Tsypukov, M. I. Kuz'min (Ezhegodnik Inst. Geokhim. Sibirsk. Otd. Akad. Nauk SSSR **1971/72** 108/12, 110/1). — [28] R. D. Gavrilin, L. A. Pevtsova (Geokhimiya **1963** 732/45; Geochemistry [USSR] **1963** 764/77). — [29] G. E. Narvait (in: Magmatizm i Svyaz' s Nim Poleznykh Iskopaemykh, Moskva 1960, S. 357/60, 358/9). — [30] L. V. Tauson (Geokhimiya Redkikh Elementov v Granitoidakh, Moskva 1961, S. 1/231).

[31] E. V. Negrei (Tr. Inst. Geol. Rudn. Mestorozhd. Petrogr. Mineralog. i Geokhim. Nr. 54 [1962] 220/50). — [32] V. I. Gerasimovskii, L. I. Nesmeyanova (Geokhimiya **1960** 590/3; Geochemistry [USSR] **1960** 704/8, 707). — [33] H. H. Read, B. T. Haq (Proc. Geologists' Assoc. **74** [1963] 203/12, 209). — [34] I. K. Nikiforova, V. G. Kokhanova (Geol. i Geofiz. Akad. Nauk SSSR Sibirsk. Otd. **1968** Nr. 11, S. 123/30, 129/30). — [35] G. B. Kochkin (Geokhimiya **1960** 76/8; Geochemistry [USSR] **1960** 92/5, 93/4).

[36] S. T. Badalov, I. M. Golovanov, E. A. Dunin-Barkovskaya (Geokhimicheskie Osobennosti Rudoobrazuyushchikh i Redkikh Elementov Endogennykh Mestorozhdenii Chatkalo-Kuraminskikh Gor, Tashkent 1971, S. 1/228, 194). — [37] E. V. Negrei (in: Metallogenicheskaya Spetsializatsiya Magmaticheskikh Kompleksov, Moskva 1964, S. 348/60, 352, 354/5). — [38] Yu. P. Troshin, V. I. Grebenshchikova (Izv. Akad. Nauk SSSR Ser. Geol. **1974** Nr. 4, S. 23/35, 33/4). — [39] A. M. R. Neiva (Chem. Geol. **16** [1975] 153/77, 157, 158/9). — [40] M. L. Lur'e, V. L. Masaitis (Magmatich. Formatsii Tr. 3-go Vses. Petrogr. Soveshch., Irkutsk 1963 [1964] 86/92, 89).

[41] I. A. Kosheleva, A. M. Kurchavov (Vestn. Mosk. Univ. Geol. **22** [1967] 37/43, 42). — [42] I. Carmichael, A. McDonald (Geochim. Cosmochim. Acta **25** [1961] 189/222, 213).

2.4.1.1.8.3 Quantitative Angaben für Pb in Gesteinsmassiven und Differentiationsserien

Quantitative Data for Pb in Rock Massifs and Differentiation Series

Im folgenden sind die Glieder bzw. Differentiate der angeführten Gesteinsserien entsprechend ihren steigenden SiO_2-Gehalten jeweils von links nach rechts angeordnet, unter den Gesteinsnamen stehen die Pb-Gehalte, Grenzwerte und/oder Mittelwerte, in ppm, die Zahl der zur Mittelwertsbildung benutzten Proben ist in Klammern angegeben; die Intrusivphasen werden mit römischen Ziffern bezeichnet. Abkürzungen: u.d.N. = unter der Nachweisgrenze, Qu' = Quarz, Bio' = Biotit, Mu' = Muskovit, Hbl' = Hornblende, Ol' = Olivin, Pyr' = Pyroxen; M = Mittel.

Intrusive and Intrusive-Effusive Series with Ultrabasic and Basic Initial Members

2.4.1.1.8.3.1 Intrusiv- und Intrusiv-Effusiv-Serien mit ultrabasischen und basischen Anfangsgliedern

Skye, Innere Hebriden, Nordwest-Schottland, Tertiärer Effusiv-Intrusiv-Komplex [1]:

Effusiva	3 Olivinbasalte 2.0, 2.1, 5.4	Basalt 3.2	Mugearit 2.2	2 Dolerite 1.1, 4.2+)
Lagergänge (Sills)	3 Dolerite 3.8, 7.5, 8.4	2 Felsite 14.1, 12.6		
Intrusiva	2 Peridotite 1.6, 1.8	3 Gabbros 0.5, 1.9, 2.7	Ferrodiorit++) 10.0	Marscoit++) 13.4
	Porphyrische Felsite 12.1 bis 19.2, M 16.3 (6)	Granophyre 11.6 bis 19.7, M 14.7 (3)	Granite 10.8 bis 15.8, M 12.8 (4)	

+) Frei von Olivin. — ++) Hybrides Gestein, zur Genese des Komplexes s. S. 44.

Insch-Komplex, Aberdeenshire, Ost-Schottland [2]:

4 Dunite	Peridotit	Ol'-reicher Troktolith	Troktolith	Ol'-Gabbro	4 Syeno-Gabbros	5 Syenite
je 15	15	15 bis 20	15	10 bis 12	je 8 bis 10	je 8 bis 10

Lysogorsk-Massiv, Kazyr-Kette, West-Sayan, Sibirien [3]:

Ultrabasite	Gabbros und Hornblendite	Gabbro-Diorite und Diorite
2 (66)	3 (86)	8 (20)

Charnockit-Serie, Madras, Indien [4]:

2 Pyroxenite	Norit	Pyr'-Diorit	7 intermediäre Gesteine	3 Charnockite
je <10	15	<10	<10 bis 20	15, 20, 25
grober, saurer Charnockit		Leptynit	Enderbit	
20		10	<10	

Bushveld-Komplex, Transvaal, Südafrika,
A Prä-Bushveld-Effusiva, B Eruptiva, C Alkali-Komplex Spitskop [5]:

A	Andesite	2 Felsite			
	Spuren	27 und 28			
B	Ultrabasite, Norite	Hybrider Norit+)	3 Gabbros++)	feinkörniger Gabbro+++)	2 Anorthosite der Hauptzone
	u. d. N.	3	12, 18, 20	33	5 und 10
	3 zentrale Anorthosite	Diorite	4 SiO_2-reiche Gesteine	7 granitische Gesteine	
	4 bis 5	7 bis 12	10 bis 20	13 bis 29	
C	Melteigit	Ijolith	2 Foyaite	2 Umptekite	
	—	Spuren	3.5 und 12	11 und 14	

+) Randfazies. — ++) K_2O-Gehalt maximal 0.25%. — +++) K_2O-Gehalt 1%.

Witoscha-Pluton, Bulgarien, Gesamtmittel 76 ppm Pb [6]:

Gabbro	Monzonit	Leukosyenit	Aplitischer Granosyenit	Mafischer Pegmatit	Leukokrater Pegmatit+)
9	80	75	93	1	13

+) Erzgänge darin 900 ppm Pb

Adscharien, Kleiner Kaukasus [7], vgl. [8]:

Gabbros	Gabbro-Diorite	Diorite	Granodiorite+)	Monzonite und Kalifeldspat-Gabbros+)
1.9 (10)	11 (5)	13.3 (9)	6 (8)	9.3 (11)
Syenodiorite+)	Granite und Granosyenite+)		Syenite	Basische Ganggesteine
8.5 (23)	4.4 (5)		15 (41)	4.6 (7)

+) metasomatisch verändert.

Megri-Pluton, Süd-Armenien, A 1. Komplex, B 3. Komplex [9]:

A	Gabbro, Gabbrodiorite	Monzonite, Syenodiorite	Alkalisyenite	Granodiorite, Granite
	10 (3 von 13)	30 (43 von 96)	30 (6 von 21)	30 (12 von 16)
B	porphyrische Granite, Granodiorite	aplitische Granite	Aplite, Pegmatite	
	60 (90 von 100)	100 (5)	100 (20)	
	Dioritporphyr	Lamprophyre	Granodioritporphyre	
	10 (1 von 6)	10 (2 von 7)	30 (10 von 12)	

Die Gesteine des 2. Komplexes, im wesentlichen Granosyenite, daneben Diorite und granodioritische Gesteine, führen im Mittel von 22 Proben 30 ppm Pb [9].

Chatkal-Gebirge, West-Tien Shan, Gabbro-Serien A Akchinsk, B Shavazsk [10, S. 79]:

	Hbl'-Gabbros	weitere Gabbros	Gabbrodiorite	Monzonit	Syenitdiorit
A	300 (6)	—	—	—	10
B	30 (20)	10 (7)	30 (9)	30	—
	Qu'-Monzonit	Banatite	Granodiorite	Granite	Adamellit
A	30	30	10	10	—
B	—	30 (2)	30	30	70

Kurama-Gebirge, West-Tien Shan, Tekeli-Massiv, Gesamtmittel 46 ppm Pb [10, S. 81]:

Gabbros	Diorite	Syenit-Diorite, Monzonite	Syenite	Syenit-Diorit-Porphyrite
31 (6)	43 (10)	49 (51)	46 (18)	46 (7)

Diabas-Porphyrit-Decken (Karbon)	andesitische und dacitische Porphyrit-Decken (Karbon)	Qu'-Porphyritgänge (Trias)
47 (12)	36 (5)	41 (6)

Obikhumbousk-Komplex, Nord-Pamir [11]:

Amphibol-Gabbro I	Qu'-Diorit und Plagiogranit II	leukokrater Plagiogranit III
2 (5)	9 (8)	20 (7)

Nordosten der Sowjetunion.
A Pribrezhnyi-Massiv, Dzhugdzhurskii-Komplex [12], B Serie der Yarkansk-Bruchzone [13], C Komplex nordwestlich der Anadyr-Bucht [14]:

A	Gabbros	Qu'-Diorite, Granodiorite	aplitische Granite	Gangporphyre
	2 (5)	14 (110)	20 (7)	14 (67)
B	Ol'-Gabbro	Gabbro	Diorite, Qu'-Diorite	Granodiorite, Granite
	400 bis 600	10 bis 90	40 bis 60	40 bis 90
C	Gabbro	Diorit	Granodiorite, Plagiogranite	Biotitgranite
	2	6	10	15

Coast Range, Oregon, differenzierte Gabbro-Lagergänge [15]:

Granophyrischer Gabbro	Basalt (Randfazies)	granophyrischer Diorit	Pegmatit und Gangaplit
6.82	2.95	6.44	5.79 bzw. 1.37

Literatur zu 2.4.1.1.8.3.1:

[1] S. Moorbath, H. Welke (Earth Planetary Sci. Letters **5** [1968/69] 217/30, 221/2, 227). — [2] H. H. Read, B. T. Haq (Proc. Geologists Assoc. **74** [1963] 203/12, Tabelle nach S. 204). — [3] I. M. Volokhov, V. M. Ivanov (Geol. i Geofiz. Akad. Nauk SSSR Sibirsk. Otd. **1961** Nr. 11, S. 74/85, 82). — [4] R. A. Howie (Trans. Roy. Soc. Edinburgh **62** [1956] 725/68, 737). — [5] C. J. Liebenberg (Publ. Univ. Pretoria Nr. 12 [1960] 1/79, 51/2, 78/9).

[6] E. Aleksiev (Tr. Vurkhu Geol. Bulgar. Ser. Geokhim. Polezni Izkop. Bulgar. Akad. Nauk. **1** [1960] 3/64, 14/5 [deutsch S. 61/4]). — [7] T. V. Ivanitskii, N. D. Gvaramadze, T. D. Mchedlishvili, I. D. Shavishvili, D. G. Nadareishvili, M. S. Machavariani (Tr. Geol. Inst. Akad. Nauk Gruz.SSR **20** [1969] 1/150, 116/8, 140). — [8] T. V. Ivanitskii, N. D. Gvaramadze, T. D. Mchedlishvili (Geokhimiya **1966** 1450/6). — [9] B. M. Meliksetyan (in: Metallogenicheskaya Spetsializatsiya Magmaticheskikh Kompleksov, Moskva 1964, S. 320/47, 341). — [10] S. T. Badalov, I. M. Golovanov, E. A. Dunin-Barkovskaya (Geokhimicheskie Osobennosti Rudoobrazuyushchikh i Redkikh Elementov Endogennykh Mestorozhdenii Chatkalo-Kuraminskikh Gor, Tashkent 1971, S. 1/228).

[11] V. S. Lutkov, M. K. Khalilov, V. I. Kozyrev (Izv. Akad. Nauk SSSR Ser. Geol. **1972** Nr. 5, S. 90/107, 102/3). — [12] F. V. Kaminskii, M. A. Shlosberg (Izv. Akad. Nauk SSSR Ser. Geol. **1972** Nr. 2, S. 27/38, 37). — [13] I. A. Panychev (Geol. i Geofiz. Akad. Nauk SSSR Sibirsk. Otd. **1969** Nr. 1, S. 43/9, 45/7). — [14] M. V. Filimonov (Ezhegodnik Inst. Geokhim. Sibirsk. Otd. Akad. Nauk SSSR **1970/71** 192/6; vgl. Ref. Zh. Geol. **1971** Nr. 1 V 52). — [15] M. Tatsumoto, P. D. Snavely (J. Geophys. Res. **74** [1969] 1087/100, 1092).

Effusive Series with Basic Initial Members

2.4.1.1.8.3.2 Effusivserien mit basischen Erstgliedern[1)]

Ivanovsk-Bucht, Kola, Dolerit-Intrusion [1]:

Basalte*)	4 feinkörnige Dolerite	9 mittelkörnige Dolerite	5 Granophyr-Dolerite	3 Granophyre
—	Spuren Pb	Spuren Pb	15 bis 20	je 20

*) Randfazies

1) Zu den Zahlenangaben und Abkürzungen s. S. 133.

Basumsk-Gebirge, Nordwest-Armenien, A 2 Kalk-Alkali-Komplexe, B Alkalikomplex [2]:

A	Basalte und Andesitbasalte	Andesite	Dacite und Liparite*)	subvulkanische Liparite
	7 und 5	8 und 10	7 und 20	12

B	Alkaliandesite	Trachyte	Epi-Leucitporphyre
	—	10	60

*) bzw. Trachytliparite.

Sibirische Tafel, Trappe, A Kharaelakh-Berge+) [3], B Diabas-Serie, Tunguska-Becken [4]:

A	Basalte der drei ersten Intrusionsfolgen	Spät ausgeschiedene Basalte		
		Tholeiitische Basalte	Zweiplagioklasbasalte	
	u. d. N.	20	20	
B	Gabbro-Diabase	Porphyrite	Mandelstein-Gabbro-Diabase	Diabas-pegmatite
	< 10 (20)	< 10 (20)	10 (20)	20 (20)

+) Mittlerer Pb-Gehalt der Serie 7 ppm.

Autonomes Gebiet Tuva am Oberen Jenissei, Sibirien [5]:

Kambrische Effusiva			Devonische Effusiva		
basisch	intermediär	sauer	basisch	intermediär	sauer
44.1	23.4	15.9	2.5	16.3	24.3

Vulkan Uksichan, Sredinnyi-Gebirge, Kamchatka [6]:

Basalte aus Fundament	Basalte junger Laven	Andesite aus Fundament	Andesite und Andesitbasalte	Dacite
10 (8 von 16)	10 (8 von 20)	10 (8 von 21)	15 (39)	15 (6)

Vernadskii und 5 weitere Vulkane, Insel Paramushir, Nördliche Kurilen [7]:

60 Basaltlaven	198 Andesitbasalte und Dacite	18 Andesit-Dacite
9 bis 26	6 bis 16	7 bis 18

Gebiet Omuro-Amagi, Idzu, Mittel-Honshu [8]:

Ol'- und Ol'-Augit-Basalt	Ol'-Andesite	Hypersthen-Augit-Andesite	Hypersthen-Ol'- und Hbl'-Hypersthen-Dacit
2.55 bzw. 3.0	3.06 und 3.57	3.08 und 4.37	5.74 bzw. 6.31

Clear Lake-Basaltserie, nördlich San Francisco, Kalifornien [9]:

Ol'-Basalt	Augit-Andesit	Ol'-Andesit	Pyr'-Rhyodacit	Ol'-Dacit
8	10	7	11	12
Hypersthen-Dacit	Bio'-Hbl'-Rhyodacit	Pyr'-Dacit	Rhyolitischer Bimsstein und Obsidian*)	
16	16	14	je 20	

*) 21.2 ppm Pb für Obsidian von Clear Lake bei [10].

Literatur zu 2.4.1.1.8.3.2:

[1] A. V. Sinitsyn (Izv. Akad. Nauk SSSR Ser. Geol. **1965** Nr. 7, S. 50/64, 54/5). — [2] R. T. Dzhrbashyan (in: Aktsessornye Mineraly i Elementy kak Kriterii Komagmatichnosti i Metallogenicheskoi Spetsializatsii Magmaticheskikh Kompleksov, Moskva 1965, S. 79/101, 88). — [3] D. A. Dodin (Tr. Nauchn. Issled. Inst. Geol. Arktiki Min. Geol. i Okhrany Nedr SSSR Nr. 133 [1963] 168/85, 176). — [4] V. V. Lyakhovich (Tr. Inst. Mineralog. Geokhim. i Kristallokhim. Redkikh Elementov Akad. Nauk SSSR Nr. 1 [1957] 93/120, 110/1). — [5] G. V. Pinus (Geokhimiya **1959** 82/92, 88/9; Geochemistry [USSR] **1959** 99/111, 106/7).

[6] N. V. Ogorodov, N. N. Kozhemyaka, A. A. Vazheevskaya, A. S. Ogorodova (Tr. Inst. Vulkanol. Akad. Nauk SSSR Sibirsk. Otd. Nr. 24 [1967] 93/111, 108/9). — [7] R. I. Rodionova, V. I. Fedorchenko, V. N. Shilov (Tr. Sakhalinsk. Kompleks. Nauchn. Issled. Inst. Akad. Nauk SSSR Sibirsk. Otd. Nr. 16 [1966] 123/8, Tabelle nach S. 126). — [8] M. Tatsumoto, R. J. Knight (Geochem. J. **3** [1969] 53/86, 63/5). — [9] E. B. Sandell, S. S. Goldich (J. Geol. **51** [1943] 99/115, 167/89, 113). — [10] B. R. Doe (J. Petrology **8** [1967] 51/83, 62).

Tholeiitic and Alkaline Basalt Series

2.4.1.1.8.3.3 Tholeiitische und alkalische Basaltserien[1)]

Nordost-Armenien, Oberkretazische Alkaliserie [1]:

Basalte	Dolerite	Andesite	Liparit-Dacit	3 Liparite	Liparit-Tuff
3	10	20	20	je 30	20

Teneriffa, Kanarische Inseln, Basalt-Phonolith-Serie [2]:

Augit-Ol'-Basalte	Alkali-Basalt	Basalt	Alkali-Trachyte
3.07 bis 6.24, M 4.97 (3)	5.31	3.05	5.73 bis 22.7, M 12.16 (3)
Phonolithe	Phonolithischer Tachylyt		Obsidian
9.1 bis 17.5, M 12.77 (5)	39.4		23.1

St. Helena, Mittelatlantik, 15°56' S, 5°42' W, Basalt-Phonolith-Serie [3]:

3 Basalte	Trachybasalt	3 Phonolithe
1.98 bis 2.50	6.18	9.20 bis 16.31

Insel Trindade, östlich Vitória, Brasilien, Basalt-Phonolith-Serie [4]:

Ol'-Analcimit	Ol'-Nephelinit	3 Nephelin-Phonolithe
1.54	4.11	13.67 bis 20.12, M 16.92

Japan, Tholeiit-Serien,
A Hakone-Gebiet, Ostküste von Honshu [5], B Iwate (I) und Moriyosi (M) [6]:

A	3 Basalte	Pyr'-Andesit	5 weitere Andesite	Pyr'-Dacit
	1.66 bis 2.33	7.61	3.08 bis 4.51	7.07
B	Basalt (I)	Andesit (I)	Andesit (M)	Dacit (M)
	2.19	8.69	10.43	21.97

1) Zu den Zahlenangaben und Abkürzungen s. S. 133.

Japan-See, Alkali-Serien
A Osima-Osima [6], B Oki-Dōgo [7], [8, S. 16]:

	Basalte	Trachybasalt	Andesit	2 Mugearite
A	2.5 (1)	—	4.8	—
B	3.36 (5)	2.4	8.2	7.7 und 10.2

	2 Trachyte	2 Rhyolithe	Sanidin-Rhyolith
B	15.1 und 18.0	16.6 und 21.7	18.5

Die Alkali-Olivin-Basalte und Trachybasalte von Oki-Dōgo leiten sich vermutlich von verschiedenen Magmenherden ab, die differenzierten Gesteine mit Ausnahme des Andesits stammen entweder von einem durch Material des Sials kontaminierten basaltischen Magma oder einem palingenen Magma [8, S. 22/6].

Osterinsel, Südost-Pazifik 27°3′ bis 27°12′ S, 109°14′ bis 109°28′ W,
Tholeiit-Rhyolith-Serie [9]:

Tholeiit	Alkali-Basalt	Andesin-Andesit	Obsidian
1.20	1.98	2.33	6.94

Insel Guadalupe, Nordostpazifik, 29°11′ N, 118°17′ W [9, 10]:

Alkali-Ol′-Basalt	3 Alkali-Basalte	Trachyt des Basalstroms	trachytischer Bimsstein
1.30	2.04, 2.58, 3.39	5.4	7.8

Coast Range, Oregon; A unter- bis mitteleozäne Eruptiva und Vulkanite,
B obereozäne bis unteroligozäne Vulkanite und Intrusiva [11]:

A	Tholeiitischer Basalt	2 Alkali-Basalte	Augit-Basalt	
	1.23	2.60 und 2.93	3.37	
A	Gabbro	Pikrit-Basalt	Feldspat-Basalt	
	0.94	0.59	1.50	
B	Porphyrischer Basalt	Dacit	Nephelinsyenit	Bio′-Camptonit
	2.76	6.32	12.15	4.45

Ost-Rhodopen, Bulgarien

A K-reiche Latit-Serie von Borovica, B K-ärmere Latit-Serie von Momchilgrad-Arda [12]:

A I	4 Absarokite	4 Andesite	Latitporphyrit	4 Latite	2 Trachyte
	10 bis 30, M 20	40 bis 80, M 63	70	20 bis 120, M 50	90 und 100
A II	Latitporphyrit	2 Latite	2 Qu′-Latite	2 Dellenite	6 Rhyolithe
	40	10 und 20	20 und 30	30 und 40	10 bis 50, M 35

A III	4 basaltoide Latitporphyrite	3 Qu′-Trachytporphyrite	Qu′-Trachyt
	30, 60, 100 und 350	30, 30 und 300	20
B I und II	Qu′-Latitandesit	4 Andesite	2 Rhyolithe
	70	Spuren Pb bis 30	je 40

B III	Latitbasalt-porphyrit	Latitbasalt	Andesit	4 Qu'-Latit-andesite	5 Rhyolithe
	40	Spuren Pb	20	je Spuren Pb	Spuren Pb bis 110

Literatur zu 2.4.1.1.8.3.3:

[1] A. Kh. Mnatsakanyan (in: Aktsessornye Mineraly i Elementy kak Kriterii Komagmatichnosti i Metallogeneticheskoi Spetsializatsii Magmaticheskikh Kompleksov, Moskva 1965, S. 39/78, 71). — [2] V. M. Oversby, J. Lancelot, P. W. Gast (J. Geophys. Res. **76** [1971] 3402/13, 3405). — [3] V. M. Oversby, P. W. Gast (J. Geophys. Res. **75** [1970] 2097/114, 2105). — [4] V. M. Oversby (Earth Planetary Sci. Letters **11** [1971] 401/6, 403). — [5] M. Tatsumoto, R. J. Knight (Geochem. J. **3** [1969] 53/86, 60/2).

[6] C. E. Hedge, R. J. Knight (Geochem. J. **3** [1969] 15/24, 17). — [7] M. Tatsumoto (J. Geophys. Res. **71** [1966] 1721/33, 1724). — [8] H. Kurasawa (Geochem. J. **2** [1968] 11/28). — [9] M. Tatsumoto (Science [2] **153** [1966] 1094/101, 1096). — [10] A. E. J. Engel, C. G. Engel (Osn. Probl. Okeanol. Plenarykh Zased. 2nd Mezhdunar. Kongr. Okeanogr., Moskva 1966 [1968], S. 183/217, 190/1; C.A. **72** [1970] Nr. 69215).

[11] M. Tatsumoto, P. D. Snavely (J. Geophys. Res. **74** [1969] 1087/100, 1092). — [12] R. Ivanov, T. Stoyanova (Tr. Vurkhu Geol. Bulgar. Ser. Geokhim. Mineral. Petrogr. **6** [1966] 83/102, 85/9 [bulgarisch, russisch S. 99/100, englisch S. 101/2]). — [13] I. Carmichael, A. McDonald (Geochim. Cosmochim. Acta **25** [1961] 189/222, 203, 214).

Series with Foidites and Alkali Syenites

2.4.1.1.8.3.4 Serien mit Foiditen und Alkalisyeniten[1)]

Von den im folgenden genannten Massiven enthalten die der Halbinsel Kola agpaitische Gesteine, Kzyl-Ompul und Matcha plumasitische Gesteine; Matcha und der Konkudero-Mamakan-Komplex enthalten Ausscheidungen granitischer Magmen, die Carbonate assimiliert haben, vgl. S. 167.

Kaiserstuhl, Baden, Gesamtmittel 40 ppm Pb.
A Laven, Tuffe, Agglomerate, B Subvulkanite I (des essexitischen Teilmagmas),
C Subvulkanite II (des foyaitischen Teilmagmas), D Carbonatite [1][+)]:

A	Olivin-Nephelinite 55 (6)	Tephrit 20		
B	Essexite 35 (3)	Essexit-Porphyre, Monchiquite 30 (5)		Bergalithe 60 (2)
C	Phonolithe 135 (5)	Gangphonolithe, Tinguaite 195 (10)		Hauynporphyre 65 (3)
D	Sövite 30 (21)	Alvikite 98 (12)	braune Sövite 55 (2)	barythaltiger ankeritischer Dolomit 540 (4)

+) Geometrische Mittel

Oslo-Alkali-Provinz, Norwegen [2, 3]:

2 Nordmarkite	Übergangsgestein	3 dichte Ekerite[+)]
Spuren Pb und 10	Spuren Pb	35 bis 45

+) Zur Genese dieser Serie s. S. 128.

1) Zu den Zahlenangaben und Abkürzungen s. S. 133.

Alkali-Komplex, Nord-Kirgisien [4]:

Nordmarkite	Granosyenite	Alaskit-Granite
66 (8)	34 (5)	18 (4)

Ognitsk-Alkali-Massiv, Ost-Sayan [5]:

Syenite I	Granite I	Granite und Alaskite II
13.4 (50)	21.5 (71)	17.2 (47)

Halbinsel Kola, Sowjetunion.
A Lovozero-Massiv, Gesamtmittel 14.6 ppm Pb [6 bis 8],
B Khibina-Massiv [9, S. 324];
Gesamtmittel für das Khibina-Massiv nach 3 Analysen an Durchschnittsproben 8.2 [10]:

A	Nephelinsyenite I	Urtite, Lujavrite, Foyaite II	Eudialyt-Lujavrite, Naujaite, Tawite III	Monchiquite IV
	8 (5)	13.4 (15)	20.5 (10)	2.5 (2)
B	Foyait	Chibinit	Trachytischer Chibinit mit Eudialyt	Urtit-Ijolith
	4.5	6.0	1.0	8.0

Kzyl-Ompul-Massiv, Nord-Tien Shan.
A 1. Intrusionsphase, B 2. Intrusionsphase, C 3. Intrusionsphase [11],
D 2phasige Sandyk-Intrusion des Kzyl-Ompul-Massivs, Gesamtmittel 58 ppm Pb [9, S. 323/4, 326]:

A	Syenite der Subphasen I bis III	Bio'-Qu'-Syenit, Subphase IV	Ganggesteine, syenitisch	3 sonstige Ganggesteine
	60 (9), 54 (2), 64 (5)	41	59 (6)	12 bis 38
B	Granosyenite der Hauptfazies	Granosyenite der Gangfazies	Leukokrater Porphyrit der Gangfazies	
	43 (6)	42 (3)	12	
C	Leukokrate Granite der Hauptfazies	Leukokrate Granite der Gangfazies		
	24 (6)	14 und 31		
D	Essexit-Monzonite, Monzonite I	Kalkalkali-Pyr'-Bio'-Syenite I	Leukokrate Kalkalkalisyenite I	Porphyrische und aplitische Ganggesteine I
	37 (6)	65 (12)	64 (11)	63 (6)
D	Hbl'-Alkalisyenite II	Nephelinsyenite II	Leukosyenitische Ganggesteine II	
	51 (11)	43 (11)	26 bis 104	

Matcha-Massiv, Alai-Gebirge, Süd-Tien Shan [12]:

Trachytische Nephelin-Aegirin-Augit-Syenite I	Miaskite II	Weiße, alkalische Aegirin-Augit-Syenite III	Granite IV
5 bis 10, M 8 (5)	8 bis 10, M 9 (3)	5 bis 37, M 10 (8)	37 bis 69, M 57 (6)

Nord-Baikal-Hochland.
A Synnyrsk-Massiv, Gesamtmittel von 50 Analysen (ohne Granite) 17 ppm Pb [13],
B Konkudero-Mamakan-Komplex [14]:

A	Ältere Granite und Fenite	Pulaskite	Pyr'-Nephelinsyenite Zentralteil	Pyr'-Nephelinsyenite Endokontakt	Pseudoleucit-Nephelinsyenite
	34 (3) bzw. 29 (2)	16 (3)	27 (6)	29 (5)	23 (6) und 8 (14)
	Bio'-Nephelin-, Pseudoleucit- und Liebenerit-Syenite		Camptonit	Jüngere Granite	
	17 (8) bzw. 2 (5) bzw. 2 (3)		9	11 (3)	
B	Bio'-Granite I	Verschiedene Granite II	Åkerite III	Sviatonossite IV	Syenitdiorite
	26 bis 69, M 46 (10)	12 bis 80, M 51 (6)	32 bis 93, M 49 (7)	6 bis 54, M 35 (4)	31 und 46

Shonkin Sag-Lakkolith, Montana [15]:

Pseudoleucit-Shonkinit		Unterer Shonkinit			Oberer Shonkinit
Obere Randfazies	Untere Randfazies	Basis	Mitte	Oben	
40	30	25	35	35	45
Syenitpegmatit		2 Hauptsyenite			2 Natronsyenite+)
50		35 und 45			55 und 75

+) Restschmelze der Natronsyenite enthält 5 ppm Pb

Alkaligesteine aus dem Alkali-Komplex Spitskop, Bushveld-Komplex, Transvaal, Südafrika, s. S. 134.

Literatur zu 2.4.1.1.8.3.4:

[1] L. van Wambeke (in: L. van Wambeke u. a., Les Roches Alcalines et les Carbonatites du Kaiserstuhl, Bruxelles 1964, S. 93/185, 97, 131/4, 158/75). — [2] R. V. Dietrich, K. S. Heier, S. R. Taylor (Skrifter Norske Videnskaps Akad. Oslo I Mat. Naturv. Kl. **1965** Nr. 19, S. 1/31, 17, 19). — [3] R. V. Dietrich, K. S. Heier (Geochim. Cosmochim. Acta **31** [1967] 275/80, 276, 279). — [4] L. V. Tauson (Geokhimiya Redkikh Elementov v Granitoidakh, Moskva 1961, S. 1/231, 52). — [5] L. N. Morozov (in: Magmaticheskie i Metamorficheskie Obrazovaniya Sibiri, Moskva 1966, S. 31/3).

[6] V. I. Gerasimovskii (in: Problemy Magmy i Genezisa Izverzhennykh Porod, Moskva 1963, S. 84/92, 85, 89; Khim. Zemnoi Kory Tr. Geokhim. Konf., Moskva 1963 [1963/64], Bd. 1, S. 102/15, 113). — [7] V. I. Gerasimovskii, L. I. Nesmeyanova (Geokhimiya **1960** 590/3; Geochemistry [USSR] **1960** 704/8). — [8] V. I. Gerasimovskii, S. Ya. Kuznetsova (Geokhimiya **1966** 390/7, 396). — [9] B. I. Zlobin, M. S. Gorshkova (Geokhimiya **1961** 281/92; Geochemistry [USSR] **1961** 317/28). — [10] A. A. Kukharenko, G. A. Il'inskii, T. N. Ivanova u. a. (Zap. Vses. Mineralog. Obshchestva **97** [1968] 133/49, 146).

[11] R. D. Gavrilin, L. A. Pevtsova (Geokhimiya **1963** 732/45, 740/1; Geochemistry [USSR] **1963** 764/77, 772/3). — [12] R. D. Gavrilin, L. A. Pevtsova, N. S. Klassova (Geokhimiya **1965** 1067/75, 1069; Geochem. Intern. **2** [1965] 783/4). — [13] R. P. Tikhonenkova, I. A. Nechaeva, E. D. Osokin (Petrologiya Kalievykh Shchelochnykh Porod, Moskva 1971, S. 1/220, 171). — [14] K. F. Kashirin, V. A. Kondrashova, B. M. Shmakin (Vopr. Geokhim. Izverzhennykh Gorn. Porod i Rudn. Mestorozhd. Vost. Sibiri **1965** 23/47, 40/1). — [15] W. P. Nash, J. F. G. Wilkinson (Contrib. Mineral. Petrology [Berlin] **33** [1971] 162/70, 163).

2.4.1.1.8.3.5 Serien mit dioritisch-andesitischen Gesteinen als Anfangsgliedern[1)]

Series with Dioritic-Andesitic Rocks as Initial Members

Nord-Tien Shan, nicht näher lokalisiert.
A Kambrisch-ordovizische Serie, B Gotlandisch-(silurisch-)devonische Serie [1]:

A	Diorit I	Granodiorite II	Granodiorit-porphyre IV	Porphyrite IV	
	40 (1)	40 (8)	40 (4)	60 (2)	
B	Gabbrodiorite I	Granodiorite, Granite II	Ganggesteine II	Leukokrate Granite III	Lamprophyre, Porphyrite
	23 (16)	23 (97)	37 (17)	33 (37)	10 (3)

Nord-Tien Shan, Zentralteil.
A Maibulak-Intrusion, Gesamt-Pb 36 ppm [2], B Son-Kul'-Intrusion [2]:

A	Melanokrater Diorit	Quarzdiorit	Qu'-Syenitdiorite	Porphyrische Granodiorite	Granit, Adamellit
	24	37	34, 38, 39	34, 37, 38	34 bzw. 43
B	Syenitdiorite, Adamellite I	Bio'-Granosyenite, Granite II	Gangserien III 30 und 44 (Bio'-Granosyenite)		
	20 bis 43, M 30 (27)	23 bis 44, M 31 (4)	25 (Bio'-Granit)		

Kirgisen-Gebirge, Nord-Tien Shan [3, S. 49/51]:

Diorite und Quarzdiorite I	Granodiorite, Granit, Tonalite II	Leukokrate Granite III	Gangaplite
21 (3)	22 (14)	31 (16)	43 (4)

Susamyr-Batholith, Zentral-Tien Shan [3, S. 39/45], [4, 5]:

Gabbrodiorite, Diorite I	Granodiorite, Granite II	Leukokrate Granite III
9 (11)	25 (30)	34 (22)

Chatkal-Gebirge, West-Tien Shan, 2 Intrusionen [6]:

Diorite	Granodiorite	Granite
10 bis 60, M 16	9 bis 75, M 25	40 bis 180, M 50
10 bis 30, M 18	4 bis 70, M 20	30 bis 70, M 40

Millionnyi-Massiv, Bugul'minsk-Komplex, Ost-Sayan [7]:

Diorite	Qu'-Diorite	Syenodiorite	Adamellite	Granitporphyr	Aplite
10 (3)	13 (11)	16 (14)	15 (20)	10	9 und 12

Dzhida-Komplex, West-Transbaikalien [8]:

Diorite I, z. T. hybrid	Alkali-Granitoide II	Alkali-Granitoide III
14 (21)	20 (40)	21.5 (26)

[1)] Zu den Zahlenangaben und Abkürzungen s. S. 133.

Mittel-Kasachstan, Devonische Effusiva.
A Berg Terekta, B Fluß Kara-Sai, C Berg Munglu [9]:

	Andesitische Porphyrite	Dacitische Porphyrite	Dacit-Tuffe+)	Qu'-Porphyrite, Qu'-Albitophyre	Qu'porphyr- und Qu'albitophyr-Tuffe
A	18 (10)	12 (12)	25 (3)	9 (3)	6 bis 50, M 21 (10)
B	5 bis 15, M 8 (3)	12 (1)	9 (1)	4 bis 21, M 9 (7)	7 bis 31, M 16 (10)
C	2 bis 23, M 9.5 (4)	4 bis 12, M 8 (7)	—	4 und 6	6 bis 20, M 10.5 (9)

+) Durch sekundäre Prozesse angereichert an Pb.

Pazifik-Inseln

Bougainville [B], Saipan, Marianen [S] und Viti Levu, Fidschi-Inseln [V] [10, 11]:

Si-arme Andesite	Andesite	Kali-Andesite	Dacite
1.7 bis 3.1, M 2.3 (5) [B]	2.8 und 4.0 [B]	6.0 und 7.2 [B]	5.2 [B]
4.0 bis 4.5 [S]	2.2, 3.0, 3.9 [V]	—	4.3 [S]

Literatur zu 2.4.1.1.8.3.5:

[1] I. V. Nosyrev, S. D. Turovskii (Materialy po Geologii Tyan'-Shanya, Bd. 2, Frunze 1962, S. 21/68, Tabelle nach S. 56). — [2] B. I. Zlobin, L. A. Pevtsova, N. S. Klassova (Geokhimiya **1965** 851/63; Geochem. Intern. **2** [1965] 660/71, 663/4). — [3] L. V. Tauson (Geokhimiya Redkikh Elementov v Granitoidakh, Moskva 1961, S. 1/231). — [4] L. V. Tauson (in: Magmatizm i Svyaz s Nim Poleznykh Iskopaemykh, Moskva 1960, S. 350/3). — [5] L. V. Tauson (in: L. H. Ahrens, Origin and Distribution of the Elements, Oxford – London – Edinburgh – New York – Toronto – Sydney – Paris – Braunschweig 1968, S. 629/39, 630).

[6] K. U. Urunbaev (Uzbeksk. Geol. Zh. **1969** Nr. 3, S. 10/7, 12). — [7] A. E. Vorontsov, G. I. Selivanova (Geol. i Geofiz. Akad. Nauk SSSR Sibirsk. Otd. **1971** Nr. 9, S. 40/7, 42/3). — [8] Z. I. Petrova (Voprosy Geokhimii Izverzhennykh Gornykh Porod i Rudnykh Mestorozhdenii Vostochnoi Sibiri, Moskva 1965, S. 48/76, 68/9). — [9] K. K. Zhirov, I. V. Chernyshev (Geokhimiya **1959** 116/23, 119/20; Geochemistry [USSR] **1959** 141/50, 144/5). — [10] S. R. Taylor, A. C. Capp, A. L. Graham, D. H. Blake (Contrib. Mineral. Petrology [Berlin] **23** [1969] 1/26, 18).

[11] J. B. Gill (Contrib. Mineral. Petrology [Berlin] **27** [1970] 179/203, 187, 200).

Intrusive Series with Quartz Diorites and Granodiorites as Initial Members

2.4.1.1.8.3.6 Intrusivserien mit Quarzdioriten und Granodioriten als Anfangsglieder

Dalidag-Intrusion, Kleiner Kaukasus, Gesamtmittel 49 ppm Pb+) [1]:

Qu'-Syenit-Diorite	Qu'-Syenite++)	Granite
31 (3)	7 bis 59, M 28 (7)	44 (4)

+) Nach [2] Gesamtmittel 33 ppm Pb.

++) Höhere Pb-Gehalte, 160 (2), sind durch hydrothermale Umwandlungsprozesse verursacht [3].

Karkaralinsk-Pluton, Mittel-Kasachstan*) [4]:

Qu'-Diorite, Granodiorite	Bio'-Granite	Alaskit-Granite
12.2 (20)	18.9 (38)	26.9 (60)

Nebengesteine:

71 terrigene Gesteine 17.0, 8 Porphyrite und Tuffe 25.9, 32 Liparit-Dacit-Tuffe und Laven 23.0.

*) Entstehung palingen.

Aktau-Massiv, Nuratau-Batholith, West-Usbekistan [5]:

Qu'-Diorite I	Granodiorite und Bio'-Granite II	Leukokrate Granite III
66 (8)	206 (16) bzw. 60 (40)	104 (26)
Granitaplite	Pegmatite	Granodiorit-Porphyr
45 (12)	60 (11)	200 (1)

Kuyundinsk-Massiv, West-Tien Shan [6]:

Granodiorite	Alaskitische Granite	Aplitgänge	Diabasgänge
100	180	140	1

Intrusiva vom Südhang des Gissar-Gebirges, Süd-Tien Shan.
Erste Werte [7], zweite Werte [8]:

Qu'-Diorite, Granodiorite	Granodiorite	Hbl'-Bio'-Granite	Bio'-Granite, porphyrisch
25 bzw. 22	27 bzw. —	29 bzw. 32	48 bzw. 44
Granite, aplitisch	Granitaplite, Aplite	Lamprophyre	Qu'-Porphyre, Granitporphyre
54 bzw. 49	65 bzw. 60	11 bzw. —	21 bzw. —

Karakul'-Komplex, Nord-Pamir. A Östliche Massive, B Tanymassk-Massiv [9]:

Qu'-Diorite	Hbl'-Bio'-Granodiorite	Bio'-Granodiorite	Plagioklas-Granite
A 25 (9)	30 (13)	35 (12)	16 (8)
B —	26 (12)	—	—
Bio'-Granite	Leukokrate Granite	Ganggranite, Aplite	Pegmatite
A 36 (31)	50 (23)	43 (9)	34 (8)
B 31 (12)	—	—	36 (5)

Shakhtama-Intrusion, Südost-Transbaikalien+) [10]:

6 Qu'-Diorite++) und 3 Qu'-Monzonite I	6 Granite, 8 Adamellite und 19 Granodiorite II	10 Bio'-Granite III
20 (9)	24 (33)	27 (10)

+) Gesamtmittel der Intrusion 25 ppm Pb [11]. — ++) Zum Teil hybrid.

Literatur zu 2.4.1.1.8.3.6:

[1] G. V. Mustafaev (Izv. Akad. Nauk Azerb.SSR Ser. Nauk o Zemle **1966** Nr. 3, S. 39/44, 40/1). — [2] G. V. Mustafaev (Izv. Akad. Nauk Azerb.SSR Ser. Nauk o Zemle **1968** Nr. 5, S. 58/63, 62). — [3] S. A. Bektashi (Uch. Zap. Azerb. Gos. Univ. Ser. Geol. Geogr. Nauk **1967** Nr. 47, S. 34/40). — [4] V. V. Potap'ev, I. N. Malikova, A. A. Alabina, V. M. Dorosh (Dokl. Akad. Nauk SSSR **207** [1972] 176/9; Dokl. Earth Sci. Sect. **207** [1972] 147/50). — [5] P. T. Azimov (Zap. Uzbekistansk. Otd. Vses. Mineralog. Obshchestva Nr. 23 [1970] 140/5; Ref. Zh. Geol. **1971** Nr. 6 V 76).

[6] K. U. Urunbaev (Zap. Uzbekistansk. Otd. Vses. Mineralog. Obshchestva Nr. 20 [1969] 82/8, 85). — [7] R. B. Baratov (Intruzivnye Kompleksy Yuzhnogo Sklona Gissarskogo Khrebta i Svyazannoe s nimi Orudenenie, Dushanbe 1966, S. 1/337, 221). — [8] A. K. Mel'nichenko, V. V. Mogarovskii (in: Mineralogiya Geokhimiya i Genezis Rudnykh Mestorozhdenii Tadzhikistana, Dushanbe 1971, S. 174/82, 178). — [9] V. S. Lutkov, M. Kh. Khalilov, V. I. Kozyrev (Izv. Akad. Nauk SSSR Ser. Geol. **1972** Nr. 5, S. 90/107, 102/3). — [10] M. I. Kuz'min, E. A. Klepikova, L. L. Petrov, O. S. Roshchupkina, L. V. Tauson, A. A. Khlebnikova (Geokhimiya Redkikh Elementov v Izverzhennykh Gornykh Porodakh, Moskva 1964, S. 5/18, 12, 14, 16/7).

[11] M. I. Kuz'min (in: L. H. Ahrens, Origin and Distribution of the Elements, Oxford – London – Edinburgh – New York – Toronto – Sydney – Paris – Braunschweig 1968, S. 641/8, 647).

Granitic Intrusive and Effusive Series

2.4.1.1.8.3.7 Granitische Intrusiv- und Effusivserien[1)]

Soktui-Massiv, Südost-Transbaikalien [1]:

Bio'-Granite der Hauptphase	Grano- und Qu'-Syenite*)	Granite der Nachphase
30	22	19

*) Entgaste Phase der Biotit-Granite.

Galway-Granit, Irische Republik. Differentiation vom Kern zum Rand [2]:

Grober, porphyrischer Granit, gefaltet	Grober, porphyrischer Granit	Biotitarmer, aphyrischer Granit
51 (50)	58 (61)	62 (9)
Aplitischer, biotitarmer, aphyrischer Granit	Aplite	Granitisierte Xenolithe
70 (7)	77 (16)	53 (23)

Rapakiwi, Salmi-Massiv, Ladoga-See, Karelien [3]:

Wiborgit	Gleichmäßig körniger Granit	Pyterlit
17 bis 27, M 21 (7)+)	19 bis 35, M 23 (11)	16 bis 33, M 26 (3)
Ungleichmäßig körniger Granit	Grobkörnig porphyrischer Granit	
19 bis 51, M 31 (9)	13 bis 22, M 20 (6)++)	

+) Mit einem weiteren Wert von 75 ergibt sich ein Mittel von 28 (8).

++) Mit einem weiteren Wert von 70 ist das Mittel 27 (7).

Mittel-Kasachstan, Oberlauf des Atasu.
A Kyzyltau-Massiv, Gesamtmittel 63 ppm Pb, B Sarytau-Massiv, Gesamtmittel 82 ppm Pb [4]:

	Granitische Gesteine		Feinkörnige Granite aus	
	Haupt-intrusion	Nach-intrusion	flach einfallenden Körpern und Stöcken	steilen Gängen
A	62 (41)	66 (142)	65 (95)	57 (87)
B	72 (53)	85 (149)	84 (83)	84 (18)

Granite der Nachintrusionen des Sarytau-Massivs führen im Mittel am Kontakt mit Effusiven 92 ppm Pb, am Kontakt mit Granophyren und in schnell abgekühlten Randzonen je 60, in Alaskiten der Randzone 72 ppm Pb [4].

Granitintrusion der Kapprovinz, Südafrika [5]:

	grobporphyrisch	mittelkörnig	feinkörnig
Kap-Granite:	24 bis 54, M 30 (17)	23 bis 54, M 33 (9)	13 bis 50, M 31 (8)

Babaitag-Massiv, West-Tien Shan [6]:

Granitporphyre	Quarzporphyre	Fluidale Felsitporphyre und Tufflaven	
16	15	25	
Syenite und Granosyenite	Gangaplite	Sphärolith-Porphyre	Gangdiabase
180 bis 200	80	20	12

1) Zu den Zahlenangaben und Abkürzungen s. S. 133.

Hochcordilleren, Nord-Chile, Ignimbrite [7]:

Rhyodacite	Rhyolithe	Alkali-Rhyolithe
30 bis 70, M 51 (7)	40 bis 80, M 56 (9)	30 bis 80, M 55 (31)

Literatur zu 2.4.1.1.8.3.7:

[1] L. V. Tauson (in: L. H. Ahrens, Origin and Distribution of the Elements, Oxford – London – Edinburgh – New York – Toronto – Sydney – Paris – Braunschweig 1965, S. 629/39, 637). — [2] J. S. Coats, J. R. Wilson (Mineral. Mag. **38** [1971/72] 138/51, 144, 149/50). — [3] L. P. Sviridenko (Tr. Inst. Geol. Karel'sk. Filial Akad. Nauk SSSR Nr. 3 [1967/68] 1/116, 101, 105). — [4] E. V. Negrei (in: Metallogeneticheskaya Spetsializatsiya Magmaticheskikh Kompleksov, Moskva 1965, S. 348/60, 351, 354/7). — [5] P. Kolbe, S. R. Taylor (Contrib. Mineral. Petrology [Berlin] **12** [1966] 202/22, 208).

[6] K. U. Urunbaev (Zap. Uzbekistansk. Otd. Vses. Mineralog. Obshchestva Nr. 20 [1969] 82/8, 85). — [7] E. E. El-Hinnawi, H. Pichler, W. Zeil (Contrib. Mineral. Petrology [Berlin] **24** [1969] 50/62, 53, 57).

2.4.1.1.9 Verhalten von Blei in Magmatiten gegenüber anderen Elementen

Behavior of Lead in Magmatites in Relation to Other Elements

2.4.1.1.9.1 Beziehungen von Blei zu SiO_2 in Magmatiten

Relationship between Lead and SiO_2 in Magmatites

Ordnet man die Pb-Gehalte von insgesamt 1510 Eruptivgesteinsanalysen aus den S. 149/50 zusammengestellten Arbeiten ihren in Intervallen von 5% bzw. <45 (bis 25)% untergliederten SiO_2-Gehalten zu und errechnet die Häufigkeit der auf jedes SiO_2-Intervall entfallenden Pb-Gehalte für jeweils 10 ppm Pb in %, so erhält man die in **Fig. 4, S. 148**, dargestellten Histogramme. Aus ihnen ist zu ersehen, daß in den Intervallen <45% SiO_2, 45 bis 50% SiO_2 und 50 bis 55% SiO_2 — bei abnehmender Tendenz parallel zu zunehmenden SiO_2-Gehalten — jeweils mehr als 50% aller Pb-Gehalte unter 10 ppm liegen, während sich die übrigen Werte in zunehmender Häufigkeit auf die restlichen Pb-Gehalte verteilen. Auch in den Intervallen 55 bis 60% SiO_2 und 60 bis 65% SiO_2 bleibt die aufgezeigte Tendenz erhalten, doch treten Pb-Gehalte von 10 bis 50 ppm wesentlich häufiger auf. In den SiO_2-Intervallen 65 bis 70%, 70 bis 75% und 75 bis 80% liegen mehr als 50% aller Werte zwischen 10 und 30 ppm Pb, die Häufigkeit der Werte <10 ppm Pb nimmt in den drei Intervallen ab mit zunehmendem SiO_2-Gehalt und die Häufigkeit der Werte zwischen 30 und 40 ppm Pb ist nahezu identisch. Werte zwischen 40 und 50 ppm Pb liegen in allen SiO_2-Intervallen unter 10%, das Maximum von 8.1% fällt in den Bereich 75 bis 80% SiO_2. Pb-Gehalte über 50 ppm treten in allen SiO_2-Intervallen nur mit geringen Häufigkeiten auf.

Die Mittel der Pb-Gehalte[1)] der ausgewerteten 1510 Analysen nehmen von SiO_2-armen Gesteinen mit <45% SiO_2 zu, um in einem mittleren Bereich relativ konstant zu bleiben und dann bei Werten >70% SiO_2 nochmals anzusteigen:

% SiO_2	mittlerer Pb-Gehalt in ppm	Anzahl Analysen	% SiO_2	mittlerer Pb-Gehalt in ppm	Anzahl Analysen
<45	9.9	65	60 bis 65	17.6	172
45 bis 50	13.0	238	65 bis 70	15.5	198
50 bis 55	13.4	280	70 bis 75	26.5	230
55 bis 60	17.4	240	75 bis 80	27.0	87

Über Beziehungen von Pb zu SiO_2, die sich aus Differentiationsvorgängen in lokalen Bereichen ergeben, s. ab S. 127.

1) Proben, deren Pb-Gehalte als unter der Nachweisgrenze angegeben sind, sind bei der Berechnung in jedem SiO_2-Intervall entsprechend den definierten Werten <10 ppm Pb dieses Intervalls berücksichtigt.

Fig. 4

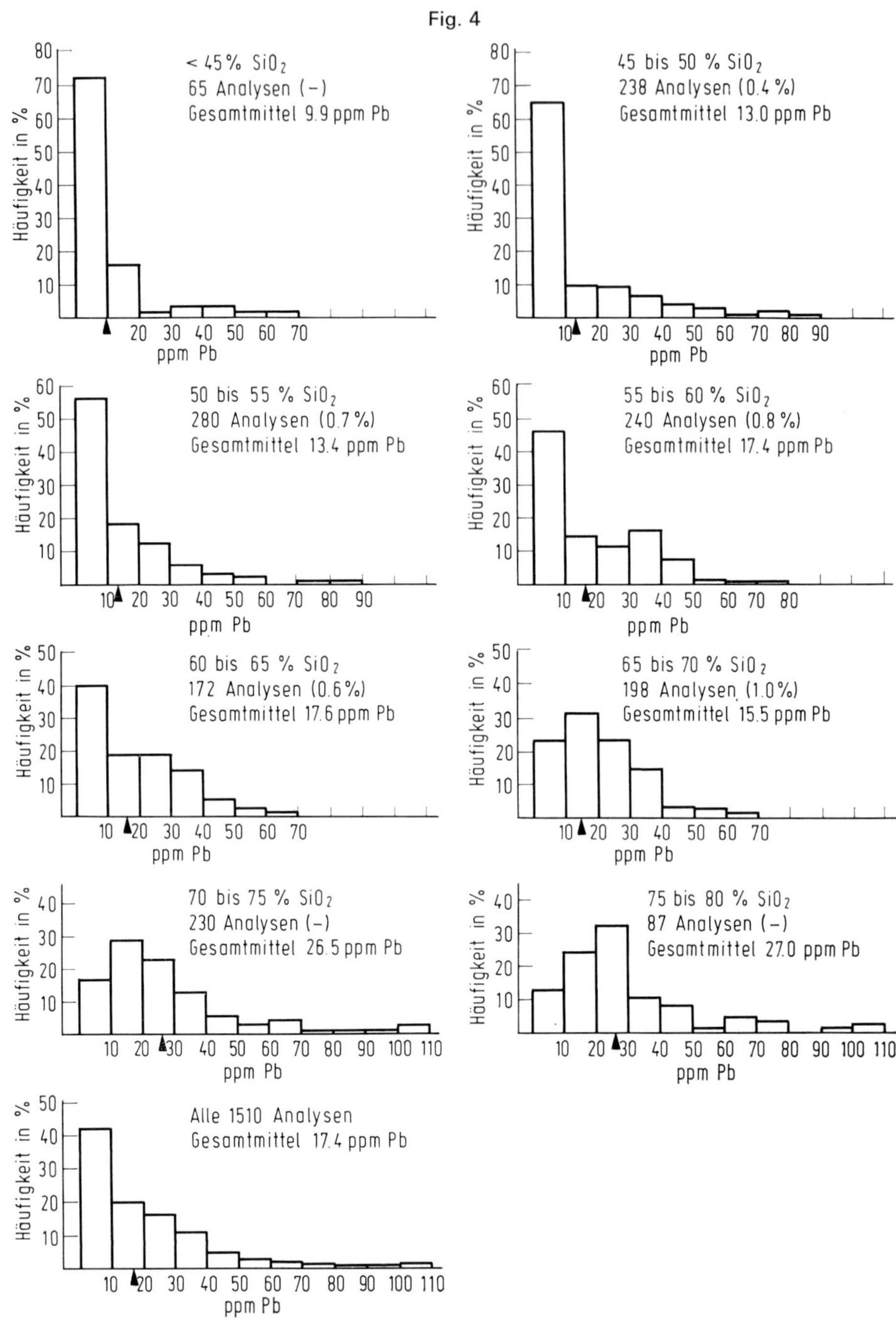

Häufigkeitsverteilung der Pb-Gehalte von 1510 Eruptivgesteinsanalysen bezogen auf SiO_2. Die Zahlen in Klammern geben die Anzahl der Analysen in % an, die über den letzten Abszissenwert hinausgehen. Ferner ist die Anzahl der jeweils zugrundeliegenden Analysen angegeben. Mit ▲ ist das arithmetrische Mittel eingetragen.

Literatur zu den Figuren 2 bis 4:

Die für die Histogramme S. 148, 152 und das Diagramm S. 153 benutzten Daten (Pb-, SiO_2- und K_2O-Gehalte) sind den nachfolgend in alphabetischer Folge aufgeführten Arbeiten entnommen. Die Anzahl der aus jeder Arbeit benutzten Pb-, SiO_2- und K_2O-Bestimmungen sind unter den betreffenden Literaturzahlen im Anhang an die Literaturzusammenstellung auf S. 151 aufgeführt. Stammen die Pb-Werte und die SiO_2- und/oder K_2O-Werte derselben Proben aus verschiedenen Arbeiten, so sind diese unter derselben Literaturzahl mit a und b gekennzeichnet.

[1] R. J. Adie (Falkland Islands Dependencies Surv. Sci. Rept. Nr. 12 [1955] 1/39, 24/5). — [2] N. F. Anikeeva, N. A. Bogatyreva (Izv. Akad. Nauk SSSR Ser. Geol. **1975** Nr. 7, S. 59/70, 65, 67). — [3] M. P. Billings, J. C. Rabbitt (Bull. Geol. Soc. Am. **58** [1947] 573/96, 576/7). — [4] I. Carmichael, A. McDonald (Geochim. Cosmochim. Acta **25** [1961] 189/222, 200/5). — [5] S. E. Church, G. R. Tilton (Geol. Soc. Am. Bull. **84** [1973] 431/54, 436/7).

[6] T. N. Clifford, J. M. Rooke, H. L. Allsopp (Geochim. Cosmochim. Acta **33** [1969] 973/86, 976/7). — [7] J. S. Coats, J. R. Wilson (Mineral. Mag. **38** [1971/72] 138/51, 144). — [8] M. E. Cosgrove (Contrib. Mineral. Petrol. [Berlin] **36** [1972] 155/70, 160/1). — [9] K. G. Cox, R. L. Johnson, L. J. Monkman, C. J. Stillman, J. R. Vail, D. N. Wood (Phil. Trans. Roy. Soc. London A **257** [1964/65] 71/218, 145/7, 148/50, 156/7, 171, 178/9, 184). — [10] D. F. Crowder, D. C. Ross (U.S. Geol. Surv. Profess. Papers Nr. 775 [1973] 1/28, 19).

[11] J. B. Dawson (Bull. Geol. Soc. Am. **73** [1962] 545/59, 551/2). — [12] G. Deleon, L. H. Ahrens (Geochim. Cosmochim. Acta **12** [1957] 94/6). — [13] R. V. Dietrich, K. S. Heier (Geochim. Cosmochim. Acta **31** [1967] 275/80, 276). — [14] V. Divakara Rao, U. Aswathanarayana, M. N. Qureshy (Mineral. Mag. **38** [1971/72] 678/86, 680). — [15] B. R. Doe, P. W. Lipman, C. E. Hedge, H. Kurasawa (Contrib. Mineral. Petrol. [Berlin] **21** [1969] 142/56, 147, 154).

[16a] E. E. El-Hinnawi, H. Pichler, W. Zeil (Contrib. Mineral. Petrol. [Berlin] **24** [1969] 50/62, 53). — [16b] W. Zeil, H. Pichler (Geol. Rundschau **57** [1968] 48/81, 61/3). — [17a] A. E. J. Engel, C. G. Engel (in: Osn. Probl. Okeanol. Dokl. Plenarykh Zased. 2nd Mezhdunar. Okeanogr. Kongr., Moskva 1966 [1968], S. 183/217, 190/3; C.A. **72** [1970] Nr. 69215). — [17b] A. E. J. Engel, C. G. Engel, R. G. Havens (Geol. Soc. Am. Bull. **76** [1965] 719/34, 720, 726). — [18] R. L. Erickson, L. V. Blade (U.S. Geol. Surv. Profess. Papers Nr. 425 [1963] 1/95, 60/1). — [19] A. Ewart (Contrib. Mineral. Petrol. [Berlin] **58** [1976] 1/21, 3). — [20] A. Ewart, S. R. Taylor, A. C. Capp (Contrib. Mineral. Petrol. [Berlin] **18** [1968] 76/104, 82/7).

[21] A. Ewart, S. R. Taylor, A. C. Capp (Contrib. Mineral. Petrol. [Berlin] **17** [1968] 116/40, 126). — [22] H. W. Fairbairn, L. H. Ahrens, L. G. Gorfinkle (Geochim. Cosmochim. Acta **3** [1953] 34/46, 38/41). — [23] B. H. Flinter, W. R. Hesp, D. Rigby (Econ. Geol. **67** [1972] 1241/62, 1245/6). — [24] R. D. Gavrilin, L. A. Pevtsova (Geokhimiya **1963** 732/45; Geochemistry [USSR] **1963** 764/77, 767/73). — [25] R. D. Gavrilin, L. A. Pevtsova, N. S. Klassova (Geokhimiya **1965** 1067/75, 1068/9).

[26] R. D. Gavrilin, V. N. Volkov, E. V. Negrei, L. A. Pevtsova (Geokhimiya **1972** 926/35; Geochem. Intern. **9** [1972] 630/7, 633). — [27] J. B. Gill (Contrib. Mineral. Petrol. [Berlin] **27** [1970] 179/203, 184/8). — [28] J. B. Gill (Geol. Soc. Am. Bull. **87** [1976] 1384/95, 1388/9, 1392). — [29] S. S. Goldich, S. B. Treves, N. H. Suhr, J. S. Stuckless (J. Geol. **83** [1975] 415/35, 420/5). — [30] H. Grohmann (Tschermaks Mineral. Petrog. Mitt. [3] **10** [1965] 436/74, 438/42, 448/55).

[31] B. L. Gulson, J. F. Lovering, S. R. Taylor, A. J. R. White (Lithos **5** [1972] 269/79, 274). — [32] H. Gundlach, F. Karl, G. Müller (Contrib. Mineral. Petrol. [Berlin] **16** [1967] 285/99, 288/90). — [33] B. M. Gunn, R. Coy-Yll, N. D. Watkins, C. E. Abranson, J. Nougier (Contrib. Mineral. Petrol. [Berlin] **28** [1970] 319/39, 326/7). — [34] B. M. Gunn, N. D. Watkins (Geochim. Cosmochim. Acta **33** [1969] 341/56, 343). — [35] B. M. Gunn, N. D. Watkins (Geol. Soc. Am. Bull. **87** [1976] 1089/100, 1094/5).

[36] J. W. Hawkins (Earth Planet. Sci. Letters **28** [1975/76] 283/97, 287/8). — [37] J. W. Hawkins, J. H. Natland (Earth Planet. Sci. Letters **24** [1974/75] 427/39, 432/3). — [38] C. E.

Hedge, R. J. Knight (Geochem. J. **3** [1969] 15/24, 17). — [39] H. Ishikawa, S. Berman, K. Yagi (Geochem. J. **5** [1971] 187/206, 190). — [40] A. S. Joyce (Chem. Geol. **11** [1973] 297/306, 299/301).

[41] S. E. Kesson (Contrib. Mineral. Petrol. [Berlin] **42** [1973] 93/108, 100). — [42] V. I. Kovalenko, I. V. Vladykin, A. V. Goreglyad, V. N. Smirnov (Izv. Akad. Nauk SSSR Ser. Geol. **1974** Nr. 8, S. 38/49, 46). — [43] W. Kramer (Chem. Erde **35** [1976] 1/49, 36/9). — [44] H. Kurasawa (Geochem. J. **2** [1968] 11/28, 16). — [45] C. J. Liebenberg (Publ. Univ. Pretoria II Nr. 12 [1960] 1/79, 70/8).

[46] G. G. Lowder (Geol. Soc. Am. Bull. **84** [1973] 2293/3012, 3002, 3005). — [47] W. G. Melson, G. Thompson (Phil. Trans. Roy. Soc. London A **268** [1970/71] 423/41, 429). — [48] W. G. Melson, G. Thompson, T. H. van Andel (J. Geophys. Res. **73** [1968] 5925/41, 5930/3, 5937). — [49a] S. Moorbath, H. Welke (Earth Planet. Sci. Letters **5** [1968/69] 217/36, 221/2). — [49b] L. R. Wager, E. A. Vincent, G. M. Brown, J. D. Bell (Phil. Trans. Roy. Soc. London A **257** [1964/65] 273/306, 283). — [50] W. P. Nash, J. F. G. Wilkinson (Contrib. Mineral. Petrol. [Berlin] **25** [1970] 241/69, 244 [SiO_2- und K_2O-Werte], **33** [1971] 162/9, 163 [Pb-Werte]).

[51] C. R. Neary, I. G. Gass, B. J. Cavanagh (Geol. Soc. Am. Bull. **87** [1976] 1501/12, 1504/8). — [52] A. M. R. Neiva (Chem. Geol. **16** [1975] 153/77, 158/9). — [53a] J. Nicholls, J. S. E. Carmichael (Contrib. Mineral. Petrol. [Berlin] **20** [1968/69] 268/94, 286). — [53b] J. S. E. Carmichael (Mineral. Mag. **33** [1962/64] 86/113, 100). — [54] S. R. Nockolds, R. Allen (Geochim. Cosmochim. Acta **4** [1953] 105/42, 112/6, 122/4, Tabelle nach S. 124; Geochim. Cosmochim. Acta **5** [1954] 245/85, 254, 264, 266, 270, 277, 280; Geochim. Cosmochim. Acta **9** [1956] 34/77, 66/7, 69). — [55] G. L. Odikadze (Geokhimiya **1968** 1211/7; Geochem. Intern. **5** [1968] 1010/5, 1012/3).

[56] V. M. Oversby (Earth Planet. Sci. Letters **11** [1971] 401/6, 403). — [57] V. M. Oversby (Geochim. Cosmochim. Acta **36** [1972] 1167/79, 1170). — [58] V. M. Oversby, A. Ewart (Contrib. Mineral. Petrol. [Berlin] **37** [1972] 181/210, 188, 206/7). — [59] A. Peccerillo, S. R. Taylor (Contrib. Mineral. Petrol. [Berlin] **58** [1976] 63/81, 67/9). — [60] M. F. Potenza, H. Schwander, W. Stern (Chem. Erde **34** [1975] 257/82, 262/5, 272/3).

[61] R. C. Price, B. W. Chappell (Contrib. Mineral. Petrol. [Berlin] **53** [1975] 157/82, 168/9). — [62] H. H. Read, B. T. Haq (Proc. Geologists' Assoc. **74** [1963] 203/12, Tabelle nach S. 204). — [63] C. L. Sainsbury, J. C. Hamilton, C. Huffman (U.S. Geol. Surv. Bull. Nr. 1242-F [1968] 1/42, 8, 10). — [64] E. B. Sandell, S. S. Goldich (J. Geol. **51** [1943] 99/115, 110, 114). — [65a] E. B. Sandell, S. S. Goldich (J. Geol. **51** [1943] 99/115, 113). — [65b] C. A. Anderson (Bull. Geol. Soc. Am. **47** [1936] 629/64, Tabelle nach S. 640).

[66] O. Shrbený, V. Macháček (Casopis Mineral. Geol. **18** [1973] 131/61, 133/43). — [67] G. Siedner (Geochim. Cosmochim. Acta **29** [1965] 113/37, Tabelle nach S. 116). — [68] G. P. Sighinolfi, T. M. L. Concecao (Tschermaks Mineral. Petrog. Mitt. [3] **22** [1975] 218/35, 222/4). — [69] M. Tatsumoto (J. Geophys. Res. **71** [1966] 1721/33, 1724, 1732). — [70a] M. Tatsumoto (Science [2] **153** [1966] 1094/101, 1096). — [70b] A. E. J. Engel, C. G. Engel, R. G. Havens (Geol. Soc. Am. Bull. **76** [1965] 719/34, 725).

[71] M. Tatsumoto, R. J. Knight (Geochem. J. **3** [1969] 53/86, 59/65). — [72] W. H. Taubeneck (Geol. Soc. Am. Spec. Papers Nr. 91 [1967] 1/56, 24/5). — [73] S. R. Taylor, A. C. Capp, A. L. Graham, D. H. Blake (Contrib. Mineral. Petrol. [Berlin] **23** [1969] 1/26, 18/24). — [74] G. R. Tilton, C. Patterson, H. Brown, M. Inghram, R. Hayden, D. Hess, E. Larsen (Bull. Geol. Soc. Am. **66** [1955] 1134/48, 1133, 1140). — [75] B. D. Tiwari (Bull. Volcanol. [2] **35** [1971/72] 1129/77, 1141/51).

[76] C.-D. Werner (Freiberger Forschungsh. C Nr. 259 [1970] 7/82, 10/2, 47/51). — [77a] B. I. Zlobin, M. S. Gorshkova (Geokhimiya **1961** 281/92, 286; Geochemistry [USSR] **1961** 317/22, 321). — [77b] B. I. Zlobin, V. I. Lebedev (Geokhimiya **1960** 87/103; Geochemistry [USSR] **1960** 101/24, 116/9). — [78] B. I. Zlobin, V. A. Pevtsova (Geokhimiya **1964** 420/30; Geochem. Intern. **1964** 413/20, 417). — [79] B. I. Zlobin, V. A. Pevtsova, N. S. Klassova (Geokhimiya **1965** 851/63, 854/6; Geochem. Intern. **2** [1965] 660/71, 663/4).

Anhang zu der S. 149/50 aufgeführten Literatur mit Angabe der Anzahl der den einzelnen Arbeiten entnommenen Werte für Pb, SiO_2 und K_2O.

Lit.	Pb	SiO_2	K_2O
[1]	5	5	5
[2]	3	3	3
[3]	6	6	6
[4]	24	24	24
[5]	34	34	34
[6]	12	12	12
[7]	5	5	5
[8]	25	25	25
[9]	20	20	20
[10]	11	11	11
[11]	2	2	2
[12]	12	—	12
[13]	4	4	4
[14]	8	—	8
[15]	11	11	11
[16a]	11	—	—
[16b]	—	11	11
[17a]	12	—	8
[17b]	—	4	4
[18]	4	4	4
[19]	5	5	5
[20]	9	9	9
[21]	3	3	3
[22]	36	—	36
[23]	121	121	121
[24]	12	12	12
	+32	—	+32
[25]	7	7	7
	+14	—	+14
[26]	10	—	10
[27]	24	24	24

Lit.	Pb	SiO_2	K_2O
[28]	26	26	26
[29]	29	29	29
[30]	62	—	62
[31]	3	3	3
[32]	92	92	92
[33]	8	8	8
[34]	4	4	4
[35]	2	2	2
[36]	16	16	16
[37]	10	10	10
[38]	11	—	11
[39]	13	13	13
[40]	25	25	25
[41]	9	9	9
[42]	16	—	16
[43]	35	35	35
[44]	11	11	—
[45]	33	33	33
[46]	14	14	14
[47]	3	3	3
[48]	6	6	6
[49a]	3	—	—
[49b]	—	3	3
[50]	12	12	12
[51]	31	31	31
[52]	15	15	15
[53a]	5	—	—
[53b]	—	5	5
[54]	91	91	91
	+77	+77	+77
	+140	+140	+140

Lit.	Pb	SiO_2	K_2O
[55]	4	4	4
[56]	5	5	5
[57]	12	12	12
[58]	17	17	17
[59]	14	14	14
[60]	23	23	23
[61]	17	17	17
[62]	7	7	7
[63]	6	6	6
[64]	6	6	6
[65a]	10	—	—
[65b]	—	10	10
[66]	91	91	91
[67]	35	35	35
[68]	25	25	25
[69]	7	7	7
[70a]	13	—	4
[70b]	—	9	9
[71]	28	28	—
[72]	11	11	11
[73]	16	16	16
[74]	1	1	1
[75]	50	50	50
[76]	40	40	40
[77a]	35	—	—
[77b]	—	—	35
[78]	1	1	1
[79]	56	—	56
Summe	1814	1510	1775

2.4.1.1.9.2 Beziehungen von Blei zu Kalium in Magmatiten

Relationship between Lead and Potassium in Magmatites

In gleicher Weise wie für die SiO_2-Intervalle, s. S. 147, werden 1775 Pb-Werte aus den S. 149/50 aufgeführten Arbeiten den K_2O-Gehalten ihrer Gesteine in Intervallen von jeweils 1% bzw. >6 (bis 12)% K_2O zugeordnet und der prozentuale Anteil an Pb-Werten von jeweils 10 ppm für jedes derartige Intervall berechnet. Die sich daraus ergebenden Histogramme sind in **Fig. 5**, S. 152, zusammengestellt. Sie zeigen, daß Gesteine mit K_2O-Gehalten bis zu 2% überwiegend Pb-Gehalte aufweisen, die unter 10 ppm liegen, während sich die Pb-Gehalte bei Gesteinen mit 2 bis 5% K_2O zunehmend gleichmäßiger auf Werte von <10 bis 40 ppm verteilen. In Gesteinen mit 5 bis 12% K_2O sind die Häufigkeitsanteile der Pb-Gehalte relativ gleichmäßig auf den Bereich von <10 bis 80 ppm aufgeteilt.

Bei einer Zuordnung der aus den 1775 Pb-Gehalten berechneten Mittelwerte[1)] zu ihren K_2O-Intervallen, s. **Fig. 6**, S. 153, ergibt sich deutlich eine positive Korrelation dieser beiden Elemente, mit steigenden K_2O-Gehalten nimmt auch Pb nahezu linear zu. Dies Verhalten läßt sich auch ablesen aus den Mittelwerten für große Gesteinsgruppen, wie die Tabelle auf S. 153 zeigt.

---

1) Zur Behandlung der als unter der Nachweisgrenze angegebenen Pb-Gehalte s. Fußnote S. 147. Für die Intervalle >9.5% K_2O reichen die vereinzelt vorliegenden Analysen für eine Mittelwertsberechnung nicht aus.

Fig. 5

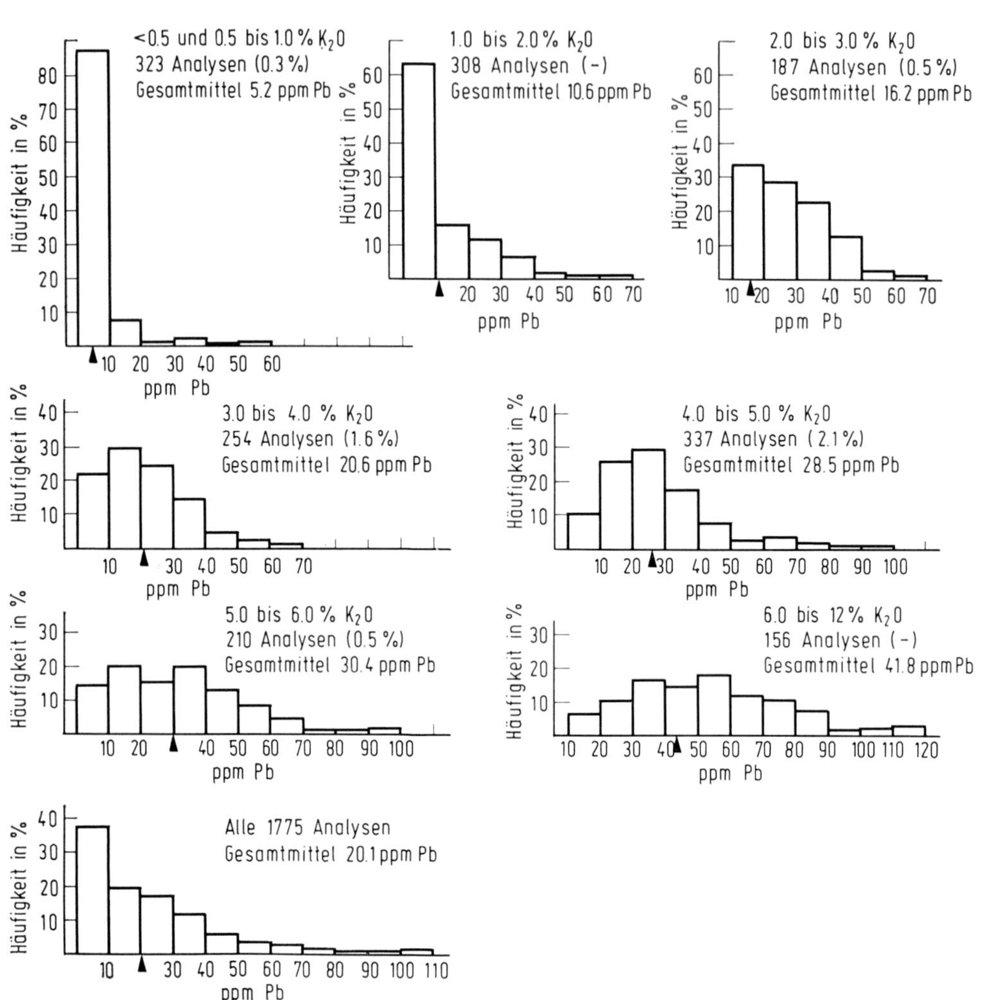

Häufigkeitsverteilung der Pb-Gehalte von 1775 Eruptivgesteinsanalysen bezogen auf K_2O.
Die Zahlen in Klammern geben die Anzahl Analysen in % an, die über den letzten Abszissenwert hinausgehen. Ferner ist die Anzahl der jeweils zugrundeliegenden Analysen angegeben. Mit ▲ ist das arithmetrische Mittel eingetragen.

Gesteinsgruppen	% K	ppm Pb	% K	ppm Pb	% K	ppm Pb
Ultrabasische Gesteine	0.004	1	0.03	0.1	—	—
Mafische Gesteine*)	0.83	6	0.83	8	0.85	5
Intermediäre Gesteine**)	—	—	2.3	15	1.33	6.7
Granite***)	—	—	3.34	20	3.47	30
Ca-reich	2.52	15	—	—	—	—
Ca-arm	4.20	19	—	—	—	—
Literatur	[1]		[2]		[3]	

*) Bei [1] und [3] basaltische Gesteine. — **) Bei [3] Andesite. — ***) Bei [3] felsische Gesteine.

Fig. 6

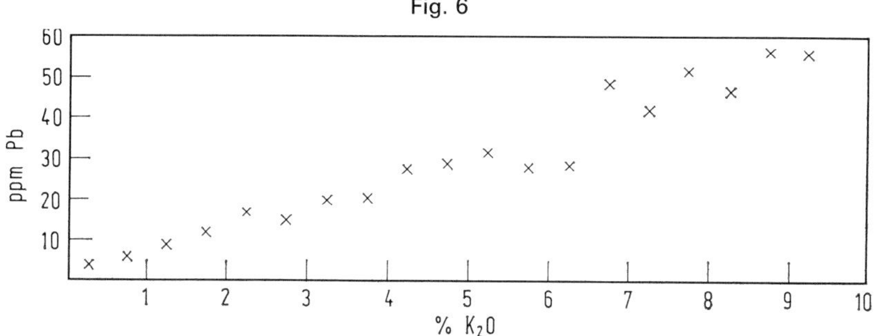

Beziehungen von Pb und K_2O in 1775 Eruptivgesteinsanalysen.

Auch bei Berücksichtigung einer großen Anzahl von Einzelanalysen regional begrenzter Gebiete ergibt sich für Basalte, Andesite und Granite eine gewisse Korrelation zwischen K und Pb, jedoch auch eine beträchtliche Streuung der Pb-Werte, besonders bei hohen Pb-Gehalten; dies kann verursacht sein durch Kontamination, durch Assimilation, vgl. ab S. 165, oder durch den Transport von Pb in Form leichtflüchtiger Verbindungen, die dann aus den Laven entweichen, vgl. S. 128, [4]. Berechnungen der Korrelationskoeffizienten von Pb, K und Si für saure Magmatite ergeben gleich starke Bindung von Pb an K und Si [5], so daß angenommen wird, daß die Korrelation zwischen Pb und K im Verlauf der Differentiation nicht nur bedingt ist durch die kristallchemischen Beziehungen von Pb zu K, s. „Blei" A 2a, ab S. 93, sondern auch durch das gleiche Verhalten beider Elemente bei der Fraktionierung [6], s. auch [7] und verschiedene Beispiele für paralleles Verhalten von Pb, SiO_2 und K_2O ab S. 129.

Wie die folgenden Beispiele zeigen, werden sowohl in Plutonen mit Magmatiten verschiedener Differentiationsstufen als auch innerhalb bestimmter Einzelgesteine und Differentiationsabfolgen lokaler Vorkommen häufig lineare Beziehungen zwischen Pb und K festgestellt, und zwar vorwiegend derart, daß mit zunehmendem K-Gehalt auch Pb zunimmt. Siehe auch S. 127, 129/30.

Trotz unterschiedlichen Verhaltens von Pb gegenüber SiO_2 in den älteren und jüngeren Graniten des Böhmisch-Sächsischen Erzgebirges, s. S. 130, 132, zeigt Pb deutlich in den älteren, mit einigen Abweichungen auch in den Zwischengraniten und den jüngeren Graniten Zunahme seiner Gehalte bei zunehmenden K-Gehalten [8]. Im Galway-Granit, West-Irland, nimmt Pb leicht zu mit zunehmender Fraktionierung bei positiver Korrelation zu K_2O [9]. Die Untersuchung von 260 granitischen Gesteinen Japans, die ihrem Alter nach in die Gruppen 1. präkambrisch bis permisch, 2. triassisch und 3. kretazisch bis tertiär aufgegliedert werden, zeigt, daß die Granite der Gruppe 2 und 3 linear steigende Korrelation zwischen Pb und K aufweisen, das Verhältnis Pb/K nimmt deutlich zu von den älteren zu den jüngeren Magmatiten [10], [vgl. 4, 11]. In den granitischen Gesteinen des Singhbhum-Batholithen, in dem drei Phasen aus insgesamt zehn magmatischen Einheiten unterschieden werden, nimmt das Verhältnis Pb/K — aufgetragen gegen den Differentiationsindex — deutlich zu in Phase I, etwas weniger ausgeprägt in Phase II und zeigt leicht fallende

Tendenz in Phase III [12]. Für Granodiorite von Okirai, Kitakami-Bergland, Japan, wird demgegenüber Abnahme von Pb bei zunehmenden K-Gehalten festgestellt [13]. In den vorwiegend aus verschiedenen Varietäten von Granit bestehenden großen Intrusionen des Ural, die im Gegensatz zur Gabbro-Assoziation, s. unten, der Granit-Assoziation zugerechnet werden, treten zunehmende Pb-Gehalte mit abnehmender Basizität und entsprechender Zunahme von K auf [14]. Mit zunehmendem K-Gehalt der Granite des Omchikandin-Massivs, Jakutien, nehmen auch die Pb-Gehalte zu [15].

Für die in drei Phasen gebildeten Gesteine des Kzyl-Ompul-Massivs, Westende des Issyk-Kul'-Seebeckens, Nord-Tien Shan, Syenite-Granosyenite-Granite, ergibt sich für den Gesamtverlauf der Differentiation eine Zunahme der Pb-Gehalte bei steigenden K-Gehalten, obwohl diese Korrelation zwischen Pb und K innerhalb der einzelnen Phasen und Subphasen nicht deutlich in Erscheinung tritt [16].

In jugoslawischen Effusivgesteinen ist der Pb-Gehalt deutlich abhängig vom K-Gehalt der Gesteine, bei zunehmendem K-Gehalt von Andesit-Daciten→Quarzlatiten→Trachyten steigt der Pb-Gehalt von 23 über 30 zu maximal 105 ppm in den Trachyten an [17, 18]. In tertiären Laven Nord-Irlands nehmen K und Pb zu von den basischen zu den sauren Gliedern, jedoch K stärker als Pb, so daß das Verhältnis Pb × 1000/K im Mittel abnimmt von 0.28 in tholeiitischen Basalten zu 0.12 in den Quarz-Trachyten und 0.11 in den Rhyolithen [19]. Lineare Zunahme von Pb und K ergibt sich für die Vulkanite aus Nord-Honshu, Japan, in den Serien Basalt–Andesit–Dacit, Andesit–Rhyodacit und Basalt–Andesit [20], und auch in den magmatischen Gesteinen der Insel Bougainville, Pazifik, Andesiten und Daciten, haben die Andesite mit hohem K-Gehalt die höchsten Pb-Gehalte [21]. Deutliche Zunahme von Pb mit steigenden K-Gehalten ist für die Vulkanite der Tonga- und Kermadec-Inseln charakteristisch, eine Ausnahme bilden die Basalte der Insel Eua, deren Pb-Gehalte relativ zu K etwas niedriger sind als die der übrigen Proben [22], und auch in ozeanischen Tholeiiten vom Mittelatlantischen Rücken und von der Ostpazifischen Schwelle sowie in zwei Alkaliserien von der Osterinsel und von Guadalupe bestehen positive Beziehungen zwischen Pb und K [23]. Lineare Zunahme von Pb mit steigenden K_2O-Gehalten in Vulkaniten der Ross-Insel, Antarktis, s. S. 130.

Demgegenüber werden auch Gesteinsserien beobachtet, in denen keine Beziehungen zwischen Pb und K bestehen. Ursachen hierfür können — neben den bereits S. 153 genannten Gründen — sein: hohe Gehalte an Gesamt-Alkalien [26] oder auch höhere S-Gehalte im Magma, durch die Pb als Sulfid gebunden wird [24], vgl. S. 128. So können keine Beziehungen zwischen Pb und K festgestellt werden in 274 Proben von Granitoiden aus den Sudeten, Polen [25], sowie in den granitischen Gesteinen des Sonkul'-Massivs, Mittel-Nord-Tien Shan [26]. Im Gegensatz zu den großen Intrusionen der Granit-Assoziation, s. oben, haben Granitoide der Gabbro-Assoziation des Ural bei wechselnder Basizität und entsprechend unterschiedlichen K-Gehalten nahezu gleiche, relativ niedrige Pb-Gehalte [14].

In den Tonaliten des Cornucopia-Plutons, Nordost-Oregon, nimmt der Pb-Gehalt zu von den Randgesteinen zum Innern des Plutons trotz nahezu konstant bleibender K-Gehalte, so beträgt das Verhältnis Pb × 1000/K in den randlichen Partien 0.35, im Innern 0.59 [27]. — In dem Alkalimassiv Sandyk, Nord-Kirgisien, fehlt — verbunden mit fehlender Anreicherung von Pb in den späteren Entwicklungsphasen, s. S. 131 — jegliche Korrelation zwischen Pb und K [28], und auch in allen vier Phasen des Matcha-Alkalimassivs, Alai-Gebirge, Süd-Tien Shan [7], kann, hier bedingt durch Assimilation von Kalksteinen, s. S. 167, keine Korrelation zwischen Pb und K festgestellt werden.

Literatur zu 2.4.1.1.9.2:

[1] K. K. Turekian, K. H. Wedepohl (Bull. Geol. Soc. Am. **72** [1961] 175/91, Tabelle 2). — [2] A. P. Vinogradov (Geokhimiya **1962** 555/71; Geochemistry [USSR] **1962** 641/64, 647/8). — [3] S. R. Taylor (in: L. H. Ahrens, Origin and Distribution of the Elements, Oxford – London – Edinburgh – New York – Toronto – Sydney – Paris – Braunschweig 1968, S. 559/83, 564). — [4] K. H. Wedepohl (in: K. H. Wedepohl, Handbook of Geochemistry, Bd. 2, Berlin – Heidelberg – New York 1974, 82-E-3/7, 82-E-15/7). — [5] V. V. Mogarovskii (Izv. Vysshikh Uchebn. Zavedenii Geol. i Razvedka **6** Nr. 12 [1963] 134/7).

[6] P. M. D. Bradshaw (Inst. Mining Met. Trans. B **76** [1967] 137/48, 145). — [7] R. D. Gavrilin, L. A. Pevtsova, N. S. Klassova (Geokhimiya **1965** 1067/75, 1069, 1072). — [8] H. Lange, G. Tischendorf, W. Pälchen, I. Klemm, W. Ossenkopf (Geologie [Berlin] **21** [1972] 457/93, Tabelle 5). — [9] J. S. Coats, J. R. Wilson (Mineral. Mag. **38** [1971/72] 138/51, 144, 147). — [10] H. Ishikawa, H. Shibata (Sci. Rept. Tokyo Kyoiku Daigaku C **8** [1962] 189/96, 190).

[11] N. Ōba (Pac. Geol. **8** [1974] 153/7, 153, 156). — [12] A. K. Saha, A. V. Sankaran, T. K. Bhattacharyya (Neues Jahrb. Mineral. Abhandl. **108** [1968] 247/70, 262/3). — [13] S. Okada (Sci. Rept. Tokyo Kyoiku Daigaku C **4** [1955/56] 163/84, 176). — [14] N. D. Znamenskii, M. V. Trayanova (Dokl. Akad. Nauk SSSR **180** [1968] 713/4; Dokl. Earth Sci. Sect. **180** [1968] 197/8). — [15] I. Ya. Nekrasov, I. S. Ipat'eva (Materialy po Geol. i Polezn. Iskop. Yakutskoi ASSR Nr. 5 [1961] 32/50, 47).

[16] R. D. Gavrilin, L. A. Pevtsova (Geokhimiya **1963** 732/45; Geochemistry [USSR] **1963** 764/77, 774/5). — [17] N. Čuturić, S. Karamata (Geol. Zb. [Bratislava] **18** [1967] 27/37, 30/2, 34). — [18] N. Čuturić, S. Karamata (Ref. 6th Savetovanja Savez Geol. Drustva, Ohrid, SFR Yugoslav. Nr. 2 **1966**, S. 696/715, 708/9, 713). — [19] E. M. Patterson (Geochim. Cosmochim. Acta **2** [1952] 283/99, 296). — [20] C. E. Hedge, R. J. Knight (Geochem. J. **3** [1969] 15/24, 17).

[21] S. R. Taylor, A. C. Capp, A. L. Graham, D. H. Blake (Contrib. Mineral. Petrol. [Berlin] **23** [1969] 1/26, 6). — [22] V. M. Oversby, A. Ewart (Contrib. Mineral. Petrol. [Berlin] **37** [1972] 181/210, 191). — [23] M. Tatsumoto (Science [2] **153** [1966] 1094/101, 1095). — [24] M. Savul, V. Ababi, O. Nichita (Acad. Rep. Populare Romine Filiala Iasi Studii Cercetari Stiint. Chim. **7** Nr. 2 [1956] 89/116, 104). — [25] W. Kowalski (Arch. Mineral. **27** [1967] 53/244, 232).

[26] B. I. Zlobin, L. A. Pevtsova, N. S. Klassova (Geokhimiya **1965** 851/63; Geochem. Intern. **2** [1965] 660/71, 666). — [27] W. H. Taubeneck (Geol. Soc. Am. Spec. Papers Nr. 91 [1967] 1/56, 29). — [28] B. I. Zlobin, M. S. Gorshkova (Geokhimiya **1961** 281/92; Geochemistry [USSR] **1961** 317/28, 322/5).

2.4.1.1.9.3 Beziehungen von Blei zu weiteren Elementen

Relationship between Lead and Other Elements

2.4.1.1.9.3.1 Allgemeines

General

Über das Verhältnis von Pb zu den Elementen Ba, Sr, Rb und Tl in magmatischen Gesteinen liegen nur ganz vereinzelt Aussagen vor, häufiger werden die Verhältnisse von Pb zu U und/oder Th behandelt, da beide für die Isotopengeochemie von Pb von Bedeutung sind. Viele quantitative Gehaltsbestimmungen dieser Elemente für jeweils dasselbe Gestein oder die gleiche Gesteinsgruppe jedoch liegen vor. Die Zuordnung der aus derartigen Gehaltsangaben für Einzelgesteine berechneten Gewichtsverhältnisse Pb/Ba, Pb/Sr und Pb/Rb zu Gesteinsgruppen und ihre prozentuale Aufteilung innerhalb dieser Gruppen ist in folgender Tabelle zusammengestellt.

Elementverhältnis und Gesteinsgruppe	Anzahl Bestimmungen	Prozentualer Anteil der Verhältnisse*) <0.01	0.01 bis 0.1	0.1 bis 1	>1
Pb/Ba					
Ultrabasite[1)]	16	—	30	30	30
Basaltische Gesteine	155	9	67	21	3
Dioritische Gesteine[2)]	40	20	75	5	—
Granitische Gesteine[3)]	288	9	68	18	6
Syenitische Gesteine	63	46	45	8	2
Foidite	23	52	26	17	4

<table>
<tr><th>Elementverhältnis und Gesteinsgruppe</th><th>Anzahl Bestimmungen</th><th colspan="4">Prozentualer Anteil der Verhältnisse*)</th></tr>
<tr><th></th><th></th><th><0.01</th><th>0.01 bis 0.1</th><th>0.1 bis 1</th><th>>1</th></tr>
<tr><td>Pb/Sr</td><td></td><td></td><td></td><td></td><td></td></tr>
<tr><td>Ultrabasite[1]</td><td>15</td><td>7</td><td>33</td><td>33</td><td>27</td></tr>
<tr><td>Basaltische Gesteine</td><td>164</td><td>21</td><td>59</td><td>21</td><td>—</td></tr>
<tr><td>Dioritische Gesteine[2]</td><td>36</td><td>25</td><td>75</td><td>—</td><td>—</td></tr>
<tr><td>Granitische Gesteine[3]</td><td>454</td><td>1</td><td>52</td><td>40</td><td>8</td></tr>
<tr><td>Syenitische Gesteine[4]</td><td>75</td><td>3</td><td>71</td><td>20</td><td>7</td></tr>
<tr><td>Foidite</td><td>43</td><td>21</td><td>65</td><td>14</td><td>—</td></tr>
<tr><td>Pb/Rb</td><td></td><td></td><td></td><td></td><td></td></tr>
<tr><td>Ultrabasite[1]</td><td>6</td><td colspan="2">17</td><td>50</td><td>33</td></tr>
<tr><td>Basaltische Gesteine</td><td>107</td><td colspan="2">40</td><td>42</td><td>18</td></tr>
<tr><td>Dioritische Gesteine[2]</td><td>35</td><td colspan="2">17</td><td>77</td><td>6</td></tr>
<tr><td>Granitische Gesteine[3]</td><td>386</td><td colspan="2">26</td><td>73</td><td>1</td></tr>
<tr><td>Syenitische Gesteine[4]</td><td>69</td><td colspan="2">29</td><td>70</td><td>2</td></tr>
<tr><td>Foidite</td><td>36</td><td colspan="2">58</td><td>39</td><td>3</td></tr>
</table>

[1] Einschließlich Kimberlite, Melilithite und Carbonatite. — [2] Gabbrodiorite, Diorite, Andesite, Keratophyre. — [3] Granite, Granodiorite, Quarzdiorite, Trondhjemite, Tonalite, Adamellite, Quarzporphyre, Rhyolithe und Dacite. — [4] Einschließlich monzonitische Gesteine.

*) Zusammenstellung der Arbeiten (Ziffernerklärung s. S. 163/5), die — unterteilt nach Gesteinsgruppen — die aufgeführten Elemente neben Pb für jeweils dieselben Gesteine enthalten und der Berechnung der angegebenen Gewichtsverhältnisse zugrunde liegen, s. im folgenden:

Ultrabasite

Ba, Sr, Rb	[25, 71]
Ba, Sr	[18, 33]
Sr, Rb	[11, 94]
Ba	[31]

Basaltische Gesteine

Ba, Sr, Rb	[7, 16, 17, 19, 20, 21, 24, 25, 29, 37, 50, 51, 59, 69, 77, 79, 95]
Ba, Sr	[8, 9, 32, 41, 43, 58, 71, 88]
Sr, Rb	[14, 38]
Ba	[72]

Dioritische Gesteine

Ba, Sr, Rb	[2b, 19, 24, 25, 29, 37, 50, 58, 59, 69], [75, S. 256/60], [87, S. 18/9], [91, 97]
Ba, Sr	[1, 9]
Sr, Rb	[34, 38, 94]
Rb	[46], [85, S. 630, 635]
Ba	[68]

Granitische Gesteine

Ba, Sr, Rb	[3, 4, 5, 8, 13, 19, 20, 24, 25, 30, 37, 40, 42, 44, 49, 50, 57, 58, 59, 60, 67, 69], [75, S. 256/60], [77, 79, 84], [87, S. 18/9], [91, 97]
Ba, Sr	[1, 2a, 2b, 10, 15, 39, 43, 76]
Sr, Rb	[22, 23, 34, 38, 55, 70, 94]
Ba	[68]
Sr	[35]
Rb	[12, 46, 61], [85, S. 630, 635]

Syenitische Gesteine

Ba, Sr, Rb	[7, 8, 13, 16, 17, 25], [54, S. 163], [59, 71, 77, 89, 95]
Ba, Sr	[33, 41, 65]
Sr, Rb	[94]

Foidite

Ba, Sr, Rb	[25], [54, S. 163], [55, 59, 95]
Ba, Sr	[8, 18, 33]
Sr, Rb	[6, 28, 62, 94]

Aus den von verschiedenen Verfassern angegebenen Mittelwerten für die großen Gesteinsgruppen wurden die Gewichtsverhältnisse Pb/Ba, Pb/Sr, Pb/Rb, Pb/Tl, Pb/U und Pb/Th berechnet. Sie sind in folgender Tabelle wiedergegeben.

Gesteinsgruppe	ppm Pb	Pb/Ba	Pb/Sr	Pb/Rb	Pb/Tl	Pb/U	Pb/Th	Lit.
Ultrabasite	0.1	0.1	0.01	0.05	10	33.3	20	[93]
Ultrabasite	1.0	2.5	1.0	5	16.7	1000	250	[92]
Basaltische Gesteine	6	0.018	0.013	0.20	28.6	6	1.5	[92]
Mafische Gesteine	8	0.027	0.018	0.18	40	16	2.67	[93]
Basalte	5.0	0.020	0.010	0.25	50	8.33	1.85	[86]
Intermediäre Gesteine	15	0.023	0.018	0.15	30	8.33	2.14	[93]
Kalkalkaliandesite[1)]	6.7	0.025	0.017	0.22	33.5	9.71	3.05	[86]
Granodiorite[2)]	15	0.030	0.034	0.14	16.7	5.56	1.50	[86]
Granitische Gesteine[3)]	15	0.036	0.034	0.14	20.8	5.00	1.76	[92]
Granitische Gesteine[4)]	20	0.024	0.067	0.10	13.3	5.71	1.11	[93]
Granitische Gesteine[5)]	19	—	0.063	0.09	9.5[6)]	—	—	[34]
Granitische Gesteine[7)]	30	0.050	0.105	0.21	30	6.25	1.76	[86]
Granitische Gesteine[8)]	19	0.023	0.190	0.11	8.3	6.33	1.12	[92]
Syenite[9)]	12	0.008	0.060	0.11	8.6	4.00	0.92	[92]

[1)] Mittel aus 18 Analysen, Proben aus Neuseeland, Japan, von Bougainville und den Fidschi-Inseln. — [2)] Mit 2.54% Ca und 2.55% K. — [3)] Mit 2.53% Ca und 2.52% K. — [4)] Mit 1.58% Ca und 3.34% K. — [5)] Mittel für 104 granitische Tiefengesteine vorwiegend aus Österreich; Ca = 1.54%, K = 3.40%. — [6)] Aus Tl-Werten von 21 Gesteinen berechnet. — [7)] Mit 1.43% Ca und 3.47% K. — [8)] Mit 0.51% Ca und 4.20% K. — [9)] Mit 1.80% Ca und 4.80% K.

Die Schlußfolgerungen, die sich für die Verhältnisse von Pb zu den einzelnen Elementen aus den beiden Tabellen ableiten lassen, werden im folgenden zusammengestellt. Darüber hinaus sind die in der Literatur vorliegenden Aussagen über Beziehungen von Pb zu diesen Spurenelementen sowie zu Zn aufgeführt.

Eine Berechnung der Korrelationskoeffizienten von Pb/Sr im Vergleich zu anderen Elementen für Granite aus dem Ural s. [90], von Pb/Ba, Pb/Rb und Pb/Th für basaltische und dacitische Laven Mittel-Mexikos [36].

2.4.1.1.9.3.2 Blei und Barium

Lead and Barium

Die Verteilung der Gewichtsverhältnisse Pb zu Ba auf die Gesteine der großen Gesteinsgruppen, s. Tabelle S. 155, ergibt für die Ultrabasite eine gleichmäßige Verteilung auf die Bereiche 0.01 bis 0.1, 0.1 bis 1 und >1, die jedoch bei der geringen Zahl an Werten zufällig sein mag. Für die basaltischen, dioritischen sowie granitischen Gesteine liegt der Hauptanteil der Werte im Bereich 0.01 bis 0.1 bei nur vereinzelten Werten >1. Der Anteil an Werten <0.01 ist bei den granitischen und basaltischen Gesteinen niedriger als bei den übrigen Gesteinsgruppen, bei den Foiditen — und weniger ausgeprägt bei den syenitischen Gesteinen — erreicht dieser Bereich den höchsten Prozentsatz, dem der Bereich 0.01 bis 0.1 mit niedrigeren Werten folgt.

Da sowohl Pb, s. S. 151, als auch Ba, s. „Barium" Erg.-Bd., S. 33, eng an K gebunden sind, nehmen beide Elemente bei normaler Entwicklung im Verlauf der magmatischen Differentiation zu. Eine Mittelwertsbildung der in Tabelle S. 157 nach den Daten verschiedener Autoren berechneten Verhältnisse von Pb zu Ba bestätigt diese Tendenz, das Verhältnis Pb/Ba nimmt zu von den basaltischen zu den granitischen Gesteinen (für eine Berechnung der Werte für die Ultrabasite reichen die vorliegenden Daten nicht aus):

Gesteinsfamilien	Pb/Ba*)
Basaltische Gesteine	0.022 (3)
Intermediäre Gesteine	0.023 (1)
Granodiorite	0.030 (1)
Granitische Gesteine	0.033 (4)

*) In Klammern Anzahl der zur Mittelwertsbildung benutzten Mittelwerte aus Tabelle S. 157.

Im Verlauf der Differentiation der Granite des Sächsisch-Böhmischen Erzgebirges nimmt Ba ab sowohl in der Abfolge der älteren als auch in der Abfolge der jüngeren Granite, während Pb in de Folge der älteren Granite zunimmt und in der der jüngeren Granite parallel Ba abnimmt [49]. In den granitischen Gesteinen des Singhbhum-Batholithen, Ost-Indien, ist das Verhalten von Pb und Ba unterschiedlich in den einzelnen Phasen der Magmenentwicklung, während in den Phasen I und II mit steigendem Differentiationsindex bei deutlich abnehmender Tendenz von Ba Zunahme von Pb beobachtet wird, nimmt in Phase III mit zunehmendem Differentiationsindex Ba zu, Pb ab [75, S. 262/3, Fig. 3]. — In der Differentiationsfolge des Alkalimassivs von Shonkin Sag, Montana, zeigen Ba und Pb das gleiche Verhalten: Mit steigendem Differentiationsindex nehmen ihre Gehalte zu in den Shonkiniten und Kali-Syeniten bis zu einem Maximum in den Natrium-Syeniten, um dann deutlich abzunehmen in dem Restdifferentiat [54, S. 165/6].

Lead and Strontium

2.4.1.1.9.3.3 Blei und Strontium

Für die prozentuale Verteilung des Gewichtsverhältnisses Pb/Sr in den großen Gesteinsgruppen, s. Tabelle S. 156, ergibt sich eine Häufung der Werte im Bereich 0.01 bis 0.1, deren Anteil für alle Gesteinsgruppen mit Ausnahme der Ultrabasite über 50% liegt. Diese zeigen gleiche bzw. ähnliche Werte (≈30%) in den Bereichen 0.01 bis 0.1, 0.1 bis 1 und >1, während bei den anderen Gesteinsgruppen mit Ausnahme der granitischen und syenitischen Gesteine Werte >1 fehlen. Auffällig ist der sehr niedrige Anteil der Werte <0.01 bei den granitischen und syenitischen Gesteinen, die Werte der basaltischen und dioritischen Gesteine sowie der Foidite dieses Bereichs liegen nahe 20. Im Bereich 0.1 bis 1 schwanken die Werte für die basaltischen, granitischen und syenitischen Gesteine zwischen 20 und 40. Die Foidite liegen bei 14 und für die dioritischen Gesteine liegt in diesem Bereich kein Wert vor.

Aus den Daten der Tabelle S. 157 ergeben sich für das Verhältnis Pb/Sr folgende Werte für die Gesteinsfamilien:

Gesteinsfamilien	Pb/Sr*)
Basaltische Gesteine	0.014 (3)
Intermediäre Gesteine	0.018 (1)
Granodiorite**)	0.034 (2)
Granitische Gesteine	0.106 (4)

*) In Klammern Anzahl der zur Mittelwertsbildung benutzten Mittelwerte aus Tabelle S. 157. — **) Einschließlich der granitischen Gesteine mit 2.53% Ca.

Es ergibt sich also insgesamt eine steigende Tendenz des Verhältnisses Pb/Sr von den basischen zu den sauren Gesteinen mit einem beträchtlichen Anstieg in den Graniten mit ≦1.58% Ca und ≧3.34% K infolge der gegenüber den basaltischen Gesteinen um etwa den Faktor 3 erhöhten Pb-Gehalte und der um etwa die Hälfte erniedrigten Sr-Gehalte in diesen Gesteinen, die sich erklären lassen durch die Bindung von Sr an Ca in der Hauptkristallisation, s. „Strontium" S. 26. — Abnehmende Tendenz bei zunehmenden Pb-Gehalten zeigt Sr in den älteren Graniten des Sächsisch-Böhmischen Erzgebirges, während für die jüngeren Granite dieses Gebiets mit einigen Ausnahmen abnehmende Sr-Gehalte abnehmenden Pb-Gehalten entsprechen [49]. In den granitischen Gesteinen des Singhbhum-Batholithen, Ost-Indien, zeigt Sr bei Zunahme des Differentiationsindex abnehmende Tendenz bei zunehmender Tendenz von Pb [75, Fig. 3 und 7]. Bei einer Unterscheidung der Granitoide des Urals nach einer plutonischen und einer hypabyssischen (vulkanischen) Gruppe zeigt es sich, daß mit einigen Ausnahmen sowohl Pb als auch Sr und Rb mit höheren Gehalten in der erstgenannten Gruppe auftreten, wobei dies besonders deutlich wird für die untersuchten Granite, jedoch nicht ganz eindeutig ist für die untersuchten Granodiorite und Quarzdiorite [23]. — In dem Alkalimassiv Shonkin Sag, Montana, verhält sich Sr ähnlich wie Pb (und Ba), s. S. 158.

2.4.1.1.9.3.4 Blei und Rubidium

Lead and Rubidium

Aus den in der Tabelle S. 156 errechneten Gewichtsverhältnissen Pb/Rb ergibt sich, daß der prozentuale Anteil des Bereichs 0.1 bis 1 für alle Gesteinsgruppen mit Ausnahme der basaltischen Gesteine und der Foidite ≧50% beträgt. Der Anteil der Werte <0.1 nimmt (bei Außerachtlassen der Ultrabasite mit zu wenig Analysendaten) zu von den dioritischen über die granitischen und syenitischen zu den basaltischen Gesteinen und erreicht >50% in den Foiditen. Der Anteil an Werten >1 dagegen ist am höchsten bei den basaltischen Gesteinen, am niedrigsten bei den granitischen Gesteinen; die dioritischen und syenitischen Gesteine sowie die Foidite liegen dazwischen.

Aus den Daten der Tabelle S. 157 berechnet sich ein abnehmendes Verhältnis Pb/Rb von den basaltischen zu den granitischen Gesteinen:

Gesteinsfamilien	Pb/Rb*)
Basaltische Gesteine	0.21 (3)
Intermediäre Gesteine	0.15 (1)
Granodiorite**)	0.14 (2)
Granitische Gesteine	0.12 (4)

*) In Klammern Anzahl der zur Mittelwertsbildung benutzten Mittelwerte aus Tabelle S. 157. — **) Einschließlich der granitischen Gesteine mit 2.53% Ca.

Während der mittlere Pb-Gehalt in den granitischen Gesteinen dreifach höher ist als in den basaltischen Gesteinen, erreicht der Rb-Wert etwa den sechsfachen Wert in den granitischen Gesteinen, verglichen mit den Basalten. Die Werte für die intermediären Gesteine und die Granodiorite sind für beide Elemente nahezu identisch.

Positive Korrelation besteht zwischen Pb und Rb mit Abnahme beider Elemente bei zunehmender Differentiation im Galway-Granit, Republik Irland [5]. Annähernd paralleles Verhalten mit höheren Gehalten beider Elemente in der dritten Differentiationsphase ergibt sich aus den Daten für Granite und Aplite des Unda-Gazimur-Gebiets, Ost-Transbaikalien [46]. Zunahme von Pb und Rb laufen parallel in den älteren Graniten des Sächsisch-Böhmischen Erzgebirges, während in den jüngeren Graniten die weiter zunehmenden Rb-Gehalte von einer Abnahme der Pb-Gehalte begleitet werden [49]. Die von Tauson [85, S. 632, 635] berechneten mittleren Gehalte von Pb und Rb für die Hauptphasen einzelner, nach der Tiefenlage ihrer Erstarrung unterschiedener Massive in der UdSSR sind in folgender Tabelle zusammengestellt; die aus diesen Werten berechneten Verhältnisse Pb/Rb zeigen, daß dieses Verhältnis in den verschiedenen Erstarrungsbereichen nicht wesentlich abweicht, nur ein hoher Anteil an leichtflüchtigen Bestandteilen kann zu hohen Rb-Gehalten und dementsprechend einer Abnahme von Pb/Rb führen:

Gesteinskomplex	Pb	Rb	Pb/Rb
Plutonischer Komplex			
Susamyr, Mittel-Tien Shan	25	170	0.15
Mesoabyssische Komplexe			
Verkhne Undinsk, Ost-Transbaikalien	14	129	0.11
Dzhida, West-Transbaikalien	19	130	0.15
Hypabyssische Komplexe, Ost-Transbaikalien			
mit geringen Gehalten an leichtflüchtigen Bestandteilen			
Shakhtamin	25	150	0.17
mit hohen Gehalten an leichtflüchtigen Bestandteilen			
Amudzhikan-Sretensk	32	190	0.17
Kukul'bei	30	350	0.09

Über paralleles Verhalten von Pb und Rb in plutonischen und hypabyssischen Granitoiden des Ural s. S. 159.

In den drei Differentiationsphasen des Lovozero-Massivs, Kola, aus Nephelinsyeniten (Phase I), Urtiten, Foyaiten, Lujavriten (Phase II) und Lujavriten der Phase III nehmen Pb und Rb zu von Phase I zu Phase III, das Verhältnis Pb/Rb steigt von 0.053 (I) über 0.059 (II) auf 0.089 (III) [28]. In den Alkaligesteinen des Shonkin Sag-Lakkolithen, Montana, nimmt Rb — aufgetragen gegen den Differentiationsindex — im Gegensatz zu Pb und Ba, s. S. 158, innerhalb der Shonkinite zunächst stark ab, um dann anzusteigen zu einem Maximum, das vor dem des Pb (in den Na-Syeniten) bereits in den Hauptsyeniten erreicht wird; dem Maximum von Pb entspricht dann für Rb ein deutlicher Abfall in den Na-Syeniten, die starke Abnahme von Pb in dem Restdifferentiat wird für Rb nicht beobachtet [54, S. 163/5]. — Für Effusivgesteine liegen Aussagen für die Andesite und Dacite der Insel Bougainville über das Verhalten von Pb und Rb vor. In diesen Gesteinen steigen die Gehalte von Pb und Rb zusammen mit K, vgl. S. 154, [87, S. 10].

Lead and Thallium

2.4.1.1.9.3.5 Blei und Thallium

Das Verhältnis Pb/Tl zeigt innerhalb der einzelnen Gesteinsgruppen starke Schwankungen, s. Tabelle S. 157. Eine Berechnung der Mittelwerte für die Gesteinsfamilien ergibt dennoch eine gewisse Tendenz, nämlich eine Abnahme dieses Verhältnisses von den basaltischen zu den granitischen Gesteinen:

Gesteinsfamilie	Pb/Tl*)
Basaltische Gesteine	39.5 (3)
Intermediäre Gesteine	30.0 (1)
Granodiorite**)	18.8 (2)
Granitische Gesteine	15.3 (4)

*) In Klammern die Anzahl der zur Mittelwertsbildung benutzten Mittelwerte aus Tabelle S. 157. — **) Einschließlich der granitischen Gesteine mit 2.53% Ca.

Untersuchungen für das Verhalten von Pb und Tl liegen vor für einige Intrusivkomplexe Ost-Transbaikaliens. Aus ihnen ergibt sich, am Beispiel des Shakhtamin-Komplexes, daß das Verhältnis Pb/Tl abnimmt mit zunehmender Differentiation von 33.3 in der Phase I über 18.5 in der Phase II auf 14.7 in der Phase III [85, S. 635]. Ferner wird das Verhalten beider Elemente in Beziehung zu leichtflüchtigen Komponenten aufgezeigt. In den Hauptphasen dreier Komplexe (Shakhtamin, Amudzhikan-Sretensk und Kukul'bei), in denen in der angegebenen Folge der Gehalt an Fluor zunimmt, ist der Wechsel im Pb-Gehalt nur gering (25, 32 bzw. 30 ppm in den drei Komplexen), Tl jedoch nimmt deutlich zu (1.1, 1.9 bzw. 4.5 ppm), so daß das Verhältnis Pb/Tl in dem an Fluor reichsten Komplex um etwa ein Drittel gegenüber dem an Fluor ärmsten Komplex erniedrigt ist. Umgekehrt zeigen Gesteine des Soktui-Massivs im Kukul'bei-Komplex, aus denen die leichtflüchtigen Komponenten entwichen sind, gegenüber den anderen Phasen ausgesprochen niedrige Tl-Gehalte bei wenig veränderten Pb-Gehalten und entsprechend mit 20.0 ein nahezu dreifach höheres Pb/Tl-Verhältnis als die Hauptphase dieses Massivs mit Pb/Tl = 7.0 [85, S. 635, 637].

In dem Alkalimassiv Sandyk, Nord-Kirgisien, bestehen direkte Beziehungen zwischen Pb und Tl nur in der Phase I, in deren Gesteinen die Werte des Verhältnisses Pb/Tl nahe dem Wert des Gesamtmassivs von 35 bleiben. In den Gesteinen der Phase II dagegen verhalten sich Pb und Tl unterschiedlich, ihr Verhältnis fällt in den Nephelinsyeniten dieser Phase auf den Wert 15; von diesem Zeitpunkt an nimmt Tl (zusammen mit K) weiter zu, nicht aber Pb [98, S. 326].

2.4.1.1.9.3.6 Blei und Zink

Lead and Zinc

Da in den Gesteinen des Massivs Kzyl-Ompul am Westende des Sees Issyk-Kul', Nord-Tien Shan, das Verhalten von Pb im Gesamtverlauf der Differentiation von K bestimmt wird, s. S. 154, das Verhalten von Zn jedoch von Mg und Fe^{2+}, ergibt sich zwischen den beiden Elementen keine Korrelation [26]. Positive Korrelation von Pb und Zn wird demgegenüber für die Liparite des Tyrny-Auz-Komplexes, Nord-Kaukasus, festgestellt [73]. Für einige Komplexe Transbaikaliens und des Tien Shan ergeben sich Unterschiede im Verhalten von Pb und Zn je nach der Erstarrungstiefe der Gesteine innerhalb der untersuchten Massive: In dem abyssischen Susamyr-Batholithen, Mittel-Tien Shan, ist das Verhältnis Pb/Zn in der Phase III der Kristallisationsabfolge um das 10fache, in den zur Phase I gehörigen aplitischen Gängen um das 35fache höher als in den Tiefengesteinen der Phase I, in zwei mesoabyssischen Massiven (Verkhne Undinsk und Dzhida, Ost- bzw. West-Transbaikalien) ist die Erhöhung des Verhältnisses Pb/Zn je 3fach in Phase III bzw. 15- und 7fach in den Apliten, in den hypabyssischen Intrusionen Shakhtamin und Soktui, Ost-Transbaikalien, dagegen nimmt das Verhältnis Pb/Zn von der Phase I zur Phase III nur zweifach bzw. gar nicht zu [85, S. 631].

Bei Anwesenheit leichtflüchtiger Bestandteile ergeben sich in drei Massiven Ost-Transbaikaliens Unterschiede im Verhalten von Pb und Zn derart, daß sich der Pb-Gehalt mit zunehmendem Fluorgehalt nur unwesentlich verändert, während der Zn-Gehalt im fluorreichsten Massiv um 39% höher ist als im fluorärmsten [85, S. 635]. Größere Beweglichkeit von Pb gegenüber Zn zeigt sich dagegen im Raumid-Massiv, Rushan-Gebirge, Pamir, in dem Pb in den apikalen Teilen angereichert ist, während Zn eine regelmäßige Verteilung im Gesamtmassiv aufweist; entsprechend variiert das Verhältnis Pb/Zn ganz unregelmäßig und ohne Beziehung zur Höhe in der Intrusion [27].

In den Alkaligesteinen des Lovozero-Massivs nehmen sowohl die Gehalte von Pb als auch die von Zn zu von den Nephelinsyeniten der Phase I, über Urtite, Foyaite und Lujavrite der Phase II zu leukokraten Lujavriten der Phase III, das Verhältnis Pb/Zn steigt entsprechend von 0.06 über 0.07 auf 0.08 [28]. In dem Alkalimassiv Sandyk, Nord-Kirgisien, zeigen weder Pb noch Zn die Tendenz einer Anreicherung in den späten Stadien der Magmenentwicklung, ihr identisches Verhalten zeigt sich in der Konstanz ihres Verhältnisses, das mit nur zwei Ausnahmen, die leichtes Vorherrschen von Pb zeigen, in allen Gesteinstypen der beiden Differentiationsphasen nahe 1 liegt [98, S. 321]. In der Differentiationsfolge des Alkalimassivs Shonkin Sag, Montana, variiert — im Gegensatz zu Pb, Sr und Rb, s. S. 159, 160 — der Zn-Gehalt nur wenig und ganz unregelmäßig im Verlauf der Differentiation [54, S. 168].

2.4.1.1.9.3.7 Beziehungen von Blei zu Uran und Thorium

Relationship between Lead and Uranium and Thorium

Das Zusammenvorkommen von Pb, U und Th sowie ihre Beziehungen zueinander sind vielfach untersucht und beschrieben worden, da die Entstehung von radiogenem Pb aus U und Th für die Isotopengeochemie des Bleis und für Altersbestimmungen von ausschlaggebender Bedeutung ist. Zu den mit diesen Prozessen im Zusammenhang stehenden Fragen und zu den aus ihnen für die Gesteinsgenese gezogenen Schlußfolgerungen s. den Abschnitt „Isotopengeochemie" in „Blei" A 2a, S. 245/77, und den Abschnitt 2.4.1.1.1 ab S. 1. Hier sollen nur einige Beispiele des unterschiedlichen Verhaltens von Pb, U und Th in Magmatiten angeführt werden, soweit direkte Aussagen der Bearbeiter vorliegen. Zusammenstellungen der Gewichtsverhältnisse Pb/U und Pb/Th, die aus Gehaltsangaben von Pb, U und Th für Gesteinsgruppen und einzelne Gesteine berechnet wurden, finden sich in Tabelle S. 157 bzw. in folgender Tabelle:

Elementverhältnis und Gesteinsgruppe	Anzahl Bestimmungen	Prozentualer Anteil der Verhältnisse*) <1	1 bis 5	5 bis 10	>10
Pb/U					
Ultrabasite[1] und basaltische Gesteine	137	1	28	31	40
Dioritische Gesteine	67	—	24	45	31
Granitische Gesteine[2]	144	2	51	27	19
Syenitische Gesteine und Foidite	43	4.5	28	63	4.5
Pb/Th					
Ultrabasite[1] und basaltische Gesteine	113	22	50	14	14
Dioritische Gesteine	46	13	70	17	—
Granitische Gesteine[2]	58	17	78	4	2
Syenitische Gesteine und Foidite	53	40	55	—	6

[1] Einschließlich Carbonatite. — [2] Granite, Granodiorite, Adamellite, rhyolithische und dacitische Gesteine, Granophyre, Aplite.

*) Zusammenstellung der Arbeiten (Ziffernerklärung s. S. 163/5), die — unterteilt nach Gesteinsgruppen — die aufgeführten Elemente neben Pb für jeweils dieselben Gesteine enthalten und der Berechnung der angegebenen Gewichtsverhältnisse zugrunde liegen, s. im folgenden:

Ultrabasite und basaltische Gesteine

U, Th	[7, 14, 18, 19, 20, 25, 29, 31, 38, 47, 48, 53, 66, 78, 80, 81, 82, 83, 94]
U	[52, 63, 64, 72, 96]

Dioritische Gesteine

U, Th	[20, 25, 29, 38, 47, 81, 82, 83], [87, S. 21/2], [94]
U	[2b, 52, 63, 64, 96]
Th	[37]

Granitische Gesteine

U, Th	[5, 19, 20, 25, 28, 38, 44, 47, 56, 66, 70, 74, 81, 82, 83], [87, S. 21/2], [94]
U	[2b, 46, 52, 63], [75, S. 256/60], [85, S. 630], [96]
Th	[15, 37, 42, 57]

Syenitische Gesteine und Foidite

U, Th	[7, 18, 25, 28, 47, 80, 83, 94]
U	[62, 64]
Th	[54, S. 163], [89]

Aus der Tabelle oben ergibt sich, daß bei allen Gesteinsgruppen Verhältnisse Pb/U <1 ganz oder fast fehlen, während bei den Verhältnissen Pb/Th die prozentualen Anteile dieses Bereichs zwischen 13 und 40% liegen. Der Bereich 1 bis 5 liegt für Pb/U mit 51% nur bei den granitischen Gesteinen über 50%, für Pb/Th dagegen erreicht der Anteil dieses Bereichs bei den Ultrabasiten und basaltischen Gesteinen 50% und nimmt zu bis zu den granitischen Gesteinen mit 78%. Demgegenüber ist der Bereich mit Werten zwischen 5 und 10 mit wesentlichen Anteilen, 27% bei den granitischen Gesteinen bis 63% bei den syenitischen Gesteinen und Foiditen, nur bei den Pb/U-Verhältnissen vertreten, die Verhältnisse Pb/Th dieses Bereichs erreichen als höchsten Prozentsatz

17 bei den dioritischen Gesteinen. Anteile der Werte >10 schließlich sind mit Ausnahme der syenitischen Gesteine und Foidite wieder bei den Pb/U-Verhältnissen beträchtlich höher als bei den Pb/Th-Verhältnissen.

Die Beziehungen der Verhältnisse Pb/U und Pb/Th, die aus den Mittelwerten für die großen Gesteinsgruppen berechnet wurden, s. Tabelle S. 157, zeigen keinen ausgeprägten Trend zur Differentiation von basischen zu sauren Gesteinen, es ergibt sich für beide Verhältnisse nur eine geringfügige Abnahme von den Basalten und intermediären Gesteinen zu den granitischen Gesteinen.

Für einzelne Magmatite oder Magmatitvergesellschaftungen wird häufig paralleles Verhalten der drei Elemente beobachtet: So nehmen U und Th zusammen mit Pb im Verlauf der Differentiation zu in den älteren Graniten, ab in den jüngeren Graniten des Sächsisch-Böhmischen Erzgebirges [49]. Zunahme von Pb und U wird festgestellt im Susamyr-Batholith, Mittel-Tien Shan, von der Phase I mit dioritischen Gesteinen über die Phase II mit Granodioriten und Graniten zur Phase III mit leukokraten Graniten [85, S. 630]. Deutliche Korrelation zwischen Pb und U (bei steigenden U-Gehalten steigen auch die Pb-Gehalte) zeigen bei zwei Ausnahmen die Vulkanite (Basalte-Andesite-Dacite) der Tonga- und Kermadec-Inseln im Pazifik [63], Andesite und Dacite der Insel Bougainville, Pazifik [87, S. 10], und mit einer Ausnahme ozeanische Tholeiite vom Mittelatlantischen Rücken und von der Ostpazifischen Schwelle sowie zwei Alkali-Serien von der Osterinsel und von Guadalupe [81]; positive Beziehungen von Pb zu K in den genannten Vulkaniten s. S. 154. — Auch in den Alkaligesteinen des Lovozero-Massivs, Kola, wird paralleles Verhalten von Pb, U und Th beobachtet, die Gehalte der drei Elemente nehmen zu von den Nephelinsyeniten der Phase I über Urtite, Foyaite, Lujavrite der Phase II zu Lujavriten der Phase III [28].

Demgegenüber nimmt in den granitischen Gesteinen des Singhbhum-Batholithen, Ost-Indien, mit steigendem Differentiationsindex Pb zu bei abnehmender Tendenz von U [75, Fig. 3]. Im Galway-Granit, Republik Irland, nehmen Pb und Th zwar beide zu, jedoch ganz unabhängig voneinander, U ist unregelmäßig verteilt [5]. In japanischen Basalten nehmen U und Th zu in der Folge Tholeiite – Basalte mit hohem Al_2O_3 – Alkali-Olivinbasalte, während für Pb keine Beziehungen zu dieser Gesteinsfolge bestehen; in acht untersuchten Vulkaniten von Hawaii mit Ausnahme von zwei Trachyten Abnahme von U und Th mit zunehmenden SiO_2-Gehalten, jedoch Zunahme von Pb, wobei bei Pb zwei Melilith-Nephelin-Basalte diesem Schema nicht entsprechen [80].

Als Ursachen für das hohe Verhältnis Pb/U (16.9) in dem Closepet-Granit, Mysore, Indien, wird Feldspatisierung im Verlauf metasomatischer Vorgänge für möglich gehalten, eine Gesetzmäßigkeit zwischen Pb und U besteht nicht [70]. — Die Änderung der Verhältnisse Pb/U und Pb/Th in Lherzolithknollen aus Hawaii-Basalten kann durch Teilschmelzprozesse bewirkt worden sein [53].

Literatur zu 2.4.1.1.9.3:

[1] V. M. Ayanov (Izv. Akad. Nauk SSSR Ser. Geol. **1959** Nr. 10, S. 92/9, 99). — [2a] H. Bräuer (Diss. Freiberg 1969) nach [97]. — [2b] H. Bräuer (Freiberger Forschungsh. C Nr. 259 [1970] 83/139, 90/2, 110/2, 115/6, 118/9). — [3] I. Carmichael, A. McDonald (Geochim. Cosmochim. Acta **25** [1961] 189/222, 200/1, 203, 205). — [4] N. T. Clifford, J. M. Rooke, H. L. Allsopp (Geochim. Cosmochim. Acta **33** [1969] 973/86, 976). — [5] J. S. Coats, J. R. Wilson (Mineral. Mag. **38** [1971/72] 138/51, 144, 147).

[6] J. R. Cooper, J. R. Richards (Nature **210** [1966] 1245/6). — [7] E. Cosgrove (Contrib. Mineral. Petrology [Berlin] **36** [1974] 155/70, 160/1). — [8] K. G. Cox, R. L. Johnson, L. J. Monkman, C. J. Stillman, J. R. Vail, D. N. Wood (Phil. Trans. Roy. Soc. London A **257** [1964/65] 71/218, 147, 150, 157, 171, 178/9, 184). — [9] B. Crnković, V. Reić, K. Braun (Geol. Vjesnik **23** [1969] 193/204, 200/1 [englisch S. 204]). — [10] D. F. Crowder, D. C. Ross (U.S. Geol. Surv. Profess. Papers Nr. 775 [1973] 1/28, 19).

[11] J. B. Dawson (Bull. Geol. Soc. Am. **73** [1962] 545/69, 552). — [12] C. Deleon, L. H. Ahrens (Geochim. Cosmochim. Acta **12** [1957] 94/6). — [13] R. V. Dietrich, K. S. Heier (Geochim. Cosmochim. Acta **31** [1967] 275/80, 276). — [14] B. R. Doe, P. W. Lipman, C. E. Hedge, H. Kurasawa (Contrib. Mineral. Petrology [Berlin] **21** [1969] 142/56, 147). — [15] S. A. Drury (Chem. Geol. **9** [1972] 175/93, 182/3).

[16] A. E. J. Engel, C. G. Engel (in: Osn. Probl. Okeanol. Dokl. Plenarnykh Zased. 2nd Mezhdunar. Okeanogr. Kongr., Moscow 1966 [1968], S. 183/217, 190). — [17] A. E. J. Engel, C. G. Engel, R. G.

Havens (Geol. Soc. Am. Bull. **76** [1965] 719/34, 720, 725, 726). — [18] R. L. Erickson, L. V. Blade (U.S. Geol. Surv. Profess. Papers Nr. 425 [1963] 1/95, 19, 60/1). — [19] A. Ewart, S. R. Taylor, A. C. Capp (Contrib. Mineral. Petrology [Berlin] **17** [1968] 116/40, 126/7). — [20] A. Ewart, S. R. Taylor, A. C. Capp (Contrib. Mineral. Petrology [Berlin] **18** [1968] 76/104, 84/5, 87).

[21] H. W. Fairbairn, L. H. Ahrens, L. G. Gorfinkle (Geochim. Cosmochim. Acta **3** [1953] 34/46, 38/41). — [22] G. B. Fershtater, N. S. Borodina (in: L. V. Tauson, Geokhimicheskie Kriterii Potentsial'-noi Rudonosnosti Granitoidov, Irkutsk 1971, S. 189/96, 191). — [23] G. B. Fershtater, N. S. Borodina, M. V. Trayanova (Geokhimiya **1969** 72/83; Geochem. Intern. **6** [1969] 44/57, 47/51). — [24] M. V. Filimonov (Ezhegodnik Inst. Geokhim. Sibirsk. Otd. Akad. Nauk SSSR **1970/71** 192/6; vgl. Ref. Zh. Geol. **1971** Nr. 11 V 52). — [25] F. J. Flanagan (Geochim. Cosmochim. Acta **37** [1973] 1189/200).

[26] R. D. Gavrilin, L. A. Pevtsova (Geokhimiya **1963** 732/45; Geochemistry [USSR] **1963** 764/77, 775). — [27] R. D. Gavrilin, V. N. Volkov, E. V. Negrei, L. A. Pevtsova (Geokhimiya **1972** 926/35; Geochem. Intern. **9** [1972] 630/7, 636). — [28] V. I. Gerasimovskii, S. Ya. Kuznetsova (Geokhimiya **1966** 390/7, 394, 396). — [29] J. B. Gill (Contrib. Mineral. Petrology [Berlin] **27** [1970] 179/203, 184/9). — [30] A. Y. Glikson, J. W. Sheraton (Earth Planet. Sci. Letters **17** [1972/73] 227/42, 231).

[31] G. G. Goles (in: R. J. Wyllie, Trace Elements in Ultramafic and Related Rocks, New York 1970, S. 352/62, 360) [Pb-Werte]; H. Hamaguchi, G. W. Reed, A. Turkevich (Geochim. Cosmochim. Acta **12** [1957] 337/47, 342, 344) [Ba- und U-Werte]. — [32] L. Golub, V. Brajdić, B. Šebečić (Geol. Vjesnik **23** [1969] 205/17, 214 [englisch S. 216/7]). — [33] V. I. Gon'shakova (in: A. P. Lebedev, Mineraly Bazitov v Svyazi s Voprosami Petrogenezisa, Moskva 1970, S. 182/205, 191, 202, 204). — [34] H. Grohmann (Tschermaks Mineral. Petrog. Mitt. [3] **10** [1965] 436/74, 448/55, 457). — [35] H. Gundlach, F. Karl, G. Müller (Contrib. Mineral. Petrology [Berlin] **16** [1967] 285/99, 288/90).

[36] B. M. Gunn, F. Mooser (Bull. Volcanol. [2] **34** [1971] 577/616, 597). — [37] B. M. Gunn, N. D. Watkins (Geochim. Cosmochim. Acta **33** [1969] 341/56, 343). — [38] C. E. Hedge, R. J. Knight (Geochem. J. **3** [1969] 15/24, 17). — [39] N. Herz, C. V. Dutra (Geochim. Cosmochim. Acta **21** [1960/61] 81/98, 86). — [40] C. O. Ingamells, N. H. Suhr (Geochim. Cosmochim. Acta **27** [1963] 897/910, 908/9).

[41] H. Ishikawa, S. Berman, K. Yagi (Geochem. J. **5** [1971] 187/206, 190). — [42] A. S. Joyce (Chem. Geol. **11** [1973] 297/306, 299/301, 305). — [43] F. V. Kaminskii, M. A. Shlosberg (Izv. Akad. Nauk SSSR Ser. Geol. **1972** Nr. 2, S. 27/38, 37). — [44] P. Kolbe, S. R. Taylor (Contrib. Mineral. Petrology [Berlin] **12** [1966] 202/22, 208/9). — [45] V. I. Kovalenko, V. I. Fin'ko, F. A. Letnikov, M. I. Kuz'min (Izv. Akad. Nauk SSSR Ser. Geol. **1971** Nr. 8, S. 95/106, 98, 101).

[46] V. D. Kozlov (in: L. V. Tauson, Geokhimiya Redkikh Elementov v Magmaticheskikh Kompleksakh Vostochnoi Sibiri, Moskva 1972, S. 48/96, 84). — [47] H. Kurasawa (Geochem. J. **2** [1968] 11/28, 16). — [48] J. R. Lancelot, C. J. Allegre (Earth Planet. Sci. Letters **22** [1974] 233/8, 235). — [49] H. Lange, G. Tischendorf, W. Pälchen, I. Klemm, W. Ossenkopf (Geologie [Berlin] **21** [1972] 457/93, 476 und Tabelle 5). — [50] C. J. Liebenberg (Publ. Univ. Pretoria II Nr. 12 [1960] 1/79, 70/9).

[51] W. G. Melson, G. Thompson, T. H. van Andel (J. Geophys. Res. **73** [1968] 5925/41 5931/3). — [52] S. Moorbath, H. Welke (Earth Planet. Sci. Letters **5** [1968/69] 217/36, 221/2). — [53] M. Morioka, K. Kigashi (Earth Planet. Sci. Letters **25** [1975] 116/20, 117, 119). — [54] W. P. Nash, J. F. G. Wilkinson (Contrib. Mineral. Petrology [Berlin] **33** [1971] 162/9). — [55] J. Nicholls, J. S. E. Carmichael (Contrib. Mineral. Petrology [Berlin] **20** [1968/69] 268/94, 286).

[56] I. T. Nkomo, J. N. Rosholt (U.S. Geol. Surv. Profess. Papers Nr. 800-C [1972] 169/77, 173). — [57] D. C. Noble (U.S. Geol. Surv. Profess. Papers Nr. 525-B [1965] 85/90, 88). — [58] S. R. Nockolds, R. Allen (Geochim. Cosmochim. Acta **4** [1953] 105/42, 116, 122, 124, Tabelle nach S. 124). — [59] S. R. Nockolds, R. Allen (Geochim. Cosmochim. Acta **5** [1954] 245/85, 270, 277, 280). — [60] S. R. Nockolds, R. Allen (Geochim. Cosmochim. Acta **9** [1956] 34/77, 66/7, 69).

[61] G. L. Odikadze (Geokhimiya **1968** 1211/7; Geochem. Intern. **5** [1968] 1010/5, 1013). — [62] V. M. Oversby (Earth Planet. Sci. Letters **11** [1971] 400/6, 403). — [63] V. M. Oversby, A. Ewart (Contrib. Mineral. Petrology [Berlin] **37** [1972] 181/210, 188, 191/3). — [64] V. M.

Oversby, P. W. Gast (Earth Planet. Sci. Letters **5** [1968/69] 199/206, 201/2). — [65] M. O. Oyawoye (Contrib. Mineral. Petrology [Berlin] **16** [1967] 115/38, 133).

[66] C. Patterson, G. Tilton, M. Inghram (Science [2] **121** [1955] 69/75, 72). — [67] A. Polański (in: N. I. Khitarov, Problems of Geochemistry, Jerusalem 1969, S. 415/23, 417 [russisches Original: Moskva 1965]). — [68] P. I. Poltorykhin (Geol. i Geofiz. Akad. Nauk SSSR Sibirsk. Otd. **1972** Nr. 6, S. 35/44, 42). — [69] E. I. Popolitov, T. M. Filosofova (Ezhegodnik Inst. Geokhim. Sibirsk. Otd. Akad. Nauk SSSR **1971/72** 83/8, 84; Ref. Zh. Geol. **1973** Nr. 3 V 78). — [70] V. D. Rao, U. Aswathanarayana, M. N. Qureshi (Mineral. Mag. **38** [1971/72] 678/86, 680/1, 683).

[71] H. Read, B. T. Haq (Proc. Geologists' Assoc. **74** [1963] 203/12, Tabelle nach S. 204). — [72] G. W. Reed, K. Kigoshi, A. Turkevich (Geochim. Cosmochim. Acta **20** [1960] 122/40, 125, 128). — [73] N. G. Rodzyanko, N. K. Nefedov, A. F. Sviridenko (Sov. Geol. **1968** Nr. 4, S. 114/28, 119). — [74] J. N. Rosholt, A. J. Bartel (Earth Planet. Sci. Letters **7** [1969] 141/7, 144), — [75] A. K. Saha, A. V. Sankaran, T. K. Bhattacharyya (Neues Jahrb. Mineral. Abhandl. **108** [1968] 247/70).

[76] R. D. Shawe (U.S. Geol. Surv. Profess. Papers Nr. 550-C [1966] 206/13, 211). — [77] G. Siedner (Geochim. Cosmochim. Acta **29** [1965] 113/37, Tabelle nach S. 116). — [78] A. K. Sinha (Earth Planet. Sci. Letters **16** [1972] 219/27, 226). — [79] A. V. Sinitsyn (Izv. Akad. Nauk SSSR Ser. Geol. **1965** Nr. 7, S. 50/64, 54/5). — [80] M. Tatsumoto (J. Geophys. Res. **71** [1966] 1721/33, 1724/5).

[81] M. Tatsumoto (Science [2] **153** [1966] 1094/1101, 1095/6). — [82] M. Tatsumoto, R. J. Knight (Geochem. J. **3** [1969] 53/86, 59/65). — [83] M. Tatsumoto, P. D. Snavely (J. Geophys. Res. **74** [1969] 1087/1100, 1092). — [84] W. H. Taubeneck (Geol. Soc. Am. Spec. Papers Nr. 91 [1967] 1/56, 24/5). — [85] L. V. Tauson (in: L. H. Ahrens, Origin and Distribution of the Elements, Oxford – London – Edinburgh – New York – Toronto – Sydney – Paris – Braunschweig 1968, S. 629/39).

[86] S. R. Taylor (in: L. H. Ahrens, Origin and Distribution of the Elements, Oxford u.a. 1968, S. 559/83, 564/5). — [87] S. R. Taylor, A. C. Capp, A. L. Graham, D. H. Blake (Contrib. Mineral. Petrology [Berlin] **23** [1969] 1/26). — [88] G. Thompson, F. Shido, A. Miyashiro (Chem. Geol. **9** [1972] 89/97, 93). — [89] R. S. Thorpe (Contrib. Mineral. Petrology [Berlin] **31** [1971] 115/20, 116). — [90] M. V. Trayanova, N. S. Borodina, G. B. Fershtater (Ezheg. Inst. Geol. Geokhim. Akad. Nauk SSSR Ural. Filial **1969/70** 371/9; C.A. **78** [1973] Nr. 6633).

[91] Yu. P. Tsypukov, M. I. Kuz'min (Ezhegodnik Inst. Geokhim. Sibirsk. Otd. Akad. Nauk SSSR **1971/72** 108/12, 111). — [92] K. K. Turekian, K. H. Wedepohl (Bull. Geol. Soc. Am. **72** [1961] 175/91, Tabelle nach S. 186). — [93] A. P. Vinogradov (Geokhimiya **1962** 555/71; Geochemistry [USSR] **1962** 641/64, 647/8). — [94] R. Vollmer (Geochim. Cosmochim. Acta **40** [1976] 283/95, 285, 288). — [95] K. H. Wedepohl (Fortschr. Mineral. **39** [1961] 142/8, 145).

[96] H. Welke, S. Moorbath, G. L. Cumming (Earth Planet. Sci. Letters **4** [1968] 221/31, 224/5). — [97] C.-D. Werner (Freiberger Forschungsh. C Nr. 259 [1970] 7/82, 10/2, 53). — [98] B. I. Zlobin, M. S. Gorshkova (Geokhimiya **1961** 281/92; Geochemistry [USSR] **1961** 317/28).

2.4.1.1.10 Verhalten von Blei bei der Assimilation

Behavior of Lead in Assimilation

In den folgenden Abschnitten werden nur die im Zusammenhang mit Assimilations- und Hybridisierungsvorgängen bei der Platznahme eines Magmas eintretenden Veränderungen der Pb-Gehalte in den auskristallisierenden Magmatiten beschrieben. Zum Verhalten von Pb in den Nebengesteinen der Magmatite, dem Exokontakt, s. „Blei" A 2c, S. 86/92. Assimilationsvorgänge durch Magmen in größerer Tiefe (in Magmenkammern oder -herden) während oder nach Bildung der Magmen durch Schmelzprozesse sowie während des Aufstiegs aus der Tiefe s. ab S. 17 und ab S. 40.

2.4.1.1.10.1 Allgemeines

General

Ein Vergleich des Verhaltens von Pb in Intrusivkörpern des Kirgisen-Gebirges und des Susamyr-Batholiths, Mittel-Tien Shan, zeigt, daß die Aufnahme von Fremdmaterial durch die Ausgangsschmelze die Pb-Gehalte in den kleineren Plutoniten des Kirgisen-Gebirges wesentlich stärker beeinflußt als n dem großen Susamyr-Batholith [1].

Charakteristisch für Assimilationsvorgänge ist die Umkehrung des bei der Differentiation eines Magmas häufig beobachteten Trends einer Zunahme des Pb-Gehalts von basischen zu sauren Gesteinen, s. ab S. 127. So zeigen verschiedene Granitoide im Altaisk Krai, RSFSR, eine Pb-Abnahme von den frühen zu den späteren Phasen ihrer Entwicklung [2]. Auch in Effusiven Armeniens werden stellenweise abnehmende Pb-Gehalte von den basischen zu den sauren Laven beobachtet und dafür Assimilationsvorgänge in der Tiefe [3] oder am Erstarrungsort [4] verantwortlich gemacht. Eine merkliche Abnahme von Pb mit Zunahme der Azidität von vorquartären Laven der Vernadskii-Kette auf Nord-Paramushir, Kurilen, wird ebenfalls einer Kontaminierung des Magmas zugeschrieben [5].

Durch Isotopenuntersuchungen ist es möglich, Assimilationsvorgänge zu erkennen und zuweilen auch Art und Herkunft des aufgenommenen Materials zu identifizieren. Ein Vergleich der Isotopen von Pb aus Magmatiten des Kurama-Gebirges mit denen von Pb aus Magmatiten des Kuratau-Gebirges, beide Mittelasien, bestätigt die makroskopisch und mikroskopisch erkennbare Assimilation in der Gesteinsserie des erstgenannten Gebirges durch die starken Schwankungen der Pb-Isotopenwerte im Gegensatz zum Blei der Granitoidserie des Kuratau-Gebirges ohne erkennbare Assimilationsvorgänge [6]. — Die Ähnlichkeit der Pb-Isotopenzusammensetzung eines Granulit-Einschlusses zur Zeit der Bildung des Delegate-Schlots, Neusüdwales, Australien, mit der seines nephelinitischen Wirtsmagmas wird als das Ergebnis einer Kontamination des ursprünglichen Granulit-Bleis durch magmatisches Blei angesehen [7].

Behavior of Lead in Endocontact Zones

2.4.1.1.10.2 Verhalten von Blei im Endokontakt

In den bei der Platznahme von Magmen entstehenden hybridisierten Gesteinen der Randfazies und insbesondere in den Endokontakten von Intrusivkörpern wird häufig eine Abnahme der Pb-Gehalte gegenüber dem mittleren und meist unveränderten Teil der Intrusiva beobachtet [8], vgl. [9]. Siehe beispielsweise niedrigere Pb-Gehalte in hybridisierten Varietäten und in der Randfazies als im Innern der Dalidag-Granitoid-Intrusion im Kleinen Kaukasus, UdSSR [10], und Abnahme der Pb-Gehalte im Endokontakt des Massivs Karakamys, Bet Pak Dala, Kasachstan [11], vgl. [12].

Es kann jedoch auch Pb-Zunahme im Endokontakt auftreten, wie dies in Graniten des Massivs Ergebulak, Bet Pak Dala [11], und in Nephelinsyeniten des Mittel-Tatar-Massivs im Jenissei-Gebirge, Sibirien, beobachtet wird, im letzten Gebiet verbunden mit einer Abfuhr von Pb in die Gesteine des Exokontakts [13]. Auch die porphyroblastischen Granitoide der Endokontaktzone des Velitkenai-Granit-Massivs zwischen den Flüssen Kuvet und Ryvee an der Küste des Ostsibirischen Meeres sind relativ reich an Pb und weisen in ihren Exokontaktzonen Erzbildungen auf [14]. — In den Gesteinen der Serie Granosyenit–Granit des Bugul'min-Massivs, Mittel-Ost-Sayan, steigt der Pb-Gehalt der feinkörnigen Granite am Endokontakt infolge Aufnahme älterer Granite [15, S. 43]. — Kein Austausch von Pb wird am Kontakt dreier Intrusionen in Mittel- und Süd-Tien Shan festgestellt [16], vgl. „Blei" A 2c, S. 88.

Hybridization of Whole Intrusions

2.4.1.1.10.3 Hybridisierung von Gesamtintrusionen

Auch bei Hybridisierung größerer Anteile eines Intrusivkörpers wird deren Pb-Gehalt unterschiedlich beeinflußt. In den Granitoiden der Silinsker Gruppe, Miao Chang, Ferner Osten, abnehmende Pb-Gehalte mit zunehmender Hybridisierung in der Reihe Granodiorit→Quarzdiorit→Diorit→Monzonit→Gabbro-Diorit [17] und in einigen Massiven der UdSSR abnehmende Pb-Gehalte oder völliges Verschwinden von Galenit in den hybriden Gesteinen [18]. Demgegenüber ist der früh in der Differentiationsfolge des Suvodol-Massivs, Stara Planina, Balkan, gebildete Amphibol-Biotit-Granit mit 19 ppm durch Assimilation von Nebengestein gegenüber den später gebildeten Biotit-Graniten mit 9 ppm angereichert an Pb [19].

2.4.1.1.10.4 Einfluß des assimilierten Materials auf das Verhalten von Blei

Influence of Assimilated Material on Behavior of Lead

Die Aufnahme Ca-reicher saurer oder intermediärer Effusiva durch granitische Magmen führt zu einer Pb-Abnahme in den kontaminierten Magmen [20]. — Ungleichmäßige Pb-Verteilung in melanokraten Dioriten des Kenkol-Komplexes, Kirgisien, spricht für Hybridisierung durch unterschiedliche Mengen spilitischen Materials [21]. — Granitoide des Verkh-Isetsk-Massivs, Ural, mit zahlreichen Amphibolit-Xenolithen sind wesentlich Pb-ärmer als die anderen plutonischen Granite des Urals [22].

Bei Assimilation von Kalkstein durch ein Granitmagma geht nach experimentellen Untersuchungen Pb in die Schmelze über [23]. Für die Bildung der Nephelinsyenite des Matcha-Massivs, Alai-Gebirge, Süd-Tien Shan, ist Assimilation von Kalkstein durch ein granitisches Magma ein wesentlicher Faktor; ihre niedrigen Pb-Gehalte (5 bis 10 ppm) sprechen dafür, daß während des Assimilationsprozesses viel Pb als bewegliches Karbonat aus der Magmenkammer entwichen ist; Beziehungen zwischen Pb und K bestehen nicht [24]. Auch die Gesteinsserie Granodiorit – Monzonit der Massive Sapkol'skii und Dzhugoyakskii, Ost-Sayan, verdankt einer Assimilation karbonatischen Materials ihre niedrigen Pb-Gehalte, die entweder — wie im Matcha-Massiv — durch Abfuhr leichtbeweglicher karbonatischer Pb-Verbindungen oder durch einfache Verarmung infolge der Aufnahme der Pb-armen Kalkgesteine erklärt werden [15, S. 44]. Auch in Graniten des Kalkanata-Gebirges, West-Usbekistan, wird bei Karbonat-Assimilation Abnahme des Pb-Gehalts beobachtet [25, S. 31/2]. — Demgegenüber bewirkt in Gabbros und Diabasen des Kurama-Gebirges, Mittelasien, Assimilation von Nebengesteinen, insbesondere Kalken, eine Pb-Anreicherung [26].

Das Auftreten von Pb in subalkalischen Plateau-Basalten im Südosten der Sibirischen Tafel charakterisiert das fortgeschrittene Differentiationsstadium der Schmelze, das kompliziert wird durch Assimilation karbonatischer Nebengesteine [27], vgl. [28].

Für die Granite des Kalkanata-Gebirges, West-Usbekistan, werden Unterschiede im Pb-Gehalt je nach Art der assimilierten Al-Silikate festgestellt: Bei Aufnahme dunkler Al-Silikate (Sandstein-Schiefer-Schichten des Silur) durch das Magma nimmt Pb zu, bei Aufnahme heller Al-Silikate (Tuffe und Ignimbrite) dagegen ab [25, S. 26, 31]. Hohe Pb-Gehalte in granitischen Gesteinen des Aktau-Massivs, West-Usbekistan, sind wahrscheinlich durch Assimilation von Schiefertonen verursacht [29] und das Auftreten von Pb in Granitoiden des Kalba-Gebirges, Ost-Kasachstan, ist an die Aufnahme von sedimentär-metamorphen Nebengesteinen durch das Magma gebunden [30]. Aufnahme von Pb durch das Magma aus metapelitischen Nebengesteinen auch am Kontakt von Granodiorit des Santa Rosa-Stocks, Nevada, infolge Migration dieses auf Grund seines Verteilungsgradienten von Metasediment zu Granodiorit = 1.7 „beweglichen Elements" [31], s. auch „Blei" A 2c, S. 83/5, 88.

Die Assimilation von Arkosen mit Pb-haltigen Zirkonen erhöht den Pb-Gehalt des Adamellits vom Owlshead Peak, Death Valley, Kalifornien [32], s. hierzu „Blei" A 2c, S. 91.

2.4.1.1.10.5 Lagerstättenbildung als Folge von Pb-Assimilation

Formation of Mineral Deposits as Result of Pb Assimilation

Als „Assimilationslagerstätten" bezeichnet Smirnov Lagerstätten, die vorzugsweise aus in geringer Tiefe entstandenen granitischen Magmen gebildet werden, die infolge Aufschmelzens von Sedimenten metallische Elemente, darunter Pb, enthalten [33]. Als derart gebildete Lagerstätten können die sulfidischen Pb-Zn-Vererzungen im westlichen Erzgebirge, DDR, angesehen werden, deren Bildung durch Assimilation effusiv-sedimentärer Gesteinshorizonte und sekundäre Anreicherung der metallischen Komponenten wie Pb und Zn erklärt wird [34] und Pb-Zn-Lagerstätten im Böhmischen Mittelgebirge, ČSSR, für die Aufnahme von Pb aus dem Nebengestein durch den Essexit von Rongstock an der Elbe angenommen wird [35].

Beispiele zur Bestimmung der Art des assimilierten oder selektiv aus dem Nebengestein aufgenommenen Materials mit Hilfe von Pb-Isotopenbestimmungen an vorwiegend galenithaltigen Erzen s. „Blei" A 2c, S. 86/7, 141.

Literatur zu 2.4.1.1.10:

[1] L. V. Tauson (in: Geokhimiya Redkikh Elementov v Granitoidakh Akad. Nauk SSSR Inst. Geokhim. i Analit. Khim., Moskva 1961, S. 1/230, 50). — [2] G. V. Bel'skii (Tr. Altaisk. Gorno-Met. Nauchn. Issled. Inst. Akad. Nauk Kaz.SSR **12** [1962] 70/5, 75). — [3] K. G. Shirinyan (Dokl. Akad. Nauk Arm.SSR **33** Nr. 2 [1961] 61/6, 65). — [4] K. G. Shirinyan, A. A. Adamyan, K. I. Karapetyan, S. G. Karapetyan (Zap. Arm. Otd. Vses. Mineralog. Obshchestva Nr. 2 [1963] 27/56, 49). — [5] R. I. Rodionova, V. I. Fedorchenko, V. N. Shilov (Tr. Sakhalin. Kompleks. Nauchn. Issled. Inst. Akad. Nauk SSR Sibirsk. Otd. Nr. 16 [1966] 123/8, 127).

[6] N. I. Polevaya, A. V. Rabinovich, M. N. Golubchina, A. D. Iskanderova (Mezhdunar. Geol. Kongr. 23-ya Sessiya Dokl. Sov. Geol., 1968, S. 128/34, 129/30). — [7] J. F. Lovering, M. Tatsumoto (Earth Planet. Sci. Letters **4** [1968] 350/6, 352/3). — [8] V. S. Koptev-Dvornikov, I. F. Grigor'ev, E. I. Dolomanova, L. V. Dmitriev, E. V. Negrei, O. S. Polkvoi, M. G. Rub, I. E. Smorchkov, F. K. Shipilin (in: Magmatizm i Svyaz' s Nim Poleznykh Iskopaemykh, Moskva 1960, S. 165/94, 179, 183). — [9] V. S. Koptev-Dvornikov, M. G. Rub, L. V. Dmitriev, E. V. Negrei (Geokhimiya Redkikh Elementov, Moskva 1959, S. 101/19, 108/9). — [10] G. V. Mustafaev (Izv. Akad. Nauk Azerb.SSR Ser. Nauk Zemle **1968** Nr. 5, S. 58/63, 62).

[11] E. V. Negrei (in: V. S. Koptev-Dvornikov u. a., Tr. Inst. Geol. Rudn. Mestorozhd. Petrogr. Mineralog. i Geokhim. Nr. 54 [1962] 220/50, 244). — [12] V. S. Koptev-Dvornikov, O. S. Polkvoi (in: V. S. Koptev-Dvornikov u. a., Tr. Inst. Geol. Rudn. Mestorozhd. Petrogr. Mineralog. i Geokhim. Nr. 54 [1962] 270/85, 283). — [13] E. V. Sveshnikova (Tr. Inst. Geol. Rudn. Mestorozhd. Petrogr. Mineralog. i Geokhim. Nr. 76 [1962] 125/42, 138). — [14] A. P. Milov, D. M. Pecherskii, V. S. Ivanov (Tr. Sev. Vost. Kompleksn. Nauchn. Issled. Inst. Nr. 9 [1964] 170/80, 174/5). — [15] A. E. Vorontsov, G. I. Selivanova (Geol. i Geofiz. Akad. Nauk SSSR Sibirsk. Otd. **1971** Nr. 9, S. 40/7).

[16] R. D. Gavrilin, L. A. Pevtsova, N. S. Klassova (Geokhimiya **1969** 288/300; Geochem. Intern. **6** [1969] 251/61, 257/8). — [17] V. L. Barsukov (in: A. P. Vinogradov, Chemistry of the Earth's Crust, Bd. 2, Jerusalem 1967, S. 211/31, 214 [russisches Original: Moskva 1964]). — [18] V. V. Lyakhovich, A. D. Chervinskaya (Izv. Akad. Nauk SSSR Ser. Geol. **1960** Nr. 5, S. 67/78, 73/5, 77). — [19] M. Arsenijević, D. Pešić (Vestn. Zavod. Geol. Geofiz. Istrazivanja A **22/23**[1964/65] 77/115, 82 [englisch S. 110/4, 110]). — [20] Ya. D. Gotman (Izv. Akad. Nauk SSSR Ser. Geol. **1953** Nr. 2, S. 74/83, 77).

[21] A. G. Zhil'tsov, E. E. Shchelkov, G. F. Bondarenko (Zap. Kirgizsk. Otd. Vses. Mineralog· Obshchestva Nr. 3 [1962] 49/58, 54/5). — [22] G. B. Fershtater, N. S. Borodina, M. V. Trayanova (Geokhimiya **1969** 72/83; Geochem. Intern. **6** [1969] 44/57, 52, 54). — [23] L. N. Ovchinnikov, L. I. Mettikh (Tr. 5th Soveshch. Eksp. Tekhn. Mineralog. Petrogr., Leningrad 1956 [1958], S. 188/200, 199; C.A. **1960** 19328). — [24] R. D. Gavrilin, L. A. Pevtsova, N. S. Klassova (Geokhimiya **1965** 1067/75, 1073/4, 1072). — [25] O. M. Borisov (Izv. Akad. Nauk Uz.SSR Ser. Geol. **1957** Nr. 4, S. 23/35).

[26] O. P. Gor'kovoi (Vopr. Geol. Uzbekistana Akad. Nauk Uz.SSR Otd. Geol. Khim. Nauk **1960** 31/42, 37). — [27] V. I. Gon'shakova (Tr. Inst. Geol. Rudn. Mestorozhd. Petrogr. Mineralog. i Geokhim. Nr. 61 [1961] 1/296, 226). — [28] V. I. Gonshakova (in: G. D. Afanas'ev, Petrografiya Vostochnoi Sibiri, Bd. 1, Moskva 1962, S. 118/207, 196). — [29] P. T. Azimov (Zap. Uzbekistansk. Otd. Vses. Mineralog. Obshchestva Nr. 23 [1970] 140/5). — [30] G. V. Bel'skii, S. G. Shavlo (Uzbeksk. Geol. Zh. **1961** Nr. 5, S. 43/9, 46).

[31] A. Wodzicki (Mineralium Deposita **6** [1971] 49/64, 60/1). — [32] R. G. Gastil, M. DeLisle, J. Morgan (Geol. Soc. Am. Bull. **78** [1967] 879/903, 884). — [33] V. I. Smirnov (Izv. Akad. Nauk SSSR Ser. Geol. **1969** Nr. 3, S. 3/17, 3, 8/10). — [34] S. V. Nechaev (Ber. Deut. Ges. Geol. Wiss. B **13** [1968] 445/67, 464/5). — [35] O. Oelsner (Geologie [Berlin] **5** [1956] 685/94, 692).

2.4.1.2 Pegmatite. Pneumatolyte

Pegmatites. Pneumatolytes

2.4.1.2.1 Allgemeines

General

Zur Nomenklatur und Klassifikation der Pegmatite/Pneumatolyte s. [1, S. 2, 613/5, Tabelle nach S. 588]. — Pegmatite sind räumlich gewöhnlich auf die äußeren Ränder einer (Granit- bzw. Nephelinsyenit-) Intrusion und/oder ihre unmittelbare Umgebung, meistens ein Ort intensiver Brucherscheinungen, beschränkt [2, 3]. — Für die Bildungstiefe von granitischen Pegmatiten wird allgemein festgestellt: Uran-Seltenerdelement-Pegmatite zwischen 8 und 9 km, Muskovit-Pegmatite und keramische Pegmatite von 5 bis 8 km, Seltenmetall (Ta, Be, Li)-Pegmatite von 3.5 bis 5 km und miarolithische, Bergkristall-haltige Pegmatite etwa 3 km [4]. Im Mama-Gebiet, Nord-Baikal-Hochland, Sibirien, und in einigen weiteren Granitpegmatit-Gebieten Ost-Sibiriens sind die Muskovit-Pegmatite angereichert an Blei gegenüber den Seltenmetall-Muskovit-Pegmatiten; jedoch darf dabei der Einfluß postmagmatischer Umwandlungen nicht unberücksichtigt bleiben [5]. Neben einem Einfluß der Bildungstiefe des Pegmatits auf den Pb-Gehalt seiner Mineralien werden für Muskovit-, Seltenmetall-Muskovit- und Seltenmetall-Pegmatite von vier verschiedenen Pegmatit-Gürteln Indiens (Bihar, Rajasthan, Nellor, Mysore) hauptsächlich regionale Einflüsse verantwortlich gemacht für den unterschiedlichen Gehalt in den Kalifeldspäten und Muskoviten; maximale Pb-Gehalte in diesen Mineralien werden für Nellor, minimale für Mysore festgestellt [6].

Die Untersuchung von 71 Pegmatit-Proben von Fundorten im Altkristallin der Ostalpen in der Nähe des Villacher Granits, Kärnten, Österreich, ergibt einen zunehmenden Pb-Gehalt einerseits bei zunehmender Größe des Pegmatits und andererseits — bei gleichzeitiger Zunahme des K-Gehaltes — mit Annäherung an den Granit; für kleinere Pegmatitkörper werden ähnliche Pb-Gehalte wie für die Nebengesteine gefunden [7]. Gleiche Resultate ergeben sich für Untersuchungen an Alkalifeldspäten aus Pegmatiten unterschiedlicher Größe von Süd-Norwegen [8], s. auch „Blei" A 2a, S. 217. — Für zonare Pegmatite wird gewöhnlich eine Zunahme des Pb-Gehaltes in Richtung auf den jüngeren Kern hin beobachtet, s. dazu ab S. 183.

Pegmatite, Pneumatolyte und Hydrothermalite — s. ab S. 189 — sind genetisch miteinander verknüpft, wobei die Pneumatolyte und Hydrothermalite angereichert sind besonders an Mo, W, Bi, Au, Cu, Zn, Pb, H_2O, CO_2 und S [9], vgl. [1, S. 555].

Literatur zu 2.4.1.2.1:

[1] H. Schneiderhöhn (Die Erzlagerstätten der Erde, Bd. 2, Die Pegmatite, Stuttgart 1961, S. 1/720). — [2] K. Rankama, T. G. Sahama (Geochemistry, Chicago 1950, S. 1/912, 178). — [3] J. S. Brown (Econ. Geol. **60** [1965] 1167/84, 1184). — [4] A. I. Ginzburg, G. G. Rodionov (Geol. Rudn. Mestorozhd. **1960** Nr. 1, S. 45/54, 46/7, 53). — [5] B. M. Shmakin (Geokhimiya **1971** 1494/500; Geochem. Intern. **8** [1971] 913/8, 913/4, 916).

[6] B. M. Shmakin (Geokhimiya **1973** 1179/88; Geochem. Intern. **10** [1973] 890/9, 896/7). — [7] H. Khalili (Tschermaks Mineral. Petrog. Mitt. [3] **18** [1972] 79/104, 79, 100/1). — [8] S. R. Taylor, K. S. Heier (21st Intern. Geol. Congr. Rept. Session Norden, Copenhagen 1960, Tl. 14, S. 47/61, 50/2, 54, 57, 60). — [9] A. E. Fersman (Pegmatity, Bd. 1, Moskva – Leningrad 1940, S. 1/710, 26).

2.4.1.2.2 Art des Auftretens und Verteilung von Blei

Type of Occurrence and Distribution of Lead

Blei findet sich in Pegmatiten sowohl als Spurenelement in den gesteinsbildenden Mineralien und Akzessorien als auch in Form von Galenit und untergeordnet in anderen Blei-Mineralien.

Das Auftreten derartiger Pb-haltiger Mineralien in Pegmatiten verschiedener Vorkommen sowie die Verteilung von Blei auf diese Mineralien wird im folgenden an einigen charakteristischen Beispielen aufgezeigt. Dabei ist zu berücksichtigen, daß besonders Galenit und andere Blei-Mineralien häufig nicht in der pegmatitischen Phase selbst, sondern erst nachträglich in der hydrothermalen Phase — vgl. ab S. 192 — gebildet werden.

Lead in Pegmatite Minerals

2.4.1.2.2.1 Blei in Pegmatit-Mineralien

Haupt-Pb-Träger (und meist auch Pb-Konzentratoren) fast aller Pegmatite sind die gesteinsbildenden Mineralien. Hierbei übernehmen für den gesamten Bildungsbereich der Pegmatite die K(Na)-Feldspäte die Hauptrolle [1, 2], vgl. auch S. 172, von den früh gebildeten Mikroklinen bis hin zu den spät gebildeten, häufig durch Metasomatose besonders an Blei angereicherten Amazoniten; zur Höhe der Pb-Gehalte in Alkalifeldspäten s. „Blei" A 2a, S. 212/25 und ab S. 234.

Für folgende untergeordnete Pb-Träger der Pegmatite liegen Angaben über die Höhe der Pb-Gehalte in „Blei" A 2a vor: Plagioklase, S. 227 und 234/7, Glimmer — besonders Muskovite und Biotite — S. 206/9 und Quarz, S. 165.

Daneben sind auch viele akzessorische Mineralien Pb-haltig. Ihre Pb-Gehalte s. auf den im folgenden angegebenen Seiten des Bandes „Blei" A 2a: Cassiterit, S. 165/6; Uraninit, S. 167; Columbit, S. 174; Euxenit, S. 175; Monazit, S. 184/5; Granat-Gruppe, S. 189; Zirkon, S. 189/90, 193; Thorit/Uranothorit, S. 194; Allanit, S. 199; Beryll, S. 201; Turmalin, S. 201/2.

Als sulfidisches Mineral findet sich Blei in Granitpegmatiten überwiegend in Form von Galenit, selten auch als Komplexes Sulfid (Sulfosalz) [3]. Dasselbe gilt für Nephelinsyenite [4], vereinzelt auch Alkalisyenite [5] sowie Syenit- und Eläolithsyenite [6], vgl. auch [7]. In wirtschaftlich bedeutenden Mengen treten Erze von Cu, Zn, Pb und anderen Elementen in Pegmatiten nicht auf [8]. Jedoch kann Galenit mitunter in Pegmatiten beträchtliche Größe annehmen: So werden zwischen Albit-Tafeln im Pegmatit der Rutherford Mine, Virginia, derbe Galenite von bis zu 500 g Gewicht [9, S. 750], in einem Feldspat-Pegmatit des Nephelinsyenit-Massivs von Khibina, Halbinsel Kola, sogar Kristallaggregate bis zu 1.5 kg Gewicht gefunden [10]; ferner findet sich Galenit — hydrothermal gebildet — in bis 1.5 cm großen Kristallen im Zentrum der Natrolith-Zone von Alkalipegmatiten im Nephelinsyenit des Lovozero-Massivs, Halbinsel Kola [11], und — niedrigthermal gebildet — ziemlich verbreitet in bis zu 1 cm großen Kristallen in Auslaugungshohlräumen von Cancrinit-reichen (bis zu 90%) Pegmatiten der Massive Dakhunur und Khuchol, Südost-Tuva [12].

Durch weite Verbreitung von Galenit gekennzeichnet sind die Pegmatite des monzonitischen Megri-Plutons, Süd-Armenien [13, 14]; seltener ist Galenit beispielsweise in granitisch-granodioritischen Pegmatiten Jugoslawiens [15], in Granitpegmatiten Nord-Kareliens [16, S. 104], in Pegmatiten metasomatisch umgewandelter archäischer Granitgneise Mittel-Kareliens [17] und in pegmatitischen Gängen des spätkinematischen Bergaul-Massivs, Süd-Karelien [18]. Ganz vereinzelt tritt Galenit in winzigen Körnern im Pegmatit von St. Pierre de Wakefield, Quebec, auf [19]. Für Muskovit-Pegmatite, Ost-Sibirien, sind Erzmineralien nicht charakteristisch, und Galenit wird nur gelegentlich in Lösungszonen mit Quarz-Abfuhr beobachtet [20]. In den Pegmatitgängen in Kalksilikatfelsen von Nedvědice, West-Mähren, ČSSR, wurde Galenit im Zusammenhang mit jüngerer pegmatitischer (oder auch pneumatolytischer, s. S. 190) Stoffzufuhr gebildet [21]; demgegenüber wird die hydrothermale Herkunft betont für das Auftreten von Galenit in Quarzgängchen der mineralisierten Pegmatite in Granodioriten des Anivsk-Massivs, Insel Sakhalin [22], für den spät gebildeten Galenit (der Chalkopyrit verdrängt) im linsenförmigen Pegmatit von Graniteville, Missouri [23], und für die in einer „3. Phase" in Pegmatiten von Collins Hill, Portland, Connecticut [24], sowie von Nord-Kirgisien gebildeten Galenite [25]. Auch die feinen Galenit-Einschlüsse entlang einer bestimmten Zone („markierender Horizont") im Kern von spät gebildeten Bergkristallen der volldifferenzierten Pegmatite Wolhyniens, Ukraine, wurden zusammen mit dem Quarz bei 320 bis 230°C hydrothermal abgeschieden [26].

Im Jenissei-Gebirge, westliches Ost-Sibirien, sind die in Kalksteinen gelegenen Pegmatite durch stärkere Galenit-Anteile charakterisiert als die Pegmatite in Nephelinsyeniten; bevorzugt wird Galenit in diesen Pegmatiten im dritten Stadium der Metasomatose (Albitisierung durch Ca-Na-Metasomatose nach vorangegangener K- und Na-Metasomatose) als Verdrängungsbildung nach Zufuhr neuer Pb-haltiger Lösungen zusammen mit Calcit-Zeolith-Aggregaten und Fluorit abgeschieden [27]. — In Pektolith-Natrolith-Pegmatitgängen der UdSSR, die mit Alkaligesteinen genetisch verbunden sind, tritt Galenit neben Pb-führendem Scherbakovit mit anderen Sulfiden auf [28]. In dem mit einer foyaitischen Intrusion verbundenen Kryolith-Pegmatit von Ivigtut, West-Grönland, ist häufig auftretender Galenit neben geringen Mengen Bournonit, Boulangerit und Schapbachit enthalten; ihre Bildung zusammen mit zahlreichen weiteren Mineralien (insgesamt 28) im Temperaturbereich von 590 bis 510°C [29] ist jedoch wenig wahrscheinlich und vermutlich eher rein hydrothermal [16, S. 102/3]; Galenite, sowohl aus dem Kryolith-Kern als auch aus Quarz-Feldspat-Biotit-Pegmatit im Granit, sind in ihrer Pb-Isotopenzusammensetzung nahezu identisch und vom „B-Typ" (s. „Blei" A 2a, S. 251), d.h. weit älter als der Granit-Kryolith-Komplex; sie werden wahrscheinlich aus dem metamorphen Fundament mit hohem Verhältnis Pb/U beim Aufstieg der Ivigtut-Magmen mobilisiert und neu abgeschieden [30]. Auch für die in Pegmatiten Nord-Kareliens gefundenen Galenit-Typen wird mit Hilfe der Pb-Isotopenzusammensetzung hydrothermale Entstehung nachgewiesen: So findet sich nur in Nord-Varaka eine normale Zusammensetzung, während in Cheto Lambina, Kamenaya Taibola, am Postel'nyi-See und am Olenchik unterschiedlich erhöhte Gehalte der radiogenen Isotope ^{206}Pb, ^{207}Pb und ^{208}Pb eine Überlagerung durch lokale hydrothermale Prozesse und Galenit-Bildung auf Kosten des Bleis aus Uraniniten anzeigen [31]. Hierbei werden bis zu 50% des radiogenen Bleis aus Uraniniten entnommen und in folgenden drei Galenit-Generationen hydrothermal wieder abgeschieden:

1. Eine der Pegmatitbildung zeitlich nahe Generation, die mit dieser wahrscheinlich direkt verbunden ist (Nord-Varaka und Tedino-See).
2. Eine bei einem nachfolgenden jüngeren, hydrothermalen Prozeß entstandene Generation.
3. Eine bei einem jüngsten hydrothermalen Prozeß mit Zufuhr von radiogenem Blei aus anderen Mineralien (Orthite, Monazite, „Carburane") gebildete Generation. Sie tritt auf in Form feiner Galenit-Filme auf den Spaltflächen von Muskoviten nahe den „Carburanen" [32].

Außer oder neben Galenit werden vereinzelt auch andere Blei-Mineralien in Pegmatiten beobachtet: Glieder der Reihe der Pb-Bi-Spießglanze mit unterschiedlichem Verhältnis Pb:Bi, aber stets Pb < Bi (d.h. zwischen Galenobismutit und Bismuthinit liegend), treten im Sphalerit, dem Haupterz und gleichzeitig Wirtsmineral der Sulfid-Teilparagenese des Pegmatits von Hagendorf, Oberpfalz, Bundesrepublik Deutschland, auf; die im ursprünglichen Sphalerit-Hochtemperatur-mischkristall gelösten Metalle, darunter auch Pb, entmischen bei der Abkühlung in selbständige Mineralphasen, deren räumliche Anordnung und chemische Zusammensetzung durch das Kristallgitter des Wirts-Sphalerits vorbestimmt sind („Diataxie") [33]. — Pegmatitisch-pneumatolytisch gebildeter akzessorischer Macedonit ($PbTiO_3$) ist in aplitisch-pegmatitischen Alkali-Amazonit-Quarzsyenitgängen von Crni Kamen, Westabhang des Selecka-Gebirges, Mazedonien, Jugoslawien, vertreten [34]. — Pb-Ce-Pyrochlor ist bis maximal 2% in pegmatitischen Bildungen der Apogranite und metasomatischen Kontaktzonen des nordwestlichen Tarbagatai-Gebirges, Ost-Kasachstan, enthalten [35]. — Cerussit und Anglesit sind Sekundärbildungen auf Galenit zwischen tafeligen Albiten der Rutherford Mine, Virginia [9, S. 745/6, 749]. — Wulfenit und Pyromorphit sind in Fluorit-Granitpegmatiten von Karkaralinsk, Kasachstan, zu finden [36]. — Das hydratisierte U-Pb-Silikat Kasolit tritt zusammen mit Uraninit und Columbit sowie einem nicht benannten, Kasolit-ähnlichen Th-Pb-Silikat im Pegmatit von Chiapaval, South Harris, Äußere Hebriden, auf [37].

Literatur zu 2.4.1.2.2.1:

[1] J. S. Brown (Econ. Geol. **60** [1965] 1167/84, 1168). — [2] K. S. Heier, P. D. Palmer, S. R. Taylor (Norsk Geol. Tidsskr. **47** [1967] 185/9, 185). — [3] A. E. Fersman (Compt. Rend. Acad. Sci. USSR **1931** 115/22 nach [16, S. 464, 492/3]). — [4] V. M. Goldschmidt (Geochemistry, Oxford 1954, S. 1/730, 400). — [5] A. I. Ginzburg (in: A. I. Ginzburg, New Data on Rare Element Mineralogy, New York 1963, S. 1/15, 13 [russisches Original: Moskva 1961]).

[6] E. V. Sveshnikova (Magmatizm i Svyaz' s Nim Polezn. Iskop. Tr. 2-go Vses. Petrogr. Soveshch., Tashkent 1958 [1960], S. 479/81). — [7] Yu. L. Kapustin (in: R. P. Tikhonenkova, E. I. Semenov, Mineralogiya Pegmatitov i Gidrotermalitov Shchelochnykh Massivov, Moskva 1967, S. 72/84, 82). — [8] K. K. Landes (Am. Mineralogist **22** [1937] 551/60, 557/8). — [9] J. J. Glass (Am. Mineralogist **20** [1935] 741/68). — [10] M. D. Dorfman, V. M. Senderova (Tr. Mineralog. Muzeya Akad. Nauk SSSR Nr. 15 [1964] 203/7, 203/5).

[11] E. I. Semenov (Mineralog. i Genet. Osobennosti Shchelochnykh Massivov, Akad. Nauk SSSR Inst. Mineralog. Geokhim. i Kristallokhim. Redkikh Elementov **1964** 21/8, 21). — [12] E. I. Semenov (in: R. P. Tikhonenkova, E. I. Semenov, Mineralogiya Pegmatitov i Gidrotermalitov Shchelochnykh Massivov, Moskva 1967, S. 41/51, 41/3, 49). — [13] B. M. Meliksetyan (in: Metallogenicheskaya Spetsializatsiya Magmaticheskikh Kompleksov, Moskva 1964, S. 320/47, 335). — [14] B. M. Meliksetyan (Vopr. Geol. Kavkaza **1964** 71/98 nach Ref. Zh. Geol. **1965** Nr. 5V20). —

[15] S. Pavlović, D. Nikolić (in: L. H. Ahrens, Origin and Distribution of the Elements, Oxford u. a. 1968, S. 721/37, 725).

[16] H. Schneiderhöhn (Die Erzlagerstätten der Erde, Bd. 2, Die Pegmatite, Stuttgart 1961, S. 1/720). — [17] K. D. Borisova, I. M. Gorochov, S. B. Lobach-Zhuchenko (Tr. Lab. Geol. Dokembriya Akad. Nauk SSSR Nr. 12 [1961] 238/56, 249). — [18] G. O. Glebova-Kul'bakh, S. B. Lobach-Zhuchenko, I. I. Pinaeva, K. D. Borisova (Tr. Lab. Geol. Dokembriya Akad. Nauk SSSR Nr. 15 [1963] 161/334, 224/5). — [19] S. C. Robinson, W. D. Loveridge, J. Rimsaite, J. van Peteghem (Can. Mineralogist **7** [1962/63] 533/46, 535/6). — [20] B. M. Shmakin (in: B. M. Shmakin, Geokhimiya Pegmatitov Vostochnoi Sibiri, Moskva 1971, S. 72/101, 96).

[21] D. Němec (Neues Jahrb. Mineral. Abhandl. **108** [1968] 52/68, 52, 56). — [22] V. I. Naryzhnyi, Yu. L. Neverov (Tr. Sakhalin. Kompleks. Nauchn. Issled. Inst. Akad. Nauk SSSR Sibirsk. Otd. Nr. 15 [1963] 72/6, 75). — [23] C. Tolman, S. S. Goldich (Am. Mineralogist **20** [1935] 229/39, 237/9). — [24] W. F. Jenks (Am. J. Sci. **230** [1935] 177/97, 183, 196). — [25] A. A. Konyuk, S. D. Turovskii (Tr. Inst. Geol. Akad. Nauk Kirg. SSR Nr. 7 [1956] 3/25, 13, 23/4).

[26] D. K. Voznyak (Mineralog. Sb. [Lvov] **22** [1968] 413/6). — [27] E. V. Sveshnikova (Tr. Inst. Geol. Rudn. Mestorozhd. Petrogr. Mineralog. i Geokhim. Nr. 76 [1962] 125/42, 126, 129, 131, 138, 140). — [28] E. M. Es'kova, M. E. Kazakova (Dokl. Akad. Nauk SSSR [2] **99** [1954] 837/40, 839). — [29] H. Pauly (Neues Jahrb. Mineral. Abhandl. **94** [1960] 121/39, 124/5, 133/5, 138). — [30] S. Moorbath, H. Pauly (Ann. Progr. Rept. Dept. Geol. Geophys. Mass. Inst. Technol. Nr. 10 [1962] 99/102).

[31] K. K. Zhirov, S. I. Zykov (Tr. 4-oi Sessii Komis. po Opred. Absolyut. Vozrasta Geol. Formatsii, Moskva 1955 [1957], S. 258/65, 258/60, 264). — [32] K. K. Zhirov, S. I. Zykov, V. V. Zhirova, N. I. Stupnikova (Geokhimiya **1957** 657/65, 658/9, 665). — [33] H. Rabe (Chem. Erde **35** [1976] 209/40, 220, 222, 230, 237/8). — [34] D. Radusinović, C. Markov (Am. Mineralogist **56** [1971] 387/94, 387, 394). — [35] D. A. Mineev (Geokhimiya Apogranitov i Redkometal'nykh Metasomatitov Severo-Zapadnogo Tarbagataya, Moskva 1968, S. 1/183, 110).

[36] E. I. Semenov, L. P. Kostyunina, M. P. Kulakov (in: R. P. Tikhonenkova, E. I. Semenov, Mineralogiya Pegmatitov i Gidrotermalitov Shchelochnykh Massivov, Moskva 1967, S. 137/49, 137/40). — [37] O. von Knorring, R. Dearnley (Mineral. Mag. **32** [1959/61] 366/78, 370, 376).

Distribution of Lead among Various Minerals

2.4.1.2.2.2 Verteilung von Blei zwischen verschiedenartigen Mineralien

In Pegmatiten Bulgariens und der UdSSR ist Blei bevorzugt in Kalifeldspäten enthalten, und nur in Glimmerpegmatiten mit Plagioklas und Quarz als Hauptmineralien wird Blei besonders in den am frühesten gebildeten Plagioklasen erheblich konzentriert: So führen Oligoklase von Pchelina, Pastra, nordwestliches Rila-Gebirge, mit maximal 150 ppm Pb 2- bis 4fach höhere Gehalte als Plagioklase anderer Pegmatite Bulgariens [1, S. 25/6, 29], vgl. [2]; Amazonite haben 2- bis 10fach höhere Pb-Gehalte gegenüber ungefärbten Mikroklinen und Plagioklasen aus Pegmatiten Bulgariens und der UdSSR [3]. Insgesamt gesehen — vgl. Tabelle S. 174 — sind jedoch Mikrokline 2.5fach reicher an Blei als Plagioklase, die ihrerseits wieder 2- bis 3fach reicher an Blei sind als die Glimmer (Muskovit, Phlogopit); hierbei bestehen wahrscheinlich sehr komplexe Beziehungen zwischen den Gehalten an Pb und den Hauptelementen der Feldspäte [2]. Zur unterschiedlichen Pb-Verteilung innerhalb großer Mikroklin-Blockkristalle verschiedener Generationen s. „Blei" A 2a, S. 223. — Bevorzugte Bindung von Blei an Mikrokline gegenüber Plagioklasen wird auch in Pegmatitgängen Nord-Kareliens beobachtet und hier als Beweis für eine völlige Umverteilung (intensive Pb-Aufnahme vgl. auch S. 178) des Pb-Gehaltes in Verbindung mit der Mikroklin-Bildung angesehen [4]. Erhöhte Pb-Gehalte in Mikroklinen gegenüber Plagioklasen finden sich, speziell in Zonen mit Muskovitisierung, auch in Pegmatiten Mittel- und Ost-Sibiriens (Mama-, Priol'khonsk-, Kondakovskii-Gebiet) [5], obwohl im Mama-Gebiet Plagioklas-Pegmatite mit nur 5% Mikroklin-Gehalt wesentlich Pb-reicher sind als Gneisgranite mit 20% Mikroklin-Gehalt [6]. Ebenso wird eine merkliche Anreicherung von Blei in Kalifeldspäten der Granitpegmatite Süd-Norwegens erst bei Abwesenheit von Plagioklasen beobachtet [7]. Weitere Angaben über die Pb-Gehalte in koexistierenden Kalifeldspäten und Plagioklasen s. „Blei" A 2a, S. 234/7.

Bei koexistierenden Kalifeldspäten und Muskoviten sind die Mikrokline aus Pegmatiten Süd-Bulgariens 5- bis 5.5fach [1, S. 24] und die Kalifeldspäte aus größeren Pegmatiten des Gebietes von Baltimore, Maryland, 15fach reicher an Blei als die Muskovite [8]. Teilweise noch größer sind die Unterschiede im Pb-Gehalt beider Mineralien — vgl. „Blei" A 2a, S. 234 — in den frühen Mineral-Generationen der Muskovit-Pegmatite Ost-Sibiriens, wobei sich zusätzlich die Bildungstiefe (Druck) auswirkt [9].

In Muskovit-Biotit-Verwachsungen aus Glimmer-Pegmatiten der UdSSR ist teils Biotit (Ena, Halbinsel Kola), teils Muskovit (Loukhi, Nord-Karelien und Mama-Gebiet, Nord-Baikal-Hochland, Sibirien) das Pb-reichere Mineral [10, S. 70].

Für die einzelnen Mineralien eines Na-Li-Granitpegmatits der UdSSR ergeben sich folgende Pb-Anteile am Gesamtgehalt: Feldspäte 22.0, Glimmer 12.2, Turmalin 24.2, Amblygonit 4.9, Beryll 12.2 und Cassiterit 24.4% [11].

Literatur zu 2.4.1.2.2.2:

[1] V. Arnaudov, M. Pavlova (Izv. Geol. Inst. Bulgar. Akad. Nauk. Ser. Geokhim. Mineral. Petrogr. **20** [1971] 21/9 [bulgarisch, russisch S. 28/9, englisch S. 29]). — [2] V. Arnaudov, M. Pavlova (Izv. Geol. Inst. Bulgar. Akad. Nauk. Ser. Geokhim. Mineral. Petrogr. **19** [1970] 93/101, 96, 99, 101 [bulgarisch, russisch S. 100/1, englisch S. 101]). — [3] V. Arnaudov, M. Pavlova, S. Petrusenko (Izv. Geol. Inst. Bulgar. Akad. Nauk. Ser. Geokhim. Mineral. Petrogr. **16** [1967] 41/4 [bulgarisch, englisch S. 44]). — [4] N. M. Manaev (Geokhim. Sb. Saratovsk. Univ. Nr. 4 [1969] 140/57, 151; Ref. Zh. Geol. **1970** Nr. 7V28). — [5] B. M. Shmakin (in: B. M. Shmakin, Geokhimiya Pegmatitov Vostochnoi Sibiri, Moskva 1971, S. 72/101, 96/7).

[6] V. M. Makagon, B. M. Shmakin, K. F. Kashirin (Geol. i Geofiz. Akad. Nauk SSSR Sibirsk. Otd. **1969** Nr. 2, S. 34/41, 40). — [7] S. R. Taylor, K. S. Heier (21st Intern. Geol. Congr. Rept. Session Norden, Copenhagen 1960, Tl. 14, S. 47/61, 54). — [8] B. R. Doe, G. R. Tilton, C. A. Hopson (J. Geophys. Res. **70** [1965] 1947/68, 1965). — [9] B. M. Shmakin (Geokhimiya **1971** 1494/500; Geochem. Intern. **8** [1971] 913/8, 914/5). — [10] E. D. Belyankina (Tr. Inst. Geol. Rudn. Mestorozhd. Petrogr. Mineralog. i Geokhim. Nr. 10 [1957] 57/73, 60/3, Tabelle nach S. 60).

[11] M. M. Ermolaev (Nauchn. Dokl. Vysshei Skoly Geol. Geogr. Nauki Nr. 2 [1959] 147/54, 149).

2.4.1.2.2.3 Art der Bindungsformen von Blei in Pegmatit-Mineralien

Types of Lead Bonding in Pegmatite Minerals

Bei der Art der Bindungsform von Blei in Mineralien wird unterschieden zwischen silikatischem Blei (Pb_{Si}) und sulfidisch-sulfatischem Blei (Pb_{SF}), wobei der sulfatische Anteil wahrscheinlich durch Oxidation des sulfidischen entstanden ist [3]. Wie aus der folgenden Tabelle zu ersehen ist, lassen sich für gesteinsbildende Pegmatit-Mineralien — für einzelne Pegmatit-Zonen s. S. 184 — von Fundorten in Bulgarien und der Sowjetunion deutliche Unterschiede im Anteil der Bindungsformen für Blei feststellen (Probenzahl in Klammern):

Fundort/Mineral	Gesamt-Pb-Gehalt in ppm	davon sind ppm Pb_{Si}	ppm Pb_{SF}	Literatur
Bulgarien				
Dolen, Ost-Rhodopen				
Mikroklin (3)	110 bis 150	92 bis 135	13 bis 17	
Oligoklas	50	45	7	
Muskovit	23	12	8	
Pchelina, Pastra, nordwestliches Rila-Gebirge				
Oligoklas (2)	110 und 150	90 und 132	17 und 21	[1, S. 23]

Fundort/Mineral	Gesamt-Pb-Gehalt in ppm	davon sind ppm Pb_{Si}	ppm Pb_{SF}	Literatur
Pastra nordwestliches Rila-Gebirge				
Muskovit	18	13	6	[1, S. 23]
Trun, West-Bulgarien				
Amazonit	500	370	50+) bzw. 69++)	
Plagioklas	160	130	16+) bzw. 24++)	
Sowjetunion				
Il'men-Gebirge				
Amazonit (3)	337	316	11+) bzw. 13++)	
Kasachstan				
Amazonit	360	310	40+) bzw. 30++)	
Transbaikalien				
Amazonit	770	620	40+) bzw. 56++)	
Mikroklin	80	70	8+) bzw. 18++)	
Albit	100	30	44+) bzw. 44++)	[3]

+) sulfidisches Blei, ++) sulfatisches Blei

Für die Pegmatite von Vishteritsa in den West-Rhodopen, Süd-Bulgarien, wird eine Zunahme des Pb_{SF}-Anteils festgestellt in der Reihenfolge der Mineralien Mikroklin→Albit→Muskovit→Granat; hierbei sind die jüngeren Generationen der einzelnen Mineralien ebenfalls reicher an Pb_{SF}. Ferner enthalten die gesteinsbildenden Silikate im Mittel 80% Pb_{Si} [4, S. 62/3], während in anderen Pegmatiten Süd-Bulgariens (mit überwiegend Muskovit und Granat), wie Dolen und Pokrovnik, die Pb_{SF}-Anteile in diesen Silikaten mit 20 bis 30% höher sind als in Pegmatiten mit Pb_{SF}-armen Feldspäten [1, S. 24]. Im einzelnen werden folgende Anteile der verschiedenen Bindungsformen für Blei in den Mineralien der Pegmatite Süd-Bulgariens bestimmt (hierbei bedeutet unter Herkunft: I = nordwestliches Rila-Gebirge, Vlakhina Planina und östliches Rhodopen-Gebirge; II = nordwestliches Rila-Gebirge allein; III = Lagerstätte Vishteritsa allein):

Mineral	Herkunft	Mittlerer Pb-Gehalt in ppm	davon %-Anteil im Mittel Pb_{Si}	Pb_{SF}	Literatur
Plagioklas	II	44	≈80+)	≈20	[2, S. 96]
Oligoklas	I	—	≈82+)	17 bis 18	[1, S. 22, 29]
Albit	III	23	≈86	—	[4, S. 60]
Mikroklin	I	122	≈87++)	12 bis 13	[1, S. 22, 25, 29]
	II	110	≈85	15+++)	[2, S. 95/6]
	III	68	>90	—	[4, S. 60]
Muskovit	I	20	—	bis 35	[1, S. 24]
	II	21	—	bis 33	[2, S. 96]
	III	16	50 bis 55	—	[4, S. 60]
Phlogopit	II	13	—	≈17	[2, S. 96]
Granat	III	10	≈50	≈50	[4, S. 60/2]

+) Aus der Differenz Gesamtblei minus Pb_{SF} errechneter Wert. — ++) Von frühen zu späten Mineral-Assoziationen abnehmend von 87 bis 91% Pb_{Si} auf 74% Pb_{Si}. — +++) Mikrokline aus graphischer Zone des Pegmatits 13% Pb_{SF}, aus apographischer und Block-Zone 15 bis 17% Pb_{SF}.

Weitere Angaben über Pb_{Si} in Mikroklinen aus Pegmatiten s. „Blei" A 2a, S. 81.

Literatur zu 2.4.1.2.2.3:

[1] V. Arnaudov, M. Pavlova (Izv. Geol. Inst. Bulgar. Akad. Nauk. Ser. Geokhim. Mineral. Petrogr. **20** [1971] 21/9 [bulgarisch, russisch S. 28/9, englisch S. 29]). — [2] V. Arnaudov, M. Pavlova (Izv. Geol. Inst. Bulgar. Akad. Nauk. Ser. Geokhim. Mineral. Petrogr. **19** [1970] 93/101 [bulgarisch, russisch S. 100/1, englisch S. 101]). — [3] V. Arnaudov, M. Pavlova, S. Petrusenko (Izv. Geol. Inst. Bulgar. Akad. Nauk. Ser. Geokhim. Mineral. Petrogr. **16** [1967] 41/4 [bulgarisch, englisch S. 44]). — [4] V. Arnaudov, M. Pavlova (Izv. Geol. Inst. Bulgar. Akad. Nauk. Ser. Geokhim. Mineral. Petrogr. **18** [1969] 58/64 [bulgarisch, russisch S. 65, englisch S. 65/6]).

2.4.1.2.3 Höhe der Blei-Gehalte in Pegmatiten

Lead Content in Pegmatites

In der Annahme, daß Pegmatite zu 50 Vol.-% aus Feldspäten bestehen — die nach Analysen von 19 Proben aus großen Pegmatiten der USA und einer Probe von Norwegen im Mittel 168 ppm Pb (bei maximal 510 ppm Pb) enthalten — und daß in den übrigen Mineralien der Pegmatite auch etwas Blei enthalten ist, wird der mittlere Pb-Gehalt für Pegmatite auf >100 ppm Pb geschätzt [1], vgl. auch [2]. Nach Doe u.a. ist der mittlere Pb-Gehalt in Pegmatiten von 100 ppm Pb eher als ein Minimalwert zu betrachten [3]. Hiermit in Einklang stehen die Pb-Gehalte in Kalifeldspäten und Plagioklasen aus Pegmatiten verschiedener anderer Gebiete, wie aus den Daten in „Blei" A 2a, ab S. 212 bzw. S. 226 hervorgeht.

Pegmatite und Pegmatit-Zonen, die durch Metasomatosen mit Pb-Zufuhr — insbesondere durch Amazonitisierung, vgl. S. 180 — stark an Blei angereichert wurden, führen häufig Gehalte >100 ppm Pb, während für Pegmatit-Zonen ohne Umwandlungserscheinungen, vgl. ab S. 181, für normale Pegmatite aus Differentiationsreihen, vgl. ab S. 135, und weitere, in der folgenden Tabelle angeführte Pegmatite überwiegend Gehalte von <100 ppm Pb typisch sind. Die Fundorte dieser Tabelle sind in regionaler Anordnung aufgeführt; bei Mittelwerten ist, soweit dies aus der Originalarbeit zu ersehen ist, die Probenzahl in Klammern hinter dem Zahlenwert genannt, andernfalls steht (M) hinter dem Mittelwert:

Herkunft	Pegmatit-Typ	Pb-Gehalt in ppm	Literatur
Granitpegmatite			
Koschach, Maltatal, Tauern	Aplit-Pegmatit	30	[4, S. 453]
Bretstein, Seckauer Kristallin, Steiermark	Pegmatit	120	[4, S. 452]
Markogel bei Villach, Kärnten	Pegmatit	65 (3)	[5, S. 86]
Lieserschlucht bei Spittal, Kärnten	Pegmatit	35 (9)	[5, S. 86]
Edling/Wolfskogel bei Spittal, Kärnten	Pegmatit	65 (43)	[5, S. 86]
Laas zwischen Spittal und Villach, Kärnten	Pegmatit	56 (10)	[5, S. 87]
Hohe Wand bei Radenthein, Kärnten	Pegmatit	54 (6)	[5, S. 88]
Spittal, Kärnten	Pegmatit	27	[4, S. 451]
Ottenschlag, Niederösterreich	Turmalin-Pegmatit	13	[4, S. 450]
Krems, Niederösterreich	Pegmatit	3	[4, S. 450]

Herkunft	Pegmatit-Typ	Pb-Gehalt in ppm	Literatur
Berg, Burgenland	Pegmatit	14	[4, S. 450]
Gastern-Granit, Aaremassiv, Schweiz	Pegmatite	20	[6]
Granit-Massiv von Poniasca, mittleres Banat, Rumänien	Pegmatite	22 und 45	[7]
Pchelina, Pastra, Nordwest-Rila-Gebirge, Bulgarien	Pegmatit	73	[8]
Nordwest-Rila-Gebirge, Bulgarien	Mikroklin-Albit-Pegmatite	52 bis 83, 66 (6)	[9]
	Glimmer-Pegmatite +)	30 und 33, 31.5 (2)	[9]
	schwach entsilifizierte Pegmatite +)	52 bis 53, 52 (3)	[9]
	entsilifizierte Pegmatite	33 und 37, 35 (2)	[9]
	skarnähnlicher Pegmatit in Marmor	12	[9]
Inseln Coll und Tiree, Argyllshire, Schottland	Biotit-Pegmatite ++)	9 bis 28, 20 (5)	[10, S. 182/3]
Orekhovo-Pavlograd-Magnetanomalie, Ukraine	Pegmatite	150 (12)	[11]
Teterev-Fluß bei Shitomir, Ukraine	Pegmatite	10 (7)	[12]
Kursker Magnetanomalie, Archaikum der Russischen Tafel	Pegmatit-Einschlüsse in pegmatoiden Graniten	50 bis 500, 80 (5)	[13]
Urushten-Komplex, Nord-Kaukasus	Granit-Pegmatit	70	[14]
Aktau-Massiv, südliches Nuratau-Gebirge, Usbekistan	Pegmatite	60 (11)	[15]
Mama-Gebiet, Nord-Baikal-Hochland, Sibirien	Orthoklas-Pegmatite	24 (M)	[16]
	Mikroklin-Pegmatite	33 (M)	[16]
	Mikroklin-Pegmatite	14.1 bis 30.0, 22.3 (9)	[17]
	überwiegend Plagioklas-Pegmatite	7.2 bis 17.0, 13 (19)	[17]
	unveränderte Injektions-Pegmatite	55 (M)	[18]
	umgewandelte Glimmer-Pegmatite	46 (M)	[18]
Gebiet Khukh-Del'-Ula, Mongolische Volksrepublik	Turmalin-Topas-Lepidolith-Albit-Pegmatite	4 bis 12.5, 19 (23)	[19]
Mashad-Gebiet, Nordost-Iran	Pegmatite in Zweiglimmer-Granit	25 bis 120, 67 (7)	[27]
	Pegmatite in porphyritischem Granit	35 bis 45, 40 (3)	[27]
Gebiet des Timagami-Sees, Ontario	Pegmatit in Quarzmonzonit	23.9	[20]
Yellowknife-Distrikt, Northwest-Territories, Canada	Pegmatite vom Prosperous-Lake	10 bis 30	[21]
Horseshoe Rapids-Gebiet, Lower Hamilton River, Labrador	Granit-Pegmatit	11	[22]

Herkunft	Pegmatit-Typ	Pb-Gehalt in ppm	Literatur
Pegmatite von Alkaligesteinen			
Witoscha-Pluton, West-Bulgarien	leukokrater Pegmatit	13	[23]
	mafischer Pegmatit	1	[23]
Megri-Pluton, Süd-Armenien	K-reicher Pegmatit	200	[24]
	Na-reicher Pegmatit	30	[24]
Pegmatite basischer Gesteine			
Trappe des Tunguska-Beckens, Mittel-Sibirien	Diabas-Pegmatit	20 (20)	[25]
Gabbro-Sill vom Marys Peak Quadrangle, Oregon	Pegmatit	5.8	[26]

+) In serpentinisiertem Dunit liegend und hybrid. — ++) Durch Mobilisierung aus Gneis entstanden [10, S. 191/2].

Literatur zu 2.4.1.2.3:

[1] J. S. Brown (Econ. Geol. **60** [1965] 1167/84, 1180/2). — [2] K. H. Wedepohl (Geochim. Cosmochim. Acta **10** [1956] 69/148, 90/1). — [3] B. R. Doe, G. R. Tilton, C. A. Hopson (J. Geophys. Res. **70** [1965] 1947/68, 1965). — [4] H. Grohmann (Tschermaks Mineral. Petrog. Mitt. [3] **10** [1965] 436/74). — [5] H. Khalili (Tschermaks Mineral. Petrog. Mitt. [3] **18** [1972] 79/104).

[6] T. Hügi (Beitr. Geol. Karte Schweiz [2] Nr. 94 [1956] I/XIV, 1/86, 46). — [7] H. Savu, C. Udrescu (Rev. Roumaine Geol. Geophys. Geogr. Ser. Geol. **15** Nr. 1 [1971] 59/66, 60 [englisch]). — [8] V. Arnaudov, M. Pavlova (Izv. Geol. Inst. Bulgar. Akad. Nauk. Ser. Geokhim. Mineral. Petrogr. **20** [1971] 21/9, 24 [bulgarisch; russisch S. 28/9, englisch S. 29]). — [9] V. Arnaudov, M. Pavlova (Izv. Geol. Inst. Bulgar. Akad. Nauk. Ser. Geokhim. Mineral. Petrogr. **19** [1970] 93/101,97 [bulgarisch; russisch S. 100/1, englisch S. 101]). — [10] S. A. Drury (Chem. Geol. **9** [1972] 175/93).

[11] B. A. Gorlits'kii (Geol. Zh. Akad. Nauk Ukr. RSR **22** Nr. 2 [1962] 87/90, Tabelle nach S. 88). — [12] E. I. Logvin (Geol. Zh. Akad. Nauk Ukr. RSR **26** Nr. 3 [1966] 20/8, 21 [ukrainisch, russisch S. 28]). — [13] E. P. Izvekov (in: S. F. Borisov, Rudonosnost' Dokembriya KMA, Moskva 1969, S. 58/66, 63; C.A. **73** [1970] Nr. 68730). — [14] V. V. Ploshko, A. S. Dudykina (in: V. S. Koptev-Dvornikov, Aktsessornye Mineraly i Elementy kak Kriterii Komagmatichnosti i Metallogenicheskoi Spetsializatsii Magmaticheskikh Kompleksov, Moskva 1965, S. 134/45, 139). — [15] P. T. Azimov (Zap. Uzbekistansk. Otd. Vses. Mineralog. Obshchestva Akad. Nauk Uz. SSR Nr. 23 [1970] 140/5, 141).

[16] V. M. Makagon (Ezhegodnik Inst. Geokhim. Sibirsk. Otd. Akad. Nauk SSSR 1969 [1970] 101/4). — [17] V. M. Makagon, B. M. Shmakin, K. F. Kashirin (Geol. i Geofiz. Akad. Nauk SSSR Sibirsk. Otd. **1969** Nr. 2, S. 34/41, 39). — [18] B. M. Shmakin (Geokhimiya **1971** 1494/500; Geochem. Intern. **8** [1971] 913/8, 914). — [19] N. V. Vladykin, M. D. Dorfman, V. I. Kovalenko (Tr. Mineralog. Muzeya Akad. Nauk SSSR Nr. 23 [1974] 6/49, 40). — [20] J. M. Ozard, R. D. Russell (Can. J. Earth Sci. **8** [1971] 444/54, 449).

[21] R. W. Boyle (Can. Dept. Mines Tech. Surv. Geol. Surv. Can. Mem. Nr. 310 [1961] I/XVI, 1/193, 84). — [22] T. Podolsky (Newfoundland Geol. Surv. Rept. Nr. 8 [1955] 1/26, 20). — [23] E. Aleksiev (Tr. Vurkhu Geol. Bulgar. Ser. Geokhim. Polezni Izkop. **1** [1960] 3/64, 14/5 [bulgarisch; russisch S. 58/61, deutsch S. 61/4]). — [24] B. M. Meliksetyan (in: Vopr. Geol. Kavkaza **1964** 71/98 nach Ref. Zh. Geol. **1965** Nr. 5 V 20). — [25] V. V. Lyakhovich (Tr. Inst. Mineralog. Geokhim. Kristallokhim. Redkikh Elementov Akad. Nauk SSSR Nr. 1 [1957] 93/120, 110/1).

[26] M. Tatsumoto, P. D. Snavely (J. Geophys. Res. **74** [1969] 1087/100, 1090, 1092). — [27] H. Khalili (Tschermaks Mineral. Petrog. Mitt. [3] **24** [1977] 151/60, 158/9).

Origin and Transport of Lead

2.4.1.2.4 Herkunft und Transport von Blei

Auf Grund des Vergleichs der Pb-Isotopenzusammensetzung in Mineralien (Mikroklin, Amazonit, Cleavelandit) aus 9 Pegmatiten von 6 verschiedenen Fundpunkten der USA mit derjenigen in 150 hydrothermalen Galeniten wird gefolgert, daß das Blei in diesen Pegmatiten wahrscheinlich aus der Erdkruste der lokalen Umgebung der Pegmatite abgeleitet werden kann [1]. — In Pegmatiten des Middletown-Gebietes, Connecticut, sind 10 bis 12% des Gesamtblei-Gehaltes nichtradiogener Herkunft [2]. — Aus Uran-Mineralien kann in Pegmatiten selbst radiogenes Blei entstehen [3, S. 410].

Pegmatitbildende Medien sind teils Restmagmen von Granit- und Alkaligesteinsbildungen, teils palingene Schmelzen — s. unten — aber auch metasomatische Fluide mit H_2O als wesentlichem leichtflüchtigen Bestandteil, die bis zu relativ niedrigen Temperaturen herab die bereits kristallisierten Phasen (überwiegend Feldspäte) weitgehend umwandeln können, s. ab S. 185. Die genannten Vorgänge zusammen führen häufig zur Bildung zonarer Pegmatite mit deutlicher Pb-Anreicherung in den letzten Differentiaten (den „Kernen" dieser Pegmatite), s. ab S. 183.

Pegmatite Magmas

2.4.1.2.4.1 Pegmatitmagmen

Sowohl in Granit- als auch Nephelinsyenit-Pegmatiten wird sulfidisches Blei nicht selten als Produkt magmatischer Restlösungen ausgeschieden [4], vgl. auch [5, 6]. So haben beispielsweise anomal Pb-reiche Pegmatit-Fluide die Granite im Granitdom von Bihar, Indien, beeinflußt [7, S. 277] und im Ol'khon-Gebiet am Baikalsee, Ost-Sibirien, wird Blei zunächst im pegmatitbildenden Medium konzentriert, wobei Gleichgewicht zwischen Schmelze und auskristallisierenden Mineralien herrscht [8]. Als Größenordnung des vermutlichen Gehaltes an Blei in pegmatitischen Lösungen nimmt Schneiderhöhn [9] nach Angaben von Fersman [3, S. 347] ≈1 ppm Pb an, jedoch findet die Hauptausscheidung erst in der pneumatolytischen Phase — s. S. 189 — statt [3, S. 375, 383].— Auch Restschmelzen von Trapp-Magmen können zu relativ Pb-reichem Diabaspegmatit kristallisieren [10], s. Tabelle S. 177.

In Süd-Norwegen sind für die sehr unterschiedlichen Blei-Konzentrationen in verschiedenen Pegmatiten und deren Mikroklinen allein die Konzentrationen in den mineralbildenden Medien verantwortlich, und speziell für das Östfold-Gebiet ist ein gemeinsamer Ursprung von Graniten und Pegmatiten auf Grund ähnlicher Bleigehalte in den Mikroklinen beider Gesteine anzunehmen [11], s. auch „Blei" A 2 a, S. 223, während die Pb-reichsten Pegmatite von Iveland und Evje besonders stark differenzierten Stadien entsprechen [12]. Auch in Bihar, Indien, kam es, nach den Werten des K/Rb-Verhältnisses zu urteilen, zur Entwicklung von drei aufeinanderfolgenden Stadien besonders Pb-reicher Pegmatit-Magmen [7, S. 279]. — Bemerkenswert niedrige Pb-Gehalte haben Feldspäte großer Pegmatite — s. „Blei" A 2 a, S. 217 und 221 — des Kragerö-Arendal-Gebietes, Süd-Norwegen, die wahrscheinlich eine stärkere Regionalmetamorphose und Herkunft aus einem tieferen Teil der Erdkruste widerspiegeln [13] oder durch Granitisierung ohne Pb-Zufuhr entstanden sind, während für die Pb-reichen Pegmatite von Iveland-Evje neben einer Differentiation in Verbindung mit palingenen Granitkörpern auch eine Entstehung durch Granitisierung von lokal an Blei angereicherten Gesteinskomplexen diskutiert wird [14].

Die darstellenden Punkte der Pb-Isotopenzusammensetzung des Gesamtbleis für verschiedene große Pegmatite der USA und der UdSSR liegen auf den Diagrammen $^{206}Pb/^{204}Pb$ bzw. $^{207}Pb/^{204}Pb$ bzw. $^{208}Pb/^{204}Pb$ zu ^{204}Pb ziemlich nahe der Entwicklungskurve für Erzbleie von 24 bedeutenden Pb-Lagerstätten der Erde. Hieraus wird gefolgert, daß das Blei dieser Pegmatite verknüpft ist mit — bzw. wahrscheinlich abgeleitet werden kann aus — den gleichen Quellen wie das Erzblei; es wird angenommen, daß es durch äußere Zufuhr von konzentrierten, wäßrigen Lösungen in das Granitmagma selbst oder in den bereits auskristallisierten, jedoch noch heißen Granit entlang den äußeren Rändern einer sich abkühlenden Intrusion gelangt ist. Demgegenüber zeigen die wenigen, für kleinere

Pegmatite erreichbaren Daten eine variablere Pb-Zusammensetzung, die auf unterschiedliche Herkunft hinweist [15]. Ähnliche Untersuchungen an Pegmatiten und Graniten verschiedener Präfekturen Japans ergeben für deren Alkalifeldspäte z.T. (Ishikawa-Pegmatite, Fukushima-Präfektur) identische Pb-Isotopenzusammensetzung mit der von hydrothermalen Galeniten aus japanischen Lagerstätten, z.T. (Pegmatite der Kyoto-Präfektur) aber auch erhöhte Verhältnisse $^{208}Pb/^{204}Pb$ als Folge anomaler Pb-Gehalte in den Feldspäten [16].

Ein spezifisches Magma palingener Herkunft ohne Bindung an die Granitoid-Intrusionen schuf im Mama-Gebiet, Nord-Baikal-Hochland, Sibirien, die Pb-reicheren Mikroklin-führenden Pegmatite mit 22.3 ppm Pb im Mittel aus neun Analysen; die relativ Pb-ärmeren metamorphen Plagioklas-Pegmatite mit 13 ppm Pb im Mittel aus 19 Analysen sind auf andere Weise entstanden [17], s. auch „Blei" A 2c, S. 117. Die magmatischen Orthoklas-haltigen Pegmatite dieses Gebietes haben 24 ppm Pb [18].

Literatur zu 2.4.1.2.4 und 2.4.1.2.4.1:

[1] E. J. Catanzaro, P. W. Gast (Geochim. Cosmochim. Acta **19** [1960] 113/26, 122/3). — [2] F. Stugard (U.S. Geol. Surv. Bull. Nr. 1042-Q [1958] 613/83, 651). — [3] A. E. Fersman (Pegmatity, Bd. 1, Moskva – Leningrad 1940, S. 1/710). — [4] V. M. Goldschmidt (Geochemistry, Oxford 1954, S. 1/730, 400). — [5] K. Rankama (Bull. Comm. Geol. Finlande Nr. 137 [1946] 1/39, 19 [englisch]).

[6] D. M. Shaw (Interprétation Géochimique des Elements en Traces dans les Roches Cristallines, Paris 1964, S. 1/237, 92). — [7] A. K. Saha, B. Chakrabarti, A. V. Sankaran, T. K. Bhattacharyya (Quart. J. Geol. Mining Met. Soc. India **40** [1968] 277/80). — [8] V. M. Makagon, B. M. Shmakin (Ezhegodnik Inst. Geokhim. Sibirsk. Otd. Akad. Nauk SSSR 1971 [1972] 139/44, 142 [englisch S. 143/4]). — [9] H. Schneiderhöhn (Die Erzlagerstätten der Erde, Bd. 2, Die Pegmatite, Stuttgart 1961, S. 1/720, 457, 462). — [10] V. V. Lyakhovich (Tr. Inst. Mineralog. Geokhim. Kristallokhim. Redkikh Elementov Akad. Nauk SSSR Nr. 1 [1957] 93/120, 108, 110/1).

[11] I. Oftedal (Norsk Geol. Tidsskr. **47** [1967] 191/8, 193/7 [englisch]). — [12] I. Oftedal (Norsk Geol. Tidsskr. **38** [1958] 231/44, 242/4 [englisch]). — [13] K. S. Heier, P. D. Palmer, S. R. Taylor (Norsk Geol. Tidsskr. **47** [1967] 185/9, 188 [englisch]). — [14] I. Oftedal (Norsk Geol. Tidsskr. **33** [1954] 153/61, 161 [englisch]). — [15] J. S. Brown (Econ. Geol. **60** [1965] 1167/84, 1167/9, 1182/3).

[16] N. Saito, A. Miyazaki (J. Geol. Soc. Japan **78** [1972] 341/6 nach Mineral. Abstr. **26** [1975] Nr. 75-318). — [17] V. M. Makagon, B. M. Shmakin, K. F. Kashirin (Geol. i Geofiz. Akad. Nauk SSSR Sibirsk. Otd. **1969** Nr. 2, S. 34/41, 38/40). — [18] V. M. Makagon (Ezhegodnik Inst. Geokhim. Sibirsk. Otd. Akad. Nauk SSSR 1969 [1970] 101/4; Ref. Zh. Geol. **1971** Nr. 1 V 62).

2.4.1.2.4.2 Metasomatische Fluide

Metasomatic Fluids

Metasomatische Fluide beeinflussen insbesondere wegen ihres wechselnden pH-Wertes (und dementsprechend variablen Alkaligehaltes) Transport und Abscheidung von Blei: Postmagmatische Lösungen mit wechselndem pH wirken auf ursprünglich magmatisch gebildete Pegmatite ein und verursachen im sauren Bereich — „saure Wellen" nach Korzhinskij [1] — die Bildung von Quarz-Muskovit- und Quarz-Verdrängungszonen, im alkalischen Bereich die Bildung von Albitisierungs- und „Entquarzungs"-Zonen. Die dabei in verschiedenen Zonen (Generationen) neu gebildeten Mineralien haben unterschiedliche Pb-Gehalte, wie z.B. im Mama-Gebiet, Nord-Baikal-Hochland, Sibirien, die Muskovite und Mikrokline [2, 3], vgl. „Blei" A 2a, S. 234; im Gebiet von Gutaro-Biryusinsk, Ost-Sayan, die Muskovite [4], vgl. „Blei" A 2a, S. 206/7; in Ost-Kasachstan die Mikrokline [5], vgl. „Blei" A 2a, S. 222/3, und in Nord-Karelien die Mikrokline und Plagioklase [6, S. 151/2], vgl. „Blei" A 2a, S. 237. — Für die Glimmerpegmatite Nord-Kareliens wird mit zunehmender Azidität der Lösungen eine bevorzugte Pb-Migration in Form von Komplexverbindungen und bei zunehmender Alkalinität eine Pb-Abscheidung in festen Phasen, darunter submikroskopischer Galenit und

Gediegen Blei, angenommen [6, S. 147]. Ebenso wird für Pegmatitgänge des Kalba-Gebirges festgestellt, daß mit dem Auftreten der hydrothermalen Phase bei gemischt chalkophil-lithophilen Elementen, wie Pb (und Tl), gegenüber rein lithophilen Elementen, wie Rb, in alkalischen Lösungen die Aktivität der Ionen zur Hydratation und Komplexbildung wahrscheinlich stark abnimmt [5, 7] bzw. auf Grund der amphoteren Eigenschaften von Blei nicht nur Pb^{2+}, sondern auch Plumbit-Ionen $[PbO_2]^{2-}$ gebildet werden [5].

Die Verteilung von Li, Rb und Pb — vgl. auch S. 186 — in den Pegmatiten des Tarak-Massivs, Jenissei-Gebirge, wird in erster Linie von der Intensität der K-Metasomatose bestimmt [8, S. 126, 129], vgl. auch [9], die zusammen mit einer hydrothermalen Umwandlung der Wirtsgranite — bei der Blei nur aus dem Gestein selbst entnommen wird — die Bildung von an ^{204}Pb angereicherten Akzessorien (wie Monazit, Allanit und Zirkon) in den Pegmatiten verursacht [10]. — Besondere Bedeutung für die Pb-Verteilung in Feldspäten der Endphase der Pegmatitbildung hat der Prozeß der „Amazonitisierung", der zur Entstehung meist sehr Pb-reicher Kalifeldspäte — vgl. „Blei" A 2a, S. 224/5 — führt [11]. Die Amazonitisierung, offensichtlich durch sehr Pb-reiche Lösungen bedingt, kann auch als eine selbständige „Pb-Metasomatose" nach dem Schema $2\,KAlSi_3O_8 + Pb^{2+} \rightleftharpoons Pb(AlSi_3O_8)_2 + 2\,K^+$ aufgefaßt werden [9], vgl. „Blei" A 2a, S. 97/8. Es ist unwahrscheinlich, daß dieser Prozeß unmittelbar anschließend an eine Albitisierung erfolgen kann, da der dabei entstehende Kalium-Überschuß erst aus der Lösung entfernt werden muß. Dies wird bestätigt durch das Auftreten einer Amazonitisierung in vielen Fällen erst nach der Bildung einer zweiten Generation von Mikroklin [9]. So zeigt in Pegmatiten von Čanište im Prilep-Gebiet, Mazedonien, Jugoslawien, die Paragenese Mikroklin-Amazonit eindeutig eine metasomatische Pb-Anreicherung von bis zu 0.13%, im Mittel 0.07%, in den Amazoniten [12]. Ferner zeigen hohe Pb-Gehalte in Amazoniten und Glimmern der Pegmatite der Maikul-Intrusion in der Bet-Pak-Dala, südwestlich des Balkhash-Sees, Kasachstan, daß auch hier die hauptsächliche Pb-Anreicherung mit metasomatischen Prozessen — neben Vergreisenung und Muskovitisierung insbesondere Amazonitisierung — einsetzt. Eine Fortsetzung der Pb-Anreicherung in den nachfolgenden (hydrothermalen) Erzbildungsprozeß hinein wird festgestellt [13]. — Demgegenüber sind Pb-reiche Amazonite verschiedener Pegmatite von Bulgarien (Trun) und der UdSSR (Il'men-Gebirge, Kasachstan, Transbaikalien) offensichtlich Produkte eines spätmetasomatischen Amazonitisierungsprozesses mit Pb-Zufuhr, die bei zunehmender Na-Aktivität erfolgt sein muß, da die Pb-Anreicherung mit dem Anteil an Perthit parallel geht: gefärbte Mikrokline mit maximal 40% Perthit sind zwei- bis zehnfach reicher an Blei als farblose Mikrokline mit 0 bis 1.2% Perthit [11]; vgl. die maximalen Pb-Gehalte in pegmatitischen Amazoniten als sechste Generation und in pneumatolytischen Albiten als siebente Generation von insgesamt zehn Feldspat-Generationen in Graniten und Pegmatiten von Strzegom [Striegau], Sudeten, Polen [14, 15]; Pb-Gehaltsangaben hierzu s. „Blei" A 2a, S. 236. — Für einen einzelnen, stark albitisierten Mikroklin aus einem Pegmatit des Tarak-Massivs, Jenissei-Gebirge, wird im Vergleich zu den anderen Mikroklinen — s. S. 186 — während der Metasomatose eine bevorzugte Fortführung von Rb im Vergleich zu K, ohne einen Wechsel im Pb-Gehalt, angenommen [8, S. 121].

Die von Schneiderhöhn [16] angenommene weitgehende Einstellung von Gleichgewichtsverhältnissen in Pegmatiten allgemein ist in der Phase der Einwirkung metasomatischer Fluide auf bereits kristallisierte Pegmatitmineralien zumindest für Blei offensichtlich nicht immer gültig: In Pegmatiten des Kalba-Gebirges, Ost-Kasachstan, weisen die unterschiedlichen Pb-Gehalte innerhalb großer Kristalle (Block- und Einzelkristalle) von Mikroklin-I (mit im Mittel 12 ppm Pb in der Außenzone und teilweise <2 ppm Pb im Kern) auf ein Ungleichgewicht zwischen den bereits kristallisierten Phasen und der Schmelze bzw. Lösung hin; offensichtlich war die Wechselwirkung zwischen inneren Kristallbereichen und Lösung sehr gering, es konnte sich nur ein Gleichgewicht zwischen der jeweils abgeschiedenen Menge Blei in den äußeren Wachstumsschichten des Kristalls und der augenblicklichen Pb-Konzentration in der Lösung ausbilden. Demgegenüber sind später als Rekristallisationsprodukte von Mikroklin-I entstandene Mikrokline-II (mit 1.2 bis 1.8 ppm Pb bei einer räumlich homogenen Pb-Verteilung) offenbar bei echtem Gleichgewicht zwischen Kristall und Lösung gebildet [7, 17]. Zwei Generationen großer Mikroklin-Kristalle aus Glimmerpegmatiten des Mama-Gebietes, Nord-Baikal-Hochland, Sibirien, zeigen, trotz relativ variabler Pb-Gehalte, eine statistisch normale Pb-Verteilung; jedoch lassen die Pb-Gehalte (der im saureren Milieu gebildete Mikroklin-II ist im Mittel 2.2fach Pb-reicher als der Mikroklin-I, vgl. S. 181) sowie die Varianz-Koeffizienten des Pb-Gehaltes und des analytischen Fehlers für die Mikrokline eine Abhängigkeit von den Bildungsbedingungen erkennen (Probenzahl in Klammern hinter dem Mittelwert) [18]:

Generation/Herkunft	ppm Pb		Varianz-Koeffizient	
	Bereich	Mittel	Pb-Gehalt	Analysenfehler
Mikroklin-I der graphischen Blockzone	85 bis 131	108 (48)	0.10	0.13
Mikroklin-II der Quarz-Verdrängungszone	150 bis 663	240 (47)+)	0.19	0.20

+) Im Original wird eine Probenzahl von 37 angegeben, die jedoch weder der Anzahl der aufgeführten Analysen noch dem daraus errechneten Mittelwert entspricht.

Literatur zu 2.4.1.2.4.2:

[1] D. S. Korshinskij (Abriß der metasomatischen Prozesse, Berlin 1965, S. 1/195, 58/9 [russisches Original: 2. Aufl., Moskva 1955]). — [2] B. M. Shmakin (Mezhdunar. Geol. Kongr. 22-ya Sessiya Dokl. Sov. Geol., Moskva 1964 [1965], Probl. 6/22, S. 121/32, 125/8, 131; C.A. **63** [1965] 9689). — [3] B. M. Shmakin (Dokl. Akad. Nauk SSSR **152** [1963] 979/82; Dokl. Earth Sci. Sect. **152** [1963] 193/5). — [4] M. P. Glebov, V. A. Legeido, M. M. Rybakova, V. A. Shiryaeva (Geokhimiya **1968** 1218/24, 1221/3; Geochem. Intern. **5** [1968] 1016/22, 1017, 1020). — [5] N. G. Sretenskaya (Dokl. Akad. Nauk SSSR **154** [1964] 621/3; Dokl. Earth Sci. Sect. **154** [1964] 155/7).

[6] N. M. Manaev (Geokhim. Sb. Saratov. Univ. Nr. 4 [1969] 140/57; Ref. Zh. Geol. **1970** Nr. 7V28). — [7] N. G. Sretenskaya (4-ya Konf. Molodykh. Nauchn. Sotrudnikov Inst. Mineralog. Geokhim. i Kristallokhim. Redkikh Elementov, Moskva 1962, S. 19/22, 20/1). — [8] K. K. Zhirov, M. A. Urusova (Geokhimiya **1962** 105/15, 112/4; Geochemistry [USSR] **1962** 116/30). — [9] K. K. Zhirov, S. M. Stishov (Geokhimiya **1965** 32/42, 39/41; Geochem. Intern. **2** [1965] 16/24, 23). — [10] K. K. Zhirov, Yu. M. Artyomov, M. I. Volobuyev, V. V. Zhirova, K. G. Knorre, L. M. Krizhansky, Yu. Z. Mochalov, V. Ye. Tikhonov (Ann. N.Y. Acad. Sci. **91** [1960/61] 284/93, 284/5, 291/2).

[11] V. Arnaudov, M. Pavlova, S. Petrusenko (Izv. Geol. Inst. Bulgar. Akad. Nauk. Ser. Geokhim. Mineral. Petrogr. **16** [1967] 41/4). — [12] M. Arsenijević (Glasnik Prirod. Muzeja Beogradu A **13** [1960] 69/104, 94, 98, 103 [serbokroatisch; deutsch S. 102/4]). — [13] N. L. Plamenevskaya (Tr. Inst. Geol. Rudn. Mestorozhd. Petrogr. Mineralog. i Geokhim. Nr. 5 [1957] 193/212, 198, 202/3, 209). — [14] W. Kowalski (Arch. Mineral **27** [1967] 53/244, 208/9, 230 [polnisch; englisch S. 226/44]). — [15] W. Kowalski (Freiberger Forschungsh. C Nr. 270 [1970] 133/50, 138, 140).

[16] H. Schneiderhöhn (Die Erzlagerstätten der Erde, Bd. 2, Die Pegmatite, Stuttgart 1961, S. 1/720, 633/5). — [17] N. G. Sretenskaya (Geokhimiya **1963** 667/72; Geochemistry [USSR] **1963** 691/7). — [18] E. Ya. Ogneva, B. M. Shmakin, A. I. Kuznetsova, M. M. Rybakova (in: B. M. Shmakin, Geokhimiya Pegmatitov Vostochnoi Sibiri, Moskva 1971, S. 155/63).

2.4.1.2.5 Verhalten von Blei bei der Pegmatitbildung

Behavior of Lead during Pegmatite Formation

2.4.1.2.5.1 Verhalten von Blei bei der Differentiation von nicht-zonaren Pegmatiten und Beziehungen von Blei in Pegmatiten zu Blei in ihren Muttergesteinen

Behavior of Lead during Differentiation of Nonzonal Pegmatites and Relationship between Lead in Pegmatites and Lead in Their Host Rocks

Sukzessive Kristallisation pegmatitischer Schmelzen und postmagmatischer Fluide sowie beide überlagernde metasomatische Prozesse — beispielsweise Albitisierung in alkalischem Milieu mit zunehmender Pb-Konzentration — führen in den Sudeten, Polen, zur Bildung von Granitpegmatiten, die in Verbindung stehen hauptsächlich mit magmatischen, kaum mit gemischt-syntektischen und nicht mit metamorph-metasomatischen Granitoiden. Dabei zeigt sich beispielsweise in den Massiven von Strzegom [Striegau] und aus dem Karkonosze [Riesengebirge], trotz höchster Pb-Gehalte in den pneumatolytischen Feldspäten, s. „Blei" A 2a, S. 236, eine vergleichsweise geringe Differentiation der Pb-Gehalte in diesen Feldspäten [1, S. 208/9, 226/7, 231, 235, 241/2], [2]. Die optimalen Bedingungen für die Pb-Anreicherung liegen jedoch in verschiedenen Massiven bei unterschiedlichen Geophasen: In Pegmatiten des Karkonosze erfolgt die Pb-Anreicherung früher und im höherthermalen Bereich als in Strzegom [3]. Auch in Pegmatiten Süd-Norwegens sind unterschiedliche Pb-Gehalte (vorwiegend der Kalifeldspäte) genetisch bedingt. So finden sich ausnahmslos Pb-ärmere Pegmatite im östlichen Teil des Gebietes (Bamble-Kragerø) [4, 5], die wahrscheinlich bei relativ höherer Temperatur gebildet wurden [5, 6] als die ein besonders weit fortgeschrittenes Differentiationsstadium repräsentierenden, Pb-reichen Pegmatite mit Mikroklin im mittleren Teil des Gebietes (Iveland und Evje) [5 bis 9]; die wenigen Pegmatite im westlichen Teil des Gebietes haben wieder einen sehr geringen Pb-Gehalt [4]. Im Verlauf der Pegmatitkristallisation wird Blei nach Untersuchungen an Pegmatiten Jugoslawiens zum größten Teil in der Hauptphase, teilweise aber auch schon in der Anfangsphase der Kristallisation abgeschieden [10].

In vielen Fällen sind die Pb-Gehalte der Pegmatite bzw. ihrer Feldspäte gegenüber denen der (Mutter-)Granite mehrfach erhöht: so beispielsweise in den Granitmassiven Küktas und Kenderlik, Bet-Pak-Dala, Kasachstan [11]; in den Feldspäten aus Pegmatiten und Graniten des Oku-Tango-Distrikts, Kyoto-Präfektur, Japan [12], in Mikroklinperthiten aus gleichen Gesteinen der Sudeten, Polen [1, S. 238], und in Mikroklinen der Pegmatite und Granite der Haystock Range, Wyoming [13]. Auch in den anomal Pb-reichen Granit-Domen von Koderma, Dhab und Lachmipur, alle Hazaribagh-Distrikt, Bihar, Indien, sind die Pb-Gehalte sowohl der Kalifeldspäte — s. „Blei" A 2a, S. 215 — als auch der Plagioklase — s. „Blei" A 2a, S. 227 — aus den Pegmatiten höher als in den Graniten, und zusätzlich nehmen mit steigendem Grad der Differentiation der Pegmatite die Pb-Gehalte zu [14]. Demgegenüber lassen Analysendaten für Pegmatitgänge (mit Apliten im gleichen Gang) von Nord-Portugal erkennen, daß in allen Fällen gegenüber den zugehörigen Muttergraniten ein wesentlich geringerer Pb-Gehalt in den Pegmatiten vorliegt; obwohl die Granite innerhalb einer Differentiationsserie eine starke Abnahme des Pb-Gehaltes aufweisen, lassen die zugehörigen Pegmatite keine gerichtete Veränderung ihres Pb-Gehaltes erkennen. Ferner sind die in Graniten auftretenden 9 Pegmatitgänge mit <5 bis 16, Mittel 6.8 ppm Pb, deutlich Pb-ärmer als die in einer Glimmerschiefer-Metagrauwacken-Serie auftretenden 6 Pegmatitgänge mit <5 bis 15, Mittel $\approx$1.5 ppm Pb [15], s. auch [16]. Auch für Pegmatite (Gänge und Stöcke) in Zweiglimmer-Graniten des Mashad-Gebietes, Nordost-Iran, wird — bei etwa gleichem Schwankungsbereich der Pb-Gehalte in beiden Gesteinen — in den Pegmatiten gegenüber dem gleichmäßig körnigen Granit ein deutlich geringerer mittlerer Pb-Gehalt gefunden, gegenüber porphyrischen Partien des Granits jedoch keine Abweichung festgestellt [17]. Am Berg Tsukuba, nordöstlich Tokio, Japan, enthalten Blei nur die Muskovite der Granite, nicht aber die der Pegmatite [18]. — Nach einer zusammenfassenden Untersuchung der Pb-Isotopenzusammensetzung in Pegmatiten, Graniten sowie Erzen der USA und der UdSSR sind die Granitpegmatite gegenüber den Muttergraniten im Mittel 2- bis 3fach, in vielen Fällen auch noch stärker, an Blei angereichert; dabei ist das durch den radioaktiven Zerfall von U und Th gebildete Blei nur bei präkambrischen Gesteinen für den Gesamt-Pb-Gehalt von Bedeutung [19].

Zur Pb-Isotopenzusammensetzung in Pegmatit-Mineralien in bezug auf diejenige in den Wirtsgesteinen der Pegmatite s. „Blei" A 2a, S. 214/5 für Kalifeldspat, S. 222 für Mikroklin und S. 241/2 für koexistierenden Galenit und Kalifeldspat.

Literatur zu 2.4.1.2.5.1:

[1] W. Kowalski (Arch. Mineral. **27** [1967] 53/244 [polnisch, englisch S. 226/44]). — [2] W. Kowalski (Freiberger Forschungsh. C Nr. 270 [1970] 133/50, 138/40, 145/6 [deutsch, polnisch S. 147/9]). — [3] A. Polański [Polyanski] (in: N. I. Khitarov, Problems of Geochemistry, Jerusalem 1969, S. 415/23, 420/1 [russisches Original: Moskva 1965]). — [4] I. Oftedal (Norsk Geol. Tidsskr. **33** [1954] 153/61, 158). — [5] S. R. Taylor, K. S. Heier (21st Intern. Geol. Congr. Rept. Session Norden, Copenhagen 1960, Tl. 14, S. 47/61, 54).

[6] I. Oftedal (Norsk Geol. Tidsskr. **47** [1967] 191/8, 194, 196). — [7] K. S. Heier, S. R. Taylor (Geochim. Cosmochim. Acta **15** [1959] 284/304, 301). — [8] I. Oftedal (Norsk Geol. Tidsskr. **38** [1958] 231/44, 243). — [9] K. S. Heier, P. D. Palmer, S. R. Taylor (Norsk Geol. Tidsskr. **47** [1967] 185/9, 188). — [10] S. Pavlović, D. Nikolić (in: L. H. Ahrens, Origin and Distribution of the Elements, Oxford – London – Edinburgh – New York – Toronto – Sydney – Paris – Braunschweig 1968, S. 721/37, 729).

[11] E. V. Negrei (Tr. Inst. Geol. Rudn. Mestorozhd. Petrogr. Mineralog. i Geokhim. Nr. 54 [1962] 220/50, 238/9, 241/3). — [12] M. Tatekawa (Mem. Coll. Sci. Univ. Kyoto B **22** [1955] 199/212, 207/8, 211/2). — [13] J. D. Carl (Econ. Geol. **57** [1962] 1095/115, 1114). — [14] A. K. Saha,

B. Chakrabarti, A. V. Sankaran, T. K. Bhattacharyya (Quart. J. Geol. Mining Met. Soc. India **40** [1968] 277/80). — [15] A. M. R. Neiva (Chem. Geol. **16** [1975] 153/77, 153/4, 158/9).

[16] J. M. Correia Neves (Beitr. Mineral. Petrog. **10** [1964] 357/73, 369). — [17] H. Khalili (Tschermaks Mineral. Petrog. Mitt. [3] **24** [1977] 151/60, 154, 158/9). — [18] M. Shimada (Nippon Kagaku Zasshi **80** [1959] 141/3). — [19] J. S. Brown (Econ. Geol. **60** [1965] 1167/84, 1182/3).

2.4.1.2.5.2 Verhalten von Blei in zonaren Pegmatiten

Behavior of Lead in Zonal Pegmatites

Die Kristallisation und Differentiation der zonaren Pegmatite erfolgt sehr wahrscheinlich in Richtung von den äußeren Zonen (Salbänder) zu den inneren Zonen (Kerne) hin. Dem entspricht neben der allgemein beobachteten Abnahme des Anorthit-Anteils der Plagioklase in dieser Richtung [1] auch das spezifische Verhalten von Blei in Pegmatiten Bulgariens (vgl. auch S. 184): So nehmen in Vishteritsa, westliches Rhodopen-Gebirge, in der Richtung Salband→Kern der Gesamt-Pb-Gehalt (ΣPb) sowie das in Mikroklinen und Albiten silikatisch gebundene Blei (Pb_{Si}) ab, während das in Form von Mineralbeimengungen in Muskovit und Akzessorien (darunter Granat und Pyrit) enthaltene, hauptsächlich sulfidisch gebundene Blei (Pb_{SF}) in gleicher Richtung zunimmt; ferner nehmen zu im hangenden Teil des Pegmatits in Richtung auf den Kern die Verhältnisse K/ΣPb, K/Pb_{Si}, Na/ΣPb, Na/Pb_{Si} und Na/Pb_{SF}, während sich für den liegenden Teil des Pegmatits — als Anzeichen von abweichenden Bildungsbedingungen — eine umgekehrte Tendenz dieser Verhältnisse erkennen läßt [2]. In Dolen, östliches Rhodopen-Gebirge, sowie Pastra und Pchelina, nordwestliches Rila-Gebirge, wird ebenfalls eine Abnahme des mittleren Gehaltes an Pb und Pb_{Si} in den Feldspäten (Mikroklinen und untergeordnet Oligoklasen) von den früh gebildeten graphischen Zonen zu den späten Bildungen hin mit sekundären Mineralkomplexen beobachtet: Der Pb_{Si}-Anteil am Gesamt-Pb verringert sich von 87 bis 91% in den frühesten Kalifeldspäten und Plagioklasen auf 74% in späten Mineralassoziationen [3, S. 26/7]. Im nordwestlichen Rila-Gebirge wird die Abnahme des Pb-Gehaltes der Feldspäte in Richtung Pegmatit-Kern begleitet von einer Abnahme des K-Gehaltes, obwohl Pb neben K in Feldspäten offensichtlich auch Na — insbesondere in Hochtemperatur-Plagioklasen — ersetzen kann, während das Auftreten hoher Pb-Gehalte in spät gebildeten Differentiaten der Pegmatite (z. B. in Amazoniten) mit einer Alkali-Metasomatose verknüpft ist [4, S. 99], vgl. S. 180. — Ferner zeigt sich eine Tendenz der Abnahme des Pb-Gehaltes in Richtung Kernzone des Pegmatits für die Mikrokline eines 10-Zonen-Pegmatits im mongolischen Altai-Gebirge [5], vgl. „Blei" A 2a, S. 233, sowie für Biotite und Feldspäte von 130 präkambrischen Pegmatiten Schottlands [6], vgl. „Blei" A 2a, S. 209 bzw. 218.

Demgegenüber wird eine Zunahme des Pb-Gehaltes der Mineralien in Richtung Kernzone des Pegmatits in einigen Fällen beobachtet: so für Mikroklin der 1. Generation aus Pegmatitgängen Ost-Kasachstans [7], vgl. auch „Blei" A 2a, S. 222; für Mikroklin und Plagioklas aus einem Pegmatitgang mit Seltenmetall-Mineralisation von der Ol'khon-Region am Baikal-See, südliches Ost-Sibirien [8], und für unterschiedlich gefärbte Turmaline — Pb-Gehalte s. „Blei" A 2a, S. 201 — aus Lepidolith-führenden 2-Zonen-Pegmatiten von Brown Derby, Gunnison County, Colorado [9].

In Mikroklinen aus Pegmatiten der Haystock Range, Wyoming, ändert sich der Pb-Gehalt regellos über die schwach entwickelten Pegmatitzonen hinweg, nur in einem Fall haben Proben vom Rand einen erhöhten Pb-Gehalt gegenüber solchen aus dem Inneren [10], vgl. auch „Blei" A 2a, S. 223. Auch im Beryll-Pegmatit von Venturinha, Viseu, Portugal, sind die relativ niedrigen Pb-Gehalte unregelmäßig auf die Kalifeldspäte der pegmatitischen Phase (zwischen 500 und 600°C gebildet) in der Zwischen- und Kernzone verteilt [11, 12], vgl. auch „Blei" A 2a, S. 235; zum Pb-Gehalt der pneumatolytischen Albite dieses Pegmatits s. S. 189.

In 6-Zonen-Pegmatiten mit Spodumen in Amphiboliten und Anorthositen des Kolmozersk-Voron'insk-Gebietes, Halbinsel Kola, finden sich nur unbedeutende Pb-Spuren in Turmalinen und Apatiten bzw. kein Blei in Muskoviten der Kernzone, jedoch etwas Blei im Muskovit und kein Blei im Apatit der Randzone des Pegmatits [13]. — Ferner ist Blei in Granitpegmatiten des Na-Li-Typs der UdSSR nur in Mineralien der 1. Generation (Mikroklin, Muskovit) enthalten, aber nicht im Muskovit der 2. Generation in der Verdrängungszone [14]. — Weitere Daten zur Verteilung von Blei in Pegmatitmineralien in Abhängigkeit von den Pegmatit-Zonen s. „Blei" A 2a: für Kalifeldspat

S. 215, für Mikroklin S. 221/4, für Plagioklas S. 227, für Muskovit S. 206/7 und Biotit S. 208/9. — Über die möglichen Ursachen der unterschiedlichen Pb-Verteilung auf einzelne „Zonen" großer Mikroklin-Block-Kristalle s. unter „Metasomatische Fluide", S. 180.

Für einige zonare Pegmatite Bulgariens werden folgende Gesamt-Pb-Gehalte (ΣPb) und Anteile an silikatisch (Pb_{Si}) sowie sulfidisch (Pb_{SF}) gebundenem Blei in den einzelnen Pegmatitzonen gefunden (Pb-Gehalte in ppm; die zur Mittelwertsbildung benutzte Analysenzahl in Klammern hinter dem Mittel):

Fundort/Pegmatitzone	Σ Pb		Pb_{Si}	Pb_{SF}	Literatur
	Bereich	Mittel	Mittel	Mittel	
Dolen, Rhodopen-Gebirge					
Graphische Zone	—	95	80	11	
Quarz-Plagioklas-Komplex	—	50	39	11	
Quarz-Glimmer-Komplex	—	39	—	—	[3, S. 24]
Kariera Kalin, Rila-Gebirge					
Pegmatitgang	—	30	20	9	
Quarz-Muskovit-Komplex	—	25	—	—	[3, S. 24]
Pokrovnik, Vlakhina Planina					
Pegmatitgang	24 und 26	25	17	5	[3, S. 24]
Nordwestliches Rila-Gebirge					
In Graniten und Gneisen					
Mikroklin-Albit-Pegmatit	52 bis 83	66(6)	54(6)+)	10(6)+)	
Glimmer-Pegmatit	30 und 33	31.5(2)	20	9	[4, S. 97/8]
In serpentinisiertem Dunit					
Schwach desilifizierter Pegmatit	52 bis 53	52(3)	45(2)++)	6.5(2)++)	
Desilifizierter Pegmatit	33 und 37	35(2)	32	5	[4, S. 97/8]
In Marmor					
Skarnartiger Pegmatit	—	12	10	3	[4, S. 97/8]

+) Schwankungsbereiche 40 bis 72 für Pb_{Si} und 8 bis 12 für Pb_{SF}. — ++) Schwankungsbereiche 42 und 47 für Pb_{Si} sowie 6 und 7 für Pb_{SF}.

Literatur zu 2.4.1.2.5.2:

[1] H. Schneiderhöhn (Die Erzlagerstätten der Erde, Bd. 2, Die Pegmatite, Stuttgart 1961, S. 1/720, 370/1). — [2] V. Arnaudov, M. Pavlova (Izv. Geol. Inst. Bulgar. Akad. Nauk. Ser. Geokhim. Mineral. Petrogr. **18** [1969] 58/66, 63, 66 [bulgarisch; russisch S. 65, englisch S. 65/6]). — [3] V. Arnaudov, M. Pavlova (Izv. Geol. Inst. Bulgar. Akad. Nauk. Ser. Geokhim. Mineral. Petrogr. **20** [1971] 21/9 [bulgarisch; russisch S. 28/9, englisch S. 29]). — [4] V. Arnaudov, M. Pavlova (Izv. Geol. Inst. Bulgar. Akad. Nauk. Ser. Geokhim. Mineral. Petrogr. **19** [1970] 93/101 [bulgarisch; russisch S. 100/1, englisch S. 101]). — [5] N. A. Solodov (Geokhimiya **1960** 726/35, 726/9, 731, 733; Geochemistry [USSR] **1960** 874/85, 876/8, 880, 882).

[6] B. Hitchon (21st Intern. Geol. Congr. Rept. Session Norden, Copenhagen 1960, Tl. 17, S. 36/52, 44/9). — [7] N. G. Sretenskaya (Dokl. Akad. Nauk SSSR **154** [1964] 621/3; Dokl. Earth Sci. Sect. **154** [1964] 155/7). — [8] V. M. Makagon, B. M. Shmakin (Ezhegodnik Inst. Geokhim. Sibirsk. Otd. Akad. Nauk SSSR 1971 [1972] 139/44, 143/4). — [9] M. H. Staatz, K. J. Murata, J. J. Glass (Am. Mineralogist **40** [1955] 789/804, 789, 795/6, 799/800). — [10] J. D. Carl (Econ. Geol. **57** [1962] 1095/115, 1111/2).

[11] J. M. Correia Neves (Beitr. Mineral. Petrog. **10** [1964] 357/73, 357/62, 369/70). — [12] J. M. Correia Neves (Publ. Museu Lab. Mineral. Geol. Centro Estud. Geol. Univ. Coimbra Mem. Notic. Nr. 54 [1962] 1/150, 79, 106, 142/3 [portugiesisch; französisch S. 135/9, englisch S. 140/4]).

— [13] I. V. Ginzburg (Tr. Mineralog. Muzeya Akad. Nauk SSSR Nr. 8 [1957] 61/76, 60, 69, 73/5). — [14] M. M. Ermolaev (Nauchn. Dokl. Vysshei Shkoly Geol. Geogr. Nauki Nr. 2 [1959] 147/54, 150).

2.4.1.2.5.3 Verhalten von Blei bei autometasomatischen und hydrothermalen Umwandlungen im Gefolge der Differentiation

Behavior of Lead in Autometasomatic and Hydrothermal Transformations Resulting from Differentiation

Autometasomatische und hydrothermale Umwandlungen bewirken in einigen Fällen in den Pegmatiten selbst und in ihren Nebengesteinen Änderungen und Verschiebungen der Pb-Gehalte von Mineralien und Gesteinen. So wird eine Abnahme des Pb-Gehaltes von den früh ausgeschiedenen zu den später durch Mikroklinisierung gebildeten Mikroklin-Perthiten hin beobachtet im Pegmatitgang von Rikolatvi, Ena-Gebiet, Karelien [1], und in dem durch Verdrängung von Amazonit-Pegmatit gebildeten Cleavelandit-Pegmatit bei Tordal, Süd-Norwegen [2]. In den Muskovit-Pegmatiten des Gebietes von Gutaro-Biryusinsk, östliches Sayan-Gebirge, wird demgegenüber bei der Umkristallisation von Biotit während der Muskovitisierung eine Veränderung des Pb-Gehaltes nicht beobachtet [3]. — Bei autometasomatischer Umwandlung von Granitpegmatiten des Na-Li-Typs migriert Blei aus den Mikroklinen in die Glimmer [4], während in schlierenförmigen Gangpegmatiten in trachytischen Nephelinsyeniten des Khibina-Massivs, Halbinsel Kola, aus Alkalifeldspat-„Block-Kristallen" bei relativ niedriger Bildungstemperatur eine Assoziation von Albit mit Natrolith, Apophyllit, Fluorit und Galenit entsteht [5].

Eine Zunahme der Pb-Gehalte in Pegmatitmineralien mit abnehmendem pH der Verdrängungslösungen (Azidität) zeigt sich in Pegmatiten Ost-Sibiriens und des Sayan-Gebirges, Mittelasien, vgl. „Blei" A 2a, S. 223 für Mikroklin, S. 207 für Muskovit und S. 208/9 für Biotit. Ferner sind im Aldan-Hochland, östliches Mittel-Sibirien, in Pegmatiten als Nebengestein von Bergkristallgängen kein oder nur sehr wenig Blei enthalten, während die hydrothermal umgewandelten Teile des Pegmatits 10 bis 100 ppm Pb führen [6], vgl. auch [7]. Angaben über die Veränderung der Pb-Isotopenzusammensetzung in Pegmatiten und ihren Mineralien, insbesondere Akzessorien, s. bei [8, 9].

In Muskovit-Pegmatiten verschiedener Gebiete Ost-Sibiriens wird bei Umwandlungsprozessen eine Pb-Abfuhr in das Nebengestein festgestellt: bei Muskovitisierung und Verquarzung — bei K-reichen Gängen auch Mikroklinisierung — von Gneisen und Schiefern, bei Bildung von Mg-Skarnen in Marmoren sowie bei Biotitisierung und Epidotisierung — am Kontakt auch Muskovitisierung und Verquarzung — von Amphibolgesteinen; Galenit tritt nur in Lösungszonen mit Quarz-Abfuhr auf [10]. Dabei treten speziell um die Glimmer-Pegmatite des Mama-Gebietes im Nord-Baikal-Hochland sowohl primäre als auch (sekundäre) metasomatische „Streu-Aureolen" der Gehalte an seltenen Elementen, darunter Pb, in den Nebengesteinen auf [11], obwohl Umkristallisation älterer Bildungen und postmagmatisch-metasomatische Verdrängungen im Verlauf der Bildung dieser Pegmatite das Blei nur in geringem Maße umverteilen [12].

Literatur zu 2.4.1.2.5.3:

[1] E. D. Belyankina (Tr. Inst. Geol. Rudn. Mestorozhd. Petrogr. Mineralog. i Geokhim. Nr. 48 [1961] 40/6, 44/6). — [2] I. Oftedal (Norsk Geol. Tidsskr. **36** [1956] 141/50, 141, 144). — [3] M. P. Glebov (in: B. M. Shmakin, Geokhimiya Pegmatitov Vostochnoi Sibiri, Moskva 1971, S. 112/33, 123). — [4] M. M. Ermolaev (Nauchn. Dokl. Vysshei Shkoly Geol. Geogr. Nauki Nr. 2 [1959] 147/54, 147, 151). — [5] B. E. Borutskii (in: F. V. Chukhrov, Tipomorfizm Mineralov, Moskva 1969, S. 220/44, 235, 237).

[6] V. I. Berger (Tr. Vses. Nauchn. Issled. Inst. Geol. Inst. [2] **57** [1961] 95/110, 106/9). — [7] P. P. Tokmakov (Tr. Inst. Geol. Rudn. Mestorozhd. Petrogr. Mineralog. i Geokhim. Nr. 40 [1960] 66/75, 70, 73, 75). — [8] E. J. Catanzaro, P. W. Gast (Geochim. Cosmochim. Acta **19** [1960] 113/26, 118/9, 123/4). — [9] E. V. Sobotovich, S. M. Grashchenko, A. V. Lovtsyus (Soviet Radiochem. **5** [1963] 136/9, 137/8). — [10] B. M. Shmakin (in: B. M. Shmakin, Geokhimiya Pegmatitov Vostochnoi Sibiri, Moskva 1971, S. 72/101, 75, 96).

[11] V. E. Zagorskii, V. E. Vorob'ev, G. P. Solovarova (in: B. M. Shmakin, Geokhimiya Pegmatitov Vostochnoi Sibiri, Moskva 1971, S. 206/19, 206). — [12] A. P. Kochnev, V. A. Cheremnykh, V. E. Zagorskii (in: B. M. Shmakin, Geokhimiya Pegmatitov Vostochnoi Sibiri, Moskva 1971, S. 21/47, 22, 46).

Relationship between Lead and Rare Alkali Metals, Thallium, and Other Elements

2.4.1.2.5.4 Beziehungen von Blei zu seltenen Alkalien, Thallium und anderen Elementen

Trotz der durch K-Metasomatose verursachten, ähnlichen Verteilung von Li, Rb und Pb in Mikroklinen aus Pegmatitlinsen und in Mikroklin-Porphyroblasten in den Graniten des Tarak-Massivs im Jenissei-Gebirge, Ost-Sibirien, wird keine Beziehung zwischen Rb- und Pb-Gehalt im Mikroklin und der Lage der Pegmatite im Massiv gefunden; das Verhältnis K/Pb bleibt während der Metasomatose im wesentlichen unverändert [1]. Demgegenüber zeigt die mit zunehmender Na-Aktivität in Verbindung stehende Zufuhr von Rb und Pb in Amazonit-Pegmatiten Bulgariens (Trun) und der UdSSR (Zabaikal'e; Il'men-Gebirge; Kasachstan) für den zunehmenden Pb-Gehalt eine gute Korrelation zu den Rb- und auch Cs-Gehalten [2]; vgl. die bemerkenswerte Parallelität zwischen den Varianzkurven von Pb und Rb in Amazoniten aus Pegmatiten von Čaniste im Prilep-Gebiet, Mazedonien, Jugoslawien, die eine Konzentration von Elementen mit großen Ionenradien (wie Pb, Rb, Cs und Tl) in den pneumatolytischen Infiltrationslösungen anzeigt [3]. — Im Mama-Gebiet, Nord-Baikal-Hochland, Sibirien, werden in Abhängigkeit vom pH der pegmatitbildenden Medien bei Umverteilungen im Verlauf der Pegmatit-Entwicklung die Gehalte an Rb, Cs und Li viel stärker verändert als diejenigen von Pb, Ba und Be [4].

In Süd-Norwegen werden nur in großen Pegmatitkörpern parallele Anreicherungen von Pb, Cs und Tl mit Rb in den Feldspäten beobachtet. Dies wird als Kennzeichen eines späten Differentiationsstadiums in Verbindung mit Granitkörpern angesehen. Demgegenüber haben kleine Pegmatitlinsen als wahrscheinliche Sekretionsprodukte (die ihr Material aus der nächsten Umgebung bzw. in situ erhalten haben) in Gneisen dieses Gebietes [5, S. 50/2, 57], s. auch [6, 7], ähnliche Pb-Gehalte wie die Nebengesteine [5, S. 60], [8], vgl. auch S. 178. — In Pegmatitgängen des Kalba-Gebirges, Ost-Kasachstan, nehmen Pb, Rb und Tl innerhalb sich überlappender Bereiche zu von den pegmatitisch gebildeten Mikroklinen-I der apographischen Blockzone bis zu den durch hydrothermale Umkristallisation hieraus gebildeten Mikroklinen-II; demgegenüber wird in den hydrothermal auskristallisierten Mikroklinen-III eine plötzliche Abnahme nur von Blei und Thallium beobachtet. Diese Abnahme wird auf eine Änderung der physikochemischen Bedingungen (stärkere Komplexbildung und Hydratation in der hydrothermalen Phase — vgl. auch S. 220) zurückgeführt [9, 10], zu den Pb-Gehalten s. „Blei" A 2a, S. 222/3. — In granitoiden Pegmatiten des Mama-Gebietes, Nord-Baikal-Hochland, Sibirien, ist das Verhältnis Pb/Tl unterschiedlich in den metamorph gebildeten Plagioklas-haltigen Pegmatiten und den magmatischen Mikroklin-haltigen Pegmatiten, im umgebenden Gneisgranit steigt es mit steigendem Gehalt an K im Gestein [11]. Die Verhältnisse Rb/Pb und Tl/Pb · 100 sind wesentlich geringer in den Pb-reichen pegmatitischen Amazoniten als in den hydrothermalen Amazoniten: Es werden an 26 Proben aus Pegmatiten überwiegend von Fundpunkten der UdSSR (Ost-Sibirien; Kasachstan; Ural; Halbinsel Kola) sowie von Nord- und Mittelamerika, Schweden, Norwegen, Madagaskar, Mongolei und China für das Verhältnis Tl/Pb · 100 Werte von 1.3 bis 9.6 (in zwei Fällen auch 12 und 14.6) bestimmt; zehn hydrothermale Amazonite von Fundpunkten der UdSSR (Ost-Sibirien; Ural), Mongolei und USA haben Werte von 14 bis 48 (in drei Fällen auch 4.2, 6.7 und 8.0) für das gleiche Verhältnis [12]. Das Verhältnis Pb/Tl ist in Kalifeldspäten und Plagioklasen aus Pegmatiten Ost-Sibiriens [13, S. 96/7] und Ost-Kasachstans [10] unterschiedlich und zeigt in den einzelnen Pegmatit-Zonen verschiedene Werte:

Herkunft/Pegmatit-Zone	Verhältnis Pb/Tl in Kalifeldspat	Plagioklas
Ost-Sibirien		
Mama-Gebiet		
Primäre Struktur	87	36
Quarz-Muskovit-Verdrängungszone	208	26
Quarz-Verdrängungszone	210	40
Späte Zone	—	14
Bargusino-Muiskii-Gebiet		
Primäre Struktur	31	4.5
Oberer Chun-Fluß		
Primäre Struktur	59	—

Herkunft/Pegmatit-Zone	Verhältnis Pb/Tl in Kalifeldspat	Plagioklas
Ost-Kasachstan		
Randliche, apographische Zone	0.5 bis 2.0 [1)]	—
Block-Zone	0.06 bis 0.9 [2)]	—
Zentrale Quarz-Cleavelandit-Zone	0.6 [3)]	—
Drusen in Quarz-Cleavelandit-Zone	0.1 bis 0.4 [4)]	—

[1)] 4 Proben Mikroklin-I. — [2)] 11 Proben, davon 7 Mikroklin-I und 4 Mikroklin-II. — [3)] 1 Probe Mikroklin-I. — [4)] 3 Proben, davon 1 Mikroklin-II und 2 Mikroklin-III.

Auch für Biotite und Muskovite aus Pegmatiten Ost-Sibiriens ergeben sich in den einzelnen Pegmatit-Zonen wechselnde Verhältnisse Pb/Tl [13, S. 98/9]:

Gebiet	Verhältnis Pb/Tl in Biotit			
	Segretation im Nebengestein	Magmatischer Kontakt	Leistenförmiger Biotit	Muskovitisierungs-Zone
Mama	0.20	0.18	0.11	0.14
Gutaro-Biryusinskii	16.7	11.3	1.72	7.0
Akukanskii	5.7	—	18.8	—
Bukachanskii	25	25	15.8	—
Priol'khonskii	—	—	5.5	—
Barginskii	—	—	2.8	—
Kondakovskii	—	—	11.0	—

Gebiet	Verhältnis Pb/Tl in Muskovit			
	Biotit-Verdrängung	Quarz-Muskovit-Komplex	Pegmatoide	Späte Zone
Mama	10.1	12.2	1.38	0.24
Gutaro-Biryusinskii	57	37	47	—
Barguzino-Muiskii	—	—	0.41	—

Die Verhältnisse Pb/Ti und Pb/V variieren in den Pegmatiten des Mama-Gebietes kaum und sind nur in Kontaktzonen und verquarzten Gneis-Zwischenlagen der Pegmatite erhöht [14].

Literatur zu 2.4.1.2.5.4:

[1] K. K. Zhirov, M. A. Urusova (Geokhimiya **1962** 105/15, 107, 111; Geochemistry [USSR] **1962** 116/30, 116, 120, 126, 129). — [2] V. Arnaudov, M. Pavlova, S. Petrusenko (Izv. Geol. Inst. Bulgar. Akad. Nauk. Ser. Geokhim. Mineralog. Petrogr. **16** [1967] 41/4 [bulgarisch; englisch S. 44]). — [3] M. Arsenijević (Glasnik Prirod. Muzeja Beogradu A **13** [1960] 69/104, 90, 98, 103 [serbokroatisch; deutsch S. 102/4]). — [4] A. P. Kochnev, V. A. Cheremnykh, V. E. Zagorskii (in: B. M. Shmakin, Geokhimiya Pegmatitov Vostochnoi Sibiri, Moskva 1971, S. 21/47, 46). — [5] S. R. Taylor, K. S. Heier (21st Intern. Geol. Congr. Rept. Session Norden, Copenhagen 1960, Tl. 14, S. 47/61).

[6] I. Oftedal (Norsk Geol. Tidsskr. **36** [1956] 141/50, 143). — [7] K. S. Heier, S. R. Taylor (Geochim. Cosmochim. Acta **17** [1959] 286/304, 295). — [8] K. S. Heier, S. R. Taylor (Geochim. Cosmochim. Acta **15** [1958/59] 284/304, 295, 300/1). — [9] N. G. Sretenskaya (4-ya Konf. Molodykh Nauchn. Sotrudnikov Inst. Mineralog. Geokhim. i Kristallokhim. Redkikh Elementov, Moskva 1962, S. 19/22). — [10] N. G. Sretenskaya (Dokl. Akad. Nauk SSSR **154** [1964] 621/3; Dokl. Earth Sci. Sect. **154** [1964] 155/7).

[11] V. M. Makagon, B. M. Shmakin, K. F. Kashirin (Geol. i Geofiz. Akad. Nauk SSSR Sibirsk. Otd. **1969** Nr. 2, S. 34/40, 39). — [12] K. K. Zhirov, S. M. Stishov (Geokhimiya **1965** 32/42; Geochem. Intern. **2** [1965] 16/24, 20/2). — [13] B. M. Shmakin (in: B. M. Shmakin, Geokhimiya Pegmatitov Vostochnoi Sibiri, Moskva 1971, S. 72/101). — [14] V. E. Zagorskii, V. E. Vorob'ev, G. P. Solovarova (in: B. M. Shmakin, Geokhimiya Pegmatitov Vostochnoi Sibiri, Moskva 1971, S. 206/19, 217).

Behavior of Lead at Pegmatite Contacts. Loss and Addition

2.4.1.2.5.5 Verhalten von Blei am Kontakt von Pegmatiten, Abgabe und Zufuhr

Pegmatite zeigen wenig Aufnahme von Blei aus den Nebengesteinen bzw. Migration von Blei (ausgenommen spätere Umwandlungen, s. S. 185) in die Nebengesteine während ihrer Kristallisation. So gehört in Pegmatiten und ihren Nebengesteinen im südlichen Transural-Gebiet bei Orsk, RSFSR, Blei zu den relativ inerten Elementen [1]. In Spodumen-Pegmatiten von Kolmozersk-Voron'insk, Halbinsel Kola, tritt Blei jedoch nahe dem und unmittelbar am Kontakt zu den basischen Nebengesteinen auf [2], vgl. auch unten. Eine Zufuhr von Blei aus pegmatitischen Schmelzen in die Nebengesteine (Glimmerschiefer, Glimmergneise) von 2 der 17 untersuchten Pegmatite von New Hampshire und Connecticut wird für möglich gehalten [3].

Bei den großen präkambrischen Pegmatiten in der Nähe tertiärer Intrusivkomplexe Colorados (z.B. El Dorado-Stock) weisen die ursprünglichen, mit >170 m weiter entfernten und wenig veränderten Pegmatite wesentlich höhere Pb-Gehalte auf als die den Intrusivstöcken näheren Pegmatite; innerhalb einer Entfernung bis ≈30 m vom Intrusivstock zeigt das Pegmatit-Blei eine Isotopenzusammensetzung zwischen derjenigen der ursprünglichen Pegmatite und der der Intrusivstöcke. Hieraus wird gefolgert, daß ein großer Teil des ursprünglichen Bleis in der Nähe der Intrusivstöcke zum gleichen Zeitpunkt aus den Pegmatiten ausgetrieben wurde, zu dem wesentliche Anteile jüngeren Bleis aus den Intrusivstöcken zugeführt wurden [4]. Als Quelle des zugeführten Bleis werden für pegmatitische Feldspäte des El Dorado-Stocks Th-reiche Mineralien aus Zwischenraumfüllungen (wie Monazit, Sphen oder Apatit) angesehen, die durch einfache Diffusionsprozesse zwischen festen Phasen während der Kontaktmetamorphose ihr Blei abgeben. Bei einer Entfernung von ≈6 m vom Kontakt beträgt die maximale Pb-Zufuhr 45% [5, 6], und das Verhältnis $^{208}Pb/^{204}Pb$ erhöht sich schneller als das Verhältnis $^{206}Pb/^{204}Pb$ [7], s. auch „Blei" A 2c, S. 87. Abweichende Pb-Isotopenverhältnisse in den Kalifeldspäten von 7 großen präkambrischen Pegmatiten des Gneis-Gebietes von Baltimore, Maryland, sind wahrscheinlich durch kombinierte Zufuhr aus einer inhomogenen Quelle und durch Lösungszufuhr (während einer paläozoischen Metamorphose) entstanden und nicht allein durch Diffusion an Gesteins- oder Mineralkontakten. Die für 2 Pegmatite in Pb-armen Marmoren gefundenen Abweichungen der Verhältnisse $^{206}Pb/^{204}Pb$ und $^{208}Pb/^{204}Pb$ lassen sich nicht durch einfache Kontamination an Gesteinskontakten erklären; mindestens ein Teil des Feldspat-Bleis könnte aus Quellen stammen, die innerhalb der Baltimore-Gneise selbst liegen [8]. — Zusätzliches radiogenes Blei in Kalifeldspat aus 1 von 3 untersuchten Pegmatiten bei Balmat, New York, stammt wahrscheinlich zu $^2/_3$ vom hohen U-Gehalt der Probe und nur zu $^1/_3$ aus dem umgebenden Marmor [9].

Literatur zu 2.4.1.2.5.5:

[1] A. M. Karpov, K. M. Sirotin (Geokhim. Sb. Saratovsk. Univ. **1963** Nr. 1, S. 165/9 nach C.A. **61** [1964] 15879). — [2] I. V. Ginzburg (Tr. Mineralog. Muzeya Akad. Nauk SSSR Nr. 8 [1957] 61/76, 73/5). — [3] W. C. Stoll (Econ. Geol. **40** [1945] 136/41, 139/40). — [4] J. S. Brown (Econ. Geol. **60** [1965] 1167/84, 1177/9). — [5] B. R. Doe, S. R. Hart (J. Geophys. Res. **68** [1963] 3521/30, 3521, 3525/9).

[6] S. R. Hart, G. L. Davis, R. H. Steiger, G. R. Tilton (in: E. I. Hamilton, R. M. Farquhar, Radiometric Dating for Geologists, London – New York – Sydney 1968, S. 73/110, 91/3, 97/8). — [7] B. R. Doe (J. Petrology **8** [1967] 51/83, 72). — [8] B. R. Doe, G. R. Tilton, C. A. Hopson (J. Geophys. Res. **70** [1965] 1947/68, 1959/60, 1963, 1965). — [9] B. R. Doe (J. Geophys. Res. **67** [1962] 2895/906, 2902/3).

2.4.1.2.6 Pneumatolyte

Pneumatolytes

2.4.1.2.6.1 Pneumatolytische Blei-Abscheidung

Pneumatolytic Lead Deposition

Nach Fersman [1, 2] gehört Blei zu den Elementen, die bei der Differentiation eines Magmas — abhängig vom jeweiligen Partialdruck — zum größten Teil oder völlig in die pneumatolytische Phase übergehen („abdestillieren") und teilweise auch noch in die nachfolgenden hydrothermalen Phasen eintreten; vgl. auch Übergangslagerstätten bei Schneiderhöhn [3] und [4] sowie ab S. 192. Hiermit in Einklang stehen Berechnungen der Flüchtigkeiten von Schwermetallsulfiden und -chloriden in magmatischen Dämpfen bei 600°C, die eine Pb-Ausscheidung in allen Temperaturzonen — insbesondere im Bereich 827 bis 627°C [5] — erkennen lassen [6]. — Aus abkühlenden Granitmagmen kann Blei in relativ hohen Konzentrationen durch Gase in überlagernde Kalksteine transportiert werden [7], doch sind die Cl^--Gehalte granitischer Magmen für einen Pb-Transport meist zu gering [8].

Nach einer quantitativen Berechnung für den Witoscha-Pluton südlich Sofia, Bulgarien, verteilt sich das vorhandene Blei zu 95% auf Bildungen der (epi-)magmatischen Stadien A, B und C, aber nur zu 5% auf das pneumatolytische Stadium D sowie zu <0.1% auf hydrothermale Bildungen [9].

Im Erzgebirge, DDR, haben pneumatolytisch beeinflußte und durch die „Aktivität einer Alkalifront" aus Biotitgraniten gebildete Zweiglimmer-Granite verschiedener Fundorte sehr hohe Pb-Gehalte von 107 bis 170, Mittel 163 ppm Pb, die höher sind als diejenigen von Autometamorphiten und von Orthoklasen beispielsweise des Massivs von Eibenstock [10]. Auch die Pb-Gehalte der Effusiva, Rhyolithe, Rhyodacite, Dacite und Quarz-Latite, der „Zemplin-Insel", eines geologischen Horstes in der südöstlichen Slowakei, ČSSR, werden pneumatolytischen Prozessen zugeschrieben [11]. Demgegenüber kann es bei der Abgabe einer magmatischen Gasphase aus der Schmelze bzw. aus festen Phasen — beispielsweise durch Diffusion durch ein semipermeables Nebengestein — im später gebildeten Granit auch zu einer Pb-Verarmung kommen [12].

In den Granitoid-Massiven von Strzegom [Striegau] und Karkonosze [Riesengebirge], beide Sudeten, Polen, entstehen in der letzten Albitisierungsphase (die der pneumatolytischen Etappe entspricht) die höchsten Blei-Konzentrationen in den Feldspäten — Gehalte s. „Blei" A 2a, S. 236 —, wobei Konzentrationskoeffizienten von maximal 9.5 gegenüber den Mikroklinperthiten der Granitoide auftreten [13, 14], vgl. auch [15] und S. 180. Auch die Entstehung der Pb-reichen Amazonite mit bis zu 0.13% Pb in Pegmatiten von Čanište im Gebiet von Prilep, Mazedonien, Jugoslawien, wird durch Pb-Anreicherung während eines pneumatolytischen Infiltrationsprozesses erklärt [16]. Ein pneumatolytischer Pyroxen vom Vesuv, Italien, enthält sogar 0.17% Pb [17]. Demgegenüber sind die ebenfalls im überkritischen Bereich zwischen 400 und 500°C gebildeten Albite der Verdrängungskörper im Beryll-Pegmatit von Venturinha, Viseu, Portugal, wesentlich Pb-ärmer als die pegmatitischen Kalifeldspäte [18], Gehalte s. „Blei" A 2a, S. 235.

Literatur zu 2.4.1.2.6.1:

[1] A. E. Fersman (Geokhimiya, Bd. 2, Leningrad 1935, S. 1/354, 199/201). — [2] A. E. Fersman (Geokhimiya, Bd. 3, Leningrad 1937, S. 1/502, 275). — [3] H. Schneiderhöhn (Lehrbuch der Erzlagerstättenkunde, Bd. 1, Jena 1941, S. 1/858, 190/2). — [4] P. Geijer (Econ. Geol. **53** [1958] 210/4, 210). — [5] K. B. Krauskopf (in: J. Kutina, Symposium Problems of Postmagmatic Ore Deposition, Bd. 1, Prague 1963, S. 43/7).

[6] K. B. Krauskopf (Econ. Geol. **52** [1957] 786/807, 786, 802/4). — [7] L. N. Ovchinnikov (in: J. Kutina, Symposium Problems of Postmagmatic Ore Deposition, Bd. 1, Prague 1963, S. 492/6, 493/4). — [8] V. L. Barsukov (in: A. P. Vinogradov (Chemistry of the Earth Crust, Bd. 2, Jerusalem 1967, S. 211/31, 219 [russisches Original: Moskva 1964]). — [9] E. Aleksiev (Tr. Vurkhu Geol. Bulgar. Ser. Geokhim. Polezni Izkop. **1** [1960] 3/64, 33 [bulgarisch; russisch S. 58/61, deutsch S. 61/4]). — [10] F. Leutwein (Sci. Terre **10** [1964/65] 35/78, 39, 55/6, 58, 73).

[11] P. Ončáková (Sb. Ved. Prac Vysokej Skoly Tech. Kosiciach **4** Nr. 2 [1960] 205/32, 227/30 [slowakisch; russisch S. 229/30, deutsch S. 230]). — [12] I. Carmichael (Geol. Mag. **99** [1962] 253/64, 261). — [13] W. Kowalski (Freiberger Forschungsh. C Nr. 270 [1970] 133/50, 140, 144/60). — [14] W. Kowalski (Arch. Mineral. **27** [1967] 53/244, 94/6, 128, 208/9, 217, 226, 230/4, 241/2 [polnisch; englisch S. 226/44]). — [15] A. Polański [Polyanski] (in: N. I. Khitarov, Problems of Geochemistry, Jerusalem 1969, S. 415/23, 420 [russisches Original: Moskva 1965]).

[16] M. Arsenijević (Glasnik Prirod. Muzeja Beogradu A **13** [1960] 69/104, 90/1, 98, 103/4 [serbokroatisch; deutsch S. 102/4]). — [17] K. H. Wedepohl (Geochim. Cosmochim. Acta **10** [1956] 69/148, 95). — [18] J. M. Correia Neves (Beitr. Mineral. Petrog. **10** [1964] 357/73, 360, 369/70).

Pneumatolytic Ore Formation Processes with Lead

2.4.1.2.6.2 Pneumatolytische Erzbildungsprozesse mit Blei

Blei als Galenit und/oder in Form Komplexer Sulfide wird häufig in Verbindung mit hochtemperiert-pneumatolytischen Sn-Mineralisationen angetroffen: So tritt an verschiedenen Fundorten des Erzgebirges, DDR, bei Temperaturen >400°C gebildeter Galenit (z.T. als Imprägnation) in der Cassiterit-Sulfid-Phase als eines der letzten Mineralien auf [1], vgl. [2], s. speziell für Schwarzenberg und Zinnwald [3]. In Graupen, Erzgebirge, ČSSR, wird Galenit als relativ spätes Mineral (nach Fluorit-IV und -V) in einer pneumatolytisch-hydrothermalen Drusenparagenese in vergreisentem Granit bzw. in idiomorphen Kristallen in Sulfidnestern in stark vergreisentem Gneis festgestellt [4]. Auch im Saint Guiral-Massiv, südliche Cevennen, Süd-Frankreich, treten Galenit und Bournonit neben anderen Sulfiden in der dritten Phase einer hochtemperiert-pneumatolytischen Sn-Mineralisation auf [5]. Bei einer Untersuchung verschiedener genetischer Typen von Sn-Lagerstätten der UdSSR wurde Blei in 95% aller Proben und mit den höchsten Gehalten (Mittel 0.6% Pb) in 43 Proben von 12 Lagerstätten des Cassiterit-Sulfid-Typs gefunden [6], vgl. die starke Pb-Konzentration in diesem Lagerstättentyp im Grodevsker Intrusiv-Komplex, Mittel-Kasachstan [7], und im Myao-Chan-Komplex, Gebiet Khabarovsk, Primor'e, UdSSR [8]. — In Übereinstimmung mit diesen Beobachtungen treten nach experimentellen Untersuchungen im pseudobinären Teilsystem $PbS-Bi_2S_3$ die meisten der 6 gefundenen stabilen Phasen in Temperaturbereichen auf, die für natürliche Pb-Bi-Sulfosalze (z.B. Lillianit, Galenobismutit, Bonchevit) pegmatisch-pneumatolytische oder hoch-hydrothermale Bildung, auch in Greisenlagerstätten, anzeigen [9].

In präkambrischen Sulfid-Lagerstätten Mittel-Schwedens wurde die Hauptmenge des relativ seltenen Galenits typisch „pyrometasomatisch" als Produkt eines pneumatolytischen Stadiums in Verbindung mit frühen (nicht palingenen) svionischen Graniten abgeschieden, und zwar in der Grube Kallmora (mit Ag-Erzen) zusammen mit Andradit und Fluorit, in Koberg zusammen mit Fluor-Silikaten (insbesondere Chondrodit) sowie in Kaveltorp zusammen mit Tremolit- und Anthophyllit-Cummingtonit-Skarnen [10]. — Die Kalksilikatfelse von Nedvědice, West-Mähren, ČSSR, enthalten vereinzelt Galenit, der durch junge pneumatolytische Zufuhr im Zusammenhang mit durchsetzenden Pegmatitgängen gebildet wurde [11], vgl. „Blei" A 2c, S. 78. In Hornschiefern vom Kontakt der Diabas-Lagergänge der Barrande-Synklinale, 30 km südwestlich von Prag, ČSSR, sind die erhöhten Pb-Gehalte (bis 0.1% Pb), zusammen mit an Datolith gebundenen Bor-Gehalten, Produkte einer genetisch mit der Diabas-Intrusion verbundenen pneumatolytisch-hydrothermalen Phase [12], während in pneumatolytisch-hydrothermalen Skarnlagerstätten Chinas der Galenit als jüngere Bildung, zusammen mit anderen Sulfiden, in Gängen und metasomatischen Körpern die Be- und B-Mineralien enthaltenden Gänge durchsetzt [13]. Zur geochemischen Bindung von Pb an B und Be

s. „Blei" A 2c, S. 77. — In den Skarn-Polymetall-Lagerstätten des Kurusai-Erzfeldes, südwestliches Kurama-Gebirge, Tadschikistan, wird Galenit im vierten, dem sulfidischen Stadium der pneumatolytischen Phase, aus gasförmigen, vorherrschend alkalisch-reduzierenden Fluiden bei Temperaturen von 500 bis 300°C abgeschieden [14, 15].

Zur Pb-Konzentration durch pneumatolytisch-hydrothermale Prozesse bei palingener Granitbildung s. „Blei" A 2c, S. 129.

Literatur zu 2.4.1.2.6.2:

[1] H. Reh (Neues Jahrb. Mineral. Geol. Paläontol. A **65** [1932] 1/86, 48/52, 69, 73). — [2] A. E. Fersman (Geokhimiya, Bd. 2, Leningrad 1935, S. 1/354, 197). — [3] P. Ramdohr (Die Erzmineralien und ihre Verwachsungen, 3. Aufl., Berlin 1960, S. 1/1089, 608). — [4] L. Žák (Chem. Erde **20** [1959/60] 81/103, 84/6, 92, 99). — [5] H. Vincienne, H. Pelissonnier (Compt. Rend. **243** [1956] 915/6).

[6] A. S. Dudykina (Tr. Inst. Geol. Rudn. Mestorozhd. Petrogr. Mineralog. i Geokhim. Nr. 28 [1959] 111/21, 114/5, 119/20). — [7] V. S. Koptev-Dvornikov, M. G. Rub, L. V. Dmitriev, E. V. Negrei (Geokhimiya Redkikh Elementov, Moskva 1959, S. 101/19, 111). — [8] V. S. Koptev-Dvornikov, M. G. Rub, D. A. Rodionov (in: E. T. Shatalov, V. S. Koptev-Dvornikov u.a., Kriterii Svyazi Orudeneniya s Magmatizmom Primenitel'no k Izucheniyu Rudnykh Raionov, Moskva 1965, S. 134/51, 145). — [9] B. Salanci, G. H. Moh (Neues Jahrb. Mineral. Abhandl. **112** [1969/70] 63/95, 64, 90/2). — [10] P. Geijer (Econ. Geol. **53** [1958] 210/4).

[11] D. Němec (Neues Jahrb. Mineral. Abhandl. **108** [1968] 52/68, 52, 56). — [12] J. Strnad (Casopis Mineral. Geol. **6** Nr. 2 [1961] 157/60 [tschechisch, deutsch S. 160]). — [13] A. I. Ginzburg (in: A. I. Ginzburg, New Data on Rare Element Mineralogy, New York 1963, S. 1/15, 5/6 [russisches Original: Moskva 1961]). — [14] V. D. Sazonov (in: J. Kutina, Symposium Problems of Postmagmatic Ore Deposition, Bd. 1, Prague 1963, S. 456/8). — [15] V. D. Sazonov (Tr. Inst. Geol. Akad. Nauk Tadzhik.SSR **8** [1964] 182/218 nach Ref. Zh. Geol. **1965** 6 Zh 80 und C.A. **61** [1964] 10461).

Lead in the Hydrothermal Phase

2.4.1.3 Blei in der hydrothermalen Phase

Origin of Lead and Relationship between Lead Mineralization and Magma

2.4.1.3.1 Herkunft von Blei und Beziehungen von Blei-Mineralisationen zum Magma

Origin

2.4.1.3.1.1 Herkunft

General

2.4.1.3.1.1.1 Allgemeines

Blei ist ein typisches Element hydrothermaler Bildungen [1, 2], und in ihnen befindet sich auch — speziell in der Zn-Pb-Ag-Formation — das Maximum der Abscheidung des wichtigsten Blei-Minerals Galenit [3]. Der Terminus „hydrothermal" hat seine ursprüngliche, einfache genetische Bedeutung verloren, da es sich gezeigt hat, daß zahlreiche und verschiedene „hydrothermale", aus heißen wäßrigen Lösungen abgeschiedene Lagerstätten von unterschiedlicher Herkunft sind [4, 13] bzw. entgegen älteren Auffassungen eher durch komplexe als durch einfache Prozesse entstanden sind, bei denen das Wasser, die gelösten Salze, die Metalle sowie der Schwefel und andere typische Bestandteile von zwei oder mehr Quellen stammen können [5, S. 301, 327/9], vgl. auch Tabelle S. 193; speziell zur Herkunft von Metallen und Wasser in hydrothermalen Lösungen s. auch [6, 7]. Trotz der offensichtlich sehr komplexen Mechanismen und vielfachen Quellen bei der hydrothermalen Erzbildung ist — neben einem gewissen Anteil an Gravitationsenergie — die vorherrschende Energiequelle magmatische Wärme [5, S. 326], [7], die die Vorgänge beim Transport, der Abscheidung und der Konzentration von Blei regelt.

Einen Überblick über die unterschiedliche Herkunft der Hauptkomponenten hydrothermaler Lösungen, die zur Bildung Pb-haltiger Erze führen, gibt die Tabelle S. 193.

Literatur zu 2.4.1.3.1.1.1 einschließlich Tabelle S. 193:

[1] V. M. Goldschmidt (Geol. Foren. Stockholm Forh. **56** [1934] 385/427, 399). — [2] G. von Hevesy (Fortschr. Mineral. Krist. Petrog. **16** [1932] 147/61, 155). — [3] K. H. Wedepohl (Geochim. Cosmochim. Acta **10** [1956] 69/148, 97). — [4] L. N. Ovchinnikov (in: Z. Pouba, M. Štemprok, Problems of Hydrothermal Ore Deposition, Stuttgart 1970, S. 19/24, 19). — [5] D. E. White (Econ. Geol. **63** [1968] 301/35).

[6] K. B. Krauskopf (in: H. L. Barnes, Geochemistry of Hydrothermal Ore Deposits, New York u. a. 1967, S. 1/33, 26/8). — [7] C. W. Burnham (in: H. L. Barnes, Geochemistry of Hydrothermal Ore Deposits, New York u. a. 1967, S. 34/76, 35). — [8] H. Schneiderhöhn (Erzlagerstätten, Kurzvorlesungen, 3. Aufl., Stuttgart 1955, S. 1/375, 146/7). — [9] V. Gornitz, P. F. Kerr (Econ. Geol. **65** [1970] 751/68, 751, 762, 765, 767). — [10] H. Ohmoto (Diss. Univ. of Princeton 1969 nach Diss. Abstr. Intern. B **30** [1969] 1204).

[11] E. Roedder (Econ. Geol. **63** [1968] 439/50, 439, 446/8). — [12] J. S. Tooms (Inst. Mining Met. Trans. B **79** [1970] 116/26, 125). — [13] O. Oelsner (Z. Angew. Geol. **5** [1959] 282/8, 287).

Directly Magmatic Origin of Lead

2.4.1.3.1.1.2 Direkt magmatische Herkunft von Blei

Für Magmatite bzw. ihre Magmen als Quelle von Metallanreicherungen spricht die Tatsache, daß die Verringerung des Pb-Gehaltes von 100 km^3 Gestein um nur 3 ppm bereits eine Metallmenge von 10^6 t Pb liefert, und daß ferner zonare Anordnungen der Metalle in Erzlagerstätten Bewegungen von Fluiden von einem Aktivitätszentrum ausgehend nach außen bestätigen; ein eindeutiger Beweis für ein abkühlendes Magma im Aktivitätszentrum wird dadurch jedoch nicht geliefert. Dennoch sind Silikatmagmen ziemlich sicher die direkte Metallquelle einiger Erzlagerstätten [1, S. 6/7, 11, 15]. Andererseits können unter die Erdoberfläche absinkende meteorische („vadose") Wässer bei längerem Kontakt mit Nebengesteinen in einem großen p-, T- und Konzentrations-Bereich sowie bei teilweiser Vermischung mit Wässern anderer Herkunft ebenfalls zu wirkungsvollen Metallträgern werden [1, S. 19/21], s. ab S. 195. — Großräumig wird in Mitteleuropa den variskischen Lagerstätten (darunter solche der Quarz-Sulfid-Abfolge mit Galenit und anderen Sulfiden) eine primäre (magmatische) Herkunft, jedoch mit Beimengung von vadosen zu juvenilen Wässern, zugeschrieben; für die saxonischen Lagerstätten (darunter solche der Baryt-Fluorit-Quarz-Abfolge mit unter anderem Galenit) wird eine sekundäre Herkunft der Metalle aus dem Nebengestein, aber vermuteter Transport in rein juvenilen Wässern, diskutiert [2], vgl. auch [2a]. Juvenil-magmatische Differentiate sind

Lagerstätte/Geotherme	Herkunft in hydrothermalen Lösungen				Literatur
	Wasser	Salze/Cl	Metalle	Schwefel	
„Typ Oberschlesien" (einschließlich Mississippi-Missouri-Bezirk, USA)	magmatisch, z. T. vados	Nebengestein	primäre Lagerstätten im Untergrund	primäre Lagerstätten im Untergrund	[8]
Pb-Zn-CaF_2-Baryt-Vorkommen des Mississippi-Tals, USA	überwiegend „connate water"; etwas magmatisches, vadoses oder anderes H_2O	aus paläozoischen Meeren	paläozoische Sedimente und andere Quellen	biogene Reduktion von Sulfat	[5, S. 306/12, 326]
Pb-Zn-Pyrit-Lagerstätte von Zacatecas, Mexiko	wahrscheinlichalle Komponenten magmatischer Herkunft				[5, S. 301, 304/6, 326]
U-Mineralisation der Orphan-Mine, Arizona	epithermal und Grundwasser	keine Angaben	wahrscheinlich magmatisch	bakterielle Reduktion von Sulfat	[9]
Pb-Zn-Grube Bluebell, British Columbia, Kanada	mehrere Quellen, aber überwiegend vados	magmatisch-hydrothermal	Pb*) von mehreren Quellen	keine Angaben	[10]
Pb-Zn-Revier Pine Point, Northwest Territories, Kanada	sedimenteigene, heiße und kalte vadose Wässer	Evaporite bzw. sedimentäre Solen	sedimentäre Basis	bakteriell oder chemisch reduziertes Sulfat von Solen	[11]
Geothermalsystem					
Salton Sea, Kalifornien	vorherrschend vados, z. T. magmatisch oder anderer Herkunft	Sedimente, speziell Evaporite	Sedimente, eventuell 50% des Pb magmatisch*)	möglicherweise vulkanisch	[5, S. 301, 313/8, 326]
Rotes Meer	„Meerwasser"	Evaporite und klastische Sedimente	Evaporite und klastische Sedimente	magmatische oder biogene Reduktion von Sulfat	[5, S. 301, 319/21, 326]
Salton Sea, Kalifornien; Rotes Meer; Cheleken, Kaspisches Meer	überwiegend vados	vermutlich Evaporite	aus Nebengestein	z. T. Sulfid-reiche Wässer	[12]

*) nach Isotopen-Untersuchungen

auch die Erzbringer einiger Polymetall-Lagerstätten Asiens [3, 4], speziell des Altai-Gebirges [5], und wahrscheinlich auch der Klichka-Lagerstättengruppe in Ost-Transbaikalien [6] sowie der Umgebung des Khanka-Sees in Primor'e, Ferner Osten, alle UdSSR [7]. In jedem Falle magmatischer Herkunft (hydrothermale Verdrängung oder exhalativ-sedimentär) sind die Metalle der „Schwarzerze" (kuroko) — Galenit, Sphalerit, Baryt — der Gruben Hanaoka und Kosaka in der Präfektur Akita, Nord-Honshu, Japan [8], s. auch S. 34. Ferner ist ein in der Tiefe liegender Magmenkörpeı wahrscheinlich auch die Quelle der mineralisierenden Lösungen der Pb-Zn-Lagerstätten des Oberen Mississippi-Erzdistrikts in Wisconsin/Illinois [9]; vgl. hydrothermal-alkalimagmatische Abstammung eines Teils des Bleigehaltes im Südost-Missouri-Gebiet sowie wahrscheinlich des nicht-radiogenen Bleis im Illinois-Kentucky-Grenzgebiet, „Blei" A 4, S. 124/5. Auch die Metalle und der Schwefel der „pipe"-artigen Erzkörper mit Sphalerit, Galenit und Pyrit in Kalksteinen von Providencia, Zacatecas, Mexiko, stammen nach räumlichen, zeitlichen, chemischen und Isotopen-Beziehungen sehr wahrscheinlich aus einem magmatischen Herd [10]. — Für die an tektonische Bruchzonen in silurisch/ordovizischen Carbonatgesteinen Estlands gebundene Sulfid-Mineralisation (mit Galenit, Sphalerit, Chalkopyrit u. a.) wird eine Herkunft aus hydrothermalen Lösungen aus der Tiefe angenommen [11]. Zufuhr von Galenit und anderen Sulfiden durch hydrothermale Lösungen in verschiedenen Stadien entlang von tektonischen Pressungsklüften zeigt auch das Kupferschiefer-Flöz im Mansfelder Revier, DDR [12]. — Zur Pb-Zufuhr aus dem Oberen Erdmantel s. ab S. 17.

Effusivgesteine liefern offensichtlich nicht nur durch Eintritt von gasförmigen Metall(Pb)-Phasen in ein marines Milieu die Erzkomponenten für submarin-exhalative Lagerstätten, s. „Blei" A 2 c, S. 37, sondern auch durch Erguß wäßriger metallführender Lösungen (Thermen) in Meeresbecken [13]; der Mechanismus der Metallzufuhr und -konzentration wird hierbei jedoch sehr verschieden interpretiert, s. im einzelnen bei Krauskopf [1, S. 17/8]. — Durch Erguß hydrothermaler Lösungen ins Meerwasser wurden außer den Metallen der Pb-Zn-(Cu-)Lagerstätten der Trias des Nordwest-Balkans (insbesondere Sedmočislenici, Bulgarien) [14] wahrscheinlich auch die Metalle der meisten Polymetall-Lagerstätten Kirgisiens zugeführt [15]; in der Pb-Zn-Pyrit-Lagerstätte von Zadwar, südöstlich Uslaipur, Rajasthan, Mittel-Indien, erfolgte, wie auf Grund der Spurenelementgehalte der Sulfide angenommen, die Ausscheidung der Metalle aus magmatisch-hydrothermalen Lösungen aus größerer Tiefe in einem stark reduzierenden Milieu während der Sedimentation [16]. Auch die Blei-Anreicherung in Sedimenten entlang des Ostpazifischen Rückens wird nach Bostrom, Peterson [17] durch aus größerer Tiefe aufsteigende hydrothermale Lösungen verursacht, vgl. auch S. 15/6; demgegenüber sprechen nach Bender u. a. [18] Isotopendaten von Blei dafür, daß dieses Element aus den Basalten des Rückens stammt, s. auch Piper [19], der annimmt, daß die Abscheidung des Bleis aus „hydrothermalen Lösungen" erfolgte, die bei der Reaktion zwischen Meerwasser und dem aufquellenden Basalt entstanden sind; vgl. „Blei" A 2 c, S. 69. In ähnlicher Weise wurden die Metalle der Pb-Zn-Erze in Tuff-Carbonat-Gesteinen Mittel-Kasachstans durch Thermen aus Gesteinen mit überdurchschnittlichen Gehalten an Erz-Elementen herausgelöst und anschließend in einem Meeresbecken ausgefällt [20]. — Der Galenit der Tui-Grube, Te Aroha, Neuseeland, stammt nach Pb-Isotopen-Untersuchungen sehr wahrscheinlich aus der gleichen Quelle wie die jüngeren Rhyolithe und nicht aus den unmittelbar benachbarten Andesiten des Coromandel-Gebietes [21].

Literatur zu 2.4.1.3.1.1.2:

[1] K. B. Krauskopf (in: H. L. Barnes, Geochemistry of Hydrothermal Ore Deposits, New York u. a. 1967, S. 1/33). — [2] H. J. Rösler, L. Baumann (in: Z. Pouba, M. Štemprok, Problems of Hydrothermal Ore Deposition, Stuttgart 1970, S. 72/7, 74/5). — [2a] L. Baumann, O. Leeder (Freiberger Forschungsh. C Nr. 266 [1969] 89/99, 96). — [3] F. K. Shipulin (in: N. S. Shatskii, Voprosy Geologii Asii, Bd. 2, Moskva 1955, S. 146/76, 168, 171; Ref. Zh. Geol. **1956** Nr. 5574). — [4] F. K. Shipulin (in: Z. Pouba, M. Štemprok, Problems of Hydrothermal Ore Deposition, Stuttgart 1970, S. 24). — [5] M. G. Khisamutdinov (Sov. Geol. Sb. Nr. 50 [1956] 12/27, 14).

[6] K. S. Taldykina (Tr. Geol. Muzeya Akad. Nauk SSSR **10** [1962] 1/122, 114). — [7] M. G. Rub, Ya. D. Gotman (in: Magmatizm i Svyaz's Nim Poleznykh Iskopaemykh, Moskva 1960, S. 322/8, 327). — [8] T. Tatsumi (Econ. Geol. **60** [1965] 1645/59, 1648). — [9] R. R. Reynolds (Econ. Geol. **53** [1958] 141/63, 141/2, 162). — [10] D. E. White (Econ. Geol. **63** [1968] 301/35, 301, 305/6).

[11] Kh. Pal'mre (Zakonomernosti Razmeshcheniya Mestorozhd. v Platformennykh Chekhlakh Dokl. 2-oi Vses. Ob'edin. Sessii Akad. Nauk Ukr.SSR, Kiev 1960, Tl. 2, S. 49/55 nach C.A. **57**

[1962] 447). — [12] K.-H. Eisenhuth, E. Kautzsch (Handbuch für den Kupferschieferbergbau, Leipzig 1954, S. 1/335, 94, 103). — [13] K.-C. Taupitz (Chem. Erde **17** [1954/55] 104/64, 112/3, 156). — [14] J. Rentzsch (Freiberger Forschungsh. C Nr. 166 [1963] 1/102, 80). — [15] A. M. Minzhilkiev (Uch. Zap. Kirg. Gos. Zaochn. Ped. Inst. Istor. Geogr. **4** [1959] 141/52 nach Ref. Zh. Geol. **1962** Nr. 1 D 151).

[16] A. K. Chakrabarti (Can. Mineralogist **9** [1967/69] 258/62, 261). — [17] K. Bostrom, M. N. A. Peterson (Econ. Geol. **61** [1966] 1258/65, 1258, 1264). — [18] M. Bender, W. Broecker, V. Gornitz, U. Middel, R. Kay, S. S. Sun, P. Biscaye (Earth Planet. Sci. Letters **12** [1971] 425/33, 431). — [19] D. Z. Piper (Earth Planet. Sci. Letters **19** [1973] 75/82, 75, 81). — [20] G. A. Ostrovskaya (Prikl. Geol. Vopr. Metallogenii **1960** 110/9 nach Ref. Zh. Khim. **1961** Nr. 6 G 85; C.A. **56** [1962] 1178).

[21] B. G. Weissberg, A. Wodzicki (New Zealand J. Sci. **13** [1970] 36/60, 59).

2.4.1.3.1.1.3 Indirekt magmatische Herkunft von Blei

Indirectly Magmatic Origin of Lead

Indirekt magmatischer Herkunft ist das Blei in solchen hydrothermalen Lösungen, die bei intensiver autometasomatischer Umwandlung von Magmatiten gebildet werden, s. hierzu ab S. 260. So entstehen beispielsweise im Kzyl-Ompul-Massiv im mittleren Nord-Tien Shan, Mittelasien, bei der Bildung von Quarz-Sericit-Gesteinen aus Leuko-Graniten durch autometasomatische Zersetzung primärer Pb-haltiger Mineralien (Kalifeldspäte, Plagioklas, Biotit) die Pb-freien sekundären Mineralien (Quarz, Muskovit und Sericit) und Pb-haltige, hydrothermale Lösungen, in denen das Blei fortgeführt worden sein muß, da keine neuen Sulfide in den Quarz-Sericit-Gesteinen gebildet wurden; ebenso wird Blei bei der selten auftretenden starken Propylitisierung von Granosyeniten und leukokraten Graniten dieses Gebietes freigesetzt und weggeführt [1], s. auch S. 264. Im Bingham Mining District, Utah, wird ebenfalls durch hydrothermale Lösungen eine Pb-Abfuhr aus den Biotiten der stark umgewandelten Granite bis Granodiorite des Bingham-Stocks und aus den weniger veränderten Quarzmonzoniten des Last Chance-Stocks bewirkt [2]. Ferner zeigen basische bis saure Intrusivgesteine Adschariens, Grusinien, bei autometasomatischen Umwandlungen (Verquarzung und Kalifeldspatisierung) eine deutliche Pb-Abfuhr aus den meisten gesteinsbildenden Mineralien; das hierbei (wahrscheinlich unter Komplexbildung) fortgeführte Blei wurde möglicherweise in der Lagerstätte von Merisski wieder abgeschieden, für die 1 km^3 granitoider Gesteine die erforderlichen Metallmengen hätte liefern können [3], vgl. [4, 5]. — Auf Grund ähnlicher Pb-Isotopendaten werden die Kalifeldspäte alter Granite des Ios-Plateaus, Nigeria, als wahrscheinliche Quelle des Erzbleis in Gängen und metasomatischen Körpern innerhalb jüngerer Granite angesehen; eine hydrothermal-metasomatische Mobilisierung des Bleis erscheint möglich [6, 7].

Literatur zu 2.4.1.3.1.1.3:

[1] R. D. Gavrilin, L. A. Pevtsova, N. S. Klassova (Geokhimiya **1967** 954/63; Geochem. Intern. **4** [1967] 790/9, 796/7). — [2] W. T. Parry, M. P. Nackowski (Econ. Geol. **58** [1963] 1126/44, 1130, 1143). — [3] T. V. Ivanitskii, N. D. Gvaramadze, T. D. Mchedlishvili, I. D. Shavishvili u. a. (Tr. Geol. Inst. Akad. Nauk Gruz.SSR Nr. 20 [1969] 1/150, 101, 105, 117/8, 139/42). — [4] T. V. Ivanitskii, N. D. Gvaramadze, T. D. Mchedlishvili (Soobshch. Akad. Nauk Gruz.SSR **44** [1966] 365/72, 366, 371). — [5] T. V. Ivanitskii (in: Materialy ko 2-mu Konf. po Okolorudnomy Metasomatizmu, Leningrad 1966, S. 339/40).

[6] A. I. Tugarinov, A. S. Pavlenko, V. I. Kovalenko (Geokhimiya **1968** 1419/36; Geochem. Intern. **5** [1968] 1156/71, 1158/9). — [7] A. I. Tugarinov, V. I. Kovalenko, E. B. Znamenskii, V. A. Legeido u.a. (in: L. H. Ahrens, Origin and Distribution of the Elements, Oxford u.a. 1968, S. 687/99, 689/90).

2.4.1.3.1.1.4 Tiefenzirkulation und Auslaugung von Blei aus dem Nebengestein

Deep Circulation and Leaching of Lead from Country Rocks

Durch Tiefenzirkulation oder Annäherung an Magmatitkörper erwärmte vadose oder sedimenteigene („connate") Wässer bzw. Wässer vulkanischer Herkunft sind wahrscheinlich zur Auslaugung von Metallgehalten aus den Nebengesteinen in der Lage [1, S. 27]. So kann nach Berechnungen für einige Lagerstätten Kanadas der mobilisierte Metallinhalt von nur einer Kubikmeile Nebengestein — besonders schwarze graphitisch-pyritische Schiefertone — genügend Blei liefern [2], bzw. reicht für den Anteil des radiogenen Bleis im Galenit des Kootenay-Distrikts, British Columbia, der Metallinhalt von $< 10\ km^3$ Krustengestein [3]. Als Quellen für Schwermetalle, darunter auch Blei, in hydrothermalen Lösungen werden vor allem sedimentäre oder metamorphe Gesteine angesehen [4]. Speziell aus Sedimenten mit „geochemischer", nicht bauwürdiger Metallanreicherung können durch zirkulierende Tiefengrundwässer oder im Verlauf von metamorphen Umwandlungen — vgl. auch S. 197 — „hydatogene" Lösungen von hydrothermalem Charakter entstehen, die ihren Metallgehalt überwiegend in der Nähe (bis zu 100 m entfernt) der Liefergebiete wieder abscheiden [5]; s. ähnliche Auffassung für die Pb-Zn-Gänge vom „alpinen Typ" [6]. — Nach Laboruntersuchungen wird die Möglichkeit der Mobilisierung von karbonatisch gebundenem Blei aus Gesteinen schon bei 100°C und Vorhandensein von S und H_2O festgestellt, so daß eine magmatische Quelle nicht erforderlich ist [7].

Für die im folgenden Abschnitt angeführten Beispiele wird eine Aufnahme von Blei in „hydrothermale" Lösungen durch Tiefenzirkulation und/oder durch Auslaugung aus Nebengestein angenommen. So sprechen Pb-Isotopen-Anomalien dafür, daß die Lagerstätten des Missouri-Mississippi-Gebietes, außer der in einigen Distrikten vorhandenen magmatischen Pb-Komponente, vgl. S. 194, wahrscheinlich überwiegend eine aus den unterlagernden paläozoischen Sedimenten selektiv ausgelaugte, stärker radiogene Pb-Komponente führen [8, S. 309], vgl. [9, 10, 42]; nach [11] stammt das nicht-radiogene Blei hauptsächlich aus Sedimenten, das radiogene Blei vollständig aus dem kristallinen Präkambrium. Für den gesamten Pb-Zn-Erzdistrikt des Oberen Mississippi-Tales und den Fluorit-Distrikt von Illinois-Kentucky wird jedoch den präkambrischen Basisgesteinen als Erzquelle der Vorzug gegeben gegenüber den unmittelbaren Nebengesteinen [12], bzw. es stammt im Illinois-Kentucky- (s. auch unten) und im Südost-Missouri-Distrikt (s. auch unten) ein Teil des Bleis aus der präkambrischen Basis oder den unmittelbaren Nebengesteinen [13, 17]. Andererseits werden für das Obere Mississippi-Tal und den Tri-State-Distrikt auch überhaupt keine magmatischen Pb-Komponenten angenommen [13]. Dies ist nach neueren Pb-Isotopenuntersuchungen auch nicht erforderlich [10], da als Haupterzfluide erwärmte Ölfeld-Solen mit Blei und Schwefel von weitgehend krustaler Herkunft aus geringen Tiefen betrachtet werden [14, 14a]; vgl. zur Herkunft des Bleis aus ausgepreßten Porenlösungen („compaction water") der Sedimente des Mississippi-Tales und von Südost-Missouri [14b]. Auch im Südost-Missouri-Erzdistrikt sind die Metalle sedimentärer Herkunft [15] und stammen speziell für die Lagerstätten im oberkambrischen Dolomit des St. Francis Mountains-Gebietes nach Pb-Isotopenuntersuchungen aus dem unterlagernden Sandstein der Lamotte-Formation, während die präkambrischen Basisgesteine und die oberkambrischen Nebengesteine (Dolomite und Kalkschiefer) nur geringe Pb-Mengen geliefert haben können; eine Auslaugung von nur 2 ppm Pb durch Chlorid-reiche „brines" könnte aus einer ≈ 70 m dicken Sandsteinschicht auf $\approx 2900\ km^2$ den bekannten Erzinhalt liefern [16]. Demgegenüber stammt nach Heyl im Südost-Missouri- und im Illinois-Kentucky-Erzdistrikt nur ein Teil des Bleis aus der präkambrischen Basis oder den unmittelbaren Nebengesteinen [13, 17].

Auch in den zum gleichen genetischen Typ wie die Mississippi-Missouri-Erze gehörenden Pb-Zn-Erzkörpern in Carbonatgesteinen von Pine Point, Northwest Territories, Kanada, stammt der Elementgehalt wahrscheinlich aus den von stark salinaren Lösungen durchdrungenen sedimentären und kristallinen Basisschichten [18], insbesondere aus Schiefern und Carbonatgesteinen [19], während die in den südlichen Rocky Mountains sowie bei Banff, Alberta, und Field, British Columbia, alle Kanada, konzentrierten Erze dieses Typs wahrscheinlich aus Kohlenwasserstoff-reichen Schichten durch oberflächennahe Solen ausgelaugt wurden [20]. — Für telethermale Pb-Zn-F-Ba-Lagerstätten speziell der Nord-Pennines, England, und von Illinois-Kentucky wird aktive Auslaugung („Lateralsekretion") der Metallkomponenten aus anomal Pb-reichen magmatischen und metamorphen Gesteinen der kaledonischen Basisschichten durch heiße K-reiche Solen angenommen [21]. — Auch in den während der oberen Kreide gebildeten Monzonit-Stöcken im Coeur d'Alene-Distrikt, Nord-Idaho, stammen die Sulfide — besonders der Galenit — der jüngeren Haupt-Gangperiode aus einer tieferen Quelle, da die Pb-Isotopenzusammensetzung des Galenits ein älteres Blei vom „B-Typ" — vgl. „Blei" A 2a, S. 251 — ergibt als nach der geologischen Position der Erzgänge zu erwarten ist; wahrscheinlich stammt das Blei aus einer tiefen, sulfidreichen, Th- und U-armen Zone unterhalb der magmatischen Zone des Erdmantels und wurde auf Tiefenbrüchen aufwärts transportiert [22]; zur lokalen Remobilisierung s. S. 199. — Die Quelle der Erzelemente der Pb-Zn-Cu-Ag-Lagerstätten im Walton-Cheverie-Gebiet, Neuschottland, Kanada, sind wahrscheinlich die Sandsteine der Horton Bluff-Formation, durch welche die Metalle in gelöster Form nach oben transportiert wurden oder in stagnierenden Lösungen nach oben diffundierten [23]. — Sulfidische Klufterze mit Galenit im Deckgebirge des Salzdomes von Reitbrook bei Hamburg, Bundesrepublik Deutschland, stammen wahrscheinlich lateralsekretionär aus dem Halit des Salzstockes [24], vgl. „Blei" A 2c, S. 71.

Sedimentärer Herkunft sind wahrscheinlich auch die Pb-Gehalte in Geothermalquellen: Am Salton Sea, Imperial Valley, Kalifornien, stammt das Blei offensichtlich aus Sedimenten im „brine"-Reservoir der Tiefe und wurde aus den Silikaten, insbesondere Feldspäten, bei zunehmender metamorpher Umwandlung (Rekristallisation und Mineralneubildung) freigesetzt und in Lösungen konzentriert [25]; nach Berechnungen können aus Kalifeldspäten mit ≈200 ppm Pb bei Reaktion mit Meerwasser von 300°C in der wäßrigen Phase 80 ppm Pb gelöst werden [26]. Als Pb-Quelle im Salton Sea-Gebiet können aber auch feinkörnige, klastische Glimmer und Tonmineralien — stärker als Kalifeldspäte — in Betracht kommen [8, S. 316], wobei die Annahme eines stark sedimentären Einflusses auch durch die Pb- und S-Isotopenzusammensetzung gestützt wird [26, 27]; ein magmatischer Pb-Anteil von maximal 50% ist zwar möglich, aber nicht unbedingt erforderlich [8, S. 314]. — Das Blei der Chlorid-Sole aus dem Atlantis II-Tief im Roten Meer, mit einer Pb-Konzentration von 2×10^4 gegenüber Meerwasser, ist nach seiner Pb-Isotopenzusammensetzung den Erzbleien der Galenite in känozoischen Sedimenten von Rabigh am Roten Meer, Saudi-Arabien, und aus miozänen Gips- und Kalk-Sedimenten Ägyptens sehr ähnlich [28] und stammt sehr wahrscheinlich aus tertiären Evaporiten [29] bzw. wurde aus Tonen oder sedimentären Mineralien herausgelöst [8, S. 301, 320, 326], vgl. „Blei" A 2c, S. 68/9. — Demgegenüber haben vulkanisch beeinflußte Pb- und Cl-arme, SO_4^{2-}-reiche Thermalwässer von Matupi Harbour, New Britain, Bismarck-Archipel, Territory of New Guinea, das Blei wahrscheinlich aus oberflächennahen Nebengesteinen ausgelaugt [30].

Ein Beispiel für die Herkunft von Blei und anderen Metallen aus dem unmittelbaren Nebengestein einer Ganglagerstätte findet sich in Tilkerode, Ost-Harz, DDR: Aufsteigende magmatische Restlösungen laugten den Gehalt an Pb, Se, anderen Metallen und Schwefel aus dem Graptolithen-Schiefer aus, danach wurden die Metalle infolge physiko-chemischer Änderungen in den hydrothermalen Lösungen sofort wieder, überwiegend als Selenide, ausgefällt [31], vgl. auch S. 242. Auch im nordwestlichen Bereich des Boulder-Batholithen, Montana, wurden Blei und Zink möglicherweise im frühen Gangbildungs-Stadium aus Quarz-Monzonit-Nebengestein entnommen [32]; s. demgegenüber Herkunft der Butte-Erze im Boulder-Batholithen nach Pb-Isotopendaten möglicherweise durch Metallaufnahme aus dem Basis-Substrat in der Endphase der Batholith-Entwicklung [33].

Gegen die für gewöhnlich angenommene Ableitung des Metallgehalts, darunter auch Blei, aus dem Nebengestein spricht die oft beobachtete A n r e i c h e r u n g an Metallen i m N e b e n g e s t e i n — z. B. im Pb-Zn-Erzdistrikt in Südwest-Wisconsin; diese Anreicherung kann nur durch Imprägnation der Nebengesteine durch die auf Spalten eindringenden Erzlösungen erklärt werden [1, S. 20]. Ferner spricht die sehr ähnliche Zusammensetzung polymetallischer Erze in unterschiedlichsten Nebengesteinen vom Fluß Argun' in Transbaikalien, von Altyn-Topkan bei Leninabad, Tadschikistan, und von Erzfeldern des Kaukasus gegen eine Herkunft der Metallgehalte aus den Nebengesteinen [34].

Die H e r k u n f t des Bleis in einigen Lagerstätten wird mit p a l i n g e n e n V o r g ä n g e n in Verbindung gebracht, die „metahydrothermale" Lösungen entstehen lassen. So werden die an Klüfte in quarzitischen Sandsteinen gebundenen Pb-Zn-Mineralisationen von Laisvall, Nord-Schweden, durch hydrothermale Lösungen verursacht, die ihren Ursprung in palingenen Zonen der Inneren Kaledoniden haben [35, 36], und wahrscheinlich einen Teil ihres Pb-Gehaltes aus kambrischen Schiefertonen erhielten [37]. In ähnlicher Weise wird für Galenit aus Lagerstätten des Kootenay-Distrikts, British Columbia, Kanada, unter anderem eine Herkunft durch teilweises bis vollständiges Aufschmelzen von Krustengesteinen mit anschließender Bildung hydrothermaler Fluide beim Abkühlen angenommen; daneben wird jedoch auch eine Extraktion durch zirkulierendes Grundwasser für möglich gehalten. Für die meisten Lagerstätten dieses Gebietes reichen dabei Gesteinsvolumina von $<10\ km^3$ aus, wenn nur $^1/_3$ des radiogenen bzw. normalen Bleis extrahiert wird [38], vgl. [39]. — Durch Eindringen einer im Verlauf der alpinen Metamorphose gebildeten (sekundärhydrothermalen) As-Cu-Ag-Tl-Sb-Mo-Bi-haltigen Lösung in den Dolomit des Binnatals, Kanton Wallis, Schweiz, wird der ursprünglich im Dolomit vorhandene Galenit teils aufgelöst, teils reagiert er mit der Lösung unter Bildung verschiedener Komplexer Sulfide (Sulfosalze) [40]. — Auf Grund von Pb- und S-Isotopendaten in Galeniten aus Pb-Fluorit-Baryt-Mineralisationen im Greenhow-

Skyreholme-Gebiet, Yorkshire, England, wird gefolgert, daß der Galenit aus relativ homogenen Fluiden (etwa der Zusammensetzung von Na-Ca-Cl-brines) gebildet wurde; diese telethermalen Fluide sind entweder späte Differentiate eines kaledonischen Granit-Batholithen im Untergrund oder — wahrscheinlicher — ein Produkt der teilweisen Aufschmelzung der unteren Erdkruste in der Pennine-Region [41], vgl. „Blei" A 2c, S. 132.

Literatur zu 2.4.1.3.1.1.4:

[1] K. B. Krauskopf (in: H. L. Barnes, Geochemistry of Hydrothermal Ore Deposits, New York u. a. 1967, S. 1/33). — [2] R. W. Boyle (in: Z. Pouba, M. Štemprok, Problems of Hydrothermal Ore Deposition, Stuttgart 1970, S. 3/6, 6). — [3] A. J. Sinclair (Econ. Geol. **60** [1965] 1709/17, 1709). — [4] I. M. Mertsalov (Izv. Akad. Nauk SSSR Ser. Geol. **1964** Nr. 8, S. 16/23, 23). — [5] K.-C. Taupitz (Chem. Erde **17** [1954/55] 104/64, 122/5, 159).

[6] A. G. Betekhtin (Izv. Akad. Nauk SSSR Ser. Geol. **1954** Nr. 2, S. 81/92, 86/8). — [7] G. Kullerud (in: P. H. Abelson, Researches in Geochemistry, Bd. 2, New York – London – Sydney 1967, S. 286/321, 316/7). — [8] D. E. White (Econ. Geol. **63** [1968] 301/35). — [9] F. W. Beales, E. P. Onasick (Inst. Mining Met. Trans. B **79** [1970] 145/54, 150). — [10] J. R. Richards, A. K. Yonk, C. W. Keighin (Mineralium Deposita **7** [1972] 285/91, 289/90).

[11] J. S. Brown (Econ. Geol. Monogr. Nr. 3 [1967] 410/26, 422). — [12] W. E. Hall, A. V. Heyl (Econ. Geol. **63** [1968] 655/70, 669). — [13] A. V. Heyl (Econ. Geol. Monogr. Nr. 3 [1967] 20/31, 27). — [14] A. V. Heyl, G. P. Landis, R. E. Zartman (Geol. Soc. Am. Ann. Meetings Abstr. with Programs **5** Nr. 7 [1973] 668/9). — [14a] A. B. Carpenter, M. L. Trout, E. E. Pickett (Econ. Geol. **69** [1974] 1191/206, 1205). — [14b] E. A. Noble (Econ. Geol. **58** [1963] 1145/56, 1153/4). — [15] F. G. Snyder (Econ. Geol. Monogr. Nr. 3 [1967] 1/12, 12).

[16] B. R. Doe, M. H. Delevaux (Econ. Geol. **67** [1972] 409/25, 416/9, 421/3). — [17] A. V. Heyl (in: Z. Pouba, M. Štemprok, Problems of Hydrothermal Ore Deposition, Stuttgart 1970, S. 95/9, 97). — [18] E. Roedder (Econ. Geol. **63** [1968] 439/50, 447). — [19] F. W. Beales, S. A. Jackson (Inst. Mining Met. Trans. B **75** [1966] 278/85, 279). — [20] T. L. Evans, F. A. Campbell, H. R. Krouse (Econ. Geol. **63** [1968] 349/59, 349, 357).

[21] K. C. Dunham (Inst. Mining Met. Trans. B **75** [1966] 226/9). — [22] V. C. Fryklund (U.S. Geol. Surv. Profess. Papers Nr. 445 [1964] 1/103, 2, 32, 49/50). — [23] R. W. Boyle (Geol. Surv. Can. Bull. Nr. 166 [1971] 1/181, 132). — [24] J. Lietz (Mitt. Geol. Staatsinst. Hamburg Nr. 20 [1951] 110/8, 115, 117). — [25] B. J. Skinner, D. E. White, H. J. Rose, R. E. Mays (Econ. Geol. **62** [1967] 316/30, 316, 328).

[26] H. C. Helgeson (in: P. H. Abelson, Researches in Geochemistry, Bd. 2, New York – London – Sydney 1967, S. 362/404, 400). — [27] D. E. White (in: H. L. Barnes, Geochemistry of Hydrothermal Ore Deposits, New York u. a. 1967, S. 575/631, 618). — [28] M. H. Delevaux, B. R. Doe, G. F. Brown (Earth Planet. Sci. Letters **3** [1967] 139/44). — [29] H. C. Craig (in: E. T. Degens, D. A. Ross, Hot Brines and Recent Heavy Metal Deposits in the Red Sea, Berlin – Heidelberg – New York 1969, S. 208/42, 216/8). — [30] J. Ferguson, I. B. Lambert (Econ. Geol. **67** [1972] 25/37, 33).

[31] G. Tischendorf (in: Z. Pouba, M. Štemprok, Problems of Hydrothermal Ore Deposition, Stuttgart 1970, S. 316/21, 318, 320). — [32] F. Robertson (Bull. Geol. Soc. Am. **73** [1962] 1257/76, 1272/5). — [33] V. R. Murthy, C. C. Patterson (Econ. Geol. **56** [1961] 217/8). — [34] E. A. Obraztsova (Vopr. Geol. i Genezisa Polezn. Iskop. Leningr. Gos. Univ. **1966** 26/38 nach C.A. **65** [1966] 10348). — [35] E. Grip (Geol. Foren. Stockholm Forh. **76** [1954] 357/80, 357).

[36] E. Grip (21st Intern. Geol. Congr. Rept. Session Norden, Tl. 16, Copenhagen 1960, S. 149/59, 149, 158). — [37] E. Grip (Econ. Geol. Monogr. Nr. 3 [1967] 208/18, 217). — [38] A. J. Sinclair (Econ. Geol. **60** [1965] 1709/17, 1715/7). — [39] W. F. Slawson, R. D. Russell (in: H. L. Barnes, Geochemistry of Hydrothermal Ore Deposits, New York u.a. 1967, S. 77/108, 104/6). — [40] S. Graeser (Schweiz. Mineral. Petrog. Mitt. **45** [1965] 597/795, 785).

[41] R. H. Mitchell, H. R. Krouse (Econ. Geol. **66** [1971] 243/51, 243, 249). — [42] J. J. Dozy (Inst. Mining Met. Trans. B **79** [1970] 163/70, 168/9).

2.4.1.3.1.1.5 Mobilisierung von Blei aus älteren Blei-Erzen und aus dem Blei-Gehalt anderer Erze

Mobilization of Lead from Older Lead Ores and from the Lead Content of Other Ores

Die von Schneiderhöhn als „sekundär-hydrothermal" bezeichnete Herkunft von Pb-Mineralisationen durch Mobilisierung aus vorhandenen älteren, gewöhnlich tiefer im Untergrund liegenden Primär-Lagerstätten [1, S. 56] führt meist zu gangförmigen Lagerstätten in Bereichen mit geringerer Temperatur, in denen Galenit als die in Cl^--haltigen Lösungen — s. ab S. 214 — gegenüber Sphalerit und Chalkopyrit bei hohen Temperaturen am leichtesten lösliche Phase bei sinkender Temperatur zuerst wieder abgeschieden wird [2]. Solche sekundär-hydrothermalen Pb-Zn-Lagerstätten mit Galenit als wichtigstem Erzmineral und jüngerem Sphalerit, Wurtzit und Pyrit sind rings um das Plateau Central, Süd-Frankreich, häufig und finden sich wahrscheinlich auch unter den bedeutenden Lagerstätten Nordwest-Afrikas (Marokko, Algerien, Tunesien) [1, S. 66/7], vgl. „Blei" A 3, S. 134, bzw. „Blei" A 4, S. 1/2 und [3]. Ebenfalls als sekundär-hydrothermal angesehen werden nach S-Isotopenuntersuchungen die Galenite aus Pb-Zn-Erzgängen Süd-Deutschlands (Bayerischer und Oberpfälzer Wald sowie Schwarzwald und Rand des Oberrhein-Grabens); auch Pb-Isotopendaten scheinen diese Deutung zu unterstützen [4].

Zu einer etwas abweichenden Gruppe der „pseudo-hydrothermalen" Pb-Zn-Vererzungen gehören die bei jüngeren Orogenesen, insbesondere alpinotyp, regenerierten Lagerstätten in den langen Kettengebirgen Süd-Europas und des zirkumpazifischen Raumes [1, S. 56/7]. Spezielle Beispiele hierfür sind in den Ost-Alpen: die Vorkommen von Bleiberg, Kärnten, Österreich, und Raibl (Cave di Predil), Nord-Italien [1, S. 72/3], vgl. „Blei" A 3, S. 133, sowie Cu-Vererzungen mit teilweise Fahlerzen und Komplexen Sulfiden [5]. Ferner die hydrothermalen Cu-Pb-Zn-Ag-Sb-Vererzungen am östlichen Abhang der Ost-Karpaten, Rumänien, die wahrscheinlich aus tiefliegenden Cu-Pb-Zn-Erzen vom Typ Rammelsberg regeneriert wurden [6]. Lokale hydrothermale Remobilisierung älterer Sulfide, darunter Galenit, durch saure Fluide aus wasserreichen Magmen wird im Coeur d'Alene-Distrikt, Idaho, beobachtet [7].

Eine weitere Quelle für Blei sind alte Uran-, insbesondere Pechblende-Vererzungen, aus denen hydrothermale Lösungen — infolge ihrer Fähigkeit leichtlösliche Pb-Cl-Komplexe (s. ab S. 221) zu bilden — nach experimentellen Untersuchungen leicht bis zu 40% des vorhandenen radiogenen Bleis herauslösen, abtransportieren und in jüngeren Gängen oder anderen paragenetischen Assoziationen wieder abscheiden können [8, S. 404, 413]; vgl. ähnliche Lösungswirkung durch Fluorhaltige hydrothermale Wässer an Pechblende und Galenit mit Transport über bedeutende Entfernungen bei [9]. Auf diese Weise entstanden durch Auflösung sehr alter Pechblenden und Vermischung des radiogenen mit gewöhnlichem Erzblei epigenetische U-Lagerstätten mit sehr hohen und gleichzeitig variablen Gehalten an ^{206}Pb und ^{207}Pb in den neugebildeten Mineralien Clausthalit und Galenit im Goldfields-Distrikt am Athabasca-See, Saskatchewan, Kanada [10], vgl. [11, 12], [8, S. 409/11]. Ebenso wurden in einer Periode hydrothermaler Aktivität durch Lösen kleiner Galenit-Körner aus „Mutter"-Uraniniten und nach teilweisem Transport die gröberen Galenit-Bildungen mit hochradiogenem Blei abgeschieden in den Quarz-Calcit-Gängen des Dominion Reef und der Witwatersrand-Serie in Südafrika [13], vgl. [14], [8, S. 405/9]. Auch im Front Range-Gebiet, Colorado, wurde Blei aus Pechblende-Erzen durch „sekundäre Prozesse" mobilisiert und — wie aus der Pb-Isotopenzusammensetzung hervorgeht — wahrscheinlich in der Umgebung wieder abgeschieden [15]; vgl. ähnliche Verluste radiogenen Bleis aus pegmatitischen Uraniniten und Akkumulation eines stark radiogenen Bleis mit hohem Verhältnis $^{207}Pb/^{206}Pb$ in Galenit rezenter Bildung von Karelien [8, S. 411]. Die sehr variablen Verhältnisse von $^{208}Pb/^{206}Pb$ und $^{207}Pb/^{206}Pb$ sprechen dafür, daß der Galenit aus Gängchen, die eng mit einer U-Ti-Mineralisation (Brannerit-Erze) an einer nicht genannten Lokalität der UdSSR verbunden sind, sehr wahrscheinlich durch Mobilisierung radiogenen Bleis, insbesondere aus Th-reichen radioaktiven Mineralien alter Migmatite und Granitoide (1.9×10^9 a) des präkambrischen Fundaments durch hydrothermale (oder „metamorphe") Lösungen entstanden ist [16]. Durch Wechselwirkung mit dem Nebengestein wurden zirkulierende hydrothermale Lösungen im kristallinen Schild der Ukraine an radiogenem Blei angereichert [17].

Literatur zu 2.4.1.3.1.1.5:

[1] H. Schneiderhöhn (Neues Jahrb. Mineral. Monatsh. **1952** 47/63, 65/89). — [2] O. Oelsner (Neues Jahrb. Mineral. Abhandl. **94** [1960] 98/120, 107/10). — [3] F. S. Turneaure (Econ. Geol. 50th Anniv. Vol. 1955, S. 38/98, 76/7, 89). — [4] K. von Gehlen (Geol. Rundschau **55** [1965]

178/97, 187/9). — [5] N. A. Ibrahim (Tschermaks Mineral. Petrog. Mitt. [3] **6** [1957] 226/37, 228/9, 232, 235, 237).

[6] C. I. Superceanu (Geol. Rundschau **56** [1966] 949/72, 956/7, 964/6). — [7] A. H. Sorensen (Econ. Geol. **58** [1963] 1071/88, 1086). — [8] A. I. Tugarinov, E. V. Bibikova, S. I. Zykov (At. Energ. [USSR] **16** [1964] 332/43; Soviet At. Energy **16** [1964] 401/15). — [9] V. I. Rekharskii (Geol. Rudn. Mestorozhd. **1960** Nr. 1, S. 92/7, 96/7). — [10] S. C. Robinson (Can. Dept. Mines Tech. Surv. Geol. Surv. Can. Bull. Nr. 31 [1955] 1/128, 51, 78/80, 84, 89/92, 97).

[11] S. S. Augustithis (Nova Acta Leopoldina [Halle] [2] **28** Nr. 170 [1964] 1/94, 39, 41). — [12] A. I. Tugarinov (Voprosy Geokhimii i Mineralogii, Moskva 1956, S. 94/108 nach Ref. Zh. Geol. **1958** Nr. 6547). — [13] A. J. Burger, L. O. Nicolaysen, J. W. L. de Villiers (Geochim. Cosmochim. Acta **26** [1962] 25/59, 39, 45/8, 51, 55). — [14] L. O. Nicolaysen, A. J. Burger, W. R. Liebenberg (Geochim. Cosmochim. Acta **26** [1962] 15/23, 21). — [15] P. O. Banks, L. T. Silver (Bull. Geol. Soc. Am. **75** [1964] 469/76, 472/5).

[16] A. I. Tugarinov, G. E. Ordynets, D. Ya. Surazhskii, A. S. Samoletov (Vopr. Prikl. Radiogeol. Nr. 2 [1967] 368/79, 376/8). — [17] V. R. Lechekhleb, V. I. Skarzhinskii (Vopr. Datirovki Drevneish. Katarkheisk. Geol. Obrazov Osn. Porod **1967** 151/4).

Relationship between Lead Mineralization and Magmatites

2.4.1.3.1.2 Beziehungen von Blei-Mineralisationen zu Magmatiten

Formation Depths of Pb Mineralization and Size of the Magmatic Complex

2.4.1.3.1.2.1 Bildungstiefe der Blei-Mineralisation und Größe des magmatischen Komplexes

Wenig ist über Beziehungen zwischen Bildungstiefe von Intrusionen und mit ihnen verknüpften Vererzungen bekannt: Im Talasskii Alatau, Mittelasien, entstammen einer primären Magmenkammer in etwa 45 bis 50 km Tiefe sowohl die Alkalibasalte, als auch spätgebildete Lamprophyre und nach diesen freigesetzte Sulfid-Lösungen, da alle Gesteine das gleiche Spurenelement-Spektrum — darunter Blei — aufweisen [1]; in Sn-Lagerstätten enthaltenden Intrusionen Transbaikaliens finden sich immer stärkere Pb-Erzkonzentrationen, je näher der Oberfläche die Intrusiva — die in gleicher Richtung selbst immer Pb-ärmer werden — gebildet wurden, dagegen sind mit den relativ Pb-reichen granitischen Tiefengesteinen keine Pb-Vererzungen verbunden [2].

Häufig wird eine genetische Bindung von Polymetall-Lagerstätten an subvulkanische „Kleine Intrusionen" beobachtet [3]. Diese Intrusionen sind durch Hybridisation (Assimilation) und starke Differentiation sowie erhöhte Gehalte an leichtflüchtigen Komponenten und Erzmetallen gekennzeichnet [4], vgl. auch [5], wobei Blei zu den mit kleinen sauren Intrusionen verbundenen Komponenten gehört [6]. Speziell im Tien Shan-Gebirge, Mittelasien, begleiten Quarz-Polymetall-Vorkommen die metallogenetisch bedeutenden, in der Endphase der Differentiationsreihe als kleine Intrusionen auftretenden alaskitischen Granite und Alaskite [7] bzw., im Süd-Tien Shan, Gesteine unterschiedlicher Zusammensetzung [8]; auch in einigen Erzgebieten Mittelasiens sind Polymetall-Lagerstätten räumlich eng mit kleinen hypabyssischen gang- oder schlotförmigen Intrusionen verbunden [9]. Zur Bindung der Cu-Polymetall-Lagerstätten des Erz-Altai an Klein-Intrusionen s. [5] und „Blei" A 4, S. 45, sowie für zahlreiche andere Gebiete der Erde [10]. Beziehungen zu Klein-Intrusionen saurer Gesteine bestehen auch bei Cu-Polymetall-Erzen mit Pb des Salair-Gebirges, West-Sibirien [5], sowie Pb-reichen Pb-Zn-Erzen in Transbaikalien — s. „Blei" A 4, S. 52/3 — und Seltenmetall-Lagerstätten mit geringen Galenit-Mengen der Mogachin-Lagerstättengruppe in Ost-Transbaikalien [11]. — Auch die im Freiberger Gangbezirk, DDR, in Tiefen von 300 bis >1000 m nachgewiesene Galenit-reiche „fba"-Formation wurde wahrscheinlich aus einem granitischen Nachschub eines tiefer sitzenden Magmas abgeschieden [12].

Literatur zu 2.4.1.3.1.2.1:

[1] K. A. Abdrakhmanov (Izv. Akad. Nauk SSSR Ser. Geol. **1963** Nr. 7, S. 19/31, 31). — [2] Zh. N. Rudakova, N. I. Tikhomirov (Zap. Vses. Mineralog. Obshchestva **99** [1970] 645/9, 648/9). — [3] V. N. Kotlyar (Sb. Nauchn. Tr. Mosk. Inst. Tsvetn. Metal. i Zolota Nr. 25 [1955] 493/503 nach Ref. Zh. Geol. **1956** Nr. 10886). — [4] M. B. Borodaevskaya, I. I. Borodaevskii (in: Prikl. Geol. Vopr. Metallogenii 1960, S. 44/56 nach Ref. Zh. Geol. **1961** Nr. 7 G 91). — [5] A. Ya. Bulynnikov

(in: Materialy po Mineralogii Petrografii Poleznym Iskopaemym Zapadnoi Sibiri, Tomsk 1962, S. 149/56 nach Ref. Zh. Geol. **1963** Nr. 6 Zh 55).

[6] G. S. Labazin (Materialy Vses. Nauchn. Issled. Geol. Inst. Nr. 22 [1957] 65/110, 77; Ref. Zh. Geol. **1958** Nr. 19519). — [7] M. A. Favorskaya (in: Petrogr. Provintsii, Izverzhennye i Metamorfich. Gorn. Porody 1960, S. 47/58 nach Ref. Zh. Geol. **1961** Nr. 12 V 274). — [8] I. E. Gamaleev (in: Metallogeniya Tyan'-Shanya, Frunse 1968, S. 201/4, 203; Ref. Zh. Geol. **1969** Nr. 2 Zh 67). — [9] F. K. Shipulin (in: N. S. Shatskii, Voprosy Geologii Azii, Bd. 2, Moskva 1955, S. 146/76, 171/2; Ref. Zh. Geol. **1956** Nr. 5574). — [10] N. G. Shcherba (Izv. Akad. Nauk SSSR Ser. Geol. **1954** Nr. 5, S. 46/65, 62).

[11] A. F. Korzhinskii (Geol. Rudn. Mestorozhd. **1962** Nr. 1, S. 47/62, 55/7). — [12] M. Kraft, G. Tischendorf (Z. Angew. Geol. **6** [1960] 375/83, 381/2).

2.4.1.3.1.2.2 Chemismus der Magmatite

Chemism of Magmatites

Obwohl Krauskopf [1] nur für einige Erzlagerstätten nahezu sicher saure Silikatmagmen als direkte Metallquelle betrachtet — vgl. S. 192 —, sind nach statistischer Auswertung der Daten über Vorkommen und Zusammensetzung von 700 bekannten Lagerstätten (darunter 118 mit Blei-Führung) des sialisch-plutonisch-hydrothermalen Typs und verschiedener tektogenetischer Phasen diese Vorkommen nur an Granitmagmen gebunden; das Mittel der Pb-Konzentrationen in diesem Lagerstättentyp beträgt 3.30% Pb und entspricht bei einem Mittel für saure Gesteine von 0.002% Pb einem Anreicherungsfaktor von 1650[1)], wobei die Erzbildung selbst ein sekundärer Prozeß ist, bei dem die in großen Gesteinsvolumina verstreuten Metalle über beträchtliche Entfernungen transportiert und über einen größeren Zeitraum akkumuliert werden. Die Varianz der Metallgehalte in den untersuchten Lagerstätten entspricht, unabhängig vom Alter und der geotektonischen Situation, dem Lognormal-Gesetz und zeigt eine gleichmäßige Dispersion [2]. Ferner deuten Assoziationen von Cu-Pb-Zn-Erzen mit sauren magmatischen Komplexen allgemein — und speziell in Kanada — auf genetische Beziehungen zwischen beiden [4, 5]. Auch detaillierte Untersuchungen von Osipov im Leninogorsk-Bezirk, Erz-Altai, weisen auf Granitoide als Gesteine mit den größten potentiellen Möglichkeiten für die Pb- bzw. Polymetall-Erzbildung hin [6]; jedoch werden auf Grund von Pb-Isotopenuntersuchungen an Gesteins- und Erzbleien für Lagerstätten des Erz-Altai und Ost-Transbaikaliens teils Beziehungen (z. B. Shakhtama), teils keine Beziehungen zwischen diesen beiden Blei-Arten festgestellt [7]. Für die Sulfide der Lagerstätte Butte, Montana, konnte mit Hilfe von Pb-Isotopendaten keine durch einen Differentiationsprozeß bedingte einfache Beziehung zwischen Erzen und assoziierten Magmatiten gefunden werden [8, 9]. Klar werden dagegen genetische Beziehungen zwischen granitischen Gesteinen und Erzlagerstätten des Nelson-Batholithen, British Columbia, Kanada, durch die Pb-Isotopenzusammensetzung bewiesen [10].

Demgegenüber sind genetische Beziehungen zwischen granitischen Magmen als Erzbringer und Gang- bzw. Schichtlagerstätten mit Blei in Australien und Neuseeland nicht immer nachweisbar: siehe für Cobar, Bathurst und Mount Lyell in den Eastern Highlands, New South Wales, sowie Red Rosebery, Tasmanien, „Blei" A 4, S. 90/1, vgl. jedoch S. 38.

Beziehungen zu meist sauren bis intermediären, intrusiven porphyrischen Gesteinen werden nach statistischen Untersuchungen von 207 Bergbaugebieten (darunter zahlreiche mit Blei) in den Weststaaten der USA für 79% der untersuchten Fälle festgestellt [11, 12]. Vgl. die Bindung vieler wichtiger Pb-Zn-Lagerstätten sowohl an Gänge, die die intrusive Granitbildung beenden (wie z. B. Lamprophyre, Diabase und seltener auch saure Gänge), als auch an Gänge, die selbständige Zonen ohne jede erkennbare Bindung an größere Intrusive bilden und nur mit kleinen Intrusiven — vgl. auch S. 200 — oder subvulkanischen Bildungen verbunden sind [13]; so werden beispielsweise in verschiedenen Gebieten des asiatischen Teils der UdSSR (Mittel-Kasachstan, Nord-Kirgisien, Tuva, Erz-Altai, Salair-Gebirge) Pb- und Polymetall-Lagerstätten erst gebildet, nachdem alle Ganggesteine einer Differentiationsphase entstanden sind [14, 15], und auch im Armu-Iman-Erzrevier, Mittlerer Sikhote-Alin, Ferner Osten, treten in einer > 60 km langen Zone Polymetall-Lagerstätten auf, die an zwei Gruppen von Ganggesteinen (mit deutlich erhöhten Gehalten an Erzelementen) gebunden sind,

[1)] Vgl. den Wert von 2500 für nutzbare Lagerstätten insgesamt bei Wedepohl [3].

die nach den Granitoiden und überwiegend vor (basische Gänge z. T. auch gleichzeitig mit oder nach) der Sulfid-Mineralisation entstanden sind: intermediäre und basische Gänge (speziell Kersantite, Diorit- und Diabas-Porphyrite sowie Spessartite) und saure Gänge (wie Aplite, Granitporphyre, Quarz-Felsit-Porphyre oder Keratophyre) [16]. — Demgegenüber sind Polymetall-Lagerstätten vom „Kies-Typ" in vielen Gebieten der UdSSR (Ural, Altai, Kaukasus) und anderer Länder genetisch an saure Effusiva (wie Quarz-haltige und Quarz-freie Porphyre, Plagiophyre, Keratophyre oder Albitophyre) gebunden, aber nie an Granite [17]. Auch Lagerstätten mit Pb-haltigen „Schwarzerzen" (kuroko) sind in Japan (hauptsächlich im Bereich der Hanaoka-Grube, Nord-Hondo) mit postvulkanischer Aktivität liparitischer und basaltisch-andesitischer Gesteine bzw. deren Tuffen verknüpft [18], vgl. „Blei" A 4, S. 85.

Polymetall-Vererzungen in Verbindung mit extrem sauren Magmatiten (wie z. B. Alaskiten), die teilweise in Form von Klein-Intrusionen auftreten, finden sich beispielsweise im Tien Shan-Gebirge, s. S. 200. Vergleichbare paragenetische Beziehungen werden auch im Süd-Primor'e [19, 20] und insbesondere im Gebiet des Khanka-Sees, Ferner Osten, gefunden [21]; ferner werden Beziehungen zwischen Alaskit-Intrusionen und Polymetall-Lagerstätten von Mexiko beschrieben [19, 20].

Für einen Teil der Pb-Lagerstätten wird auch eine Bindung an Alkali-betonte, meist saure Magmatite angenommen: So sind nach Untersuchungen an zahlreichen Massiven in der UdSSR sowie eines Massivs in Nord-Vietnam die Pb- bzw. Polymetall-Vererzungen vor allem an Na- und/oder K-reiche Gabbro-Granitoid-Serien gebunden, die in einer nicht unterbrochenen Abfolge bis zu sehr sauren bzw. ultrasauren Gliedern (>70% SiO_2) mit hohem „Leukokratisierungsgrad" differenziert sind [22]. Ferner sind Cu-Pb-Zn-Lagerstätten des Balkans (besonders in Serbien, Jugoslawien und Bulgarien) offensichtlich an saure subalkalische, vulkanische bis subvulkanische Effusiv-Intrusiv-Komplexe (mit spilitisch-keratophyrischen und albitophyrischen Gesteinstypen) gebunden [23], oder es bildeten sich wie in Burgas, Ost-Bulgarien, wahrscheinlich als letzte Differentiate in Verbindung mit einem Syenit-Monzonit-Magma hochtemperierte pneumatolytisch-hydrothermale Mineralisationen mit Galenit und anderen Sulfiden [24]; die Pb-Zn-Cu-Lagerstätten in Montenegro, Jugoslawien, zeigen Verknüpfungen mit subvulkanischen Intrusionen von Porphyriten, Keratophyren, Quarz-Keratophyren und Sanidin-Porphyren von Alkali- bis Kalk-Alkali-Charakter [25]. An sehr ähnliche Gesteine verschiedenen geologischen Alters ist auch die Cu-Polymetall-Kies-Vererzung im südlichen Gissar-Gebirge, Süd-Tien Shan, Mittelasien, gebunden [26]. Zusammen mit Hornblende-Biotit-Monzoniten entstanden Polymetall-Vererzungen im Kadzharan-Erzfeld am Megri-Pluton, Süd-Armenien [27], und verknüpft mit K-betonten Alkali- und Nephelinsyeniten (darunter Shonkinit, Syenitporphyr, Pegmatite und Effusiva) Galenit als Hauptbegleiter einer U-Th-Mineralisation in einem nicht näher genannten Gebiet der UdSSR [28]. Demgegenüber sind die mit Essexiten bei Rongstock an der Elbe, Böhmen, ČSSR, verknüpften hydrothermalen Pb-Zn-Erzgänge wahrscheinlich durch Aufnahme von Blei und Zink aus Nebengesteinen bei Hybridisierung des gabbroiden Essexits entstanden [29], s. auch S. 167.

Die Bildung von Pb-Konzentrationen im Zusammenhang mit basischen und ultrabasischen Magmen ist nur wenig untersucht [30]. Ginzburg erwähnt neben genetischen Bindungen von Pb-Konzentrationen an saure Gesteine auch solche an ultrabasische Alkaligesteine [31], vgl. demgegenüber [32]. Mesothermale, Ag-arme Galenit-Gänge von Northampton, West-Australien, sind genetisch mit tholeiitischen Magmen verknüpft und stellen die Endphase der magmatischen Aktivität, die zu Dolerit-Gangintrusionen führte, dar [33]. Sulfidische Cu-Erzproben mit bis zu 600 ppm Pb vom östlichen Rand des Oslo-Grabens, Norwegen, sind wahrscheinlich aus deuterischen (postmagmatischen) Lösungen eines juvenilen Basalt-Magmas entstanden [34]. Dagegen tritt in den (neben in tektonischem, sicher auch in stofflichem Zusammenhang zum Basalt-Vulkanismus der Rhön stehenden) Baryt-Fluorit-Gängen des Schmalkaldener Erzreviers in Thüringen, DDR, das Blei nur diadoch in anderen Mineralien auf: für Ca hauptsächlich in jüngeren Carbonspäten (insbesondere Calcit) und Fluoriten, für Ba untergeordnet in jüngeren Baryten [35]. — Auch kann Blei zusammen mit anderen Metallen, wie z. B. Eisen, in Perioden intensiver magmatischer Aktivität von basischen und ultrabasischen Magmen aus dem Oberen Erdmantel intrusiv oder extrusiv zugeführt werden [36]. So wird für Fe-reiche Sedimente mit 178 ppm Pb vom Ostpazifischen Rücken auf Grund der Pb-Isotopenverhältnisse eine Herkunft als Ausfällung hydrothermaler Lösungen angenommen, die direkt in das Meerwasser ausgeflossen sind — vgl. S. 194 — und in genetischer Beziehung zu Tholeiit-Basalten stehen [37].

Literatur zu 2.4.1.3.1.2.2:

[1] K. B. Krauskopf (in: H. L. Barnes, Geochemistry of Hydrothermal Ore Deposits, New York u.a. 1967, S. 1/33, 11, 15). — [2] L. N. Ovchinnikov (in: Z. Pouba, M. Štemprok, Problems of Hydrothermal Ore Deposition, Stuttgart 1970, S. 19/24). — [3] K. H. Wedepohl (Geochim. Cosmochim. Acta **10** [1956] 69/148, 97). — [4] H. D. B. Wilson (Econ. Geol. **48** [1953] 370/407, 396/9, 403). — [5] J. H. Rattigan (Econ. Geol. **55** [1960] 1272/84, 1280/1).

[6] M. A. Osipov (Tr. Inst. Geol. Rudn. Mestorozhd. Petrogr. Mineralog. i Geokhim. Nr. 79 [1962] 1/184, 170/1). — [7] M. N. Golubchina, A. V. Rabinovich (Geokhimiya **1957** 198/203). — [8] V. R. Murthy, C. Patterson (Econ. Geol. **56** [1961] 59/67, 59). — [9] V. R. Murthy, C. Patterson (Econ. Geol. **56** [1961] 217/8). — [10] P. H. Reynolds (Diss. Univ. of British Columbia 1968 nach Diss. Abstr. Intern. B **30** [1969] 717).

[11] B. Stringham (Econ. Geol. **55** [1960] 1622/30, 1622/3). — [12] B. Stringham (Econ. Geol. **53** [1958] 806/22, 806, 818/9, 821). — [13] V. N. Kotlyar (Nauchn. Dokl. Vysshei Shkoly Geol. Geogr. Nauki Nr. 4 [1958] 159/61). — [14] S. D. Turovskii (Izv. Akad. Nauk SSSR Ser. Geol. **1959** Nr. 6, S. 84/98, 97). — [15] P. F. Sopko (Zakonomernosti Razmeshcheniya Polezn. Iskop. Akad. Nauk SSSR Otd. Geol. Geogr. Nauk **5** [1962] 326/34, 327, 334).

[16] P. G. Nedashkovskii, A. A. Strizhkova (in: L. V. Tauson, Geokhimicheskie Kriterii Potentsial'noi Rudonosnosti Granitoidov, Irkutsk 1971, S. 199/203, 200/2). — [17] M. A. Kashkai (Sov. Geol. Sb. Nr. 50 [1956] 102/24 nach Ref. Zh. Geol. **1957** Nr. 12767). — [18] Y. Horikoshi (Mining Geol. **1** [1951] 1/11; C.A. **1952** 9026). — [19] M. A. Favorskaya (Sov. Geol. **1959** Nr. 12, S. 71/87, 86). — [20] M. A. Favorskaya (in: Magmatizm i Svyaz's Nim Poleznykh Iskopaemykh, Moskva 1960, S. 221/9 nach Ref. Zh. Geol. **1961** Nr. 6 G 72).

[21] M. G. Rub, Ya. D. Gotman (in: Magmatizm i Svyaz's Nim Poleznykh Iskopaemykh, Moskva 1960, S. 322/8, 325). — [22] E. P. Izokh (in: L. V. Tauson, Geokhimicheskie Kriterii Potentsial'noi Rudonosnosti Granitoidov, Irkutsk 1971, S. 3/27, 6/7, 10/5, 17, 21). — [23] V. N. Kotlyar (Zap. Vses. Mineralog. Obshchestva **91** [1962] 413/20, 418). — [24] S. Dimitrov, E. Dimitrova (Tr. Vurkhu Geol. Bulgar. Ser. Geokhim. Polezni Izkop. Bulgar. Akad. Nauk. **2** [1961] 9/58, 51/7 [bulgarisch; russisch S. 54/5, deutsch S. 56/7]). — [25] A. Cissarz (Neues Jahrb. Mineral. Abhandl. **91** [1957] 485/540, 535).

[26] I. V. Mushkin, V. A. Kutenets (in: Metallogeniya Tyan'-Shanya, Frunse 1968, S. 88/9; Ref. Zh. Geol. **1969** Nr. 2 Zh 72). — [27] Yu. T. Sukhorukov (Izv. Akad. Nauk SSSR Ser. Geol. **1972** Nr. 3, S. 77/88, 87). — [28] T. V. Bilibina, V. I. Donakov, V. K. Titov (Geol. Rudn. Mestorozhd. **5** Nr. 3 [1963] 35/54, 37, 47/53). — [29] O. Oelsner (Geologie [Berlin] **5** [1956] 685/94, 692). — [30] A. P. Lebedev (in: Magmatizm i Svyaz' s Nim Poleznykh Iskopaemykh, Moskva 1955, S. 52/74, 66; Ref. Zh. Geol. **1956** Nr. 7465).

[31] A. I. Ginzburg (in: Magmatizm i Svyaz' s Nim Poleznykh Iskopaemykh, Moskva 1960, S. 446/51 nach Ref. Zh. Geol. **1961** Nr. 3 G 230). — [32] A. I. Ginzburg (in: Z. Pouba, M. Štemprok, Problems of Hydrothermal Ore Deposition, Stuttgart 1970, S. 12/5). — [33] F. A. Campbell (in: J. McAndrew, R. T. Madigan, Geology of Australian Ore Deposits, Bd. 1, Melbourne 1965, S. 147/9). — [34] E.-G. Schulze (Norsk Geol. Tidsskr. **49** [1969] 65/75, 65, 72/4). — [35] C.-D. Werner (Freiberger Forschungsh. C Nr. 47 [1958] 1/117, 51, 56/9, 68, 109/10).

[36] V. S. Domare (in: Z. Pouba, M. Štemprok, Problems of Hydrothermal Ore Deposition, Stuttgart 1970, S. 37/8). — [37] E. J. Dasch, J. R. Dymond, G. R. Heath (Earth Planet. Sci. Letters **13** [1971/72] 175/80, 175).

2.4.1.3.1.2.3 Blei-Lagerstätten und Blei-Gehalt gesteinsbildender Mineralien benachbarter Magmatite

Lead Deposits and Lead Content of Rock-Forming Minerals of Neighboring Magmatites

Die Versuche, Erzlagerstätten mit besonders hohen oder niedrigen Metallgehalten (darunter auch Blei) in benachbarten Intrusivkörpern bzw. in den darin enthaltenen Mineralien (besonders Kalifeldspäten) in Verbindung zu bringen, zeigen nach Krauskopf bisher sehr widersprüchliche Ergebnisse [1], wie auch die folgenden Ergänzungen hierzu bestätigen: Ottemann sieht einen Zusammenhang zwischen dem Pb-reicheren Brocken-Granit und Pb-Zn-Vererzungen im Harz, DDR und Bundesrepublik Deutschland, sowie den Pb-ärmeren, aber Sn-reichen Erzgebirgs-Graniten,

DDR und ČSSR, mit welchen Sn-Lagerstätten verknüpft sind [2]; speziell im West-Erzgebirge, DDR, wird — besonders in „Rand"-Graniten — eine Parallelität zwischen Pb-Gehalten von Kalifeldspäten und von Gängen mit Pb-Paragenesen nachgewiesen [3]. Auch für Polymetall-Erze von Tetyukhe, Primor'e, Ferner Osten, wird eine Bindung an Magmatite aus erhöhten Pb-Gehalten in Feldspäten, Biotiten und Magnetiten, insbesondere aus Granitporphyr, gefolgert [5], vgl. auch „Blei" A 4, S. 58. Ferner sind in Großbritannien die Feldspäte, Biotite und Muskovite aus mineralisierten Granit-Stöcken Südwest-Englands (Cornwall; Devon) deutlich Pb-reicher als die gleichen Mineralien aus acht nicht mineralisierten Granit-Stöcken Nord-Englands und Schottlands [6]; das gleiche gilt für Kalifeldspäte — Gehalte s. „Blei" A 2a, S. 213 — aus Quarz-Monzoniten in Gebieten mit Bleierz-Abbau gegenüber solchen aus Gebieten ohne Pb-Produktion in Utah und Nevada [7], vgl. [8]; zum Pb-Gehalt in Biotiten beider Gebiete s. unten. In der metallogenetischen Pb-Provinz der Dinariden in Jugoslawien sind Kalifeldspäte (Sanidine, Gehalte s. „Blei" A 2a, S. 218/9) tertiärer Magmatite und diese selbst an Blei angereichert, während Kalifeldspäte (Orthoklase) und zugehörige Gesteine der Cu-Lagerstätten in den Balkaniden des gleichen Gebietes Pb-ärmer sind [10]. Nach Turovskii führen Magmatite aus Gebieten mit Polymetall-Vererzungen in Nord-Kirgisien mehr Gediegen Blei als die Magmatite aus erzfreien Gebieten [12], das aber nach Khamrabaev ein Zwischenprodukt bei der Oxidation von Galenit ist [13].

Den voranstehenden Aussagen steht die zuerst von Ingerson aufgestellte These gegenüber, daß Pb-Lagerstätten wahrscheinlich eher in Zusammenhang mit Pb-armen als mit Pb-reichen Magmatitkörpern anzutreffen sind [14]. Dies wird bestätigt z. B. in Ost-Transbaikalien, wo Polymetall-Vererzungen mit Pb mit den relativ Pb-armen Quarzdioriten von Klichka verbunden sind, während Granodiorite mit Mo-Vererzungen von Shakhtama und Biotitgranite mit Sn-W-Vererzung von Malyi Soktui deutlich Pb-reicher sind; die Prozentanteile des in Galenit bzw. Feldspat gebundenen Gesamtgestein-Bleis zeigen dabei ein gegenläufiges Verhalten [15]:

Gestein/ Fundort	ppm Pb im Gestein	%-Anteil Pb in Galenit	Feldspat
Quarzdiorit, Klichka	14	≈ 14	69.3
Granodiorit, Shakhtama	20	≈ 40	46.5
Biotitgranit, Malyi Soktui	28	≈ 52	37.3

Da jedoch für Klichka nach Pb-Isotopendaten keine Bindung besteht zwischen den Polymetall-Erzen und Alaskitgraniten sowie Quarzdioriten [16], ist ein unmittelbarer Vergleich zwischen diesen Lagerstätten nicht möglich. Ferner haben mesozoische Granitoid-Intrusionen Ost-Transbaikaliens (mit denen die weitverbreiteten Polymetall-Mineralisationen räumlich verbunden sind) nach Tauson nur wenig höhere mittlere Pb-Gehalte als paläozoische Granitoide dieses Gebietes ohne jede Vererzung [17], vgl. auch [21]. Auch Biotitgranite des Gebietes am Chatyrkul'-See, Süd-Kirgisien, zeigen keine sehr unterschiedlichen Pb-Gehalte im Bereich der Erzfelder und außerhalb derselben [18]; vgl. die nur wenig ausgeprägte Beziehung zwischen Pb-Gehalt in Biotiten der Quarz-Monzonite und der produktiven Pb-Bergbaugebiete im Basin Range-Distrikt, Utah und Nevada [19]. — Im Kleinen Kaukasus ist die Bindung von Polymetall-Erzen an die Dalidag-Granitoid-Intrusion durch die Pb-Gehalte gleicher Mineralien (wie Pyrit, Magnetit und Quarz) in beiden Wirtsgesteinen nachweisbar [4].

Für das El'dzhurta-Massiv in der Schlucht des Flusses Baksan, Kabardino-Balkarische ASSR, Nord-Kaukasus, werden trotz des gegenüber dem Clarke-Wert für saure Magmatite 4fach höheren Pb-Gehaltes in den Graniten dieses Massivs keine Pb-Vererzungen festgestellt, während eine große Mo-W-Lagerstätte mit diesen Graniten — bei etwa Clarke-Gehalten für Mo und W in denselben — genetisch verknüpft ist [9]. — Bei hypabyssischen Granitoiden des Urals wird eine Bindung von kontaktmetasomatischen Pb-Lagerstätten nur an die ausgesprochen Pb-armen Granitoide der „Gabbro-Formation", nicht jedoch an die Pb-reichen der „Granitoid-Formation" festgestellt [20].

Eine auf Grund von Untersuchungen in verschiedenen Granitgebieten der UdSSR nach den vorherrschenden Akzessorien vorgenommene Einteilung in 12 verschiedene Gesteinstypen ergibt einen Zusammenhang von Pb-Zn-Vererzungen mit Graniten des „Zirkon-Typs" [11].

Literatur zu 2.4.1.3.1.2.3:

[1] K. B. Krauskopf (in: H. L. Barnes, Geochemistry of Hydrothermal Ore Deposits, New York u.a. 1967, S. 1/33, 13/4). — [2] J. Ottemann (Z. Angew. Mineral. **2** Nr. 3 [1940] 142/69, 157). — [3] E. Harlass (Geologie [Berlin] **7** [1958] 1082/3). — [4] G. V. Mustafaev (Izv. Akad. Nauk Azerb.SSR Ser. Nauk o Zemle **1968** Nr. 5, S. 58/63, 63). — [5] M. A. Favorskaya (Itogi Nauki Geokhim. Mineralog. Petrogr. 1968 [1969] 55/83, 59, 71; C.A. **73** [1970] Nr. 68438).

[6] P. M. D. Bradshaw (Inst. Mining Met. Trans. B **76** [1967] 137/48, 137, 144/7). — [7] W. F. Slawson, M. P. Nackowski (Econ. Geol. **54** [1959] 1543/55, 1544, 1554). — [8] S. R. Taylor (in: L. H. Ahrens, F. Press, S. K. Runcorn, H. C. Urey, Physics and Chemistry of the Earth, Oxford 1965, S. 133/213, 186). — [9] G. L. Odikadze (Geokhimiya **1968** 1211/7; Geochem. Intern. **5** [1968] 1010/5, 1011, 1015). — [10] N. Cuturic, N. Kafol, S. Karamata (in: L. H. Ahrens, Origin and Distribution of the Elements, Oxford u.a. 1968, S. 739/47, 739, 746).

[11] A. V. Rabinovich (in: Magmatizm i Svyaz' s Nim Poleznykh Iskopaemykh, Moskva 1960, S. 361/3). — [12] S. D. Turovskii (Tr. Inst. Geol. Kirg. Filial Akad. Nauk SSSR **5** [1954] 91/8, 93). — [13] I. Kh. Khamrabaev (Izv. Akad. Nauk Uzbek.SSR Ser. Geol. **1957** Nr. 3, S. 5/14, 10). — [14] E. Ingerson (Econ. Geol. **49** [1954] 727/33, 731/2). — [15] A. V. Rabinovich, Z. A. Baskova (Geokhimiya **1959** 546/9; Geochemistry [USSR] **1959** 663/7, 665/6).

[16] M. N. Golubchina, A. V. Rabinovich (Geokhimiya **1957** 198/203, 202). — [17] L. V. Tauson (in: A. P. Vinogradov, Chemistry of the Earth's Crust, Bd. 2, Jerusalem 1967, S. 248/59, 253 [russisches Orginal: Moskva 1964]). — [18] A. S. Malakhov (Sov. Geol. **1968** Nr. 11, S. 158/60). — [19] W. T. Parry, M. P. Nackowsky (Econ. Geol. **58** [1963] 1126/44, 1138/41). — [20] N. D. Znamenskii, M. V. Trayanova (Dokl. Akad. Nauk SSSR **180** [1968] 713/4; Dokl. Earth Sci. Sect. **180** [1968] 197/8).

[21] L. V. Tauson, Yu. A. Zorin, L. D. Zorina, G. I. Menaker, B. P. Sanin (Dokl. Akad. Nauk SSSR **184** [1969] 929/32; Dokl. Earth Sci. Sect. **184** [1969] 83/6).

2.4.1.3.2 Grundlagen für das Auftreten von Blei in hydrothermalen Lösungen

Fundamentals of Lead Occurrence in Hydrothermal Solutions

2.4.1.3.2.1 Geothermalsolen und fluide Einschlüsse

Geothermal Brines and Fluid Inclusions

Detaillierte Untersuchungen von Thermalquellen, fluiden Einschlüssen in Mineralien, Phasenbeziehungen und thermochemischen Parametern durch Barton [1] sowie das bisher hauptsächlich durch Analysen von Thermalwässern und fluiden Einschlüssen angesammelte Material bestätigen die Annahme, daß die meisten hydrothermalen Lösungen Alkalichlorid-reiche Elektrolyte sind mit vorherrschend Cl^- und Na^+, wenig K^+ und Ca^{2+} sowie kleinen Mengen von SO_4^{2-}, CO_3^{2-}, HCO_3^-, Li, Rb, Cs und Erzmetallen, während Lösungen reich an CO_3^{2-}, HCO_3^-, Ca^{2+} und SO_4^{2-} nur selten angetroffen werden [2].

Die Untersuchung der bis jetzt bekannten Geothermalquellen — mit sehr unterschiedlicher Herkunft von Wasser, Salzen und Metallen, s. S. 193 — ergibt übereinstimmend hochsaline Na-Ca-(K-)Cl-Solen [3, S. 326/7], [4], s. auch Tabelle S. 206/7. Die Entstehung von Thermalsolen („brines") aus Meerwasser wird auf Grund neuerer Beobachtungen solcher „brines" in Küstenebenen- oder Sabkha-Sedimenten von Abu Dhabi am Persischen Golf diskutiert: Meerwasser mit 40 bis 42‰ Salinität wird in Lagunen auf 48 bis 70‰ und bei weiterem Vordringen durch die Sedimente in das Land (≈ 7 bis 10 km von der Küste entfernt) durch Verdunstung noch stärker konzentriert; die Verdünnung durch Süßwasser ist gering; die so gebildeten Solen sind dann bei der Verfestigung der Sedimente in der Lage Blei zu lösen, insbesondere wenn erhöhte Temperaturen von ≈ 100°C durch anorganische Reduktion (mit Hilfe von Kohlenwasserstoffen) von Sulfat (Anhydrit) erzeugt werden [5]. Auch für Lagerstätten des „Kuroko"-Typs, Japan, wird Meerwasser, das durch Erhitzen und Reduktionsvorgänge während der Gebirgsbildung zu hydrothermalen Lösungen wird, als Lieferant des Pb-Gehaltes angesehen [35]. Eine Entstehung aus Regenwässern wird angenommen für die hydrothermalen Na-K-Mg-HCO_3-(Cl, SO_4)-Lösungen, die in Sedimenten des Kivu-Sees, Ostafrikanischer Graben, neben anderen Elementen auch Blei abgeschieden haben und noch abscheiden; dabei werden beim Durchfluß durch vulkanische Nebengesteine, begünstigt durch eine hohe vulkanische CO_2-Zufuhr, die Metalle herausgelöst [36]. Hohe Halogenkonzentrationen, wie sie von

Fundort	Chemische Kennzeichnung	Salinität in $^0/_{00}$	Temperatur Oberfläche
Geothermal-Solen			
Salton Sea, Kalifornien	Na-Ca-K-Cl, SO_4^{2-}-arm	259.0	25
Cheleken-Halbinsel, Kaspisches Meer	Na-Ca-Cl, K-arm und mit CH_4, C_2H_6, N_2, CO_2, z. T. H_2S	150 bis 290	56 bis 80
Gaurdak-Antiklinale, Ost-Turkmenien	Na, K-Ca, Mg-Cl-SO_4^{2-}-HCO_3^-, reich an Br, J, B, Si, N_2	305 bis 325	30.5 bis 31
Rotes Meer[4)]			
Atlantis II-Tief	Na-(Ca-)Cl, K-arm	320	23.5
		135 bis 318.5	—
Discovery-Tief	Na-(Ca-)Cl, K-arm	257.4 und 316.9	—
Thermalquellen			
Taupo-Vulkanzone, Neuseeland	Na-K-Cl-HCO_3, reich an Si, arm an Metallen	≈ 4	—
Broadlands-Quelle Nr. 2	Na-(Ca-)Cl, Sulfid-reich	—	—
Ngawha-Quelle Nr. 1, nördlich Auckland, Neuseeland	Na-(Ca-)Cl, Sulfid-reich	—	—
Matupi Harbour, New Britain, Territory of New Guinea	Cl-arm, SO_4^{2-}-reich[8)] und Fe-Mn-Zn-reich	18 bis 22.5	34 bis 85
Obuki-Quelle, Tamagawa, Akita, Japan	Ca-Na-Al-Fe-Mg-Cl-SO_4[10)]	—	97.8
Yu-daki-Fall, Tamagawa, Akita, Japan	Ca-Mg-(Na-K) Cl-SO_4[10)]	—	25.5
Arima-Quellen, Hyogo, Japan	Na-K-Ca-Cl, SO_4^{2-}-arm	—	90.5[12)]
Wilbur-Quelle, Colusa-County, Kalifornien	Na-K-Cl-HCO_3, SO_4^{2-}-arm	—	57
Teplice [Teplitz], Nord-Böhmen, ČSSR	$NaHCO_3$, S-arm	—	25 bis 45
Uzon-Caldera, Kamchatka	NaCl mit Si, B, seltenen Alkalien und Erz-Metallen	bis 3	—

in °C Tiefe	pH Oberfläche	Tiefe	Pb-Gehalt mg/l	Literatur
300 bis 360[1)]	5.2	—	80 bis 100	[3, S. 308, 313], [4, S. 119], [11, 12], s. auch [9, S. 582/3]
87 bis 97.5[2)]	5.4 bis 6.15	5.8 bis 6.17[2)]	< 2 bis 10.7[3)]	[13 bis 18], s. auch [4, S. 119]
—	—	—	0.22	[19]
—	—	—	0.5	[20], [3, S. 313, 319, 326/7], s. auch [30]
44.3 bis 56.6[5)]	—	—	0.009 bis 0.63	[21 bis 23], s. auch [4, S. 117]
—	—	—	0.17 und 0.1	[21, 22], s. auch [4, S. 117]
≈ 200 bis 290[6)]	—	6 bis 7	0.001[7)] und 0.002	[24, 11]
275	—	—	0.002	[10]
230	—	—	< 0.01	[10]
—	3.4 bis 6.1[9)]	—	0.05 bis 0.09[7)]	[25, S. 28], [26, S. 545, 548]
—	1.2	—	1.59[11)]	[27]
—	1.7	—	0.32	[27]
—	6.4	—	0.4[7), 13)]	[9, S. 582/3, 616]
—	7.2	—	1[7)]	[9, S. 580/1]
—	—	—	0.002 bis 0.003	[28]
—	—	—	1.0	[29]

Fußnoten zu Tabelle S. 206/7.

[1] Bei ≈ 1000 m Tiefe 300°C und bei ≈ 1600 m Tiefe 350°C [12]. — [2] Einzelwerte für Bohrung E-75 bei 1170 m Tiefe 87°C, pH 5.8; für E-116 bei 1350 m Tiefe 96°C, pH 6.0; für G-37 bei 1400 m Tiefe 97.5°C, pH 6.17 [18]. Zum Eh-Wert dieser Bohrungen s. S. 211. — [3] Maximale Pb-Gehalte in Einzelproben aus allen 12 Wasserhorizonten sind 30 mg Pb/l [13] und 77.0 mg Pb/l [14]. Ferner wird für Blei eine Zunahme des Gehaltes mit zunehmender Wassertemperatur [13] bzw. Tiefe beobachtet: Bohrung E-87 (550 m) 10.0, E-99 (810 m) 5.6, E-78 (1030 m) und E-93 (1150 m) jeweils 12.0, E-79 (1250 m) 15.0, E-116 (1380 m) 27.0 und G-37 (1450 m) 25.0 mg Pb/l [17]. — [4] Solen mit ≈ 20000facher Pb-Konzentration gegenüber dem Meerwasser bei 21°20.5' N, 38°03.5'E [20]. — [5] Temperatur von 1965 bis 1972 in der Tiefe auf 60.1 °C angestiegen [26, S. 546].

[6] Bei 1000 m Tiefe. — [7] In diesem Fall als mg/kg angegeben. — [8] Stark saure Wässer laugen Blei aus oberflächennahen Gesteinen aus, die in Lösung vorhandene Pb-Menge wird aber durch hohen SO_4-Gehalt (Oxidation von H_2S) begrenzt [25, S. 33/4]. — [9] Eh-Werte s. S. 211. — [10] Obuki-Quelle und Yu-daki-Fall sind Teile eines ≈ 1 km langen Wasserlaufes. Die heißen Wässer scheiden mit zunehmender Entfernung (bis 700 m) vom Quellaustritt zunehmend Pb-reichen Baryt („Hokutolith") aus, vgl. S. 222.

[11] Nach älteren Bestimmungen auch 0.61 und 1.53 mg Pb/l gefunden [27]. — [12] Vor der Erbohrung dieser Quellen war die höchste Temperatur beim Austritt natürlicher Quellen ≈ 40°C; in einer Tiefe von 168 m werden 133°C gemessen [9, S. 616]. — [13] Nach älteren Bestimmungen 0.1 bis 0.4 ppm Pb [9, S. 616], s. auch „Blei" A 2c, S. 168.

Thermalquellen und flüssigen Einschlüssen in Mineralien bekannt sind, können aber auch durch Hydrolyse von SiF_4, $SnCl_4$ und ähnlichen Verbindungen entstehen [6], die während letzter Stadien vulkanischer Aktivitäten ausgeschieden werden [7]. — Eine Ableitung der physiko-chemischen Eigenschaften der erzbildenden Lösung aus der Mineralparagenese und der Zusammensetzung von Flüssigkeitseinschlüssen wurde für die Pb-Zn-Ganglagerstätten von Toyoha, Hokkaido, Japan, durchgeführt und mit gegenwärtig Sulfide ausscheidenden Thermalwässern verglichen: Es zeigt sich, daß die erzbildende Lösung — ähnlich wie diejenige des Broadland-Geothermalgebietes auf Neuseeland — gekennzeichnet ist durch einen Überschuß an gelöstem Schwefel gegenüber dem Erzmetall-Gehalt sowie durch neutralen bis leicht alkalischen pH-Wert und geringen NaCl-Gehalt; demgegenüber ist die Geothermal-Sole des Salton Sea-Gebietes, Süd-Kalifornien, gekennzeichnet durch einen Mangel an Schwefel gegenüber dem Erzmetall-Gehalt, leicht sauren bis neutralen pH-Wert und hohen NaCl-Gehalt [8].

Physiko-chemische Kennzeichen von Pb-führenden Geothermal-Solen und Thermalquellen s. Tabelle S. 206/7.

Frühe Hinweise auf die Art und Zusammensetzung der fluiden Einschlüsse in Mineralien finden sich schon im 19. Jahrhundert [31, S. 4]. Die umfassendste Zusammenstellung von Daten über fluide Einschlüsse in Mineralien allgemein gibt Roedder 1972 [31, S. 146/6]; danach kann folgende generelle Aussage gemacht werden: Fluide Einschlüsse sind wäßrige Lösungen von 0 bis 500, meist jedoch < 100‰ Gesamt-Salzgehalt, Haupt-Kationen sind Na^+, K^+, Ca^{2+} und Mg^{2+}, Haupt-Anionen Cl^- und SO_4^{2-}; weniger häufig sind Li^+ und Al^{3+} sowie BO_3^{3-}, PO_4^{3-}, $HSiO_3^-$, HCO_3^-, CO_3^{2-} und andere Komponenten; meist dominieren gesättigte NaCl-Solen mit Na > K (um einen Faktor 1 bis 10), in zweiter Linie solche mit Ca als Haupt-Kation und fast immer Ca > Mg, sehr selten ist Ca ≫ Na; ferner kann CO_2 (flüssig oder gasförmig) gelegentlich vorherrschen [31, S. 5, 57], vgl. [32, S. 538] und S. 205. Jüngste Untersuchungen der mm-großen (maximal 15 mm), primären fluiden Einschlüsse in 18 großen Galenit-Kristallen (der Generation I und II) aus Drusen und Spalten des Madan-Erzdistriktes, mittleres Rhodopen-Gebirge, Bulgarien, bestätigen obige Aussage gut [37]. Demgegenüber ergeben sich aus 400 Analysen von wäßrigen Auszügen hydrothermaler Mineralien Salzgehalte von meist ≦ 100 g/l sowie eine etwas weniger ausgeprägte Vorherrschaft von Na^+ und Cl^- bei größerer Bedeutung von Ca^{2+}, Mg^{2+}, HCO_3^-, SO_4^{2-} und F^-; in 135 von 400 Analysen findet sich z. B. $HCO_3^- > Cl^-$ [33], wobei speziell in Baryten der Polymetall-Lagerstätte Kara-Mazar, Ost-Usbekistan, im Verlauf der Entwicklung der mineralbildenden Lösungen parallel mit abnehmender

Salz-Konzentration (von 274 auf 150 g/l) auch der ursprünglich hohe HCO_3^--Gehalt abnimmt und gleichzeitig der Anteil an freiem CO_2 stark zunimmt [34], vgl. auch Transport von Blei als HCO_3^--Komplex ab S. 224. — Aus den relativen Volumina bei Zimmertemperatur für die feste, flüssige und gasförmige Phase in einzelnen fluiden Einschlüssen lassen sich Kenntnisse der Dichte erzbildender Lösungen gewinnen: Es überwiegen Dichten von D = 0.5 bis 1.0 g/cm³, bei Auftreten großer „Tochter-Kristalle" finden sich auch Werte bis D = 1.5 g/cm³ [32, S. 565/6].

Literatur zu 2.4.1.3.2.1:

[1] P. B. Barton (Econ. Geol. **52** [1957] 333/53). — [2] H. C. Helgeson (Complexing and Hydrothermal Ore Deposition, Oxford – London – New York – Paris 1964, S. 1/128, I/XIV, 80). — [3] D. E. White (Econ. Geol. **63** [1968] 301/35). — [4] J. S. Tooms (Inst. Mining Met. Trans. B **79** [1970] 116/26). — [5] P. R. Bush (Inst. Mining Met. Trans. B **79** [1970] 137/44, 139/41).

[6] H. Gundlach (in: J. Kutina, Symposium Problems of Postmagmatic Ore Deposition, Bd. 1, Prague 1963, S. 402/9, 404). — [7] K. C. Dunham (Inst. Mining Met. Trans. B **75** [1966] 226/9, 227). — [8] N. Shikazono (Geochem. J. **8** [1974] 37/46, 37). — [9] D. E. White (in: H. L. Barnes, Geochemistry of Hydrothermal Ore Deposits, New York u.a. 1967, S. 575/631). — [10] A. J. Ellis (Geochim. Cosmochim. Acta **32** [1968] 1356/63, 1361).

[11] A. J. Ellis (in: H. L. Barnes, Geochemistry of Hydrothermal Ore Deposits, New York u.a. 1967, S. 465/514, 491). — [12] H. C. Helgeson (in: P. H. Abelson, Researches in Geochemistry, Bd. 2, New York – London – Sydney 1967, S. 362/404, 379). — [13] L. M. Lebedev, Yu. Yu. Bugel'skii (Mezhdunar. Geol. Kongr. 23-ya Sessiya Dokl. Sov. Geol., Problemy 2, Genezis Mineral'n. i Termal'n. Vod, Moskva 1968, S. 36/41, 37/8, 41 [S. 41 englisch]). — [14] L. M. Lebedev (Dokl. Akad. Nauk SSSR **174** [1967] 197/200; Dokl. Earth Sci. Sect. **174** [1967] 173/6). — [15] L. M. Lebedev, I. B. Nikitina (Dokl. Akad. Nauk SSSR **183** [1968] 439/41; Dokl. Earth Sci. Sect. **183** [1968] 180/2).

[16] L. M. Lebedev (Dokl. Akad. Nauk SSSR **175** [1967] 920/3; Dokl. Earth Sci. Sect. **175** [1967] 196/9). — [17] L. M. Lebedev, Yu. Yu. Bugel'skii (Dokl. Akad. Nauk SSSR **184** [1969] 943/4; Dokl. Earth Sci. Sect. **184** [1969] 183/4). — [18] L. M. Lebedev, I. B. Nikitina (Dokl. Akad. Nauk SSSR **197** [1971] 1179/81; Dokl. Earth Sci. Sect. **197** [1971] 229/30). — [19] V. F. Kazakov, B. P. Zhdanov (Geokhimiya **1973** 454/8; Geochem. Intern. **10** [1973] 339/42, 341). — [20] M. H. Delevaux, B. R. Doe, G. F. Brown (Earth Planet. Sci. Letters **3** [1967] 139/44, 141).

[21] P. G. Brewer, P. W. Spencer (in: E. T. Degens, D. A. Ross, Hot Brines and Recent Heavy Metal Deposits in the Red Sea, Berlin – Heidelberg – New York 1969, S. 174/9, 175/7). — [22] R. R. Brooks, I. R. Kaplan, M. N. A. Peterson (in: E. T. Degens, D. A. Ross, Hot Brines and Recent Heavy Metal Deposits in the Red Sea, Berlin – Heidelberg – New York 1969, S. 180/203, 183/6). — [23] H. Craig (in: E. T. Degens, D. A. Ross, Hot Brines and Recent Heavy Metal Deposits in the Red Sea, Berlin – Heidelberg – New York 1969, S. 208/42, 234). — [24] B. G. Weissberg (Econ. Geol. **64** [1969] 95/108, 95, 98, 106/7). — [25] J. Ferguson, I. B. Lambert (Econ. Geol. **67** [1972] 25/37).

[26] H. Bäcker (Erzmetall **26** [1973] 544/55). — [27] B. Takano (Geochem. J. **3** [1969] 117/26, 119/20, 123). — [28] J. Čadek, M. Malkovský (in: J. Kutina, Symposium Problems of Postmagmatic Ore Deposition, Bd. 1, Prague 1963, S. 384/90, 384/6). — [29] S. I. Naboko, S. F. Glavatskikh (Dokl. Akad. Nauk SSSR **207** [1972] 931/4; Dokl. Earth Sci. Sect. **207** [1972] 84/7, 85). — [30] H. Bäcker, M. Schoell (Nature Phys. Sci. **240** [1972] 153/8, 155/6).

[31] E. Roedder (U.S. Geol. Surv. Profess. Papers Nr. 440-JJ [1972] 1/164). — [32] E. Roedder (in: H. L. Barnes, Geochemistry of Hydrothermal Ore Deposits, New York u.a. 1967, S. 515/74). — [33] I. L. Khodakovskii (in: V. I. Smirnov u.a., Mineralogicheskaya Termometriya i Barometriya, Moskva 1965, S. 174/203, 199). — [34] N. E. Uchameishvili, N. I. Khitarov (in: V. I. Smirnov u.a., Mineralogicheskaya Termometriya i Barometriya, Moskva 1965, S. 227/32, 229/31). — [35] Y. Kajiwara (Geochem. J. **9** [1975] 235/9).

[36] E. T. Degens, G. Kulbicki (Mineralium Deposita **8** [1973] 388/404, 400/2). — [37] N. B. Piperov, N. B. Penchev, I. K. Bonev (Mineralium Deposita **12** [1977] 77/89, 79, 82/3).

Physicochemical Properties of Hydrothermal Solutions and Their Influence on Lead

2.4.1.3.2.2 Physikochemische Eigenschaften hydrothermaler Lösungen und ihr Einfluß auf Blei

Salinity

2.4.1.3.2.2.1 Salinität

Die Salinität hydrothermaler Lösungen bzw. fluider Einschlüsse in Mineralien ist durch den Gesamtgehalt an gelösten Stoffen gegeben und beeinflußt die Löslichkeit — s. ab S. 214 — und den Transport — s. ab S. 220 — von Blei. — In fast allen untersuchten Lösungen ist die Alkali-Gesamtkonzentration (besonders an Na und K) sehr hoch, in wenigen Fällen herrscht Ca vor [1, S. 57/9]. — Als weiteres Kation ist das Ammonium-Ion NH_4^+ zu beachten: Neben Pb-haltigen Salmiak-Sublimaten in Fumarolenfeldern des aktiven Vulkans Mutnovsk, Kamchatka [2], lassen Paragenesen von Salmiak und Pb-Bi-Sulfosalzen, z. B. auf der Insel Vulcano, Italien, das Auftreten von NH_4^+ in hydrothermalen Lösungen vermuten, auch in wäßrigen Auszügen saurer magmatischer Gesteine und von Mineralien (wie Quarz und Calcit) findet sich NH_4^+ teilweise in größeren Mengen als F und B [3]; speziell in wäßrigen Auszügen gasförmig-fluider Einschlüsse in Fluoriten sowie Galenit der 3. Generation aus Lagerstätten vom Südhang des Gissar-Gebirges, Mittelasien, sind bis 20 Äquivalenz-% der gesamten Kationen NH_4^+ [4], vgl. [1, S. 63]. — An SiO_2, B und seltenen Alkalien reiche NaCl-Thermalwässer der Uzon-Caldera, Kamchatka, sind ebenso Pb-führend [5] wie typische $NaHCO_3$-Thermalwässer von Teplice, Nord-Böhmen, ČSSR, die mit ausgedehnten Mineralisationen von Galenit, Sphalerit, Pyrit, Quarz und Baryt verbunden sind [6]; auch heiße SiO_2-reiche und HCO_3^--haltige NaCl-Wässer der Taupo-Vulkanzone, Neuseeland, führen Cu-, Pb- und Zn-Gehalte [7]; vgl. Tabelle S. 206/7. Ferner sind Lösungen hydrothermaler Lagerstätten, mit unter anderem auch Pb, allgemein besonders durch große Mengen an Kohlensäure, z. T. als CO_2 oder HCO_3^-, gekennzeichnet [8, S. 202].

So zeigen Untersuchungen an Einschlüssen in Quarzen aus mesothermalen Polymetall-Lagerstätten des Nagolnyi Kryazh, Donbas, Ukraine, hohe HCO_3^--Gehalte in den Fluiden (mit nicht konstanten Verhältnissen Cl^-/HCO^{3-}, nach 10 von 17 Analysen z.T. $HCO_3^- > Cl^-$) und in homogenen wäßrigen Lösungen neben Salzen auch 30 bis 60% flüssige Kohlensäure, die bei Temperatur- und Druckabnahme durch Sieden entmischt [8, S. 193]. Auch die erzbildenden Lösungen des 3. (= Sphalerit-Galenit-Erze) und 4. (= Quarz-Carbonat-Polymetall-Erze) Bildungsstadiums im Zyryanovskoe-Revier, Erz-Altai, waren CO_2- bzw. CO_2-SiO_2-haltige chloridische Lösungen mit Schwefel-Defizit [9]. Ferner weisen flüssige Einschlüsse in Quarzkristallen vom Süd-Ural, die im Trockenrückstand bis 0.1 und selten auch 1% Pb enthalten, auf CO_2-gesättigte Alkali-Erdalkali-Cl^--HCO_3^--Lösungen mit Gehalten an SO_4^{2-} und Silikaten sowie zahlreichen Schwermetallen hin, aus denen der Quarz bei 290 bis 150°C abgeschieden wurde [10], vgl. sehr ähnlich zusammengesetzte Lösungen mit K > Na und pH = 7.6 sowie Homogenisierungstemperaturen von 200 bis 60°C in Einschlüssen der Bergkristalle von Quarz-Lagerstätten in Berg-Dagestan, Zakavkaz'e [11]. Zu experimentellen Untersuchungen über den Einfluß des CO_2-Gehaltes in Lösungen auf die Löslichkeit von Blei vgl. S. 215. — Demgegenüber führen sowohl Cl^--arme als auch Cl^--reiche Wässer mit hohen, durch Oxidation von H_2S bedingten SO_4^{2-}-Gehalten überwiegend niedrige Pb-Gehalte, wie die Beispiele von Matupi Harbour und Atlantis II-Tief in Tabelle S. 206/7 zeigen. — Zur Salinität hydrothermaler erzbildender Lösungen trägt auch Fluor bei und ist Hauptkomponente z. B. in Galenit-abscheidenden Lösungen der Zinnerz-Lagerstätten des Khingan, Nordost-China [12], sowie, neben Si und CO_2, auch in hydrothermalen Lösungen der Polymetall-Lagerstätten des Ilych-Beckens, Nord-Ural [13, 14]; vgl. F-haltige hydrothermale Lösungen als U- und Pb-Träger in einem nicht näher bezeichneten Gebiet der UdSSR [15].

Literatur zu 2.4.1.3.2.2.1:

[1] E. Roedder (U.S. Geol. Surv. Profess. Papers Nr. 440-JJ [1972] 1/164). — [2] E. K. Serafimova (Byul. Vulkanol. St. Akad. Nauk SSSR Nr. 42 [1966] 56/65, 56, 65). — [3] V. A. Klyakhin (Dokl. Akad. Nauk SSSR **176** [1967] 696/8; Dokl. Earth Sci. Sect. **176** [1967] 195/7). — [4] V. A. Klyakhin, Yu. F. Levitskii (Geol. i Geofiz. Akad. Nauk SSSR Sibirsk. Otd. **1968** Nr. 9, S. 10/5, 11/3). — [5] S. I. Naboko, S. F. Glavatskikh (Dokl. Akad. Nauk SSSR **207** [1972] 931/4; Dokl. Earth Sci. Sect. **207** [1972] 84/7, 86).

[6] J. Čadek, M. Malkovský (in: J. Kutina, Symposium Problems of Postmagmatic Ore Deposition, Bd. 1, Prague 1963, S. 384/90, 384). — [7] B. G. Weissberg (Econ. Geol. **64** [1969] 95/108, 106/7). — [8] I. L. Khodakovskii (in: V. I. Smirnov u. a., Mineralogicheskaya Termometriya i Barometriya,

Moskva 1965, S. 174/203). — [9] N. I. Shumskaya (Vestn. Leningr. Univ. Geol. Geogr. **1961** Nr. 6, S. 118/28, 127). — [10] A. E. Lisitsyn, S. V. Malinko (Geokhimiya **1961** 789/95; Geochemistry [USSR] **1961** 867/76).

[11] A. A. Sharkov (Tr. Vses. Nauchn. Issled. Inst. P'ezoopt. Mineral'n. Syr'ya **2** Nr. 2 [1958] 75/9 nach Ref. Zh. Geol. **1960** Nr. 4523 und C.A. **1961** 3316/7). — [12] G. V. Itsikson (in: J. Kutina, Symposium Problems of Postmagmatic Ore Deposition, Bd. 1, Prague 1963, S. 410/6). — [13] M. G. Trushchelev (Sb. Tr. Geol. i Paleontol. Akad. Nauk SSSR Komi Filial. **1960** 220/42, 237). — [14] M. G. Trushchelev (Tr. Inst. Geol. Yakutskii Filiala Sibirsk. Otd. Akad. Nauk SSSR **1960** Nr. 7, S. 112/26, 122). — [15] V. I. Rekharskii (Geol. Rudn. Mestorozhd. **1960** Nr. 1, S. 92/7, 96).

2.4.1.3.2.2.2 pH-Wert und Redoxpotential

pH Value and Redox Potential

Die pH-Werte hydrothermaler Lösungen liegen infolge des geringen Dissoziationsgrades der in ihnen enthaltenen Säuren und Basen, insbesondere bei höheren Temperaturen und ganz besonders im überkritischen Bereich, nahe dem Neutralpunkt, für viele mesothermale Lagerstätten zwischen pH = 3 und 9, bei niedrigeren Temperaturen im schwach sauren Bereich [1], vgl. schwach alkalische bis schwach saure Na-Ca-Cl-Solen als vorherrschende und an „Wertmetallen" reichste Erzfluide [2]. Pb-haltige Geothermal-Solen zeigen in der Tiefe pH-Werte um 6, beim Austritt an der Oberfläche meist pH-Werte zwischen 5.5 und 6; andere Thermalwässer mit Blei und teilweise bedeutenden Sulfat-Gehalten haben pH-Werte zwischen 6 und 3.5, aber auch noch weit niedrigere Werte, wie aus der Tabelle S. 206/7 zu ersehen ist. Die in flüssigen Einschlüssen von Mineralien gemessenen Werte von z. B. pH = 7.6 für Bergkristalle vom Kaukasus [3] und pH = 7.5 für Calcite aus Pb-Zn-Lagerstätten des Oberen Mississippi-Tals sind aus verschiedenen Gründen ungenau und für die hydrothermalen Lösungen nicht repräsentativ, s. im einzelnen [4, S. 38/40].

Ein pH-Wechsel in den hydrothermalen Lösungen, nach dem Schema alkalisch→sauer→alkalisch, kennzeichnet das erzfreie Eingangsstadium von Pb-Zn- bzw. Polymetall-Lagerstätten z. B. in Grusinien, Kaukasus, und im Tintic-Distrikt, Utah [5]; vgl. die sehr variablen pH-Werte der mineralisierenden Lösungen bei Bildung der „Schwarzerz" (kuroko)-Lagerstätten Nordost-Japans [6].

Es liegen nur sehr wenige Messungen des Redoxpotentials (Eh-Werte) von flüssigen Einschlüssen in Mineralien vor, die Eh-Werte werden stark durch weitere Einschlußphasen und mögliche H_2S- bzw. H-Verluste beeinflußt [4, S. 40/1]. Die Geothermal-Solen der Halbinsel Cheleken, Kaspisches Meer, haben in Tiefen von > 1000 m positive Eh-Werte von 65 bis 140 mV [7], beim Austritt an der Oberfläche unterschiedliche Werte von −25 bis +185 mV [8, 9]. Demgegenüber sind für Pb-arme, aber Sulfat-reiche Thermalwässer von Matupi Harbour, New Britain, Territory of New Guinea, hohe Eh-Werte von +224 bis +534 mV bei pH = 3.4 bis 6.1 [10] bzw. oxidierender Charakter bei pH = 3.7 bis 6.1 typisch [11].

Die hydrothermalen Lösungen, aus denen Pb-Zn-Lagerstätten der Kleinen Karpaten, ČSSR, gebildet werden, zeigen neben schwankenden, schwach alkalischen Reaktionen ein variables Redoxpotential infolge sprunghafter Änderung des Chemismus bei der Mineralabscheidung [12]; vgl. das aus wechselnden paragenetischen Assoziationen — Oxide→Sulfide→Oxide→Sulfide — ersichtliche instabile Redoxpotential der Lösungen, aus denen Polymetall-Erze der nördlichen Zone der Altyn-Topkan-Region, südwestliches Kurama-Gebirge, Mittelasien, gebildet wurden [13].

Trotz der beobachteten Variationsbreiten in pH-Wert und Redoxpotential hydrothermaler Lösungen ist die Abscheidung von Paragenesen mit speziell Galenit auf einen relativ begrenzten pH-Eh-Bereich beschränkt [14], s. dazu ab S. 231.

Literatur zu 2.4.1.3.2.2.2:

[1] H. C. Helgeson (Complexing and Hydrothermal Ore Deposition, Oxford – London – New York – Paris 1964, S. 1/128, 83/4). — [2] D. E. White (in: H. L. Barnes, Geochemistry of Hydrothermal Ore Deposits, New York u.a. 1967, S. 575/631, 623). — [3] A. A. Sharkov (Tr. Vses. Nauchn. Issled. Inst. P'ezoopt. Mineral'n. Syr'ya **2** Nr. 2 [1958] 75/9 nach Ref. Zh. Geol. **1960** Nr. 4523 und C.A. **1961** 3316/7). — [4] E. Roedder (U.S. Geol. Surv. Profess. Papers Nr. 440-JJ [1972] 1/164). — [5] T. V. Ivanitskii (Geol. Rudn. Mestorozhd. **1959** Nr. 6, S. 102/13, 112).

[6] K. Kinoshita (Kozan Chishitsu **11** Nr. 45/6 [1961] 7/11, 7; C.A. **59** [1963] 11117). — [7] L. M. Lebedev, I. B. Nikitina (Dokl. Akad. Nauk SSSR **197** [1971] 1179/81; Dokl. Earth Sci. Sect. **197** [1971] 229/30). — [8] L. M. Lebedev (Dokl. Akad. Nauk SSSR **174** [1967] 197/200; Dokl. Earth Sci. Sect. **174** [1967] 173/6, 173). — [9] J. S. Tooms (Inst. Mining Met. Trans. B **79** [1970] 116/26, 119). — [10] J. Ferguson, I. B. Lambert (Econ. Geol. **67** [1972] 25/37, 28, 33).

[11] H. Bäcker (Erzmetall **26** [1973] 544/55, 545). — [12] B. Cambel (Acta Geol. Geograph. Univ. Comenianae Geol. Nr. 3 [1959] 1/349, 216/20 [deutsch S. 308/9]). — [13] L. V. Skvaletskaya (Tr. Aspirantov Sredneaziat. Gos. Univ. **1958** Nr. 5, S. 75/96 nach Ref. Zh. Geol. **1959** Nr. 5295 und C.A. **1960** 18216). — [14] V. G. Krivovichev (Zap. Vses. Mineralog. Obshchestva **101** [1972] 495/9, 498).

Relationship between Lead and Potassium, Sodium, and Barium

2.4.1.3.2.2.3 Beziehungen von Blei zu Kalium, Natrium und Barium

K-reiche, offensichtlich juvenile Geothermal-Solen mit hohen Metallgehalten (darunter auch Blei) vom Salton Sea-Gebiet, Süd-Kalifornien, und am Boden des Roten Meeres sowie die mit Zufuhr von K^+ (und OH^-) und Auslaugung von Na^+ aus Nebengesteinen verbundene Sericitisierung mit nachfolgenden Pb-Zn-Ba-F-Mineralisationen in vielen Gebieten der Erde [1] zeigen den engen Zusammenhang zwischen beiden Vorgängen. Dies wird bestätigt beispielsweise: im Coeur d'Alene-Distrikt, Idaho, wo K-reiche Lösungen als Vorläufer der Pb-Zn-Ag-Mineralisationen auf den gleichen Spalten aufstiegen wie die späteren erzbildenden Lösungen [2] oder in den Polymetall-Lagerstätten von Uch-Ochak, West-Karamazar, Tadzhikistan, wo sich nach detaillierten mineralogischen und experimentellen Untersuchungen die mineralbildenden Lösungen für Galenit und Sericit nur wenig unterscheiden [3]; vgl. eine Galenit-Sphalerit-Sericit-Paragenese mit Pb für K im Sericit sowie erheblichen KCl-Gehalten in den schwach sauren Einschlußlösungen der Sulfid-Mineralien der Polymetall-Lagerstätte Akhtal, Armenien [4]. Weitere Angaben über das Verhalten von Blei bei der Sericitisierung s. S. 261.

Nach experimentellen Untersuchungen und Beobachtungen an Pb-Zn-Erzen von Providencia-Concepcion del Oro, Zacatecas, Mexico, ist das molare Verhältnis K/Na in Silikatschmelzen von 770 bis 880°C größer als in der hiermit im Gleichgewicht stehenden wäßrigen Chlorid-Lösung, es nimmt ab vom Granodiorit-Magma mit K/Na = 0.86 bis 0.5 auf 0.64 bis 0.41 in den Pb-Zn-Erzen zu 0.43 bis 0.09 in fluiden Einschlüssen, d. h. von konzentrierten zu verdünnten Lösungen [5]; vgl. mittleres Gewichtsverhältnis K/Na von 0.065 für 32 von 35 fluiden Einschlüssen in Mineralien der Pb-Zn-Lagerstätten des Mississippi Valley und von $\approx$ 0.05 für natürliche Thermalwässer bei 100°C [6]. Demgegenüber wird ein leicht abnehmendes Verhältnis Na/K in fluiden Einschlüssen von Fluoriten und Baryt von Portales, New Mexico, mit abnehmender Bildungstemperatur beobachtet; der früher ausgeschiedene Galenit dieses Vorkommens hat die höchsten Chlorid-Gehalte in den fluiden Einschlüssen [7]. — Ferner ist ein abnehmendes Verhältnis K^+/H^+ bei abnehmender Temperatur und zunehmendem Pb-Gehalt in der mineralbildenden Lösung charakteristisch für die von außen nach innen um die Pb-Zn-Cu-Erzkörper der Tui-Grube, Te Aroha, Neuseeland, angeordneten Kalifeldspat-, Kaliglimmer- und Kaolinit-Zonen bzw. es ändert sich das Verhältnis K^+/H^+ für einen gegebenen Ort mit dem Zeitpunkt der Abscheidung [8].

Die Verhältnisse Pb/Ba in erzbildenden Lösungen oder Thermalwässern, die im Gleichgewicht mit Baryt stehen, hängen ab (bei Gegenwart von Galenit) von der Gesamtmenge des gelösten Schwefels, der Sauerstoff-Fugazität und dem pH-Wert [9]. Eine Untersuchung von Baryten der Thermalquellen von Tamagawa und Kawarage, beide Akita-Präfektur, Japan, sowie Peitou, Formosa, und von Baryten aus 7 Lagerstätten vom „Kuroko"-Typ in verschiedenen Präfekturen Japans sowie von der Shinguri Bank, Japan-See, zeigt, daß (mit Ausnahme der Proben von Peitou) die Verhältnisse Pb/Ba mit steigender Chlorid-Konzentration der Thermallösungen schnell abnehmen [10].

Literatur zu 2.4.1.3.2.2.3:

[1] K. C. Dunham (Inst. Mining Met. Trans. B **75** [1966] 226/9). — [2] A. L. Anderson (Econ. Geol. **44** [1949] 169/85, 178/83). — [3] A. A. Popov (in: A. P. Vinogradov, Chemistry of the Earth's Crust, Bd. 1, Jerusalem 1966, S. 205/11, 206/8 [russisches Original: Moskva 1963]). —

[4] S. S. Mkrtchyan (Izv. Akad. Nauk Arm. SSR Nauki o Zemle **21** [1968] 35/42, 36/7, 40/1). — [5] J. B. Gammon, M. Borcsik, H. D. Holland (Science [2] **163** [1969] 179/81).

[6] E. Roedder (in: H. L. Barnes, Geochemistry of Hydrothermal Ore Deposits, New York u. a. 1967, S. 515/74, 553). — [7] L. L. Ames (Econ. Geol. **53** [1958] 473/80, 478/9). — [8] B. G. Weissberg, A. Wodzicki (New Zealand J. Sci. **13** [1970] 36/60, 36, 53, 57/8; C.A. **73** [1970] Nr. 5932). — [9] Y. Kajiwara, H. Honma (Mining Geol. **22** [1972] 457/65 nach [10]). — [10] B. Takano, K. Watanuki (Geochem. J. **8** [1974] 87/95, 90/1).

2.4.1.3.2.2.4 Echte und kolloide Lösungen

True and Colloidal Solutions

Da Kolloide in Elektrolyt-Lösungen (wie z. B. den Solen fluider Einschlüsse in Mineralien) sowie sehr wahrscheinlich auch thermisch wenig stabil sind, müssen die Metalle — darunter auch Blei — in den Thermallösungen als Komplexverbindungen — s. hierzu ab S. 221 — in echter Lösung vorliegen [1] bzw. in chloridischer oder sulfidischer Verbindung auftreten [2, S. 120/1], [3]. So wird eine Zufuhr von Blei in echter Lösung angenommen für die Polymetall-Lagerstätten von Zyryanovsk im Erz-Altai [2, S. 122/3], von Klichka in Ost-Transbaikalien [4] und für einige Vorkommen in Mittelasien [5]. Ferner geben Dialyseversuche mit den Pb-haltigen Geothermal-Solen von der Cheleken-Halbinsel, Kaspisches Meer, eindeutige Hinweise auf echte Lösungen ohne irgendwelche kolloidalen Eigenschaften [6]. Auch experimentelle Untersuchungen mit Sulfiden in wäßrigen Lösungen von Alkalichloriden bzw. NH_4Cl zeigen, daß nur SiO_2, nicht aber die Sulfide (darunter PbS) in kolloidaler Form transportiert werden, oder es gibt dafür zumindest keine äußeren Anzeichen [7].

Demgegenüber weisen viele Daten der geologischen Literatur auf die große Bedeutung kolloider Lösungen bei der Bildung bestimmter Typen von Erzlagerstätten — sogar bei höheren Temperaturen — hin; ferner zeigen experimentelle Untersuchungen den Einfluß der H_2S-Konzentration auf die Stabilität von Schwermetall-Sulfid-Hydrosolen (mit Pb, Zn, Cu, Fe): So sind reine PbS-Sole bei niedriger H_2S-Konzentration bis 150°C und bei hohen H_2S-Konzentrationen nur bis ≈ 75°C beständig, während Sole mit drei und vier Metallen (infolge gegenseitiger Schutzwirkung) bis ≈ 250°C stabil sind; bei höheren Temperaturen liegen echte Lösungen vor [8, 9]. Ein entsprechender Übergang von echten zu kolloiden Lösungen (bei gleichzeitigem Wechsel von alkalischem zu saurem Milieu) wird z. B. im Verlauf der Bildung von hydrothermal-metasomatischen Pyrit-Polymetall-Erzen des Nikolaev-Reviers, westlicher Erz-Altai, beobachtet [10], und in der Verwerfungszone von Klucze bei Olkusz, Polen, ging die aus der Tiefe zugeführte echte Lösung im Niveau der erzführenden Dolomite (infolge Druckentlastung, Entgasung und Änderung des Chemismus) rasch in den kolloiden Zustand über [11]; vgl. den durch Übersättigung und raschen Verlust an Lösungsmittel verursachten Übergang von echten zu kolloiden Lösungen im oberflächennahen Bereich der Kies-Polymetall-Lagerstätte Tekeli im Dzhungarskii Alatau, Ost-Kasachstan [12]. Allgemein ist für Pyrit-Polymetall-Lagerstätten im subvulkanischen Niveau von ≈ 100 bis 1000 m Tiefe eine Bildung aus mesothermalen, infolge starker Druckverminderung offensichtlich kolloidalen Lösungen mit Anteilen von juvenilen und meteorischen Komponenten anzunehmen [13], so für die niedrig-temperierten, aus alkalischen kolloidalen Lösungen gebildeten Polymetall-Erze in Schichten des Unterkarbon im südwestlichen Donez-Becken, Ukraine [14]. Vgl. auch das Auftreten kolloidaler Lösungen bei Bildung der Pb-Zn-Lagerstätten im Rheinisch-Westfälischen Schiefergebirge, Bundesrepublik Deutschland [15], und wahrscheinlich As-Pb-Sb-Tl-Komplexe enthaltende Lösungen von < 250°C während der letzten Bildungsphase der sulfidischen Erze vom Cerro de Pasco, Peru [16]. Ferner wird ein nur zeitweise kolloider Zustand der erzbildenden Lösungen angenommen für Pb-Zn-Cu-Erze von Baňská Štiavnica [Schemnitz], Slowakei, ČSSR [17], sowie Polymetall-Erze von Kan-i-Mansur, Karamazar, Mittelasien [18]. — Für die barytischen Polymetall-Erze in den oberen Horizonten des Erzfeldes von Korbalikhinsk, östliche Erzzone des Erz-Altai, wird sogar eine Zufuhr kolloidaler Lösungen aus größeren Tiefen in die vererzte Brekzien-Zone angenommen [19].

Literatur zu 2.4.1.3.2.2.4:

[1] H. L. Barnes, G. K. Czamanske (in: H. L. Barnes, Geochemistry of Hydrothermal Ore Deposits, New York u. a. 1967, S. 334/81, 337). — [2] N. I. Shumskaya (Vestn. Leningr. Univ. Geol. Geogr. **1961** Nr. 6, S. 118/28). — [3] E. Ingerson (Econ. Geol. **49** [1954] 727/33, 728). — [4] K. S. Taldykina

(Tr. Geol. Muzeya Akad. Nauk SSSR **10** [1962] 1/122, 110). — [5] V. T. Surgai (Sb. Materialov po Geol. Tsvetn. Redkikh i Blagorodn. Metal. Tsentral. Nauchn. Issled. Gorn. Inst. **1958** Nr. 2, S. 15/20 nach Ref. Zh. Khim. **1959** Nr. 78179).

[6] Yu. Yu. Bugel'skii, L. M. Lebedev, I. B. Nikitina, V. M. Stepashkina (Dokl. Akad. Nauk SSSR **184** [1969] 1189/90; Dokl. Earth Sci. Sect. **184** [1969] 185/6). — [7] I. Yu. Ikornikova (Geol. Rudn. Mestorzhd. **1962** Nr. 5, S. 20/33, 29/30). — [8] N. L. Lopatina, N. V. Losev, A. A. Smurov (Geol. Rudn. Mestorozhd. **1960** Nr. 4, S. 52/73, 67/72). — [9] N. L. Lopatina (Inform. Sb. Vses. Nauchn. Issled. Geol. Inst. Nr. 50 [1961] 101/16, 103/10, 114). — [10] A. S. Tarantov, K. F. Ermolaev (Tr. Inst. Geol. Nauk Akad. Nauk Kaz. SSR **17** [1966] 68/78 nach Ref. Zh. Geol. **1967** 1 Zh 56).

[11] C. Harańczyk (in: J. Kutina, Symposium Problems of Postmagmatic Ore Deposition, Bd. 1, Prague 1963, S. 248/53, 252). — [12] G. M. Tarasevich (Tr. Mineralog. Muzeya Akad. Nauk SSSR Nr. 12 [1961] 108/22, 121). — [13] V. N. Kotlyar (in: Z. Pouba, M. Štemprok, Problems of Hydrothermal Ore Deposition, Stuttgart 1970, S. 47/8). — [14] B. S. Panov (Dopovidi Akad. Nauk Ukr. RSR **1966** 1209/11). — [15] F. Schröder (Z. Erzbergbau Metallhüttenw. **6** [1953] 379).

[16] I. Burkart-Baumann, J. Ottemann, G. C. Amstutz (Neues Jahrb. Mineral. Monatsh. **1972** 433/46, 445). — [17] T. Jarchovský (in: J. Kutina, Symposium Problems of Postmagmatic Ore Deposition, Bd. 1, Prague 1963, S. 417/9). — [18] N. N. Koroleva, V. S. Kormilitsyn, E. A. Koteneva (Zap. Vses. Mineralog. Obshchestva **98** [1969] 301/7, 306). — [19] V. A. Polyanin, I. N. Pen'kov (Uch. Zap. Kaz. Gos. Univ. **121** Nr. 9 [1961] 3/6 nach Ref. Zh. Geol. **1963** 3 V 190).

Solubility of Lead Minerals and Rock Lead

2.4.1.3.2.3 Löslichkeit von Blei-Mineralien und Gesteinsblei

Die Löslichkeit von Blei bzw. Blei-Mineralien in hydrothermalen Lösungen ist abhängig von der Temperatur, dem pH-Wert und dem Chemismus der Lösungen. Eine Zunahme der Löslichkeit wird allgemein beobachtet mit zunehmender Temperatur, abnehmendem pH-Wert ($\leqq 7$) und, infolge Komplexbildung, mit zunehmendem Gehalt an Halogenen (insbesondere Cl^-) sowie auch an CO_3^{2-} bzw. HCO_3^- und sehr begrenzt bei Anwesenheit von H_2S bzw. HS^-; ferner findet sich eine Zunahme der Löslichkeit bei folgenden, in der Reihenfolge abnehmender Wirkung angeordneten Kationen: $NH_4^+ > K^+ > Na^+ > Li^+ > Ca^{2+}$, wobei Kombinationen mehrerer Kationen (z. B. Na + Ca) in der gleichen Lösung die Pb-Löslichkeit wesentlich erhöhen.

Sättigung. In erzbildenden Fluiden liegen infolge der Verteilungskoeffizienten zwischen Fluid und Metall-abgebender Substanz die meisten Schwermetalle, darunter auch Blei, sehr wahrscheinlich untersättigt vor; so beeinflußt die Löslichkeit die relativen Häufigkeiten bis zur beginnenden Ausscheidung der Metalle wenig [1], s. beispielsweise die nach thermodynamischen Berechnungen ermittelten Untersättigungen für PbS und ZnS im Reservoir der Geothermal-Sole vom Salton Sea-Gebiet, Süd-Kalifornien [2]. Demgegenüber waren die wahrscheinlich Chlorid-reichen und 200°C warmen erzbildenden Fluide der Pb-Zn-Lagerstätten im Hansonburg-Distrikt, New Mexico, nach Untersuchungen an über 3000 primären und pseudosekundären Flüssigkeitseinschlüssen, hauptsächlich in Fluoriten, zu unterschiedlichen Zeitpunkten in bezug auf Galenit und andere Mineralien gesättigt und befanden sich in thermischem Gleichgewicht mit den Nebengesteinen [3].

Alkali/Erdalkali- und NH_4^+-Chlorid-Lösungen. Hochsaline Na-Ca-Cl-Solen sind bei Temperaturen zwischen 100°C und dem Kristallisationspunkt von Magmen bei innigem Kontakt zwischen Sole und festen Phasen (Gestein, Mineral) potente Lösungsmittel für das in den festen Phasen verstreut enthaltene Blei, da die Metalle die flüssige Phase bevorzugen, in der sie bis zu niedrigen Temperaturen herab stabile Komplexe bilden können [4]. So lösen nach experimentellen Untersuchungen an Gesteinen von Neuseeland NaCl-Lösungen verschiedener Molarität während einer Versuchszeit von einigen Tagen bis Wochen bei Reaktionen mit S-armem Andesit beträchtliche Mengen Blei (geringere Pb-Werte werden bei Reaktionen mit S-reichem Schieferton erhalten) [5]. Ferner sind stagnierende, NaCl-reiche Poren- oder Kluftwässer bei entsprechendem Temperatur-Gradienten über größere Zeiträume auch zur Neuverteilung von Pb- und Zn-Sulfiden fähig [6], vgl. auch unter „Abscheidung" ab S. 229. Nach Untersuchungen in einem Teil des Systems $PbS-NaCl-HCl-H_2O$ nimmt die Löslichkeit von Galenit zu mit steigender NaCl-Konzentration und erreicht bei jeder Temperatur infolge Bildung von Pb-Cl-Komplexen — s. S. 221 — ein Maximum bei geringsten pH-Werten (d. h. kleinstem Verhältnis NaCl/HCl); je nach angenommenen Dissoziationskonstanten für H_2S und HS^- sind 0.0n % Pb bei Temperaturen von 200 bis 300°C und 0.n % Pb bei Temperaturen >300°C löslich. Damit können mehr als ausreichende Pb-Mengen für hydrothermale Erzbildung gelöst werden, sowohl für hochtemperierte (z. B. Coeur d'Alene-Distrikt Idaho) als auch für niedrigtemperierte Lagerstätten (wie im Mississippi-Tal-Distrikt) [7, S. 60/4, 78]. Auch in mesothermalen Lösungen (mit weniger K und F) sind noch Na und Cl in genügender Konzentration vorhanden, um als gute „Löser" bzw. „Mobilisatoren" von Blei und anderen Elementen wirksam zu sein [8], bzw. sind hohe Pb-Konzentrationen in Lösungen mit großem Chlorid- und kleinem Sulfid-Gehalt sowohl bei hohen Temperaturen als auch <100°C möglich [3]. Siehe auch zur steigenden Löslichkeit von Galenit bei Zunahme der Temperatur und des NaCl-Gehaltes [9] sowie bei zunehmendem pH-Wert (alkalisches Milieu) und Anwesenheit von H_2S (Bildung von Komplexverbindungen) [10, S. 359/60], [11]. Umgekehrt nehmen die Pb-Gehalte ab in den Thermalquellen von Tamagawa, Akita-Präfektur, Japan, parallel zur Abnahme des Cl-Gehaltes und der Temperatur [12].

In wäßrigen KCl-Lösungen ist natürlicher, rekristallisierter Galenit mit zunehmender Chlorid-Konzentration wesentlich stärker (bis ≈ 10fach) löslich als in NaCl- oder $MgCl_2$-Lösungen gleicher Konzentration [13, S. 422/3]. In gemischten, 10%igen Lösungen von NaCl und $CaCl_2$ ist Galenit wesentlich besser löslich als in reinen NaCl-Lösungen gleicher Konzentration sowohl bei 16 bis 20°C als auch bei 400°C sowie Drucken bis 100 atm [14, S. 130/1, 134], vgl. [10, S. 359/60]. Ferner zeigen Versuche im Autoklaven die leichte Löslichkeit von PbS und ZnS in Lösungen von NaCl bzw. LiCl bei Temperaturen >350°C und Drucken von 500 bis 1000 atm [15], jedoch nur eine geringe Abhängigkeit der Löslichkeit von der Li-Konzentration [16, S. 22]. — Vergleiche zur Löslichkeit von PbS und z. T. Galenit in Alkali- und Erdalkali-Chlorid-Lösungen auch „Blei" C, S. 520/1.

Noch wesentlich besser als in wäßrigen NaCl- bzw. LiCl-Lösungen werden sowohl Galenit als auch Sphalerit in wäßrigen NH_4Cl-Lösungen bei Temperaturen von 300 bis 450°C und hohen Drucken proportional zur NH_4Cl-Konzentration gelöst [17]; neben Galenit werden aber auch Pb-Sulfantimonide (wie Boulangerit) offensichtlich infolge starker Hydrolyse des NH_4Cl bei hohen Temperaturen gelöst [16, S. 22/3, 28, 32]. Dabei sind im Vergleich zu Na^+ schon untergeordnete Mengen NH_4^+ zur Lösung wesentlicher Pb-Mengen unter hydrothermalen Bedingungen in der Lage: in 2molarer NH_4Cl-Lösung bei 300°C die 10- bis 15fache und noch unter 350°C bereits die 20- bis 28fache Menge Galenit wie in 2molarer NaCl-Lösung [18, 19], s. auch [20].

CO_2- und HCO_3^--haltige, teilweise chloridische Lösungen. Durch das relativ häufige Auftreten von CO_2 und HCO_3^--Ionen in Geothermal-Solen und in flüssigen Einschlüssen verschiedener Mineralien — vgl. ab S. 205 — sowie speziell in Galenit der Lagerstätte Zambarak, Ost-Karamazar, Usbekistan, angeregte Löslichkeitsuntersuchungen in Alkali-Carbonat-Chlorid-Lösungen mit H_2S bei 25°C und Normaldruck ergeben: Bei relativ niedrigen Salzkonzentrationen zeigt sich eine maximale Löslichkeit von Galenit, wobei K_2CO_3- und $KHCO_3$-Lösungen eine bessere Lösungsfähigkeit besitzen als die entsprechenden Na-haltigen Lösungen; in stärker konzentrierten Lösungen nimmt der Pb-Gehalt durch Bildung von $PbCO_3$ (Cerussit) und $Pb_3[OH \mid CO_3]_2$ (Hydrocerussit) stark ab [13, S. 421/2, 424], vgl. hierzu „Blei" A 2c, S. 1; s. auch S. 258. Demgegenüber ist Galenit vollständig unlöslich in CO_2-gesättigten wäßrigen Lösungen von 200°C und pH = 6.1 bis 6.5 bei $p_{CO_2+H_2O}$ = 10 und 20 atm bzw. mit zusätzlichem $NaHCO_3$-Gehalt und pH = > 8.4 bei $p_{CO_2+0.25n\ NaHCO_3}$ = 10 und 20 atm [14, S. 133/5], vgl. auch „Blei" C, S. 523.

Synthetisches $PbCO_3$ löst sich besser in $KHCO_3$-Lösung als synthetisches $Pb(OH)_2$, beide erreichen maximale Löslichkeit von 1.8 bis 2 g/l in gemischten Cl^--HCO_3^--Lösungen, die jedoch bei Ersatz von KCl durch KF auf ≈ 0.5 g/l abnimmt [21, S. 43]; Pb-Träger in solchen Lösungen sind offensichtlich Carbonat-Komplexe und wahrscheinlich auch Hydrogencarbonat-Komplexe — s. S. 224 — die beide die Pb-Abscheidung verhindern [13, S. 425]. Die relativ große Instabilitätskonstante von ≈ 10^{-9} für $[Pb(CO_3)_2]^{2-}$ zeigt jedoch die wesentlich geringere Stabilität und Löslichkeit dieses Komplexes gegenüber Carbonat-Komplexen anderer Metalle im frühen Alkali-Stadium und im sauren Stadium der hydrothermalen Mineralabscheidung — s. S. 224 — an, so daß (zusammen mit analogen Komplexen von Zn, Cu und Sn) Blei erst im späten „Halogen-Carbonat-Stadium" konzentriert wird [22]; vgl. auch Verzögerung der Pb-Abscheidung durch Kohlensäure (insbesondere HCO_3^-) in Polymetall-Lagerstätten in Karbonatgesteinen des südwestlichen Altai, Mittelasien [38].

H_2S- und HS^--haltige chloridische und komplexe Lösungen. Zur Löslichkeit von PbS und z. T. auch Galenit in H_2S-gesättigten, wäßrigen NaCl- bzw. NaOH-haltigen Lösungen bei verschiedenen Temperaturen und Drucken, die teilweise durch Bildung löslicher Komplexe in PbS-gesättigten wäßrigen Lösungen bedingt ist, s. „Blei" C, S. 531. Die geologische Bedeutung dieser Komplexbildung liegt in der um mehrere Größenordnungen höheren Löslichkeit z. B. von $[PbS \cdot nH_2S]$ gegenüber Pb^{2+} in H_2S-gesättigten wäßrigen Lösungen, die bei pH = 7 etwa 10^{-8} gegenüber 10^{-21} für Pb^{2+} beträgt und sich bei höheren Temperaturen und Drucken wahrscheinlich noch stärker auswirkt [11], vgl. zur Temperaturabhängigkeit der Galenit-Löslichkeit bei zunehmendem H_2S-Gehalt in hydrothermalen Lösungen [23]. Demgegenüber nimmt die Löslichkeit von Galenit in H_2S-gesättigten, sauren bis neutralen 0.1molaren NaCl-Lösungen vor allem mit zunehmendem Gesamt-S-Gehalt (im sauren Bereich hauptsächlich als H_2S, bei höheren pH-Werten überwiegend als HS^- und S^{2-}) zu, bei pH-Werten >7 jedoch ab; dabei spielen der Chemismus der Lösungen und die Temperatur eine wesentliche, der Druck nur eine geringe Rolle [24], vgl. [14, S. 135]. Eine ebenfalls zunehmende Löslichkeit von Galenit mit steigender Temperatur, Azidität und NaCl-Konzentration ergeben Versuche mit Galenit in 0.1 bis 0.25 normaler NaCl-Lösung bei 150 bis 350°C im Autoklaven; mit zunehmendem H_2S-Gehalt in den Lösungen werden jedoch abnehmende Pb-Löslichkeiten gefunden [25], vgl. [27].

Die mit verschiedenen Werten für die Dissoziationskonstanten von H_2S und HS^- durchgeführten Berechnungen der Löslichkeit von Galenit—Werte s. Tabelle S. 217/8—im System $PbS\text{-}NaCl\text{-}HCl\text{-}H_2O$ für 0.1-, 1.0- und 3.0molale Lösungen bei Temperaturen bis 300°C ergeben, daß insgesamt für die Galenit-Löslichkeit bis ≈ 200°C H_2S eine bedeutendere Rolle spielt als HS^-; in beiden Fällen wird bei Temperaturen ≧ 350°C die Pb-Löslichkeit allmählich unabhängig vom pH-Wert, bei Temperaturen um 150°C und pH-Werten zwischen 2 und 4 ist sie gleich groß [7, S. 60/4, 68]. Hieran anknüpfende neuere Berechnungen der Löslichkeit von Galenit in 3molaler, schwach saurer bis neutraler, H_2S-führender NaCl-Lösung von 90°C ergeben (unter Berücksichtigung der geologisch relevanten Liganden Cl^-, S^{2-}, HS^- und H_2S), daß eine Lösung (Mobilisierung) von Pb-Mengen, die zur Bildung von Erzkörpern ausreichen, möglich ist; bei geringen S-Gehalten findet eine Bildung von $Pb\text{-}Cl^-$-Komplexen statt, bei hohen S-Gehalten bilden sich Pb-Thio-Komplexe [27], vgl. S. 222 und 225/7; eine experimentelle Bestimmung der Galenit-Löslichkeit in Lösungen dieses Systems bei Temperaturen zwischen 28 und 200°C s. [28] und Tabelle S. 217.

In komplexer zusammengesetzten chloridischen Lösungen, die außer mit H_2S noch zusätzlich mit CO_2 gesättigt wurden und damit natürlichen erzbildenden Fluiden ähneln, sind bei 98°C und pH = 2.5 zwar 200 bis 300 ppm Pb löslich, aber bei Zunahme des pH-Wertes auf 4.8 bis 7 nur noch ≈ 1 ppm Pb; dabei gibt die geringe HS^--Aktivität von nur 10^{-8} mol/l keinen Hinweis auf die Existenz von $Pb\text{-}HS^-$-Komplexen, so daß die 10- bis 100fach größere Löslichkeit im sauren Milieu das Auftreten von Pb-Cl-Komplexen vermuten läßt [29], vgl. auch ab S. 221. — In wäßrigen Lösungen von Na-Polysulfid und Na-Hydrogensulfid ist Galenit nach experimentellen Untersuchungen in begrenztem Umfang, aber mit steigender Temperatur zunehmend, löslich [30].

Blei wird in H_2S-haltigen, leicht sauren Lösungen wahrscheinlich echt, nicht kolloidal — s. S. 213 — gelöst und transportiert [31]. Demgegenüber ist nach experimentellen Daten in einem PbS-Sol bei geringem H_2S-Gehalt (maximal 100 mg/l) bis 150°C — insbesondere in Gegenwart weiterer Metalle — die 10^{10}- bis 10^{12}-fache Pb-Menge löslich wie in echten Lösungen [32] innerhalb eines breiten pH-Bereiches zwischen 3 und 11; bei H_2S-Sättigung verringert sich der pH-Bereich auf 5.5 bis 7.5 [33].

In der folgenden Tabelle sind einige quantitative Angaben, ohne Berücksichtigung der Zeit der Einwirkung, zur Löslichkeit von Pb-Mineralien bzw. -Verbindungen in wäßrigen Lösungen zusammengestellt, die für Lösung und Transport von Blei in hydrothermalen Fluiden von Bedeutung sind. Weitere Angaben zur Löslichkeit s. „Blei" C, S. 311/2, 320 für $PbCl_2$, S. 519/23, 529/31 für PbS und S. 707/8 für $PbCO_3$; s. ferner für weitere Pb-Verbindungen Wedepohl [34].

Substanz/ Art der Lösung	Temperatur in °C	pH-Wert	Gelöster Pb-Anteil, mg/l	Literatur
Galenit				
H_2O, rein	bis 350[1)]	—	0.1	[36]
H_2O, mit H_2S gesättigt	25	—	0.004	[24]
	50 bis 200	—	bis 3[2)]	[36]
NaCl, 2.35%ig	—	5.9	2.0	[14, S. 133]
NaCl, 10%ig	16 bis 20	5.7	117	[14, S. 131]
NaCl, 20%ig	16 bis 20	5.9	407	[14, S. 131]
NaCl, 30%ig	16 bis 20	6.1	734	[14, S. 131]
NaCl, 0.1 normal	350	—	264	[25]
NaCl, 0.25 normal	150	—	102[3)]	[25]
	250	—	175[3)]	[25]
	350	≈ 5.7	378[3)]	[25]
$CaCl_2$, 10%ig	16 bis 20	—	69	[14, S. 131]
NaCl + HCl	350	4	606[4)]	[25]
NaCl + NaOH	350	7.5	229	[25]
NaCl, 0.25 normal, mit H_2S gesättigt	250	4.3	95[5)]	[25]
	350	4.3	81[6)]	[25]
NaCl + $CaCl_2$, 10%ig	16 bis 20	—	210[7)]	[14, S. 131]
NaCl, 2 normal + $CaCl_2$, 2 normal (im Verhältnis 4 : 6)	400	5.7	426[8)]	[14, S. 134]
	400	5.5	918[8)]	[14, S. 134]
	400	3.7	2350[9)]	[14, S. 136]
NaCl, 23.5 g/l + $MgCl_2$, 5 g/l	16 bis 20	5.5	2.4	[14, S. 133]
NaCl, 23.5 g/l + $MgCl_2$, 5 g/l + $CaCl_2$, 1 g/l	16 bis 20	5.5	11.0	[14, S. 133]
NaCl, 23.5 g/l + $MgCl_2$, 5 g/l + $CaCl_2$, 1 g/l + KCl, 0.6 g/l	16 bis 20	5.7	15.0	[14, S. 133]
NaCl, 2.5 molar + H_2S, 0.1 molar + HS^-, 0.1 molar	70 bis 150	—	1.4	[10, S. 359]
NaCl, 3 molar + HCl, 0.01 molar + H_2S	200	2.3	250[10)]	[7, S. 62]
	500	4.1	650[10)]	[7, S. 62]
Na_2S, 0.25 normal	300	11.7	640	[25]
PbS, synthetisch				
H_2O, H_2S-haltig	50	2.8[11)]	2.1[12)]	[11]
H_2O, mit H_2S gesättigt	30	2.7	2.8[13)]	[11]
	50	≈ 3.0	3.7[14)]	[11]
	70	2.8[11)]	4.6[15)]	[11]
	90	2.8[11)]	1.7[16]	[11]
KCl, 2 molar	≈ 100	—	bis 7.5	[22], [21, S. 44]
KCl, 2 molar + $CaCl_2$, 1 molar	≈ 100	—	15	[21, S. 44]
NaCl, 3.8 molar + H_2S	98	< 4.5	> 3	[10, S. 360]
K_2CO_3, 1 molar + CO_2	≈ 100	—	10	[22], [21, S. 44]
K_2CO_3, 1 molar + KCl, 1 molar + CO_2	≈ 100	—	255	[22], [21, S. 44]

Substanz/ Art der Lösung	Temperatur in °C	pH-Wert	Gelöster Pb-Anteil, mg/l	Literatur
K_2CO_3, 1 molar + KF, 1 molar + CO_2	≈ 100	—	220	[22], [21, S. 44]
$KHCO_3$, 2 molar + KCl, 1 molar	—	8.9	7	[21, S. 44]
$KHCO_3$, 2 molar + H_2S	—	—	10	[21, S. 44]
$KHCO_3$, 2 molar + KF, 1 molar + H_2S	—	—	6	[21, S. 44]
Komplexe Chlorid-Sulfat-Lösung, gesättigt an H_2S und CO_2	98	2.5	200 bis 300	[29], vgl. [7, S. 70]
$PbCO_3$, synthetisch				
Na_2CO_3 [17]	20	—	bis 17.5	[37, S. 803/4]
Na_2CO_3 [17] + KCl, 0.1 molar	20	—	bis 24	[37, S. 803/4]
Na_2CO_3, 1 molar + CO_2	≈ 100	—	12	[21, S. 42]
Na_2CO_3, 1 molar + NaCl, 1 molar + CO_2	≈ 100	—	36	[21, S. 42]
$NaHCO_3$, 2 molar + NaCl, 1 molar	≈ 100	—	120	[21, S. 42]
K_2CO_3 [17]	20	—	bis 75	[37, S. 803/4]
K_2CO_3 [17] + KCl, 0.1 molar	20	—	bis 100	[37, S. 803/4]
K_2CO_3, 1 molar + CO_2	≈ 100	—	37	[21, S. 42]
K_2CO_3, 1 molar + KCl, 1 molar + CO_2	≈ 100	—	133	[21, S. 42]
K_2CO_3, 0.48 molar [18] + KCl, 0.1 molar	250	10.75	1440	[37, S. 806]
$KHCO_3$, 1 molar	≈ 100	9.72	394	[21, S. 42]
$KHCO_3$, 1 molar + KCl, 0.5 molar	≈ 100	9.63	617	[21, S. 42]
$KHCO_3$, 2 molar + KCl, 1 molar	≈ 100	9.71	1965	[21, S. 42]
$KHCO_3$, 0.48 molar [18] + NaCl, 0.1 molar	300	9	2320 [19]	[37, S. 806]
	300	9	1050 [20]	[37, S. 806]
	300	8.25	370 [21]	[37, S. 806]
$KHCO_3$ [17] + NaCl, 0.1 molar	20	—	bis 7.5	[37, S. 803/4]
$PbCl_2$, synthetisch				
H_2O	0	—	5.0	[35]
	20	—	7.4	[14, S. 130]
	30	—	8.9	[14, S. 130]
	50	—	12.7	[35], [14, S. 130]
	80	—	19.5	[14, S. 130]
	100	—	≈ 25	[35], [14, S. 130]
	150	—	46.9	[35]
	200	—	76	[35]
	250	—	114	[35]
	300	—	162.4	[35]
	320	—	183.3	[35]
	350 [22]	—	222 [22]	[35]
NaCl, 30%ig	50	—	35	[14, S. 131]
	100	—	70.8	[14, S. 131]

Fußnoten zu Tabelle S. 217/8.

[1] Bis 350°C ist die Löslichkeit temperaturunabhängig. — [2] Bei Drucken von 40 bis 200 atm. — [3] Jeweils Mittelwert aus 3 Bestimmungen mit: 91, 99 und 116 bzw. 158, 175 und 191 bzw. 362, 364 und 407 mg Pb/l. — [4] Mittelwert aus 2 Bestimmungen mit 557 und 656 mg Pb/l. — [5] Mittelwert aus 2 Bestimmungen mit 86 und 105 mg Pb/l.

[6] Mittelwert aus 3 Bestimmungen mit 65, 77 und 103 mg Pb/l. — [7] Mittelwert aus 4 Bestimmungen für Lösungen mit unterschiedlichem Verhältnis $NaCl/CaCl_2$: 248 bei 8:2, 310 bei 6:4, 161 bei 4:6 und 120 mg Pb/l bei 2:8. — [8] Bei einem Druck von 100 atm. — [9] Bei einem Druck von 120 atm; pH-Wert im Autoklaven nach Beendigung des Versuches. — [10] Berechnete Maximalwerte für unterschiedliche Dissoziationskonstanten von H_2S.

[11] pH-Wert berechnet. — [12] Mittelwert aus 6 Bestimmungen mit 1.5 bis 2.7 mg Pb/l. — [13] Mittelwert aus 4 Bestimmungen mit 1.3 bis 3.7 mg Pb/l. Bei pH = 4.6 sind 3.3, bei pH = 7.9 sind 19.3 und 15.6 mg Pb/l gelöst. — [14] Mittelwert aus 3 Bestimmungen mit 3.5, 3.6 und 3.9 mg Pb/l. — [15] Mittelwert aus 7 Bestimmungen mit 3.9 bis 5.3 mg Pb/l.

[16] Mittelwert aus 3 Bestimmungen mit 1.5, 1.8 und 1.8 mg Pb/l. — [17] Untersucht wurden 0.06 bis 0.6 molare Lösungen. — [18] Untersucht wurden ferner Kombinationen mit 0.06, 0.18 und 0.36 molaren Lösungen. — [19] Bei CO_2-Drucken von 5 atm. — [20] Bei CO_2-Drucken von 15 atm.

[21] Bei CO_2-Drucken von 45 atm. — [22] Extrapolierte Werte.

Literatur zu 2.4.1.3.2.3:

[1] H. P. Taylor (in: J. Kutina, Symposium Problems of Postmagmatic Ore Deposition, Bd. 1, Prague 1963, S. 307/11, 307). — [2] H. C. Helgeson (in: P. H. Abelson, Researches in Geochemistry, Bd. 2, New York – London – Sydney 1967, S. 362/404, 384). — [3] E. Roedder, A. V. Heyl, J. P. Creel (Econ. Geol. **63** [1968] 336/48, 336, 345). — [4] D. E. White (Econ. Geol. **63** [1968] 301/35, 327). — [5] A. J. Ellis (Geochim. Cosmochim. Acta **32** [1968] 1356/63, 1356/9, 1362).

[6] I. M. Mertsalov (Izv. Akad. Nauk SSSR Ser. Geol. **1964** Nr. 8, S. 16/23, 16/8). — [7] H. C. Helgeson (Complexing and Hydrothermal Ore Deposition, Oxford – London – New York – Paris 1964, S. 1/128). — [8] A. I. Zakharchenko (in: Z. Pouba, M. Štemprok, Problems of Hydrothermal Ore Deposition, Stuttgart 1970, S. 27/30, 29). — [9] E. Roedder (Econ. Geol. **58** [1963] 167/211, 179). — [10] H. L. Barnes, G. K. Czamanske (in: H. L. Barnes, Geochemistry of Hydrothermal Ore Deposits, New York u.a. 1967, S. 334/81).

[11] G. M. Anderson (Econ. Geol. **57** [1962] 809/28, 825/6). — [12] B. Takano (Geochem. J. Japan **3** [1969] 117/26, 120/1). — [13] V. I. Malyshev, I. L. Khodakovskii (Geokhimiya **1964** 431/40; Geochem. Intern. **1** [1964] 421/8). — [14] N. I. Khitarov, A. A. Moskalyuk (Sov. Geol. Sb. Nr. 43 [1955] 126/36). — [15] L. V. Bryatov, I. P. Kuz'mina (in: A. V. Shubnikov, N. N. Sheftal', Growth of Crystals, Bd. 3, New York 1962, S. 294/6 [russisches Original: Moskva 1959]).

[16] I. Yu. Ikornikova (Geol. Rudn. Mestorozhd. **1962** Nr. 5, S. 20/33). — [17] I. P. Kuz'mina (Geol. Rudn. Mestorozhd. **1961** Nr. 1, S. 61/8, 68). — [18] V. A. Klyakhin, Yu. F. Levitskii (Geol. i Geofiz. Akad. Nauk SSSR Sibirsk. Otd. **1968** Nr. 9, S. 10/5, 12/4). — [19] V. A. Klyakhin (Dokl. Akad. Nauk SSSR **176** [1967] 696/8; Dokl. Earth Sci. Sect. **176** [1967] 195/7). — [20] E. Roedder (U.S. Geol. Surv. Profess. Papers Nr. 440-JJ [1972] 1/164, 62/3).

[21] I. N. Govorov, N. S. Blagodareva, Z. L. Mukoseeva (Geokhim. Mineral. Magmatogennykh Obrazov. Akad. Nauk SSSR Dal'nevost. Filial Dal'nevost. Geol. Inst. **1966** 40/7; C.A. **68** [1968] Nr. 116355; Ref. Zh. Geol. **1967** 8 V 3). — [22] I. N. Govorov (Mezhdunar. Geol. Kongr. 22-ya Sessiya Dokl. Sov. Geol. 1964, Prob. 5, S. 50/66, 57/8). — [23] H. Borchert (Z. Deut. Geol. Ges. **110** [1958] 450/73, 461). — [24] J. J. Hemley (Econ. Geol. **48** [1953] 113/38, 113/4, 131, 135/6). — [25] N. I. Khitarov, T. N. Kozintseva (Eksp. Issled. Obl. Glubinnykh Protsessov Mater. Simp., Moskva 1960 [1962], S. 117/21, 119/20; Ref. Zh. Geol. **1963** 6 V 346).

[26] S. S. Mkrtchyan (Izv. Akad. Nauk Arm.SSR Nauki o Zemle **21** [1968] 35/42, 36). — [27] J. O. Nriagu, G. M. Anderson (Inst. Mining Met. Trans. B **79** [1970] 208/12). — [28] J. O. Nriagu (Am. J. Sci. **271** [1971] 157/69). — [29] G. K. Czamanske (Diss. Stanford Univ. 1961; Diss. Abstr. **21** [1961] 3418). — [30] F. G. Smith (Econ. Geol. **35** [1940] 646/58, 646, 657/8).

[31] M. M. Konstantinov, R. P. Rafal'skii (Geokhimiya **1960** 280/1; Geochemistry [USSR] **1960** 336/9). — [32] N. L. Lopatina, N. V. Losev, A. A. Smurov (Geol. Rudn. Mestorozhd. **1960** Nr. 4,

S. 52/73, 67, 72/3). — [33] N. L. Lopatina (Inform. Sb. Vses. Nauchn. Issled. Geol. Inst. Nr. 50 [1961] 101/16, 110, 115). — [34] K. H. Wedepohl (Geochim. Cosmochim. Acta **10** [1956] 69/148, 112). — [35] S. D. Malinin (Geokhimiya **1957** 57/62, 61/2).

[36] S. Vukotic (Bull. Bur. Rech. Geol. Minieres **3** [1961] 11/27 nach [11, S. 359]). — [37] N. N. Baranova, V. L. Barsukov (Geokhimiya **1965** 1093/100; Geochem. Intern. **2** [1965] 802/9). — [38] M. G. Khisamutdinov (Sov. Geol. Sb. Nr. 50 [1956] 12/27, 25/6).

Transport of Lead in Hydrothermal Solutions

2.4.1.3.3 Transport von Blei in hydrothermalen Lösungen

Review

2.4.1.3.3.1 Überblick

Der Transport von Blei in hydrothermalen Lösungen wird weitgehend vom pH-Wert und dem Redoxpotential, damit also von den Lösungsgenossen, sowie Druck und Temperatur bestimmt. Bei Temperaturen > 250°C erfolgt der Transport sicher in echten Lösungen, bei Temperaturen < 250°C unter speziellen Bedingungen möglicherweise in kolloider Form — vgl. hierzu S. 213. — Nach weitgehend übereinstimmenden Auffassungen sind Komplex-Ionen die Haupt-Pb-Träger in hydrothermalen Lösungen, wenn man reale Lösungsmittel-Volumina annimmt [1], da dies die einzige Möglichkeit einer wesentlichen Erhöhung der Transportkapazität darstellt [2], auch bei Remobilisierungen durch saure Lösungen [3]. Entsprechend der Häufigkeit der in natürlichen Lösungen auftretenden Begleitelemente, vgl. ab S. 205, und den Stabilitätskoeffizienten der möglichen Pb-Komplexe werden diese im allgemeinen in folgender, nach abnehmender Bedeutung angeordneter Reihenfolge gebildet: Pb-Cl-Komplexe, Pb-HCO_3(-CO_3^{2-})-Komplexe, Pb-$(HS)_n$- bzw. PbS-H_2S-Komplexe, dazu wahrscheinlich auch Pb-F- und andere Komplexe, vgl. nachfolgende Kapitel.

Der Transport der hydrothermalen Lösungen selbst kann außer auf Spalten, Klüften und ähnlichem je nach Porosität der entsprechenden Gesteine und der Verweildauer der Lösungen auch durch Diffusion — s. hierzu S. 228 — erfolgen.

Allgemein wird für metallhaltige Lösungen, aus denen später Sulfide, wie z. B. Galenit und Sphalerit abgeschieden werden, bei höheren Temperaturen ein Transport zusammen mit KCl, bei niedrigeren Temperaturen mit NaCl angenommen [4], bzw. es nimmt erst beim Übergang zur hydrothermalen Phase durch Hydrolyse von Nitriden, Hydriden und ähnlichen Verbindungen die Aktivität der Halogene zu und führt zu der bedeutenden Rolle von F und K in hochthermalen sowie von Cl und Na in mesothermalen Lösungen als „Mobilisatoren" der Metalle, darunter auch Blei [5].

Der effektivere Transport von Galenit und Sphalerit in NH_4Cl-Lösungen gegenüber Alkalichlorid- und Na_2S-Lösungen [6, 7], der vor allem in vulkanischen und thermalaktiven Gebieten stattfindet [8], wird durch die besonders hohe Löslichkeit von Galenit in solchen Lösungen — vgl. S. 215 — hervorgerufen, ohne daß klare Vorstellungen über den Transportmechanismus bestehen [9].

Auch die Schwermetall-Gehalte erzbildender Fluide sind für den Transportmechanismus von erheblicher Bedeutung [10]. So weisen z. B. die stark positiven Korrelations-Koeffizienten für Pb-Zn und Pb-Ag im Polymetall-Stadium einer Mo-Lagerstätte Ost-Transbaikaliens auf gemeinsamen Transport hin [11]. Die leichtere Migration von Uran gegenüber Blei in Alkali-Carbonat- und von Blei gegenüber Uran in NaCl-Lösungen [12] hat offensichtlich ihre Ursache in der Bildung von Hydrogencarbonat-Komplexen unterschiedlicher Stabilität [13].

Neben dem allgemein akzeptierten Transport von Blei vorwiegend als Komplexverbindung wird von Ovchinnikov auch ein zusätzlicher Transport in Form von „Metall-Gas-Verbindungen" in Gasblasen innerhalb der hydrothermalen Lösungen diskutiert [14].

Literatur zu 2.4.1.3.3.1:

[1] P. B. Barton (Econ. Geol. **52** [1957] 333/53, 351). — [2] J. O. Nriagu, G. M. Anderson (Inst. Mining Met. Trans. B **79** [1970] 208/12, 208). — [3] A. H. Sorensen (Econ. Geol. **58** [1963] 1071/88, 1072). — [4] W. H. Newhouse (Econ. Geol. **27** [1932] 419/36, 435). — [5] A. I. Zakharchenko (in: Z. Pouba, M. Štemprok, Problems of Hydrothermal Ore Deposition, Stuttgart 1970, S. 27/30, 29).

[6] V. A. Klyakhin, Yu. F. Levitskii (Geol. i Geofiz. Akad. Nauk SSSR Sibirsk. Otd. **1968** Nr. 9, S. 10/5, 13). — [7] I. P. Kuz'mina (Geol. Rudn. Mestorozhd. **1961** Nr. 1, S. 61/8). — [8] V. A.

Klyakhin (Dokl. Akad. Nauk SSSR **176** [1967] 696/8; Dokl. Earth Sci. Sect. **176** [1967] 195/7). — [9] I. Yu. Ikornikova (Geol. Rudn. Mestorozhd. **1962** Nr. 5, S. 20/33, 32). — [10] E. Roedder (U.S. Geol. Surv. Profess. Papers Nr. 440-JJ [1972] 1/164, 71).

[11] V. A. Goganov, A. M. Kropachev (Geokhimiya **1962** 184/6; Geochemistry [USSR] **1962** 210/3). — [12] A. P. Vinogradov, A. I. Tugarinov, S. I. Zykov, N. I. Stupnikova (Geokhimiya **1960** 383/91; Geochemistry [USSR] **1960** 455/65, 462). — [13] V. I. Rekharskii, O. V. Krutetskaya, I. V. Dubrova (Geol. Rudn. Mestorozhd. **1959** Nr. 4, S. 103/10, 108/9). — [14] L. N. Ovchinnikov (in: J. Kutina, Symposium Problems of Postmagmatic Ore Deposition, Bd. 1, Prague 1963, S. 492/6, 493/4).

2.4.1.3.3.2 Transport freier Pb^{2+}-Ionen und der Einfluß Sulfat-haltiger Lösungen

Transport of Free Pb^{2+} Ions and the Influence of Solutions Containing Sulfate

In wäßrigen hydrothermalen Lösungen erfordert der Transport freier Pb^{2+}-Ionen bei einer berechneten Aktivität für Pb^{2+} von $10^{-11.7}$ bei pH = 7 viel zu große Lösungsmengen, um die Bildung größerer Pb-Zn-Lagerstätten zu erklären [1]. Bei pH < 6 ist ein Pb^{2+}-Transport prinzipiell möglich [2], und hat auch in alkalischen wäßrigen Lösungen neben $[PbO_2]^{2-}$ — s. S. 227 — bei der Bildung hydrothermaler Mikrokline in Pegmatiten Ost-Kasachstans eine Rolle gespielt [3]. — Über Pb-Transport als hydratisiertes Pb^{2+}-Ion in wäßrigen Lösungen mit pH < 6 s. S. 227.

Eine Überschlagsrechnung des Anteils freier Pb^{2+}-Ionen am Pb-Transport in den schwach sauren Carbonat-Chlorid-Lösungen der Lagerstätte Zambarak, Ost-Karamazar, Mittelasien, ergibt ein Verhältnis $Pb_{Komplex}/Pb^{2+} = 10^{10}$. Hieraus folgt, daß bei einem angenommenen Gesamtgehalt von 1 mg Pb/l Lösung nur etwa 10^{-12} mg Pb/l als einfache Pb^{2+}-Ionen bzw. fast das gesamte Blei in komplexer Form transportiert werden [4]. Demgegenüber zeigen Berechnungen für die Wässer der heißen Quellen von Tamagawa, Akita-Präfektur, Japan, daß bereits am Quellaustritt ein hoher Anteil von 38 Mol-% Pb^{2+} vorhanden ist, s. S. 222.

Die in Lösung transportierte Pb-Menge wird bei hohen Sulfat-Gehalten durch die geringe Löslichkeit von $PbSO_4$ (Anglesit) stark begrenzt, wie die Untersuchungen an sauren Thermalquellen, z. B. von Matupi Harbour, New Britain, Bismarck-Archipel [5], und von Tamagawa, Japan [6], bestätigen; ferner ist in Sulfat-reichen Lösungen die Bildung von $PbOHCl \cdot Na_2SO_4$ (etwa Caracolit) möglich [7], s. auch S. 259. — Demgegenüber ist bei sehr niedrigen Sulfat-Gehalten, wie z. B. in den Thermalquellen von Teplice [Teplitz], Nord-Böhmen, ČSSR, ein Metall-Transport auch ohne Komplex-Bildung möglich [8]; vgl. die infolge niedriger Sulfat- und hoher Chlorid-Konzentrationen für den Pb-Transport besonders gut geeigneten Solen vom Salton Sea-Gebiet, Süd-Kalifornien, und in Sabkha-Bildungen von Abu Dhabi, Persischer Golf [9].

Literatur zu 2.4.1.3.3.2:

[1] P. B. Barton (Econ. Geol. **52** [1957] 333/53, 348/51). — [2] H. Gundlach (in: J. Kutina, Symposium Problems of Postmagmatic Ore Deposition, Bd. 1, Prague 1963, S. 402/9, 406). — [3] N. G. Sretenskaya (Dokl. Akad. Nauk SSSR **154** [1964] 621/3; Dokl. Earth Sci. Sect. **154** [1964] 155/7). — [4] V. I. Malyshev, I. L. Khodakovskii (Geokhimiya **1964** 431/40; Geochem. Intern. **1** [1964] 421/8, 425). — [5] J. Ferguson, I. B. Lambert (Econ. Geol. **67** [1972] 25/37, 33/5).

[6] D. E. White (in: H. L. Barnes, Geochemistry of Hydrothermal Ore Deposits, New York u. a. 1967, S. 575/631, 616). — [7] E. Roedder (U.S. Geol. Surv. Profess. Papers Nr. 440-JJ [1972] 1/164, 29, 71). — [8] J. Čadek, M. Malkovský (in: J. Kutina, Symposium Problems of Postmagmatic Ore Deposition, Bd. 1, Prague 1963, S. 384/90, 388). — [9] P. R. Bush (Inst. Mining Met. Trans. B **79** [1970] 137/44, 142).

2.4.1.3.3.3 Blei-Transport unter Komplexbildung

Lead Transport via Complex Formation

2.4.1.3.3.3.1 Blei-Komplexe mit Halogenen

Lead Complexes with Halogens

Ein Blei-Transport in sehr Chlorid-reichen Lösungen läßt sich folgern einerseits aus der Zusammensetzung flüssiger Einschlüsse in Mineralien — s. S. 208 — und andererseits aus dem Pb-Gehalt der bisher bekannten Geothermal-Solen — s. S. 205 — sowie aus den Ergebnissen experimenteller Untersuchungen zum Transport von Blei in Chlorid-Lösungen aus einem Galenit-Granit-Gemisch bei hohen Temperaturen [1] und zur Verteilung von Blei zwischen koexistierenden silikatischen Schmelzen und wäßrigen Chlorid-Lösungen bei 700 bis 750°C und Drucken von 2 bis 8 kbar [2], vgl. für Temperaturen von mindestens 100°C bis zu denen des kristallisierenden Magmas [3].

Thermodynamische Untersuchungen und Berechnungen für verschiedene Temperaturen und NaCl-Konzentrationen im System $NaCl-HCl-H_2O$ geben Auskunft über die in entsprechenden hydrothermalen Lösungen zu erwartenden Pb-Cl-Komplexe. Danach ist nach Helgeson von den vier möglichen Komplexen $[PbCl]^+$, $[PbCl_2]$, $[PbCl_3]^-$ und $[PbCl_4]^{2-}$, deren Bildungsgrad weitgehend unabhängig ist vom pH-Wert und der H_2S- sowie HS^--Konzentration, der vorherrschende Komplex $[PbCl]^+$ in verdünnten NaCl-Lösungen bei allen Temperaturen bis etwa 350°C und in konzentrierten Lösungen (3 mol NaCl/kg) bei Temperaturen <250°C; $[PbCl_2]$ und $[PbCl_3]^-$, die ihr Bildungsmaximum in 3molaler NaCl-Lösung bei 25°C erreichen, sind relativ unbedeutend [4, S. 33/5, 64/6, 89], vgl. auch [5, 6]. Demgegenüber ergeben sich aus neueren Untersuchungen bei Temperaturen bis zu 90°C (und Extrapolation auf 200°C) kompliziertere Verhältnisse: Es liegen gewöhnlich alle vier Komplexe in den Lösungen vor und bei Temperaturen bis zu 90°C herrscht $[PbCl_2]$ in verdünnten $Na(Cl,ClO_4)$-Lösungen vor (bis zu 80% des gelösten Bleis in 0.25molalen Lösungen bei 90°C sind $[PbCl_2]$), während $[PbCl_4]^{2-}$ in konzentrierten $Na(Cl,ClO_4)$-Lösungen bevorzugt auftritt (>85% des gelösten Bleis in 3molaler Lösung bei 90°C sind $[PbCl_4]^{2-}$); in mäßig verdünnten $Na(Cl,ClO_4)$-Lösungen findet sich $[PbCl_2]$ (dessen Stabilitätskonstante bei ≈120°C ein Maximum hat) als vorherrschender Komplex, der bei höheren Temperaturen (und erhöhten Konzentrationen von Cl^-) durch $[PbCl]^+$ verdrängt wird [7]. Hiermit stimmen überein neueste Untersuchungen von Tsai und Cooney an synthetischen Solen („brines"), die der Anionen-Zusammensetzung nach der 56°C-Sole vom Atlantis II-Tief, Rotes Meer, entsprechen und als Kation nur Blei enthalten. Zusätzlich wird festgestellt, daß neben den Cl-Komplexen auch noch Hydroxo-Chloro-Komplexe von Bedeutung sind: So bildet sich mit abnehmendem pH-Wert der Lösung verstärkt der Komplex $[Pb_4(OH)_4Cl_4]$ (bzw. ein gemischter Chloro-Bromo-Komplex), während bei zunehmendem pH-Wert die Komplexe $[Pb_6(OH)_8Cl_4]$ und $[Pb_8(OH)_{12}Cl_4]$ auftreten; der Komplex $[Pb_4(OH)_4Cl_4]$ dissoziiert bei 56°C zu $[Pb_2(OH)_2Cl_2]$ und (unter Br-Aufnahme) $[Pb(OH)BrCl_2]^{2-}$ [8]. — Ein Transport von Blei in Form eines Oxyhalogenid-Komplexes in wäßrigen Lösungen bei pH>6 wird für möglich gehalten [9].

Für natürliche Vorkommen wurde die Verteilung von Pb^{2+} und Pb-Cl-Komplexen bisher nur am Beispiel der Thermalquellen von Tamagawa, Akita-Präfektur, Japan, vollständig berechnet. Mit zunehmender Entfernung vom Quellaustritt (Obuki-Quelle) findet infolge Verdünnung durch kleinere Zuflüsse und Abscheidung von Pb-haltigem Baryt („Hokutolith", s. auch S. 259) bis zum ≈800 m entfernten Yu-daki-Wasserfall eine deutliche Dissoziation der Pb-Cl-Komplexe und eine Zunahme sowohl der Aktivität freier Pb^{2+}-Ionen auf Kosten von $[PbCl]^+$ als auch des Verhältnisses der Aktivitäten von freien Pb^{2+}- und Ba^{2+}-Ionen ($a_{Pb^{2+}}/a_{Ba^{2+}}$) statt; im einzelnen werden folgende Anteile in Mol-% für die Pb-Komplexe berechnet [10]:

Komplex bzw. Aktivität	Obuki-Quelle 97.8°C, pH = 1.2	Yu-daki-Wasserfall 25.5°C, pH = 1.7
Pb^{2+}	38	71
$[PbCl]^+$	60	24
$[PbCl_2]$	2	5
$[PbCl_3]^-$	—	—
$[PbCl_4]^{2-}$	< 0.1	< 0.1
$a_{Pb^{2+}}/a_{Ba^{2+}}$	0.42	0.81

Ferner wird der schon länger vermutete Transport von Blei als $[PbCl_4]^{2-}$ in Cl^--haltigen hydrothermalen Lösungen [11, 12] auf Grund thermodynamischer Berechnungen und nach Versuchen mit Anionen-Austauschern für die Geothermalsolen der Halbinsel Cheleken, Kaspisches Meer, bei Temperaturen <200°C festgestellt [13], bzw. es wird gezeigt, daß am Quellaustritt Blei zu 93.3% als Komplex $[PbCl_4]^{2-}$ und $[PbCl_3]^-$ vorhanden ist; daneben sind in der Tiefe noch Carbonat-Chlorid- sowie Carbonat-Komplexe, s. S. 225, zu vermuten [14].

Der Transport von Blei in Chlorid-reichen Lösungen in Gegenwart von Schwefel wird bei sehr geringen Schwefel-Gehalten kaum verändert gegenüber dem Transport in rein chloridischen Lösungen, so daß bei der S-Armut der vorherrschenden natürlichen erzbildenden Fluide (schwach sauren Na-Ca-Cl-Solen) Blei noch in Chlorid-Komplexen transportiert werden kann [15, 16]. Diese Transportform ist selbst bei Gegenwart von H_2S offensichtlich auch in echten Lösungen möglich [17], insbesondere dann, wenn unter geologisch annehmbaren Bedingungen von Druck, Temperatur und pH-Wert erhebliche Blei-Mengen zusammen mit reduziertem Schwefel (HS^-, S^{2-}) in Chlorid-Lösungen transportiert werden, wie z. B. bei der Bildung von Lagerstätten des Mississippi-Typs [18], vgl. auch S. 215. Dementsprechend wird auch für die nur wenig Schwefel enthaltenden Geothermal-Solen vom Salton Sea-Gebiet, Süd-Kalifornien, von der Halbinsel Cheleken, Kaspisches Meer, und aus dem Atlantis II-Tief, Rotes Meer, ein Transport von Blei überwiegend in Form von Chlorid-Komplexen angenommen [19, 20], vgl. auch [4, S. 50/3]. In den schwach sauren, H_2S-haltigen K-Cl-HCO_3^--Lösungen, die die Pb-Erze von Zambarak, Ost-Karamazar, Tadschikistan, abgeschieden haben, wurde das Blei — außer in Hydrogencarbonat-Komplexen, s. S. 225, und Komplexen mit Schwefel, s. S. 226 — sehr wahrscheinlich auch als $[PbCl_4]^{2-}$ und $[PbCl_3]^-$ transportiert [21].

Bei größeren Schwefel-Gehalten in den Chlorid-reichen Lösungen wird ein bevorzugter Transport von Blei in Komplexen mit Schwefel, s. ab S. 225, und bei Temperaturen $<250°C$ auch in kolloider Form beobachtet, wobei durch gegenseitige Schutzwirkung verschiedener Metallsulfid-Kolloide untereinander, vgl. S. 213, eine gegenüber echten Lösungen um den Faktor 10^{10} bis 10^{12} vergrößerte Löslichkeit und Mobilität von Galenit bewirkt wird [22]. Nach anderen Laboruntersuchungen verringern höhere H_2S-Gehalte von >7 mg/l die Migrationsfähigkeit des Bleis in hydrothermalen Lösungen jedoch stark [23]. — Eine theoretische Untersuchung (Methode der Minimierung der freien Energie) im System PbS-ZnS-NaCl-HCl-SiO_2-H_2O ergibt ein physikochemisches Modell mit 30 Bestandteilen (Ionen, Radikale, Komplexe u. a.), nach dem stets HS^--Komplexe vor Cl^--Komplexen als hauptsächliche Blei-Träger in solchen Lösungen bei 25 bis 300°C auftreten [24].

Transport von Blei in Fluor-reichen Lösungen wird für möglich gehalten, da Fluor bzw. Fluoride in hochthermalen Lösungen bei der Mobilisierung von Metallen eine größere Rolle spielen [25]. In hochthermalen erzbildenden Lösungen mit F-Gehalten von 0.1 g-Ion/l findet sich bevorzugt der Komplex $[PbF]^+$, dessen Stabilität (thermodynamische Berechnungen der Temperaturabhängigkeit liegen nicht vor) wahrscheinlich derjenigen von $[PbCl]^+$ entspricht [26]. Ein Pb-Transport in Form von Komplexen mit F^- oder F^--HS^- wird in den späteren Bildungsstadien der Seltenmetall-W-Lagerstätte Bukuka, Ost-Transbaikalien, angenommen [27], bzw. es wird eine erhöhte Aktivität von Fluor neben Schwefel in den Lösungen vermutet, die geringe Mengen Galenit und Aikinit (neben anderen Sulfiden und Fluorit) auf der W-Lagerstätte Dzhida, West-Transbaikalien, abgeschieden haben [28]; auch bei der Bildung von Polymetall-Lagerstätten im Südwest-Altai wurden viele Metalle, darunter Blei, offensichtlich in Form von Komplexverbindungen mit wesentlichem Anteil an Halogenen (wie Cl und F) in den erzbildenden Lösungen transportiert [29]. Ferner können F-haltige hydrothermale Lösungen neben Pechblende auch Galenit und andere Sulfide lösen und wahrscheinlich in Komplexen mit Alkali-Metallen über bedeutende Entfernungen transportieren [30]. Für viele Hydrothermalite, Greisen und Nephelinsyenite (angereichert an Alkalien und Fluor) wird eine starke Korrelation zwischen seltenen Metallen, darunter manchmal Blei, und der Aktivität von Fluor beobachtet [31].

Literatur zu 2.4.1.3.3.3.1:

[1] C. W. Burnham (in: H. L. Barnes, Geochemistry of Hydrothermal Ore Deposits, New York u. a. 1967, S. 34/76, 59). — [2] I. A. Kilinc, C. W. Burnham (Econ. Geol. **67** [1972] 231/5). — [3] D. E. White (Econ. Geol. **63** [1968] 301/35, 327). — [4] H. C. Helgeson (Complexing and Hydrothermal Ore Deposition, Oxford – London – New York – Paris 1964, S. 1/128). — [5] H. L. Barnes, G. K. Czamanske (in: H. L. Barnes, Geochemistry of Hydrothermal Ore Deposits, New York u. a. 1967, S. 334/81, 360).

[6] G. R. Kolonin, T. P. Aksenova (Geokhimiya **1970** 1381/6; Geochem. Intern. **7** [1970] 973/8, 975/6). — [7] J. O. Nriagu, G. M. Anderson (Chem. Geol. **7** [1971] 171/84, 177, 180/3). — [8] P. Tsai, R. P. Cooney (Chem. Geol. **18** [1976] 187/202, 199/200). — [9] H. Gundlach (in: J. Kutina,

Symposium Problems of Postmagmatic Ore Deposition, Bd. 1, Prague 1963, S. 402/9, 406). — [10] B. Takano (Geochem. J. **3** [1969] 117/26, 119/25).

[11] V. V. Shcherbina (Voprosy Geokhim. i Mineralog. Akad. Nauk SSSR Otd. Geol. Geogr. Nauk **1956** 72/82 nach [12]). — [12] N. I. Shumskaya (Vestn. Leningr. Univ. Geol. Geogr. **1961** Nr. 6, S. 118/28, 120). — [13] Yu. Yu. Bugel'skii, L. M. Lebedev, I. B. Nikitina, V. M. Stepashkina (Dokl. Akad. Nauk SSSR **184** [1969] 1189/90; Dokl. Earth Sci. Sect. **184** [1969] 185/6). — [14] L. M. Lebedev, N. N. Baranova, I. B. Nikitina (Geokhimiya **1971** 823/9; Geochem. Intern. **8** [1971] 511/6, 511, 514/5). — [15] D. E. White (Econ. Geol. **63** [1968] 301/35, 303).

[16] D. E. White (in: H. L. Barnes, Geochemistry of Hydrothermal Ore Deposits, New York u.a. 1967, S. 575/631, 615, 623). — [17] K. B. Krauskopf (Naturwissenschaften **48** [1961] 441/5, 444). — [18] F. W. Beales, E. P. Onasick (Inst. Mining Met. Trans. B **79** [1970] 145/54, 152). — [19] R. R. Brooks, I. R. Kaplan, M. N. A. Peterson (in: E. T. Degens, D. A. Ross, Hot Brines and Recent Heavy Metal Deposits in the Red Sea, Berlin – Heidelberg – New York 1969, S. 180/203, 201). — [20] J. S. Tooms (Inst. Mining Met. Trans. B **79** [1970] 116/26, 125).

[21] V. I. Malyshev, I. L. Khodakovskii (Geokhimiya **1964** 431/40; Geochem. Intern. **1** [1964] 421/8, 425). — [22] N. L. Lopatina (Inform. Sb. Vses. Nauchn. Issled. Geol. Inst. Nr. 50 [1961] 101/16, 114/5). — [23] N. I. Khitarov, T. N. Kozintseva (Eksp. Issled. Obl. Glubinnykh Protsessov Mater. Simp., Moskva 1960 [1962], S. 117/21). — [24] L. A. Kaz'min, I. K. Karpov (Ezhegodnik Inst. Geokhim. Sibirsk. Otd. Akad. Nauk SSSR **1971/72** 319/23 [englisch S. 323]; Ref. Zh. Geol. **1973** 3 V 16). — [25] A. I. Zakharchenko (in: Z. Pouba, M. Štemprok, Problems of Hydrothermal Ore Deposition, Stuttgart 1970, S. 27/30, 29).

[26] N. N. Baranova, T. M. Sushchevskaya (in: 1st Mezhdunar. Geokhim. Kongr. Dokl., Moskva 1971 [1973], Bd. 2, S. 531/41, 533). — [27] D. O. Ontoev (in: Z. Pouba, M. Štemprok, Problems of Hydrothermal Ore Deposition, Stuttgart 1970, S. 336/9, 336). — [28] A. F. Korzhinskii (Geol. Rudn. Mestorozhd. **1962** Nr. 1, S. 47/62, 51/5). — [29] M. G. Khisamutdinov (Sov. Geol. Sb. Nr. 50 [1956] 12/27, 22). — [30] V. I. Rekharskii (Geol. Rudn. Mestorozhd. **1960** Nr. 1, S. 92/7, 95/7).

[31] E. I. Semenov (in: R. P. Tikhonenkova, E. I. Semenov, Mineralogiya Pegmatitov i Gidrotermalitov Shchelochnykh Massivov, Moskva 1957, S. 52/71, 55).

Lead Complexes with HCO_3^- and CO_3^{2-}

2.4.1.3.3.3.2 Blei-Komplexe mit HCO_3^- und CO_3^{2-}

H_2CO_3 und HCO_3^- sind wahrscheinlich bei höheren Temperaturen relativ stabil — vgl. „Kohlenstoff" C 3, ab S. 117 — und zeigen in Gegenwart größerer H^+-Konzentrationen keine Neigung zur Bildung von Komplexen mit Metall-Ionen, jedoch in alkalischen oder CO_2-reichen Lösungen treten Komplexe auf und können unter bestimmten Bedingungen am Transport erzbildender Metalle beteiligt sein [1].

Experimentelle Untersuchungen mit Galenit in CO_2-gesättigter und teilweise $NaHCO_3$-haltiger wäßriger Lösung bei 200°C, pH = 6.1 bis > 8.5 und Drucken ($p_{CO_2 + H_2O}$ bzw. $p_{CO_2 + 0.25n\ NaHCO_3}$) von 10 bis 20 atm liefern kein Blei in den entstehenden Lösungen; damit ergibt sich ein Hinweis auf fehlenden Blei-Transport bei natürlichen Prozessen unter entsprechenden Bedingungen [2]. Demgegenüber zeigen Untersuchungen mit synthetischem $PbCO_3$ in Alkali-Cl^--HCO_3^--CO_3^{2-}-Lösungen unter p_{CO_2} = 5 bis 45 atm bei 20, 250 und 300°C, daß bei pH-Werten > 7 mit zunehmendem pH-Wert nacheinander folgende Komplexe gebildet werden: $[Pb(HCO_3)_3]^-$ und $[Pb(HCO_3)_2]$ (beide polarographisch nachgewiesen) sowie $[Pb(CO_3)_2]^{2-}$; die Stabilitätsbereiche dieser Komplexe werden mit steigendem p_{CO_2}, verstärkt noch durch Temperatur- und Druckzunahme, zu niedrigeren pH-Werten hin verschoben. Der Transport von Blei in Cl^--Komplexen spielt wegen der geringen Cl^--Konzentration in diesen Lösungen eine untergeordnete Rolle [3, S. 805, 807/8], vgl. zunehmende Stabilität neutraler Pb-Carbonat-Komplexe mit steigender Temperatur [4]. In 0.5- bis 1 molaren $KHCO_3$-Lösungen tritt nach polarographischen Untersuchungen zwischen pH = 8.8 und 10 ein Komplex $[Pb(OH)_2(HCO_3)_2]^{2-}$ auf [5].

Aus diesen Untersuchungen folgt, daß in natürlichen hydrothermalen Lösungen mit zunehmendem CO_2-Gehalt (und bei höheren Temperaturen) die Hydrogencarbonat-Komplexe ihre Bedeutung für den Pb-Transport verlieren und Carbonat-Komplexe an ihre Stelle treten [3, S. 802, 807/8], vgl.

auch [6, S. 425]. Bei mittleren Temperaturen hat oft CO_2 neben Chloriden noch erhöhte Bedeutung für die Mobilisierung von Blei und anderen Metallen, während bei niedrigen Temperaturen und vorherrschend Hydrogencarbonaten der Schwermetall-Transport abnimmt [7]. — In Zambarak, Ost-Karamazar, Tadschikistan, wird Blei zum größten Teil als $[Pb(HS)_2]$ — s. S. 226 — transportiert, daneben aber vermutlich auch ein Teil als $[Pb(HCO_3)_4]^{2-}$, d. h., ein geringer HCO_3^--Anteil in der Lösung kann Blei selbst in Gegenwart von H_2S in Lösung halten [6, S. 424/5]. Auch das in hydrothermal veränderten sauren Eruptivgesteinen in Carbonatgängchen mit U-Mo-Vererzung enthaltene Blei wurde vermutlich in HCO_3^--reichen Lösungen transportiert, bis das Pb-Hydrogencarbonat bei abnehmendem CO_2-Druck zerfällt [8]. Bei metasomatischer Umwandlung von Granitoiden im nördlichen Tien Shan, Mittelasien, wird das aus Feldspäten gelöste Blei in Carbonat-Lösungen mit Alkali-Überschuß in Form des Komplexes $[Pb(CO_3)_2]^{2-}$ transportiert, dessen Bildung durch abnehmenden Druck und zunehmenden pH-Wert, vgl. S. 224, in den Lösungen gefördert wird [9].

Die Hydrothermal-Solen von der Halbinsel Cheleken, Kaspisches Meer, sind besonders in den tieferen wasserführenden Horizonten reich an CO_2 und HCO_3^-; die Proben aus Tiefen >1000 m enthalten neben den Cl-Komplexen — s. S. 222 — wahrscheinlich noch die Komplexe $[Pb(CO_3)_2]^{2-}$ und $[Pb(CO_3)_2Cl]^{3-}$ [10], vgl. [11].

Migration von Blei in einem Komplex vom Typ $Na_m[SE_x(CO_3)_n]$, in dem Pb z. T. die SE (= Seltenerden-Elemente) ersetzt, wird angenommen bei der Bildung Yttrium-reicher, dunkelvioletter Fluorite mit ≈ 560 ppm Pb in Greisen und Pegmatiten des Endokontaktes eines Alaskitgranits ungenannter Herkunft; diese Fluorite wurden offensichtlich aus mesothermalen Lösungen mit hohem Carbonat-Gehalt ausgeschieden, wie aus der Untersuchung fluider Einschlüsse hervorgeht [12]. — Wesentlich komplizierter zusammengesetzte Komplexe der Typen $(K,Na)_k[Me(Cl,SH)_n]$, $(K,Na)_k[Me_m(CO_3)_n(OH,F,Cl,SH)_p]$ und ähnliche — vgl. [13] — sind möglicherweise für den Transport von Blei und anderen Schwermetallen in hydrothermalen Lösungen speziell im späten Alkali-Stadium der Abscheidung verantwortlich [14].

Literatur zu 2.4.1.3.3.3.2:

[1] H. C. Helgeson (Complexing and Hydrothermal Ore Deposition, Oxford – London – New York – Paris 1964, S. 1/128, 86, 108). — [2] N. I. Khitarov, A. A. Moskalyuk (Sov. Geol. Sb. Nr. 43 [1955] 126/36, 133/5). — [3] N. N. Baranova, V. L. Barsukov (Geokhimiya **1965** 1093/100; Geochem. Intern. **2** [1965] 802/9). — [4] N. N. Baranova, T. M. Sushchevskaya (in: 1st Mezhdunar. Geokhim. Kongr. Dokl., Moskva 1971 [1973], Bd. 2, S. 531/41, 533/4). — [5] H. Shirai (J. Chem. Soc. Japan Pure Chem. Sect. **82** [1961] 1179/82 nach C.A. **57** [1962] 14684).

[6] V. I. Malyshev, I. L. Khodakovskii (Geokhimiya **1964** 431/40; Geochem. Intern. **1** [1964] 421/8). — [7] A. I. Zakharchenko (in: Z. Pouba, M. Štemprok, Problems of Hydrothermal Ore Deposition, Stuttgart 1970, S. 27/30). — [8] V. I. Rekharskii, O. V. Krutetskaya, I. V. Dubrova (Geol. Rudn. Mestorozhd. **1959** Nr. 4, S. 103/10, 108/9). — [9] B. I. Zlobin, L. A. Pevtsova (Geokhimiya **1964** 420/30; Geochem. Intern. **1** [1964] 413/20, 417/8). — [10] L. M. Lebedev, I. B. Nikitina (Dokl. Akad. Nauk SSSR **197** [1971] 1179/81; Dokl. Earth Sci. Sect. **197** [1971] 229/30).

[11] L. M. Lebedev, N. N. Baranova, I. B. Nikitina (Geokhimiya **1971** 823/9; Geochem. Intern. **8** [1971] 511/6, 514/5). — [12] O. F. Krol', T. V. Gurkina (Uch. Zap. Kaz. Gos. Univ. **27** [1957] 115/21). — [13] I. N. Govorov, N. S. Blagodareva, Z. L. Mukoseeva (Geokhim. Mineral. Magmatogennykh Obrazov. Akad. Nauk SSSR Dal'nevost. Filial Dal'nevost. Geol. Inst. **1966** 40/7, 46). — [14] I. N. Govorov (Mezhdunar. Geol. Kongr. 22-ya Sessiya Dokl. Sov. Geol. 1964, Probl. 5, S. 50/66, 58, 64 [englisch S. 64]).

2.4.1.3.3.3.3 Komplexe mit Schwefel

Complexes with Sulfur

Blei-Transport in Komplexen mit H_2S bzw. HS^- ist, wie experimentelle Daten zeigen, in hydrothermalen Lösungen bis zu Temperaturen von ≈ 250°C möglich [1], wobei diese Komplexe nur in reduzierenden Lösungen auftreten [26]. Die Art des Komplexes ist vom pH-Wert der Lösung und dem Schwefel-Gehalt abhängig — vgl. auch [1] — wie die grundlegenden Untersuchungen von Hemley gezeigt haben: In H_2S-gesättigten, schwachen NaCl-Lösungen (≈ 0.1 mol/l) von 25 °C und konstanten pH-Werten nimmt der Blei-Transport zu mit steigendem Gesamt-Schwefel-Gehalt ($H_2S + HS^- + S^{2-}$), der im sauren Milieu vorherrschend als H_2S, im alkalischen Milieu als HS^- und S^{2-} auftritt [2, S. 131]; von den theoretisch möglichen Komplexen $[Pb(HS)_2]$, $[PbHS_2]^-$, $[PbHS]^+$, $[Pb(HS)_3]^-$, $[Pb(HS)_4]^{2-}$ — vgl. [3] — und $[PbS_2]^{2-}$ bildet sich in sauren bis neutralen Lösungen bevorzugt $[Pb(HS)_2]$ und möglicherweise etwas $[Pb(HS)_3]^-$ [2, S. 127/30]; ferner steigt die Konzentration dieser Komplexe mit zunehmender Konzentration des zweiwertigen Schwefels und nimmt ab (Dissoziation der Metall-Schwefel-Komplexe) bei pH-Werten > 7 [2, S. 131/5]. Diese experimentell gewonnenen Ergebnisse werden zum größten Teil von anderen Autoren übernommen, s. [4, 5] und insbesondere hinsichtlich der Bildung von $[Pb(HS)_n]$-Komplexen [6 bis 9]. Löslichkeitsuntersuchungen von Galenit in wäßrigen H_2S-Lösungen bestätigen weitgehend die Bildung von Komplexen $[PbS \cdot n\,H_2S]$ (n ≈ 2), s. S. 216. Detailliertere Untersuchungen zur Bildung von Komplexen in hydrothermalen Lösungen ergeben aber, daß die Bildung wesentlicher Mengen von Metall-HS^--Komplexen alkalisches Milieu und höheren Gesamt-Schwefel-Gehalt erfordert, die nur unter speziellen Bedingungen für manche Metalle, darunter auch Blei, wirksam werden [10]. Dementsprechend wird auch die Bildung von löslichen komplexen Pb-Sulfiden und -Hydrosulfiden für ziemlich unwahrscheinlich gehalten; ein Transport von Blei in dieser Form kann nicht in einer Menge stattfinden, die ausreicht, um Erzkörper zu bilden [11], zudem erfordert der Transport trotz der Stabilität von Pb-Hydrogensulfid-Komplexen unter bestimmten, geologisch annehmbaren pH-Werten einen Gesamt-Schwefel-Gehalt, der um den Faktor 10^2 größer ist als der Gesamtgehalt an sulfophilen Metallen und der bisher weder in natürlichen Wässern noch in Geothermal-Solen gefunden wurde [12, 13]. Demgegenüber zeigen Berechnungen und experimentelle Daten der Löslichkeit von Galenit in konzentrierten (3 mol/kg) NaCl-Lösungen mit Schwefel-Überschuß, daß sich je nach dem pH-Wert neben Pb-Cl-Komplexen auch Sulfid- bzw. Hydrogensulfid-Komplexe bilden können; speziell bei 90 °C und < 0.5 mol reduziertem Schwefel/l bildet sich zwischen pH = 4 bis 6.5 der Komplex $[PbS \cdot 2\,H_2S]$ und bei pH > 6.5 der Komplex $[Pb(HS)_3]^-$, die zur Mobilisierung und zum Transport von > 10 ppm Pb in leicht sauren NaCl-Lösungen fähig sind [14], s. auch Tabelle S. 217. Nach neueren Untersuchungen ist der Komplex $[Pb(HS)_3]^-$ jedoch als $[PbS \cdot H_2S \cdot HS]^-$ aufzufassen [15].

Blei-Transport in natürlichen hydrothermalen Lösungen wird als $[Pb(HS)_3]^-$ von Wedepohl [9] bzw. in sauren bis neutralen Lösungen als $[Pb(HS)_2]$ von Borchert [8] angenommen. Speziell in Form von $[Pb(HS)_2]$ wurde wahrscheinlich fast das ganze Blei — vgl. S. 223 — in die Lagerstätte Zambarak, Ost-Karamazar, Mittelasien, transportiert [5] und das Blei der Grube Schindler im Untermünstertal, Schwarzwald, Bundesrepublik Deutschland, sekundärhydrothermal aus variskischem in tertiären Galenit überführt [16]. Auch bei der Bildung metasomatischer Quarz-Sericit-Gesteine im Kzyl-Ompul-Massiv, nördlicher Tien Shan, Mittelasien, wurde Blei wahrscheinlich in Form wäßriger Sulfid-Komplexe fortgeführt [17]. Bei der Bildung von Hg-Lagerstätten wird Blei in Form von HS^--Komplexen aus den Nebengesteinen extrahiert [18]. In den Vanadium-reichen Dolomiten des Sciacca-Beckens, Sizilien, Italien, wird Blei offensichtlich durch H_2S-haltige Thermalwässer zugeführt [19]; vgl. Transport von Blei in H_2S-haltigen Lösungen mit PbS-Abscheidung an und in Marmoren nach Laborversuchen [20] und S. 238. — Zum Transport von Blei in Komplexen mit F^--HS^-, s. S. 223.

Transport bzw. Löslichkeit von Blei und Zink als Doppelsulfid(Polysulfid)-Komplex ist nach Experimenten in Alkali-Lösungen (Na-Polysulfid, Na-Hydrogensulfid) mit unterschiedlichem Verhältnis S/Na_2S von 0, 0.40 und 1.35 gering, nimmt aber mit steigender Temperatur zu und scheint bei natürlichen Ausscheidungsfolgen mit Abscheidung von Sphalerit vor Galenit von Bedeutung zu sein [21]; vgl. allgemein Schwermetall-Na-Sulfide in hydrothermalen Lösungen [22] und Doppelsulfide des Typs $Na_2S \cdot MeS$ in hydrothermalen Lösungen, die Andesite in den Beskiden, Polen, umgewandelt haben [23]. Der speziell für hydrothermale Pb-Zn-Erze der Karpaten angenommene Transport des Bleis hauptsächlich durch Alkalien, CO_2 und H_2S in schwach alkalischen Lösungen von variablem Redoxpotential [24] ist ebenso wie Transport in Form löslicher HS^--Komplexe — s. S. 225 — nicht auszuschließen, aber ziemlich unwahrscheinlich infolge der geringen Pb-Löslichkeit in sulfidhaltigen Lösungen allgemein [11] und des für die Bildung von Pb-Polysulfid-Komplexen speziell erforderlichen hohen Wertes von pH = 11.8 [2, S. 130].

Auch der theoretisch mögliche Transport von Blei als Thiosulfat- bzw. Polythionat-Komplex bei pH = 6 bis 8 und > 8 [25] ist auf Grund der Zusammensetzung der Lösungen und der

Instabilitätskonstanten der Komplexe zumindest bei Bildung der Lagerstätte Zambarak — vgl. S. 226 — von sehr geringer Bedeutung [5]. Außerdem sind die zur Bildung von Polysulfid- und Thiosulfat-Komplexen mit starker Lösungsfähigkeit für Sulfide und Arsenide in wäßrigen Lösungen erforderlichen hohen S-Gehalte und pH-Werte (alkalisches Milieu) in den meisten hydrothermalen Lösungen nicht vorhanden [10].

Literatur zu 2.4.1.3.3.3.3:

[1] H. L. Barnes, G. K. Czamanske (in: H. L. Barnes, Geochemistry of Hydrothermal Ore Deposits, New York u.a. 1967, S. 334/81, 359/60, 377/8). — [2] J. J. Hemley (Econ. Geol. **48** [1953] 113/38). — [3] L. A. Kaz'min, I. K. Karpov (Ezhegodnik Inst. Geokhim. Sibirsk. Otd. Akad. Nauk SSSR **1971/72** 319/23, 320 [englisch S. 323]). — [4] N. I. Khitarov, A. A. Moskalyuk (Sov. Geol. Sb. Nr. 43 [1955] 126/36, 135). — [5] V. I. Malyshev, I. L. Khodakovskii (Geokhimiya **1964** 431/40; Geochem. Intern. **1** [1964] 421/8, 425).

[6] K. B. Krauskopf (Naturwissenschaften **48** [1961] 441/5, 444). — [7] G. K. Czamanske (Diss. Stanford Univ. 1961; Diss. Abstr. **21** [1961] 3418). — [8] H. Borchert (Z. Deut. Geol. Ges. **110** [1958] 450/73, 461). — [9] K. H. Wedepohl (Geochemie, Berlin 1967, S. 1/221, 102). — [10] H. C. Helgeson (Complexing and Hydrothermal Ore Deposition, Oxford – London – New York – Paris 1964, S. 1/128, 86/7, 108).

[11] P. B. Barton (Econ. Geol. **52** [1957] 333/53, 350/1). — [12] D. E. White (Econ. Geol. **63** [1968] 301/35, 303). — [13] D. E. White (in: H. L. Barnes, Geochemistry of Hydrothermal Ore Deposits, New York u.a. 1967, S. 575/631, 623). — [14] J. O. Nriagu, G. M. Anderson (Inst. Mining Met. Trans. B **79** [1970] 208/12, 208/10). — [15] J. O. Nriagu (Chem. Geol. **8** [1971] 299/310, 305/9).

[16] K. von Gehlen (Geol. Rundschau **55** [1965] 178/97, 188, 194). — [17] R. D. Gavrilin, L. A. Pevtsova, N. S. Klassova (Geokhimiya **1967** 954/63; Geochem. Intern. **4** [1967] 790/9, 797). — [18] H. L. Barnes, S. B. Romberger, M. Stemprok (Econ. Geol. **62** [1967] 957/82, 978). — [19] M. Leone (Riv. Mineraria Siciliana **13** [1962] 46/54, 52/4). — [20] M. M. Konstantinov, R. P. Rafal'skii (Geokhimiya **1960** 280/1; Geochemistry [USSR] **1960** 336/9).

[21] F. G. Smith (Econ. Geol. **35** [1940] 646/58, 647/8, 656/8). — [22] N. I. Shumskaya (Vestn. Leningr. Univ. Geol. Geogr. **1961** Nr. 6, S. 118/28, 121). — [23] E. Gajda (Prace Muzeum Ziemi Nr. 1 [1958] 57/77, 69, 71 [polnisch, englisch S. 77]). — [24] B. Cambel (Acta Geol. Geogr. Univ. Comenianae Geol. Nr. 3 [1959] 1/349, 216/20 [tschechisch, russisch S. 254/70, deutsch S. 271/338, 309]). — [25] H. Gundlach (in: J. Kutina, Symposium Problems of Postmagmatic Ore Deposition, Bd. 1, Prague 1963, S. 402/9, 406).

[26] K. Hattori (Econ. Geol. **70** [1975] 677/93, 689).

2.4.1.3.3.3.4 Komplexe mit O und OH

Complexes with O and OH

Transport von Blei, möglicherweise in Form des Plumbit-Ions $[PbO_2]^{2-}$, in wäßrigen alkalischen Lösungen wird bei der Kristallisation hydrothermaler Mikrokline in Pegmatiten Ost-Kasachstans angenommen [1] bzw. als $[PbO]^+$ in wäßrigen Lösungen mit $pH < 6$ für denkbar angesehen [2]. In stark alkalischen Lösungen hat $[HPbO_2]^-$ ebenso wie $[Pb(OH)]^+$ und undissoziiertes $Pb(OH)_2$ eine Bedeutung für den Pb-Transport [3], jedoch soll auch ein Transport von $Pb(OH)_2$ in hydrothermalen Lösungen im Gleichgewicht mit gasförmigem H_2S möglich sein [4]. Eine Wanderung von Blei in Form des bei 25°C extrem stabilen — und wahrscheinlich auch noch bei Temperaturen von 300 bis 400°C relativ stabilen — Komplexes $[Pb(OH)_3]^-$ (und anderer Pb-(OH)-Komplexe) ist wegen zu geringer Dissoziation des Wassers bzw. Bildung von OH^--Ionen bei Hydrolyse-Reaktionen in den meisten hydrothermalen Erzbildungsprozessen sehr unwahrscheinlich [5]; vgl. auch unbedeutende Bildung von Pb-(OH)-Komplexen, insbesondere $[Pb(OH)]^+$, trotz zunehmender OH^--Konzentration bei der Zersetzung von Chlorit durch die erzbildenden Lösungen in Zambarak, Ost-Karamasar, Mittelasien [6].

Zum Transport von Blei als Chlorid-Hydrat s. [7] und in komplizierter gebauten Komplexen wie Oxihalogenid- und Hydroxo-Chloro-Komplexe s. S. 222 sowie Pb $[(OH)_2(HCO_3)_2]^{2-}$ S. 224.

Literatur zu 2.4.1.3.3.3.4:

[1] N. G. Sretenskaya (Dokl. Akad. Nauk SSSR **154** [1964] 621/3; Dokl. Earth Sci. Sect. **154** [1964] 155/7). — [2] H. Gundlach (in: J. Kutina, Symposium Problems of Postmagmatic Ore Deposition, Bd. 1, Prague 1963, S. 402/9, 406). — [3] J. J. Hemley (Econ Geol. **48** [1953] 113/38, 124). — [4] N. I. Shumskaya (Vestn. Leningr. Univ. Geol. Geogr. **1961** Nr. 6, S. 118/28, 120 [englisch S. 128]). — [5] H. C. Helgeson (Complexing and Hydrothermal Ore Deposition, Oxford – London – New York – Paris 1964, S. 1/128, 85/6).

[6] V. I. Malyshev, I. L. Khodakovskii (Geokhimiya **1964** 431/4; Geochem. Intern. **1** [1964] 421/8, 425/6). — [7] A. E. Lisitsyn, S. V. Malinko (Geokhimiya **1961** 789/95; Geochemistry [USSR] **1961** 867/76, 869).

Transport of Lead by Diffusion in Stagnant Solutions

2.4.1.3.3.4 Transport von Blei durch Diffusion in stehenden Lösungen

Neben dem im vorangehenden Teil beschriebenen Transport von Blei in bewegten Lösungen entlang von Spalten, Klüften usw. können auch durch Diffusion in stagnierenden Lösungen Metallverschiebungen erfolgen [1, S. 132], wobei strukturelle Faktoren der Gesteine — wie Klüftung, Schichtung und Schieferung — für die Diffusionsgeschwindigkeit eine große Rolle spielen [2].

Nach experimentellen Untersuchungen mit 10%iger $Pb(NO_3)_2$-Lösung nehmen die effektiven Diffusionskoeffizienten (D) bei Temperaturen bis 400°C zu mit zunehmender Porosität und Schieferung der H_2O-gesättigten Gesteine [3, S. 371]. Die Effektivität der Diffusion wird bei 20 bis 80°C und Normaldruck im wesentlichen durch intergranulare molekulare Diffusion in den Porenlösungen bestimmt und hat für die meisten Gesteine bei 25°C und 1 atm Druck die Größenordnung $D = 10^{-6}$ bis 10^{-9} cm^2/s [2], [3, S. 371]. Geschieferte Gesteine zeigen im Vergleich zu nicht geschieferten Proben der gleichen Art einen um 2 bis 3 Größenordnungen erhöhten Diffusionskoeffizienten [3, S. 372]. Für 10%ige $Pb(NO_3)_2$-Lösung wird folgende Temperaturabhängigkeit des Diffusionskoeffizienten bestimmt (20 bis 80°C) bzw. berechnet (100 bis 400°C) nach $D = D_o e^{-E/RT}$ (wobei D_o = Konstante für das spezielle Gestein, E = Aktivierungsenergie der Diffusion):

Gestein	Diffusionskoeffizient D in $cm^2/s \cdot 10^{-6}$							
	20°C	30°C	50°C	80°C	100°C	200°C	300°C	400°C
Quarz-Sandstein	0.410	0.546	—	0.728	0.84	1.5	2.1	2.7
Quarz-Keratophyr	0.535	—	0.774	0.936	1.1	1.2	3.4	4.6
Quarz-Sericitschiefer (in Richtung der Schieferung)	0.449	0.543	0.960	1.83	2.5	9.9	24	46

Daraus ergeben sich bei Extrapolation für eine „Pb-Konzentrationsfront" mit 10^{-6} normaler Pb-Lösung bei 400°C und ohne Berücksichtigung der Adsorption am Nebengestein für einen Zeitraum von 10000 Jahren Diffusionswege von 65 m in Quarz-Sandsteinen und von 260 m in Quarz-Sericitschiefern (in Richtung der Schieferung), d. h., Diffusion könnte eine der wirkungsvollsten Formen des Massentransportes bei hydrothermalen Erzbildungen sein [3, S. 372/3]. Ein natürliches Beispiel für Diffusionstransport sind möglicherweise die Pb-Zn-Cu-Ag-Erze des Walton-Cheverie-Gebietes, Neu-Schottland, Kanada [1, S. 112, 132, 137]; vgl. auch die beobachtete logarithmische Abnahme der Pb-Gehalte in dolomitischen Nebengesteinen von Pb-Zn-Erzkörpern des Tintic-Distrikts, Utah [4], und — besonders an den Lokalitäten mit unzerklüftetem carbonatischen Nebengestein — in den Pb-Zn-Ba-F-Erzfeldern der Nord-Pennines und in Derbyshire, England, die stark auf eine Pb-Migration durch Diffusion hindeuten [5].

Literatur zu 2.4.1.3.3.4:

[1] R. W. Boyle (Geol. Surv. Can. Bull. Nr. 166 [1971] 1/181). — [2] A. S. Lapukhov (in: Fiz. Fiz.-Khim. Rudoobrazuyushchikh Protsessov **1971** 17/32 nach Ref. Zh. Geol. **1972** 3 V 6) — [3] A. S. Lapukhov (Probl. Metazomatizma Tr. 2-ya Konf. Okolorudnomu Metasomatizmu,

Leningrad 1966 [1970], S. 368/73; C.A. **75** [1971] Nr. 8399). — [4] H. T. Morris, T. S. Lovering (Econ. Geol. **47** [1952] 685/716, 715). — [5] P. R. Ineson (Inst. Mining Met. Trans. B **78** [1969] 29/40, 29, 38).

2.4.1.3.4 Stabilitätsbereiche und Abscheidung von Blei-Mineralien

Regions of Stability and Deposition of Lead Minerals

Im Gegensatz zu der für den Pb-Transport erforderlichen Zunahme der Löslichkeit durch Komplexbildung ist für die Abscheidung von Pb-Mineralien aus Lösungen zunächst die Zersetzung der vorhandenen Komplexe zu freien Pb^{2+}-Ionen (zunehmende Aktivität von Pb^{2+}) erforderlich. Sie wird in hydrothermalen Lösungen hauptsächlich durch Senkung von Temperatur und Druck sowie Verdünnung (d. h. auch Veränderungen in Chemismus und pH-Wert) hervorgerufen, vgl. ab S. 231. Der für die Abscheidung als Galenit erforderliche Schwefel kann unter bestimmten Bedingungen entweder bereits in reduzierter Form (HS^-, S^{2-}) in den gleichen Lösungen enthalten sein oder auf sehr verschiedene Weise zugeführt und in die für die Abscheidung geeignete reduzierte Form umgewandelt werden, vgl. S. 230/1. Beide Bedingungen werden offensichtlich am besten durch Vermischung einer erzführenden, meist salzreichen Lösung mit einer anderen, meist kühleren und salzärmeren, aber oft S-reichen Lösung erfüllt, vgl. S. 234/5. Daneben haben auch die älteren Auffassungen von Reaktionen der meist sauren hydrothermalen Lösungen mit silikatischen oder carbonatischen Nebengesteinen für viele Lagerstättenbildungen eine Bedeutung, da auch bei solchen Vorgängen leicht die für die Pb-Abscheidung erforderlichen Bedingungen (Druck- und Temperatur-Abnahme sowie Veränderungen von Chemismus und pH-Wert) eintreten können.

Nur relativ wenig Blei wird in anderer als rein sulfidischer Form — nämlich als Gediegen Blei, als Selenid oder Sulfosalz, aber auch als Sulfat, Phosphat oder Carbonat — primär abgeschieden, vgl. ab S. 241. Dazu sind neben S-Mangel offensichtlich sehr spezifische, eng begrenzte pH-Eh-Bedingungen und bestimmte Lösungsgenossen erforderlich.

Ort der Abscheidung, insbesondere größerer polymetallischer Vererzungen, sind häufig Geosynklinalräume (besonders deren Randgebiete oder Randsenken) bzw. die durch spätere Tektonik in diesen Bereichen hervorgerufenen Spalten, Klüfte und Verwerfungen; carbonatische Fazien werden gegenüber sandigen und tonigen Fazien bei der Abscheidung bevorzugt.

Auch bevorzugte Zeiten der Abscheidung von Blei-Lagerstätten scheint es zu geben: So sind nach einer Aufstellung von J. A. Bilibin (Geol. Bull. Dept. Geol. Queens College City Univ. New York Nr. 1 [1968] 1/35, 28/30 [russisches Original: Moskva 1955]) bei A. Maucher (Geol. Rundschau **63** [1974] 263/75, 271) im Präkambrium keine, während der kaledonischen 17% und der variskischen Epoche 27%, im Mesozoikum 30% sowie im Känozoikum 26% der bekannten Pb-Vererzungen gebildet worden.

2.4.1.3.4.1 Abscheidung von Galenit

Deposition of Galena

2.4.1.3.4.1.1 Allgemeines und Herkunft des Schwefels

General and Origin of Sulfur

Als erzbildende Lösungen, aus denen Pb-Zn-Erze abgeschieden werden können, kommen nach Browne sowohl hydrothermale Lösungen mit geringer Salinität, neutraler bis schwach alkalischer Reaktion und kleinen Gehalten an unedlen Metallen als auch solche mit großer Salinität und hohen Metall-Gehalten in Betracht [1], vgl. [2]. Die Faktoren, die eine Abscheidung von Galenit und Sphalerit bei ≈ 100 °C hauptsächlich bedingen, sind pH-Wechsel, Temperatur-Abnahme, Verdünnung und Zunahme des reduzierten Schwefels [3]; die oft beobachtete Abscheidung des Galenits vor dem Sphalerit aus an beiden Stoffen gesättigten Lösungen ist durch das Löslichkeitsprodukt allein nicht zu erklären — danach müßte nur Sphalerit allein ausgeschieden werden —, sondern scheint vom pH-Wert der Lösungen, von Komplex-Ionen-Bildung oder anderen Faktoren kontrolliert zu werden [4]. Bedeutende Mengen von Galenit können nur aus Lösungen mit hohen NaCl-Konzentrationen — gleich welcher Herkunft — abgeschieden werden [5]. Eine Ausscheidung ist trotz Hydratisierung der Pb-Ionen möglich, da die H_2O-Dipole bei H_2S-Zufuhr aus dem Wirkungsbereich des Pb^{2+} entfernt werden [6] bzw. meist schon früher bei Komplexbildung abgespalten wurden [7, S. 21/2].

Nach Berechnungen erfolgt die Abscheidung von Galenit aus H_2S-haltigen, unterschiedlich konzentrierten Cl^--Lösungen bei abnehmender Temperatur und NaCl-Konzentration sowie zunehmendem pH-Wert und Verhältnis NaCl/HCl oder bei zunehmender Temperatur in Bereichen, in denen HCl sich auf Kosten von H_2S in chloridreichen Lösungen bildet [7, S. 66/8], vgl. starke Abhängigkeit der Galenit-Abscheidung von Temperatur und Druckgefälle (mit Freisetzung von H_2S) sowie von pH-Veränderungen in den Lösungen insbesondere des mesothermalen Bereiches [8]. Aus H_2S-gesättigten Salzlösungen mit $Pb(HS)_2$-Komplexen wird Galenit ebenfalls bei steigendem pH-Wert, aber abnehmender S-Konzentration abgeschieden [9].

Der exakte Mechanismus der Metall-Abscheidung aus den Geothermal-Solen vom Salton Sea-Gebiet, Süd-Kalifornien, vom Boden des Roten Meeres und von der Cheleken-Halbinsel, Kaspisches Meer, ist noch nicht völlig aufgeklärt, wird aber offensichtlich durch Abkühlung und Oxidation beeinflußt [10], vgl. Abkühlung, Verdünnung der Solen und mindestens 7 Möglichkeiten der Schwefel-Zufuhr — s. auch S. 231 — als Ursachen der Galenit-Abscheidung im Salton-Sea-Gebiet und in den näher untersuchten Lagerstätten des Mississippi-Tales [11, S. 317/8, 330].

Die für die Abscheidung von Metallsulfiden, speziell von Galenit in Erzmengen, erforderlichen freien (nicht komplex gebundenen) Pb^{2+}-Ionen entstehen offensichtlich aus den Chlorid-Komplexen bevorzugt dann, wenn sich die Lösungen abkühlen, da sich die Stabilität der Metall- bzw. $Pb-Cl^-$-Komplexe verringert mit fallender Temperatur [7, S. 90/3] bzw. mit abnehmender Temperatur und Verdünnung der Lösungen [11, S. 330] sowie hauptsächlich durch Verdünnung [10, 12], aber auch durch Druckabnahme [13]. $Pb(HS)_n$-Komplexe werden als relativ stabile Phasen gegenüber entsprechenden Cu- und Zn-Komplexen vor der Abscheidung weiter transportiert als letztere [14], hierbei kann eine „Zonung" entstehen; die Abscheidung aus den $Metall(HS)_n$-Komplexen erfolgt durch pH-Wechsel [9]. — Bei Pb-Hydrogencarbonat-Komplexen führt abnehmender CO_2-Druck in den Lösungen [15], bei kompliziert zusammengesetzten Pb-Sulfo-Halid-(Carbonat-)Komplexen Temperatur- und Druckabnahme zur Freisetzung der für die Galenit-Abscheidung erforderlichen Pb^{2+}-Ionen [16]; vgl. Ausfällung von Galenit in der Taupo Vulkanzone, Neuseeland, in jenem Niveau, in dem bei beginnendem Sieden der Thermalwässer CO_2 abgegeben wird und durch die damit verbundene pH-Zunahme die Aktivitäten von S^{2-} und HS^- sich erhöhen [17] bzw. bei hoher CO_2-Fugazität in den Hauptverwerfungen von Kalksteinen der Mo-Cu-Skarnlagerstätte bei Takaka im Norden der Südinsel von Neuseeland [18]. Andererseits wird die Abscheidung von Polymetall-Erzen (mit Galenit) in der Tuff-Konglomerat-Carbonatgestein-Serie des Altai verzögert durch den Reichtum der erzbildenden Lösungen an freier Kohlensäure (insbesondere HCO_3^-) die aus Carbonat-Schichten stammt; die nach der Homogenisationstemperatur von gasförmig-flüssigen Einschlüssen in Mineralien ermittelte Abscheidungstemperatur beträgt in den Tuff-Konglomerat-Schichten 150 bis 160°C, in den Carbonat-Gesteinen 80 bis 100°C [19].

Berechnungen der für die Galenit-Abscheidung aus erzführenden Lösungen im Tri-State-Distrikt, USA, theoretisch erforderlichen H_2S- und H_2CO_3-Konzentrationen s. [20]. — Computer-Simulation von hydrothermalen Systemen zur Kennzeichnung der Abscheidungsbedingungen von Sulfiden, darunter auch Galenit, s. Helgeson [21, 22]; thermochemische Daten für die Berechnung s. Craig, Barton [23].

Herkunft des Schwefels. Obwohl nach Berechnungen der Löslichkeit von PbS in konzentrierten, S-haltigen Chlorid-Solen neben $Pb-Cl^-$-Komplexen ein Überschuß an reduziertem Schwefel (HS^-, S^{2-}) in der gleichen Lösung vorhanden sein kann, um für Lagerstätten ausreichende Mengen von Pb-Erzen abscheiden zu können — s. S. 216 — hat das Modell der Pb-Abscheidung infolge Mischung zweier Lösungen — vgl. auch ab S. 234 — gegenüber dem der Bildung aus einer einzigen Lösung wesentliche Vorzüge, da — neben dem Effekt der Verdünnung und Abkühlung, s. oben — der H_2S-Gehalt der zu den Cl^--haltigen Lösungen zugemischten „Formationswässer" einen wesentlichen Faktor für den Abscheidungsmechanismus bei vielen Lagerstättenbildungen darstellt [24]. Nach Untersuchungen an drei Bergbau-Distrikten Nordamerikas sowie den beiden aktiven Hydrothermalsystemen vom Salton Sea-Gebiet, Süd-Kalifornien, und am Grunde des Roten Meeres kann für die metallreichen, aber S-armen erzbildenden Lösungen der zur Abscheidung wesentlicher Mengen von Sulfiden (darunter auch Galenit) erforderliche Schwefel durch einen der folgenden, bei White [11, S. 328] zusammengestellten Mechanismen — vgl. auch Tabelle S. 193 — geliefert werden:

1) In der Lösung vorhandenes H_2S und HS^- wird bei abnehmender Temperatur und steigendem pH-Wert durch H^+-Metasomatose zu S^{2-} umgewandelt.
2) In der Lösung vorhandenes Sulfat wird bei der Oxidation von organischem Material der Umgebung zu S^{2-} reduziert ($2\ C_{org} + 2\ H_2O + SO_4^{2-} \rightarrow 2\ HCO_3^- + H_2S$).
3) Beim Abbau S-haltiger Kohlenwasserstoffe wird S^{2-} freigesetzt.
4) Pyrit-Schwefel verbindet sich (mit edleren Metallen) zu stabilen Sulfiden.
5) Eine metallhaltige Lösung mischt sich mit einer anderen S-reichen Lösung.
6) Sulfid-arme Fluide können unter bestimmten Umständen (z. B. Mobilität S > Mobilität der Metalle in der Lösung; günstiges Verhältnis von Metall/S) hinreichende Mengen S^{2-} mobilisieren.
7) Speziell bei Temperaturen > 300°C können viele erzbildende Fluide genügend Gesamt-Schwefel (z. B. als SO_2, SO_3^{2-}) enthalten, der bei abnehmender Temperatur durch H_2O und H_2 zu H_2S reduziert werden kann.

Literatur zu 2.4.1.3.4.1.1:

[1] P. R. L. Browne (Soc. Mining Geol. Japan Spec. Issue Nr. 2 [1971] 64/75 nach [2]). — [2] N. Shikazano (Geochem. J. **8** [1974] 37/46, 45). — [3] G. M. Anderson (Econ. Geol. **68** [1973] 480/92, 481/5). — [4] N. Street (Econ. Geol. **53** [1958] 617/8). — [5] W. H. Newhouse (Econ. Geol. **27** [1932] 419/36, 431).

[6] L. H. Ahrens (Geochim. Cosmochim. Acta **3** [1953] 1/29, 6). — [7] H. C. Helgeson (Complexing and Hydrothermal Ore Deposition, Oxford – London – New York – Paris 1964, S. 1/128). — [8] H. Borchert (Z. Deut. Geol. Ges. **110** [1958] 450/73, 461). — [9] J. J. Hemley (Econ. Geol. **48** [1953] 113/38, 135/6). — [10] J. S. Tooms (Inst. Mining Met. Trans. B **79** [1970] 116/26, 125).

[11] D. E. White (Econ. Geol. **63** [1968] 301/35). — [12] E. Roedder (Econ. Geol. **58** [1963] 167/211, 179). — [13] N. I. Khitarov, A. A. Moskalyuk (Sov. Geol. Sb. Nr. 43 [1955] 125/36, 136). — [14] H. L. Barnes (in: J. Kutina, Symposium Problems of Postmagmatic Ore Deposition, Bd. 1, Prague 1963, S. 273/5). — [15] V. I. Rekharskii, O. V. Krutetskaya, I. V. Dubrova (Geol. Rudn. Mestorozhd. **1959** Nr. 4, S. 103/10, 109).

[16] I. N. Govorov, N. S. Blagodareva, Z. L. Mukoseeva (Geokhim. Mineral. Magmatogennykh Obrazov. Akad. Nauk SSSR Dal'nevost. Filial Dal'nevost. Geol. Inst. **1966** 40/7, 43, 46; Ref. Zh. Geol. **1967** 8 V 3). — [17] B. G. Weissberg (Econ. Geol. **64** [1969] 95/108, 107). — [18] A. Wodzicki (New Zealand J. Geol. Geophys. **15** [1972] 599/631, 628/9). — [19] M. G. Khisamutdinov (Sov. Geol. Sb. Nr. 50 [1956] 12/27, 23/6). — [20] H. D. Holland (Econ. Geol. **51** [1956] 781/97, 793).

[21] H. C. Helgeson (Am. J. Sci. **267** [1969] 729/804). — [22] H. C. Helgeson (Mineralog. Soc. Am. Spec. Paper Nr. 3 [1970] 155/80). — [23] J. R. Craig, P. B. Barton (Econ. Geol. **68** [1973] 493/506). — [24] F. W. Beales, E. P. Onasick (Inst. Mining Met. Trans. B **79** [1970] 145/54, 145/6, 152).

2.4.1.3.4.1.2 Einfluß von pH-Eh-Bedingungen auf die Galenit-Abscheidung

*Influence of pH and **Redox** Potential Conditions on Galena Deposition*

Im System Ba-Pb(-Zn-Fe)-S-H_2O, das über die Bildungsbedingungen der Mineralparagenesen in Baryt-Polymetall-Lagerstätten Aufschluß gibt, wird Galenit infolge verschiedener Puffer-Reaktionen innerhalb eines relativ begrenzten pH-Bereiches von ≈ 5.5 bis etwas über 8, bei zunehmendem Eh-Wert von etwa −400 bis gegen 0 mV und abnehmendem S-Gehalt abgeschieden [1]. In NaCl-reichen Lösungen wird Galenit mit steigendem pH-Wert [2, S. 78] und in NH_4Cl-Lösungen bei steigender Temperatur und pH ≧ 8 ausgeschieden [3]. NaCl-HCO_3^--Lösungen mit H_2S von ≈ 250°C bilden in der Taupo Vulkanzone, Neuseeland, bei Zunahme des pH-Wertes auf > 6.2 Galenit infolge CO_2- und H_2S-Verlustes [4]; vgl. Abscheidung von Galenit, zusammen mit Sericit und Adular, aus alkalischen Lösungen auf Spaltenzonen in Mittel-Kamchatka [5]. Aus KCl-reichen Lösungen erfolgt Galenit-Bildung (zusammen mit Sericit) offensichtlich schon im sauren Bereich: so beispielsweise aus > 400°C heißen, schwach sauren Lösungen im Bereich der Polymetall-

Lagerstätten von Akhtal, Armenien [6], und bei pH = 5.7, 300°C bis pH = 3.7, 200°C unter gleichzeitiger Abnahme des Verhältnisses K/H von 10^5 auf 10^3 in Uch-Ochak, West-Karamazar, Tadschikistan [7].

Aus geologischen Gründen ist anzunehmen, daß die für die Galenit-Abscheidung erforderliche pH-Zunahme der Lösungen auf Werte von > 7 hauptsächlich durch Reaktion mit Nebengesteinen, bevorzugt Carbonat-Gesteinen, erfolgt [8]; hierbei werden H^+-Ionen verbraucht [9] und Alkalien herausgelöst [2, S. 100]. Die pH-Zunahme bewirkt aber auch gleichzeitig die für die Pb-Abscheidung erforderliche Zersetzung der $Pb(HS)_2$-Komplexe [8] bzw. durch Dissoziation von H_2S, unter Verschiebung des Gleichgewichtes $H_2S \rightleftharpoons 2\,H^+ + S^{2-}$ nach rechts, eine zunehmende Konzentration von S^{2-}-Ionen (wie es beispielsweise für Polymetall-Kies-Lagerstätten des südlichen Gissar-Gebirges, Mittelasien, angenommen wird) [10]. Die für die Galenit-Ausscheidung erforderliche pH-Zunahme kann aber auch durch Bildung von OH^--Ionen bei der Zersetzung von Chlorit erfolgen, wie bei der Pb-Lagerstätte Zambarak, Ost-Karamazar, Tadschikistan [11]. — Aus Berechnungen zur Komplexbildung im System PbS-ZnS-NaCl-HCl-SiO_2-H_2O wird gefolgert, daß in hydrothermalen Lösungen eine Pb-Abscheidung hauptsächlich durch pH-Wechsel bedingt wird [12].

Die Bedeutung des Redox-Potentials (Eh-Wert) neben dem pH-Wert — und Partialdrucken von Schwefel und Sauerstoff — für die hydrothermale Erzbildung zeigt sich darin, daß sowohl in oxidierendem als auch in reduzierendem Milieu eine Galenit-Abscheidung stattfindet: So wird die Abscheidung von Galenit-haltigen Erzen speziell aus den $NaHCO_3$-haltigen Thermen von Teplice [Teplitz], Nord-Böhmen, ČSSR, stärker von pH- und Eh-Veränderungen als von Temperaturabnahme und Druckschwankungen beeinflußt [13]; Galenit wird im Kurusai-Erzfeld, West-Karamazar, in der ersten, „pneumatolytischen" Etappe bei 500 bis 350°C, mittlerem pH-Wert und negativem Eh, in der zweiten, „hydrothermalen" Etappe bei 350 bis 80°C, niedrigem pH-Wert und positivem Eh ausgeschieden [14]; im Walton-Cheverie-Gebiet, Nova Scotia, Kanada, wird Blei aus Cl^-- und SO_4^{2-}-reichen Solen mit fast neutralem pH-Wert bei Eh-Werten von +250 bis +285 mV abgeschieden [15]. Das Auftreten von Sulfiden, darunter auch Galenit, in hydrothermalen Mineralisationen des Gebietes zwischen Donbas und Priazov'e, Ukraine, wird durch reduzierendes Milieu (= Bereiche mit Anhäufung organischen Materials in marmorisierten Kalksteinen dieses Gebietes) begünstigt [16]. Die Abscheidung von Galenit sowohl in Pb-Zn- als auch Ag-Au-Lagerstätten von Yatani, Yamagata-Präfektur, Japan, erfolgte während der Oxidation der S-reichen erzbildenden Lösungen bei 200 bis 250°C und pH-Werten von ≈ 6 [17]. Die gemeinsame Abscheidung von Gold mit Galenit und Au-Ag-Pb-Telluriden (darunter Altait, PbTe) in sulfidarmen Chalcedon-Quarz-Gängen des Stanovoi-Gebirges, Ost-Sibirien, findet offensichtlich bei reduzierenden Bedingungen (niedriger Eh-Wert) statt [18], während die Paragenese Galenit-Clausthalit mit Pt-Mineralien, Gediegen Silber und Hämatit in Cu-Ni-Erzen der Talnakh-Intrusion von Noril'sk, nordwestliches Ost-Sibirien, eine Abscheidung aus Restlösungen mit erhöhter Se-Konzentration und hohem Eh-Wert anzeigt [19].

Wie Untersuchungen an verschiedenen Galenit-führenden Lagerstätten Ost-Transbaikaliens — s. auch „Blei" A 4, S. 52/3 — zeigen, wirken pH und Eh der erzbildenden Lösungen auf die Verteilung von Spurenelementen (Cu, Sn, As, Sb und Mn) in der Paragenese Sphalerit-Galenit-Pyrit unterschiedlich. Der pH-Wert beeinflußt nur die Aktivitäten von OH^--Komplexen, während mit zunehmend stärker reduzierendem Milieu eine Verschiebung der Spurenelemente zu Gunsten des Galenits, der als Kollektor wirkt, stattfindet; dementsprechend lassen sich unter den Lagerstätten drei fazielle Typen unterscheiden: Polymetall-Erze reduzierender Fazies mit vorhergehender Cassiterit-Mineralisation und niedrigem Eh; Polymetall-Erze intermediärer Fazies, die auf W-, W-Sn- und Mo-Mineralisationen folgen, mit mittlerem Eh; Polymetall-Erze oxidierender Fazies nach einer Mo-Mineralisation und mit hohem Eh [20].

Für die Buntmetall-Mineralisationen (mit Galenit und Komplexen Sulfiden) vom „kuroko"-Typ in Japan sind auf Grund von Modellvorstellungen die Hauptfaktoren der zonaren Abscheidung der einzelnen Erztypen („gypsum", „yellow", „siliceous" and „black ore") der pH-Wert sowie Fugazitäten von O_2 und S_2, der Temperatur-Einfluß ist von untergeordneter Bedeutung [21]; hiermit in Einklang stehen natürliche Beobachtungen [22] und Berechnungen nach drei verschiedenen Modellen für die ausgeschiedenen, relativen Mengen an Pb, Zn, Au, Ag und Ba (bezogen auf Cu = 100), Blei wurde hierbei nur als PbS verrechnet [23].

Literatur zu 2.4.1.3.4.1.2:

[1] V. G. Krivovichev (Zap. Vses. Mineralog. Obshchestva **101** [1972] 495/9, 498). — [2] H. Helgeson (Complexing and Hydrothermal Ore Deposition, Oxford – London – New York – Paris 1964, S. 1/128). — [3] V. A. Klyakhin (Dokl. Akad. Nauk SSSR **176** [1967] 696/8; Dokl. Earth Sci. Sect. **176** [1967] 195/7). — [4] B. G. Weissberg (Econ. Geol. **64** [1969] 95/108, 106/7). — [5] M. M. Vasilevskii (Tr. Lab. Vulkanol. Akad. Nauk SSSR Nr. 19 [1961] 145/64, 160).

[6] S. S. Mkrtchyan (Izv. Akad. Nauk Arm.SSR Nauki o Zemle **21** [1968] 35/42, 37). — [7] A. A. Popov (in: A. P. Vinogradov, Chemistry of the Earth's Crust, Bd. 1, Jerusalem 1966, S. 205/11, 206/8 [russisches Original: Moskva 1963]). — [8] J. J. Hemley (Econ. Geol. **48** [1953] 113/38, 135). — [9] C. W. Burnham (in: H. L. Barnes, Geochemistry of Hydrothermal Ore Deposits, New York u. a. 1967, S. 34/76, 60). — [10] P. V. Pankrat'ev (Zap. Uzbekistansk. Otd. Vses. Mineralog. Obshchestva Akad. Nauk Uz.SSR Nr. 20 [1969] 89/99, 95).

[11] V. I. Malyshev, I. L. Khodakovskii (Geokhimiya **1964** 431/40; Geochem. Intern. **1** [1964] 421/8, 426). — [12] L. A. Kaz'min, I. K. Karpov (Ezhegodnik Inst. Geokhim. Sibirsk. Otd. Akad. Nauk SSSR **1971/72** 319/23 [englisch S. 323]; Ref. Zh. Geol. **1973** 3 V 16). — [13] J. Čadek, M. Malkovský (in: J. Kutina, Symposium Problems of Postmagmatic Ore Deposition, Bd. 1, Prague 1963, S. 384/90, 388/9). — [14] V. D. Sazonov (Tr. Inst. Geol. Akad. Nauk Tadzh.SSR **8** [1964] 182/218 nach Ref. Zh. Geol. **1965** 6 Zh 80 und C.A. **61** [1964] 10461). — [15] R. W. Boyle (Geol. Surv. Can. Bull. Nr. 166 [1971] 1/181, 140).

[16] B. V. Zatsikha, A. I. Zaritskii, A. M. Stremovskii (Geol. Geokhim. Goryuch. Iskop. Nr. 9 [1967] 127/45, 143). — [17] K. Hattori (Econ. Geol. **70** [1975] 677/93, 689). — [18] V. S. Kogen (Izv. Akad. Nauk SSSR Ser. Geol. **1971** Nr. 8, S. 74/84, 74/5, 78, 83). — [19] V. A. Kovalenker, I. P. Laputina, L. N. Vyal'sov (Geol. Rudn. Mestorozhd. **13** Nr. 2 [1971] 98/101). — [20] Yu. P. Troshin (Vopr. Geokhim. Izverzhennykh Gorn. Porod i Rudn. Mestorozhd. Vost. Sibiri Akad. Nauk SSSR Sibirsk. Otd. Inst. Geokhim. **1965** 216/29, 225/6; C.A. **65** [1966] 1977).

[21] Y. Kajiwara (Geochem. J. **6** [1971/72] 193/209, 204/7). — [22] T. Urabe (Mineralium Deposita **9** [1974] 309/24). — [23] T. Sato (Geochem. J. **7** [1973] 245/70, 247/50, 258/9).

2.4.1.3.4.1.3 Einfluß von Temperatur und Druck auf die Galenit-Abscheidung

Influence of Temperature and Pressure on Galena Deposition

Im allgemeinen nimmt die Abscheidung von Galenit in abbauwürdigen Mengen mit abnehmender Temperatur stark zu [1, S. 93]. Die Abscheidungstemperatur wird jedoch stark vom Grad der Nebengesteinsumwandlung und dem damit verbundenen Austausch von H^+-Ionen der Lösungen gegen (unter anderem) Na^+ und K^+ der Nebengesteine — d. h. vom Verhältnis Na^+/H^+ und K^+/H^+ in den Lösungen — beeinflußt; nach Modellvorstellungen sind aus 3 molaren NaCl-Lösungen, je nach dem Grad der H_2S-Dissoziation, schon 90% des in der Lösung enthaltenen Gesamt-Pb-Gehaltes ausgeschieden bei knapp unter 200°C im Falle stärkerer, bei ≈ 125°C im Falle schwächerer Reaktion mit dem Nebengestein [1, S. 103/5]. Aus einer Lösung von natürlichem Galenit (Kristalle und Bruchstücke > 1 mm) in NaCl-HCl-H_2O (3 molar) mit konstantem pH-Wert von 5 bewirkt eine Temperaturabnahme von 200 auf 60°C die Ausscheidung von weit über 90% des in der Lösung vorhandenen Bleis [2]. — Es kann aber auch bei steigender Temperatur eine zunehmende Galenit-Abscheidung eintreten, da innerhalb eines bestimmten Temperaturbereiches durch Bildung von HCl auf Kosten von H^+-Ionen bzw. H_2S eine Galenit-Ausscheidung stattfindet; bei abnehmender Temperatur tritt in einem mittleren Temperaturbereich eine Auflösung und Auslaugung von Galenit ein [1, S. 96].

Für hydrothermale Pb-Zn-(Gang-)Lagerstätten werden auf Grund von „Homogenisationstemperaturen" syngenetischer bzw. primärer fluider Einschlüsse in den Mineralien folgende Temperaturbereiche ermittelt: hochthermale Lagerstätten 500 bis 350°C [3] bzw. 400 bis 350°C [4]; mesothermale Lagerstätten 350 bis 200°C [3]; epithermale Lagerstätten 200 bis 50°C [3] bzw. 300 bis 150°C [4]. Für schichtgebundene („stratiforme") Pb-Zn-Lagerstätten in Carbonat-Gesteinen ergeben sich an Hand der wichtigsten Erzmineralien 300 bis 50°C [5]. Diese Angaben werden weitgehend durch die von Roedder [6] aus Literaturangaben zusammengestellten Daten bestätigt, die für Galenit keine Bildungstemperaturen von > 500°C enthalten.

Druck-Veränderungen beeinflussen im allgemeinen nur im überkritischen und gasförmigen Zustand die thermodynamischen Dissoziationskonstanten (und damit die Stabilität von Komplexen) wesentlich, im „flüssigen" hydrothermalen Bereich ist der Einfluß geringer [1, S. 30]. Dennoch sind neben Reaktionen mit den Nebengesteinen oft Druck-Veränderungen für die Abscheidung von Sulfiden von überragender Bedeutung, da die Temperatur-Gradienten von hydrothermalen Ganglagerstätten häufig über den größten Teil des Tiefenbereiches, in dem die Mineralabscheidung stattfindet, nur ein geringes Gefälle haben [7, S. 68], vgl. [1, S. 96/7]. So gilt die für das System SiO_2-H_2O bei Druckabnahme von 1000 auf 500 bar bei 550°C ermittelte Verringerung der SiO_2-Löslichkeit auf etwa $^1/_4$ (entsprechend einer SiO_2-Abscheidung von 74%) [8] wahrscheinlich in ähnlicher Form auch für Galenit [1, S. 96]; die bei experimentellen Untersuchungen mit Galenit in gemischten 2n NaCl-$CaCl_2$-Lösungen bei 400°C und 120 atm Druck festgestellte Zunahme der Pb-Löslichkeit weist ebenfalls darauf hin, daß Druckabnahme zur Zerstörung der in natürlichen Lösungen enthaltenen Komplexe und zur Abscheidung von Galenit führt [9].

Durch Druckveränderungen können teilweise auch die geologischen Positionen erklärt werden, an denen Erzlagerstätten gebildet wurden: Erzlösungen treten in stellenweise poröse oder klüftige Gesteine ein, expandieren und scheiden Mineralsubstanz ab, wobei die adiabatische Abkühlung weitere Abscheidungen verursacht [8], bzw. das beim Aufreißen von tektonischen Spalten entstehende Druckgefälle führt zur Freisetzung von H_2S und damit zur Verringerung der Löslichkeit und zur Abscheidung von Galenit [10]. Auch abnehmender CO_2-Partialdruck in hydrothermalen Lösungen ist offensichtlich nicht nur für die Abscheidung von Fe-Sulfiden ein wesentlicher Faktor [7, S. 96], sondern auch für die Abscheidung von Galenit, z. B. in der Taupo-Vulkanzone, Neuseeland, wo die Druckentlastung in Tiefen von >800 m zum Sieden der ≈ 250°C heißen Hydrothermal-Solen führt; hierbei auftretende CO_2- und H_2S-Verluste bedingen dann die Abscheidung von Cu-, Pb- und Zn-Sulfiden [11], vgl. S. 230.

Literatur zu 2.4.1.3.4.1.3:

[1] H. C. Helgeson (Complexing and Hydrothermal Ore Deposition, Oxford – London – New York – Paris 1964, S. 1/128). — [2] J. O. Nriagu (Am. J. Sci. **271** [1971] 157/69, 157, 160). — [3] N. P. Ermakov [Yermakov] (Tr. Vses. Nauchn. Issled. Inst. P'ezoopt. Mineral'n. Syr'ya **1** Nr. 2 [1957] 9/29; Intern. Geol. Rev. **3** [1961] 575/85, 583). — [4] E. Roedder (in: H. L. Barnes, Geochemistry of Hydrothermal Ore Deposits, New York u. a. 1967, S. 515/74, 553, 563/4). — [5] F. I. Vol'fson, V. V. Arkhangel'skii (in: Rudn. Mestorozhd. **1969**, Itogi Nauki VINITI Akad. Nauk. SSSR, Moskva 1970, S. 102/74 nach Ref. Zh. Geol. **1971** Nr. 2 Zh 67).

[6] E. Roedder (U.S. Geol. Surv. Profess. Papers Nr. 440-JJ [1972] 1/164, 161/2). — [7] T. S. Lovering (Econ. Geol. **54** [1961] 68/99). — [8] G. C. Kennedy (Econ. Geol. **45** [1950] 629/53, 648/9). — [9] N. I. Khitarov, A. A. Moskalyuk (Sov. Geol. Sb. Nr. 43 [1955] 126/36, 136). — [10] H. Borchert (Z. Deut. Geol. Ges. **110** [1958] 450/73, 461).

[11] B. G. Weissberg (Econ. Geol. **64** [1969] 95/108, 107).

Galena Deposition by Mixing Various Solutions

2.4.1.3.4.1.4 Galenit-Abscheidung durch Mischung verschiedenartiger Lösungen

Neben dem Einfluß der im vorangehenden Teil beschriebenen einzelnen Faktoren — s. ab S. 231 — lassen sich viele Galenit-Abscheidungen auf eine Mischung verschiedenartiger Lösungen zurückführen, wie die nachfolgenden Beispiele zeigen. Insbesondere führt Vermischung mit anderen hydrothermalen Lösungen oder mit Grundwässern — neben Reaktionen mit dem Nebengestein — zur Abscheidung von Blei [1], wie beispielsweise im Erz-Ural [2] und in den zum variskischen Zyklus Mitteleuropas gerechneten Quarz-Sulfid-Abfolgen mit unter anderem auch Galenit (der „kb"-Formation des Erzgebirges entsprechend), während die zum saxonischen Zyklus gehörenden barytisch-fluoritischen Quarz-Sulfid-Abfolgen (ähnlich der „eba"- und „fba"-Formation des Erzgebirges) wahrscheinlich rein juvenilen Thermalwässern entstammen [3]. Auch in Pb-Zn-Lagerstätten vom Typ Mississippi-Tal in den USA führt Verdünnung der hydrothermalen Erzlösungen durch Grundwasser zur Zerstörung der Metall-Komplexe und wahrscheinlich auch zu anomaler primärer Zonung der Pb-Zn-Erze [4]; vgl. Galenit-Abscheidung und Zonung durch Verdünnung und Abkühlung chloridreicher Pb-haltiger Lösungen mit Grundwasser, möglicherweise in Verbindung mit dem Absinken des Grundwasser-Horizonts, in Nordwest-Illinois [5] und Ausscheidung von Galenit zusammen mit anderen Sulfiden und Uraninit im mit Sandstein gefüllten Schlot der Orphan-Grube, Grand Canyon, Arizona, wobei das Grundwasser etwas Schwefel von wahrscheinlich bakterieller Herkunft enthielt [6]. Nach Untersuchungen an fluiden Einschlüssen und der O- sowie D-Isotopenzusammensetzung ist der als Haupt-Gangmineral auftretende Galenit der Wolframit-Quarz-Sulfid-Gänge von Pasta Buena, Nord-Peru, bei Temperaturen zwischen ≈ 240 und $< 200°C$ aus Lösungen geringer Salinität (2 bis 17 Äquivalent-% NaCl) abgeschieden worden; die erzbildenden Lösungen haben einen meteorischen Wasser-Anteil von etwa 25 bis 50%, der durch Tiefenzirkulation dem Hydrothermalsystem zugemischt wurde [24]. — Im Oshamabe-dake-Distrikt, Hokkaido, Japan, werden durch eine „Verdünnungsdifferentiation" erzbildender Lösungen durch Grundwässer die schwach basischen Metalle Cu und Pb von den stark basischen Metallen Zn und Mn getrennt [7]. — Beim Zusammentreffen unter reduzierenden Bedingungen von aufsteigenden metallreichen Solen mit SO_4^{2-}-haltigen meteorischen Wässern kam es zur Bildung der Pb-Zn-Lagerstätten an der Küste des Roten Meeres in Ägypten [8].

Allgemein wird die Bildung telethermaler Pb-Zn-F-Ba-Lagerstätten in verschiedenen Gebieten der Erde durch Mischung von Schichtwässern („connate waters") aus der Zechstein-Formation mit überwiegend juvenilen Thermalquellen erklärt; möglicherweise gibt es weitere Beiträge von Wässern anderer Herkunft [9]; s. hierzu auch „Blei" A 2c, S. 71. Auch die Abscheidung von Galenit und Sphalerit der meso- bis epithermalen Pb-Zn-Ag-F-Ba-Erze der Nord-Pennines, Nord-England, erfolgte durch Mischung Pb-Zn-haltiger hydrothermaler Lösungen mit Schichtwässern, die reduzierten Schwefel führten [10]. — Ein vergleichbarer Vorgang ist die Zumischung von Wässern des $CaSO_4$-Typs aus Turon-Mergeln zu metallführenden $NaHCO_3$-Wässern im Quarzporphyr von Teplice [Teplitz], Nord-Böhmen, ČSSR, die zu einer Hydrothermal-Vererzung mit akzessorischem Galenit geführt hat [11], vgl. auch S. 232.

Auch eine Reaktion bei der Mischung von hydrothermalen Lösungen mit H_2S-reichen (Ölfeld-)Wässern führt häufig zur flächenhaften Abscheidung von Galenit an der Grenzfläche [12], wie beispielsweise in Lagerstätten vom Typ Mississippi-Tal — vgl. auch S. 234 — im oberen Mississippi-Tal [13] und in den Rocky Mountains (Banff, Alberta; Field, British Columbia) in Kanada [14] sowie im Cave-in-Rock-Distrikt, Illinois [15]. Ferner trafen im Deckgebirge des Salzdomes von Reitbrook bei Hamburg, Bundesrepublik Deutschland, sehr verdünnte Metall-Lösungen wahrscheinlich auf Spalten von unten her auf gesättigte H_2S-Lösungen, wobei es zur Galenit-Abscheidung kam [16]. Demgegenüber wird auf der Halbinsel Cheleken, Kaspisches Meer, wegen der unterschiedlichen Stabilität der Metall-Komplexe bei Mischung der metallreichen Chlorid-Wässer mit H_2S-reichen Wässern aus den oberen Horizonten in oberirdischen Tanks zwar Sphalerit, aber fast kein Galenit abgeschieden [17], vgl. auch [18]; zur Pb-Abscheidung als Gediegen Blei in diesem Gebiet s. S. 241.

Im Kupferschiefer Mitteleuropas enthaltener Galenit wurde zusammen mit anderen Sulfiden nach Zufuhr der Metalle entlang Spalten aus großen Tiefen schon bei der Mischung der juvenilen Erzlösungen mit Solen („connate brines") in den Spalten abgeschieden; in beträchtlichen Mengen erfolgte Galenit-Ausscheidung erst nach Vermischen der Erzlösungen mit dem Meerwasser in z. B. Lagunen des Zechstein-Meeres [19], s. auch „Blei" A 2c, S. 37. Ähnliche Vorgänge werden angenommen bei der Bildung der Pb-Zn-Pyrit-Lagerstätte von Zawar südöstlich Udaipur, Rajasthan, Mittel-Indien [20], sowie im Atlantis II-Tief, Rotes Meer [21], vgl. auch [18, 22] und für „kuroko"-Erze mit unter anderem Galenit von Japan [23] sowie auch S. 232. Beim Ausfließen von hydrothermalen Lösungen in das Meerwasser bestehen große Ähnlichkeiten (und wahrscheinlich auch Übergänge) zu den submarin-exhalativen Bildungen, s. ab S. 29.

Literatur zu 2.4.1.3.4.1.4:

[1] H. C. Helgeson (Complexing and Hydrothermal Ore Deposition, Oxford – London – New York – Paris 1964, S. 1/128, 90). — [2] F. K. Shipulin (in: Z. Pouba, M. Štemprok, Problems of Hydrothermal Ore Deposition, Stuttgart 1970, S. 24). — [3] H. J. Rösler, L. Baumann (in: Z. Pouba, M. Štemprok, Problems of Hydrothermal Ore Deposition, Stuttgart 1970, S. 72/7, 72/4). — [4] R. M. Garrels (Econ. Geol. **36** [1941] 729/44, 743). — [5] J. C. Bradbury (Econ. Geol. **56** [1961] 132/48, 147).

[6] V. Gornitz, P. F. Kerr (Econ. Geol. **65** [1970] 751/68, 751, 762, 767). — [7] E. Narita, T. Igarashi (Chishitsu Chosasho Hokoku Nr. 234 [1969] 1/47 nach C.A. **72** [1970] Nr. 113698). — [8] M. E. Hilmy, F. M. Nakhla, M. Rasmy (Chem. Erde **31** [1972] 373/90, 373, 388). — [9] K. C. Dunham (Inst. Mining Met. Trans. B **75** [1966] 226/9). — [10] F. J. Sawkins (Econ. Geol. **61** [1966] 385/401, 397/8).

[11] J. Čadek, M. Malkovský (Vestn. Ustredniho Ustavu Geol. **35** [1960] 321/4, 324 [deutsch S. 324]). — [12] E. Ingerson (Econ. Geol. **49** [1954] 727/33, 728). — [13] J. R. Richards, A. K. Yonk, C. W. Keighin (Mineralium Deposita **7** [1972] 285/91, 289). — [14] T. L. Evans, F. A. Campbell, H. R. Krouse (Econ. Geol. **63** [1968] 349/59, 357/8). — [15] W. E. Hall, I. Friedmann (Econ. Geol. **58** [1963] 886/911, 906/8).

[16] J. Lietz (Mitt. Geol. Staatsinst. Hamburg Nr. 20 [1951] 110/8, 117). — [17] Yu. Yu. Bugel'skii, L. M. Lebedev, I. B. Nikitina, V. M. Stepashkina (Dokl. Akad. Nauk SSSR **184** [1969] 1189/90; Dokl. Earth Sci. Sect. **184** [1969] 185/6). — [18] J. L. Bischoff (in: E. T. Degens, D. A. Ross, Hot Brines and Recent Heavy Metal Deposits in the Red Sea, Berlin – Heidelberg – New York 1969, S. 368/401, 397). — [19] K. C. Dunham (Econ. Geol. **59** [1964] 1/21, 10/1, 16, 18). — [20] A. K. Chakrabarti (Can. Mineralogist **9** [1967/68] 258/62, 258, 261).

[21] J. S. Tooms (Inst. Mining Met. Trans. B **79** [1970] 116/26, 125). — [22] H. Craig (in: E. T. Degens, D. A. Ross, Hot Brines and Recent Heavy Metal Deposits in the Red Sea, Berlin – Heidelberg – New York 1969, S. 208/42, 231). — [23] E. Horikoshi (Mineralium Deposita **4** [1969] 321/45, 321). — [24] G. P. Landis, R. O. Rye (Econ. Geol. **69** [1974] 1025/59, 1039, 1044, 1057).

Galena Deposition from Colloidal Solutions

2.4.1.3.4.1.5 Galenit-Abscheidung aus kolloiden Lösungen

Aus H_2S-gesättigten bis begrenzt H_2S-haltigen kolloiden Lösungen wird Galenit nach experimentellen Untersuchungen bei Temperaturen von 75 bis 150°C durch Koagulation ausgeschieden [1]; bei Temperaturen > 250°C erfolgt vollständige Abscheidung selbst dann, wenn ein komplexes System aus mehreren Metallen zunächst stabilisierend wirkt [1, 2], s. auch S. 213. Aber auch durch Reaktion der kolloiden Lösung mit silikatischen und carbonatischen Nebengesteinen kann eine Galenit-Abscheidung erfolgen [3].

Hiermit im Einklang stehen Beobachtungen an meist im niedrigthermalen Bereich gebildeten Pb-Lagerstätten, in denen die Abscheidung von späteren Galenit-Generationen (mit kollomorpher Form oder in radialstrahligen bis sphärolithischen Aggregaten) aus offensichtlich kolloiden Lösungen auf Grund unterschiedlicher Faktoren erfolgt ist: So sind in den Gangformationen von Freiberg, Sachsen, DDR, der Galenit-II der variskischen „eb"-Formation und der Galenit-III und -IV aus den postvariskischen „fba"- und BiCoNiAg-Formationen offensichtlich infolge Schwefel-Übersättigung der Lösung bei abnehmender Temperatur als typische Gel-Bildungen sowohl im Zentralteil [4] als auch in den Randgebieten dieses Lagerstättenbezirkes abgeschieden worden [5]; das Blei dieser Galenite ist umgelagertes Blei aus Galenit-I, s. S. 240. Auch im Schlesisch-Krakauer Erzrevier wird in Klucze bei Olkusz, Polen, Galenit-II als Abscheidung aus kolloiden Lösungen infolge Druckabnahme gefunden [6]. In Polymetall-Lagerstätten des Altai-Gebirges wird — nach Übergang der erzbildenden Lösungen in den kolloiden Zustand und Wechsel von alkalischem zu saurem Milieu — Galenit im letzten, dem Pb-Zn-Stadium, von insgesamt drei Stadien abgeschieden [7]; zur wesentlichen Rolle von kolloiden Lösungen bei der Abscheidung von Polymetall-Lagerstätten der Nerchinsk-Zavod-Gruppe in Ost-Transbaikalien s. [8]. Im jüngeren Sulfid-Carbonat-Typ der Lagerstätte Shakhtama, Ost-Transbaikalien, wurden rythmisch miteinander abwechselnde Schichten von sphärolithischen Galeniten und Sphaleriten bei abnehmender Temperatur aus konzentrierten kolloiden Lösungen (oder als mechanische Segregation entsprechender kolloider Teilchen aus kompliziert zusammengesetzten dispersen Phasen) ausgeschieden [9]; vgl. auch kollomorphe Formen und radialstrahlige bzw. sphärolithische Aggregate von Galeniten im 4. und 5. Erzbildungsstadium der Lagerstätte Kan-i-Mansur, Karamazar, Mittelasien [10]. — Der als jüngste Bildung zusammen mit verschiedenen amorphen Sulfiden, s. S. 249, am Cerro de Pasco, Peru, auftretende Galenit wurde bei Temperaturen < 250°C aus einem Sol durch H_2O-Verlust als Gel abgeschieden, das später auskristallisierte [11].

Literatur zu 2.4.1.3.4.1.5:

[1] N. L. Lopatina, N. V. Losev, A. A. Smurov (Geol. Rudn. Mestorozhd. **1960** Nr. 4, S. 52/73, 67, 69, 71/2). — [2] N. L. Lopatina (Inform. Sb. Vses. Nauchn. Issled. Geol. Inst. Nr. 50 [1961] 101/16, 103, 114/5). — [3] A. A. Smurov, N. L. Lopatina (Byul. Nauchn. Tekhn. Inform. Gos. Geol. Kom. SSSR Otd. Nauchn. Tekhn. Inform. Vses. Nauchn. Issled. Eksperim. Inst. Mineral'n. Syr'ya **1963** Nr. 5, S. 8/10 nach Ref. Zh. Geol. **1964** 11 V 53). — [4] L. Baumann (Freiberger Forschungsh. C Nr. 46 [1958] 1/208, 184, 188). — [5] L. Baumann (Freiberger Forschungsh. C Nr. 188 [1965] 1/268, 65, 70).

[6] C. Harańczyk (in: J. Kutina, Symposium Problems of Postmagmatic Ore Deposition, Bd. 1, Prague 1963, S. 248/53, 250/2). — [7] A. S. Tarantov, K. F. Ermolaev (Tr. Inst. Geol. Nauk Akad. Nauk Kaz. SSR **17** [1966] 68/78 nach Ref. Zh. Geol. **1967** 1 Zh 56). — [8] V. S. Kormilitsyn (Sov. Geol. Sb. Nr. 43 [1955] 107/25, 120). — [9] V. S. Kormilitsyn (in: J. Kutina, Symposium Problems of Postmagmatic Ore Deposition, Bd. 1, Prague 1963, S. 425/8). — [10] N. N. Koreleva, V. S. Kormilitsyn, E. A. Koteneva (Zap. Vses. Mineralog. Obshchestva **98** [1969] 301/7, 301/2, 306).

[11] I. Burkart-Baumann, J. Ottemann, G. C. Amstutz (Neues Jahrb. Mineral. Monatsh. **1972** 433/46, 438/40, 445).

2.4.1.3.4.1.6 Galenit-Abscheidung durch Zerfall fester Lösungen (Entmischung)

Galena Deposition by Decomposition of Solid Solutions (Exsolution)

Insbesondere Komplexe Sulfide (Sulfosalze) mit Pb, Ag und Cu als Kationen und As, Sb und Bi als Komplexbildner zeigen zunehmende Neigung zur Bildung von Zerfalls- bzw. entsprechenden gesetzmäßigen Verwachsungsstrukturen in der Reihenfolge As-→Sb-→Bi-Sulfosalze. Wegen stärker kovalenter Bindung zwischen Pb-S und Bi-S im Kristallgitter zerfallen Bi-Sulfosalze unter bestimmten Bedingungen (insbesondere veränderten Temperaturen) völlig in Bismuthinit Bi_2S_3 und Galenit PbS oder scheiden bestimmte Anteile dieser Mineralien und/oder andere Sulfosalze aus [1]. So wird z. B. Galenit abgeschieden beim Zerfall der Bleiarsenspießglanze Geokronit [2, S. 186, 717] und Gratonit [2, S. 186, 700] sowie der Bleiwismutspießglanze Cosalit [2, S. 186, 721], [3, S. 140/1] und Lillianit [2, S. 723]. Ferner bildete sich Galenit-II als Zerfallsprodukt einer komplexen „doppelten festen Lösung" von $PbS + \alpha\text{-}AgBiS_2$ und $9\,PbS + 6\,PbS \cdot Bi_2S_3$ auf der W-Lagerstätte Bukuka, Ost-Transbaikalien [3, S. 144/5]; vgl. Bildung von Galenit neben Cosalit beim Zerfall bei Temperaturen $< 425\,°C$ von Heyrovskyit aus Quarz-Sulfid-Gängen im Granit von Hůrky bei Prag, ČSSR [4]. Demgegenüber wird bei experimentellen Untersuchungen des Systems $PbS\text{-}Bi_2S_3$ Galenit als Zerfallsprodukt nur in dem aus Schmelzen gewonnenen $PbS \cdot 2\,Bi_2S_3$, nicht jedoch in den hydrothermal erhaltenen Bi-Pb-Sulfosalzen gefunden [5]. — Galenit-Abscheidung findet auch statt beim Zerfall des Bleisilberspießglanzes Diaphorit [2, S. 689]. In den Erzen von Cobalt-Gowganda, Ontario, Kanada, bildet Galenit zusammen mit Chalkosin bei Temperaturen zwischen 486 und 523 °C das Entmischungsprodukt einer „Phase A" (Cu-Pb-S) [6], die ihrerseits neben Larosit und Stromeyerit aus einer wahrscheinlich noch höher temperierten „Mutter-Phase" entmischt wurde [7]. — Eine myrmekitische Verwachsung von Galenit mit Wehrlit auf der Au-Lagerstätte Darasun, Ost-Transbaikalien, weist auf eine Entmischung aus einer festen Lösung Bi-Pb-Te-S hin [8].

Literatur zu 2.4.1.3.4.1.6:

[1] G. R. Kolonin (Tr. Inst. Geol. Geofiz. Akad. Nauk SSSR Sibirsk. Otd. **1967** Nr. 5, S. 76/89, 76, 80/1, 84/6). — [2] P. Ramdohr (Die Erzmineralien und ihre Verwachsungen, 3. Aufl., Berlin 1960, S. 1/1089). — [3] D. O. Ontoev (Tr. Mineralog. Muzeya Akad. Nauk SSSR Nr. 15 [1964] 134/53). — [4] J. Klomínský, M. Rieder, C. Kieft, L. Mráz (Mineralium Deposita **6** [1971] 133/47, 135, 143/4). — [5] A. A. Godovikov, V. A. Klyakhin, Zh. N. Fedorova, R. M. Leibson (Tr. Inst. Geol. Geofiz. Akad. Nauk SSSR Sibirsk. Otd. **1967** Nr. 5, S. 10/33, 32).

[6] W. Petruk u. a. (Can. Mineralogist **11** [1971/73] 196/231, 204, 229). — [7] W. Petruk (Can. Mineralogist **11** [1971/73] 886/91, 886/7, 889/90). — [8] M. S. Sakharova (Dokl. Akad. Nauk SSSR **200** [1971] 1192/4; Dokl. Earth Sci. Sect. **200** [1971] 167/9).

Galena Deposition by Replacement of Other Minerals

2.4.1.3.4.1.7 Galenit-Abscheidung durch Verdrängung anderer Mineralien

Galenit ist in Verdrängungen aszendenter Natur fast immer das aktive Mineral, das ältere Mineralien wie Pyrit, Pyrrhotin, Fahlerze, Enargit, Sphalerit und Chalkopyrit verdrängt [1, S. 603]; dabei erfolgt die metasomatische Verdrängung der Sulfide untereinander im allgemeinen in der Abfolge (Pfeile in Richtung des verdrängten Minerals) Pyrit ← Chalkopyrit ← Sphalerit ← Galenit [2].

Die Verdrängung von Sphalerit durch Galenit ist bei der sehr geringen Löslichkeit von Galenit und bei Abscheidung gleicher Mengen beider Mineralien nur dadurch möglich, daß Blei zunächst in wesentlich größerem Ausmaß ($\approx 10^3$fach) in komplexem Zustand in den Lösungen vorlag als Zink [3]. Andererseits ist auch eine späte Abscheidung des gelösten Bleis aus bereits S-armen Lösungen in Betracht zu ziehen durch Korrosion von Sphalerit — und bisweilen auch Chalkopyrit — mit Entnahme des Schwefel-Gehalts aus den verdrängten Mineralien; dieser Mechanismus wird indirekt durch die gegenläufigen, gemittelten Pb- und Zn-Gehalte in den Erzen der Polymetall-Lagerstätte Zyryanovsk, Erz-Altai, nahegelegt [4]; ferner wird der Einbau des Schwefelgehaltes des verdrängten Sphalerits in den aus Chloridlösungen neugebildeten Galenit durch experimentelle Untersuchungen dieses Verdrängungsmechanismus bei 300°C bestätigt, nach denen die neugebildete Galenit-Schicht, bei einer Verdrängung Mol pro Mol, wegen der unterschiedlichen Molvolumina beider Sulfide nur eine dünne Oberflächenschicht bilden kann [5]. Auch eine weitgehende Korrosion von kollomorphem Sphalerit durch Galenit, der wahrscheinlich ebenfalls aus einem PbS-Kolloid langsam auskristallisierte, wird entsprechend den Löslichkeitsprodukten der Sulfide im Pb-Zn-Cu-Ag-Erzlager des Walton-Cheverie-Gebietes, Nova Scotia, Kanada, beobachtet [6]. Fehlende Gleichgewichtsbeziehungen zwischen Sphaleriten und später abgeschiedenem, sie verdrängenden Galenit führen zur Wiederabscheidung eines Fe-freien und Cu-armen Sphalerits in verschiedenen Lagerstätten Ost-Transbaikaliens [7]. — In der Pb-Zn-Lagerstätte Alenuiskoe, Ost-Transbaikalien, setzt die intensive Verdrängung des Sphalerits durch Galenit schon zu einem Zeitpunkt ein, an dem der Verdrängungsprozeß der Carbonate durch Sphalerit noch lange nicht abgeschlossen ist, so daß auch Carbonate vom Galenit verdrängt werden [8], während in der Lagerstätte Zambarak, Ost-Karamazar, Mittelasien, Galenit als eines der letzten Mineralien vor allem Chlorit, Siderit und Sphalerit, weniger Pyrit, Chalkopyrit, Baryt und Calcit verdrängt [9], s. auch unten. — Demgegenüber wurden bei Laborversuchen mit sehr unterschiedlich zusammengesetzten, konzentrierten wäßrigen Lösungen Sphalerit, Pyrit, Markasit, Siderit und Smithsonit weniger gut bis mäßig, ausgezeichnet dagegen Cerussit, Anglesit, Pyromorphit und Phosgenit (d. h. Pb-haltige Mineralien) von Galenit verdrängt [10, S. 615/6, 621, 636].

Fe-Sulfide — s. auch oben — werden nach Laborversuchen in saurem bis alkalischem Milieu durch Galenit verdrängt, wobei der Schwefel des Fe-Sulfids etwa nach dem Schema $4\,FeS_2 + 7\,PbCl_2 + 4\,H_2O \rightarrow 4\,FeCl_2 + 7\,PbS + H_2SO_4 + 6\,HCl$ teilweise vom Galenit übernommen wird; die hierbei gebildeten Säuren halten das Eisen in Lösung [11, S. 95, 97]; vgl. beispielsweise Verdrängung von Pyrit durch Galenit in der Pb-Lagerstätte Laisvall, Lappland, Schweden [12], von Pyrit und Markasit, z. T. auch Pyrrhotin, durch Galenit in subvulkanischen Erzbildungen der Sierra de Cartagena, Süd-Spanien [13], und von Pyrit durch Galenit, der selbst gegen die Regel später vom Sphalerit verdrängt wird, in der mesothermalen Cu-Pb-Zn-Lagerstätte Bakadzhik, Jambol-Distrikt, Bulgarien [14].

Auch Komplexe Sulfide werden, oft in großen Mengen, von Galenit verdrängt: so beispielsweise Tetraedrit (und wahrscheinlich auch feinkörniger Sphalerit) im Coeur d'Alene-Distrikt, Idaho [15], Tetraedrit und Tennantit der Ag-Pb-Zn-Lagerstätte Lashkerek im Zentrum des Kurama-Gebirges, Mittelasien [16], sowie Tetraedrit neben Bornit mit einer anschließenden Entmischung einer zweiten Generation Tetraedrit im Galenit des 3. Mineralisationsstadiums bei etwa 300°C in der Ag-Pb-Erzgrube von Yerranderie, New South Wales, Australien [17], und Tetraedrit neben Sphalerit, Chalkopyrit, Bournonit und Siderit in den Pb-Zn-Erzgängen des Gebietes von Holzappel-Nassau, Hessen, Bundesrepublik Deutschland [18]. Ferner wird Gratonit durch Galenit verdrängt entweder direkt (wie am Cerro de Pasco, Peru) oder über Jordanit als Zwischenprodukt [1, S. 701].

Nicht nur sulfidische Mineralien — s. oben — sondern, wie vereinzelt schon angeführt, auch häufig Carbonate, seltener Sulfate und Silikate können von Galenit verdrängt werden. Nach experimentellen Untersuchungen wird in H_2S-freier Ca-Na-K-Cl-Lösung mit Überschuß an CO_2 (wodurch der pH-Wert zwischen 6.0 und 6.5 konstant gehalten wird) bei 450 bis 600°C Calcit (polierte Marmorfläche) metasomatisch durch abgeschiedenen Galenit verdrängt [19]. Die Verdrängung von Dolomit vor Silikaten durch Galenit ist auch für die Pb-Zn-Verdrängungslagerstätte im Kalkstein des Salmo-Gebietes, British Columbia, Kanada, typisch [20]. Siderit, der in Laborversuchen mit K_2PbO_2-$Na_2S_2O_3$-Lösungen in KOH in zwei Stufen — mit $Fe(OH_2)$ als Zwischenprodukt — von Galenit verdrängt wird [10, S. 615, 653], [11, S. 94], wird in natürlichen Vorkommen nur teilweise — wie im Neudorfer Gangzug, Harz, DDR [21] — oder auch sehr intensiv — wie in Pb-Zn-Erzgängen an der unteren Lahn, Hessen [18], und vom Mittelrhein, beide Bundesrepublik Deutschland [22] — von Galenit verdrängt.

Verdrängung von früh gebildetem Coelestin durch Galenit tritt in der Endphase der Bildung von epithermal-vadosen Polymetall-Mineralisationen bei 200 bis 40°C auf in Vorkommen der „tadschikischen Depression" [23].

Durch Galenit verdrängte Silikate sind Diopsid und Tremolit der Verdrängungslagerstätten des Salmo-Gebietes, British Columbia, Kanada [20], sowie uralisierter Granat und Pyroxene (insbesondere Hedenbergit) in pyrometasomatischen Pb-Zn-Mineralisationen der Linchburg-Grube, New Mexico [24], s. auch [25].

Literatur zu 2.4.1.3.4.1.7:

[1] P. Ramdohr (Die Erzmineralien und ihre Verwachsungen, 3. Aufl., Berlin 1960, S. 1/1089). — [2] N. F. Anikeeva (in: Metallogenicheskaya Spetsializatsiya Magmaticheskikh Kompleksov, Moskva 1964, S. 63/84, 82). — [3] P. B. Barton (Econ. Geol. **52** [1957] 333/53, 350). — [4] N. I. Shumskaya (Vestn. Leningr. Univ. Geol. Geogr. **1961** Nr. 6, S. 118/28, 124/6). — [5] C. Maurel (Econ. Geol. **68** [1973] 665/70, 668/9).

[6] R. W. Boyle (Geol. Surv. Can. Bull. Nr. 166 [1971] 1/181, 96/7, 104, 112, 135/6). — [7] T. N. Shadlun, M. G. Dobrovol'skaya, Yu. S. Nesterova, G. A. Arapova (in: F. V. Chukhrov u. a., Tipomorfizm Mineralov, Moskva 1969, S. 15/48, 22, 36, 45). — [8] G. Yu. Grigorchuk (Geol. Rudn. Mestorozhd. **1962** Nr. 4, S. 127/9). — [9] V. I. Malyshev, I. L. Khodakovskii (Geokhimiya **1964** 431/40; Geochem. Intern. **1** [1964] 421/8, 421, 426/7). — [10] C. Schouten (Econ. Geol. **29** [1934] 611/58).

[11] T. S. Lovering (Econ. Geol. **56** [1961] 68/99). — [12] E. Grip (21st Intern. Geol. Congr. Rept. Session Norden, Copenhagen 1960, Tl. 16, S. 149/59, 154). — [13] G. Friedrich (Geol. Jahrb. Beih. Nr. 59 [1964] 1/108, 52, 64/5, 81). — [14] P. Bonev (in: J. Kutina, Symposium Problems of Postmagmatic Ore Deposition, Bd. 1, Prague 1963, S. 517/21). — [15] V. C. Fryklund (U.S. Geol. Surv. Profess. Papers Nr. 445 [1964] 1/103, 43, 55).

[16] R. L. Dunin-Barkovskii (Zap. Uzbekistansk. Otd. Vses. Mineralog. Obshchestva Akad. Nauk Uz. SSR Nr. 13 [1959] 104/11, 105). — [17] A. S. Ritchie (in: J. Kutina, Symposium Problems of Postmagmatic Ore Deposition, Bd. 1, Prague 1963, S. 217/20, 218/9). — [18] F. Herbst (Über die im Raum Holzappel-Nassau aufsetzenden Blei-Zinkerzgänge, Bad Ems 1969, S. 1/60, 23, 31). — [19] F. V. Syromyatnikov, A. P. Makarova (Tr. 6-go Soveshch. po Eksperim. i Tekhn. Mineralog. i Petrogr., Leningrad 1961 [1962], S. 41/52 nach Ref. Zh. Geol. **1963** 3 V 350). — [20] L. H. Green (Can. Dept. Mines Tech. Surv. Geol. Surv. Can. Geol. Surv. Bull. Nr. 29 [1954] 1/33, 12, 31/2).

[21] O. Oelsner, M. Kraft, H. Schützel (Freiberger Forschungsh. C Nr. 52 [1958] 1/114, 45, 49, 52/3). — [22] F. Herbst (Die Pb-Zn-Erzlagerstätten der Grube Mühlenbach im Bereich Ehrenbreitstein-Arenberg, Bad Ems 1966, S. 1/43, 27). — [23] V. V. Mogarovskii, G. N. Tarnovskii (Dokl. Akad. Nauk SSSR **199** [1971] 918/20; Dokl. Earth Sci. Sect. **199** [1971] 143/4). — [24] S. R. Titley (Econ. Geol. **56** [1961] 695/722, 710, 715). — [25] S. R. Titley (in: J. Kutina, Symposium Problems of Postmagmatic Ore Deposition, Bd. 1, Prague 1963, S. 312/6, 315/6).

2.4.1.3.4.1.8 Sekundäre Galenit-Abscheidung mit umgelagertem und teilweise radiogenem Blei

Secondary Galena Deposition with Transferred and Partially Radiogenic Lead

Bei Mobilisierung magmatisch-hydrothermaler Lagerstätten durch jüngere Intrusionen wird Galenit, der in Cl^--haltigen Lösungen gegenüber Sphalerit und Chalkopyrit am leichtesten löslich ist, stets zuerst wieder gelöst, abtransportiert und bei abnehmender Temperatur als die Phase mit der größten Konzentration in der Lösung auch zuerst wieder abgeschieden, bzw. bei Übersättigung — durch schnellen Temperatur-Anstieg mit nachfolgend rascher Abnahme während der Abkühlung — in den Sol-Zustand übergehen und als Gel-Bildung wieder ausgeschieden werden [1, S. 110/1]. Für die Bildung solcher Umlagerungen bzw. für hydrothermal-mobilisierte Lagerstätten reichen Temperatursteigerungen von 40 bis 70°C gegenüber der Umgebung aus, wie sie nach Berechnungen leicht durch tektonische Bewegungen erzeugt werden können [1, S. 105/6]; vgl. die nach Berechnungen aus physikalischen Konstanten ermittelte minimale Mobilisierungstemperatur für Blei in der Natur von etwa 100°C (73 bis 103°C) [2]. Auch eine Wiederabscheidung von Galenit aus Lösungen, die bei Zersetzung von älteren Galenit-Erzen durch Kontakt mit H_2S-armen oder -freien, Cl^--haltigen Lösungen entstanden sind und die infolge Oxidation SO_4^{2-}-Ionen enthalten, kann je nach dem H_2S-Gehalt ohne Störung durch die SO_4^{2-}-Ionen teilweise bis vollständig erfolgen [3]. So stammt beispielsweise das Blei der Galenite-II bis -IV aus den „eb"-, „fba"- und BiCoNiAg-Formationen der Pb-Zn-Erzgänge von Freiberg, Sachsen, DDR, zum größten Teil aus dem primär-aszendent gebildeten Galenit-I der stark korrodierten „kb"-Formation, der sowohl im Zentralteil [4] als auch in den Randgebieten dieses Lagerstättenbezirkes umgelagert wurde [5]; besonders charakteristisch ist die Pb-Umlagerung mit sekundärer Galenit-Abscheidung für die gesamte Metallprovinz des weiteren Erzgebirges, DDR und ČSSR, wo der Galenit-III der „fba"-Formation [6] grobkristallin zusammen mit Sphalerit besonders in Gebieten mit starker Entwicklung, kaum dagegen in Bereichen mit geringer Ausbildung der „kb"- und „eb"-Formationen vertreten ist [7]. — Konzentration und Abscheidung von Galenit und Sphalerit in Spalten und Gängen vom „alpinen Typ" ist möglich und erfolgt — z. T. unter Mitwirkung von organischen Beimengungen oder stark reduzierenden Gasphasen wie CH_4, CO_2, H_2S — durch Umlagerung der Metall-Gehalte aus den primär-sedimentären Nebengesteinen, z. B. in den Trümer-Erzen der Mirgalimsai-Gruppe und möglicherweise im Erzkörper von Achisai, beide Karatau-Gebirge, Süd-Kasachstan, sowie in kleinen Pb-Vererzungen in carbonatischen Gesteinsfolgen des Oberdevon der Russischen Tafel und in nestartigen Galenit-Anreicherungen in dünnen Calcit-Gängen westlich von Kielce, Polen [8]. Siehe hierzu auch S. 199.

Die Abscheidung von Galenit in Pb-Erzen mit anomal hohem Gehalt an radiogenen Pb-Isotopen („J-Typ") kann bei teilweiser Mobilisierung kleiner Volumina von Krustengesteinen erfolgen bzw. stattfinden, nachdem radiogenes Blei durch Lösungen aus solchen Gesteinen bevorzugt extrahiert und nach Zusatz zu gewöhnlichem Blei wieder abgeschieden wurde [9]. So wird in den meisten Lagerstätten der USA vom Mississippi-Typ eine Bildung von Galenit (mit besonders hohen Gehalten an ^{206}Pb) einer selektiven Extraktion von radiogenem Blei aus paläozoischen Sedimenten oder aus den präkambrischen Basisgesteinen zugeschrieben [10], vgl. auch S. 196; ebenfalls durch hydrothermale Umlagerung aus Grauwacken wird das Blei zugeführt für die Galenite der Pb-Zn-Cu-Lagerstätte Tui Mine bei Te Aroha, Coromandel-Halbinsel, Neuseeland [11]. Ferner werden Bi- und Ag-reiche Galenite in alpinen Zerrklüften der Schweiz gebildet aus Blei, welches durch den radioaktiven Zerfall von U und Th entstand und unter teilweiser hydrothermaler Auslaugung — mit Anreicherung einzelner Pb-Isotope — aus sauren Graniten und Gneisen umgelagert wurde [12]. — Aus radioaktiven akzessorischen Mineralien des präkambrischen Kristallins stammendes radiogenes Blei wurde beim Durchgang erzhaltiger Lösungen mobilisiert und im Galenit als Begleitmineral einer Brannerit-Vererzung an einer nicht genannten Lokalität der UdSSR wieder abgeschieden [13]; die Untersuchung einer größeren Anzahl von Pb-Lagerstätten Sibiriens ergab aber, daß die Bildung von Pb-Erzen mit anomal hohen Gehalten an ^{206}Pb, ^{207}Pb und ^{208}Pb im Galenit durch Mobilisierung des radiogenen Bleis aus radioaktiven Akzessorien von Graniten und Pegmatiten relativ selten ist und wahrscheinlich nur für die Lagerstätte Ayakhtinskoe im Jenissei-Gebirge Bedeutung hat [14].

Mit U-Mineralisationen verknüpfte sekundäre Galenite enthalten oft umgelagertes radiogenes Blei, dessen Abtrennung durch den nichtchalkophilen Charakter des Urans in den spezifisch chalkophile Elemente enthaltenden Erzfluiden erleichtert wird [9]. So wird beispielsweise das im „Mutter-Uraninit" der U-Lagerstätten vom Witwatersrand, Südafrikanische Union, verstreut enthaltene radiogene Blei abgetrennt und während einer Metamorphose in kleinen Galenit-Körnern abgeschieden, danach erfolgt eine Konzentration des Bleis durch hydrothermale Lösungen und — nach Mischung mit nichtradiogenem Blei — eine erneute Abscheidung als größere Galenit-Körner (mit hohen ^{206}Pb- und ^{207}Pb-Gehalten) in Quarzgängchen [15], [16, S. 404/9]; vgl. sehr ähnliche Umverteilung von Blei bei Auflösung älterer Pechblende mit „chemischer" Abtrennung des akkumulierten radiogenen Bleis und erneuter Abscheidung zusammen mit gewöhnlichem Blei in Galenit und Clausthalit, s. auch S. 243, einer späteren Bildungsphase in den U-Lagerstätten von Goldfields, Saskatchewan, Kanada

[17, 18]. Auch aus Uraniniten in Pegmatiten Kareliens, R.S.F.S.R., wurde radiogenes Blei wahrscheinlich teilweise schon sehr früh fortgeführt und in Galenit mit großem Verhältnis $^{207}Pb/^{206}Pb$ wieder abgeschieden [16, S. 411]. Ferner wurde Galenit, mit überwiegend Uran-Blei, wahrscheinlich durch Reaktion S-haltiger Lösungen mit radiogenem Blei aus Uraniniten in Cyrtolithen des Pegmatits von Bedford, New York, abgeschieden; die Cyrtolithe selbst sind durchsetzt mit feinverteiltem Uraninit [19]. — Demgegenüber ist ein mit der U-Mineralisation der Orphan-Grube, Grand Canyon, Arizona, verknüpfter hypogener Galenit nichtradiogener Herkunft und wurde offensichtlich aus 60 bis 110°C warmen Lösungen mit $[UO_2]^{2+}$-Komplexen, Pb, Zn und Cu durch Schwefel bakterieller Herkunft abgeschieden [20], vgl. auch S. 231.

Literatur zu 2.4.1.3.4.1.8:

[1] O. Oelsner (Neues Jahrb. Mineral. Abhandl. **94** [1960] 98/120). — [2] C. J. Sullivan (Econ. Geol. **52** [1957] 5/24, 12/3). — [3] N. I. Khitarov, T. N. Kozintseva (Eksp. Issled. Obl. Glubinnykh Protsessov Mater. Simp., Moskva 1960 [1962], S. 117/21, 121). — [4] L. Baumann (Freiberger Forschungsh. C Nr. 46 [1958] 1/208, 178, 182). — [5] L. Baumann (Freiberger Forschungsh. C Nr. 188 [1965] 1/268, 29, 50, 65, 70, 205).

[6] L. Baumann (Freiberger Forschungsh. C Nr. 209 [1967] 15/38, 24). — [7] L. Baumann (Freiberger Forschungsh. C Nr. 230 [1968] 217/33, 224, 226). — [8] M. M. Konstantinov (Izv. Akad. Nauk SSSR Ser. Geol. **1954** Nr. 2, S. 65/80, 73/4). — [9] E. I. Hamilton (Earth Planet. Sci. Letters **1** [1966] 30/7, 35/6). — [10] A. V. Heyl (in: Z. Pouba, M. Štemprok, Problems of Hydrothermal Ore Deposition, Stuttgart 1970, S. 95/9, 97).

[11] B. W. Robinson (Econ. Geol. **69** [1974] 910/25, 910, 913/4, 923). — [12] S. Graeser (Schweiz. Mineral. Petrog. Mitt. **51** [1971] 415/42, 424/5). — [13] A. I. Tugarinov, G. E. Ordynets, D. Ya. Surazhskii, A. S. Samoletov (Vopr. Prikl. Radiogeol. Nr. 2 [1967] 368/79, 370/1, 374, 376/7). — [14] M. I. Volobuev, S. I. Zykov, N. I. Stupnikova (Geokhimiya **1970** 22/34; Geochem. Intern. **7** [1970] 19/30, 19, 29). — [15] A. J. Burger, L. O. Nicolaysen, J. W. L. de Villiers (Geochim. Cosmochim. Acta **26** [1962] 25/59, 25, 33, 37/9, 45, 48, 51, 55).

[16] A. I. Tugarinov, E. V. Bibikova, S. I. Zykov (At. Energ. **16** [1964] 332/43; Soviet At. Energy **16** [1964] 404/15). — [17] S. C. Robinson (Can. Dept. Mines Tech. Surv. Geol. Surv. Can. Geol. Surv. Bull. Nr. 31 [1955] 1/128, 80/1, 84, 89, 92, 97). — [18] S. S. Augustithis (Nova Acta Leopoldina [2] **28** Nr. 170 [1964] 1/94, 41). — [19] P. F. Kerr (Am. Mineralogist **20** [1935] 443/50, 449/50). — [20] V. Gornitz, P. F. Kerr (Econ. Geol. **65** [1970] 751/68, 758/62).

2.4.1.3.4.2 Abscheidung weiterer Blei-Mineralien

Deposition of Other Lead Minerals

2.4.1.3.4.2.1 Abscheidung von Gediegen Blei

Deposition of Native Lead

Rezente Bildung von Gediegen Blei (neben Galenit) in Mengen von 300 t/a [1] bzw. 300 bis 350 t/a, insgesamt bisher etwa 8000 t [2], findet statt in Bohrlöchern, Rohrleitungen und Auffanggefäßen der Geothermal-Solen auf der Cheleken-Halbinsel am Ostufer des Kaspischen Meeres. Wahrscheinlich erfolgt die Abscheidung von Gediegen Blei durch Mischung metallreicher, hochtemperierter Wässer aus größeren Tiefen mit stark mineralisierten Wässern der oberen Horizonte, vor allem bei Temperaturen >70°C [3] bzw. zwischen 74 und 80°C [4]. Zur Zusammensetzung der Lösungen s. S. 206, 222 und 225; der exakte Mechanismus der Abscheidung ist jedoch noch nicht völlig geklärt [5]. Vom Gesamt-Pb-Gehalt der Sole in der Bohrung E-116 mit 26.6 mg/l (in 1380 m Tiefe) wurden — zum größten Teil während des Aufstiegs im Bohrloch — 23.8 mg/l als Gediegen Blei abgeschieden [6], so daß am Bohrlochmund nur noch 2.8 mg/l in der Sole enthalten sind [7]. — Ferner bildet sich Gediegen Blei in der Nähe der Bohrlochmündung einer Thermalsole, deren chemische Zusammensetzung derjenigen von Cheleken ähnelt, im Gaurdak-Kugitang-Gebiet, östliches Turkmenien [8]. — Als Abscheidung aus H_2S-haltigen Thermalsolen (40 bis 50°C) wird Gediegen Blei (tafelig bis nierenförmig) in Spalten und Hohlräumen von Kalksteinen bzw. Dolomiten und dolomitisierten Kalksteinen an zwei 150 km voneinander entfernten Fundpunkten im Tal des Flusses Nyuya nördlich von Lensk, südöstliche Sibirische Plattform, gefunden; die Fundstellen liegen im Bereich des Angara-Lena-Bassins mit artesischen Solen [9]. — Wahrscheinlich durch Reduktion an den Eisenrohren der Ölquellen des Raleigh-Feldes, Mississippi, wird Gediegen Blei aus den

Ölfeld-Wässern abgeschieden; im Jahre 1972 lieferte eine einzelne Quelle 2.4 t, in den Jahren 1966 bis 1971 das gesamte Ölfeld ≈ 85 t Pb [10].

Das in letzten sauren Differentiaten (wie Granit und Alaskit) Nord-Kirgisiens, die mit Polymetall-Vererzungen verbunden sind, verbreitet auftretende akzessorische Gediegen Blei ist offensichtlich ein autometasomatisches Zwischenprodukt bei der Oxidation von Galenit durch CO_2- und SiO_2-reiche, aber O-arme stark reduzierende Restfluide [11]. — Von unklarer Genese ist die Abscheidung von Gediegen Blei als Kern in Cerussit, der seinerseits fleckig in grob spaltendem Galenit der Redcap Mine bei Chillagoe, North Queensland, Australien, auftritt; wahrscheinlich hat nach Abscheidung der primären vulkanischen Sulfiderze eine Oxidation stattgefunden, durch eine spätere zweite vulkanische Phase ist dann die zur Reduktion erforderliche Temperatur erzeugt worden [12]. Infolge des Fehlens primärer Arsen-Mineralien in der Redcap Mine ist die für Gediegen Blei auf der Mn-Grube Harstigen bei Pajsberg, Värmland, Schweden, von Hamberg [13] vorgeschlagene Reduktion nach $2\,PbO + As_2O_3 \rightarrow 2\,Pb + As_2O_5$ auszuschließen [12].

Experimentell bei 600°C und 1000 atm Druck in einer 10%igen Lösung von Na_2CO_3 in NaCl mobilisiertes radiogenes Blei aus Uraninit und Pechblende eines Pegmatits von Karelien wird als Gediegen Blei abgeschieden in Form von Sphäroiden auf der Oberfläche beider Mineralien und als punktförmige Segregation im Uraninit [14]. — Siderit wird bei Versuchen mit komplex zusammengesetzten, konzentrierten wäßrigen Lösungen mäßig von Gediegen Blei verdrängt [15].

Literatur zu 2.4.1.3.4.2.1:

[1] L. M. Lebedev (Dokl. Akad. Nauk SSSR **174** [1967] 197/200; Dokl. Earth Sci. Sect. **174** [1967] 173/6). — [2] L. M. Lebedev, I. B. Nikitina (Dokl. Akad. Nauk SSSR **183** [1968] 439/41; Dokl. Earth Sci. Sect. **183** [1968] 180/2). — [3] L. M. Lebedev, Yu. Yu. Bugel'skii (Mezhdunar. Geol. Kongr. 23-ya Sessiya Dokl. Sov. Geol. Problemy 2, Genezis Mineral'n. i Termal'n. Vod, Moskva 1968, S. 36/41, 38/9, 41 [englisch S. 41]). — [4] L. M. Lebedev (Dokl. Akad. Nauk SSSR **175** [1967] 920/3; Dokl. Earth Sci. Sect. **175** [1967] 196/9, 196). — [5] J. S. Tooms (Inst. Mining Met. Trans. B **79** [1970] 116/26, 122).

[6] L. M. Lebedev, Yu. Yu. Bugel'skii (Dokl. Akad. Nauk SSSR **184** [1969] 943/4; Dokl. Earth Sci. Sect. **184** [1969] 183/4). — [7] L. M. Lebedev (Tr. Mineralog. Muzeya Akad. Nauk SSSR Nr. 21 [1972] 90/108; Geochem. Intern. **9** [1972] 485/504, 487/94). — [8] V. F. Kazakov, B. P. Zhdanov (Geokhimiya **1973** 454/8; Geochem. Intern. **10** [1973] 339/42, 341/2). — [9] V. I. Bgatov, E. P. Markov (Geol. i Geofiz. Akad. Nauk SSSR Sibirsk. Otd. **1977** Nr. 4, S. 136/9). — [10] A. B. Carpenter, M. L. Trout, E. E. Pickett (Econ. Geol. **69** [1974] 1191/206, 1201/2).

[11] S. D. Turovskii (Tr. Inst. Geol. Kirgiz. Filial Akad. Nauk SSSR **1954** Nr. 5, S. 91/8, 91/2, 96/8). — [12] L. J. Lawrence (Proc. Roy. Soc. Queensland **68** [1957] 21/3). — [13] A. Hamberg (Z. Krist. **17** [1890] 253/63, 262/3). — [14] A. I. Tugarinov, E. V. Bibikova, S. I. Zykov (At. Energ. [USSR] **16** [1964] 332/43; Soviet At. Energy **16** [1964] 404/15, 412). — [15] C. Schouten (Econ. Geol. **29** [1934] 611/58, 615, 652/3).

Deposition of Clausthalite, Selenium-rich Galena, as well as Altaite and Betechtinite

2.4.1.3.4.2.2 Abscheidung von Clausthalit und selenreichem Galenit sowie Altait und Betechtinit

Die erstmals in den V-U-Lagerstätten des Colorado-Plateaus gefundene vollständige Mischkristallreihe zwischen Clausthalit PbSe und Galenit PbS — mit 0.04 bis 93.7 Mol-% PbSe im PbS und ohne Entmischungserscheinungen — wurde bei ziemlich niedrigen Temperaturen abgeschieden [1]. Demgegenüber wurden in den Ag-Bi-Pb-Sb-(S,Se,Te)-Erzen der Darwin-Grube, Inyo County, Kalifornien, neben der Hauptmenge an Se-armen Galeniten (Typ 1) mit 0.01 bis 0.43% Se und Verhältnis (Bi + Sb)/Ag = 0.4 bis 1.0 weitere (Se-reiche) Galenite bei Temperaturen über 350°C abgeschieden; Galenite vom Typ 2 mit 0.45 bis 2.1% Se und (Bi + Sb)/Ag = 1.13 bis 1.19, die Entmischungen von Pb-Bi-Sulfosalzen (Cosalit?, Gustavit?) enthalten, wurden wahrscheinlich bei abnehmender Temperatur nach den Galeniten der Gruppe 1 gebildet; jedoch ist ein dem Temperatureinfluß gleichwertiger oder größerer Einfluß von räumlichen Faktoren und Wirkungen niedrigerer Drucke auf den Chemismus der Lösungen nicht auszuschließen [2, S. 1092, 1095/7,

1108]. Galenite vom Typ 3 mit 6.4 bis 9.0% Se und (Bi + Sb)/Ag = 1.18 bis 1.59 treten nur als Abscheidungen neben und als Zerfallsprodukte in komplexen Pb-Bi-Sulfosalzen eines räumlich begrenzten späten Mineralisationsstadiums auf [2, S. 1096, 1098].

Eine weitere isomorphe Galenit-Clausthalit-Serie mit 0.5 bis 55 Mol-% PbSe im PbS (bis 16.5% Se) wurde in Exokontaktgesteinen der Talnakh-Intrusion, Noril'sk, nordwestliches Ost-Sibirien, zusammen mit Cu- und Pt-Mineralien, Gediegen Silber und Hämatit gefunden und offensichtlich aus Restlösungen bei hohen Se-Konzentrationen und hohem Redoxpotential (Eh) abgeschieden; das Auftreten von Hämatit bestätigt diese Annahme [3]. Vergleichbare Bildungsbedingungen wurden schon früher für den Clausthalit in Erzgängen von Tilkerode, Harz, DDR, angenommen, der mit hydrothermal aus Nebengesteinen mobilisierten Elementen unmittelbar nach Hämatit aus neutralen bis schwach basischen Lösungen mit relativ hohem Eh-Wert und dementsprechend Schwefel als Sulfat-Ion vorliegend abgeschieden wurde [4, S. 280/2], obwohl das Oxidationspotential — wahrscheinlich durch Reaktion der Lösungen mit Bitumen der Nebengesteine — gegenüber demjenigen zur Zeit der Abscheidung vorangegangener Oxid- und Carbonat-Phasen bereits verringert war [5].

Eine Abscheidung von Clausthalit als Mobilisat einer älteren Vererzung wird gelegentlich auch beobachtet: So wird im nördlichen Randgebiet des Lagerstättenbezirkes von Freiberg, Sachsen, DDR, als Mobilisat der „kb"-Formation Clausthalit aus hydrothermalen Lösungen mit hohem Eh-Wert und z.T. unter Verdrängung von Carbonaten ausgeschieden [6]. Als Mobilisat aus einer älteren plutonischen Erzformation des Varistikums von Mittel-Böhmen, ČSSR, findet sich Clausthalit in einer Selenid-Paragenese, die nach Pechblende und Umangit im grauen Calcit eines späten Quarz-Calcit-Stadiums der Mineralbildung abgeschieden wurde [7]. Ebenso ist die Ausfällung von Clausthalit mit anomal hohen Gehalten an radiogenem ^{206}Pb und ^{207}Pb in Pechblende-Gängen von Goldfields, Saskatchewan, Kanada, auf Umarbeitung epigenetischer Lagerstätten zurückzuführen; nach Lösung und Abtrennung des akkumulierten radiogenen Bleis aus der Pechblende erfolgt die hydrothermale Wiederabscheidung als Clausthalit bei tieferen Temperaturen von $<200°C$ neben oder an Stelle von Galenit [8], vgl. [9].

Thermodynamische Berechnungen für das System Pb-Se-S-H_2O mit den Gesamtkonzentrationen aller Selen- bzw. Schwefel-Verbindungen von $\Sigma Se = 10^{-5}$ und $\Sigma S = 10^{-1}$ sowie $Pb^{2+} = 10^{-7}$ mol/l bei verschiedenen Drucken und Temperaturen (25°C, 1 atm und 100°C, 2 atm sowie 200°C, 16 atm Gesamt-Druck) bestätigen im wesentlichen die Abscheidungsbedingungen von Clausthalit und Se-reichen Galeniten in natürlichen Vorkommen. Im einzelnen wird gefunden: Clausthalit bildet sich unter Normalbedingungen stets bei höherem Redoxpotential (Eh = −0.2 bis +0.2 V, pH = 3 bis 11) als Galenit, für Pb(Se, S)-Mischkristalle liegt der schmale Abscheidungsbereich bei gegenüber Clausthalit etwas niedrigeren Eh-Werten und pH-Werten von stets >7. Die Se-Verteilung im Galenit wird bestimmt vom Verhältnis der Aktivitäten $[Se^{2-}]/[S^{2-}]$ in Abhängigkeit vom Eh- und pH-Wert der wäßrigen Lösung; so werden bei höherem Eh zunächst Se-reiche und mit abnehmendem Eh dann Se-ärmere Mischkristalle abgeschieden, danach folgen aber — auf Grund der eingetretenen S-Abnahme — nochmals Se-reichere Mischkristalle. Die Abscheidung der Pb(Se, S)-Mischkristalle reicht wahrscheinlich bis zu sehr niedrigen Temperaturen. Erhöhte Temperaturen bis 200°C beeinflussen die bei Normalbedingungen abgeleiteten allgemeinen Gesetzmäßigkeiten nur in geringem Maße [4, S. 291/5, 299/303]. Demgegenüber konnte durch Hydrothermalsynthese eine feste Lösung Pb(Se, S) mit Se-Überschuß nur bis 300°C herab als metastabile Phase erhalten werden [10].

Bei hydrothermaler Umkristallisation der pyrosynthetisch gewonnenen Phasen $PbSe \cdot Bi_2S_3$, $PbSe \cdot 2Bi_2S_3$ und $Pb_xBi_{5-x}Se_5$ (mit x = 2.1 bis 2.3) in sauren Lösungen (mit pH-Werten von 4.8 bis 5.8) wird „Clausthalit" (mit Bi-Gehalt) rascher gelöst als andere Phasen und aus der Lösung, in der zeitweise nur Komplexe von Pb und Se existieren, auch zuerst wieder abgeschieden; nach Lösung von Bi wird später auf Clausthalit auch die Phase $PbSe \cdot Bi_2S_3$ abgeschieden [11].

Ausscheidung von Altait, PbTe, neben anderen Telluriden und Galenit, in Kies-Lagerstätten des mittleren Urals erfolgt während einer späteren, sekundären Mineralbildungsphase mit abnehmendem S-Potential und mittleren Te-Gehalten in den erzbildenden Lösungen [12].

Betechtinit, $Pb_2(Cu,Fe)_{21}S_{15}$, der nur in einem begrenzten Temperaturbereich stabil ist [13], muß in Dzhezkazgan, Kasachstan, in einer etwa gleichzeitig und ohne gegenseitige Verdrängungen gebildeten Paragenese von Betechtinit-Bornit-Chalkosin-Galenit bei Temperaturen von

<150°C abgeschieden worden sein, nach experimentellen Untersuchungen zerfällt bei 150°C Temperatur Betechtinit irreversibel zu Galenit + Digenit [14]. Gleiche Bildungstemperatur wird auch für metasomatisch durch Reaktion der erzbildenden Lösung mit Bornit gebildeten Betechtinit der Pyrit-Cu-Lagerstätte Radka, Bulgarien, angenommen [15]. Als Entmischungsprodukt einer komplexen Hochtemperaturphase bildete sich während langsamer Abkühlung Betechtinit am Rande von Galenitkörnern in der Cu-Lagerstätte La Leona, Santa Cruz, Argentinien; zusätzlich wird bei mittleren bis niedrigen Temperaturen orientierungslos oder parallel {111} im Galenit ein optisch Aikinit-ähnliches Sulfosalz, $Pb_{1.2}Cu_{3.2}Bi_{1.2}S_{8.5}$, ausgeschieden [16]. — Das Betechtinit-ähnliche Mineral Larosit, $(Cu,Ag)_{21}(Pb,Bi)_2S_{13}$, aus Erzgängen der Foster Mine bei Cobalt, Ontario, Kanada, wird — neben Chalkosin und Stromeyerit — wahrscheinlich bei Temperaturen wenig unter 500°C zusammen mit einer komplexen Hochtemperaturphase aus wäßrigen Lösungen abgeschieden; auch eine Entmischung der genannten Mineralien aus der Hochtemperaturphase selbst ist denkbar [17]. Als weiteres Entmischungsprodukt wird eine Chalkosin-Galenit-Verwachsung beobachtet, deren Gesamtchemismus mit der synthetischen, bei Temperaturen um 500°C gebildeten „Phase A" nach Craig, Kullerud [18] (= Cu 55.5, Pb 26.5, S 18.0%) gut übereinstimmt [19].

Literatur zu 2.4.1.3.4.2.2:

[1] R. G. Coleman (Am. Mineralogist **44** [1959] 166/75, 167, 169, 172). — [2] G. K. Czamanske, W. E. Hall (Econ. Geol. **70** [1975] 1092/1110). — [3] V. A. Kovalenker, I. P. Laputina, L. N. Vyal'sov (Geol. Rudn. Mestorozhd. **13** Nr. 2 [1971] 98/101). — [4] G. Tischendorf, H. Ungethüm (Chem. Erde **23** [1964] 279/311). — [5] G. Tischendorf (in: Z. Pouba, M. Štemprok, Problems of Hydrothermal Ore Deposition, Stuttgart 1970, S. 316/21, 318, 320).

[6] L. Baumann (Freiberger Forschungsh. C Nr. 188 [1965] 1/268, 61). — [7] P. Morávek, V. Rus (in: Z. Pouba, M. Štemprok, Problems of Hydrothermal Ore Deposition, Stuttgart 1970, S. 120/5, 120, 123/4). — [8] S. C. Robinson (Can. Dept. Mines Tech. Surv. Geol. Surv. Can. Geol. Surv. Bull. Nr. 31 [1955] 1/128, 55/6, 81, 84, 100). — [9] S. S. Augustithis (Nova Acta Leopoldina [2] **28** Nr. 170 [1964] 1/94, 41). — [10] H. D. Wright, W. M. Barnard, J. B. Halbig (Am. Mineralogist **50** [1965] 1802/15, 1810, 1813/4).

[11] A. A. Godovikov, S. N. Nenasheva, R. M. Leibson (Tr. Inst. Geol. Geofiz. Akad. Nauk SSSR Sibirsk. Otd. **1967** Nr. 5, S. 34/54, 47, 50/4). — [12] M. S. Vorob'eva, N. D. Sindeeva (in: V. V. Ivanov, Formy Nakhozhdeniya i Osobennosti Raspredeleniya Redkikh Elementov v Nekotorykh Tipakh Gidrotermal'nykh Mestorozhdenii, Moskva 1967, S. 76/110, 80, 83, 89, 99/100). — [13] N. L. Markham, J. Ottemann (Mineralium Deposita **3** [1968] 171/3). — [14] A. I. Slavskaya, V. E. Rudnichenko, E. I. Bogoslovskaya (Geol. Rudn. Mestorozhd. **5** Nr. 3 [1963] 97/100). — [15] D. Tsonev, I. Bonev, G. Terziev (Izv. Geol. Inst. Bulgar. Akad. Nauk Ser. Geokhim. Mineral. Petrogr. **19** [1970] 167/77, 174/7, 176/7 [bulgarisch, englisch S. 176/7]).

[16] B. M. Honnorez-Guerstein (Mineralium Deposita **6** [1971] 111/21, 113, 118/20). — [17] W. Petruk (Can. Mineralogist **11** [1971/73] 886/91, 889/90). — [18] J. R. Craig, G. Kullerud (Am. Mineralogist **53** [1968] 145/61, 149/52). — [19] W. Petruk u.a. (Can. Mineralogist **11** [1971/73] 196/231, 204, 229).

Deposition of Complex Sulfides with Lead

2.4.1.3.4.2.3 Abscheidung von Komplexen Sulfiden mit Blei

Deposition of Lead Sulfostannates

2.4.1.3.4.2.3.1 Abscheidung von Blei-Sulfostannaten

Blei-Sulfostannate bilden sich, wie z. B. in der Zinn-Provinz von Bolivien, nur bei ganz bestimmten physikochemischen Bedingungen und, selbst bei geeigneter Konzentration und Temperatur, nur in einem speziellen pH-Bereich [1]. Bei Anwesenheit von Sn und Sb entstehen in den Lösungen zunächst komplexe Heteropolysäure-Anionen der Typen $[Sb_2Sn_3S_{14}]^{10-}$ und $[Sb_2Sn_4S_{14}]^{6-}$, die unter natürlichen Bedingungen nur mit Blei unlösliche Verbindungen bilden [2].

Teallit, $PbSnS_2$, wird im Kadain-Erzfeld, östliches Transbaikalien, aus Lösungen mit niedrigen Gehalten an Fe und S sowie geringen, inkonstanten O-Gehalten bereits im dritten (= Ankerit-Galenit-Sphalerit-)Stadium von insgesamt sieben Erzbildungsstadien abgeschieden [3]. In Llallagua,

Bolivien, ist Teallit ebenfalls eindeutig eine frühe Bildung, und eine mit ihr in enger Beziehung stehende Pyrrhotin-Franckeit-Paragenese wird während eines späteren hypogenen „Säure-Angriffs" fast völlig aufgelöst [4].

Demgegenüber ist Franckeit, $Pb_5Sn_3Sb_2S_{14}$, zusammen mit Galenit in Erzgängchen von Oruro, Bolivien, eine spätere (jüngere) Bildung [4]. Franckeit in einer typischen Cassiterit-Sulfid-Silikat-Mineralisation in Schiefern der Lagerstätte Deputatskoe, Polousnyi-Gebirge, Jakutien, wurde aus Sn- und Si-armen, niedrigtemperierten Lösungen im dritten [5] bzw. nach anderer Zählweise im sechsten Erzbildungsstadium abgeschieden [6]. Franckeit aus einer Ag-führenden Gang-Paragenese vom Typ Freiberg von Vens Haut, Region Massiac, Zentralmassiv, Frankreich, ist offensichtlich ein Reaktionsprodukt von Cassiterit mit Sb-haltigen Mineralien wie Boulangerit [7].

Die Mineralien Teallit und Franckeit finden sich auch, zusammen mit Cu-, Pb- und Ag-Sulfosalzen, in oberflächennah gebildeten, epithermalen Nachschüben von meso- bis epithermalen Pb-Zn-Lagerstätten in Carbonat-Gesteinen Ost-Transbaikaliens [8]: So wurden beide Mineralien und auch Kylindrit, $Pb_3Sn_4Sb_2S_{14}$, im Smirnov-Erzfeld aus Lösungen mit hohem S-, aber geringem O-Gehalt abgeschieden, z.T. auch als Gel (insbesondere bei starker Übersättigung und rascher Abnahme von Druck und Temperatur); schon geringste Änderungen der physikochemischen Bedingungen — z.B zunehmender Sauerstoffpartialdruck — führen zum Zerfall von Teallit zu Cassiterit + Galenit und von Franckeit zu Cassiterit + Galenit + Boulangerit oder Jamesonit [9].

Die Abscheidung von Teallit, Franckeit und Kylindrit aus kolloiden Sulfostannat-Lösungen kann nach experimentellen Untersuchungen stattfinden, entweder direkt (durch Abnahme von Druck und/oder Temperatur) oder durch metasomatische Reaktion mit Galenit bzw. Pb-Sb-Erzen [10]. — Zur Paragenese der drei Blei-Sulfostannate s. auch „Blei" A 3, S. 28, 63, 70.

Literatur zu 2.4.1.3.4.2.3.1:

[1] A. Schneider-Scherbina (Geol. Jahrb. **1964** 157/70, 169). — [2] V. V. Shcherbina (Geokhimiya **1967** 1361/9, 1361/2, 1367; Geochem. Intern. **4** [1967] 1104 [Abstract]). — [3] O. P. Polyakova (Tr. Inst. Geol. Rudn. Mestorozhd. Petrogr. Mineralog. i Geokhim. Nr. 83 [1963] 265/318, 294, 316). — [4] F. S. Turneaure (Econ. Geol. 50th Anniv. Vol. 1955, S. 38/98, 72). — [5] I. Ya. Nekrasov (Tr. Inst. Geol. Yakutskii Filiala Sibirsk. Otd. Akad. Nauk SSSR **1960** Nr. 7, S. 58/72, 63/4).

[6] V. V. Ivanov, A. A. Rozbianskaya (Geokhimiya **1961** 60/71; Geochemistry [USSR] **1961** 71/83, 73). — [7] P. Picot (Freiberger Forschungsh. C Nr. 270 [1970] 107/23, 121). — [8] A. A. Garmash, V. V. Ivanov, K. F. Kuznetsov (in: K. A. Vlasov, Geochemistry and Mineralogy of Rare Elements and Genetic Types of Their Deposits, Bd. 3, Jerusalem 1968, S. 427/69, 429/30 [russisches Original: Moskva 1966]). — [9] N. N. Trofimov, O. P. Polyakova, E. P. Malinovskii (Tr. Inst. Geol. Rudn. Mestorozhd. Petrogr. Mineralog. i Geokhim. Nr. 83 [1963] 161/201, 173/5, 182/8, 193/6). — [10] R. Herzenberg (Econ. Geol. **31** [1936] 761/6, 764).

2.4.1.3.4.2.3.2 Abscheidung von Pb-Cu-Spießglanzen

Deposition of Pb-Cu "Spießglanze"

Seligmannit, $PbCuAsS_3$, bildet sich als Verdrängungsprodukt von Jordanit oder Dufrenoysit bzw. als Reaktionsprodukt zwischen Tennantit und Galenit [1, S. 678], wie z.B. in einer tektonisch mobilisierten Galenit-Tennantit-Paragenese der Pb-Zn-Cu-Lagerstätten des nordwestlichen Balkan-Gebirges, Bulgarien [2], und in der jüngsten Sulfidparagenese (<300°C) von Quiruvilca, Peru [3]. Im Binnatal, Kanton Wallis, Schweiz, wird Seligmannit als Umwachsung und auf Kosten von Geokronit aus Lösungen mit zunehmendem As-Gehalt gebildet bzw. scheidet sich als Verdrängungsprodukt von Galenit ab [4].

Bournonit, $PbCuSbS_3$, wird als direkte Ausscheidung aus hydrothermalen Lösungen nur selten beobachtet: So wird auf dem Neudorfer Gangzug, Harz, DDR, Bournonit (nach Verdrängung von Fahlerz, vgl. S. 246) zusammen mit Chalkopyrit neben Quarz und Sphalerit aus Pb-reichen, aber Sb-armen Lösungen direkt abgeschieden [5]; ferner wird Bournonit zusammen mit Cu-Mineralien in Sasca Montana, Banat, Rumänien, kolloidal direkt aus abgekühlten, übersättigten, späthydrothermalen Lösungen ausgeschieden [6]. — In einem nicht näher lokalisierten Gangvorkommen

Georgiens, Kaukasus, erfolgt die Abscheidung von Bournonit vor oder gleichzeitig mit Tetraedrit bei 150 bis 100°C [7].

Eine häufige Bournonit-Bildung findet statt durch Verdrängungsreaktionen von Sulfiden mit Erzlösungen: So erfolgt Bournonit-Abscheidung auf der Au-Polymetall-Lagerstätte Darasun, Ost-Transbaikalien, durch Reaktion von Galenit eines früheren Erzbildungsstadiums mit Sb-reichen Lösungen bei zunehmenden pH-(>5) und Eh-Werten sowie damit verbundener Bildung von $[SbS_3]^{3-}$-Komplexen in den Lösungen; Bournonit bildet hierbei Säume um den angelösten Galenit [8, 9]. Im Freiberger Lagerstättenrevier, DDR, wird Bournonit abgeschieden bei verringerten Eh-Werten durch Wechselwirkung von Pb-, Cu-, vor allem aber Sb- und S-reichen Lösungen der „fba"-Formation mit älteren, Galenit-führenden Sulfid-Paragenesen; Bournonit findet sich in der „eb"- und „fba"-Formation sowohl des Zentralteiles [10] als auch in den Randgebieten dieses Lagerstättenbezirks und gibt sich durch häufige Verwachsungen mit Galenit, Fahlerz und Chalkopyrit als Reaktionsprodukt zu erkennen [11]. — Die zur Bildung von Bournonit führenden Verdrängungsreaktionen mit Fahlerzen erfordern relativ hohe Pb- und Sb-Konzentrationen in den erzbildenden Lösungen [12], vgl. auch [1, S. 681], wie z. B. im Holzappeler Gangzug östlich Koblenz, Bundesrepublik Deutschland [13], und teilweise im Coeur d'Alene-Distrikt, Idaho [14]; s. auch „Blei" A 3, S. 29.

Auch als Reaktionsprodukt zwischen festen Phasen kann sich Bournonit bilden, vgl. „Blei" A 3, S. 29, wie z. B. bei Reaktion zwischen Tennantit und röntgenamorphem Baumhauerit bei Temperaturen <300°C in der jüngsten Sulfid-Paragenese von Quiruvilca, Peru [3], sowie zwischen Wolfsbergit und Galenit [1, S. 681]. In Pb-Zn-Erzgruben Oberschlesiens, Polen, ist Bournonit nur in lokal durchbewegtem, körnigen Galenit häufig und ist offensichtlich aus Sb-Gehalten im Galenit + Cu-Gehalten aus Chalkopyrit entstanden [15]. Ferner bildet sich Bournonit in der Belledonne-Bergkette östlich Grenoble, Frankreich, nur bei Rekristallisation der Paragenese [16], s. auch S. 251.

Bournonit als Entmischungsprodukt aus Galenit oder aus bei hohen Temperaturen gebildeten komplexen festen Lösungen wird gelegentlich beobachtet: So bildet Bournonit Lamellen auf (100)-Flächen des Galenits in Sulfiderzen des Rivertree-Gebietes, Neusüdwales, Australien, [17], bzw. wird feinkörnig ausgeschieden bei Temperaturen <350, überwiegend jedoch <280°C im blättrigen, Ag- und Sb-haltigen Galenit des späten Bildungsstadiums der Pb-Ag-Lagerstätten am Wood River, Blain County, Idaho [18]. Ferner zeigen häufige Einschlüsse von Bournonit in Galenit der Pb-Zn-Mineralisationen am Monteneve [Schneeberg] in Südtirol, Italien, eine Entmischung aus einer Hochtemperaturparagenese an [19], vgl. Bournonit-Einschlüsse in kollomorphem Galenit der Kies-Polymetall-Lagerstätte Tekeli, Dzhungarskii Alatau, Süd-Kasachstan [20], und in Galenit-Ib der „fba"-Formation von Freiberg, Sachsen, DDR [21]. — Bournonit zusammen mit Galenit findet sich als Zerfallsprodukt von Semseyit in Polymetall-Erzgängen der Niederen Tatra, ČSSR [22], bzw. als Zerfallsprodukt von Geokronit und Bournonit allein als Entmischungsprodukt von instabilen Pb-Cu-Sb-Sulfiden in Sulitjelma, Norwegen [1, S. 717, 681]. Auch die Myrmekite von strahligstengeligem Galenit mit hohen Anteilen von komplexen Ag-Mineralien — s. S. 248 — und Bournonit aus den Polymetall-Erzen von Kan-i-Mansur, Karamazar, Mittelasien, sind sehr wahrscheinlich entstanden als Zerfallsprodukte einer ursprünglich hochtemperiert gebildeten, komplexen festen Lösung, die nach einer kolloiden Phase in komplexe Gele überging [23].

Aikinit, $PbCuBiS_3$, findet sich auf der Au-Lagerstätte Darasun, Ost-Transbaikalien, in Verwachsung mit β-Matildit, der direkt aus Lösungen von weniger als 220°C abgeschieden worden sein muß [24], während in der subvulkanischen Mo-W-Lagerstätte Dzhida, West-Transbaikalien, Aikinit bei etwa 350 bis 250°C aus kata- bis mesothermalen Lösungen gebildet wurde [25]. Zur Abscheidung von Aikinit als Verdrängungs- bzw. Entmischungsprodukt s. „Blei" A 3, S. 31/2. — Zur Bildung eines Aikinit-ähnlichen Sulfosalzes als Entmischungsprodukt s. S. 244.

Rezbanyit (Hammarit), $2\,PbS \cdot Cu_2S \cdot n\,Bi_2S_3$, wurde auf der subvulkanischen Mo-W-Lagerstätte Dzhida, West-Transbaikalien, bei 300 bis 270°C aus alkalischen Lösungen abgeschieden [26].

Literatur zu 2.4.1.3.4.2.3.2:

[1] P. Ramdohr (Die Erzmineralien und ihre Verwachsungen, 3. Aufl., Berlin 1960, S. 1/1089). — [2] J. Rentzsch (Freiberger Forschungsh. C Nr. 166 [1963] 1/102, 37). — [3] I. Burkart-Baumann, J. Ottemann (Neues Jahrb. Mineral. Monatsh. **1972** 541/51, 542, 544, 549). — [4] S. Graeser

(Schweiz. Mineral. Petrog. Mitt. **45** [1965] 597/795, 785/8). — [5] O. Oelsner, M. Kraft, H. Schützel (Freiberger Forschungsh. C Nr. 52 [1958] 1/114, 47/9, 53/5).

[6] C. Superceanu (Freiberger Forschungsh. C Nr. 266 [1969] 77/87, 80/2, 84). — [7] T. D. Bagratishvili, E. K. Vezirishvili (Soobshch. Akad. Nauk Gruz.SSR **12** [1951] 547/8; C.A. **1954** 1208). — [8] M. S. Sakharova (Geol. Rudn. Mestorozhd. **8** Nr. 1 [1966] 23/40, 24, 37/8). — [9] M. S. Sakharova (in: Z. Pouba, M. Štemprok, Problems of Hydrothermal Ore Deposition, Stuttgart 1970, S. 129/34, 130/1). — [10] L. Baumann (Freiberger Forschungsh. C Nr. 46 [1958] 1/208, 188).

[11] L. Baumann (Freiberger Forschungsh. C Nr. 188 [1965] 1/268, 30, 66, 83, 90, 154, 206/7). — [12] V. V. Shcherbina (Geokhimiya **1967** 1361/9, 1368; Geochem. Intern. **4** [1967] 1104 [Abstract]). — [13] H. Sperling (Z. Erzbergbau Metallhüttenw. **10** [1957] 219/25, 223/4). — [14] V. C. Fryklund (U.S. Geol. Surv. Profess. Papers Nr. 445 [1964] 1/103, 18). — [15] P. Ramdohr (Zentr. Mineral. Geol. Paläontol. A **1942** 17/32, 32).

[16] P. J. M. Ypma (Diss. Univ. Leiden Publ. Dept. Petrol. Mineralog. Cristal. Univ. Leiden Nr. 12 [1963] 1/212, 80, 83, 118, 130, 153). — [17] L. J. Lawrence (Australasian Inst. Mining Met. Proc. [2] Nr. 201 [1962] 15/42, 33/4). — [18] W. E. Hall, G. K. Czamanske (Econ. Geol. **67** [1972] 350/61, 356, 358, 360). — [19] H. Förster (Neues Jahrb. Mineral. Abhandl. **105** [1966] 262/91, 280/2). — [20] G. M. Tarasevich (Tr. Mineralog. Muzeya Akad. Nauk SSSR Nr. 12 [1961] 108/22, 110, 119, 121).

[21] G. Tischendorf (Freiberger Forschungsh. C Nr. 18 [1955] 1/130, 43, 80, 122). — [22] Z. Pouba, Z. Vejnar (Sb. Ustred. Ustavu Geol. **22** [1955] 485/555, 510, 512, 514, 545/8 [englisch S. 544/55]). — [23] N. N. Koroleva, V. S. Kormilitsyn, E. A. Kotoneva (Zap. Vses. Mineralog. Obshchestva **98** [1969] 301/7, 304/6). — [24] M. S. Sakharova (Dokl. Akad. Nauk SSSR **187** [1969] 418/20; Dokl. Earth Sci. Sect. **187** [1969] 112/4). — [25] M. M. Povilaitis, N. N. Mozgova, V. M. Senderova (Zap. Vses. Mineralog. Obshchestva **98** [1969] 655/64, 656, 663).

[26] M. M. Povilaitis, N. N. Mozgova, Yu. S. Borodaev, V. M. Senderova, G. N. Ronami (Dokl. Akad. Nauk SSSR **187** [1969] 886/9; Dokl. Earth Sci. Sect. **187** [1969] 124/7).

2.4.1.3.4.2.3.3 Abscheidung von Pb-Ag-Spießglanzen

Deposition of Pb-Ag-"Spieß-glanze"

In der Endphase der Bildung von Sb-Erz-führenden Gängen des Schwarzwaldes, Bundesrepublik Deutschland, wird aus Sb- und teilweise Ag-haltigen Thermallösungen mit abnehmender Temperatur und zunehmendem Pb-Gehalt zuerst Andorit, $PbAgSb_3S_6$, als Reaktionsprodukt am Rande von Verdrängungsresten älterer Mineralien (wie Antimonit, Plagionit, Zinckenit) abgeschieden; bei weiter zunehmendem Pb-Gehalt in den Lösungen wird der Andorit durch Ramdohrit, $Pb_3Ag_2Sb_6S_{13}$[1)], verdrängt [1]. Andorit (und Owyheit, s. auch S. 248) wurden im letzten, Ag-Mineralien bildenden Stadium der Sulfid-Vererzung von Rivertree, Neusüdwales, Australien, abgeschieden [2, S. 41]; Andorit zusammen mit Freieslebenit in einer Pb-Zn-Vererzung der Kleinen Tatra, s. unten. Weitere Paragenesen von Mineralien der Andorit-Gruppe s. „Silber" A, S. 125.

Freieslebenit, $PbAgSbS_3$, wird speziell im Zentralteil des Freiberger Erzreviers, Sachsen, DDR, in der Ag-Abfolge der „eb"-Formation als Reaktionsprodukt Sb-reicher Lösungen mit Galenit-I gebildet [3]; in den Randgebieten dieses Erzreviers wird Freieslebenit (ebenfalls in der „eb"-Formation) als Nebenprodukt wahrscheinlich bei der Verdrängung von Tetraedrit-II durch Galenit ausgeschieden [4]. In einer Pb-Zn-Vererzung der Kleinen Tatra, ČSSR, kristallisierte Freieslebenit (unter Verdrängung von Sphalerit) zusammen mit Andorit aus epithermalen, H_2S-reichen und stark reduzierenden Lösungen [5]. Zur Bildung von Freieslebenit als Entmischungsprodukt in Galenit s. „Silber" A, S. 118.

Nach detaillierten Untersuchungen an Galenit-Erzen der Pb-Ag-Lagerstätte Wood River, Blain County, Idaho, entmischt bei Abkühlung unter 350°C Diaphorit, $Pb_2Ag_3Sb_3S_8$, aus einer hochtemperiert gebildeten festen Lösung von $2\,PbS + \beta\text{-}AgSbS_2$; während erneuter Zunahme von Druck

1) Nach neueren Untersuchungen an Ramdohrit von Potosi, Bolivien, besteht dieses Mineral aus regelmäßigen Verwachsungen von Andorit und einer Pb-reicheren Phase der Zusammensetzung $AgPb_2Sb_3S_7$, die als Ramdohrit bezeichnet wird [11].

und Temperatur bildet sich weiterer Diaphorit (zusammen mit Ag-Boulangerit, s. S. 251) bei der Rekristallisation des Galenits (der hierbei eine blättrige Textur annimmt) [6]. Weitere Angaben s. „Silber" A, S. 118.

Owyheiit, $Pb_5Ag_2Sb_6S_{15}$, der zusammen mit Freibergit und Argentit eine myrmekitische Verwachsung mit stengeligem Galenit der Polymetall-Erze von Kan-i-Mansur, Karamazar, Mittelasien, bildet, kristallisierte als Zerfallsprodukt aus einem hochtemperiert gebildeten Gel [7]. Ferner wurde Owyheiit abgeschieden bei der Verdrängung von Arsenopyrit und Pyrit in den Sulfid-Erzen von Rivertree, Neusüdwales, Australien [2, S. 33/6], und bei der Verdrängung von Andorit in einem Quarz-Sulfid-Gang von Tetyukhe, Ferner Osten, UdSSR [8].

Schirmerit, $PbAg_4Bi_4S_9$, wird wahrscheinlich unter Ag-Zufuhr im niedrig-thermalen Mineralbildungsstadium durch Verdrängung von Alaskait gebildet, oder er kann abgeschieden werden durch eine Reaktion zwischen $AgBiS_2$ (Schapbachit) und PbS (Galenit) [9].

Die eng miteinander im Bereich von μm verwachsenen Mineralien Gustavit, $Pb_6Ag_3Bi_{11}S_{24}$, und Phase X, $Pb_8Ag_2Bi_{10}S_{24}$, aus der Kryolith-Lagerstätte Ivigtut, sind Entmischungsprodukte einer Hochtemperaturphase, deren S-Atome die gleiche Anordnung hatten wie in den jetzt vorliegenden Entmischungsprodukten [10].

Literatur zu 2.4.1.3.4.2.3.3:

[1] K. Walenta (Jahresh. Geol. Landesamtes Baden-Württemberg **2** [1957] 13/68, 44/7, 59/60). — [2] L. J. Lawrence (Australasian Inst. Mining Met. Proc. [2] Nr. 201 [1962] 15/42). — [3] L. Baumann (Freiberger Forschungsh. C Nr. 46 [1958] 1/208, 137, 178, 180, 189). — [4] L. Baumann (Freiberger Forschungsh. C Nr. 188 [1965] 1/268, 55, 144, 206). — [5] B. Cambel (Acta Geol. Geogr. Univ. Comenianae Geol. Nr. 3 [1959] 1/349 [tschechisch; deutsch S. 271/338, 297/301]).

[6] W. E. Hall, G. K. Czamanske (Econ. Geol. **67** [1972] 350/61, 353/5, 360). — [7] N. N. Koroleva, V. S. Kormilitsyn, E. A. Koteneva (Zap. Vses. Mineralog. Obshchestva **98** [1969] 301/7, 304, 306). — [8] A. G. Natarov, O. L. Sveshnikova, V. A. Galyuk (Dokl. Akad. Nauk SSSR **206** [1972] 189/92; Dokl. Earth Sci. Sect. **206** [1972] 114/6). — [9] V. V. Shcherbina (Geokhimiya **1967** 1361/9, 1363, 1368; Geochem. Intern. **4** [1967] 1104 [Abstract]). — [10] S. Karup-Møller (Can. Mineralogist **10** [1969/71] 173/90, 184, 186/7).

[11] Yu. S. Borodaev, O. L. Sveshnikova, N. N. Mozgova (Dokl. Akad. Nauk SSSR **199** [1971] 1138/41; Dokl. Earth Sci. Sect. **199** [1971] 108/10).

Deposition of Pb-As- and Pb-(As,Sb)- "Spießglanze"

2.4.1.3.4.2.3.4 Abscheidung von Pb-As- und Pb-(As,Sb)-Spießglanzen

Jordanit, $Pb_9As_4S_{15}$, wird hauptsächlich als Reaktionsprodukt von Hydrothermallösungen mit älteren Sulfiden abgeschieden: So verdrängt Jordanit den Galenit vollständig in manchen Baryt-Lagerstätten der USA, jedoch im Feingold-Vorkommen von Carlin, Nevada, nur teilweise [1]; im Binnatal, Kanton Wallis, Schweiz, wird bei Reaktionen der aufsteigenden metallreichen (As, Sb, Tl, Cu, Ag u.a.) Lösungen mit älterer Sulfid-Mineralisation (Galenit, Sphalerit, Pyrit) der Jordanit als As-ärmstes und Pb-reichstes erstes Sulfosalz abgeschieden und später von zunehmend As-reicheren Sulfosalzen — s. S. 249 — verdrängt [2, 3]; weitere Verdrängungsbildungen von Jordanit s. „Blei" A 3, S. 36/7. — Gleichzeitige Ausscheidung von Sulfiden und fraglichem Jordanit bei Temperaturen zwischen 700 und 500°C wird in der dritten Mineralbildungsphase der Ag-Pb-Zn-Cu-Pyrit-Lagerstätten von Leadville, Neusüdwales, Australien, gefunden [4].

Gratonit, $Pb_9As_4S_{15}$, dessen Stabilitätsbereich durch Hydrothermalsynthesen nicht zu ermitteln ist [5], ist sehr wahrscheinlich eine Tieftemperaturphase von Jordanit, s. „Blei" A 3, S. 35/6. Als sehr niedrigtemperierte (≈50°C) Abscheidung tritt Gratonit auf Pb-Zn-Lagerstätten Schlesiens, Polen, auf [6, S. 31]. Ebenfalls niedrigtemperiert gebildet ist der kristalline Gratonit in den jüngsten, gelförmig-amorphen Sulfiden und Sulfosalzen vom Cerro de Pasco, Peru, der wahrscheinlich während einer Phase abnehmender Übersättigung (nach vorangegangener Gelabscheidung) abgeschieden wurde [7, S. 434, 442, 445].

Weitere Pb-As-Spießglanze wurden hydrothermal nur an wenigen Fundorten gebildet: In der jüngsten Sulfid-Paragenese vom Cerro de Pasco entstanden durch Ausscheidung in amorpher Form bei Temperaturen unter 250°C Sartorit, $PbAs_2S_4$, Baumhauerit, $Pb_{11.6}As_{15.7}Ag_{0.6}S_{36}$, Dufrenoysit, $Pb_2As_2S_5$, und Stibiodufrenoysit, $Pb_2(Sb,As)_2S_5$ [7, S. 433/4, 437/42, 445]; ferner in Quiruvilca, Peru, bei Temperaturen unter 300°C röntgenamorpher Tl-haltiger Baumhauerit (mit einer Zusammensetzung sehr nahe derjenigen von Dufrenoysit) zusammen mit jüngsten Sulfiden [8]. Im Binnatal, Schweiz, wurden Dufrenoysit und Baumhauerit als Verdrängungsprodukte von Jordanit sowie Sartorit als Verdrängungsprodukt von Rathit abgeschieden [9], [10, S. 699], und an anderen Fundorten entstand Sartorit auch als Verdrängungsprodukt von Baumhauerit [10, S. 695]. Fraglicher Dufrenoysit + Galenit als Zerfallsprodukt von Gratonit in Pb-Zn-Lagerstätten Oberschlesiens, Polen [6, S. 28].

Zur Hydrothermalsynthese von Jordanit, Sartorit, Baumhauerit, Dufrenoysit sowie Rathit-I und Rathit-II s. [5, 11].

Nach Untersuchungen an zahlreichen Lagerstätten Europas und Ost-Transbaikaliens kristallisiert nach Galenit Geokronit, $Pb_9(As,Sb)_4S_{15}$, als erstes Mineral der nachfolgenden Pb-Sb-Sulfosalze [12]; mit zunehmender Wirksamkeit von As und Sb in den Lösungen wird Geokronit als letztes Mineral der Pb-Zn-Erze von Tyute, Gornyi Altai, bei Temperaturen wahrscheinlich unter 150°C abgeschieden [13] sowie aus niedrigtemperierten, Sb-As- und schwach S-haltigen Lösungen in Nižná Slaná, Zips-Gömörer-Erzgebirge, ČSSR, gebildet [14]. In Ost-Transbaikalien wurde Geokronit des sechsten Mineralisationsstadiums aus SiO_2-reichen, Pb-armen und Ag-Sb-haltigen Lösungen im Erzfeld von Kadain ausgeschieden [15], und fluide Einschlüsse im Geokronit von Blagodatskoe, Pri-Argun'-Gebiet, weisen auf eine Abscheidung aus relativ verdünnten Ca-Mg-Na-K-SO_4-Cl-Lösungen mit $\approx$1.7 g Salz/l und pH-Wert = 6.5 hin [16]; ferner wurde von den beiden Geokronit-Generationen im Smirnovsk-Erzfeld zumindest die zweite Generation wahrscheinlich bei der Kristallisation eines komplexen Gels (von Sulfostannat-Zusammensetzung) aus alkalischen, S-reichen Lösungen gebildet, eine Abscheidung durch Zerfall komplexer Sulfostannate ist ebenfalls denkbar [17], vgl. [18]. Auch Geokronit in graphischer Verwachsung mit Meneghinit von der Lagerstätte Nord-Kantau, Mittelasien, ist offensichtlich ein Zerfallsprodukt einer komplexen, bei höheren Temperaturen stabilen, festen Lösung [19]. — Geokronit wurde — vor Sb-reicheren Sulfosalzen — abgeschieden durch metasomatische Einwirkung As- und/oder Sb-haltiger Lösungen auf Galenit und Baumhauerit in Darasun [20] sowie auf Galenit in Ust'-Teremki, beide Ost-Transbaikalien [21], und im Binnatal, Kanton Wallis, Schweiz [3]. — Geokronit selbst neigt allgemein stärker zum Zerfall und zur Bildung von Zerfallsstrukturen als die reinen Pb-As-Sulfosalze [22]. — Weitere Angaben für Geokronit in hydrothermalen Bildungen und als Verdrängungsmineral von Galenit und Komplexen Sulfiden s. [10, S. 717/8] und „Blei" A 3, S. 36/7.

Literatur zu 2.4.1.3.4.2.3.4:

[1] D. M. Hausen, P. F. Kerr (in: J. D. Ridge, Ore Deposits of the United States 1933 – 1967, Bd. 1, New York 1968, S. 908/40, 932/3). — [2] S. Graeser (Schweiz. Mineral. Petrog. Mitt. **45** [1965] 597/795, 695, 785/7). — [3] S. Graeser (in: H. A. Stalder u.a., Jahrbuch 1966 – 1968 des Naturhistorischen Museums der Stadt Bern, Bern 1969, S. 235/316, 289/91). — [4] L. McClatchie (in: J. McAndrew, R. T. Madigan, Geology of Australian Ore Deposits, Bd. 1, Melbourne 1965, S. 432/3). — [5] H. Rösch, E. Hellner (Naturwissenschaften **46** [1959] 72).

[6] P. Ramdohr (Zentr. Mineral. Geol. Paläontol. A **1942** 17/32). — [7] I. Burkart-Baumann, J. Ottemann, G. C. Amstutz (Neues Jahrb. Mineral. Monatsh. **1972** 433/46). — [8] I. Burkart-Baumann, J. Ottemann (Neues Jahrb. Mineral. Monatsh. **1972** 541/51, 543, 549). — [9] H. E. McKinstry, G. C. Kennedy (Econ. Geol. **52** [1957] 379/90, 384/5). — [10] P. Ramdohr (Die Erzmineralien und ihre Verwachsungen, 3. Aufl., Berlin 1960, S. 1/1089).

[11] J. L. Jambor (Can. Mineralogist **9** [1967/69] 505/21, 508/9). — [12] T. N. Chvileva (Zap. Vses. Mineralog. Obshchestva **98** [1969] 340/4, 341/2). — [13] V. I. Vasil'ev, A. A. Obolenskii (Zap. Vses. Mineralog. Obshchestva **95** [1966] 479/83, 483). — [14] C. Varček (Geol. Zb. [Bratislava] **16** Nr. 1 [1965] 175/84, 183 [deutsch]). — [15] O. P. Polyakova (Tr. Inst. Geol. Rudn. Mestorozhd. Petrogr. Mineralog. i Geokhim. Nr. 83 [1963] 265/318, 294, 317).

[16] B. P. Sanin, M. E. Markova (Ezhegodnik Inst. Geokhim. Sibirsk. Otd. Akad. Nauk SSSR **1971/72** 233/7). — [17] N. N. Trofimov, O. P. Polyakova, E. P. Malinovskii (Tr. Inst. Geol. Rudn. Mestorozhd. Petrogr. Mineralog. i Geokhim. Nr. 83 [1963] 161/201, 178, 182, 196). — [18] A. A. Garmash, V. V. Ivanov, K. F. Kuznetsov (in: K. A. Vlasov, Geochemistry and Mineralogy of Rare Elements and Genetic Types of Their Deposits, Bd. 3, Jerusalem 1968, S. 427/69, 429/30 [russisches Original: Moskva 1966]). — [19] I. V. Dubrova, A. A. Filimonova (Geol. Rudn. Mestorozhd. **4** Nr. 3 [1962] 106/14, 109, 112). — [20] A. A. Filimonova (Geol. Rudn. Mestorozhd. **9** Nr. 2 [1967] 107/21, 117/9).

[21] D. A. Timofeevskii (Zap. Vses. Mineralog. Obshchestva **97** [1968] 431/9, 431/2, 439). — [22] G. R. Kolonin (Tr. Inst. Geol. Geofiz. Akad. Nauk SSSR Sibirsk. Otd. **1967** Nr. 5, S. 76/89, 84 [englisch S. 89]).

Deposition of Pb-Sb- and Pb-(Sb,As)- "Spießglanze"

2.4.1.3.4.2.3.5 Abscheidung von Pb-Sb- und Pb-(Sb,As)-Spießglanzen

Nach Untersuchungen an Lagerstätten mit Pb-Sb-Sulfosalzen in Europa, Amerika und Ost-Transbaikalien nimmt im allgemeinen mit fortschreitender Differentiation in den erzbildenden Lösungen die Bedeutung von Blei ab und die von Antimon zu unter Bildung von Komplexen $[Sb_2S_4]^{2-}$ [1, S. 341] bzw. $[SbS_3]^{3-}$ und $[SbS_4]^{5-}$ [2], vgl. auch [3]. Daher erfolgt nach Galenit Abscheidung von zunehmend Pb-ärmeren Komplexen Sulfiden mit Pb und Sb (erst nach erhöhtem Sauerstoffpotential wird Antimonit abgeschieden) in der Reihenfolge: Geokronit – Meneghinit – Boulangerit – Semseyit – Heteromorphit – Jamesonit – Plagionit – Robinsonit – Zinckenit – Fülöppit; Abweichungen von diesem Schema sind auf Zufuhr neuer Erzlösungen zurückzuführen [1, S. 341/3], vgl. [4]. Beispiele solcher „normalen" Abscheidungsfolgen finden sich in der Pb-Sb-Lagerstätte Azatek und in der Au-Lagerstätte Darasun, beide Ost-Transbaikalien [1, S. 343], sowie in den an Sulfosalzen reichen Vorkommen im Dolomit des Binnatals, Kanton Wallis, Schweiz [5, S. 599, 785/6], und im Marmor von Madoc, Ontario, Kanada [6, S. 515/20], vgl. auch S. 253.

Ein Beispiel für eine umgekehrte Entwicklung — mit fortschreitender Differentiation abnehmende Sb- und zunehmende Pb-Anteile — sind die Sb-Erz führenden Gänge des Schwarzwaldes, Bundesrepublik Deutschland; hier wurden offensichtlich ohne Zunahme der Temperatur und wahrscheinlich auch ohne Rejuvenation nach Antimonit folgende Pb-Spießglanze nacheinander (mit überwiegend steigendem Pb-Gehalt) abgeschieden: Fülöppit(?) – Zinckenit – Plagionit – Semseyit – Jamesonit – Boulangerit [7].

Optimale Bildungsbedingungen für Pb-Sb-Sulfosalze werden bei Hydrothermalsynthesen mit NaCl-haltigen, alkalischen Sulfidlösungen bei längeren Reaktionszeiten, zunehmendem Druck und bei Temperaturen >380°C gefunden. Hierbei werden (meistens) innerhalb von 14 Tagen sowie Temperaturen zwischen 340 und 415°C bei 2 kbar Druck die synthetischen Äquivalente von Fülöppit, Plagionit, Semseyit, Zinckenit und Robinsonit (Mineral X) — jedoch nicht Boulangerit — erhalten. Durch anschließendes Tempern bei 415 ± 10°C können PbS-reichere, den umgewandelten Syntheseprodukten in der Zusammensetzung am nächsten stehende Phasen erhalten werden, wie z.B. „Robinsonit" aus „Zinckenit" bzw. „Fülöppit" oder „Boulangerit" aus „Plagionit" bzw. „Semseyit"; aber auch durch Reaktion zwischen überschüssigem Sb_2S_3 und PbS der Lösungen und den Syntheseprodukten entstehen beim Tempern neue Phasen. Aus diesen Hydrothermalsynthesen läßt sich etwa folgende theoretische Ausscheidungsreihe ermitteln: (Galenit) — Fülöppit, Plagionit, Semseyit — Zinckenit, Robinsonit — Antimonit [8]. Bei Versuchen mit Lösungen, die nur teilweise Na_2S und in keinem Fall NaCl enthalten, werden bei Temperaturen zwischen 400 und 500°C sowie einer Reaktionszeit von maximal 36 Tagen die den Mineralien Semseyit, Zinckenit, Robinsonit und Boulangerit entsprechenden Phasen erhalten, jedoch keine Plagionit- und Fülöppit-Phase [6, S. 506/8, 511/2], vgl. [9]; möglicherweise enthalten Mineralien der Plagionit-Gruppe flüchtige Komponenten wie H [10], [11, S. 260/1]. Für die Hydrothermalsynthese von Boulangerit sind offensichtlich lange Reaktionszeiten nötig [11, S. 261/2].

Für die einzelnen Pb-Sb-Spießglanze — angeordnet nach abnehmendem Pb- und steigendem Sb-Gehalt — werden nachfolgende Bildungsbedingungen ermittelt.

Die Abscheidung von Meneghinit, $Pb_{13}CuSb_7S_{24}$, in der Natur erfolgt nur in einem Milieu mit Pb-Überschuß und niedrigem Verhältnis von Sb zu den übrigen Metallen [12] bzw. aus Lösungen mit Sb-S-Komplexen [2]. So findet in Pb-Sb-Lagerstätten eine Ausscheidung von Meneghinit statt in enger Assoziation und fast gleichzeitig mit Galenit [1, S. 341], wie z.B. im Neudorfer Gangzug, Harz, DDR, bei relativ niedriger Temperatur als jüngstes Komplexes Sulfid der Erzparagenese [13, S. 57, 80, 108/9] und auch in der Cu-Polymetall-Lagerstätte Filizchai, Aserbeidschan, als eines der jüngsten Mineralien — unter intensiver Verdrängung älterer Sulfide — der Sulfidparagenese in der Carbonat-Zone [14]. — Meneghinit als Entmischungsprodukt aus Galenit bildete sich in der Aijala-Grube zwischen Helsinki und Turku, Süd-Finnland [15], und — zusammen mit Geokronit, s. S. 249 — in der Lagerstätte Nord-Kantau, Mittelasien [16].

In Polymetall-Lagerstätten wird Boulangerit, $Pb_5Sb_4S_{11}$, aus den erzbildenden Lösungen ausgeschieden — eventuell zusammen mit Galenit — bei abnehmenden Pb- und zunehmenden Sb- und S-Gehalten [1, S. 341], etwa nach dem Schema $6\,Pb^{2+} + 4\,[SbS_3]^{3-} \rightarrow Pb_5Sb_4S_{11} + PbS$ [2]; an verschiedenen Lokalitäten folgt Boulangerit unmittelbar auf Galenit [4], wie z.B. in Pb-Zn-Vererzungen der Kleinen Karpaten, ČSSR, wo Boulangerit aus S-reichen, stark reduzierenden Lösungen nach den Sulfiden (und diese z.T. verdrängend) abgeschieden wurde [17, S. 291/5, 306/7]. In Ost-Transbaikalien erfolgte die Abscheidung von Boulangerit im Kadain-Erzfeld während der dritten bis sechsten Mineralbildungsphase aus zunächst Pb-reichen, S- und O-armen, später Pb-ärmeren, aber Si-reicheren Lösungen mit alkalischem bis schwach alkalischem Charakter [18]; in der Au-Lagerstätte Darasun wird Boulangerit aus alkalischen, an Pb und As verarmten Lösungen bei zunehmender Sb- und S-Aktivität im letzten Mineralisationsstadium abgeschieden, wobei das Blei aus früheren Mineralisationsstadien metasomatisch gelöst und wiederabgeschieden wird [19, S. 109, 116/20], vgl. auch Abscheidung von Boulangerit unter Umlagerung von Blei der älteren Mineralien in den Lagerstätten Severo-Akatui und Mikhailovsk [20]. Zur Stellung von Boulangerit in der Abscheidungsfolge von Sb-Erzgängen des Schwarzwaldes, Bundesrepublik Deutschland, s. S. 250. — Nach Untersuchungen an fluiden Einschlüssen in Mineralien verschiedener Polymetall-Lagerstätten Ost-Transbaikaliens erfolgte die Abscheidung von Boulangerit: in Tsentral'noe, Pri-Argun'-Gebiet, aus relativ verdünnten Ca-Mg-Na-SO_4-Cl-Lösungen mit insgesamt ≈2.5 g Salz/l und pH = 5.7 [21]; in der Klichka-Lagerstättengruppe nach vier Generationen Galenit am Ende der Sulfid-Etappe und unter starker Verdrängung von Sulfiden [22, S. 25, 37, 73/5] bei Temperaturen weit unter 400°C, speziell im Vorkommen Savinskoe Nr. 5 bei 215 bis 185°C [23] bzw. 220 bis 180°C [24].

Bildung von Boulangerit durch Entmischung bei niedrigen Temperaturen aus anderen Mineralien wird beobachtet: in Galenit der Pb-Zn-Lagerstätte Monteneve [Schneeberg], Südtirol, Italien [25]; in Diaphorit der Pb-Ag-Lagerstätte Wood River, Idaho [26]; in komplexen Sulfostannaten (überwiegend Franckeit, auch Kylindrit) des Smirnovsk-Erzfeldes, Ost-Transbaikalien, wobei aber auch direkte Bildung durch Kristallisation eines komplexen Gels entsprechender Zusammensetzung denkbar ist [27, S. 180/2, 185, 188, 195/6], vgl. [28]. — Für Geokronit wird häufig ein randlicher bis vollständiger Zerfall zu Boulangerit + Galenit beobachtet [29, S. 717]; vgl. auch Verwachsungen von Geokronit + Boulangerit um große Geokronit-Körner, die wahrscheinlich durch Entmischung aus einer bei höheren Temperaturen stabilen festen Lösung in der Lagerstätte Nord-Kantau, Mittelasien, entstanden sind [16].

Auch als Produkt einer Verdrängungsreaktion der erzbildenden Lösungen mit anderen Mineralien tritt Boulangerit häufig auf: So wird er gebildet auf Kosten von Galenit [11, S. 263], z.B. im „Dürrerz" von Příbram, Böhmen, ČSSR [30], im Binnatal, Kanton Wallis, Schweiz [5, S. 695, 785/6], im Yellowknife-Gebiet, Northwest Territories, Kanada [12], und — zusammen mit Falkmannit — in den Lagerstätten des Randgebietes des Freiberger Erzreviers, Sachsen, DDR [31]. Durch Einwirkung Sb-reicher Lösungen auf Galenit in den Ag-Pb-Zn-Lagerstätten von Ust'-Teremki bei Darasun, Ost-Transbaikalien, entsteht die Verdrängungsfolge Galenit ← Geokronit ← Boulangerit, z.T. auch ohne Geokronit als Zwischenprodukt [32]. Verdrängung von Geokronit führt auch zur Entstehung von Boulangerit im Zips-Gömörer-Erzgebirge, ČSSR [33]. Offensichtlich auf rekristallisierte Gangteile beschränkt ist das Auftreten von Reaktionsserien Tetraedrit – [Bournonit] – Boulangerit – Galenit in der Belledonne-Bergkette östlich Grenoble, Frankreich [34], vgl. Boulangerit als Einschluß im „Galenit-Zement" des Brekzien-Erzes der Kies-Polymetall-Lagerstätte Tekeli, Dzhungarskii Alatau, Südost-Kasachstan [35]. — Als Reaktionsbildung infolge Ionendiffusion im festen

Zustand wird Boulangerit an der Grenze von Antimonit und Galenit in Pb-Zn- und Polymetall-Lagerstätten Georgiens, Kaukasus, angesehen [36], vgl. [3].

Dem häufigen natürlichen Auftreten von Boulangerit (meist zusammen mit Galenit) entspricht sein großes Existenzfeld im System Pb-Sb-S [11, S. 256, 260], [9], [37, S. 201] [38]; zur Hydrothermalsynthese von Boulangerit s. S. 250.

Semseyit, $Pb_9Sb_8S_{21}$, wird hauptsächlich als metasomatisches Verdrängungsprodukt (überwiegend von Galenit, aber auch von Sphalerit und Komplexen Sulfiden) gebildet, s. „Blei" A 3, S. 40 und Semseyit von Nagybörzsöny [Deutschpilsen], Nord-Ungarn, der durch mesothermale Metasomatose bei Temperaturen <300°C abgeschieden wurde [39], vgl. auch Semseyit in subvulkanisch-epithermalen Gängen des Gutin-Gebirges, Ost-Karpaten, Rumänien [40]. Zur Ausscheidung von Semseyit in Sb-Erzgängen des Schwarzwaldes, Bundesrepublik Deutschland, s. S. 250.

Die Abscheidung von Jamesonit, $Pb_4FeSb_6S_{14}$, erfordert außer Fe-Gehalten in den Lösungen und geeigneten Temperaturen auch S-Aktivitäten innerhalb bestimmter Grenzen, da sonst Fe-Sulfide neben Pb- und Sb-haltigen Phasen auftreten [37, S. 206], vgl. „Blei" A 3, S. 61. Jamesonit von Nagybörzsöny [Deutschpilsen], Nord-Ungarn, wurde bei Temperaturen <300°C gebildet [39]. Ferner finden sich Abscheidungen von Jamesonit: aus alkalischer Lösung mit erhöhten Aktivitäten von Sb und S in den Lagerstätten des Klichka-Feldes [22, S. 49, 72, 109/10, 113] und von Darasun, beide Ost-Transbaikalien [19, S. 109, 116/20], sowie aus stark reduzierenden, S^{2-}-haltigen Lösungen in Pb-Zn-Vererzungen der Kleinen Karpaten, ČSSR [17, S. 295/7]. — Ausscheidung von Jamesonit als Reaktionsprodukt zwischen Sb-reichen Lösungen und älteren Sulfiden wird beispielsweise beobachtet: im Freiberger Erzrevier, Sachsen, sowohl im Zentralteil [41, 42] als auch in den Randgebieten [31], sowie im Neudorfer Gangzug, Harz, beide DDR [13, S. 45, 53, 56]; in den Kleinen Karpaten, ČSSR [17, S. 307]; im Yellowknife-Gebiet, Northwest Territories [12], und in Madoc, Ontario, beide Kanada [6, S. 515], s. auch S. 253. Zur Ausscheidung von Jamesonit in Sb-Erzgängen des Schwarzwaldes, Bundesrepublik Deutschland, s. S. 250.

Wahrscheinlich durch Zerfall komplexer Sulfostannate bzw. Gele dieser Zusammensetzung wurde Jamesonit abgeschieden im Smirnov-Erzfeld, Ost-Transbaikalien [27, S. 180/2]. Ferner Jamesonit als Zerfallsprodukt: von Semseyit in Polymetall-Gängen der Niederen Tatra, ČSSR [43], von Geokronit [29, S. 717] und Diaphorit (besonders in randlichen Partien) [29, S. 689], [44] und als Entmischung aus Galenit der Aijala-Grube zwischen Helsinki und Turku [15]; vgl. Jamesonit-Einschlüsse in Galenit der Pb-Zn-Lagerstätte Monteneve [Schneeberg], Südtirol, Italien [25], und der Kies-Polymetall-Lagerstätte Tekeli, Dzhungarskii Alatau, Südost-Kasachstan [35].

Plagionit, $Pb_5Sb_8S_{17}$ — für Sb-Lagerstätten charakteristisch, s. „Blei" A 3, S. 40 — wurde beispielsweise im Polymetall-Stadium der Au-Lagerstätte Darasun, Ost-Transbaikalien, durch metasomatische Verdrängung von Galenit (und wahrscheinlich auch Geokronit) aus alkalischen, zunehmend Sb- und S-reicher werdenden Lösungen abgeschieden, wobei das Blei aus Galenit und Bournonit früherer Bildungsstadien umgelagert wurde [19, S. 109, 117/20]. Zur Abscheidung von Plagionit in Sb-Erzgängen des Schwarzwaldes, Bundesrepublik Deutschland, vgl. S. 250. — Bismutoplagionit s. S. 257.

Das Auftreten des in der Natur ziemlich seltenen, da bei Temperaturen unter 318°C instabilen Minerals Robinsonit, $Pb_7Sb_{12}S_{25}$, ist möglicherweise durch Stabilisierung der Kristallstruktur durch zusätzliche Elemente [11, S. 258] bzw. kleine Mengen von Verunreinigungen zu erklären [37, S. 205/6]. Zur Stellung von Robinsonit in der Abscheidungsfolge von Pb-Sb-Sulfosalzen s. S. 250.

Zinckenit, $Pb_6Sb_{14}S_{27}$, wurde in der As-Lagerstätte Zidolinski, Gissar-Gebirge, Mittelasien, wahrscheinlich aus an H_2S übersättigten, alkalischen Lösungen mit pH ≈ 8 und $[SbS_2]^-$-Komplexen bei 210 bis 190°C unter oberflächennahen Bedingungen abgeschieden [45] und in der Au-Lagerstätte Darasun, Ost-Transbaikalien, aus ebenfalls alkalischen, Sb- und S-reichen Lösungen im Endstadium der Mineralisation ausgefällt [19, S. 109, 116/20]; vgl. Zinckenit als späte Abscheidung in Galenit-freien Antimonit-Erzen von Azatek, Armenien, und Wolfsberg, Harz, DDR [1, S. 343], sowie im Marmor von Madoc, Ontario, Kanada, s. S. 253. Im Yellowknife-Gebiet, Northwest Territories, Kanada, ist Zinckenit (nur in Proben ohne Galenit und Boulangerit auftretend) wahrscheinlich durch Reaktion von Sb-reichen Lösungen mit älteren Sulfiden abgeschieden worden [12]. Weitere Angaben zur hydrothermalen Ausscheidung von Zinckenit s. „Blei" A 3, S. 58. — Zinckenit als jüngste Bildung in hydrothermalen Pb-Zn-Gängen [29, S. 703] ist nach neueren Untersuchungen nicht real, da Verwechslungen mit Jamesonit oder Boulangerit vorzuliegen scheinen [1, S. 343].

Zahlreiche Pb-(Sb,As)-Sulfosalze mit Verhältnissen $PbS/(Sb,As)_2S_3$ von 2.4:1 bis 1:1 aus dem Marmor von Madoc, Ontario, Kanada, wurden offensichtlich aus Lösungen abgeschieden, deren Verhältnis Sb/As durch Temperaturzunahme und/oder Druckabnahme stetig vergrößert wurde [6, S. 519]; möglicherweise sind diese Mineralien jedoch nur als Strukturvarianten bekannter Spießglanze aufzufassen [46]. In der Reihenfolge zunehmenden Verhältnisses Sb/As wurden — in hinreichender Übereinstimmung mit der hypothetischen Abscheidungsfolge — im einzelnen nacheinander ausgeschieden [6, S. 514/8]:

Mineral	Formel	Verhältnis Sb/As
Sb-Baumhauerit	$\approx Pb_{10}(Sb,As)_{17}S_{36}$	1.0
Guettardit	$Pb_9(Sb,As)_{16}S_{33}$	1.1
Veenit	$Pb_2(Sb,As)_2S_5$	1.5
Twinnit	$Pb(Sb,As)_2S_4$	1.5
Sorbyit	$Pb_{17}(Sb,As)_{22}S_{50}$	2.8
Sterryit	$Pb_{12}(Sb,As)_{10}S_{27}$	3
Jamesonit	$Pb_4FeSb_6S_{14}$	—
Zinckenit	$Pb_6Sb_{14}S_{27}$	—
Dadsonit (Mineral QM)	$Pb_{11}Sb_{12}S_{29}$	—
Madocit	$Pb_{17}(Sb,As)_{16}S_{41}$	4.5
As-Boulangerit	$\approx Pb_5(Sb,As)_4S_{11}$	8
Geokronit	$Pb_9(As,Sb)_4S_{15}$	—
Playfairit	$Pb_{16}(Sb,As)_{18}S_{43}$	8
Launayit[1)]	$Pb_{22}(Sb,As)_{26}S_{61}$	12
Bournonit	$PbCuSbS_3$	—
Semseyit	$Pb_9Sb_8S_{21}$	—

[1)] Nach experimentellen Untersuchungen im System Pb-Sb-S wahrscheinlich nur bei Temperaturen $<300\,^\circ C$ stabil [37, S. 204].

Zur Synthese der Pb(Sb,As)-Sulfosalze s. [6, S. 505/14].

Literatur zu 2.4.1.3.4.2.3.5:

[1] T. N. Chvileva (Zap. Vses. Mineralog. Obshchestva **98** [1969] 340/4). — [2] G. O. Grigoryan (Geokhimiya **1960** 60/7; Geochemistry [USSR] **1960** 72/80, 77/8). — [3] V. V. Shcherbina (Geokhimiya **1967** 1361/9, 1366/7; Geochem. Intern. **4** [1967] 1104 [Abstract]). — [4] H. E. McKinstry, G. C. Kennedy (Econ. Geol. **52** [1957] 379/90, 386). — [5] S. Graeser (Schweiz. Mineral. Petrog. Mitt. **45** [1965] 597/795).

[6] J. L. Jambor (Can. Mineralogist **9** [1967/69] 505/21). — [7] K. Walenta (Jahresh. Geol. Landesamtes Baden-Württemberg **2** [1957] 13/68, 20, 23, 59). — [8] S. C. Robinson (Econ. Geol. **43** [1948] 293/312, 301/5, 309/11). — [9] L. L. Y. Chang, J. E. Bever (Minerals Sci. Eng. **5** [1973] 181/91, 185). — [10] P. L. Garvin (Diss. Univ. of Colorado 1969, S. 1/94; Diss. Abstr. Intern. B **30** [1969/70] 5100).

[11] P. L. Garvin (Neues Jahrb. Mineral. Abhandl. **118** [1973] 235/67). — [12] L. C. Coleman (Am. Mineralogist **38** [1953] 506/27, 516). — [13] O. Oelsner, M. Kraft, H. Schützel (Freiberger Forschungsh. C Nr. 52 [1958] 1/114). — [14] G. I. Kerimov, K. I. Museibov (Zap. Vses. Mineralog. Obshchestva **97** [1968] 706/12, 706). — [15] A. Vaasjoki (Bull. Comm. Geol. Finlande Nr. 172 [1956] 47/53, 49).

[16] I. V. Dubrova, A. A. Filimonova (Geol. Rudn. Mestorozhd. **4** Nr. 3 [1962] 106/14, 109/10, 112, 114). — [17] B. Cambel (Acta Geol. Geogr. Univ. Comenianae Geol. Nr. 3 [1959] 1/349 [tschechisch, deutsch S. 271/338]). — [18] O. P. Polyakova (Tr. Inst. Geol. Rudn. Mestorozhd. Petrogr. Mineralog. i Geokhim. Nr. 83 [1963] 265/318, 292/4, 308/9, 316/7). — [19] A. A. Filimonova (Geol. Rudn. Mestorozhd. **9** Nr. 2 [1967] 107/21). — [20] T. N. Shadlun, M. G. Dobrovol'skaya, Yu. S. Nesterova, G. A. Arapova (in: F. V. Chukhrov u.a., Tipomorfizm Mineralov, Moskva 1969, S. 15/48, 36, 46).

[21] B. P. Sanin, M. E. Markova (Ezhegodnik Inst. Geokhim. Sibirsk. Otd. Akad. Nauk SSSR **1971/72** 233/7 [englisch S. 236/7]). — [22] K. S. Taldykina (Tr. Geol. Muzeya Akad. Nauk SSSR **10** [1962] 1/122). — [23] L. I. Koltun, A. A. Lokerman (Visn. L'vivs'k. Univ. Ser. Geol. **1962** Nr. 1, S. 107/14, 108, 111; Ref. Zh. Geol. **1963** 3 Zh 88). — [24] L. I. Koltun, Yu. V. Lyakhov, A. V. Piznyur (Zap. Vses. Mineralog. Obshchestva **92** [1963] 327/34, 332). — [25] H. Förster (Neues Jahrb. Mineral. Abhandl. **105** [1966] 262/91, 280/2).

[26] W. E. Hall, G. K. Czamanske (Econ. Geol. **67** [1972] 350/61, 357, 360). — [27] N. N. Trofimov, O. P. Polyakova, E. P. Malinovskii (Tr. Inst. Geol. Rudn. Mestorozhd. Petrogr. Mineralog. i Geokhim. Nr. 83 [1963] 161/201). — [28] A. A. Garmash, V. V. Ivanov, K. F. Kuznetsov (in: K. A. Vlasov, Geochemistry and Mineralogy of Rare Elements and Genetic Types of Their Deposits, Bd. 3, Jerusalem 1968, S. 427/69, 429/30 [russisches Original: Moskva 1966]). — [29] P. Ramdohr (Die Erzmineralien und ihre Verwachsungen, 3. Aufl., Berlin 1960, S. 1/1089). — [30] J. Kutina (in: J. Kutina, Symposium Problems of Postmagmatic Ore Deposits, Bd. 1, Prague 1963, S. 200/5, 205).

[31] L. Baumann (Freiberger Forschungsh. C Nr. 188 [1965] 1/268, 29, 53, 83, 101, 118, 144, 171, 193, 206). — [32] D. A. Timofeevskii (Zap. Vses. Mineralog. Obshchestva **97** [1968] 431/9, 439). — [33] C. Varček (Geol. Zb. [Bratislava] **16** Nr. 1 [1965] 175/84, 182 [deutsch]). — [34] P. J. M. Ypma (Diss. Univ. Leiden Publ. Dept. Petrol. Mineralog. Cristal. Univ. Leiden Nr. 12 [1963] 1/212, 80, 83, 118, Tabellen nach S. 174 und 190). — [35] G. M. Tarasevich (Tr. Mineralog. Muzeya Akad. Nauk SSSR Nr. 12 [1961] 108/22, 110, 119/21).

[36] T. V. Ivanitskii (Izv. Geol. Obshchestva Gruzii **1961** Nr. 1, S. 49/65 nach Ref. Zh. Geol. **1963** 5 Zh 80). — [37] J. R. Craig, L. L. Y. Chang, W. R. Lees (Can. Mineralogist **12** [1973] 199/206). — [38] B. Salanci, G. H. Moh (Neues Jahrb. Mineral. Monatsh. **1970** 524/8). — [39] J. Erdélyi, V. Koblencz, V. Tolnay (Acta Univ. Szeged. Acta Mineral. Petrog. **10** [1957] 3/13, 7/8 [deutsch]). — [40] S. Koch (Acta Univ. Szeged. Acta Mineral. Petrog. **10** [1957] 51/8, 52/3 [englisch]).

[41] G. Tischendorf (Freiberger Forschungsh. C Nr. 18 [1955] 1/130, 9, 92, 122). — [42] L. Baumann (Freiberger Forschungsh. C Nr. 46 [1958] 1/208, 178, 180). — [43] Z. Pouba, Z. Vejnar (Sb. Ustred. Ustavu Geol. **22** [1955] 485/555, 513 [tschechisch; russisch S. 531/43, englisch S. 544/55]). — [44] G. R. Kolonin (Tr. Inst. Geol. Geofiz. Akad. Nauk SSSR Sibirsk. Otd. **1967** Nr. 5, S. 76/89, 81 [englisch S. 89]). — [45] V. D. Sazonov (Izv. Akad. Nauk Tadzh.SSR Otd. Geol. Khim. i Tekhn. Nauk **1960** Nr. 1, S. 91/6, 94/5),

[46] H. Strunz, C. Tennyson (Mineralogische Tabellen, 5. Aufl., Leipzig 1970, S. 1/621, 149).

Deposition of Pb-Bi-and Pb-(Bi,Sb)-"Spieß-glanze"

2.4.1.3.4.2.3.6 Abscheidung von Pb-Bi- und Pb-(Bi,Sb)-Spießglanzen

Die Abscheidung der Mineralien dieser Gruppe erfolgt offensichtlich auf sehr unterschiedliche Art. So zeigt ein Vergleich der Ausscheidungsfolgen einer begrenzten Zahl von Pb-Sulfobismutid-Paragenesen eine im allgemeinen gute Übereinstimmung mit der theoretisch bei abnehmender Temperatur zu erwartenden Abfolge: Galenit→Heyrovskyit→Lillianit→Giessenit→Bursait→Cosalit→Cannizzarit→Galenobismutit→Rezbanyit→Chiviatit→Bonchevit→Bismuthinit; jedoch gibt es zahlreiche Ausnahmen und unklare Beziehungen bei der Abscheidungsfolge, die im wesentlichen auf folgenden drei Faktoren beruhen: (1) Komplexes Überlappen der Bildungsbereiche verschiedener Mineralarten als Ergebnis einer im wesentlichen gleichzeitigen Kristallisation, (2) Schwankungen der Temperatur und/oder chemischen Zusammensetzung der erzbildenden Lösungen, (3) Fehldeutungen von Verwachsungsstrukturen [1, S. 188/9].

In einigen Lagerstätten hat sich durch abnehmende Bi- und zunehmende Pb-Gehalte sowohl in den Lösungen als auch in den ausgeschiedenen Mineralien eine umgekehrte Abscheidungsfolge entwickelt; sie beginnt bei relativ hohen Temperaturen mit meist Pb-haltigem Bismuthinit, gefolgt von zunehmend Pb-reicheren Komplexen Sulfiden und endet mit Bi-reichen bis Bi-armen Galeniten, wie folgende Übersicht erkennen läßt (in Klammern hinter dem Mineralnamen ist das Verhältnis Bi_2S_3 bzw. $(Bi,Sb)_2S_3/PbS$ angegeben):

Vorkommen/Ausscheidungsfolge	Literatur
Bi-Lagerstätte Ustarasai, Süd-Kasachstan Bismuthinit mit im Mittel 3.37% Pb→Ustarasit (≈3:1)→ Cosalit (1:2)/Kobellit (4:5)→Galenit mit 0.44% Bi	[2, S. 160/4]
W-Lagerstätte Bukuka, Ost-Transbaikalien Bismuthinit mit 2 bis 5% Pb→Galenobismutit (1:1)→ Cosalit (1:2)→Lillianit (1:3)→Galenit-I[1] mit Bi→ Galenit-II[2] mit 7.61% Bi und 3.44% Ag	[3, S. 144/5, 149/51] vgl. [4]
W-Lagerstätte Bom-Gorkhonskoe, West-Transbaikalien[3] Bismuthinit mit 2.92% Pb→Cosalit (1:2) und „Bismutoplagionit" (≈4:5)→Galenit	[5, S. 56, 60/2]
Au-Lagerstätte Darasun und andere, Ost-Transbaikalien Cosalit (1:2)→Kobellit (1:2)→„Sb-Lillianit" (1:3)→Galenit	[6, S. 66, 69]
Skarn-Lagerstätte Muromište, Südwest-Bulgarien[4] Gediegen Wismut→Bismuthinit mit ≈3% Pb→Cosalit (1:2)→Galenit	[7, S. 38/42, 46]

[1] Bei <270°C abgeschieden. — [2] Bei 195 bis 225°C abgeschieden unter Entmischung von „Beegerit" und Schapbachit. — [3] Ausscheidung erfolgte mit abnehmender Temperatur und steigendem pH-Wert der Lösungen. — [4] In einem 4., mesothermalen Polymetallstadium gebildete Paragenese.

Durch Hydrothermalsynthesen läßt sich die dem Cannizzarit — s. S. 256 — entsprechende Phase darstellen, die Galenobismutit — s. S. 257 — und Lillianit — s. unten — entsprechenden Phasen bilden sich bei hydrothermaler Umkristallisation. Andere Pb-Bi-Sulfosalze scheiden sich überwiegend oder sogar ausschließlich ab durch Entmischung aus bei hohen Temperaturen gebildeten festen Lösungen zwischen PbS und Bi_2S_3, vgl. im folgenden und [8, S. 16/20, 32/3], [9, S. 291/3], [10]. Auch die in natürlichen Pb-Bi-Abscheidungen beobachteten (typischen) myrmekitischen und lamellaren Gefüge bei Verwachsungen von Galenit mit Cosalit („Beegerit", „Goongarrit" und „Warthait") bzw. von Bismuthinit mit Sulfosalzen (wie Cosalit und Galenobismutit) weisen auf die ehemalige Existenz von Hochtemperaturphasen in den Erzen hin [9, S. 278, 291, 295, 303], vgl. auch [11, S. 81, 85/6]. Zur Stabilität der Pb-Bi-Sulfosalze im System Pb-Bi-S vgl. [10] und „Blei" C 3, S. 969/70.

Für die einzelnen Pb-Bi-Spießglanze werden — angeordnet nach zunehmenden Bi-Anteilen — nachfolgende Bildungsbedingungen ermittelt.

Die Abscheidung von Lillianit, $(Pb,Ag)_3(Bi,Sb)_2S_6$, unter natürlichen Bedingungen ist nur von der W-Lagerstätte Bukuka, Ost-Transbaikalien, bekannt. Das Mineral wurde hier in enger Assoziation mit Cosalit (aber ohne Galenit-Einschlüsse) bei leicht oxidierenden Bedingungen und z.T. niedrigem S-Potential aus infolge lokaler Bedingungen Pb-reichen Lösungen bei Temperaturen <271°C gebildet [3, S. 142, 149/51]. Eine röntgenographisch mit Phase III von Craig [9, S. 292/3] identische, aber Cu- und Ag-haltige „Lillianit"-Phase wurde neben Galenobismutit im ursprünglich als „Bonchevit" bestimmten Mineral aus hydrothermalen Gängen im zentralen Rhodopen-Gebirge, Bulgarien, gefunden [12]. — Unter hydrothermalen Bedingungen wird eine röntgenographisch mit Lillianit identische Phase zwischen 350 und 450°C durch Reaktion und Rekristallisation heterogener Sulfidgemenge in Lösungen mit NaCl, KCl und NH_4Cl erhalten [13] bzw. durch Umkristallisation von synthetisch erschmolzenem Lillianit in 1molarer NH_4Cl-Lösung bei 420°C und 500 atm Druck als Auf- oder Durchwachsung von Galenit gebildet [8, S. 20/2, 29]. Zur Synthese und Stabilität von Lillianit s. auch „Blei" A 3, S. 50/1.

Ein Sb-Lillianit wird in Au-Lagerstätten Ost-Transbaikaliens aus neutralen bis schwach alkalischen Lösungen nach Zunahme der Pb- und Sb-Gehalte und Abnahme von S sowie Veränderung des Verhältnisses Bi/Sb von ≈7:1 auf 1:3 bei Temperaturen von 250 bis 200°C abgeschieden; hierbei wird früher ausgeschiedener Kobellit teilweise umwachsen und verdrängt [6, S. 66/7, 68/9].

Giessenit, Formeln s. „Blei" A 3, S. 50, ist offensichtlich nur mit Sb und wahrscheinlich auch Cu im Gitter stabil [1, S. 186/7]. Am bisher einzigen Fundort Binnatal, Kanton Wallis, Schweiz, ist er — eng verwachsen mit Galenit — wahrscheinlich gebildet worden durch Reaktion einer komplexen, metamorph gebildeten Lösung mit älteren Sulfiden, insbesondere Galenit (dessen Blei hierbei in den Giessenit umgelagert wurde) [14, 15].

Bursait, $Pb_5Bi_4S_{11}$, findet sich als kontaktmetasomatisches Produkt einer Scheelit-Lagerstätte, s. „Blei" A 3, S. 49. Seine Existenz bei normalen Temperaturen ist umstritten [1, S. 187]; zum Stabilitätsbereich s. „Blei" C 3, S. 969/70.

Cosalit, $Pb_2Bi_2S_5$, ist ein unter natürlichen Bedingungen bevorzugt stabiles [11, S. 86] und in hydrothermalen bis kontaktmetamorphen Lagerstätten das häufigste Pb-Bi-Sulfosalz [9, S. 302]; er wird besonders im kühl-hypothermalen bis hoch-mesothermalen, aber auch bis in den epithermalen Bereich hinein gebildet [1, S. 188]. Natürliche Cosalite werden sowohl bei direkter Kristallisation aus Lösungen als auch durch Zerfall von bei hohen Temperaturen gebildeten festen Lösungen abgeschieden [16]. In W-Lagerstätten Ost-Transbaikaliens wird Cosalit aus Lösungen mit erhöhten Bi- und Pb-Gehalten sowie z.T. erhöhtem CO_2- und geringem S-Potential bei Temperaturen <271°C gegen Ende der ersten Mineralisationsphase gebildet [3, S. 149/51]. Hydrothermal bei Temperaturen unter 400°C gebildet ist der Cosalit in Drusen der Pegmatite des Granitoid-Massivs von Strzegom-Sobotka [Striegau-Zobten], Schlesien, Polen [17], und mesothermal-metasomatisch abgeschieden bei Temperaturen <300°C wurde Cosalit von Nagybörzsöny [Deutschpilsen], Nord-Ungarn [18]. In Mo-W-Lagerstätten wurde Cosalit ausgeschieden aus alkalischen Lösungen bei steigender S-Aktivität in Dzhida, West-Transbaikalien [19], und im dritten Mineralisationsstadium bei 265 bis etwa 182°C sowie im vierten Stadium bei 225 bis 230°C in Karaoba, Mittel-Kasachstan [20]. In der W-Lagerstätte Bom-Gorkhonskoe, West-Transbaikalien, wurde Cosalit in der späten Quarz-Sulfobismutid-Hübnerit-Assoziation abgeschieden aus Lösungen mit zunehmendem pH-Wert und steigendem Verhältnis Pb/Bi bei 240 bis 200°C; der früher gebildete Bismuthinit wurde hierbei nicht verdrängt doch wurden Hübnerit, Quarz, Sphalerit und Pyrit z.T. korrodiert [5, S. 56/62]. Der in Skarnen von Muromište, südliches Pirin-Gebirge, Südwest-Bulgarien, gegen Ende eines mesothermalen Polymetall-Stadiums bei relativ niedrigen Temperaturen ausgeschiedene Cosalit verdrängt jedoch Bismuthinit [7, S. 39/40, 46]. — Bildung von Cosalit (und Galenit) durch Zerfall Pb-reicherer Hochtemperaturphasen wird beobachtet: in Boliden, Schweden [9, S. 303]; in Quarzgängen von Hůrky, westlich Prag, ČSSR, wo er wahrscheinlich bei Temperaturen <425 ± 25°C aus Heyrovskyit entmischte [21]; in der W-Lagerstätte Bukuka, Ost-Transbaikalien, wo er — mit im Mittel ≈15% (maximal 30 bis 40%) Galenit-Einschlüssen in graphischer Verwachsung — als Zerfallsprodukt eines Pb-reicheren Sulfosalzes unbekannter Zusammensetzung entstand [3, S. 139/42]. — Cosalit als Entmischungsprodukt in Se-reichem Galenit s. S. 242.

Kobellit, $Pb_5(Bi,Sb)_8S_{17}$, wird in Au-Lagerstätten Ost-Transbaikaliens bei Temperaturen zwischen 250 und 200°C und pH-Werten nahe dem Neutralpunkt aus Lösungen ausgeschieden, die neben zunehmenden Pb-Gehalten eine Abnahme des Verhältnisses Bi/Sb von ≈2:1 auf 1:1 aufweisen [6, S. 66/9], vgl. [22]. — Sb-arme Kobellite (mit bis maximal 9.7% Sb) der Bi-As-Lagerstätte Ustarasai, Mittelasien, wurden im letzten Stadium des hydrothermalen Prozesses aus Lösungen mit zunehmenden Pb- und Sb-Gehalten, jedoch abnehmenden Bi-Gehalten ausgeschieden; diese Kobellite sind eng mit Bismuthinit verknüpft oder als Mikroeinschlüsse in ihm enthalten [2, S. 160/1, 164, 176/7, 179].

Cannizzarit, $Pb_3Bi_5S_{11}$, wurde durch Hydrothermalsynthese aus Na_2-reichen, NaCl-haltigen Lösungen mit Pb:Bi = 1:4 bei 400°C und anschließender Abkühlung auf 20°C erhalten [23]; zum natürlichen Vorkommen s. „Blei" A 3, S. 68.

Galenobismutit, $PbBi_2S_4$, ist — nach Cosalit, s. S. 256 — eines der stabilsten [11, S. 86] und wahrscheinlich bis zu niedrigen Temperaturen beständigen Pb-Bi-Sulfosalze [16]. Aus Untersuchungen im System PbS-Bi_2S_3 ergibt sich, daß sich Galenobismutit entweder direkt durch Abscheidung aus Lösungen oder durch Zerfall komplexer Pb-Bi-Phasen bei abnehmender Temperatur bilden kann. Für nahezu gleichzeitige Ausscheidung aus derselben Lösung spricht die Art der mikroskopischen Verwachsung von Bismuthinit und Galenobismutit aus zwei untersuchten W-Lagerstätten der UdSSR [24]. Abscheidung aus der Lösung wird auch angenommen für Galenobismutit und Bismuthinit, die, manchmal vergesellschaftet mit Pyrit, Wolframit und anderen Mineralien, auf der W-Lagerstätte Bukuka, Ost-Transbaikalien, beobachtet werden; sie sind bei lokaler Pb-Anreicherung in den Lösungen während eines frühen Stadiums der Gesamtmineralisation bei hohen Temperaturen gebildet worden; bei S-Mangel und hohem Bi-Gehalt in den erzbildenden Lösungen bildet sich Gediegen Wismut neben den Pb-Bi-Sulfosalzen [3, S. 148/50]. Galenobismutit mit Resten von Arsenopyrit aus der Siscoe Mine, Gowganda-Gebiet, Ontario, Kanada, gehört dem zweiten von vier Mineralisationsstadien an, das bei Temperaturen <400 bis 215°C gebildet wurde [25]. Unter subvulkanischen Bedingungen gebildeter Galenobismutit findet sich zusammen mit Aikinit, Cosalit und Telluriden in den Au-Lagerstätten Kochbulak und Burgunda, Chatkal-Kurama-Gebirge, Mittelasien [2, S. 168]. Weitere Paragenesen s. „Blei" A 3, S. 67. — Als Entmischungsprodukt von komplexen Bi- oder Pb-reichen Sulfosalzen nennt Ramdohr Galenobismutit + Galenit oder Bismuthinit [26]. Lamellare Verwachsung von Galenobismutit mit Galenit s. [2, S. 173]. Ferner bildet Galenobismutit eine der beiden Phasen des Bonchevits, s. unten.

Synthetisch läßt sich Galenobismutit darstellen durch hydrothermale Umkristallisation von $PbS \cdot Bi_2S_3$ im Autoklaven bei 420°C und 500 atm Druck in molarer NH_4Cl-Lösung [8, S. 20/1, 32]; vgl. Bildung durch Festkörper-Diffusionsreaktion zwischen PbS und Bi_2S_3 bei 400°C [27].

Bismutoplagionit, $\approx(Pb,Ag,Cu)_5(Bi,As)_8S_{17}$, zeitweise als identisch mit Galenobismutit angesehen [28], wurde — in Verwachsung mit Cosalit, jedoch ohne Verdrängung von Bismuthinit — in der W-Lagerstätte Bom-Gorkhonskoe, West-Transbaikalien, wahrscheinlich aus Lösungen abgeschieden bei Temperaturen zwischen 290 und 200°C sowie zunehmendem pH-Wert [5, S. 60/2], s. auch S. 255.

Von den beiden „Bonchevit" (aus dem Rhodopen-Gebirge, Bulgarien) — zur Formel s. „Blei" A 3, S. 69 — aufbauenden Phasen, Galenobismutit und Phase III von Craig, s. S. 255, ist die letztgenannte Phase stabil von 816 bis <200°C [9, S. 292/3].

Literatur zu 2.4.1.3.4.2.3.6:

[1] L. L. Y. Chang, J. E. Bever (Minerals Sci. Eng. **5** [1973] 181/91). — [2] S. T. Badalov, I. M. Golovanov, E. A. Dunin-Barkovskaya (Geokhimicheskie Osobennosti Rudoobrazuyushchikh i Redkikh Elementov Endogennykh Mestorozhdenii Chatkalo-Kuraminskikh Gor, Tashkent 1971, S. 1/228). — [3] D. O. Ontoev (Tr. Mineralog. Muzeya Akad. Nauk SSSR Nr. 15 [1964] 134/53). — [4] V. V. Shcherbina (Geokhimiya **1967** 1361/9, 1368/9). — [5] D. O. Ontoev, N. V. Troneva, A. I. Tsepin, G. V. Basova (Geol. Rudn. Mestorozhd. **13** Nr. 5 [1971] 55/63).

[6] M. S. Sakharova, N. N. Krivitskaya (Geol. Rudn. Mestorozhd. **12** Nr. 4 [1970] 56/70). — [7] T. Gadzheva-Pavlovich (Spisanie Bulgar. Geol. Druzh. **22** [1961] 36/46 [englisch S. 46]; Ref. Zh. Geol. **1962** 1 V 196). — [8] A. A. Godovikov, V. A. Klyakhin, Zh. N. Fedorova, R. M. Leibson (Tr. Inst. Geol. Geofiz. Akad. Nauk SSSR Sibirsk. Otd. **1967** Nr. 5, S. 10/33 [englisch S. 33]). — [9] J. R. Craig (Mineralium Deposita **1** [1966] 278/306). — [10] B. Salanci, G. M. Moh (Neues Jahrb. Mineral. Abhandl. **112** [1969/70] 63/95, 71/4, 91/2).

[11] G. R. Kolonin (Tr. Inst. Geol. Geofiz. Akad. Nauk Sibirsk. Otd. **1967** Nr. 5, S. 76/89 [englisch S. 89]). — [12] V. Kupčik, L. Franc, E. Makovický (Tschermaks Mineral. Petrog. Mitt. [3] **13** [1969] 149/56, 150/3). — [13] V. A. Klyakhin, M. T. Dmitrieva (Dokl. Akad. Nauk SSSR **178** [1968] 173/5; Dokl. Earth Sci. Sect. **178** [1968] 106/8). — [14] S. Graeser (Schweiz. Mineral. Petrog. Mitt. **45** [1965] 597/795, 635, 673, 695, 785/6). — [15] S. Graeser (in: H. A. Stalder u.a., Jahrbuch 1966–1968 des Naturhistorischen Museums der Stadt Bern, Bern 1969, S. 235/316, 284, 289).

[16] A. Yu. Malevskii, T. L. Rikhter, G. I. Veres (Tr. Inst. Mineralog. Geokhim. Kristallokhim. Redkikh Elementov Akad. Nauk SSSR Nr. 18 [1963] 30/43, 42). — [17] W. Kowalski (Freiberger Forschungsh. C Nr. 270 [1970] 133/50, 134/5). — [18] J. Erdélyi, V. Koblencz, V. Tolnay (Acta Univ. Szeged. Acta Mineral. Petrog. **10** [1957] 3/13, 7/8 [deutsch]). — [19] M. M. Povilaitis, N. N. Mozgova, V. M. Senderova (Zap. Vses. Mineralog. Obshchestva **98** [1969] 655/64, 663). — [20] I. V. Banshchikova (in: V. I. Smirnov u.a., Mineralogicheskaya Termometriya i Barometriya, Moskva 1965, S. 257/72, 260, 269).

[21] J. Klomínský, M. Rieder, C. Kieft, L. Mráz (Mineralium Deposita **6** [1971] 133/47, 143/5). — [22] M. S. Sakharova (Izv. Akad. Nauk SSSR Ser. Geol. **1972** Nr. 2, S. 80/91, 81, 86). — [23] A. A. Graham, R. M. Thompson, L. G. Berry (Am. Mineralogist **38** [1953] 536/44, 537/8). — [24] N. P. Il'in, L. E. Loseva, L. N. Soboleva (Geokhimiya **1971** 684/95, 693/4; Geochem. Intern. **8** [1971] 460 [Abstract]). — [25] W. Petruk u.a. (Can. Mineralogist **11** [1971/73] 196/231, 218, 228).

[26] P. Ramdohr (Die Erzmineralien und ihre Verwachsungen, 3. Aufl., Berlin 1960, S. 1/1089, 719). — [27] V. Ross (Econ. Geol. **49** [1954] 734/52, 738, 750). — [28] H. Strunz, C. Tennyson (Mineralogische Tabellen, 5. Aufl., Leipzig 1970, S. 1/621, 509).

Deposition of Pb Oxide, Carbonate, Sulfates, Silicates and Rare Pb Minerals with As, Sb, and V

2.4.1.3.4.2.4 Abscheidung von Pb-Oxid, -Carbonat, -Sulfaten, -Silikaten und seltenen Pb-Mineralien mit As, Sb und V

Die Abscheidung von Coronadit, $Pb_{<2}Mn_8O_{16}$, in hypogenen Bildungen ist selten und findet offensichtlich statt infolge abnehmender Temperatur und zunehmenden Sauerstoffgehaltes bei der Mischung aufsteigender Erzlösungen mit meteorischen Wässern [1]. Hypogener Coronadit wurde beobachtet in Mn-Oxid-Erzgängen in Tertiär-Vulkaniten bei Socorro, New Mexico, im Talamantes-Distrikt bei Parral, Chihuahua, Mexico, und als Haupterz in den geschichteten Mn-Erzen der Three Kids-Grube, Clark County, Nevada [2], sowie — mit unklarer Verknüpfung zum Vulkanismus — in Mn-Schichtlagerstätten in präkambrischen und mesozoischen Sedimenten Marokkos (wobei in den gleichfalls vorhandenen Mn-Erzgängen Coronadit jedoch weniger häufig ist) [3].

Die Bildung von Cerussit, $PbCO_3$, ist nach Untersuchungen der Systeme $CaCO_3$-$SrCO_3$-$PbCO_3$ und $CaCO_3$-$BaCO_3$-$PbCO_3$ im Temperaturbereich zwischen 400 und 750°C bei 10 und 15 kbar Druck prinzipiell möglich, so daß die Seltenheit natürlicher hydrothermaler Cerussite durch den unterschiedlichen geochemischen Charakter von Blei und den Erdalkalimetallen bedingt zu sein scheint [4], zur Mischkristallbildung der genannten Carbonate vgl. „Blei" A 2a, S. 89. — Nach experimentellen Untersuchungen werden „kohlensaure Pb-Salze" aus komplexen Alkali-Hydrogencarbonat-Lösungen bei Normaldruck und Temperaturen von 100°C abwärts ausgeschieden [5].

Anglesit, $PbSO_4$, in durch hydrothermale Infiltrationslösungen gebildeten Opal-Kaolinit-Gesteinen der Erzzone von Mittel-Kamchatka, Ferner Osten, UdSSR, wird mit zunehmendem Sauerstoff-Partialdruck in den Lösungen und abnehmender Temperatur ausgeschieden [6]; in anderen vulkanischen Gebieten (Kurilen-Inseln und Karpaten) werden aus sauren hydrothermalen Lösungen überwiegend Pb-haltige Alunite gebildet, s. [19, 22, 23]. — Galenit wird in einer konzentrierten Lösung von Fe^{3+}-Sulfat mit H_2SO_4 nur langsam von Anglesit verdrängt [7].

Obwohl die Bildung von Sulfat-Ionen in hydrothermalen Lösungen bei entsprechendem pH-Wert und genügend hohem Redoxpotential möglich ist [8], können die in hydrothermalen Baryten verschiedener Herkunft enthaltenen, als $PbSO_4$ bestimmten 0.03% Blei auf Grund des sehr geringen Löslichkeitsproduktes von PbS stets auch in Form von Galenit-Einschlüssen vorliegen [9]. Erst mit zunehmendem Redoxpotential (Eh) nimmt nach Untersuchungen im System Ba-Pb-S-H_2O die Sulfidkonzentration so stark ab, daß kein Galenit mehr abgeschieden werden kann, aber auch Anglesit (infolge seiner etwa 100fach besseren Löslichkeit gegenüber Baryt) nicht als selbständiges Mineral, sondern nur in Form von Baryt-Anglesit-Mischkristallen gebildet wird. Demnach ist in Baryt-Sulfid-Lagerstätten mit zunehmendem Eh-Wert folgende theoretische Abscheidungsfolge zu erwarten: Galenit – Galenit + Baryt – Pb-reicher Baryt [10]. Hiermit in Übereinstimmung stehen die bei erhöhten Eh-Werten gebildeten Pb-haltigen Baryte, z.B. in der „eba"-Formation des Lagerstättenbezirks von Freiberg, Sachsen [11], und in Barytgängen des Greisen vom Schneckenstein, Vogtland, beide DDR [12], vgl. [13], ferner in Pb-Zn-Vererzungen der Kleinen Karpaten, ČSSR [14], und in Sulfid-freien Paragenesen von Pb-Zn-Lagerstätten [10] sowie in sekundären Carbonatitgängen der Endphase der Carbonatitbildung am Kaiserstuhl, Baden, Bundesrepublik Deutschland [15].

Wesentlich Pb-reichere, als Anglesobaryt (Hokutolith) bezeichnete Glieder der Mischkristallreihe Baryt-Anglesit sind bisher nur als Abscheidungen aus heißen Quellen unter Oberflächenbedingungen bekannt: mit 30% $PbSO_4$ von Peitou (Hokutô), Taiwan [16], und mit 4.34 bis 16.51% Pb vom Vulkan Shibukuro [17], vgl. [10], sowie mit bis zu 15% PbO von Tamagawa, beide Akita-Präfektur, Japan [18], vgl. auch S. 212 und 222 sowie „Blei" A 3, S. 88.

Ein Hinsdalit-ähnliches, Ba- und K-haltiges Blei-Sulfophosphat findet sich als offensichtlich hydrothermale Ausscheidung am liegenden Kontakt (Salband) von Barytgängen mit verquarzten und alunitisierten Tuffen bei Began in den Transkarpaten, Ukraine [19]. — Als feste Ausscheidung wird Caracolit, $Pb_2Na_3[Cl|(SO_4)_3]$, in mehrphasigen fluiden Einschlüssen in Topas aus Pegmatit beobachtet [20], s. auch [21].

Hydrothermale, metasomatische Abscheidung von Pb-Silikaten und Pb-Mineralien mit seltenen Anionen (wie Arsenit, Arsenat, Antimonat, Vanadat oder auch komplexe As- und Sb-Silikate) ist nur bei ungewöhnlichen und in der Natur sehr selten anzutreffenden Bedingungen möglich, wie in den Skarnlagerstätten von Långban, Värmland, Schweden, vgl. „Blei" A 2c, S. 75/7, und von Franklin, New Jersey, vgl. „Blei" A 2c, S. 77.

Literatur zu 2.4.1.3.4.2.4:

[1] S. Roy (Econ. Geol. **63** [1968] 760/86, 762/3, 783). — [2] D. F. Hewett, M. Fleischer (Econ. Geol. **55** [1960] 1/55, 12, 46, 51). — [3] D. F. Hewett (Econ. Geol. **61** [1966] 431/61, 439/40, 456). — [4] L. L. Y. Chang, W. R. Brice (Am. Mineralogist **57** [1972] 155/68, 164/7). — [5] I. N. Govorov, N. S. Blagodareva, Z. L. Mukoseeva (in: Geokhimiya i Mineralogiya Magmatogennykh Obrazovanii, Vladivostok 1966, S. 40/7, 43; Ref. Zh. Geol. **1967** 8 V 3).

[6] M. M. Vasilevskii (Dokl. Akad. Nauk SSSR **133** [1960] 661/4; Dokl. Earth Sci. Sect. **133** [1960] 822/4). — [7] C. Schouten (Econ. Geol. **29** [1934] 611/58, 615, 628). — [8] H. C. Helgeson (Complexing and Hydrothermal Ore Depostion, Oxford – London – New York – Paris 1964, S. 1/128, 86). — [9] G. Tischendorf (in: J. Kutina, Symposium Problems of Postmagmatic Ore Deposition, Bd. 1, Prague 1963, S. 225/9, 225/6). — [10] V. G. Krivovichev (Zap. Vses. Mineral. Obshchestva **101** [1972] 495/9).

[11] L. Baumann (Freiberger Forschungsh. C Nr. 46 [1958] 1/208, 175). — [12] G. Tischendorf (Geologie [Berlin] **11** [1962] 1052/8). — [13] G. Tischendorf, H. Ungethüm (Geologie [Berlin] **13** [1964] 125/58, 148). — [14] B. Cambel (Acta Geol. Geogr. Univ. Comenianae Geol. Nr. 3 [1959] 1/349, 175 [tschechisch; deutsch S. 271/338]). — [15] L. van Wambeke (in: L. van Wambeke u.a., Les Roches Alcalines et les Carbonatites du Kaiserstuhl, Brüssel 1964, S. 69/91, 87/8).

[16] Y. Okamoto 1906 nach B. Takano (Geochem. J. **3** [1969] 117/26, 117). — [17] R. Ōhashi (Mineral. Mag. **19** [1920/22] 73/6). — [18] B. Takano, K. Watanuki (Geochem. J. **8** [1974] 87/95, 88). — [19] V. S. Mel'nikov, M. Yu. Fishkin, A. I. Kostenko (Mineralog. Sb. L'vovsk. Gos. Univ. **23** Nr. 1 [1969] 58/66, 58/9, 65). — [20] V. A. Kalyuzhnii (Mineralog. Sb. L'vovsk. Gos. Univ. **12** [1958] 116/28).

[21] E. Roedder (U.S. Geol. Surv. Profess. Papers Nr. 440-JJ [1972] 1/164, 29, 71). — [22] S. I. Naboko (Tr. Lab. Vulkanol. Akad. Nauk SSSR Nr. 19 [1961] 12/33, 15/7). — [23] M. M. Vasilevskii (Tr. Lab. Vulkanol. Akad. Nauk SSSR Nr. 19 [1961] 145/64, 148).

2.4.1.3.5 Verhalten von Blei bei autometasomatischer Umwandlung von Magmatiten

Behavior of Lead in Autometasomatic Transformation of Magmatites

Wie bei D. S. Korshinskij (Abriß der metasomatischen Prozesse, Berlin 1965, S. 1/195, 118/9, 125/9 [russisches Original: 2. Aufl., Moskva 1955]) dargestellt, verbleiben bei der Kristallisation eines magmatischen Gesteins in dessen Poren postmagmatische Restlösungen, die als spezifisch leichtere Substanzen unter Druckeinfluß (Belastung durch überlagernde Gesteine oder tektonische Kräfte) nach oben zu wandern beginnen. Diese Lösungen befinden sich bei hohen Temperaturen im Gleichgewicht mit den Mineralien des Muttergesteins und können daher nur eine gewisse Umkristallisation hervorrufen. Erst mit abnehmender Temperatur und Konzentrationsänderungen erzeugen die postmagmatischen Restlösungen stärkere Veränderungen des Muttergesteins (und der Nebengesteine): In den mittleren Teilen großer Massive findet eine sehr langsame Abkühlung statt; die Restlösungen können abwandern, ehe durch Temperaturerniedrigung die Möglichkeit zur Reaktion mit dem umgebenden Gestein gegeben ist. In den randlichen Teilen der großen Massive, besonders in den herausragenden Kuppeln und Apophysen, sowie in kleinen Massiven erfolgt die Abkühlung schneller; daher erzeugen die Restlösungen hier die intensivsten autometasomatischen Veränderungen. — Am bedeutendsten sind autometasomatische Umwandlungen in Gesteinen granitischer Zusammensetzung. Die Veränderungen werden hierbei durch „saure Auslaugung", d.h. Einwirkung von sauren magmatischen Restlösungen auf das Muttergestein, bewirkt. — Im einfachsten Fall erfolgt der Transport der Restlösungen durch Diffusion; Zirkulation auf Spalten kompliziert das Erscheinungsbild. Die Abscheidung der Reaktionsprodukte erfolgt in erster Linie auf Grund abnehmender Temperatur, die Konzentration der Bestandteile in der Lösung ist von untergeordneter Bedeutung, d.h. die einzelnen Endokontaktzonen können sich (entgegen der Richtung des Lösungsstromes!) mit fortschreitender Abkühlung eines Plutons nach unten verlagern. — In basischen, ultrabasischen sowie in stark alkalischen Magmatiten sind autometasomatische Umwandlungen kaum untersucht worden. Prozesse einer sauren Auslaugung treten hier wenig in Erscheinung oder fehlen, während Prozesse der „Basifizierung", z.B. Absatz von Erzen und Bildung von Carbonatiten, stark ausgeprägt sind.

Die Beispiele der nachfolgenden Abschnitte behandeln nur Veränderungen innerhalb (Endokontakt) des Magmatits, im wesentlichen Plutonite und untergeordnet Vulkanite. Nicht behandelt werden die postmagmatischen Umwandlungen der Nebengesteine (Exokontakt, Kontaktmetamorphose) durch Magmatitkörper — s. hierzu „Blei" A 2c, ab S. 75 — sowie metasomatische Prozesse um Klüfte, Spalten oder Schwächezonen herum, die oft zur Bildung von Erzgängen oder -zonen führen — vgl. hierzu S. 195 — und Metasomatosen im Verlauf von Regionalmetamorphosen — s. hierzu „Blei" A 2c, ab S. 112 — oder von Ultrametamorphosen — s. hierzu „Blei" A 2c, ab S. 133.

2.4.1.3.5.1 Autometasomatische Umwandlung saurer bis intermediärer Magmatite

Autometasomatic Transformation of Acidic to Intermediary Magmatites

Bei der autometasomatischen Umwandlung saurer Magmatite lassen sich nach Korshinskij mit zunehmender Azidität der Lösungen folgende Stufen unterscheiden: Albitisierung, Muskovitisierung und Verquarzung (besonders unter Verdrängung der Feldspäte des Gesteins), wobei die beiden letzten Vorgänge — unter Veränderung weiterer gesteinsbildender Mineralien — wesentliche Bedeutung bei der Greisenbildung haben [1, S. 119/21].

Gegenüber den nicht veränderten Teilen der Intrusion ist generell weniger Blei enthalten in den Kalifeldspäten aus hydrothermal umgewandelten Quarzmonzoniten verschiedener Fundpunkte in Nevada und Utah [2], was in gleicher Weise für die Biotite dieser Gesteine gilt [3, 4].

Für das Auftreten sekundärer, hydrothermaler Prozesse in vier granitischen Intrusionen mit Granodioriten und Graniten in Mittelasien (Karamazar, Nuratau, Karatyube/Zirabulak und Zeravshan-Gissar) sprechen auch die innerhalb der einzelnen Komplexe ziemlich variablen Pb-Isotopenverhältnisse der Feldspatfraktionen; die Variation der Pb-Isotopenzusammensetzung beträgt bis zu 7% für das Verhältnis $^{206}Pb/^{204}Pb$ und 3% für $^{208}Pb/^{204}Pb$ [5]. — In Monaziten verschiedenartiger granitischer Gesteine der Ukraine mit unterschiedlichen Gehalten an Gesamtblei sowie radiogenem und nichtradiogenem (normalem) Blei zeigt letzteres die größere Mobilität, da es während später, hydrothermal-metasomatischer Stadien zugeführt und offensichtlich in Oberflächenzonen der Monazitkörner nur schwach gebunden wurde; dadurch entsteht — je nach geochemischem Charakter der Wirtsgesteine — eine variable Pb-Isotopenzusammensetzung. Eine solche späte Pb-Zufuhr in Oberflächenzonen von Mineralkörnern, aus denen es leicht in beträchtlicher Menge und mit erheblicher Isotopenverschiebung wieder fortgeführt werden kann, ist wahrscheinlich ein weitverbreiteter Prozeß, besonders in Monaziten, Orthiten, Zirkonen und Titaniten [6]; vgl. die als möglich angenommene Auslaugung radiogener Pb-Isotopen aus Zirkonen des Hiei-Granits, Japan, durch hydrothermale Metasomatose [7] und auf Pb-arme, helle Zirkone aufgewachsene Pb-reichere, dunklere Zirkonschichten in drei vergreisenten und mikroklinisierten Granitoidmassiven des Gornyi Altai als wahrscheinliches Produkt einer pH-Änderung während der Metasomatose [8].

Autometasomatisch umgewandelte Quarzporphyre der UdSSR (ohne nähere Lokalisation) wurden im pneumatolytischen und im ersten von zwei darauffolgenden hydrothermalen Stadien an Blei (als Galenit) angereichert und zwar, bezogen auf die Masse des Elements in 100 cm^3 nicht verändertem Quarzporphyr, um 75% bzw. 1200% [9].

Zur Abscheidung von Gediegen Blei als autometasomatisches Zwischenprodukt bei der Oxidation von Galenit in Granit und Alaskit s. S. 242.

Freisetzung von Blei speziell bei der Albitisierung von Mikroklinen — einem der bedeutendsten metasomatischen Prozesse — wurde für verschiedene Intrusivkomplexe saurer bis alkalischer, granitischer Zusammensetzung beobachtet [10]. In drei Granitoidkomplexen Nordost-Transbaikaliens wird eine mit der Albitisierung der Gesteine verbundene Pb-Abnahme vom völligen Verschwinden des Pb-haltigen Magnetits dieser Gesteine begleitet [11], während im Zerendinskii-Intrusivkomplex, Nord-Kasachstan, Blei nur in albitisierten Graniten mit „martitisiertem" Magnetit, nicht aber in unveränderten Normalgraniten mit frischem Magnetit enthalten ist [12].

Hellgraue mittelkörnige, teilweise Amazonit-führende, albitisierte Granite eines komplexen Massivs bei Ulan-Ude am Baikal-See [13] und teilweise albitisierte und vergreisente Quarz- und Granosyenite des Elenovskii-Komplexes im Kokchetav-Block, Kasachstan [14], führen Galenit als akzessorisches Mineral. — Zwischen Albitisierungsprozeß und Polymetall-Vererzung in randlichen Teilen des Granitoidkomplexes von Murmansk, Halbinsel Kola, besteht möglicherweise ein genetischer Zusammenhang [15].

Nach experimentellen Untersuchungen kann die einer „Albitisierung" entsprechende Einwirkung einer NaCl-KCl-Lösung (mit Zusätzen von Na-Silikat und NaF) auf Granit und Diorit bei Temperaturen bis zu 300°C zur Mobilisierung von 70% des ursprünglich vorhandenen Bleis (und Zinns) im Diorit führen; aus Granit wird Blei nur ausgelaugt, wenn die Lösung auch an Na_2CO_3 angereichert ist [16]. Eine derart intensive Pb-Abfuhr wurde z.B. im Nord-Tien Shan beobachtet bei Albitisierung von Granitoiden der Differentiationsreihe Granodiorit→Granit→Granosyenit→Alaskit in der Pb-Polymetall-Erzprovinz im zentralen Teil des Gebirges [17]; zum Verhalten von Blei bei Propylitisierung und Epidotisierung dieser Gesteine s. S. 264. Ferner wird bei Albitisierung von Syeniten und Graniten des Kzyl-Ompul- und des Charkasar-Massivs im mittleren Abschnitt des Nord-Tien Shan der Pb- und Zn-Gehalt in den veränderten Partien der Gesteine stark vermindert: So im Kzyl-Ompul-Massiv von 41 ppm Pb im frischen, leukokraten Biotit-Quarz-Syenit über 10 bis 4 ppm Pb in den orange- bis cremefarbenen albitisierten Partien auf kein Blei in den reinen Albititen der am stärksten umgewandelten Partien, ferner von 10 bis 35, Mittel 24 ppm Pb (sechs Analysen), des leukokraten Granits auf 8 ppm Pb in der albitisierten Partie dieses Gesteins; im Charkasar-Massiv vermindert sich der Pb-Gehalt von 20 bis 27, Mittel 23 ppm Pb (zwölf Analysen), im frischen, leukokraten Granit auf 3 bis 9, Mittel 5.4 ppm Pb (fünf Analysen), in den albitisierten Teilen [18, S. 793/5]; zum Verhalten von Blei bei Bildung von sekundären Quarziten und Propylitisierung in beiden Massiven s. S. 263.

Bei Muskovitisierung von Biotit im Verlauf der Greisenbildung aus Granitoiden im Bereich der W-Lagerstätte Buguzun, Gornyi Altai, werden die Pb-Gehalte von 2.3 bis 6.3 ppm auf 6.3 bis 14 ppm Pb erhöht [19, S. 74/5], zum Pb-Gehalt in den Apatiten und Greisen dieser Lagerstätte s. S. 262. Durch „Sericitisierung" von Feldspäten bei gleichzeitiger Chloritisierung der Biotite hydrothermal umgewandelter, porphyrischer Granodiorit des Susamyr-Batholithen im Sarykamysh-Gebirgsrücken, mittlerer Tien Shan, enthält mit 53 ppm Pb die doppelte Pb-Konzentration gegenüber dem Mittelwert für Granitoide dieses Gebietes [20]. Von den Polymetall-Vererzungen in vulkanogen-klastischen Gesteinsserien des Rudnyi Altai zeigen nur die in Verbindung mit den Granitoiden von Smeinogorsk stehenden Mineralisationen deutlich erhöhte Pb-Gehalte, die in Zusammenhang gebracht werden mit autometasomatischer Umwandlung (Sericitisierung sowie auch Verquarzung, Chloritisierung und Pyritisierung) von Effusivgesteinen und Pyroklasiten; so ist gegenüber dem Clarke-Wert die Erhöhung im Mittel: in 14 Graniten und Granodioriten 5.4fach, in sechs gangförmigen Gabbro-Diabasen und Porphyriten 3.4fach, in sechs Apliten, Porphyren und Pegmatiten 12.3fach und in 49 Granophyren 4.4fach [21]. — In Sn-führenden Granitoiden des Baikal-See-Gebietes haben nur die durch autometasomatische Umwandlung von Biotit-Graniten entstandenen Muskovit-Granite Galenit [22]; vgl. Galenitabscheidung bei Bildung von Propyliten S. 264.

Während die bisher beschriebenen autometasomatischen Veränderungen nur einzelne Mineralarten betroffen haben, werden im nachfolgenden Teil die Produkte der Umwandlung des ganzen Gesteins — Greisen, sekundäre Quarzite und Propylite — besprochen.

Unterschiede im Chemismus der Ausgangsgesteine und der Intensität der Autometasomatose sowie des Charakters und der Bildungstiefe der Erze und sekundären Mineralien lassen nach Nakovnik drei Quarzit-ähnliche Gesteine, die überwiegend durch Pb-Zufuhr gekennzeichnet sind, unterscheiden: Greisen, Beresite (nur im Nebengestein von Erzgängen entwickelt) und sekundäre oder hydrothermale Quarzite [23, S. 52/3]; zur Definition dieser Gesteine s. [1, S. 130/2, 170/4, 136/8].

Mitunter stark erhöhte Pb-Gehalte zeigen Greisen und vergreisente granitische Gesteine der UdSSR [24], so speziell vom Pos'etskii-Komplex, südwestliches Primor'e [25], von Sikhote Alin, Ferner Osten [26], sowie von Kasachstan im Sarysu-Teniz-Gebiet [27, S. 63/8] und im Kiiktass-Massiv [28]. Ferner werden höhere Pb-Gehalte festgestellt in Glimmer-Fluorit-Gesteinen des Miao Chang-Komplexes [29] und in Turmalin-Fluorit- sowie Quarz-Turmalin-Gesteinen des südöstlichen Fernen Ostens, jedoch sind in anderen Greisentypen dieses Gebietes nur geringe Pb-Gehalte vorhanden [30]. Auch in der W-Lagerstätte Buguzun, Gornyi Altai, ist der Pb-Gehalt im Mittel aus jeweils zehn Proben in vergreisentem Plagiogranit mit 6.4 ppm und in Quarz-Muskovit-Greisen mit 7.7 ppm Pb deutlich geringer als im unveränderten Plagiogranit mit 20 ppm Pb [19, S. 72/3]; trotz der Abfuhr von Blei insgesamt wird jedoch in den Apatiten dieser Gesteine eine Pb-Zunahme beobachtet von <10 ppm in Proben aus den unveränderten Plagiograniten über 10 bis 50 ppm in Proben aus vergreisenten Plagiograniten auf 100 bis 500 ppm Pb in Proben aus Quarz-Muskovit-Greisen; der Greisen enthält auch stark martitisierte Magnetite — vgl. auch S. 261 — mit 10 bis 50 ppm Pb [31]. Zur Erhöhung des Pb-Gehaltes in neugebildeten Muskoviten s. S. 261. — Zur Entstehung von Pb-reichen Schichten auf Zirkon während der Greisenbildung in Granitoiden des Gornyi Altai s. S. 260. — Pb-Gehalt in Cassiterit aus Greisen s. „Blei" A 2a, S. 165/6.

Für sekundäre Quarzite Mittel-Kasachstans ist nach Untersuchungen an verschiedenen Fundpunkten eine Pb-Zufuhr charakteristisch [23, S. 44, 52], speziell im Sarysu-Teniz-Gebiet wird eine statistisch signifikante Pb-Zufuhr bei Verquarzungsprozessen in granitischen Intrusiv- und Ergußgesteinen im niedrigthermalen Bereich beobachtet [27, S. 63, 68]; quantitative Angaben für das Sarysu-Teniz-Gebiet und für vergleichbare Gesteine des Fernen Ostens s. nachfolgende Tabelle:

Fundort/Gestein	ppm Pb im Gestein[1)] unverändert	verquarzt	Literatur
Sarysu-Teniz-Gebiet, Mittel-Kasachstan			
Intrusivgesteine, Nord-Massiv			
Granite, mittelkörnig	14.8 (25)	25.8 (12)	
Intrusivgesteine, Süd-Massiv			
Granite, mittelkörnig-porphyrisch	12.9 (42)	13.9 (11)	
Granite, feinkörnig-granophyrisch	10.8 (14)		
Gangbildungen, beide Massive			
Aplitpegmatit-Lagergänge, Nord-Massiv	15.3 (35)	19.8 (16)	
Aplite	14.8 (16)	15.2 (10)	
Granitporphyre, West-Teil	11.3 (11)	31.6 (36)	
Granitporphyre, Ost-Teil	12.4 (14)		[27, S. 64/5]
Ergußgesteine, beide Massive			
Rhyolithisch-liparitische Laven, West-Teil	5.64 (15)	14.56 (32)	
Rhyolithisch-liparitische Laven, Ost-Teil	11.72 (19)	11.90 (15)	
Porphyrite, andesitisch	8.32 (22)	13.37 (26)	
Porphyrite, dacitisch	10.91 (17)	13.12 (20)	[27, S. 66/7]

Fundort/Gestein	ppm Pb im Gestein[1] unverändert	verquarzt	Literatur
Badzhal'-Gebirge, Ferner Osten			
Liparitische Gesteine	20.2 und 27.4	255.9	
Dacitische Gesteine	19.2	89.3	[54]

[1] In Klammern angegeben ist die zur Mittelwertsbildung benutzte Anzahl Analysen.

Ferner sind Verquarzungszonen in Granitoiden der nordwestlichen Balkhash-Region, Ost-Kasachstan, durch erhöhte Pb-Gehalte gekennzeichnet [32], vgl. demgegenüber keine Zufuhr, sondern eventuell nur Umlagerung des Pb-Gehaltes in sekundären Quarziten des Korgantas-Massivs, nördliches Balkhash-Gebiet [33], vgl. auch unten.

Unter Bildung von sekundären Quarziten und Propyliten hydrothermal umgewandelte Quarzporphyre des Bazumsk-Erzfeldes, Nord-Armenien, haben mit im Mittel 12 ppm Pb (30 Analysen) nach statistischer Auswertung höhere Pb-Gehalte und eine ungleichmäßigere Pb-Verteilung als die unveränderten Gesteine mit im Mittel 8 ppm Pb (38 Analysen) [34], vgl. Gehalte an Galenit und Gediegen Blei von 10 bis 50 g/t Gestein in metasomatisch umgewandelten Gesteinen des ersten Komplexes (Trachyte, Liparite, Andesite) und an Galenit von 50 bis 100 g/t Gestein in Andesiten des zweiten Komplexes im Bazumsk-Gebirge [35]. Sekundäre Quarzite in Effusivgesteinen (Hornblende-Andesit) Südost-Kamchatkas zeigen gegenüber Clarke-Werten erhöhte Pb-Gehalte [36], vgl. für Andesite Mittel-Kamchatkas S. 265. Auch in verquarzten Lipariten und Daciten der Verkhne Urmiiskii-Intrusion im Badzhal'-Gebirge, Ferner Osten, werden stark erhöhte Pb-Gehalte (s. Tabelle oben) gegenüber den unveränderten Ausgangsgesteinen beobachtet [54]. Nach Untersuchungen im Hydrothermalgebiet der Taupo-Vulkanzone, Nordinsel Neuseelands, sind die Vulkanite (insbesondere Rhyolithe) bis in Tiefen von über 2000 m silifiziert und mit Sulfiden — darunter Galenit — vererzt [37]. — Die Pb-Gehalte sind gering in frischen Rhyodaciten vom Lemberg bei Bad Kreuznach, Bundesrepublik Deutschland, und nur geringfügig erhöht in Zonen mit diffuser Hg-U-Mineralisation; eine durch hydrothermale Umwandlung veränderte Schlotbrekzie mit Hornsteinfragmenten und Quarztrümern dagegen hat einen etwa zehnfach höheren Pb-Gehalt, jedoch sind Pb-Mineralien nicht erkennbar [38].

Demgegenüber bleibt im sekundären Quarzitmassiv der Mayatas-Berge, Nord-Kasachstan, der Pb-Gehalt bei den zur Verquarzung führenden Prozessen relativ unverändert und etwa ebenso hoch (bis zu 0.1% Pb) wie in den Ausgangsgesteinen (saure und intermediäre Vulkanite sowie Granosyenitporphyr); auch in zentralen und randlichen Teilen des Massivs finden sich etwa gleich hohe Pb-Gehalte [39]. — Eine Pb-Abnahme wird beobachtet bei der Bildung von Quarz-Sericit-Gesteinen aus leukokraten Graniten im Kzyl-Ompul-Massiv, mittlerer Teil des Nord-Tien Shan [18, S. 793, 796], sowie bei der Bildung von Quarzgängen durch hydrothermale Umwandlungsprozesse in granitoiden Gesteinen des Altai [40]; vgl. auch Abnahme des Pb-Gehaltes bei intensiver Verdrängung von Plagioklas durch Kalifeldspat und anschließender Verdrängung beider Mineralien durch Quarz in Intrusivgesteinen (Syenit, Syenitporphyr und -aplit) im Südwesten des Adzharo-Trialetskii-Faltungssystems in Adscharien, Grusinien [41].

Propylitisierung findet statt hauptsächlich in vulkanischen Gesteinsfolgen vorwiegend andesitischer Zusammensetzung und besteht in einer sekundären Bildung von Albit oder Adular und Sericit bzw. Chlorit, Epidot oder auch Aktinolith („Grünsteinbildung") sowie Calcit [1, S. 156/8, 165/8].

Eingehende Untersuchungen über Veränderungen der Pb-Gehalte bei Propylitisierung einiger vulkanischer und intrusiver Gesteinsserien des euro-asiatischen Raumes weisen überwiegend auf sehr geringe Pb-Migration bei diesen Vorgängen hin: So werden keine merklichen Veränderungen der Pb-Gehalte beobachtet während der Umwandlung von Andesiten und Daciten des Gutai-Massivs, Ost-Karpaten, Rumänien [42, S. 439/40], sowie in autometasomatisch propylitisierten Gesteinen (Andesit, Dacit, Quarzlatit) verschiedener Massive der Dinariden in Serbien und Mazedonien,

Jugoslawien [43], [44, S. 35]. Der geringe Unterschied im Pb-Gehalt der Sanidine in frischen und propylitisierten Latiten aus den Dinariden spricht für den autometamorphen Charakter dieser Umwandlung; bei hydrothermaler Propylitisierung durch Zufuhr hätte eine stärkere Pb-Anreicherung in diesen Gesteinen erfolgen müssen [45], s. auch unten. Pb-Gehalte für Sanidine aus frischen und veränderten Quarzlatiten Süd-Serbiens s. „Blei" A 2a, S. 218/9. Eine geringe bis fehlende Zu- oder Abfuhr von Blei wird auch festgestellt bei der Propylitisierung felsischer Gesteine des Nord-Tien Shan (Susamyr-Batholith und Sonkul'-Intrusion) [46, S. 413/4], vgl. [17], sowie vom Kzyl-Ompul-Massiv, Nord-Tien Shan, und vom Charkasar-Massiv, Südhang des Kurama-Gebirges, Tadschikistan [18, S. 791/4]. Die nachfolgende Tabelle gibt eine Gegenüberstellung der Pb-Gehalte in den nicht veränderten und den propylitisierten Gesteinen der oben genannten Massive (der Mittelwert steht nach dem Komma, Probenzahl in Klammern hinter dem Mittelwert):

Fundort/Gestein	ppm Pb im Gestein		Literatur
	unverändert	propylitisiert	
Rumänien, Massiv Gutai			
Andesite	17 bis 20, 19 (5)	10 bis 22, 18 (4)[1]	
Quarz-Andesite	10 bis 35, 22 (3)	10	
Dacite	10 bis 23, 15 (9)	≈10[2] und 17[3]	[42, S. 437/9]
Jugoslawien			
Andesite, Dacite	11 bis 42, 24 (30)	<3 bis 51, 18 (11)	[43], [44, S. 31]
Quarzlatite	20 bis 62, 30 (15)	25 bis 60, 37 (3)	[43, 45]
UdSSR, Nord-Tien Shan			
Susamyr-Batholith			
Granodiorite und Granite	20 bis 35, 27 (23)	20 bis 40, 27 (6)	[46, S. 415]
Sonkul'-Intrusion			
Adamellite, Quarzdiorite, Syenite	20 bis 44, 30 (31)	14 bis 38, 23 (6)	[46, S. 415]
Kzyl-Ompul-Massiv			
Erdalkali-Syenite	50 bis 75, 60 (9)	6 bis 79, 45 (7)	
Granosyenite	35 bis 54, 43 (6)	21 bis 28, 24 (3)	
Granite, leukokrat	10 bis 35, 24 (6)	20 bis 37, 28 (4)[4]	[18, S. 793]
Charkasar-Massiv			
Biotit-Granite, leukokrat	20 bis 27, 23 (12)	18 bis 23, 20 (4)	[18, S. 793]

[1] Zwei „adularisierte" Andesite enthalten ≤10 ppm Pb und weitere sechs propylitisierte Andesite jeweils <10 ppm Pb. — [2] „Adularisierter" Dacit. — [3] „Sericitisierter" Dacit. — [4] Nur schwach bis mäßig propylitisierte Proben; in intensiv propylitisierter Probe nur 5 ppm Pb [18, S. 793].

Demgegenüber sind erhöhte Pb-Gehalte in propylitisierten Gesteinen fast immer mit — meist jüngeren — Mineralisationen verbunden (eine nicht-autometasomatische Entstehung ist in den angeführten Beispielen nicht immer mit Sicherheit auszuschließen): So ist die Bildung von Galenit, Pb-Jarosit und Pb-reichem Pyrit-I sowie Pyrit-II einer Cu-Pyrit-Mineralisation in Südwest-Bulgarien im Zusammenhang mit der Propylitisierung von Andesit-Tuffbrekzien und -Tuffen sowie Tuffiten erfolgt [47]; im Zavodinsk-Erzfeld, Altai, ist gleichzeitig zusammen mit anderen Sulfiden gebildeter Galenit ein typisches Mineral der Propylite in stock- und lagerförmigen Quarz-Feldspat-Porphyren und ihren Tuffen [48]; vgl. hohe Gehalte von 80 bis 250 ppm Pb in den aus Granodioritporphyren mit 10 bis 50 ppm Pb gebildeten Propyliten des Suyuksui-Erzfeldes, Chatkal-Kurama-Gebirge, Uzbekistan [49]. Erhöhte Pb-Gehalte finden sich ferner in Propyliten, die aus bereits Pb-reichen Andesiten (vererzt) und Lipariten bei niedrigen bis mittleren Temperaturen gebildet wurden, am

Südhang des Sarychu-Rückens im Südwesten der Okhotsk-Shukotsk-Vulkanzone, Nordost-Sibirien [50], vgl. erhöhte Pb-Gehalte in hydrothermal veränderten Amphibol-Pyroxen-Andesiten der Ost-Karpaten, Rumänien [51]. — In Mittel-Kamchatka führt „hydrothermale Infiltration und Differentiation" in Andesiten zur Entstehung von vier vertikal und horizontal ausgebildeten Zonen, deren unterste (Zone IV) aus Au- und Ag-haltigem Propylit mit im allgemeinen maximalen Metallgehalten (Blei ist hier auch vorhanden) besteht; das Pb-Maximum findet sich, zusammen mit K_2O, jedoch in der höheren Zone II in Verbindung mit einer „Beidellitisierung" (= Bildung eines Tonminerals der Montmorillonit-Gruppe) von Hydroglimmern [52]. — Auf Grund der identischen, an radiogenem Blei angereicherten Isotopenzusammensetzung von propylitisierten Andesiten und Rhyolithen sowie Galeniten aus Gängen in der Coromandel-Te Aroha-Region, Nordinsel Neuseelands, wird auf eine Herkunft des Bleis aus wäßrigen Lösungen mesozoischer Sedimente geschlossen. Durch eine größere Wärmequelle im Untergrund dieses Gebietes kam es zu langsamer Diffusion überhitzter Fluide nach oben, wobei bevorzugt radiogenes Blei ausgelaugt wurde; bei der Propylitisierung wurde dieses Blei in die ältere, obere Andesit-Gruppe eingeführt, während die jüngeren, unteren Andesite unverändert blieben [53].

Zum Verhalten von Blei bei autometasomatischer Veränderung von sauren bis intermediären Alkaligesteinen s. ab S. 267 und von Pegmatiten ab S. 185.

Literatur zu 2.4.1.3.5.1:

[1] D. S. Korshinskij (Abriß der metasomatischen Prozesse, Berlin 1965, S. 1/195 [russisches Original: 2. Aufl., Moskva 1955]). — [2] W. F. Slawson, M. P. Nackowski (Econ. Geol. **54** [1959] 1543/55, 1544, 1554). — [3] W. T. Parry (Diss. Univ. of Utah 1961, S. 1/129 nach Diss. Abstr. **22** [1962] 3158/9). — [4] W. T. Parry, M. P. Nackowski (Econ. Geol. **58** [1963] 1126/44, 1143). — [5] A. V. Rabinovich, M. N. Golubchina, T. M. Murtazina (Geokhimiya **1965** 519/27, 519, 522/6; Geochem. Intern. **2** [1965] 407).

[6] L. V. Komlev, K. S. Ivanova, V. G. Savonenkov (Geokhimiya **1964** 1228/39; Geochem. Intern. **1** [1964] 1137/47, 1139, 1142/4). — [7] J. Nagai (Mem. Coll. Sci. Univ. Kyoto Ser. B **28** [1962] 471/83, 482). — [8] A. P. Berzina, V. I. Sotnikov (Dokl. Akad. Nauk SSSR **150** [1963] 885/7; Dokl. Earth Sci. Sect. **150** [1963] 118/20, 120). — [9] Z. M. Motorina, V. I. Volkov (Vopr. Prikl. Radiogeol. Sb. **1963** 194/207, 199/203, 206). — [10] A. I. Ginzburg (in: A. P. Vinogradov, Chemistry of the Earth's Crust, Bd. 2, Jerusalem 1967, S. 202/10, 207 [russisches Original: Moskva 1964]).

[11] Yu. V. Kazitsyn (in: I. E. Smorchkov, Aktsessornye Mineraly Izverzhennykh Porod, Moskva 1968, S. 156/64, 162/3). — [12] R. V. Masgutov (Izv. Akad. Nauk Kaz.SSR Ser. Geol. **1957** Nr. 1, S. 96/8). — [13] V. A. Dvorkin-Samarskii, Yu. N. Kaperskaya, I. M. Kozulina (Mineralogo-Geokhimicheskie Ocherki Zabailkal'ya, Ulan-Ude 1971, S. 138/44, 138). — [14] A. V. Krasil'nikova (Mineralog. Sb. **20** [1966] 541/6, 542). — [15] V. A. Kostin (Materialy ko 2-mu Konf. po Okolorudnomy Metasomatizmu, Leningrad 1966, S. 181/3, 183).

[16] V. L. Barsukov (in: V. I. Smirnov, Problemy Metallogenii Sovetskogo Dal'nego Vostoka, Moskva 1967, S. 117/28, 125). — [17] B. I. Zlobin, R. D. Gavrilin, L. A. Pevtsova (in: Materialy ko 2-mu Konf. po Okolorudnomy Metasomatizmu, Leningrad 1966, S. 370/1; Ref. Zh. Geol. **1967** 6 V 68). — [18] R. D. Gavrilin, L. A. Pevtsova, N. S. Klassova (Geokhimiya **1967** 954/63; Geochem. Intern. **4** [1967] 790/9). — [19] V. I. Sotnikov, E. I. Nikitina (Geol. i Geofiz. Akad. Nauk SSSR Sibirsk. Otd. **1963** Nr. 10, S. 58/78). — [20] L. V. Tauson, L. A. Pevtsova (Dokl. Akad. Nauk SSSR **103** [1955] 1069/72, 1072).

[21] N. G. Shcherba (Izv. Akad. Nauk SSSR Ser. Geol. **1954** Nr. 5, S. 46/65, 52, 54/5, 62/3). — [22] I. F. Grigor'ev, E. I. Dolomanova (in: Metallogenicheskaya Spetsializatsiya Magmaticheskikh Kompleksov, Moskva 1964, S. 157/86, 168/9). — [23] N. I. Nakovnik (Sov. Geol. **1938** Nr. 11, S. 42/54). — [24] S. P. Solov'ev (Zap. Vses. Mineralog. Obshchestva **93** [1964] 613/40, 625). — [25] S. S. Zimin, V. K. Putintsev, I. K. Nikiforova u.a. (in: E. A. Radkevich, Magmatizm i Poleznye Iskopaemye Severo-Vostochnoi Korei i Yuga Primor'ya, Moskva 1966, S. 7/119, 93).

[26] V. A. Kigai, M. A. Favorskaya (in: Magmaticheskie Formatsii, Moskva 1964, S. 52/6, 53; Ref. Zh. Geol. **1965** 4 V 348). — [27] M. I. Tolstoi (Sov. Geol. **1971** Nr. 4, S. 60/78). — [28] E. V. Negrei (Tr. Inst. Geol. Rudn. Mestorozhd. Petrogr. Mineralog. i Geokhim. Nr. 54 [1962] 220/50, 238, 242). — [29] V. S. Koptev-Dvornikov, M. G. Rub, D. A. Rodionov (in: E. T. Shatalov, V. S.

Koptev-Dvornikov u.a., Kriterii Svyazi Orudeneniya s Magmatizmom Primenitel'no k Izucheniyu Rudnykh Raionov, Moskva 1965, S. 134/51, 145). — [30] M. G. Rub (Izv. Akad. Nauk SSSR Ser. Geol. **1956** Nr. 4, S. 21/41, 40).

[31] E. I. Nikitina, V. I. Sotnikov (in: I. E. Smorchkov, Aktsessornye Mineraly Izverzhennykh Porod, Moskva 1968, S. 181/6, 181, 184/5). — [32] E. K. Zvorygina (Izv. Akad. Nauk Kaz.SSR Ser. Geol. **25** Nr. 4 [1968] 64/6). — [33] D. Kh. Khairutdinov (Vestn. Akad. Nauk Kaz.SSR **17** Nr. 4 [1961] 50/2). — [34] K. M. Muradyan (Izv. Akad. Nauk Arm.SSR Nauki o Zemle **19** Nr. 6 [1966] 74/83, 75/6, 79/81; C.A. **67** [1967] Nr. 56188). — [35] R. T. Dzhrbashyan (in: Aktsessornye Mineraly i Elementy kak Kriterii Komagmatichnosti i Metallogenicheskoi Spetsializatsii Magmaticheskikh Kompleksov, Moskva 1965, S. 79/101, 93).

[36] I. K. Volchanskaya, M. A. Favorskaya, D. I. Frikh-Khar (Sov. Geol. **1963** Nr. 2, S. 91/109, 105, 109). — [37] P. R. L. Browne, A. J. Ellis (Am. J. Sci. **269** [1970] 97/131, 97, 116). — [38] G. Dreyer, K.-H. Emmermann, C. Rée (Neues Jahrb. Mineral. Abhandl. **115** [1971] 1/30, 23, 25/6). — [39] G. F. Vinogradov, V. S. Mishchenko (Sb. Nauchn. Rabot Nauchn. Issled. Sekt. Kiev. Gos. Univ. Nr. 1 [1963] 26/34, 27, 30/3; C.A. **63** [1965] 2784). — [40] G. V. Bel'skii (Tr. Altaisk. Gorno-Met. Nauchn. Issled. Inst. Akad. Nauk Kaz.SSR **12** [1962] 70/5, 73).

[41] T. V. Ivanitskii, N. D. Gvaramadze, T. D. Mchedlishvili u.a. (Tr. Geol. Inst. Akad. Nauk Gruz.SSR Nr. 20 [1969] 1/150, 118/9). — [42] D. Dzhyushka [Giusca], Zh. Ionesku [J. Ionescu] (Probl. Geokhim. Akad. Nauk SSSR Inst. Geokhim. i Analit. Khim. **1965** 436/41). — [43] N. Čuturić, S. Karamata (Ref. 6th Savetovanja Savez Geol. Drustava, Okrid, SFR Yugoslav., 1966, Bd. 2, S. 696/715, 702/5, 709 [serbokroatisch, deutsch S. 712/4, 713/4]). — [44] N. Čuturić, S. Karamata (Geol. Zb. [Bratislava] **18** [1967] 27/37 [deutsch]). — [45] N. Čuturić, N. Kafol, S. Karamata (in: L. H. Ahrens, Origin and Distribution of the Elements, Oxford u.a. 1968, S. 739/47, 741, 745).

[46] B. I. Zlobin, L. A. Pevtsova (Geokhimiya **1964** 420/30; Geochem. Intern. **1** [1964] 413/20). — [47] R. Dimitrov (Godishnik Upravleniego Geol. Prouchvaniya Otd. A **10** [1959] 227/56, 246, 249/51 [bulgarisch, russisch S. 254/5, französisch S. 255/6]). — [48] V. M. Inshina (Tr. Altaisk. Gorno-Met. Nauchn. Issled. Inst. Akad. Nauk Kaz.SSR **8** [1960] 212/5, 212/3). — [49] S. T. Badalov, I. M. Golovanov, E. A. Dunin-Barkovskaya (Geokhimicheskie Osobennosti Rudoobrazuyushchikh i Redkikh Elementov Endogennykh Mestorozhdenii Chatkalo-Kuraminskikh Gor, Tashkent 1971, S. 1/228, 143). — [50] A. I. Kalinin (in: Rudoobrazovanie i Ego Svyaz' s Magmatizmom, Yakutsk 1969, S. 90/1; C.A. **73** [1970] Nr. 6003).

[51] V. Manilici (Studii Cercetari Geol. Acad. Rep. Populare Romine **5** [1960] 683/92, 685/7). — [52] M. M. Vasilevskii (Dokl. Akad. Nauk SSSR **133** [1960] 661/4; Dokl. Earth Sci. Sect. **133/135** [1960] 822/4). — [53] J. A. Cooper, J. R. Richards (Geochem. J. **3** [1969] 1/14, 1, 7/9). — [54] N. S. Kravchenko (in: Vopr. Geol. Geokhim. Metallogen. Sev. Zapad. Sekt. Tikhookean. Poyasa Mater. Nauchn. Sess., Vladivostok 1969 [1970], S. 224/6 nach Ref. Zh. Geol. **1971** 1 V 66).

Autometasomatic Transformation of Basic and Ultrabasic Magmatites

2.4.1.3.5.2 Autometasomatische Umwandlung basischer und ultrabasischer Magmatite

Durch postmagmatische Prozesse wurden wahrscheinlich aus normalen orthomagmatischen Trapp-Gesteinen von den Flüssen Podkamennaya Tunguska und Bol'zhoi Botuobi, Südostrand der Sibirischen Tafel, leukokrate Gesteine — bisher vielfach als Enddifferentiate des Trapps angesehen — mit Galenit sowie Zeolithen, Analcim und anderen Akzessorien gebildet [1].

Bei Spilitisierung, einer autometasomatischen Albitisierung von Diabasen [2], ist eine Abnahme des Pb-Gehaltes möglich [3] und wird für einen Spilit mit nur 6 ppm Pb (d.h. unter dem Clarke-Wert) von Bulgarien als Folge einer Mobilisierung von Blei bei Albitisierung — vgl. S. 261 — angenommen [4]. Demgegenüber haben fünf Spilitgesteine der Schweiz mit im Mittel 8.5 ppm Pb höhere Pb-Gehalte als normale basische Magmatite [5]; vgl. 20 ppm Pb in spilitisiertem Diabas vom Berg Strahinščica, nördlich Krapina, Nord-Kroatien, Jugoslawien [6]. Auch in den Spilite, Keratophyre und albitisierte Effusiva führenden unteren Horizonten der vulkanischen Schichten von Baioskii, Grusinien, treten erhöhte Pb-Gehalte auf [7].

Serpentinisierung. Serpentin-Magnetit-Gesteinen, die als Metasomatite im Trapp der Olenek-Vilyui-Wasserscheide, West-Jakutien, auftreten, wurden wahrscheinlich durch späte Hydrothermen Pb-Spuren zugeführt [8]. — In Verbindung gebracht mit postmagmatischer Serpentinisierung wird die Abscheidung von Pb-haltigem Magnetit mit bis zu 50 ppm Pb im Kimberlit vom Fluß Daldyn, Angara-Ilim-Gebiet, Ost-Sibirien [9].

Als hauptsächlich carbonatisierte Hyperbasite [10] sind Listwänite im nordwestlichen Teil der Ultrabasit-Zone vom Fluß Char südlich Semipalatinsk, Ost-Kasachstan, in der gangförmigen Abart durch Pb-Gehalte gekennzeichnet; in der autometamorphen, nach Serpentinisierung der Ultrabasite entstandenen Abart ist kein Blei enthalten [11]. Listwänite der Akchinsker Gabbrozone am rechten Ufer des Angren, südwestliches Chatkal-Gebirge, führen im Mittel aus drei Proben 10 ppm Pb [12]. Saure listwänitisierte Gänge im Granitmassiv von Delbegetei im Kalba-Gebirge, Ost-Kasachstan, haben Pb-reichen Quarz mit 700 ppm und Plagioklas mit 600 ppm Pb [13].

Zum Verhalten von Blei bei autometasomatischer Veränderung von basischen und ultrabasischen Alkaligesteinen s. unten.

Literatur zu 2.4.1.3.5.2:

[1] E. D. Nadezhdina (in: I. E. Smorchkov, Aktsessornye Mineraly Izverzhennykh Porod, Moskva 1968, S. 257/65, 257/60). — [2] E. Tröger (Spezielle Petrographie der Eruptivgesteine, Berlin 1935, S. 1/360, 145). — [3] K. H. Wedepohl (Geochim. Cosmochim. Acta **10** [1956] 69/148, 103). — [4] S. Boyadzhiev, E. Aleksiev (Izv. Geol. Inst. Bulgar. Akad. Nauk. Ser. Geokhim. Mineral. Petrogr. **19** [1970] 17/33, 22, 24/5 [bulgarisch, englisch S. 33]). — [5] G. C. Amstutz (Geochim. Cosmochim. Acta **3** [1953] 157/68, 160, 167).

[6] L. Golub, V. Brajdić, B. Šebečić (Geol. Vjesnik **23** [1969] 205/17, 214). — [7] T. V. Dzhanelidse (Soobshch. Akad. Nauk Gruz.SSR **37** [1965] 367/72 [grusinisch, russisch S. 372]; C.A. **62** [1965] 11571). — [8] A. P. Lebedev (Tr. Inst. Geol. Rudn. Mestorozhd. Petrogr. Mineralog. i Geokhim. Nr. 29 [1959] 4/108, 91). — [9] N. V. Pavlov, I. I. Chuprynina (Izv. Akad. Nauk SSSR Ser. Geol. **1960** Nr. 10, S. 41/53, 49, 51). — [10] D. S. Korshinskij (Abriß der metasomatischen Prozesse, Berlin 1965, S. 1/195, 178/9 [russisches Original: 2. Aufl., Moskva 1955]).

[11] B. K. Korablev (Tr. Kazakhsk. Politekhn. Inst. Nr. 22 [1962] 74/90, 77/9; C.A. **60** [1964] 15625). — [12] S. T. Badalov, I. M. Golovanov, E. A. Dunin-Barkovskaya (Geokhimicheskie Osobennosti Rudoobrazuyushchikh i Redkikh Elementov Endogennykh Mestorozhdenii Chatkalo-Kuraminskikh Gor, Tashkent 1971, S. 1/228, 79). — [13] P. I. Poltorykhin (Geol. i Geofiz. Akad. Nauk SSSR Sibirsk. Otd. **1972** Nr. 6, S. 35/44, 43).

2.4.1.3.5.3 Autometasomatische Umwandlung alkalireicher Magmatite

Autometasomatic Transformation of Alkali-rich Magmatites

Drei untersuchte Alkaligesteinskomplexe (ultrabasischer, gabbroider und granitoider Formation) mit metasomatischen Veränderungen von nicht genannten Fundorten der UdSSR haben gemeinsame geochemische Merkmale, insbesondere erhöhte Konzentrationen von Ti, Seltenerdelementen, Zr, Nb, Th, U, Sr und Ba sowie in kleinerem Maße auch von Pb; eine Pb-Mineralisation ist kennzeichnend für metasomatisch umgewandelte Kalkalkali- und Subalkali-Granitoide [1]. In Nephelinsyeniten und ihren Abarten, die reich an Kalium und Natrium sowie leichtflüchtigen Komponenten — hauptsächlich Fluor — sind, wird bisweilen eine Anreicherung von Blei beobachtet [2]. Die Bildung von Galenit in Alkali-Granitoiden (Granit, Granosyenit) des Taidutskii-Massivs im Tsagan-Khurtei-Gebirge, Mittel-Transbaikalien, erfolgte bei Autometasomatosen vom Na-Alkali-Typ (während der Mineralbildungsstufen F und G nach Fersmann [3]) sowie zusätzlicher SiO_2-Metasomatose [4]. — In einem mit Uran vererzten Alkali-Intrusivkomplex mit syenitischen Gesteinen von einem nicht genannten Fundort der UdSSR sind erhöhte Pb-Gehalte der metasomatischen Gesteine — 20% der Feldspat-Aegirin-Metasomatite und Aegirinite führen 0.1 bis 1.0%Pb, 40% dieser Gesteine enthalten 0.01 bis 0.1% Pb — durch erhöhte Gehalte von Blei in den gesteinsbildenden und akzessorischen Mineralien sowie durch das Auftreten von Galenit zu erklären [5]. Bei hochtemperierter Alkali-Halogen-Infiltrationsmetasomatose entstanden im nordwestlichen Tarbagatai-Gebirge, Ost-Kasachstan, als Randfazies aus granitischen Gesteinen des Akzhailyan-Plutons je nach Art der Metasomatose unterschiedliche Metasomatite, die fast alle neben Zirkon und Ce-Y-Gagarinit noch einen Ce-Pb-Pyrochlor als akzessorisches (für Alkali-Assoziationen typomorphes) und fast einziges Pb-Mineral führen [6]. — Demgegenüber führen illitisierte und albitisierte Andesitbasalte vom Berg Strahinščica nördlich Krapina, Nord-Kroatien, Jugoslawien, nur Spuren Blei [7]; zum Verhalten von Blei in Spiliten dieses Fundortes s. S. 266. — Pb-Gehalte von 13 ppm in schwach alkalischen, autometamorphen Doleriten des Vilyui-Beckens, Ost-Sibirien, werden in Verbindung gebracht mit den Pb-reichen, alkalischen Ausgangsschmelzen [8], vgl. postmagmatisch-hydrothermalen Galenit in Trapp-Gesteinen der südlichen Sibirischen Plattform [9, 10].

Pb-Anreicherung wird beobachtet bei intensiver, regionaler Zeolithisierung eines vulkanogenen Sedimentkomplexes mit Einlagerungen von monzonitischen Gesteinen im westlichen Sredna Gora-Gebirge, Bulgarien, wobei Blei vor allem in Prehnit, Analcim, Laumontit, Mesolith und Desmin enthalten ist [11]; vgl. auch Pb-Gehalte in Zeolithen aus hydrothermal umgewandelten Gesteinen „Blei" A 2a, S. 229.

Der nachfolgende Abschnitt gibt eine Auswahl der zahlreichen, eingehend untersuchten postmagmatischen Veränderungen speziell an Nephelin- und Alkalisyeniten.

Aus den bei relativ niedriger Temperatur umgewandelten Block-Kristallen der Alkalifeldspäte aus pegmatitischen Aegirin-Feldspat-Nestern in trachytischen Nephelinsyeniten des Khibina-Massivs, Halbinsel Kola, wurde durch vollständige Auslaugung der albitischen Komponente des Feldspats eine neue Paragenese von Albit mit Natrolith, Apophyllit, Fluorit und Galenit in randlichen oder drusigen Partien der ursprünglichen Block-Kristalle gebildet [12].

Albitisierte Nephelinsyenite des Primor'e sind nach Rub [13] mit 10 bis 600 ppm Pb relativ reich, entsprechende Gesteine des Kokcharov-Massivs im westlichen Primor'e mit 1 bis 10 ppm Pb dagegen arm an Blei [14].

Während einer hochtemperierten Na-Metasomatose im Matcha-Massiv des Alai-Gebirges, südlicher Tien Shan, wird der Pb-Gehalt der Nephelinsyenite von 5 bis 10 ppm auf 77 ppm Pb am Kontakt zwischen Albitit und Aegirin-Augit-Gestein durch Pb-Zufuhr erhöht [15], vgl. auch S. 261. In der Regel sind für Gesteine von Nephelinsyenit-Komplexen bei Veränderung durch Na-Metasomatosen disperse, durch spätere Na-K-Metasomatosen (letztes Umwandlungsstadium) dagegen erhöhte Pb-(und auch Tl-)Gehalte charakteristisch, die sich in Tl-reichen Galeniten und in Pb-Gehalten in allen anderen neugebildeten Mineralien finden [16]. Nach einer vorangegangenen Na- und K-Metasomatose werden bei der Na-Ca-Metasomatose (Cancrinitisierung) von Nephelinsyeniten des Jenissei-Gebirges, Ost-Sibirien, die Pb-Gehalte etwa verdreifacht und zusammen mit Tl als Galenit abgeschieden, der gemeinsam mit Fluorit und Calcit-Zeolith-Aggregaten als Verdrängungsbildung in den albitisierten Partien der Nephelinsyenite auftritt [17]. Erhöhte Galenit-Gehalte in teilweise albitisierten und carbonatisierten Alkalisyeniten dieses Gebietes werden von Samoilova [18, S. 153] bestätigt, s. auch S. 269.

In Alkali-Granosyeniten aus zwei Intrusionen des nördlichen Tien Shan, Mittelasien, führt eine leichte Carbonatisierung zu keiner Veränderung des Pb-Gehaltes, erst bei intensiver Carbonatisierung (mit Zersetzung von Quarz) wird Blei mobilisiert — wahrscheinlich durch selektive Auslaugung aus den Kalifeldspäten — und fortgeführt. Hierbei wird Pb stärker als Zn und K entfernt, was sich deutlich in den Verhältnissen K/Pb und Zn/Pb zu erkennen gibt; auch werden keine Pb-haltigen sekundären K-Mineralien gebildet [19], vgl. auch [20]:

Intrusion/Gestein	Gehalt ppm Pb[1)]	Verhältnis K/Pb	Verhältnis Zn/Pb
Dzhassykul', Zailiiskii Alatau			
Alkali-Granosyenite (und Granite)			
unverändert	17 bis 28, 21 (5)	—	4.6
leicht carbonatisiert	29	—	2.3
intensiv carbonatisiert	7	6857	6.0
Toraigyr, Kungei Alatau			
Alkali-Granosyenite			
unverändert	25 bis 29, 27 (3)	1650	3.0
intensiv carbonatisiert	10 bis 12, 11 (4)	3560	6.0

1) Nach dem Komma ist der Mittelwert, in Klammern dahinter die Probenzahl angegeben.

Ebenfalls wesentlich niedrigere Pb-Gehalte werden gegenüber den unveränderten Gesteinen in carbonatisierten Hornblende-Gabbros des Gabbroidgürtels von Akchinsk, südwestliches Chatkal-Gebirge, Mittelasien, beobachtet: Hornblende-Gabbro enthält im Mittel aus sechs Analysen 300 ppm Pb, carbonatisierter Gabbro im Mittel aus zwei Analysen 30 ppm Pb [21].

In Alkalisyeniten des Jenissei-Gebietes, Ost-Sibirien, nimmt bei teilweiser Carbonatisierung der Galenit-Gehalt zu, bei intensiver Carbonatisierung treten Siderit-Gängchen mit Fluorit und Sulfiden, darunter Galenit, auf [18, S. 153, 160].

Literatur zu 2.4.1.3.5.3:

[1] F. R. Apel'tsin, A. I. Ginzburg (in: Metallogenicheskaya Spetsializatsiya Magmaticheskikh Kompleksov, Moskva 1964, S. 45/62, 47, 49, 59; Ref. Zh. Geol. **1965** 10 Zh 42). — [2] E. I. Semenov (in: R. P. Tikhonenkova, E. I. Semenov, Mineralogiya Pegmatitov i Gidrotermalitov Shchelochnykh Massivov, Moskva 1967, S. 52/71, 55). — [3] A. Fersmann (Neues Jahrb. Mineral. Geol. Paläontol. Abhandl. A **64** [1931] 663/79, 669). — [4] V. I. Fel'dman (in: I. E. Smorchkov, Aktsessornye Mineraly Izverzhennykh Porod, Moskva 1968, S. 227/35, 230, 234). — [5] T. V. Bilibina, V. I. Donakov, V. K. Titov (Geol. Rudn. Mestorozhd. **5** Nr. 5 [1963] 35/54, 37, 46/8).

[6] D. A. Mineev (Geokhimiya Apogranitov i Redkometal'nykh Metasomatitov Severo-Zapadnogo Tarbagataya, Moskva 1968, S. 1/211, 68/71, 81, 85, 110, 157). — [7] L. Golub, V. Brajdić, B. Šebečić (Geol. Vjesnik **23** [1969] 205/17, 214 [serbokroatisch, englisch S. 216/7]). — [8] V. L. Masaitis (Tr. Vses. Nauchn. Issled. Geol. Inst. [2] **22** [1958] 1/136, 101, 108; C.A. **1961** 6286). — [9] A. P. Lebedev (Tr. Inst. Geol. Rudn. Mestorozhd. Petrogr. Mineralog. i Geokhim. Nr. 29 [1959] 4/108, 72, 79). — [10] V. I. Gonshakova (in: G. D. Afanas'ev, Petrografiya Vostochnoi Sibiri, Bd. 1, Moskva 1962, S. 118/207, 162, 166).

[11] I. Kostov, B. Mavrudchiev, A. Kunov (Izv. Geol. Inst. Bulgar. Akad. Nauk. Ser. Geokhim. Mineral. Petrogr. **16** [1967] 61/93, 79/80, 82). — [12] B. E. Borutskii (in: F. V. Chukhrov, Tipomorfizm Mineralov, Moskva 1969, S. 220/44, 235, 237). — [13] M. G. Rub (Izv. Akad. Nauk SSSR Ser. Geol. **1960** Nr. 12, S. 63/79, 74/5). — [14] V. S. Koptev-Dvornikov, M. G. Rub (in: E. T. Shatalov, V. S. Koptev-Dvornikov u.a., Kriterii Svyazi Orudeneniya s Magmatizmom Primenitel'no k Izucheniyu Rudnykh Raionov, Moskva 1965, S. 50/107, 96). — [15] R. D. Gavrilin, L. A. Pevtsova, N. S. Klassova (Geokhimiya **1967** 954/63; Geochem. Intern. **4** [1967] 790/9, 795).

[16] E. V. Sveshnikova (in: Metallogenicheskaya Spetsializatsiya Magmaticheskikh Kompleksov, Moskva 1964, S. 261/6, 263/5). — [17] E. V. Sveshnikova (Tr. Inst. Geol. Rudn. Mestorozhd. Petrogr. Mineralog. i Geokhim. Nr. 76 [1962] 125/42, 131, 134, 137). — [18] N. V. Samoilova (Tr. Inst. Geol. Rudn. Mestorozhd. Petrogr. Mineralog. i Geokhim. Nr. 76 [1962] 143/69). — [19] B. I. Zlobin, L. A. Pevtsova (Geokhimiya **1964** 420/30; Geochem. Intern. **1** [1964] 413/20, 416/8). — [20] B. I. Zlobin, R. D. Gavrilin, L. A. Pevtsova (in: Materialy ko 2-mu Konf. po Okolorudnomy Metasomatizmu, Leningrad 1966, S. 370/1; Ref. Zh. Geol. **1967** 6 V 68).

[21] S. T. Badalov, I. M. Golovanov, E. A. Dunin-Barkovskaya (Geokhimicheskie Osobennosti Rudoobrazuyushchikh i Redkikh Elementov Endogennykh Mestorozhdenii Chatkalo-Kuraminskikh Gor, Tashkent 1971, S. 1/228, 79).

Recent Volcanism

2.4.1.4 Rezenter Vulkanismus

Pb gehört zu den für vulkanische Exhalationen typischen Elementen [1, 2, 3], das eines der besonders charakteristischen Elemente für die Sublimationsprodukte in verschiedenen Abkühlungsstadien von Basalten und Andesiten ist [4]. Auffällig ist sein fast vollständiges Fehlen in Ausblühungen, die von Wässern thermaler Herkunft abgesetzt sind [5, S. 263, 280/1].

Im folgenden werden die Herkunft von Pb in den Abscheidungen aus Fumarolen, seine Art des Auftretens in den rezenten Sublimationsprodukten und die Ursachen für deren Radioaktivität und Isotopengeochemie beschrieben. Über Pb-Gehalte in rezent gebildeten magmatischen Gesteinen s. ab S. 88 und 137, Literatur, die die Isotopenverhältnisse rezenter Magmatite angibt, s. ab S. 116. Zur Herkunft von Pb sowie über Pb-Gehalte und Blei-Isotope in Mineralwässern s. „Blei" A 2c, S. 144, 166/70.

Origin of Lead in Fumarolic Products

2.4.1.4.1 Herkunft von Blei in Fumarolenprodukten

Das häufig in Sulfiden aus Gebieten mit aktivem Vulkanismus auftretende Pb stammt im wesentlichen aus den umgebenden vulkanischen Gesteinen [5, S. 289], [6, S. 31], die durch Einwirkung von Fumarolen zersetzt werden [7a], besonders wenn diese stark sauer sind [6, S. 15/6], [5, S. 263]. Ein hoher SO_4^{2-}-Gehalt der zirkulierenden Wässer begrenzt jedoch infolge der geringen Löslichkeit von $PbSO_4$ den in Lösung transportierten Anteil von Pb [8], vgl. S. 221. Da experimentelle Untersuchungen zeigen, daß Pb durch Erhitzen aus Basalt extrahiert werden kann [9], läßt sich der hohe Pb-Gehalt von Hochtemperatur-Sublimaten durch einen solchen Entzug von Pb direkt aus dem Magma erklären [10]. Weitere Möglichkeiten der Herkunft von Pb in Sublimaten s. unter Entstehung der durch ^{210}Pb bedingten Aktivität von Sublimaten, S. 275.

Lead Transport in Fumaroles and Formation Conditions of Lead Minerals around Mouths of Fumarole Vents and of Sublimation Products and Thermal Deposits with Lead

2.4.1.4.2 Transport von Blei in Fumarolen und Bildungsbedingungen von Blei-Mineralien um Fumarolenaustritte sowie von Sublimationsprodukten und Thermalabsätzen mit Blei

Besonders günstige Bedingungen für Pb-Konzentrationen in postvulkanischen Prozessen bietet der Gastransport [5, S. 263] und der Transport in der Dampfphase [11], die nach den Pb-führenden Absätzen zu urteilen, für verschiedene Vulkane unterschiedlich verlaufen. Die Migration von Pb wird begünstigt von sauren Gasen mit HF, HCl, SO_2, SO_3 [12]. Nach Allen, Zies erfolgt der Transport von Pb in Form freier Ionen [7b]. Dabei kann Pb zusammen mit Cl [5, S. 251], auch in Gegenwart von H_2S [3], sowie in überhitztem Wasserdampf zusammen mit SiF_4 transportiert werden [5, S. 253, 276]. Für den Belyankin-Nebenkrater des Vulkans Klyuchev, Kamchatka, wird angenommen, daß Pb intensiver in Verbindung mit S als mit Cl überführt wurde, da bei den Fumarolenprodukten die Sulfate die Chloride überwiegen [4]. Im Tal der 10000 Dämpfe, Katmai-Gebiet, Alaska, sind die Temperaturen niedrig genug, um die Existenz von H_2S zu erlauben, der den Absatz von Galenit bewirkt [13]. — Die in Exhalationen von Vulkanen Kamchatkas und der Insel Kunashir, Kurilen, bestimmten ^{210}Pb/Ra-Verhältnisse lassen es wahrscheinlich erscheinen, daß ^{210}Pb in geringerem Umfang durch vulkanische Gase transportiert wird als Ra und wahrscheinlich auch als U [14, S. 542, 544], [15]. — Zum Transport von Pb in hydrothermalen Lösungen s. ab S. 220.

Abscheidung. Für den auf Schlacken am Vesuv auftretenden Galenit wird angenommen, daß er sich durch Einwirkung von H_2S auf Cotunnit bildet und seinerseits durch Cotunnit pseudomorphosiert werden kann nach $PbCl_2 + H_2S \rightleftarrows PbS + 2HCl$ [16, S. 229/32]. — Während sich Galenit und Antimonit bei endogenen Mineralisationsvorgängen nicht gemeinsam bilden können, auch wenn Pb^{2+} und $(Sb_2S_4)^{2-}$ vorhanden sind, gilt dies nicht für vulkanische Ausscheidungen; unter den Bedingungen an oder nahe der Erdoberfläche, die charakterisiert sind durch den Einfluß von O_2, rasche pH- und Temperaturabnahme, zersetzt sich das Komplex-Ion $[Sb_2S_4]^{2-}$ sehr schnell, so daß S^{2-} frei wird, um sich mit Pb^{2+} zu verbinden: $3Pb^{2+} + 5[Sb_2S_4]^{2-} + 4O_2 \rightarrow 3PbS + 5Sb_2S_3 + 2(SO_4)^{2-}$ [17].

Palmierit entsteht zusammen mit Glaserit durch Umwandlung flüchtiger Pb- und Alkalichloride in Sulfate; bei der Zersetzung von Palmierit bildet sich unlösliches $PbSO_4$, das durch Kristallisation zu Anglesit wird [16, S. 237], [18, S. 322/4].

Nach den Untersuchungen von Somayajulu u. a. ist Pb angereichert in Hochtemperatur-Sublimaten und hat nur geringe Gehalte in den bei niedrigen Temperaturen gebildeten Sublimationsprodukten wie Sassolin und Schwefel. Sublimate mit hohem Pb-Gehalt zeigen auch hohe ^{210}Pb-Aktivitäten [10]. Höhere Pb-Gehalte im Bereich heißer Fumarolen als im Bereich kalter Fumarolen werden auch auf den vulkanischen Inseln Italiens beobachtet [19]. Demgegenüber findet Mizutani in Sublimaten des Vulkans Showa-shinzan, Hokkaido, Japan, höhere Pb-Gehalte in den bei tieferen Temperaturen abgesetzten Proben [20]. So enthält ein schwarzes, bei hohen Temperaturen abgeschiedenes Sublimat dieses Vulkans 10 ppm Pb, während ein rötlich graues, bei niedrigeren Temperaturen gebildetes Sublimat 2000 ppm Pb führt [21, 22].

Der Spurenelementgehalt, darunter Pb, in den Exhalationen des Vulkans Sheveluch, Kamchatka, hängt direkt ab von der Zeit, die seit der Eruption vergangen ist und damit dem Stadium der Differentiation in der Folge Basalt → Andesit [12]. Von den Sublimaten eines Vulkans auf Kamchatka führen frühere Ausscheidungen häufiger und mehr Pb als spätere, so enthalten 1945, im Jahr des Vulkanausbruchs, 80% aller Proben Pb, 1946 nur noch 30% [5, S. 271/2].

Aus Thermalwässern im Bereich des Vulkans Mendeleev, Insel Kunashir, Kurilen, wird Pb insbesondere zusammen mit Jarosit, Fe-Hydroxiden und Sulfiden abgeschieden [6, S. 26], die bei abnehmenden pH-Werten der Wässer von 2.35 auf 2.22 in einiger Entfernung vom Quellaustritt abgesetzt werden, jedoch bei zunehmenden pH-Werten der Wässer nahe dem Quellaustritt auftreten, so daß die Abscheidung von Pb teils nahe dem Aufstiegsweg der Geysire, teils weiter von ihnen entfernt erfolgt [23]. — Anglesobaryt als Abscheidung aus Thermalquellen Japans s. S. 259 und „Blei" A 3, S. 88.

2.4.1.4.3 Blei-Mineralien als Fumarolenprodukte und Pb-haltige Sublimate

Lead Minerals as Fumarolic Products and Pb-Containing Sublimates

Nach einer Zusammenstellung von Naboko wurden um Fumarolen, Solfataren und Hydrosolfataren 152 Mineralien festgestellt, darunter die Pb-Mineralien Galenit, „Cannizzarit", Cotunnit, Pseudocotunnit, Matlockit, Massicotit, Anglesit, Palmierit und Linarit [5, S. 96/8, 262].

Galenit wird gefunden am Vesuv [16, 229/32], s. S. 270, und im Tal der 10000 Dämpfe, Katmai-Gebiet, Alaska [11, 24]. Galenit, Galenobismutit, Jamesonit, Boulangerit und andere Pb-Sb-Sulfosalze werden in der Uzon-Caldera auf Kamchatka, einem Gebiet mit aktivem Vulkanismus, von stark überhitzten Na-Cl-Thermalwässern abgesetzt [25]. Von ihnen ist „Cannizzarit" von Vulcano, Liparische Inseln, Italien, ein Gemenge von Bismuthinit, Galenobismutit und einem blättrigen Pb-Bi-S-Mineral, „Blei" A 3, S. 68, und entsteht an den Austrittsstellen der Fumarolen [26]. Galenobismutit neben Bismuthinit in blasigen Andesiten von Vulcano s. [40].

Cotunnit, $PbCl_2$, tritt als direktes Sublimationsprodukt am Vesuv auf [18, S. 19, 47/8], [16, S. 226/8], wo er auch pseudomorph nach Galenit beobachtet wird, s. S. 270. Auch in einem Fumarolengebiet im Tal der 10000 Dämpfe, Alaska, wurde Cotunnit beobachtet, hier zusammen mit Sphalerit, Covellin und viel fein verteiltem Fe^{3+}-Oxid [11]. Das Mineral wird seiner leichten Löslichkeit wegen leicht durch Regen ausgewaschen [27, S. 236].

Pseudocotunnit, K_2PbCl_4, als Fumarolenprodukt der Eruptionen des Vesuvs von 1872 und 1906 kommt zusammen mit Cotunnit und Tenorit vor [18, S. 49/50], „Blei" A 3, S. 72, vgl. [16, S. 228/9],

Palmierit, $PbK_2[SO_4]_2$ ist bisher nur vom Vesuv bekannt, wo er zusammen mit Glaserit auftritt, vgl. oben, [16, S. 234/6], [18, S. 323/4].

Anglesit, $PbSO_4$, bildet am Vesuv Pseudomorphosen nach Glaserit und Palmierit, vgl. oben, [18, S. 322/3] oder tritt als kristallin gewordenes Zersetzungsprodukt von Galenit auf [16, S. 237].

Als weitere Pb-Mineralien werden vom Vesuv genannt: Massicotit, PbO, auf Galenit-haltigen Kalkblöcken und Matlockit, PbFCl [18, S. 67, 55].

Außer in Form von Bleimineralien findet sich Pb als Beimengung in vielen Fumarolenprodukten, die im folgenden zusammengestellt und soweit möglich ihren Vorkommen zugeordnet werden. Siehe ferner quantitative Angaben für Pb und ^{210}Pb in Fumarolenmineralien und Dampfkondensaten Tabelle unten.

Qualitative Nachweise von Pb liegen vor für Schwefel aus dem Kratersee des Vulkans Papadayan, Java [5, S. 108/9], für Bismuthinit vom Vulkan Showa-shinzan, Hokkaido, Japan [28], für Sassolin vom Vulkan Sheveluch, Kamchatka [4], für ein Sublimat aus Gips und Anhydrit vom Krater Levinson, Kamchatka, ferner (ohne Vorkommensangabe) für Fluorit sowie die Doppelhalogenide Hieratit, Malladrit und Ralstonit, für Anhydrit, Epsomit und Tridymit [5, S. 139, 161, 160, 276]. Die aus Alkali- und Erdalkali-Sulfaten, -Chloriden, -Fluoriden und -Fluoroboraten bestehenden Fumarolenprodukte vom Vesuv enthalten Pb in wechselnden Mengen [29].

Plagioklase aus Aschen der Vulkane Karym und Bazyman, Kamchatka, sind bedeckt von Oberflächenfilmen, an die Pb sorbiert ist; entsprechend ist Pb in Plagioklas-Körnchen der Größenklasse 10 bis 30 μm um das 25fache angereichert gegenüber grobkörnigerem Plagioklas [30].

Quantitative Data for Pb and ^{210}Pb in Fumarolic Products and Vapor Condensates

2.4.1.4.4 Quantitative Angaben für Pb und ^{210}Pb in Fumarolenprodukten und Dampfkondensaten

Pb- und ^{210}Pb-Gehalte in Fumarolenmineralien s. folgende Tabelle:

Mineral und Herkunft	ppm Pb	$^{210}Pb \times 10^{-15}$ g/g⁺⁾	Literatur
Schwefel			
Vulkan Mutnov, Kamchatka	—	1.1	[14, S. 536/8]
	0.05 und 0.20	—	[15]
Vulkan Mendeleev, Kunashir, Kurilen	—	2.0 bis 3.6, Mittel (3) 4.9	[14, S. 536/8]
Sulfur Bank, Kilauea, Hawaii	0.18	—	[10]
Schwefel-Vorkommen, Kilauea, Hawaii	0.11	—	[10]
Schwefel und Pyrit			
Vulkan Mutnov, Kamchatka	0.15	—	[15]
Pyrit			
Vulkan Mutnov, Kamchatka	—	0.3 und 5.2	[14, S. 536/8]
	0.15	—	[15]
Vulkan Golovina, Kunashir, Kurilen	—	1.2 und 3.3	[14, S. 536/8]
Halit			
Kunashir, Kurilen	—	0.66	[14, S. 536/8]
Halit und Sylvinit			
Vulkan Klynchev, Kamchatka	—	185	[14, S. 536/8]
Salmiak			
Krater Zavaritskii, Kamchatka	30 bis 100	—	[5, S. 119]
Vulkan Mutnov, Kamchatka	10	—	[31]
Vulkan Nasu, Honshu, Japan	0.33	—	[10]
Showa-shinzan, Hokkaido, Japan	0.27⁺⁺⁾ und 2.68	—	[10]

Mineral und Herkunft	ppm Pb	$^{210}Pb \times 10^{-15} g/g$ +)	Literatur
Chalcedon			
Vulkan Mutnov, Kamchatka	—	0.93	[14, S. 536/8]
Magnetit			
Valley of Ten Thousand Smokes, Alaska	50	—	[24, 32]
Limonit			
Vulkan Mutnov, Kamchatka	—	4.9 und 5.3	[14, S. 536/8]
Insel Kunashir, Kurilen	—	3.5	[14, S. 536/8]
Hämatit und Cristobalit			
Showa-shinzan, Hokkaido, Japan	2250	68.5*)	[10]
Sassolin			
Showa-shinzan, Hokkaido, Japan	0.64 und 2.65	0.50**) und 0.30**)	[10]
Jarosit			
Vulkan Mendeleev, Kunashir, Kurilen	—	3.1	[14, S. 536/8]
Eisensulfate			
Vulkan Mutnov, Kamchatka	—	1.2 bis 7.9, Mittel (3) 3.9	[14, S. 536/8]
Vulkan Mendeleev, Kunashir, Kurilen	—	2.2	[14, S. 536/8]
Vulkan Golovina, Kunashir, Kurilen	—	< 0.9 bis 3.7, Mittel (3) ≈ 2.1	[14, S. 536/8]

+) Die Anzahl der zur Mittelwertsbildung benutzten Analysen ist in Klammern angegeben.
++) Enthält 20% Sassolin.

*) dpm ^{210}Pb je g; dpm ^{210}Pb je mg Pb = 30.4.
**) dpm ^{210}Pb je g; dpm ^{210}Pb je mg Pb = 780 und 113.

Eine zu 75% aus Schwefel und zu 25% aus im wesentlichen Fe-Oxiden bestehende Fumarolenabscheidung von White Island, Nord-Neuseeland, enthält etwa 0.5% Pb [33].

In Dampfkondensaten der Uzon-Caldera, Kamchatka, sind 0.1 mg Pb/l enthalten [25]. ^{210}Pb-Gehalte, angegeben in $10^{-15} g/g$, in Dampfkondensaten von 3 Vulkanen auf Kamchatka und auf Kunashir, Kurilen, werden wie folgt bestimmt [14, S. 534]:

Vulkan Mutnov, Kamchatka	4, 25 und 35
Vulkan Mendeleev, Kunashir	5.6, 6.3 und 7.4
Vulkan Golovina, Kunashir	1.8 bis 35, Mittel 8.1

^{210}Pb-Aktivitäten von Fumarolenprodukten vom Vesuv und von Vulcano, Liparische Inseln, Italien, sowie aus dem Tal der 10000 Dämpfe, Katmai-Gebiet, Alaska, in Abhängigkeit von ihrem Bildungsalter s. folgende Tabelle nach [27, S. 237/8]:

Herkunft und Mineralien	Funddatum	Anzahl der Proben	dps je mg Pb gemessen	dps je mg Pb extrapoliert auf das Funddatum
Vesuv				
Cotunnit	1822 bis 1869	4	0.32 bis 1.41, Mittel 0.83	19.44 bis 21.32, Mittel 20.50
	1870	1	1.14	16.85
	1872 und 1906	2	1.58 und 4.21	21.0 und 19.5
	1907	2	1.03*)	4.63*)
	1911	2	1.69 und 3.71	6.72 und 14.6
	1949 und 1952	3	18.4 bis 20.5, Mittel 19.53	20.7 bis 21.6, Mittel 21.2
	1954	1	18.8	19.2
	1955	1	17.36	17.62
	1957	1	15.93	16.71
	1959	2	15.95 und 15.49	16.06 und 15.53
Galenit	1906	1	4.32	>20.0
Vulcano				
„Cannizzarrit"	1924 und 1927	3	0.74 bis 1.13, Mittel 0.91	>1.99 bis >2.69+), Mittel >2.23
	1933	2	0.93 und 1.11	2.09 und 2.45
Tal der 10000 Dämpfe				
Sublimat°)	1920	1	1.13	3.74

*) Mittelwert von 2 Bestimmungen. — +) Für ein Bildungsdatum 1954 ergeben sich 1.15 dps/mg Pb. — °) Als „Santiagit" bezeichnet.

Pb-Isotopenverhältnisse für Sublimate des Vulkans Showa-shinzan, Hokkaido, Japan, s. [10], für Schwefel und Pyrit vom Vulkan Mutnov, Kamchatka [15], sowie für die in der Tabelle oben angegebenen Mineralien und Gemenge [27, S. 237/8].

Radioactivity of Fumarolic Products and Its Causes

2.4.1.4.5 Radioaktivität von Fumarolenprodukten und ihre Ursachen

Die bereits 1907 von Zambonini festgestellte Radioaktivität von Cotunniten vom Vesuv [34] ist, wie Begemann u. a. 1954 feststellen, zu mehr als 99% der gesamten β-Aktivität ^{210}Pb und seinen Folgeprodukten zuzuschreiben [35, S. 665]. Ihrer Isotopenzusammensetzung nach sind die Bleie aller untersuchten Cotunnite vom Vesuv, die in den Jahren 1822 bis 1959 gebildet wurden, sehr ähnlich, alle zeigen Anomalien des J-Typs [27, S. 236], s. hierzu „Blei" A 2a, S. 250/1. Der heutige μ-Wert ($^{238}U/^{204}Pb$) der Muttersubstanz dieser Cotunnite ergibt sich — unter der Voraussetzung eines Gleichgewichtsverhältnisses zwischen ^{210}Pb und ^{238}U — experimentell zu >110 [35, S. 670], während sich aus der Isotopenzusammensetzung ein normaler μ-Wert von ≈ 8.9 ergibt [27, S. 239/40], vgl. [36]. Durch die Abscheidung von Cotunnit wird das Gleichgewichtsverhältnis zwischen ^{210}Pb und ^{226}Ra stark gestört [37].

Mögliche Deutungen der hohen ^{206}Pb und ^{207}Pb-Anteile im Cotunnit-Blei sowie des hohen, sich aus dem ^{210}Pb-Gehalt ergebenden μ-Wertes sind Zumischung von radiogenem Blei [35, S. 671], [38], [27, S. 239] oder eine Verarmung des Magmas an Blei [35, S. 671], die, bedingt durch die in Anwesenheit von HCl gegenüber U sehr viel höhere Flüchtigkeit von Pb, mit Beginn der Aktivität des Vulkans begann [36].

Aus der Isotopenzusammensetzung von Blei aus Sublimat-Schwefel vom Vulkan Mutnov, Kamchatka, die beträchtlich abweicht von der von Blei aus Krustengesteinen, schließen Naidenov u. a., daß das Blei während seines Transports vom vulkanischen Herd an die Oberfläche nicht durch Pb aus den Nebengesteinen oder aus Grundwasser verunreinigt worden ist [15].

Die Hochtemperatur-Sublimate des Vulkans Showa-shinzan, Hokkaido, Japan, mit hohen ^{210}Pb-Aktivitäten, haben geringere μ-Werte, nämlich (berechnet aus der spezifischen Aktivität von ^{210}Pb und extrapoliert auf den Zeitpunkt der Probenahme) 2.9 und 4, während die Sassoline dieses Vorkommens μ-Werte von 14 und 104 aufweisen; es wird angenommen, daß die Tieftemperatur-Sublimate wie S und Sassolin mit geringen Pb- und U-Konzentrationen ihre ^{210}Pb-Aktivität durch ^{222}Rn erhalten haben, das durch Diffusion und Auslaugung den Basalten der Vulkane entzogen wird und dann zusammen mit dem durch seinen Zerfall entstehenden ^{210}Pb in leichtflüchtigen Bestandteilen der Fumarolen angereichert wird [10]. Demgegenüber nehmen Oversby, Gast auf Grund der nahezu identischen Isotopenzusammensetzung und ähnlich hohen ^{210}Pb-Aktivitäten von Blei aus Nephelinbasalt vom Vesuv und dem dort auftretenden Cotunnit an, daß eine direkte Extraktion von Blei aus dem Gestein zur Bildung der $PbCl_2$-Sublimate führte [39].

Für die spezifische ^{210}Pb-Aktivität, definiert als dps (Zerfälle je sec) je mg Pb, extrapoliert auf das Funddatum, das sich bei Cotunnit seiner leichten Löslichkeit in heißem Wasser wegen mit seinem Bildungsdatum deckt, ergibt sich für Cotunnite vom Vesuv folgendes Bild, vgl. Tabelle S. 274: Von 1822 bis 1952 ist die spezifische Aktivität dieses Minerals mit 2 Ausnahmen konstant geblieben; die deutliche Abnahme der Aktivität in den Jahren 1870 und 1906 mit jeweils folgendem Anstieg steht in Zusammenhang mit Vulkaneruptionen und wird möglicherweise bedingt durch zusätzliche Aufnahme von Pb aus den umgebenden Gesteinen durch das vor der Eruption aufgeheizte Magma oder durch Wiederverflüchtigung von älterem, in tieferen Teilen des Vulkans abgesetztem Cotunnit, dessen Blei dann dem des erneut auskristallisierenden Cotunnit zugemischt wird; über eine erneute Abnahme der spezifischen Aktivität seit 1952 können noch keine definitiven Aussagen gemacht werden [27, S. 240/2].

Literatur zu 2.4.1.4:

[1] K. Rankama, T. G. Sahama (Geochemistry, Chicago 1949, S. 187). — [2] E. Gajda (Prace Muzeum Ziemi Nr. 1 [1958] 57/77, 71). — [3] K. B. Krauskopf (Introduction to Geochemistry, New York – St. Louis – San Francisco – Toronto – London – Sydney 1967, S. 1/721, 466, 468). — [4] L. A. Basharina (Tr. Lab. Vulkanol. Akad. Nauk SSSR Nr. 19 [1961] 69/79, 74, 76). — [5] S. I. Naboko (Tr. Lab. Vulkanol. Akad. Nauk SSSR Nr. 16 [1959] 1/303).

[6] S. I. Naboko (Tr. Lab. Vulkanol. Akad. Nauk SSSR Nr. 19 [1961] 12/33). — [7a] P. de Breitzel, F. Foglierini (Mineralium Deposita **6** [1971] 65/76, 72). — [7b] E. T. Allen, E. G. Zies (Natl. Geogr. Soc. Contrib. Tech. Papers Katmai Ser. **2** [1923] 75/155 nach [7a]). — [8] J. Ferguson, I. B. Lambert (Econ. Geol. **67** [1972] 25/37, 33/4). — [9] M. Tatsumoto (Science [2] **153** [1966] 1094/101, 1094/5). — [10] B. L. K. Somayajulu, M. Tatsumoto, J. N. Rosholt, R. J. Knight (Earth Planet. Sci. Letters **1** [1966] 387/91, 390/1).

[11] C. N. Fenner (in: J. W. Finch u. a., Ore Deposits of the Western States, New York 1933, S. 58/106, 96/7). — [12] L. A. Basharina (in: Sovremennyi Vulkanizm, Bd. 1, Moskva 1966, S. 139/46, 143/4, 145/6). — [13] O. H. Kristofferson (Econ. Geol. **31** [1936] 185/204, 202). — [14] V. M. Kuptsov, V. V. Cherdyntsev (Geokhimiya **1969** 643/58; Geochem. Intern. **6** [1969] 532/45). — [15] B. M. Naidenov, T. V. Semenova, V. A. Khalilov, V. V. Cherdyntsev, N. I. Zamyatin (Geokhimiya **1973** 290/3; Geochem. Intern. **10** [1973] 206/9).

[16] M. A. Lacroix (Bull. Soc. Franc. Mineral. **30** [1907] 219/66). — [17] G. O. Grigoryan (Geokhimiya **1960** 60/7; Geochemistry [USSR] **1960** 72/80, 78). — [18] F. Zambonini (Atti

Accad. Sci. Fis. Mat. Napoli [2] **14** Nr. 6 [1910] 1/368). — [19] N. Valette (in: G. C. Amstutz, A. J. Bernard, Ores in Sediments, Berlin – Heidelberg – New York 1973, S. 321/37, 328). — [20] Y. Mizutani (J. Earth Sci. Nagoya Univ. **10** [1962] 149/64, 155/6).

[21] T. Nemoto, M. Hayakawa, K. Takahashi, S. Oana (Chishitsu Chosasho Hokoku Nr. 170 [1957] 1/149, 122; C.A. **1958** 12699). — [22] S. Oana (Bull. Volcanol. **24** [1962] 48/57, 56). — [23] S. I. Naboko, E. M. Fil'kova (Byul. Vulkanol. St. Akad. Nauk SSSR Nr. 42 [1966] 33/41, 38/9). — [24] E. G. Zies (Natl. Geograph. Soc. Contrib. Tech. Papers **1** Nr. 3 [1924] 159/79, 166, 176). — [25] S. I. Naboko, S. F. Glavatskikh (Dokl. Akad. Nauk SSSR **207** [1972] 931/4; Dokl. Earth Sci. Sect. **207** [1972] 84/7).

[26] F. Bernauer (Gasmaske **7** [1935] 58/61, 60/1). — [27] F. G. Houtermans, A. Eberhardt, G. Ferrara (in: H. Craig, S. L. Miller, G. J. Wasserburg, Isotopic and Cosmic Chemistry, Amsterdam 1964, S. 233/43). — [28] Y. Mizutani (Bull. Chem. Soc. Japan **39** [1966] 511/6, 513). — [29] C. Minguzzi (Rend. Soc. Mineral. Ital. **5** [1948] 60). — [30] I. I. Gushchenko (in: Sovremennyi Vulkanizm, Bd. 1, Moskva 1966, S. 68/80, 71/2, 76).

[31] E. K. Serafimova (Byul. Vulkanol. St. Akad. Nauk SSSR Nr. 42 [1966] 56/65, 65). — [32] E. G. Zies (Am. J. Sci. [5] A **35** [1938] 385/404, 398). — [33] W. M. Hamilton, I. L. Baumgart (New Zealand Dept. Sci. Ind. Res. Bull. Nr. 127 [1959] 1/84, 48). — [34] F. Zambonini (Atti Reale Accad. Lincei Rend. [5] **16** I [1907] 975/8). — [35] F. Begemann, J. Geiss, F. G. Houtermans, W. Buser (Nuovo Cimento [9] **11** [1954] 663/73).

[36] P. Eberhardt, J. Geiss, F. G. Houtermans, P. Signer (Geol. Rundschau **52** [1962] 836/52, 849). — [37] R. Coppens, G. Durand, G. Jurain (Sci. Terre **10** [1964/65] 105/31, 123). — [38] F. G. Houtermans (Geol. Rundschau **49** [1960] 168/90, 190). — [39] V. M. Oversby, P. W. Gast (Earth Planet. Sci. Letters **5** [1968/69] 199/206, 204). — [40] P. Ramdohr (Die Erzmineralien und ihre Verwachsungen, 3. Aufl., Berlin 1960, S. 719).